Artillerie und Ballistik in Stichworten

Unter Mitarbeit von

Oberst W. Berlin, Prof. Dr. A. Busemann, Oberstleutnant a. D. W. Eckardt, Prof. Dr. O. Eggert, Oberltn. a. D. G. W. Feuchter, Oberstudiendirektor Dr. L. Hänert, Prof. Dr. Ch. von Hofe, Oberstltn. a. D. K. Justrow, Dr. H.-H. Kritzinger, Oberreg.-Baurat Dr. A. Langhans, Ober-Reg.-Rat Dr. H. Lüscher, Generalltn. a. D. W. Marx, Oberst W. Nehring, Dr. K. Pannke, Dr. E. Plake, Direktor V. Schläfer, Prof. Dr. R. Schmidt, Prof. Dr. O. Schmitz, Konteradmiral a. D. E. Schumacher, Dr. O. Schwab, Dr. O. Stierstadt, Oberst a. D. Dr. F. Stuhlmann, Ministerialdirektor i. R. Prof. Dr. Th. Vahlen, Dipl.-Ing. O. Walchner

herausgegeben von

Dr. Hans-Hermann Kritzinger
Astronom und Ballistiker

und

Dr. Friedrich Stuhlmann
Oberst a. D.

Mit 41 Abbildungen im Text

Berlin
Verlag von Julius Springer
1939

ISBN-13: 978-3-642-88939-4 e-ISBN-13: 978-3-642-90794-4
DOI: 10.1007/978-3-642-90794-4

Softcover reprint of the hardcover 1st edition 1939

Vorwort.

Mit der Herausgabe dieses artilleristisch-ballistischen Nachschlagewerkes sollen Bemühungen zur Verwirklichung gebracht werden, die seit Jahrzehnten aufgewendet wurden: die gemeinsamen Fragen des Schießwesens, die die Streitkräfte auf der Erde, zur See und in der Luft angehen, in einheitlicher Weise zu behandeln; dem Offizier, Soldaten und Ingenieur scharfe Begriffsbestimmungen aller wichtigen Fachausdrücke vorzulegen, damit nicht mit der Verständigung unnötig Zeit verlorengeht.

Soweit das Vorschriftenmaterial eine Verarbeitung in dieser Form zuließ, ist es benutzt worden. Alle in Betracht kommenden Dienststellen haben eine Mitprüfung ausgeübt, zugesagt und werden weiter darum gebeten.

Die Fertigstellung der Handschrift, an der sich 24 Autoren (Zusammenstellung s. S. V) beteiligten, bereitete durch Verschiedenheit der Einstellung der Mitarbeiter zum Thema und ihre Behandlungsart der Stichworte unerwartete Schwierigkeiten. Manche Stichworte sind wiederholt unabhängig behandelt und von mir zusammenfassend bearbeitet worden. Aus diesem Grunde erwies sich die Kennzeichnung der Urheber im einzelnen als undurchführbar. Im großen Ganzen gibt das Verzeichnis Auskunft.

Hervorzuheben habe ich, daß alle biographischen und ein Teil der artilleristischen Beiträge von meinem Mitherausgeber Oberst a. D. Dr. Friedrich Stuhlmann herrühren. Er hat mir in umsichtiger Weise beim Aufbau des Mitarbeiterkreises und bei der Verhandlung mit Behörden zur Seite gestanden, insbesondere die Zensurfragen bearbeitet und die fremdsprachlichen Verzeichnisse des Anhanges aufgestellt.

Wenn ich für den übrigen Großteil der Arbeit die wissenschaftliche Verantwortung übernehme, so tue ich es in der Hoffnung, daß der Natur einer solchen Aufgabe nach eine aufbauend eingestellte, sachkundige Kritik uns durch Mitteilung von unvermeidlichen Irrtümern und Anregung von Verbesserungen unterstützen wird. Ein Versuch wie dieser ist in solchem Umfange unseres Wissens noch nicht unternommen worden. Beiträge zu seinem Gelingen werden der gesamten deutschen Wehrmacht und den mit ihr in Fühlung stehenden Kreisen zugute kommen.

Beim Lesen der Korrekturen sind wir durch Oberregierungsrat i. R. Georg Kreuter aus meinem engeren Mitarbeiterkreise in dankenswerter Weise unterstützt worden.

Die großen Sammelwerke Ehrenbuch der Deutschen Feldartillerie (Verlag Tradition Wilhelm Kolk, Berlin SW 48) und Ehrenbuch der Deutschen Schweren Artillerie, Bd. I (gleicher Verlag) und Bd. II (Vaterländischer Verlag C. A. Weller, Berlin), denen wir viele Anregungen verdanken, sollten besonders von den neuen Jüngern unserer Wissenschaft eingehend studiert werden. Sie werden großen Gewinn davon haben!

Berlin-Steglitz,
Sedanstr. 16.

Hans-Hermann Kritzinger.

Verzeichnis der Mitarbeiter.

Berlin, Wilhelm, Oberst.	Allgemeine Artillerietechnik.
Busemann, Adolf, Prof. Dr.-Ing.	Aerodynamik.
Eckardt, Werner, Oberstleutnant a. D.	Infanteriewaffen (Handfeuerwaffen).
Eggert, Otto, Prof. Dr. phil., Dr.-Ing. e. h.	Vermessungswesen (Photogrammetrie).
Feuchter, Georg, Oberleutnant a. D.	Flugzeuge u. Flugzeugwaffen.
Hänert, Ludwig, Dr. phil., Oberstudiendirektor.	Ballistik.
Hofe, Christian von, Prof. Dr. phil.	Optik.
Justrow, Karl, Oberstleutnant a. D.	Waffen und Munitionswirkung.
Kritzinger, Hans-Hermann, Dr. phil.	Ballistik.
Langhans, Alfred, Dr. phil., Oberregierungsbaurat.	Pulver und Sprengstoffe.
Lüscher, Hermann, Dr.-Ing., Ob.-Reg.-Rat.	Heeresvermessungswesen, Erd- und Luftbildmessung.
Marx, Wilhelm, Generalleutnant a. D.	Artillerie-Schießlehre.
Nehring, Walther, Oberst.	Panzerfragen.
Pannke, Kurt, Dr.-Ing.	Ballistische Geräte.
Plake, Ewald, Dr. phil.	Physik und Mathematik.
Schläfer, Valentin, Direktor bei „Rheinmetall".	Zünderfragen.
Schmidt, Robert, Dr. phil. Prof.	Flakschießlehre.
Schmitz, Otto, Dr.-Ing. Prof.	Waffentechnik.
Schumacher, Ernst, Konteradmiral a. D.	Marineartillerie.
Schwab, Otto, Dr.-Ing.	Feldmeßwesen (einschl. Schallmeßwesen).
Stierstadt, Otto, Dr. phil. habil., Dozent für Physik.	Physikalisches Meßwesen (Apparate).
Stuhlmann, Friedrich, Dr. phil., Oberst a. D.	Lebensbeschreibungen und Artillerie.
Vahlen, Theodor, Dr. phil., Prof. Min.-Dir. i. R.	Theoretische Ballistik.
Walchner, Otto, Dipl.-Ing.	Aerodynamik.

A

Abel, Sir Frederick, Chemiker. Geb. 17. Juli 1827 in London, gest. am 6. Sept. 1902 in Whitehall Court (London). Studierte Chemie und wurde 1853 MICHAEL FARADAYS Nachfolger als Dozent für Chemie an der Royal Military Academy. 1854 erhielt er eine Anstellung als Chemiker des britischen Kriegsministeriums und war hier bis 1888 mit großem Erfolge tätig, besonders auf dem Gebiete der Schießbaumwolle und Sprengstoffe. Es gelang ihm, im Cordite ein rauchschwaches Nitrozellulosepulver herzustellen.

Abelsche Gleichung ist die Formel der Inneren Ballistik, die den Höchstdruck p' der Pulvergase zu berechnen gestattet, der bei der Verbrennung einer Pulvermenge von L kg in einem konstanten Volumen von V Liter entsteht. Wird die Ladedichte mit $\Delta = \frac{L}{V}$ und die Pulverkonstanten mit f (spezifischer Druck) und α (Kovolumen) bezeichnet, so besteht die Gleichung:

$$p' = f\frac{L}{V - \alpha L} = f\frac{\Delta}{1 - \alpha\Delta}.$$

Die Abelsche Gleichung geht aus der van der Waalsschen Gleichung (s. d.) hervor, die für die innere Ballistik in der Form:

$$p(V - \alpha L) \backsim T$$

gebraucht wird mit p als Gasdruck und T als absoluter Gastemperatur. Bezieht man den thermodynamischen Zustand der Pulvergase auf einen Normalzustand (Druck p_0 760 mm Hg bei 0° C und normaler Schwere und Temperatur $T_0 = 273°$ abs.), so hat man:

$$\frac{p(V - \alpha L)}{T} = \frac{p_0(V_0 - \alpha L)}{T_0}.$$

Die Volumkorrektion αL ist neben dem sehr großen Werte V_0 des Gasvolumens im Normalzustande zu vernachlässigen; der Bruch V_0/L ist dann das spezifische Volumen $\mathfrak{v}_0$ des Pulvers (s. d.), gleich dem Volumen der aus 1 kg Pulver entstehenden Gase im Normalzustand. Es bestehen somit die Gleichungen, wenn T die absolute Verbrennungstemperatur des Pulvers und Δ die Ladedichte bezeichnen:

$$p' = p_0\frac{V_0}{L}\cdot\frac{T}{T_0}\frac{L}{V - \alpha L}$$

$$= p_0\mathfrak{v}_0\frac{T}{T_0}\cdot\frac{L}{V - \alpha L} = f\frac{L}{V - \alpha L}$$

$$= f\frac{\Delta}{1 - \alpha\Delta}.$$

Die Größe $f = p_0\mathfrak{v}_0\frac{T}{T_0}$ wird der spezifische Druck des Pulvers (s. d.) genannt; sie wird am besten empirisch zusammen mit dem Kovolumen α durch Versuche mit verschiedener Ladedichte aus der Abelschen Gleichung bestimmt.

Ist von der Pulvermenge L kg erst der Bruchteil ε verbrannt, so ist in der Abelschen Gleichung zur Berechnung des bereits eingetretenen Gasdruckes p das Volumen des noch unverbrannten Pulvers zu berücksichtigen. Ist s das spezifische Gewicht der Pulverkörner, so ist dieses Volumen gleich $\frac{L}{s}(1-\varepsilon)$ und die Abelsche Gleichung wird:

$$p = \frac{f L \varepsilon}{V - \alpha L \varepsilon - \frac{L}{s}(1-\varepsilon)} = \frac{f \Delta \varepsilon}{1 - \alpha \Delta \varepsilon - \frac{\Delta}{s}(1-\varepsilon)}.$$

Alle diese Gleichungen schließen die Voraussetzung in sich, daß keinerlei Wärmeaustausch zwischen den Gasen und den das Volumen einschließenden Wandungen erfolgt, und daß die Gase keine äußere Arbeit leisten.

Die Abelsche Gleichung, eine Umformung der Gasgesetze, ist in der Ballistik mit dem Namen Abel verknüpft, da er vor allem ihre weitgehende Gültigkeit bei der Pulververbrennung nachgewiesen hat. Oberhalb eines Gasdruckes von 3000 at ist, wahrscheinlich wegen Vernachlässigung der Wechselwirkung der Gasteilchen untereinander, die Abelsche Gleichung nicht mehr streng gültig.

Abgangsfehler wird der Unterschied der Richtung der Seelenachse des Rohres vor dem Abfeuern (die Erhöhung ε) gegen die Richtung der Tangente an die Flugbahn (der Abgangswinkel früher φ, jetzt ϑ_0) des Geschosses in dem Punkte genannt, wo es ganz die Mündung verlassen hat. Die Ursache für den Abgangsfehler liegt hauptsächlich in den Schwingungen des Rohres durch den Abschuß und in dem elastischen Nachgeben der Lafette.

Das Vorzeichen des Abgangsfehlerwinkels δ kann positiv oder negativ sein; der Betrag überschreitet selten 5 Strich. Größere Beträge als ein Grad sind bedenklich. In Formeln ausgedrückt:

$$\varphi \text{ oder } \vartheta_0 = \varepsilon + \delta,$$
$$\delta = \vartheta_0 - \varepsilon,$$

danach das Vorzeichen bestimmt.

Abgangsfehlerwinkel s. Abgangsfehler.

Abgangsrichtung des Geschosses ist die Richtung der Anfangstangente der Bahn. Sie hat keine direkte Beziehung zur Seelenachse des Rohres, da dieses wie eine Gerte, wenn auch in viel geringerem Ausmaße, schwingt. Nachdem der Schwerpunkt des Geschosses das Rohr verlassen hat, wird das Bodenstück noch durch das schwingende Rohr beeinflußt. Eine zuverlässige Bestimmung der Abgangsrichtung ist durch photogrammetrische Verfolgung von Leuchtspurgeschossen möglich. Angenähert kann die Abgangsrichtung auch durch Beschießen von Papptafeln in der Nähe des Geschützes bestimmt werden. Dies Verfahren wird zur Bestimmung des Abgangsfehlerwinkels auf Schießplätzen vielfach geübt.

Abgangswinkel wird der Winkel zwischen der Horizontalen und der Anfangstangente der Bahn des

Geschosses (nach Verlassen der Mündung) genannt. Mit der Richtung der Seelenachse ist er durch den „Abgangsfehlerwinkel“ verbunden (s. d.).

Abkommen ist der Punkt am Ziel, auf den im Augenblick des Schusses die Visierlinie gerichtet war. Beim Zielen ist der Schütze bestrebt, seine Visierlinie auf den gewählten Haltepunkt (s. d.) zu richten. Infolge kleiner Schwankungen beim Zielen ist ein starres Einrichten der Visierlinie auf den Haltepunkt nicht möglich. Das Bemühen des Schützen muß dahin gehen, daß er während der kleinen Schwankungen in der Nähe des Haltepunktes bleibt. Ein gut ausgebildeter Schütze muß sich darüber klar sein, auf welchen Punkt am Ziel seine Visierlinie gezeigt hat in dem Augenblick, als der Schuß brach; auf diesen Punkt ist er „abgekommen“. Er muß diesen Punkt des Abkommens genau ansagen können. — Bei Zielfernrohren werden die Visiermarken im Gesichtsfelde des Zielfernrohrs (Zielstachel, Fadenkreuz, Dreieck, Punkt usw.) gelegentlich leider nicht streng logisch „das Abkommen“ genannt.

Abkrümmen ist die Benennung für einen Vorgang beim Schießen, der das Abziehen der Waffe und damit das Lösen des Schusses bedeutet. Der Zeigefinger der rechten Hand wird an den Abzug der Waffe gelegt und dann gekrümmt. Dadurch drückt er den Abzug zurück, bis die Abfeuervorrichtung (Hahn, Schlagbolzen) frei wird und den Schuß auslöst. Bei Waffen, die im Abzug einen Druckpunkt haben, muß der Schütze durch Druck mit dem Zeigefinger erst an den Druckpunkt herangehen. Erst wenn er den Abzugswiderstand des Druckpunktes fühlt, beginnt er mit dem langsamen, gleichmäßigen Abkrümmen unter fortwährendem Bemühen, zielend die Visierlinie möglichst am Haltepunkt am Ziel zu halten (s. Haltepunkt und Abkommen). Bei gleichmäßigem Abkrümmen darf er den Augenblick, in dem der Schuß brechen wird, nicht merken. Wohl aber soll er in Ruhe sich darüber klar sein, wo er beim Schuß abgekommen ist. — Im Gegensatz zum ruhigen Abkrümmen steht das „Durchreißen“. Es besteht darin, daß der Schütze mit energischem Ruck den Abzug zurückreißt, wenn er bei den Schwankungen der Visierlinie beim Zielen glaubt, einen günstigen Augenblick für ein gutes Abkommen abgepaßt zu haben. Das Schießen mit Stechervorrichtung am Abzug beruht auf diesem Verfahren.

Abkürzungen. In der praktischen Ballistik werden zur Zeit vielfach Bezeichnungen verwendet, die den Anforderungen an einheitliche Systematik des heutigen Normenwesens nicht entfernt entsprechen. Die Literatur bezeichnet den gleichen Begriff in verschiedenster Weise (auch schon in Deutschland), so daß man beim Arbeiten unnötigen Gedächtnisballast mitschleppen muß, wenn man verschiedene Autoren über das gleiche Thema vernehmen will.

Verschiedene Versuche, die ballistischen Bezeichnungen wenigstens innerhalb der deutschen Wehrmacht zu normen, sind trotz großer

Konferenzen fehlgeschlagen. So bleibt heute nichts anderes übrig als der Versuch des einzelnen, neue Vorschläge zu Vereinheitlichung zu machen. Diese haben bis zum letzten Augenblick Änderungen erfahren und können die Innenballistik noch nicht erfassen, deren Abkürzungen besonders inkonsequent erscheinen. Aus diesem Grunde ist es auch noch nicht möglich gewesen, vorliegendes Stichwortverzeichnis ganz zu vereinheitlichen. Wir bitten um Vorschläge der fachkundigen Leser. Die Liste im Anhang ist also auch noch nicht „endgültig" — aber hoffentlich ein brauchbarer Anhalt.

Abkürzungen, Liste s. Anhang.

Ableitung s. Differentialquotient.

Abpraller sind Geschosse, die beim Auftreffen auf irgendein Ziel, sei es Boden oder Wasser, nicht eindringen, sondern weiter fliegen. Abpraller werden gelegentlich bewußt angestrebt, z. B. beim Beschießen lebender Ziele unter Verwendung von Aufschlagzündern mit eingestellter Verzögerung. Das Abprallen (Rikoschettieren) der Geschosse ist von der Beschaffenheit des Auftreffgeländes und dem Auftreffwinkel abhängig. Eine Vorausberechnung des von Abprallern bestrichenen Raumes erweist sich als sehr schwierig.

Abschußentfernung ist die Entfernung des Abschußpunktes (s. d.) von der Batterie. e_A = Entfernung (Schrägentfernung) zum Abschußpunkt, e_K = Kartenentfernung zum Abschußpunkt.

Abschußpunkt ist der Punkt, in dem sich das Flugziel im Augenblick des Abschusses befindet.

Absolut- und Relativbewegung. Zur Beschreibung der Bewegung eines Massenpunktes bedient man sich eines beliebigen Koordinatensystems und gibt die Koordinaten des Punktes in Abhängigkeit von der Zeit, bezogen auf dieses System, an. Damit ist die Bewegung des Punktes relativ zu diesem Koordinatensystem bekannt. Ist ein zweites System gegeben, dessen Bewegung gegenüber dem ersten bekannt ist, so läßt sich die Bahn des Massenpunktes relativ zum zweiten Koordinatensystem aus der Bahn relativ zum ersten System erhalten. Da man mit dem Begriff eines absolut ruhenden Systems keinen Sinn verbinden kann, so darf streng genommen von Absolutbewegung nicht gesprochen werden.

Werden zwei Systeme Σ und Σ' (davon Σ ruhend und Σ' dagegen bewegt) betrachtet, so wird die Gleichung für die Bewegung eines Punktes im System Σ' erhalten, indem man zu der auf den Punkt im System Σ wirkenden Kraft $\mathfrak{K}$ noch gewisse Scheinkräfte hinzufügt.

Nur im einfachsten Falle der mit konstanter Geschwindigkeit gegeneinander bewegten Systeme tritt keinerlei Scheinkraft auf.

Anders ist es beim praktisch wichtigen Fall, daß das System Σ' gegenüber dem System Σ mit konstanter Winkelgeschwindigkeit $\mathfrak{w}$ rotiert. Die Bewegungsgleichungen im System Σ' sind hier

$$m\frac{d^{2\prime}\mathfrak{r}}{dt^2} = \mathfrak{K} - 2m\left[\mathfrak{w}\frac{d'\mathfrak{r}}{dt}\right] - m[\mathfrak{w}[\mathfrak{w}\mathfrak{r}]].$$

Als Scheinkräfte treten hier die

Zentrifugalkraft $-m[\mathfrak{w}[\mathfrak{w}\mathfrak{r}]]$ und die Corioliskraft $-2m\left[\mathfrak{w}\frac{d'\mathfrak{r}}{dt}\right]$ auf.

Die Corioliskraft ist also gleich dem doppelten Produkt aus der Winkelgeschwindigkeit der Drehbewegung und der zur Drehachse senkrechten Komponente der Geschwindigkeit des Massenpunktes im System Σ'; sie steht senkrecht auf den Richtungen der Drehachse und der Relativgeschwindigkeit des Massenpunktes.

Absolute Gaskonstante. Bei Anwendung des Boyle-Lussacschen Gesetzes (s. d.) auf eine Menge von einem Mol (s. d.) eines Gases besteht nach dem Gesetz von Avogadro (s. d.) zwischen dem Gasdruck p, dem Gasvolumen V und der absoluten Temperatur des Gases die Beziehung:

$$pV = RT.$$

Für eine Menge von n Mol ist demnach:

$$pV = RnT.$$

R ist die absolute Gaskonstante, unabhängig von der Art des Gases; ihr Wert ist:

$R = 8{,}31 \cdot 10^7$ auf Erg als Arbeitseinheit

und $R = 1{,}986$ auf die Grammkalorie als Arbeitseinheit bezogen.

Ist m das Molekulargewicht eines idealen Gases, c_p seine spezifische Wärme (s. d.) bei konstantem Druck, c_v seine spezifische Wärme bei konstantem Volumen, so besteht die wichtige Beziehung:

$$c_p - c_v = \frac{R}{m}.$$

Absolute Temperatur. Die absolute Temperatur eines Körpers ist gleich seiner Temperatur in Celsiusgraden, vermehrt um den Summanden 273 Grad. Beträgt die absolute Temperatur T Grad, so ist die Bezeichnungsweise $T°$ abs. oder $T°$ Kelvin. Der Summand **273** ist der reziproke Wert des Ausdehnungskoeffizienten idealer Gase (s. Boyle-Mariottesches und Boyle-Lussacsches Gesetz).

Die Temperatur —273° Celsius oder 0° absolut heißt „absoluter Nullpunkt“ [Temperatur, bei der ein ideales Gas (s. d.) unter endlichem Druck das Volumen Null oder bei endlichem Volumen den Druck Null besitzt]. Die wirklichen Gase verflüssigen sich jedoch sämtlich oberhalb des absoluten Nullpunktes.

Absteigender Ast heißt der Teil der Flugbahn, der von ihrem Gipfelpunkte abwärts bis zum Auftreffpunkt des Geschosses reicht.

Abszisse s. Koordinaten.

Abtrift nennt man die durch hinreichend gleichmäßige, anhaltende äußere Einflüsse bewirkte Änderung der Bewegungsrichtung freier Körper, die eine Eigengeschwindigkeit besitzen. Die Bewegung der Körper ist auf ein unveränderliches (Koordinaten-) System zu beziehen, meist die feste Erdoberfläche. Beispiele: Flugzeug im Wind, fahrendes Schiff in der Meeresströmung.

Die resultierende Geschwindigkeit setzt sich nach dem Parallelogrammgesetz (s. d.) aus der Eigengeschwindigkeit $\mathfrak{v}$ des Flugzeugs und der Windgeschwindigkeit $\mathfrak{w}$ nach Größe und Richtung zusammen (Vektoraddition) (s. d.).

Der Winkel zwischen der tatsächlich eintretenden Bewegungsrichtung (Richtung von $(\mathfrak{w}+\mathfrak{v})$) und der Eigengeschwindigkeit $\mathfrak{v}$ heißt Abtriftwinkel. Meist liegt die Eigengeschwindigkeit $\mathfrak{v}$ in Richtung der Längsachse des Körpers (Kiellinie). Dann ist der Abtriftwinkel auch der Winkel zwischen Kiellinie und resultierender Bewegungsrichtung. Ist $\mathfrak{v}$ der Betrag der Eigengeschwindigkeit und $\mathfrak{w}$ derjenige der (Wind-)Geschwindigkeit, und ist der Winkel, den diese

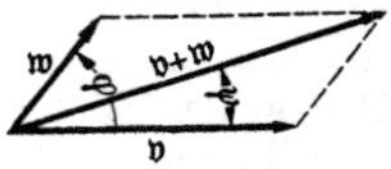

Abb. 1.

Geschwindigkeiten miteinander bilden (s. Abb.) gleich φ, so ist der Abtriftwinkel ψ durch die Formel bestimmt:

$$\operatorname{tg}\psi = \operatorname{tg}\varphi \frac{\frac{\mathfrak{w}}{\mathfrak{v}}}{\frac{\mathfrak{w}}{\mathfrak{v}} + \sec\varphi}.$$

Die Größe der Abtrift eines Körpers kann man auch durch die Strecke senkrecht zur Richtung seiner Eigenbewegung messen, die der Körper nach bestimmter Zeit abgetrieben worden ist (Seitenabtrift).

Über die Wirkung des Windes auf die Flugbahn der Geschosse s. unter Windeinfluß (s. Trift).

Abtriftwinkel s. Abtrift.

Achsen, verschwenkte s. Verschwenkte Achsen bei stereophotogram. Aufnahmen (s. Stereoaufnahmen).

Ackeret, Jakob, Prof. Dr. Ing., Zürich. Geb. 17. 3. 1898 in Zürich. Studierte an Techn. Hochsch. Zürich und Univ. Göttingen. Seit 1931 Professor für Aerodynamik an der Techn. Hochsch. Zürich.

Arbeitsgebiete: Physik, Aerodynamik, angewandte Mathematik, Flugtechnik, Mechanik, Motorluftschiffahrt.

Adiabatisch heißen beliebige Zustandsänderungen eines thermodynamischen Systems, bei denen kein Wärmeaustausch zwischen System und Umgebung stattfindet. (Über Adiabaten vgl. Poissonsches Gesetz.)

Ähnlichkeitsgesetze stellen die Bedingungen auf, unter denen an geometrisch ähnlichen Objekten eine geometrisch ähnliche Strömung eintritt, also auch die Bedingungen, unter denen die Strömungskräfte oder Leistungen eines Flugzeugteiles, Geschosses, Propellers u. dgl. durch einen Modellversuch mit einem der Großausführung geometrisch ähnlichen Modell ermittelt werden können. Zur Erzielung mechanisch ähnlicher Strömungsvorgänge sind bei Körpern in homogener Strömung außer der geometrischen Ähnlichkeit von Modell und Großausführung noch gleichzuhalten:

die Reynoldssche Zahl $\frac{v \cdot l}{\nu}$.

die Machsche Zahl v/c,

die Adiabatenkonstante $\varkappa = \frac{c_p}{c_v}$;

hierbei ist v = Strömungsgeschwindigkeit, l = Länge, $\nu = \frac{\mu}{\varrho}$ = kinematische Zähigkeit, μ = absolute Zähigkeit, ϱ = Dichte, $c = \sqrt{\varkappa R T}$ = Schallgeschwindigkeit, R = Gaskonstante, T = absolute Temperatur, c_p, c_v = spezifische Wärmen bei konstantem Druck bzw. Volumen. Die Einhaltung gleicher Reynoldsscher Zahlen beim Modellversuch und Großausführung ist meistens unmöglich. Die Übertragbarkeit der Modellergebnisse leidet jedoch darunter nicht sehr, wenn nur die Reynoldssche Zahl beim Versuch hoch genug und über ihrem kritischen Wert liegt. Die Ähnlichkeitsgesetze verweisen auf eine zweckmäßige Darstellung der Ergebnisse in dimensionsloser Form durch Kraftbeiwerte (s. Luftkräfte).

Aerodynamik ist die Lehre der Bewegung von Luft. Solange die in der Strömung auftretenden Druckunterschiede klein genug sind, um die Kompressibilität nicht in Erscheinung treten zu lassen, stimmen die Bewegungsgesetze der Luft praktisch mit denen der tropfbaren Flüssigkeiten überein. Als Maß für den Einfluß der Volumenänderung bei Luft oder anderen gasförmigen Stoffen dient das Verhältnis von Staudruck zu Elastizitätsmodul, ein Wert, der ungefähr dem Quadrat des Verhältnisses von Strömungsgeschwindigkeit v zu Schallgeschwindigkeit c, der sog. Machschen Zahl v/c, proportional ist.

Strömungen mit merklicher Volumenänderung behandelt die Gasdynamik. Für $v < c$ sind die Erscheinungen noch qualitativ ähnlich wie bei tropfbaren Flüssigkeiten. Für $v > c$ ändert sich der Strömungscharakter vollständig, was seinen Ausdruck hauptsächlich darin findet, daß der Körper seinen Störungswellen, die sich bei kleinen Störungen nur mit Schallgeschwindigkeit fortpflanzen, vorauseilt. Hierbei findet dann ein plötzlicher Übergang von der ungestörten Strömung in das vom Körper gestörte Gebiet statt (s. Machsche Welle).

Die Aerodynamik und Gasdynamik haben sich zusammen mit der Flugtechnik entwickelt. Dabei ist es der Theorie gelungen, unter Vernachlässigung der Flüssigkeitsreibung praktisch bedeutungsvolle Ergebnisse zu erzielen besonders dort, wo praktisch die Flüssigkeitsreibung nur eine geringe Rolle spielt, z. B. in der Theorie des Tragflügelauftriebs von Kutta und Joukowsky oder in der Prandtlschen Tragflügeltheorie, die auch auf Propeller Anwendung gefunden hat, ferner in den grundlegenden Arbeiten von Prandtl und seinen Schülern über das Verhalten von Tragflügeln bei Überschallgeschwindigkeit.

Die Theorie wird ergänzt durch die experimentelle Aerodynamik bzw. Gasdynamik, welche an Modellkörpern alle diejenigen Einflüsse zu erfassen sucht, welche die Theorie aus mathematischen Gründen vernachlässigen muß, also hauptsächlich Reibungseinflüsse. Zur Feststellung von Kräften oder Leistungen kann man entweder einen Modellkörper unter Beachtung der Ähnlichkeitsgesetze (s. d.) gegen das ruhende Medium bewegen oder einen festgehaltenen Körper anströmen lassen. Bei aerodynamischen Untersuchungen hat sich besonders die zweite Methode durchgesetzt, Sie bietet auch für ballistische Untersuchungen manchen Vorteil gegenüber der erstgenannten.

Aerokartograph (nach Hugershoff), ein Auswertegerät (s. d.) für terrestrische und Luftbildaufnahmen, 1926 durch Firma G. Heyde in Dresden konstruiert (jetzt Aerotopograph G. m. b. H. in Jena). Zugrunde liegt Prinzip des Bildmeßtheodolits (s. d.). Im Gegensatz dazu aber beide Fernrohre unbeweglich, dagegen können die beiden Kammern in der Aufnahmeneigung um Vertikalachsen gedreht werden. Zwei vor den Kammerobjektiven befindliche, um horizontale Achsen drehbare Prismen ersetzen eine Kippbewegung der Kammer. Die beiden Fernrohre bilden ein Doppelfernrohr, das als Stereoskop dient und in das durch vorgeschaltete Prismen und Linsen die aus den Kammerobjektiven heraustretenden Strahlen hineingeleitet werden. Verschiebungen in den drei Hauptrichtungen können an drei Skalen gemessen werden und geben die räumlichen Koordinaten des eingestellten Geländepunktes. An den Verschiebungen in der Horizontalebene nimmt auch unmittelbar ein Zeichenstift teil, der die Horizontalprojektion der Geländepunkte aufzeichnet.

Ammonale s. Ammonsalpetersprengstoffe.

Ammonpulver. Im Schwarzpulver (s. d.) kann der Schwefel fehlen, nur wird das Pulver dann schwerer zündbar, braucht also ein stärkeres Zündhütchen. (Wichtig für schwefelarme Länder — Rohstoffersparnis.) Im Weltkriege in Deutschland gefertigt bis 3000 t im Monat. Zusammensetzung: 15 % Kohle, 85 % Ammonsalpeter.

Die Hygroskopizität läßt sich durch geeignete Verpackung und Ladungsanordnung bei der Laborierung unterdrücken. Gegenüber dem Schwarzpulver besitzt es eine niedrigere Verbrennungstemperatur, greift also die Rohre nicht so stark an und gibt geringeres Mündungsfeuer (angewandt im Kriege besonders bei Trommelfeuer).

Ammonsalpetersprengstoffe sind Gemische von Ammonsalpeter oder Ammonnitrat als Sauerstoffträger mit Passivbrennstoffen wie Kohle und Kohlenwasserstoffen. Es sind Sicherheitssprengstoffe, die eine starke Zündung erfordern; sie dienen für Geschoßfüllungen, Handgranaten, Minen.

Ammonale sind Gemische mit Aluminiumpulver, die ähnlich wie die Thermite, Gemische von Aluminiumpulver mit Metalloxyden (Eisenoxyd), wegen der sehr großen Verbrennungswärme des Aluminiums eine hohe Temperatur erzeugen.

Amphibien. Die deutsche Bezeichnung dafür ist Wasser-Landflugzeuge; das sind Flugzeuge, die zu Wasser und zu Lande starten und landen können. Dies wird dadurch erreicht, daß Flugboote (s. d.) oder Schwimmerflugzeuge (s. d.) mit einem hochziehbaren Radfahrgestell ausgerüstet werden.

Amplitude s. Schwingungen.

Anaglyphenverfahren s. Stereoskop.

Anbeißwinkel s. Panzerformeln.

Anderthalbdecker sind Doppeldecker (s. d.), bei denen der eine — meist der untere — Tragflügel eine wesentlich geringere Spannweite besitzt. Auch wenn ein Tragflügel eine wesentlich geringere Tiefe als der andere aufweist, wird von Anderthalbdeckern gesprochen.

Anfangsgeschwindigkeit des Geschosses ist eine vereinbarte Größe, welche seine wahre Geschwindigkeit beim Verlassen der Mündung vertritt. Sie wird in m/sec gemessen und ist das Ergebnis einer Berechnung. Man beobachtet die Zeitdifferenzen, die das Geschoß zum Durcheilen der Abstände von zwei (besser vier) Rahmen oder Spulen braucht, um danach unter Verwendung seiner dadurch bestimmten Verzögerungsfunktion die Geschwindigkeit an der Mündung zu berechnen. In Wirklichkeit hat infolge der Nachwirkung der ausströmenden Pulvergase das Geschoß den Höchstwert seiner Geschwindigkeit in gewissem Abstand vor der Mündung erreicht. Dies ist besonders bei der Vergleichung von innen- und außenballistisch bestimmten Geschwindigkeiten zu beachten.

Anfeuerung. Leuchtpatronen, Signalpatronen für Weißlicht zu Beleuchtungszwecken des Geländes, für Buntlicht zu Signalzwecken, werden aus Pistolen von Hand oder vom Schießbock aus verschossen. Sie müssen eine Anfeuerung bekommen, die als Verzögerungszünder wirkt. Diese Anfeuerung besteht in einfachsten Fall aus einem Schwarzpulverteig, der an der Unterseite der zu verschießenden Patrone festgeklebt ist. Er wird durch die die Patrone herausschießende Treibladung gezündet, braucht zum Durchbrennen gerade soviel Zeit, wie die Patrone bis zur Erreichung des Kulminationspunktes nötig hat, und zündet nun die Patrone. Zweckmäßiger ist das während des Krieges verwendete Verfahren, die Patrone mit seitlichen Aussparungen (Rillen) zu versehen, um die in Pulver gewälzte Baumwollfäden gewickelt werden. Diese werden ihrerseits durch das Feuer der Anfeuerung entflammt und gewähren eine größere Sicherheit, daß der Leuchtstern auch wirklich entzündet wird.

An- und Abflug liegt dann vor, wenn das Flugziel im Geradeausflug über die Batterie hinwegfliegt.

Angelrutenverfahren s. Schwenken.

Anhängen. Ein zu bestimmender Neupunkt N liegt in der Nähe (einige 100 m) eines Festpunktes (A) und wird von hier aus gesehen. Der Meßtisch wird über A mit der Kippregel (s. d.) nach weiteren Festpunkten orientiert. Dann wird der Neupunkt N scharf angeschnitten und die festgelegte Richtung an der Ziehkante des Lineals auf die Karte übertragen. Die Entfernung wird durch optische Längenbestimmung ermittelt und in die Karte eingetragen.

Behelfsmäßig: Standort mit Rückwärtseinschnitt und Pausblatt auf der Karte bestimmen, mit Richtkreis Neupunkt anschneiden und Winkel mit Kartenwinkelmesser in die Karte übertragen. Entfernung optisch bestimmen oder abschreiten.

Anhängen mit Nordnadel (s. Anhängen).

Falls der Meßtisch auf dem Ausgangsfestpunkt nicht nach anderen Festpunkten orientiert werden kann, wird die Nordnadel verwendet (s. Gitternord, Nadelabweichung, Mißweisung).

Anschießen ist bei jedem Geschütz zur Erprobung der Haltbarkeit notwendig. Das Anschießen beginnt mit kleinen Ladungen. Durch schrittweise Erhöhung der Ladung über die Gebrauchsladung hinaus wird die Beanspruchung von Rohr und Lafette soweit gesteigert, wie es der jeweils vorgeschriebenen Sicherheitsgrenze entspricht.

Anschlagsarten beim Gebrauch von Handfeuerwaffen sind: stehend, kniend oder sitzend und liegend; für alle besteht die Möglichkeit, freihändig anzuschlagen oder die Waffe aufzulegen. Der Anschlag stehend ist für die Schießausbildung von großer erzieherischer Bedeutung. Als Gefechtsanschlag kommt er hauptsächlich für den Schützengraben in Betracht. Zur Zeit der Vorderladergewehre war der Anschlag stehend der Hauptgefechtsanschlag, da die Ladeweise der Waffe das Stehen des Schützen voraussetzte. Der Hinterlader brachte den Vorteil des Anschlags „liegend“ als Hauptanschlagsart im Gefecht. Für Faustfeuerwaffen gilt das oben Gesagte mit. Bei der wichtigsten Gefechtsanwendung der Faustfeuerwaffen, dem Schnellschuß durch Richten der Waffe auf den Gegner, ist es erwünscht, daß der Arm gestreckt wird. Faustfeuerwaffen mit schrägem Griff liegen in diesem Falle am günstigsten in der Faust. Ein senkrechter Griff bedingt eine gewisse Winkelung des Armes im Ellenbogen.

Arbeit. Arbeit einer Kraft $\mathfrak{K}$, die mit gleichbleibender Größe auf einen geradlinig bewegten Massenpunkt in Richtung seiner Bewegung längs eines Weges der Länge s wirksam ist, heißt das Produkt:

$$A = |\mathfrak{K}| \cdot s .$$

Ist die Kraft veränderlich und der Weg krummlinig, so ist die unendlich kleine Arbeit dA pro Wegelement $d\mathfrak{s}$ bestimmt durch das innere Produkt der Vektoren $\mathfrak{K}$ und $d\mathfrak{s}$, welches gleich dem Produkt aus der Weglänge $d\mathfrak{s}$ und dem Betrage der Kraftkomponente $|\mathfrak{K}_s|$ in Richtung des Weges ist:

$$dA = |\mathfrak{K}_s|\,|d\mathfrak{s}| = \mathfrak{K}\,d\mathfrak{s} = |\mathfrak{K}|\,|d\mathfrak{s}|\cos(\mathfrak{K}, d\mathfrak{s}) .$$

Die Arbeit für den gesamten Weg ist daher gleich:

$$A = \int_{s_0}^{s_1} \mathfrak{K}\,d\mathfrak{s};$$

die Arbeit ist das Wegintegral der Kraft, eine skalare Größe. Die pro Sekunde geleistete Arbeit heißt Effekt oder Leistung der Kraft.

Einheit der Arbeit ist in der Physik das Erg, die Arbeit von einem Dyn (s. Kraft) längs eines Zentimeters. Als größere praktische Einheit dient das Joule; 1 Joule $= 10^7$ Erg.

In der Technik ist das Meterkilogramm (mkg) gebräuchlich, die Arbeit einer Kraft von der Größe eines Kilogrammgewichtes (s. Kraft) längs eines Weges von einem Meter.

Es bestehen die Beziehungen:

1 Erg $= 1{,}02 \cdot 10^{-8}$ mkg;
1 mkg $= 9{,}81 \cdot 10^7$ Erg $= 9{,}81$ Joule.

Einheit der Leistung ist das Erg je Sekunde bzw. das Meterkilogramm/Sekunde; ferner als größere Einheiten:

1 Kilowatt $= 10^{10}$ Erg/Sek.;
1 Pferdestärke (PS) $= 75$ mkg/Sek.;

es ist: 1 PS = 0,736 Kilowatt. (Über den Zusammenhang von Arbeit und Energie s. Energie,) (Prinzip der virtuellen Arbeit s. d.)

Arbeit, Prinzip der virtuellen. Ein System von Kräften, das an einem beliebigen mechanischen Systeme, auch unter Einbeziehung der inneren Kräfte, angreift, ist dann im Gleichgewicht, wenn bei einer virtuellen, unendlich kleinen Verschiebung die Gesamtarbeit aller Kräfte Null ist (Bernoulli u. La Grange).

Wird dieses Prinzip an die Spitze der Mechanik gestellt, so können daraus alle Sätze über die mechanische Kraftübertragung abgeleitet werden.

Arbeitsflugzeuge sind Flugzeuge, die zur Zusammenarbeit mit den erdgebundenen Wehrmachtteilen, Heer und Kriegsmarine, bestimmt sind, z. B. Aufklärungsflugzeuge, Artilleriebeobachtungsflugzeuge, für das Eingreifen in Erdkampfhandlungen bestimmte Tiefangriffsflugzeuge usw. Ist die Luftwaffe ein selbständiger Wehrmachtteil, so besitzt sie für Aufklärungstätigkeit usw. gleichfalls Arbeitsflugzeuge.

Arbeitsvermögen oder **Arbeitspotential** eines Pulvers s. Verbrennungswärme.

Archimedes. Geb. 287 v. Chr. in Syrakus, gefallen bei der Eroberung seiner Vaterstadt durch Marcellus 212 v. Chr. Er lebte für seine mathematische Wissenschaft und beschäftigte sich besonders mit der Lehre und Berechnung von Zylinder, Kreis und Kugel. Auf dem Gebiet der Mechanik erfand er den Flaschenzug und die Archimedische Schraube, stellte 220 v. Chr. den Archimedischen Lehrsatz von dem Gewichtsverlust eines in Flüssigkeit eingetauchten Körpers auf, der z. B. im Schiffbau Anwendung findet. Er schuf auch Verteidigungswerkzeuge und Wurfgeschütze, die bei der Belagerung von Syrakus gegen die Römer angewandt wurden.

Archimedisches Prinzip s. Auftrieb.

Artillerie (Ableitung) wird dem Ursprung des Wortes nach verschieden abgeleitet. Die beste Deutung greift auf das Wort „artiller" der französischen Schiffersprache zurück, welches „ausrüsten" im Sinne von „armieren" (deutsch „bestücken") bedeutet. Das altdeutsche „Stück", mit dem heutigen „Geschütz" vielfach gleichbedeutend, hieß früher „artillerie". Erst später verstand man darunter eine Mehrheit von Geschützen wie Feld- oder Fußartillerie bzw. Erd- oder Luft- oder Schiffsartillerie. Das Zeitwort artiller geht auf das spätlateinische „artillum" zurück, die Verkleinerungsform von ars (Kunst) etwa im Sinne von Kunstwerk.

Artillerie (Einteilung). Eine neuzeitliche Artillerie kann eingeteilt werden:

1. nach dem Kaliber in leichte, schwere und schwerste Artillerie;
2. nach der örtlichen und taktischen Verwendung in Heeres-, Korps-, Divisions-, Festungs-, Küsten-, Schiffsartillerie, in Gebirgsartillerie, in Flakartillerie;
3. nach den zu beschießenden Zielen und nach der Ausnutzung der Flugbahn in Kanonen, Haubitzen und Mörser (Flachbahn- und Steilfeuergeschütze);

4. nach der Art der Beförderung in pferdebespannte, Kraftzug-, Eisenbahn-, Schiffsartillerie und Artillerie auf Kraftwagen (Kw.).

Artillerie (Geschichte). Die Entwicklung der heutigen Artillerie (bzw. allgemein der Schußwaffen) läßt sich weit ins Altertum zurückverfolgen, das schon über sehr wirksame Wurfmaschinen (Katapulte) verfügte. Sichere Nachrichten über Feuerwaffen im eigentlichen Sinne finden sich wohl zuerst im 14. Jahrhundert in Spanien. Jedenfalls setzten die Engländer in der Schlacht bei Crécy (Somme) 1346 zum ersten Male die neuerfundenen Geschütze ein: 40000 Franzosen sollen gefallen sein! Die Rohrlänge (in Kalibern) war zunächst gering, stieg aber gelegentlich stark an. Eine Lafette im eigentlichen Sinne mit dem in Schildzapfen drehbaren Rohr entwickelt sich erst Ende des 15. Jahrhunderts. Die Munition bestand meist aus Eisenkugeln, bei den größten Kalibern aus Stein. Die Richtmittel waren noch recht primitiv, erlaubten aber doch schon ein Wirkungsfeuer gegen größere Städte.

In Deutschland entwickelte Kaiser Maximilian I. (1493—1519) seine Artillerie besonders planmäßig durch Einführung folgender Typen: Hauptbüchsen, Kartaunen (kurze Rohre), Schlangen (lange Rohre), Haubitzen und Mörser. Im Laufe der nächsten Jahrhunderte, besonders durch die Erfahrungen des Dreißigjährigen Krieges, gewannen die Kartaunen, später Kanonen genannt, an Bedeutung.

Um 1700 war die Einteilung der Geschütze folgende:

1. Kartaunen (Kanonen): Ganze (48 Pfd.), Dreiviertel, Halbe und Viertel-, Kartaune.
2. Schlangen: Ganze-, Halbe Feldschlange.
3. Leichte Stücke: Regimentsstück, Falkonett, Serpentinell.

Hinsichtlich des Steilfeuers gewannen Haubitzen und Mörser an Bedeutung. In Brandenburg gründete der Große Kurfürst 1676 das Artilleriekorps, stellte die Artillerie als selbständige Waffe auf. Das 18. Jahrhundert brachte der Artillerie im allgemeinen weniger Neukonstruktionen; die größte Schußweite wurde nicht ausgenutzt, aber in den meisten Staaten trat das Bestreben in den Vordergrund, die Geschütze beweglicher zu machen, ihre Feuergeschwindigkeit zu erhöhen und ihre Wirkung zu steigern. Bei der Konstruktion der Geschütze wurde der Unterschied der artl. Aufgaben im Feld- und Festungskrieg berücksichtigt. Namentlich Frankreich ging durch seinen Artilleriekonstrukteur Vallière und Gribeauval richtunggebend voran. In Preußen legte Friedrich der Große großen Wert auf wissenschaftliche Förderung der Artillerie; auf seine Anregung befaßte sich der große Mathematiker Leonhard Euler (s. d.) mit ballistischen Problemen.

Eine grundsätzlich neue waffentechnische Aufgabe stellte dann Napoleon I., indem er für die Konstruktion eines brauchbaren Hinterladers einen Preis aussetzte. Die Lösung dieser Aufgabe gelang erst um 1836 Dreyse für Handfeuerwaffen, Geschütze waren damals noch alle als glatte Vorderlader konstruiert. In Preußen unterschied man damals folgende Typen:

1. Kanonen: a) bronzene Rohre (3—24 Pfd.), b) eiserne Rohre (6 bis 24 Pfd.).

2. Haubitzen: a) bronzene Rohre (7 u. 10 Pfd.), b) eiserne Rohre (7—25 Pfd.).

3. Mörser: a) bronzene Rohre (7—50 Pfd.), b) eiserne Rohre (10 bis 50 Pfd.).

Dazu kamen später schwere Haubitzen und Bombardkanonen.

Die Kanonen der damaligen Zeit hatten eine größte Reichweite von 1800 m, die glatten Gewehre übrigens nur 200—300 m. Die gezogenen Handfeuerwaffen erreichten jedoch mehr als die doppelte Entfernung und zwangen damit den Geschützkonstrukteur, gleichfalls gezogene Rohre zu entwickeln. 1855 brachte Krupp Rohre aus Tiegelgußstahl heraus, deren 7 kg schwere Geschosse 4000 m weit trugen.

Nachdem die Hinterlader sich 1864 bewährt hatten, wurden (meist gezogene) Geschütze bis 1870 weiter entwickelt. 1870 besaß die deutsche Artillerie folgende Geschütze: Feldartillerie: schwere Batterien 9 cm-, leichte und reitende Batterien 8 cm-Stahlkanonen. Belagerungsartillerie: 12 und 15 cm-Bronzekanonen, 15 cm-Stahlkanonen, kurze 15 cm-Eisenkanonen. Die Mörser waren, mit Ausnahme der preuß. 21 cm-Rohre, noch glatt. Haubitzen waren nicht vorhanden. 1871 trat eine Umformierung der Artillerie ein, indem Feld- und Fußartillerie endgültig getrennt wurden. Dem Wunsche nach einem möglichst einfach zu bedienenden Feldgeschütz von größerer Leistungsfähigkeit wurde 1873 durch Konstruktion der stählernen 8 und 9 cm-Kanone Rechnung getragen. Auch die Geschütze der Fußartillerie wurden auf Grund der Kriegserfahrungen in den nächsten Jahren verbessert und neu konstruiert. 1890 besaß die deutsche Belagerungsartillerie an Geschützarten:

1. Kanonen (schw. 9 und 12 cm, 15 cm-Ringk.).

2. Kurze Kanonen (15 u. 21 cm).

3. Mörser (9, 15 und 21 cm).

In die Jahrzehnte nach dem Kriege 1870/71 fallen hochbedeutsame Entwicklungsfortschritte der Artillerie, wie die Ausnutzung des gebremsten Rohrrücklaufes, die Anwendung neuer Pulver, die sich durch geringe Rauchentwicklung auszeichneten und sich innenballistisch beherrschen ließen, die Ausgestaltung der Geschosse für verschiedene taktische Aufgaben (neue Zünderkonstruktionen), neue Richtmittel u. a. m. Eine kurze Abhandlung über „Die neuzeitliche Entwicklung der Schußwaffen“ (Deutsches Museum, Abh. u. Berichte, VDI 1931) von C. Cranz und O. v. Eberhard gibt darüber Auskunft. Die Entwicklung der deutschen Artillerie bis zum Ende des Krieges 1914—18 wird abschließend dadurch gekennzeichnet, daß damals 2834 Feldartl.-Batterien mit 11330 Geschützen und bei der Fußartl. 1370 Batterien mit 4826 Geschützen vorhanden waren. (S. auch die Ehrenbücher der Feld- und Fußartillerie, Traditions-Verl. Kolk & Co., Berlin.)

Artillerieflieger. Artilleriefliegerverbände sind Fliegerverbände, deren Aufgabe es ist, mit der Artillerie zusammen zu arbeiten, vor allem das Einschießen mittels Flugzeugbeobachtung durchzuführen.

Artilleriegasschießen. Die artilleristische Verwendung von Kampfgas ist im Kriege 1914—1918 seit dem Jahre 1916 von größter Bedeutung geworden. Bei den zuerst verwendeten Gasgranaten wurde noch nicht auf ihre Splitterwirkung verzichtet, bis dann allmählich mehr Wert auf die Wirkung des Gases als auf die der Geschoßsplitter gelegt wurde. Anscheinend werden verschiedene Gasgranaten beibehalten werden, die teils mehr Gaswirkung, teils gleichzeitig mehr Brisanzwirkung enthalten werden.

Artillerie-Rechenschieber sind Geräte, die Korrekturen für Entfernung und Richtung, die wegen B.W.E. (s. d.) erforderlich sind, errechnen und die gemessenen Grundwerte (Entfernung und Richtung) um die Summe dieser Korrekturen berichtigen.

Die B.W.E. setzen sich zusammen aus Einflüssen von Rohr und Munition, der Witterung und des Geländes, wobei unter den letztgenannten Staffelung (Abstand der einzelnen Geschütze vom Grundgeschütz oder Batterieschwerpunkt) und Geländewinkel (Höhenunterschied zwischen dem Ziel und den einzelnen Geschützen) verstanden werden.

Das Gerät erlaubt die Einstellung all dieser Einflußgrößen an bequemen Skalen und gestattet die unmittelbare Ablesung (als Kommando) der verbesserten Entfernung bzw. verb. Erhöhung sowie der verb. Richtung.

Mittels geeigneter Rechenelemente wird die einzelne Korrektur als Produkt des Einflusses selbst und der zugehörigen Entfernungsfunktion gebildet. Diese Produktbildung erfolgt mechanisch nach dem Strahlensatz. Die Beträge der B.W.E. bzw. T.V. werden dabei nach den Schußtafeln in Skalenteilungen entsprechend den Entfernungen wiedergegeben. Jedes Multiplikationsaggregat sitzt auf einem eigenen Schieber. Diese werden von einer gemeinsamen Führung gehalten. Auf ihr wird durch einfaches Aneinanderreihen der Einflüsse ihre algebraische Summe getrennt für Entfernung (Erhöhung) und Seitenrichtung gebildet (ausf. Beschr. v. Maj. a. D. Kaiser in Artl. Rdsch. 1930, Apr., S. 12—21).

Um das Gerät für mehrere Ladungen oder Geschosse ohne lose Teile verwenden zu können, sind die Entfernungs- und Erhöhungsskalen auf Zylindern angebracht, die durch Drehung auf Ladung bzw. Geschoß eingestellt werden können. In fast 20jähriger Entwicklung ergab sich ein Gerät, das in Leichtmetall nur 6—7 kg wiegt.

Das erste brauchbare Modell eines solchen Rechengerätes wurde im Herbst 1917 im Felde von Lt. d. R. Kurt Pannke behelfsmäßig hergestellt. Nach kurzer Erprobung an der Front wurde Erbauer mit Muster zur Artill.Prüf.Komm. nach Berlin geschickt. Erstes durchgearbeitetes Modell Frühjahr 1918 vorgelegt (vgl. K. Becker, Techn. u. Wehrm. 1921 S. 199). Erprobung an der Front durch Waffenstillstand unterbrochen,

1925 Entwicklung neu aufgenommen. Bis 1930 allgemeine Ausrüstung aller Batterien mit diesen Geräten mit Batterieplan-Tisch. Später auf Staffelungsrechner in Vereinigung mit Art.-Rechensch. verzichtet: Rechenschieber unabhängig auf kleine praktische Form gebracht und seit 1935 in der deutschen Armee allgemein eingeführt. — Andere Nationen gleichfalls bemüht, Vorteile des mechanischen Rechnens durch derartige Artillerie-Rechenschieber auszunutzen.

Assmann, Richard, Prof., geb. 13. 4. 1845 in Magdeburg, gest. 26. 5. 1918. Studierte Medizin und wurde praktischer Arzt. 1885 Priv. Doz. in Halle. Bald darauf an das Meteorologische Institut in Berlin berufen, gründete er hier 1899 das Aeronautische Observatorium als Abteilung des Preuß. Meteorolog. Institutes. 1905 rief er das Aeronautische Observatorium Lindenberg bei Berlin ins Leben, dessen Direktor er bis 1918 war. 1914 bis 1918 Honorar-Professor an der Univ. Gießen. Er erfand den nach ihm benannten Gummiballon und das Aspirationspsychrometer.

Arbeitsgebiete: Physik der freien Atmosphäre, Meteorologie, Luftschiffwesen.

Asymptoten sind die Tangenten in den uneigentlichen (unendlich fernen) Punkten einer Kurve.

Ihre Gleichungen findet man, indem man in die Tangentengleichung für einen Kurvenpunkt x, y Polarkoordinaten (s. d.) r, φ einführt, r über alle Grenzen wachsen läßt und für φ die Richtungswinkel der uneigentlichen Punkte einsetzt. Diese Richtungswinkel bestimmen sich aus den Gleichungen der Kurve in Polarkoordinaten, wenn $1/r$ gegen Null konvergiert.

Konvergiert in der Kurvengleichung in Polarkoordinaten für unendlich werdendes φ die Koordinate r gegen einen endlichen Wert a, so hat man einen asymptotischen Kreis, der sich für $a = 0$ auf den asymptotischen Punkt zusammenzieht.

Am bekanntesten sind die Asymptoten der Hyperbel; werden die Asymptoten als schiefwinklige Achsen eines Koordinatensystems gewählt, so nimmt die Hyperbelgleichung die einfache Form $x\,y = \text{const}$ an.

In der theoretischen Ballistik besitzt jeder absteigende Ast einer Flugbahn, wenn er bis ins Unendliche verlängert wird, eine senkrechte Asymptote.

Flachbahnen großer Geschwindigkeit lassen sich gut durch eine Hyperbel darstellen, die durch den Anfangspunkt der Geschoßbahn mit der Anfangsneigung ϑ_0 gelegt wird. Im Punkte mit der Abszisse $x = \frac{X \operatorname{cotg} \vartheta_e}{\operatorname{cotg} \vartheta_0 + \operatorname{cotg} \vartheta_e}$ hat sie eine senkrechte Asymptote, wenn ϑ_e der Fallwinkel und X die horizontale Schußweite ist. (Näherung von Newton.)

Atmosphäre als Druckeinheit s. Druck.

Auffallpunkt s. Auftreffpunkt.

Auffallwinkel s. Auftreffwinkel.

Aufhaltekraft ist diejenige Kraft, durch welche ein Geschoß bei seinem Eindringen in ein Ziel gebremst wird. Diese Kraft K ist um so größer, je kleiner der Eindringungsweg s ist, auf dem die

Auftreffgeschwindigkeit v_a des Geschosses G aufgezehrt wird; bei senkrechtem Auftreffen gilt:

$$\frac{G \cdot V_a^2}{2g} = K \cdot s .$$

Bei einem sehr widerstandsfähigen Zielwerkstoff, besonders bei hochgehärtetem Panzerstahl, kann K so stark anwachsen, daß das Geschoß dieser Kraft nicht gewachsen ist, sondern zu Bruch geht. Maßgebend für die Größe der Beanspruchung ist natürlich nur der auf die Flächeneinheit entfallende Aufhaltedruck, der sich im Augenblick des Auftreffens auf die Umgebung der Geschoßspitze konzentriert, wodurch diese ganz besonders beansprucht wird (vgl. Panzer).

Aufklärungsflugzeuge. Ihre Aufgabe besteht in der Aufklärung aus der Luft. Es wird unterschieden zwischen taktischer Aufklärung, welche die Nahaufklärung, Gefechtsaufklärung und Grabenerkundung umfaßt, und der strategischen oder operativen Aufklärung, die in der Fernaufklärung besteht. Als Nahaufklärungsflugzeuge finden fast durchweg Zweisitzer, als Fernaufklärungsflugzeuge ebenfalls meist Zweisitzer, in letzter Zeit jedoch häufiger auch Dreisitzer Verwendung. Die Augenbeobachtung wird durch Verwendung von Lichtbildgerät unterstützt und ergänzt.

Aufsatz wird der Teil der Zieleinrichtung genannt, an dem die schußtafelmäßige Erhöhung des Rohres (Aufsatzwinkel) eingestellt wird. Der Aufsatz ist mit Winkel- (Grad oder Strich) bzw. Entfernungsteilungen versehen, die entweder auf der Aufsatzstange selbst oder auf einer Aufsatztrommel angebracht sind. Die Aufsatzebene muß immer die Schußlinie enthalten.

Mit Aufsatz wird auch unmittelbar der eingestellte Aufsatzwinkel oder die Aufsatzentfernung bezeichnet. Die Werte gelten für den Mündungshorizont.

Aufsatzentfernung ist eine Rechengröße, die zwar als „Entfernung" bezeichnet wird, in Wirklichkeit aber eine Erhöhung (oder einen Aufsatz), also einen Winkel bedeutet. Sie wird aus der Meß- oder Treffentfernung dadurch gebildet, daß man diese für den Betrag der Tageseinflüsse nach den B.W.E.-Tafeln oder T.V.T. verbessert. Die Aufsatzentfernung wird im allgemeinen deswegen in Meter angegeben, weil ihr Betrag auf der Aufsatztrommel gemäß deren Entfernungsteilung einzustellen ist. Man beachtet dabei genau, daß mitunter nicht alle Tageseinflüsse in die Aufsatzentfernung eingehen, sondern daß z. B. der Unterschied der Anfangsgeschwindigkeiten der einzelnen Geschütze einer Batterie an deren Libelle gemäß den „Grund-Stufen" (s. d.) berichtigt werden muß (vgl. Erhöhung).

Aufsatzstellung heißt die Einstellung des Aufsatzes auf einen bestimmten Aufsatzwinkel oder eine Aufsatzentfernung (s. Aufsatz, Aufsatzwinkel).

Aufsatztrommel. Soll die Aufsatzteilung unmittelbar auf der Aufsatzstange angebracht werden, so ist der Krümmungsradius der Stange durch den kleinsten zulässigen Abstand der Teilstriche bedingt. Wenn dieser Abstand in Rücksicht auf genaue Einstellung auf etwa 1 mm festgesetzt wird, so ist für Teilung in Strich oder Sechzehntelgrad der Radius etwa 1 m. Das bedeutet eine sehr sperrige und in vielen Fällen ungeeignete Konstruktion. Man überträgt deshalb den Aufsatzwinkel auf eine Trommel, wobei man den ganzen Umfang derselben für den Erhöhungsbereich ausnutzt. Dann kann auch eine beliebige Zahl von Teilungen bei entsprechender Breite der Trommel untergebracht werden.

Aufsatzwinkel heißt der Winkel zwischen der Seelenachse des Rohres und dessen Verbindungsgeraden mit dem Ziel. Liegt das Ziel in der Mündungswaagerechten, so ist der Aufsatzwinkel gleich der Rohrerhöhung. Die volkstümlichen Jägerregeln über den Betrag des Aufsatzes:

Bergauf: halt drauf,
Bergunter: halt drunter ...

finden sich ballistisch nur in mäßigem Umfange bestätigt. Die Bestimmung der Aufsatzwinkel für Ziele außerhalb des Mündungshorizontes kann annähernd nach dem „Angelrutenverfahren" durch Schwenken der Flugbahnen (s. d.) erfolgen. Für Flak-Schußtafeln ist eine genaue ballistische Rechnung erforderlich, die auf numerische Integration der Flugbahnen hinausläuft.

Aufschlag ist das Auftreffen eines Geschosses, einer Bombe, einer Mine od. dgl., auf das Ziel.

Aufschlagweite s. Sprengpunkt.

Aufschlagzünder ist ein Zünder, bei dem durch den Aufschlag die Zündung der Sprengladung usw. des Geschosses eingeleitet wird. Er kann Einrichtungen besitzen, um die Detonation des Geschosses

1. sofort beim Aufschlag hervorzurufen (ohne Verzögerung = o.V.) oder

2. erst kurze Zeit nach dem Auftreffen (mit Verzögerung = m.V.) oder

3. erst in der Ruhelage des Geschosses, der Bombe usw. zu bewirken (Verzugszündung = Vz.).

Aufsteigender Ast ist der Teil der Geschoßbahn, der sich von der Rohrmündung bis zu ihrem Gipfelpunkte der Bahn erstreckt.

Auftrefffläche ist die Fläche, mit der ein Geschoß gegen den getroffenen Körper schlägt. Sie ist also die Fläche, die beim Durchschlagen des Geschosses aus der getroffenen Materie ausgestanzt wird. Bei genau axial auftreffendem Langgeschoß ist sie gleich dem kalibermäßigen Geschoßquerschnitt. Bei Geschossen, die sich stauchen oder sonst deformieren, vergrößert sich die Auftrefffläche. Bei Langgeschossen, die nicht axial auftreffen oder gar als Querschläger ankommen, vergrößert sich die Auftrefffläche erheblich. Je größer die Auftrefffläche ist, desto mehr wird das Geschoß beim Durchschlag durch den Körper gebremst, desto mehr überträgt es von seiner lebendigen Kraft als Stoß auf den getroffenen Körper. Deshalb werden bei Faustfeuerwaffen, bei denen man Übertragung der gesamten Geschoßenergie auf den Körper anstrebt (Steckschüsse), große Kaliber und bei Revolvern Bleigeschosse bevorzugt.

Auftreffgeschwindigkeit ist diejenige Geschwindigkeit in m/sec, die das Geschoß im Auftreffpunkt besitzt; sie ist dann gleich der Endgeschwindigkeit, wenn das Ziel in der Mündungswaagerechten liegt.

Auftreffpunkt oder **Auffallpunkt** ist der Punkt, in dem das Geschoß auf seiner Bahn das Ziel oder Zielgelände trifft. Davon zu unterscheiden der Fallpunkt (s. d.), der sich auf die Mündungswaagerechte bezieht.

Auftreffwinkel oder **Auffallwinkel** ist der Winkel, welchen die Tangente an die Flugbahn im Auftreffpunkt mit der Zieloberfläche bildet. (Vgl. auch Panzerformel.) Der Fallwinkel (s. d.) dagegen bezieht sich auf die Mündungswaagerechte.

Auftreffwucht ist die Wucht oder kinetische Energie des Geschosses beim Aufschlag im Ziel. Ihr Wert ist gleich dem halben Produkt aus den Maßzahlen der Geschoßmasse und dem Quadrate der Auftreffgeschwindigkeit.

Auftrieb. Jeder Körper verliert beim Eintauchen in eine Flüssigkeit (Gas) soviel an Gewicht, wie das Gewicht der von ihm verdrängten Flüssigkeits- (Gas-) Menge beträgt (Archimedisches Prinzip). Der Gewichtsverlust des Körpers wird Auftrieb genannt. Bei vollständig eingetauchten Körpern ist der Angriffspunkt des Auftriebs der Schwerpunkt oder Massenmittelpunkt.

Aus dem Archimedischen Prinzip folgen die Sätze:

Ein vollkommen eingetauchter Körper ist in einer Flüssigkeit (Gas) nur dann im Gleichgewicht, wenn sein Gewicht gleich dem der verdrängten Flüssigkeits- (Gas-) Menge ist (der Körper schwebt).

Ein Körper sinkt so tief in eine Flüssigkeit ein, bis das Gewicht der verdrängten Flüssigkeit gleich dem Gewichte des Körpers ist (er schwimmt auf der Flüssigkeit).

Augenblicksziele. Darunter sind im artilleristischen Sprachgebrauch nicht etwa schlechthin alle Ziele zu verstehen, die nur einen Augenblick sichtbar sind. Schützen, die zur Feuerabgabe auf kurze Zeit an der Brustwehr eines Grabens erscheinen, einzelne Kraftfahrzeuge in Fahrt u. ä. werden nicht als A. bezeichnet. Dagegen sind damit lohnende Ziele gemeint, d. h. Ziele von größerer Trefffläche, die entweder nur kurze Zeit sichtbar sind oder ihre Trefffläche unter dem Beschuß rasch verkleinern werden. Dazu gehören Marschgliederungen aller Waffen, geschlossene Bereitstellungen, auffahrende Artillerie, Stäbe mit Kraftfahrzeugen und Pferdekoppeln u. ä. Gegen solche Ziele kommt nur ein Wirkungsschießen ohne Einschießen in Frage, gelegentlich kann auch zur Täuschung ein Einschießen gegen ein günstig gelegenes Eiziel (s. d.) angewendet werden.

Ausbläser, Auskocher. Kommt eine Sprengladung nicht zur Detonation (Gründe s. bei Deflagration), so kann sie ausblasen, d. h. nicht einmal abbrennen, sondern ohne Feuererscheinung unter Ausstoßung sichtbarer Dämpfe auskochen. Diese Erscheinung findet sich kaum bei Granatladungen, kommt aber bei Sprengungen (Pioniersprengung) vor. Die dabei auftretenden Gase zeigen eine andere Zusammensetzung als die bei der richtigen Detonation entwickelten. Besonders hoch ist der Gehalt an Stickoxyden, Zyanverbindungen, Kohlenoxyd, so daß solche etwa in Unterständen auftauchenden Ausbläser eine Vergiftungsgefahr bedeuten.

Ausbrennen von Geschoßladungen. Sollen geladene Geschosse vernichtet werden, so werden sie zweckmäßig gesprengt. Es können aber auch die unverletzten gesicherten Zünder abgeschraubt, die Geschosse mit dem offenen Mundloch über einen Graben gebracht werden, in dem ein Holzfeuer brennt, so daß der freigelegte Sprengstoff abgebrannt wird. Sicherheitsmaßnahmen, besonders Gefahrenabstand, sind notwendig, da u. U. bei diesem Verfahren die Explosionstemperatur der Füllung erreicht werden kann.

Ausbrennungen von Waffen entstehen im Rohr einer Feuerwaffe unter dem Einfluß der Verbrennungstemperatur des Pulvers, die durch den hohen Gasdruck gesteigert wird. Ausbrennungen sind Abschmelzungen des Metalls der Seelenwände; sie werden gefördert, wo der Gasdruck mit hohen Verbrennungstemperaturen in die Poren des Gefüges dringen kann, und wo um scharfe Kanten herum die Strömungsgeschwindigkeit der heißen Gase besonders reißend wirkt. Den Ausbrennungen sind am meisten solche Stellen im Rohr ausgesetzt, an denen der Gasdruck sich steigert; hier hat das Geschoß in der Vorwärtsbewegung einen plötzlichen Widerstand zu überwinden, z. B. beim Ansetzen an die Züge nach kurzem Freiflug im Laderaum oder beim Passieren rauher Stellen im Rohr. Bei Selbstladegewehren oder Masch.-Gew., die Gasdrucklader mit angebohrtem Lauf sind, ist die Anbohrstelle der Ausbrennung besonders stark ausgesetzt. An Stellen, an welchen der Ausbrennungsprozeß einmal begonnen hat, schreitet er schnell vorwärts und führt zum Unbrauchbarwerden des Rohrs. Sprengölhaltige Pulver verursachen mehr Ausbrennungen als Nitrozellulosepulver. Rauchschwache Pulver verursachen infolge ihrer höheren Verbrennungstemperatur stärkere Ausbrennungen als Schwarzpulver, und zwar Nitroglyzerinpulver wieder intensivere als Nitrozellulosepulver. Aus diesem Grunde ist bei den Ngl-Pulvern mit dem Nitroglyzeringehalt bei der Fertigung bereits heruntergegangen worden. Die Ausbrennungen sind ähnlich wie sie an Kalorimeterbomben und an Motorgehäusen vorkommen; zuweilen geht neben derselben eine Ent- bzw. Aufkohlung des Rohrstahls einher. Überschlagsweise geht bei jedem Schuß aus einem 28 cm-Geschütz etwa $^1/_3$ kg Rohrmetall verloren. Neben der Wärme wirkt vielleicht Reiboxydation; auch werden zur Erklärung die Okklusionstheorie in Verbindung mit Gasdurchlässigkeit von Metallen angeführt.

Ausgleichsrechnung. Jede durch Messungen gewonnene Größe ist mit Fehlern behaftet:

Es werden unterschieden:

1. grobe Fehler, die durch äußere Einflüsse (z. B. Nachlässigkeit) ent-

stehen; 2. regelmäßige oder systematische Fehler, die einem besonderen Meßverfahren anhaften und durch Anwendung verschiedener Meßmethoden verringert werden können; 3. zufällige Fehler, die ebensogut zu große wie zu kleine Werte ergeben, durch die Unvollkommenheit von Mensch und Instrument bedingt und unvermeidbar sind.

Die Ausgleichsrechnung hat aus einer Reihe von Messungen die „besten" Werte der Unbekannten abzuleiten, welche den wahren Werten möglichst nahe kommen. Dazu sind Genauigkeitsgrenzen anzugeben, innerhalb deren etwa die wahren Werte der Unbekannten liegen (s. Fehlerdefinitionen) und welche die Güte der Beobachtungen zu beurteilen gestatten. Schließlich sind die nach der Ausgleichung übrigbleibenden Fehler auf ihre Verteilung nach dem „Fehlergesetz" zu prüfen.

Die besten Werte der Unbekannten werden nach der „Methode der kleinsten Quadrate" (s. d.) von C. F. Gauss berechnet.

Auskocher s. Ausbläser.

Ausländische artillerist. u. ballist. Bezeichnungen (engl., franz., ital., span.) s. Anhang.

Auslösbarkeit von Pulvern s. Schlagempfindlichkeit (von Pulvern).

Ausreißer ist eine abkürzende Bezeichnung für einen Wert einer Beobachtungsreihe (z. B. von erschossenen Entfernungen), der den übrigen mehr oder minder widerspricht. Man spricht von echten Ausreißern, bei denen offenbar ein Fehler während des Bestimmungsvorganges der betr. Größe (z. B. Schußweite) gemacht wurde, und unechten Ausreißern, die nur durch eine allzustrenge Ausreißerregel (s. d.) von einer Verwendung bei der Bildung des Mittelwertes ausgeschlossen wurden. Viele Treffbilder sind seit Jahrzehnten auf diese Weise verfälscht worden.

Ausreißerregeln dienen dazu, aus einer Beobachtungsreihe die sog. widersprechenden Werte auszuscheiden, um zu vermeiden, daß das Resultat durch an sich unvermeidliche, allzu stark angewachsene Ungenauigkeiten auf dem Wege zum einzelnen Messungsergebnis entstellt wird. Man hat z. B. eine Reihe von Schußweiten bestimmt und das Mittel gezogen. Zur Prüfung des Mittelwertes bildet man die Abweichungen der Einzelwerte von ihm. Die Summe der positiven Abweichungen soll gleich der Summe der negativen Abweichungen sein. Die einzelnen Abweichungen sollen dem Gaußischen Fehlergesetz folgen. Dieses kennt an sich einen „Ausreißer" überhaupt nicht, da ja auch unendlich große Fehler mit einer allerdings unendlich geringen Wahrscheinlichkeit vorkommen können. Für die Praxis, besonders in Fällen, wo wissenschaftlich nicht geschulte Hilfskräfte derartige Aufgaben schematisch bearbeiten, ist jedoch eine Ausreißerregel unerläßlich. Mit ihrer Ableitung aus Theorie und Praxis haben sich viele Ballistiker beschäftigt. Bei C. Cranz findet man eine Reihe von Formeln zusammengestellt. Die meist benutzte unter diesen, die auf den Astronomen Chauvenet zurückgeht, leidet wie die meisten anderen unter einem verhängnisvollen Überlegungsfehler, der zu dem Ergebnis führt, daß in jeder zweiten Beobachtungsreihe ein Fehler enthalten sei. Dadurch werden eine Menge von Werten (meist Schüssen) als Ausreißer — zu Unrecht! — gebrandmarkt. Bei kleinen Mengen von Beobachtungen sind unbrauchbar die Regeln von H. Rohne und Mazzuoli, weil sie viel zu streng sind. Die bisher beste Regel ist nicht die von Chauvenet, wie meist angenommen wird, sondern die nach Heydenreich sen., die auf vielfach geprüften Erfahrungen beruht. Die Grenzen nach ihm liegen bei folgenden Vielfachen der sog. 50%-Streuung (des doppelten wahrscheinlichen Fehlers):

Anzahl der Werte	Vielfaches der 50%-Streuung
5	1,38
6	1,46
7	1,52
8	1,56
9	1,60
10	1,63
12	1,68
20	1,82

In den meisten Fällen wird man am besten fahren, wenn man die Ausreißergrenze schlechthin bei dem vierfachen wahrscheinlichen Fehler, d. h. bei der doppelten 50%-Streuung zieht. (S. Fehlerdefin. u. Streuung.)

Außenballistik oder äußere Ballistik ist die Lehre von den Flugbahnen der Geschosse im Luftraum. Sie behandelt die Geschoßbewegung während der Zeit, in welcher auf das Geschoß, worunter auch Bomben, Handgranaten, überhaupt Projektile im allgemeinen Sinne zu verstehen sind, allein Luft und Schwerkraft wirken. Hauptproblem ist die Ermittlung der funktionalen Zusammenhänge zwischen dem Luftwiderstand und der Geschwindigkeit, der Form und der Größe des Geschosses. Aufgabe der A.B. ist weiterhin die Untersuchung der Einwirkung des thermodynamischen Zustandes (Dichte, Temperatur, Druck und Feuchtigkeit) der Luft auf die Geschoßbewegung. (S. auch Tageseinflüsse.)

Äußere Reibung. Bei Bewegung eines festen Körpers in einer Flüssigkeit oder einem Gase gleiten an der Oberfläche des Körpers Schichten aneinander vorbei, die verschiedenen Substanzen angehören. Man spricht hierbei von äußerer Reibung im Gegensatz zur inneren Reibung (s. d.) der Gase und Flüssigkeiten. Die von den verschiedenen Substanzen aufeinander ausgeübten Kräfte werden proportional der Relativgeschwindigkeit angenommen. Der Proportionalitätsfaktor heißt „Konstante der äußeren Reibung". In vielen praktischen Fällen ist die äußere Reibung unendlich groß, so daß zu beiden Seiten der Körperoberfläche befindliche Teilchen keine Relativgeschwindigkeit gegeneinander haben, sondern fest aneinander haften.

Ausströmungsgeschwindigkeit aus Gefäßen ist verschieden für Flüssigkeiten und Gase.

a) Flüssigkeiten. Ist ϱ die Dichte der Flüssigkeit, p_0 der Druck auf den Spiegel derselben, p der Druck auf die Ausflußöffnung, h die Höhe des Spiegels über der Ausflußöffnung, so ist die Ausflußgeschwindigkeit

$$v = \sqrt{2\frac{p_0 - p}{\varrho} + 2gh}\,.$$

S. a. Hydrodynamik.

b) Gase. Ist ϱ_0 die Dichte beim Innendruck p_0, p der Außendruck, p_m der Druck in der Ausflußöffnung, $\varkappa = \frac{c_p}{c_v}$ (Verh. der spez. Wärmen), so ist die Ausströmungsgeschwindigkeit

$$v = \sqrt{\frac{2}{\varrho_0}\,\frac{\varkappa}{\varkappa - 1}\,p_0^{\frac{1}{\varkappa}}\left(p_0^{1-\frac{1}{\varkappa}} - p_m^{1-\frac{1}{\varkappa}}\right)}\,.$$

Dabei sind zwei Fälle zu unterscheiden:

1. Ist $\frac{p}{p_0} > \left(\frac{2}{\varkappa+1}\right)^{\frac{\varkappa}{\varkappa-1}}$,

so ist $p_m = p$.

2. Ist $\frac{p}{p_0} < \left(\frac{2}{\varkappa+1}\right)^{\frac{\varkappa}{\varkappa-1}}$,

so ist $p_m = p_0 \cdot \left(\frac{2}{\varkappa+1}\right)^{\frac{\varkappa}{\varkappa-1}}$.

Für die Ballistik ist besonders der zweite Fall wichtig, der beim Austreten der Pulvergase aus Waffenmündungen vorliegt.

Ausweichbeobachtungsstelle ist eine B.Stelle, die eingenommen wird, wenn die bis dahin benutzte entweder vom Feind erkannt ist und deshalb beschossen wird oder in einem gegen andere Ziele gerichteten Strichfeuer (s. d.) liegt oder auch durch Nebelbildung oder Rauchlagerung unbrauchbar geworden ist. Im Stellungskriege können solche A. vorbereitet, im Bewegungskriege bei Bedarf schnell gesucht werden.

Auswertegeräte, photogrammetrische. Während in den ersten Anfängen der Photogrammetrie die Verwertung der Aufnahmen durch Ausmessen der Einzelbilder mit nachfolgendem Konstruieren der Geländepläne erfolgte, werden jetzt besondere Geräte benutzt, die ein mehr oder weniger automatisches Zeichnen des Planes ermöglichen. Als Unterlagen werden hierbei stets zwei Geländeaufnahmen benutzt, die im Stereoskop verwendet werden können. Die Auswertegeräte bestehen aus einem Betrachtungsgerät in Form eines Doppelmikroskops oder Doppelfernrohrs, das als Stereoskop dient, und einer Vorrichtung, die die Ausmessung des im Stereoskop sichtbaren Geländemodells ermöglicht. Hierzu sind in der Bildebene des Betrachtungsgeräts zwei Marken angebracht, die im Stereoskop gleichzeitig mit den Geländebildern betrachtet werden und als eine im Raum schwebende Marke erscheinen. Durch Verschieben der Bilder läßt es sich erreichen, daß die Raummarke mit einem beliebigen Punkt des Geländemodells zusammenfällt. Die Lage dieses Punktes kann an geeigneten Meßvorrichtungen abgelesen und zugleich zeichnerisch wiedergegeben werden. Solche Auswertegeräte sind u. a. der Stereoautograph, der Stereoplanigraph und der Aerokartograph (s. d.).

Auswuchten von Geschossen. Das sog. Auswuchten eines Geschosses (mit Hilfe seiner Schwerpunktslage) kontrolliert, ob der Schwerpunkt des Geschosses in der geometrischen Achse desselben liegt. Ist dies der Fall, so ist damit jedoch eine strenge rotationssymmetrische Massenverteilung noch nicht gewährleistet. Es fällt dann zwar der Mittelpunkt des Trägheitsellipsoides mit der geometrischen Achse zusammen, die Hauptachse des Trägheitsellipsoides kann aber noch einen Winkel mit der Figurenachse des Geschosses bilden. In diesem Falle sind die Zentrifugalmomente bezogen auf das System der geometrischen Achse des Geschosses nicht Null. Ist der genannte Winkel zwischen Hauptachse des Trägheitsellipsoides und Geschoßachse, wie zu erwarten ist, nur klein, so ist das Trägheitsellipsoid nahezu ein Rotationsellipsoid. Jedenfalls bewirkt die in Frage stehende unsymmetrische Massenverteilung, daß die Geschoßachse, ganz abgesehen von allen äußeren Einflüssen des Luftwiderstandes und der Schwerkraft, sich schief gegen die Flugrichtung stellt, wodurch der Luftwiderstand vergrößert wird und zusätzliche Pendelungen hervorgerufen werden. Eine Kontrolle und die Möglichkeit des Beseitigens der unerwünschten Zentrifugalmomente bietet das sog. dynamische Auswuchtverfahren, wie es in der Technik auch zum Auswuchten rasch umlaufender Rotationskörper Verwendung findet.

Autofrettage heißt das Verfahren, durch das ein Vollrohr in den Spannungszustand eines Rohres der künstlichen Metallkonstruktion mit unendlich vielen Lagen versetzt, also das theoretisch beste Rohr erzeugt wird.

Ein Hohlzylinder, dessen offene Enden verschlossen sind, wird unter so hohen Innendruck gesetzt, daß alle Rohrschichten mit Ausnahme der an der äußeren Oberfläche gelegenen bis zur Streckgrenze beansprucht und bleibend verändert werden. Hierbei ergibt sich in der inneren Bohrungszone die größte bleibende Dehnung. Im unbelasteten Zustand üben dann die äußeren nur elastisch beanspruchten Schichten auf die inneren Druck aus, so daß sich eine Spannungsverteilung ergibt, die einem geschrumpften Rohr mit unendlich großer Lagenzahl gleichkommt.

Wird der Innendruck soweit gesteigert, daß auch eine bleibende Dehnung der äußeren Schichten eintritt, so kommt zu der Autofrettage eine Kaltreckung, d. h. eine durch den ganzen Querschnitt des Rohres gehende Verfestigung des Werkstoffes hinzu.

Autogiro s. Tragschrauber.

Automatische Waffen sind solche Schußwaffen, bei denen die Kräfte der Pulvergase ausgenutzt werden, um den Verschluß zu öffnen, die Patronenhülse auszuziehen und auszuwerfen, eine neue Patrone aus dem Magazin in den Lauf zu bringen, den Verschluß zu schließen, dann den nächsten Schuß abzufeuern und dieses Verfahren selbsttätig fortzusetzen, bis entweder der Schütze die automatische Arbeit mechanisch unterbricht oder bis das Patronenmagazin erschöpft ist. Solche automatischen Waffen sind die sog. Maschinenwaffen (Maschinengewehre und Maschinenpistolen). Eine andere Art von automatischen Waffen sind die Selbstladegewehre und Selbstladepistolen. Sie sollen kein Maschinenfeuer abgeben, sondern nur mit dem jedesmal automatisch neu geladenen Einzelschuß arbeiten. Bei ihnen ist dementsprechend eine Vorrichtung eingebaut, die den folgenden Schuß nicht brechen läßt, auch wenn der Schütze den Abzug noch zurückgezogen hält. Um den nächsten Schuß zu lösen, muß der Schütze den Abzug loslassen und dann erneut abdrücken. Diese beiden Arten von automatischen Waffen werden Maschinenwaffen und Selbstlader genannt. Der Amerikaner bezeichnet sie mit Automaten und Halbautomaten. Dieser Name war früher in Deutschland gebräuchlich für Selbstlade-Gewehre und -Pistolen, bei denen aus Sicherheitsgründen neben der Selbsttätigkeit der Waffe noch ein Ladegriff durch die Hand des Schützen ausgeführt wurde. Solche Waffen gibt es nicht mehr; damit ist auch die Bezeichnung „Halbautomat“ in Deutschland verschwunden.

Avogadrosches Gesetz. Nach Avogadro enthalten ideale Gase (s. d.) bei gleichem Druck und gleichem Volumen die gleiche Anzahl von Molekülen (s. d.). Oder: unter gleichen Bedingungen von Druck und Temperatur verhalten sich die Dichten (s. d.) idealer Gase wie ihre Molekulargewichte. Die gebräuchlichen Molekulargewichte sind relative Zahlen, die auf Sauerstoff bezogen sind, dessen Molekulargewicht willkürlich gleich 32,00 gesetzt worden ist.

Axialspannungen oder Längsspannungen s. Rohrspannungen.

Azimut (arab. Wort) nennt man denjenigen Winkel, den die waagerechte Richtung vom Standort des Beobachters zu einem Punkte des Geländes oder der Karte mit der geographischen Nord-Südrichtung bildet; das Azimut wird meist von Nord über Ost, Süd und West durchgehend gezählt (astronomisch beginnt die Zählung mit der Südrichtung). Der Vollkreis mißt 360 Grad oder 6400 Strich. Vom Azimut zu unterscheiden ist der Nadelwinkel, der von „magnetisch Nord“, und der Richtungswinkel, der von der Nordrichtung des Gitternetzes der Karte aus gezählt wird.

B

Bahnabweichung nennt man die bei einem um seine Achse rotierenden Geschoß eintretende Seitenabweichung (s. d.), bei der das Geschoß sich aus der Schußebene (lotrechten Ebene durch die Rohrachse) mit wachsender Schußweite immer mehr nach der Seite entfernt. Die Ursache liegt in der Wirkung des Luftwiderstandes auf das Geschoß, dessen Drehmoment (s. d.) sich nach dem Kreiselgesetze in eine seitliche Kraft auf den Geschoßschwerpunkt umsetzt. Die Abweichung kann im Verlauf der Bahn von der linken auf die rechte Seite und wieder zurück auf die linke Seite führen.

Bahnelement einer Flugbahn heißt jedes sehr kleine (im Grenzfall unendlich kleine) Teilstück derselben, für das die Bewegung des Geschosses als geradlinig und von gleichbleibender Geschwindigkeit angesehen werden kann. Ein Bahnelement ist durch seine Lage auf der Flugbahn und durch seine Richtung bestimmt, die der der Geschoßgeschwindigkeit entspricht. In der Praxis bezeichnet man auch die Anfangsgeschwindigkeit des Geschosses, seinen Flugwert und den Abgangswinkel als Elemente der Bahn.

Bahngeschwindigkeit eines Geschosses in einem Flugbahnpunkte ist diejenige Geschwindigkeit in m/sec, die das Geschoß in diesem Punkte besitzt. Sie ist gleich der Strecke in Metern, die das Geschoß in einer Sekunde zurücklegen würde, wenn es geradlinig mit unverminderter Geschwindigkeit weiterfliegen könnte. Die Geschwindigkeit, mit der sich die Projektion des Flugbahnpunktes auf eine waagerechte Ebene bewegt, heißt Horizontalkomponente der Geschwindigkeit; dazu senkrecht hat man die Vertikalkomponente der Geschwindigkeit. Ist v die Bahngeschwindigkeit und ϑ der Neigungswinkel derselben oder auch der Bahntangente gegen die Horizontale, so ist der Betrag der Horizontalkomponente $v \cos \vartheta$ und der Vertikalkomponente $v \sin \vartheta$.

Bahnkrepierer s. Frühzerspringer.

Ballistik bedeutet nach dem griechischen Wortsinn die Lehre vom Wurf bzw. Schuß. Als Zweig der Mechanik behandelt sie wesentlich die Bewegung von Körpern, die in der Luft deren Widerstand und dem Einfluß der Schwerkraft unterliegen, also den Verlauf von deren Flugbahnen. Im übertragenen Sinne werden ihre Gesetze auch auf anders geartete Kraftfelder (z. B. im Magnetfeld, Bewegung der Elektronen) angewandt. Der Anstoß zur Bewegung kann von Hand, durch den Druck von Gasen (Geschütz), durch elektromagnetische Felder oder Ausstoßen von Masseteilchen (Rakete) erfolgen.

Den einzelnen Abschnitten des Schusses gemäß unterscheidet man Innen-, Außen- und Endballistik. Gegenstand der Innenballistik sind die wesentlich der Chemie und Gastheorie zugehörigen (s. d.) Vorgänge im Rohr, ihre Grenzfragen behandelt die Initial- und Übergangsballistik (s. d.). Die Außenballistik befaßt sich mit Flugbahnen und ihren Störungen durch meteorologische Einflüsse. Die Probleme des Einschießens, des zu erwartenden Munitionsaufwandes u. ä. m. behandelt die ballistische Wahrscheinlichkeitsrechnung. Wirkungen im Ziel sind Gegenstand der Endballistik (s. d.). Über die Systematik dieser Forschung siehe Ball. Arbeitsverfahren. Vgl. auch Schrifttum der Ballistik.

Ballistik (Schrifttum). Das Schrifttum der Ballistik ist seit Tartaglia und Galileï, besonders seit Newtons „Principia", reich an Beiträgen der großen Mathematiker, unter denen L. Euler als erster genannt wird. Im letzten halben Jahrhundert hatte großen allgemeinen Einfluß F. Siacci, dessen Ballistik in der französischen Ausgabe von P. Laurent (Paris 1892) besondere Beachtung verdient. In Deutschland führt das 1925 bis 1936 in vier Bänden erschienene „Lehrbuch der Ballistik" von C. Cranz und K. Becker. Etwas älter aber sehr wertvoll: W. Hey-

DENREICH, Die Lehre vom Schuß (1908). Knapp gefaßt: H. LORENZ, Ballistik (1935). Zur mathematischen Durcharbeitung: Th. VAHLEN, Ballistik (1922). Auch waffentechnische Fragen kurz behandelnd: L. HÄNERT, Geschütz und Schuß (1935). Von ausländischen Arbeiten besonders beachtlich: P. CHARBONNIER, Traité de balistique extérieure, Paris 1921, 1927 (durch den Tod des Autors unvollendet geblieben) und F. R. MOULTON, New Methods in Exterior Ballistics, Chicago 1925 (der hervorragende Astronom gibt betr. Pendelungen neue Gesichtspunkte).

An Zeitschriften seien genannt: Artilleristische Rundschau, Marine-Rundschau, Ztschr. f. d. ges. Schieß- u. Sprengstoffwesen. — Mémorial de l'Artl. Franç., Revue d'Artl. — Army Ordnance, Washington. Näheres durch die Deutsche Heeresbücherei, Berlin.

Ballistik der Faustfeuerwaffen unterscheidet sich in manchen Punkten von der der Gewehre. Die Grundbegriffe der inneren und äußeren Ballistik sind bei beiden dieselben, auch sind alle Einrichtungen für Schießen und Treffen die gleichen. Abweichungen treten ein, sobald es sich um Eigenschaften der Wirkung handelt. Faustfeuerwaffen sind ihrem Charakter nach Waffen für den allernächsten Nahkampf, das Handgemenge. Sie müssen auch bei schlechtsitzendem Schuß eine sofortige niederkämpfende Wirkung haben. Diese Forderung bringt gegenüber den Gewehren gewisse abweichende ballistische Maßnahmen mit sich. Sie wirken sich hauptsächlich in der Anwendung großer Kaliber und in Eigenschaften der Geschosse aus, beim Eindringen in den getroffenen Körper möglichst schnell ihre Auftreffgeschwindigkeit aufzuzehren. Über Einzelheiten gibt das Buch WEIGEL, Ballistik der Faustfeuerwaffen (1934) Aufklärung.

Ballistische Arbeitsverfahren lassen sich je nach dem Standpunkt wie folgt gliedern:

1. Experimentelle Ballistik sucht das erreichbare Erfahrungsmaterial von Waffe und Geschoß so vollständig wie möglich mit Versuchen zu besetzen.

2. Analytische B. gliedert das Erfahrungsmaterial und faßt es mit Hilfe der Physik und Chemie in mathematische Formeln zusammen.

3. Synthetische B. verarbeitet das Material der anal. und wenn nötig experim. B. zur Vorhersage der ballistischen Erscheinungen sowohl in neuer Problemstellung wie zur Lösung praktischer Aufgaben. In diesem Sinne wird nach den Auswahlverfahren zu unterscheiden sein:

3a. Schießplatzballistik, die nach Faustregeln oder behelfsweise (Nomogramm) Fragen der Praxis beantwortet.

3b. Rationelle B. umfaßt die Verfahren, die zur Berechnung der Schußtafeln, der Geschoßbahndarstellung u. a. m. als besonders zweckmäßig erprobt sind. (Auch Angewandte B. genannt.)

4. Historische B. stellt das gesamte Material weltgeschichtlich gesehen dar, meist ohne ein in der Natur der B. liegendes Merkmal der Aufgaben zu bevorzugen.

Bisher haben Anforderungen der Praxis die Darstellungen meist im Sinne der Angewandten Ballistik (wenn auch nicht streng systematisch) beeinflußt.

Ballistische Empfindlichkeit. Für ein Galvanometer mit drehbarem System (Nadel- und Drehspulgalvanometer) hängt der durch den Strom hervorgerufene Winkelausschlag φ in einfacher Weise mit den Konstanten des Instrumentes zusammen. Bei kleinem Winkel φ und konstantem Strom I ist:

$$D \cdot \varphi = I \cdot q.$$

D ist die Direktionskraft, ferner q die dynamische Galvanometerkonstante, d. h. das Drehmoment eines in elektromagnetischem Maße ausgedrückten Stromes von 1 CGS. (= 10 Amp.); I muß in der gleichen Einheit ausgedrückt werden und der Winkel φ ebenfalls in absolutem Maß (Winkeleinh. = $360°/2\pi$ = 57,30°). Die Größe

$$D/q = I/\varphi = C$$

wird als Reduktionsfaktor des Galvanometers bezeichnet. Der reziproke Wert von C, also φ/I, stellt nun die Stromempfindlichkeit E des Instrumentes dar, ausgedrückt in absolutem Maß. Der besseren Anschaulichkeit wegen ist die Stromempfindlichkeit E definiert als der Ausschlag in Skalenteilen (z. B. Millimeter), der bei einer Skalenentfernung von 1000 Skalenteilen durch einen Strom von 1 Mikroampère (10^{-6} Amp.) hervorgerufen wird. Im Anschluß an diese Stromempfindlichkeit wird auch die ballistische Empfindlichkeit ausgedrückt. Sie ist gegeben (in absolutem Maß) durch φ/Q. Analog der Stromempfindlichkeit wird sie definiert als der ballistische Ausschlag in Skalenteilen für ein Mikrocoulomb bei 1000 Skalenteilen Entfernung zwischen Spiegel und Skala. — Experimentell läßt sich die ballistische Empfindlichkeit mittels einer bekannten Elektrizitätsmenge bestimmen, die das Galvanometer durchfließt, solange sich das System in der Ruhelage befindet, also durch das Stromintegral bei der Entladung eines Kondensators von bekannter Kapazität, der auf eine bekannte Spannung aufgeladen war.

Ballistische Kurve. Eine ballistische Kurve wird bei der Bewegung eines Geschosses oder geschoßartigen Körpers beschrieben; weil eine solche Flugbahn sich nicht in eine einfache Formel bringen läßt und so auch keine mathematische Kurve vorstellt, bezeichnet man sie als ballistische Kurve.

Ein mit bestimmter Anfangsgeschwindigkeit unter bestimmtem Winkel gegen die Horizontale abgeschleuderter Körper beschreibt im luftleeren Raume unter dem Einfluß der Schwerkraft eine Parabel mit senkrechter Achse; ihre Tangente im Abgangspunkt ist gleich der Abgangsrichtung des Körpers. Abgangswinkel und Fallwinkel sind hier einander entgegengesetzt gleich. Im Luftraume wird diese Flugparabel durch den Einfluß des Luftwiderstandes auf den Körper wesentlich geändert. Kleinere Gipfelhöhe und Schußweite, größerer Fallwinkel bei gleichem Abgangswinkel. In diesem Sinne bezeichnet man jede Kurve, die durch gemeinsame Wirkung von

Schwerkraft und Luftwiderstand auf einen frei bewegten Körper zustande kommt als ballistische Kurve. Je kleiner die Verzögerung durch den Luftwiderstand gegenüber der Schwerebeschleunigung ist, um so mehr wird sich die Flugbahn eines Geschosses der Form einer mathematischen Parabel nähern.

Ballistische Wahrscheinlichkeitsrechnung behandelt die Frage nach der Wahrscheinlichkeit, ein bestimmtes Ziel durch Geschosse zu treffen. Im Begriffe der Streuung (s. d.) wird ein Maß für die Dichteverteilung der Aufschläge um das Ziel gegeben; durch beim Abschuß und längs der Flugbahn auftretende „streuende" Ursachen, die meist schwer oder gar nicht erfaßbar sind, erfolgen die Aufschläge an verschiedenen Stellen. Die praktische Bedeutung der ballistischen Wahrscheinlichkeitsrechnung kommt beim Einschießen zur Geltung und bei der Bestimmung des Munitionsbedarfs zur Zerstörung eines Zieles.

Ballistischer Koeffizient oder **Beiwert** heißt der Zahlenfaktor c, mit dem die auf vereinbarte Normalbedingungen bezogene Verzögerungsfunktion $f(v)$ der Geschosse multipliziert die Verzögerung dv/dt eines Geschosses in Abhängigkeit von seiner Geschwindigkeit v ergibt:

$$\frac{dv}{dt} = c \cdot f(v) \,. \tag{1}$$

Die Verzögerungsfunktion $f(v)$ soll in diesem Ansatz allgemein für alle Geschosse in gleicher Weise die Abhängigkeit der Verzögerung von der Geschoßgeschwindigkeit erfassen, während der ballistische Beiwert den Übergang von einem Geschoßtyp zum anderen und Änderungen der atmosphärischen Bedingungen von Fall zu Fall zu vermitteln hat. (Eine solche Aufteilung ist nicht durchgehend streng gerechtfertigt.)

Der ballistische Beiwert selbst wird weiter in eine Reihe von Einzelfaktoren aufgespalten:

$$c = \frac{g}{G} \cdot \frac{(2R)^2 \pi}{4} \, k \cdot i \cdot \frac{\delta}{\delta_0} \,. \tag{2}$$

Er ist umgekehrt proportional der Geschoßmasse $m = G/g$ (G Geschoßgewicht in kg, g Schwerebeschleunigung m/sec^2) und ändert sich annähernd wie die Geschoßquerschnitte $\frac{(2R)^2 \pi}{4}$ ($2R$ Geschoßkaliber in cm), jedoch nicht streng, so daß man einen Kaliberfaktor k einführen muß, da große Geschosse anscheinend etwas weniger stark gebremst werden als kleine[1]. Das Verhältnis Geschoßmasse zum Geschoßquerschnitt bezeichnete man als Querdichte (s. d.); betrachtet man das Verhältnis Geschoßgewicht zum Querschnitt, so spricht man von Querschnittsbelastung; je größer diese Werte für ein Geschoß sind, um so kleiner ist die Verzögerung durch den Luftwiderstand. Hinter dem Querschnitt, der sich dem Luftwiderstande darbietet, wirkt dann wegen der größeren Masse eine größere kinetische Geschoßenergie.

Die Verzögerung und damit der Beiwert ist ferner abhängig von der Geschoßform, was in dem Formfaktor (Spitzenfaktor) i seinen Ausdruck findet, der für ein willkürliches Normalgeschoß gleich 1 ge-

[1] Man könnte auch den Exponenten von $2R$ von $2R$ selbst abhängig machen.

wählt wird. Dieser Formfaktor erweist sich bei Zugrundelegung einer allgemeinen Verzögerungsfunktion $f(v)$ nach Schießversuchen mit verschiedenen Geschossen als nicht unabhängig von der Geschoßgeschwindigkeit. Deshalb ist eine Aufspaltung der Verzögerung und des Beiwertes in eine Reihe voneinander unabhängiger Einzelfaktoren nicht streng möglich und stellt nur einen Behelf dar. Zur Berechnung von Flugbahnen und Schußtafeln ist es am zweckmäßigsten, für jedes Geschoß eine eigene Verzögerungsfunktion aufzustellen.

Der atmosphärische Zustand der Luft wird in seinem Einflusse auf die Größe der Verzögerung durch das Verhältnis des wirklichen Luftgewichts δ zum Normalluftgewicht δ_0 eingesetzt, das der Verzögerungsfunktion $f(v)$ zugrunde gelegt ist. Wird ein ballistischer Beiwert für ein bestimmtes Geschoß auf das Normalluftgewicht bezogen, so enthält er gewissermaßen nur Geschoßkonstanten und wird dann auch als Geschoßfaktor bezeichnet. Sieht man (nach Vahlen) bei der Verzögerungsfunktion $f(v)$ von der physikalischen Dimension ab, so erhält nach (1) der Beiwert oder nach (2) auch der Geschoßfaktor die Bedeutung einer Verzögerung. In diesem Sinne bezeichnet Vahlen den Geschoßfaktor dann auch als spezifische Verzögerung des Geschosses und entsprechend den mit der Geschoßmasse m multiplizierten Geschoßfaktor als spezifischen Widerstand des Geschosses, wobei das Wort spezifisch in Beziehung zur Verzögerungsfunktion $f(v)$ gemeint ist.

Im übrigen haben theoretische Überlegungen ergeben, daß nicht das Luftgewicht allein die Verzögerung beeinflußt, sondern daß auch die Lufttemperatur oder damit zusammenhängend die Schallgeschwindigkeit der Luft direkt eingeht, indem die Verzögerungsfunktion $f(v)$ nicht von der Geschoßgeschwindigkeit selbst, sondern vom Verhältnis der Geschoßgeschwindigkeit zur Schallgeschwindigkeit abhängig sein muß (Darrieus, Prandtl, Vahlen; s. Luftelastizität und Luftkräfte).

Bei der Verwendung älterer Widerstandsfunktionen ist auf die verwirrende Vielheit der Definitionen zu achten, das gilt besonders beim gleichzeitigen Gebrauch der Tabellen von Fasella und Euler (auch nach Otto-Lardillon benannt). Kaliber und Halbkaliber werden weiterhin beliebig abgewechselt.

Das Reziprok des ballistischen Koeffizienten („Beiwertes"), also $1/c$, wird auch „Flugwert" des Geschosses genannt und mit C' bezeichnet.

Ballistisches Galvanometer. Ein Galvanometer (empfindlicher elektrischer Strommesser) zeigt nur dann einen ruhigen Ausschlag an, wenn es von einem Strom mit unveränderlicher Stromstärke durchflossen wird. Wenn aber nur ein kurzer Stromstoß durch das Galvanometer fließt — in diesem Falle wird es ein Ballistisches Galvanometer genannt —, wenn sich also z. B. die Ladung eines Kondensators durch das Galvanometer entlädt, so erhält die Nadel (der Zeiger) des Galvanometers und mit ihr das ganze drehbare System nur einen kurzen Impuls. Die Nadel wird mit einer gewissen Geschwindigkeit aus der Gleichgewichtslage herausgeworfen und bewegt sich infolge der Trägheit bis zu einer Entfernung aus der Gleichgewichtslage, die von der Stärke der Entladung abhängt.

Ballistisches Luftgewicht. Das Luftgewicht ist von erheblichem Einfluß auf die Flugbahn der Geschosse und damit auch auf die Schußweite. Die Schußtafeln geben die Schußweite für eine festgesetzte Luftgewichtsabnahme mit der Höhe über dem Erdboden (s. Einheitsatmosphäre). Zusatztafeln führen die Korrektionen auf, die an die Schußweiten anzubringen sind, wenn das wirkliche Luftgewicht vom Normalluftgewicht verschieden ist.

Erreicht die Geschoßbahn eine beträchtliche Gipfelhöhe, so geht es nicht mehr an, das „Luftgewicht am Erdboden" einzusetzen, sondern aus dem Verlaufe des wirklichen Luftgewichts mit der Höhe ist ein Mittelwert zu bilden, der als Ballistisches Luftgewicht bezeichnet wird.

Zur Ermittlung des ballistischen Luftgewichts wird die Flugbahn in mehrere horizontale Schichten zerlegt. Bei Schichten gleicher Dicke wird im allgemeinen jede Schicht bei der Berechnung des Mittelwertes des wirklichen Luftgewichtes mit verschiedenem Gewichtsfaktor einzusetzen sein. Es kann natürlich auch von Schichten verschiedener Dicke mit gleichem Gewichte ausgegangen werden. Das Gewicht einer Schicht kann z. B. proportional der Verweilzeit des Geschosses in derselben angenommen werden. (S. Schichtfaktoren.)

Sind die Schußweiten für eine Einheitsatmosphäre (s. d.) unter Berücksichtigung der Luftgewichtsabnahme mit der Höhe angegeben, so beziehen sich die Korrektionen an die Schußweiten auf eine Änderung des Luftgewichts δ um einen für alle Höhen gleichen Betrag $d\delta$. Im realen Falle wäre dann ein mittlerer ballistischer Wert $d\delta$ zu bilden, der die unterschiedlichen Differenzen zwischen wirklichem Luftgewicht und dem Luftgewicht der Einheitsatmosphäre für die betreffende Höhe nach Gewichten zusammenfaßt. Das wirkliche Luftgewicht nimmt nach oben ab, jedoch nicht ganz gleichförmig, sondern der Temperaturverteilung entsprechend. In der untersten Schicht des Luftmeeres (Troposphäre) bis etwa 8 km Höhe kann man eine einfache Exponentialfunktion als Anhalt wählen. Bei genaueren Arbeiten muß man durch Drachen oder Flugzeugaufstiege mit dem Meteorographen die Drucke und Temperaturen bestimmen, um daraus die Höhen und Dichten zu gewinnen. Je höher die Flugbahn der Geschosse emporsteigt, desto weniger wird sie von den verwickelten Bodenverhältnissen abhängig. Man kann dann mit den Integralen über die verschiedenen Dichtewerte, also mit den Luftdrucken direkt ballistisch arbeiten.

Bei Zerlegung einer Flugbahn in horizontale Schichten gleicher Dicke kann die Mitwirkung einer Schicht an einer Schußweitenänderung folgendermaßen ermittelt werden. Jede Schicht der Normalflugbahn trägt zur Schußweite einen bestimmten Anteil bei, der gleich der Horizontalprojektion der in dieser Schicht liegenden Flugbahnteile ist. Bei einer um obigen konstanten Betrag geänderten Luftgewichtsverteilung ist die Größe dieses Anteils eine andere und die Differenz ist gleich dem Beitrag der einzelnen Schicht zur gesamten Schußweitenänderung; in Prozenten der Schußweitenänderung durch die Luftgewichtsänderung um $d\delta$ ist diese Differenz als „Gewicht" der Schicht anzusehen.

Bei den Einheitsatmosphären, die außer der Luftgewichts- eine Temperaturverteilung mit der Höhe vorschreiben, ist eine doppelte Korrektion notwendig, einmal wie bisher für eine Änderung des Luftgewichts um den Betrag $d\delta$, jetzt bei konstant bleibendem Temperaturverlauf, sodann für eine in allen Höhen gleiche Temperaturänderung dT bei dem gleichbleibenden Dichteverlauf der Einheitsatmosphäre. Die entsprechenden Gewichte für die einzelnen Schichten zur Berechnung ballistischer Werte $d\delta$ und dT nach den tatsächlichen Verhältnissen werden entsprechend gewonnen. Die Korrektion der Schußweite wird für Luftgewicht und Lufttemperatur getrennt vorgenommen; es läßt sich jedoch die Ballistische Temperaturänderung dT unter Einführung des Geschwindigkeitsexponenten n der Verzögerungsfunktion der Geschosse für die einzelnen Schichten in eine ballistisch gleichwertige Luftgewichtsänderung $d\delta$ umrechnen, so daß auch Schußtafeln, denen Einheitsatmosphären mit festem, vorgeschriebenen Luftgewichtsverlauf zugrunde liegen, verwendbar bleiben. (S. a. Luftgewicht.)

Ballistisches Pendel (Stoßpendel), meistens von großer Masse und großer Schwingungsdauer, dient zur Messung des Impulses, den ein bewegter Körper von der Masse m und der Geschwindigkeit v beim unelastischen Zusammenstoß auf das Pendel überträgt. Als Beispiel diene ein Ballistisches Pendel, wie es zur Messung von Geschoßgeschwindigkeiten benutzt werden kann. Es besteht aus einer großen, weichen Masse m_1, z. B. einer Kiste mit Sand, die an einer Stange drehbar aufgehängt ist. Wird das Geschoß mit der Masse m waagerecht so in die Mitte des Pendelkörpers hineingeschossen, daß es darin stecken bleibt, so erteilt das Geschoß der Gesamtmasse $m + m_1$ eine gewisse Geschwindigkeit. Daher erfährt das Pendel einen Ausschlag, dessen Steighöhe h gemessen werden kann. Aus der Steighöhe berechnet sich die Anfangsgeschwindigkeit des Pendels zu $v_1 = \sqrt{2\,gh}$. Die Aktion an dem Pendel ist $m_1 v_1$, die Reaktion am Geschosse, die Vernichtung seiner Geschwindigkeit bis auf den Rest der Pendelgeschwindigkeit $m(v - v_1)$. Also gilt:

$$m_1 v_1 = m(v - v_1)$$

oder

$$m v = (m_1 + m) v_1,$$

woraus die Geschoßgeschwindigkeit v zu berechnen ist.

Ballistograph von Duda. Dieses Gerät ist in der Hauptsache ein photographischer Apparat mit vier

Objektiven, deren Achsen in ein und derselben Ebene, der „Aufnahmeebene“, liegen. Er dient zur Aufnahme rasch verlaufender Vorgänge, insbesondere der Geschoßbewegung, auch bei Tageslicht. Bei der Aufnahme befindet sich die aufzunehmende Strecke der Geschoßbahn, sowie eine parallel zu dieser ausgelegte Meßstrecke *M* innerhalb der Aufnahmeebene. Die Aufnahme erfolgt durch eine rotierende (1500 Umdr. pro Min.) Schlitzblende. Diese besteht in einem Hohlzylinder, dessen zu den Objektivachsen senkrechte Achse in der Aufnahmeebene liegt und in dessen Mantel hinter jedem der vier Objektive je zwei einander gegenüberliegende Schlitze angebracht sind, und zwar je ein breiter (42 mm) und ein schmaler (1 mm). Diese Schlitzpaare sind gegeneinander um 90° versetzt. Außerdem befindet sich hinter diesem Zylinder unmittelbar vor der Platte ein flachzylindrisches Blech, das längs seiner in der Aufnahmeebene liegenden Mantellinie hinter jedem Objektiv je einen schmalen Spalt enthält. Eine Belichtung kann nur erfolgen, wenn der breite Schlitz des Blendenzylinders dem Objektiv zugekehrt ist. Nach je einer Viertelumdrehung desselben wird somit jedesmal ein anderes Objektiv zur Aufnahme herangezogen. Während der Aufnahme wird die Platte von oben nach unten an den Spalten des Bleches vorbeigeführt und so entstehen somit vier senkrechte Gruppen gegeneinander versetzter Geschoßbilder. Da die Meßstrecke *M* ebenfalls auf der Platte erscheint, kann man aus dieser Versetzung auf den während einer Umdrehung des Zylinders zurückgelegten Weg des Geschosses und mithin, da die Dauer einer Umdrehung bekannt ist, auch auf die Geschwindigkeit des Geschosses schließen. Zur Eichung des Ballistographen dient das ebenfalls von Duda konstruierte Mikromeßzeitgerät. (Näheres s. K. Becker, „Ein neues Verfahren zur photogr. Aufnahme sehr schnell verlaufender Vorgänge“. Z. techn. Physik 1925.)

Ballograph (Luftstoßanzeiger) ist ein Gerät zur Messung von Geschoßgeschwindigkeiten mit Hilfe elektrischer Flugdauermeßmethoden. In ihm wird die mechanische Wirkung der Kopfwelle zur Stromunterbrechung benutzt. Nahe der Flugbahn des Geschosses und parallel zu ihr wird ein kleines Brettchen mit schalltrichterartiger Öffnung aufgestellt. Meist bildet das Brettchen die Vorderwand eines kleinen Kästchens, das die übrige Einrichtung vor den Witterungseinflüssen schützt. Das Schalloch wird auf der Innenseite von einer leichten Metallplatte überdeckt, die durch eine schwache Feder gegen einen Platinkontakt gedrückt wird. Der betreffende Strom fließt durch Platte und Kontakt. Sobald die Kopfwelle des vorbeifliegenden Geschosses an der Platte angekommen ist, wird diese nach hinten gedrückt und hebt sich für einen kurzen Moment von dem Kontakt ab, der Strom wird unterbrochen. Gleich darauf federt die Platte wieder zurück, der Strom wird wieder geschlossen. Der Vorteil der Einrichtung besteht in folgendem: die

Ströme werden nach ihrer Unterbrechung selbsttätig wieder geschlossen; der unbekannte Widerstand von Drähten, die bei anderen Methoden vom Geschoß durchrissen werden müssen, fällt fort; endlich können diese Apparate auch für verschieden große Kaliber Verwendung finden, nur müssen selbstverständlich die Luftstoßanzeiger für Infanteriegeschosse empfindlicher gebaut sein als die für Artilleriegeschosse. Allerdings entstehen Fehlerquellen dadurch, daß nicht in demjenigen Augenblick, in dem das Geschoß am Luftstoßanzeiger vorbeifliegt, sondern etwas später, nämlich wenn die Kopfwelle an der Platte des Apparates angelangt ist und ihre mechanische Wirkung äußern konnte, der Strom unterbrochen wird, und daß diese Verzögerung variieren kann.

Baltasekunden, ein Kondenswort, gebildet aus **Ba**llistische **Ta**geseinflüsse gestaffelt nach Flugdauer-**Sekunden** rühren von H. H. Kritzinger her. Die Schwierigkeiten der früheren Schichtenverteilung der Geschoßbahn wurden mit einer für feldmäßige Anforderungen im Kriege 1914/18 genügenden Genauigkeit dadurch überwunden, daß die Regel betreffend die Gipfelhöhe einer Geschoßbahn $\left(y_g = \frac{g}{8} T^2\right)$ verallgemeinert angewandt wurde. Die Festlegung der Schichtgrenzen der Bahn erfolgte auf Grund der Berechnung der „Stoßkoeffizienten" der einzelnen Bahnpunkte nach dem sog. Dreibahnen-Verfahren, das von K. Schwarzschild vorgeschlagen wurde.

Bar s. Druck.

Barbara. Die „Heilige Barbara" ist die Schutzgöttin der Artillerie. Sie war eine Märtyrerin aus Nikomedien, die von ihrem Vater wegen ihres Übertritts zum Christentum sehr gequält und dann eigenhändig enthauptet wurde. Unmittelbar nach dieser grausigen Tat schlug ein Blitz ein und tötete den unmenschlichen Vater. Man sah darin ein Zeichen des Himmels. Als Barbara später heilig gesprochen war, erflehte man bei schweren Gewittern, die Bergleute vor schlagenden Wettern ihren Schutz und ihre Fürbitte. In Spanien wurde sie später auch Schutzpatronin der Zunft der Artilleristen. Von hieraus verbreitete sich diese Sitte bei den anderen Völkern. Der 4. Dezember ist der Namenstag der „Hl. Barbara". Dieser Tag wird daher auch von den Artilleristen vieler Heere, so auch von den deutschen Artilleristen gefeiert. Unter der „Brüderschaft der Heiligen Barbara" wurde früher in Deutschland die „Zunft der Büchsenmacher" verstanden.

Barbarameldung ist eine behelfsmäßig abgekürzte Form der Meldung von „Baltasekunden" (s. d.), bei der nur Mittelwerte der Temperatur und Höhenwindschätzungen zugrunde liegen. Bei kürzeren Flugdauern der Geschosse sind Mittelwerte schädlicher als bei längeren.

Barometerformel. Die Barometerformel dient meist zur Bestimmung des Höhenunterschiedes zwischen zwei Orten aus dem Unterschied der Luftdrucke.

Die Abnahme dp des Luftdrucks bei einer Zunahme der Höhe dy ist gleich dem Gewicht der Luftsäule von der Höhe dy und dem Querschnitt 1; also $dp = -g\varrho \cdot dy$ mit ϱ als Luftdichte und g als Schwerebeschleunigung (s. d.). Unter Einführung der Zustandsgleichung (s. d.) idealer Gase entsteht daraus folgende Beziehung für die Abnahme des Luftdrucks mit der Höhe über dem Erdboden:

$$\frac{dp}{p} = -\frac{mg}{R \cdot T}\,dy$$

oder integriert:

$$\log\frac{p}{p_0} = -\frac{mg}{R}\int_0^y \frac{dy}{T}.$$

Es ist m das Molekulargewicht der Luft 28,9, R die absolute Gaskonstante $8{,}31 \cdot 10^7$ erg/grad, g die Schwerebeschleunigung 981 cm/sec² für das mittlere Deutschland, T die absolute Temperatur der Luft in der Höhe y, p der Luftdruck in der gleichen Höhe und p_0 der Luftdruck am Erdboden.

Wird schichtweise mit einer mittleren Temperatur der Atmosphäre gerechnet, so läßt sich die Formel nach y auflösen, und es ist unter Einführung der Zahlenwerte zur Bestimmung der Höhe aus der Luftdruckabnahme:

$$y = 18400 \cdot (1 + 0{,}004\,t)\,(\log p_0 - \log p).$$

Die mittlere Temperatur in Celsiusgraden ist mit t bezeichnet; die Luftfeuchtigkeit ist zu rund 50% angenommen, daher der Zahlenwert 0,004 statt 0,00367. Sonst erfolgt die Berücksichtigung der Feuchte durch sog. virtuelle Lufttemperaturen.

Bei Berücksichtigung der Änderung der Schwere mit der Höhe oder der geogr. Breite der Erdorte und des Einflusses der Luftfeuchtigkeit ist mit den Bezeichnungen φ für die geographische Breite, H für die mittlere Meereshöhe zweier Orte und e für den Druck des Wasserdampfes die Höhendifferenz der beiden Orte (1 und 2) in Meter gegeben durch die genaue Formel:

$$y = 18450(\log p_0 - \log p_1)$$
$$(1 + 0{,}00367 \cdot t) \cdot \left[1 + 0{,}0026 \cos 2\varphi + 0{,}0000003\,H + \frac{3}{16}\left(\frac{e_0}{p_0} + \frac{e_1}{p_1}\right)\right].$$

Bashforth, Francis, geb. 8. 1. 1819 in Thurnscoe bei Doncaster, gest. 13. 2. 1912 in Woodhall Spa, Lincolnshire. Wiss. Ausbildg. St. Johns College, Cambridge ab 1840. Zunächst als Ziviling. beim Bau der neuen Eisenbahn beschäftigt. 1864 Prof. der angew. Math. für Artl.-Offz. in Woolwich (später Royal Artl. Coll.). 1864—1880 erforscht er als erster planmäßig den Luftwiderstand der Geschosse. 1865 erste Versuche mit seinem Chronographen (s. d.), 1873 Berater des Kriegsministeriums. 1890 zusfd. Schrift: The Bashforth Chronograph. Neben Benj. Robins erste ball. Autorität Englands.

Basis. Grundlinie einer Dreiecksmessung. In der Länge genau bekannte, geradlinige Verbindung zweier Festpunkte.

Großbasis: Entfernung der beiden äußeren Meßstellen z. B. eines Schallmeßsystems.

Kurzbasis, Kleinbasis: s. Zwillingsmeßstelle.

Basis für Stereoaufnahmen s. Stereoaufnahmen.

Becker, Karl, Dr. Ing., Dr. phil. e.h., General der Artillerie im Reichskriegsministerium, Hon.-Prof. an der Univ. Berlin, Prof. u. ständiger Dekan der V. Fak. an der Techn. Hochsch. Berlin, am 25. 5. 1937 zum Präsidenten des Reichsforschungsrates ernannt. Geb. 14. 12. 1879 in Speyer, aktiver Fußart.-Offizier. Dann Militär-Hilfslehrer und Assistent am ballistischen Laboratorium der Militärtechn. Akademie Berlin. Studierte nach dem Kriege 1914—1918 an der Techn. Hochsch. Berlin, Diplomexamen und Promotion Dr.-Ing., 1935 Mitglied der Akademie der Wissenschaften Berlin. Am 4. 2. 1938 zum Chef des Heereswaffenamtes ernannt.

Arbeitsgebiete: Ballistik, Meßwesen, Wehrtechnik. Mitherausgeber des Lehrbuches der Ballistik von C. Cranz.

Befehlsstelle. Eine Stelle in oder dicht bei der Feuerstellung, von der aus die Feuertätigkeit der Geschütze kommandiert und überwacht wird. Geleitet wird diese Tätigkeit von der Beobachtungsstelle; in offenen Stellungen können beide zusammenfallen. An der Befehlsstelle befinden sich außer den nötigen Fernsprechern der Batterieoffizier, d. h. in der Regel der nach dem Batterieführer dienstälteste, keinen Zug usw. führende Offizier der Batterie sowie der Munitionsunteroffizier, d. h. der mit der Aufsicht über die Munitionierung beauftragte Unteroffizier (in der Regel ein Zugführer der ersten Munitionsstaffel). — Die B. liegt naturgemäß meist auf dem der Beobachtungsstelle am nächsten liegenden Flügel der Feuerstellung; der Hinterwagen des B.-Wagens wird oft zu ihrer gedeckten Aufstellung benutzt werden.

Behelfsmäßige Vermessung. Alle Punktbestimmungen, welche die Truppe mit den ihr zur Verfügung stehenden Geräten ohne Sondergerät (Theodolit, Kippregel) ausführen kann.

Behelfsmäßiger Schießplan (s. a. Schießplan): Karte auf Kartenbrett aufgesteckt, nicht geknickt, nicht naß, nicht verzerrt, mit Kartenwinkelmesser oder Gradbogen und Lineal.

Behm, Alexander. Geb. 11. 11. 1880 in Sternberg (Mecklbg.). Studierte 1903 an der Techn. Hochsch. Karlsruhe; 1904 Assistent am physik. Inst. d. Techn. Hochsch. Karlsruhe. Inhaber der Behm-Echolot-Fabrik in Kiel. Erfinder des Echolot für Wasser- und Luftfahrzeuge 1912.

Arbeitsgebiete: Schallmessungen und Akustotechnik.

Behm-Zeitmesser ist ein Gerät, das zur Messung und Registrierung kürzester Zeitunterschiede mit einer Genauigkeit von 10^{-4} bis 10^{-5} Sekunden dient. Es beruht darauf, daß durch den zu messenden Vorgang zu Beginn und Ende elektromagnetische Impulse ausgelöst waren, die zur Steuerung der Rotation einer Scheibe oder von Stimmgabelschwingungen dienen. Aus dem Drehwinkel der Scheibe oder aus der Zahl der Schwingungen läßt sich die Dauer des Vorgangs ermitteln. Anwendung hat der Behmsche Kurzzeitmesser vor allem bei der Echolotung auf Schiffen und Flugzeugen gefunden. Aus der Dauer der Rückkehr des am Boden reflektierten Schalles wird auf die

Höhe über dem Meeres- oder Erdboden geschlossen.

Beiladungspulver. Rauchschwache Pulver sind schwerer entzündlich als Schwarzpulver; um deshalb eine einwandfreie Zündung der Nitrozellulose- und Nitroglyzerinpulver im Geschütz zu gewährleisten, werden diesen kleine Mengen von Schwarzpulver beigegeben, z. T. in kleinen Seidenbeutelchen, angenäht an die Kartuschbeutel (s. Kartusche).

Hiermit in Zusammenhang steht die Vorschrift, niemals Schwarzpulver zusammen mit rauchschwachem Pulver zu lagern; z. B. kommt dieses durch Blitzschlag regelmäßig zur Entzündung u. U. zur Explosion, während das rauchschwache nicht gezündet wird. In Gegenwart des Schwarzpulvers wird aber auch das rauchschwache unbedingt entzündet.

Bélidor, Bernhard Forêt de, franz. Ingenieurgeneral. Geb. 1698 in Katalonien als Sohn eines franz. Offiziers, gest. am 8. 9. 1761, studierte Mathematik und wurde Prof. an der neugegründeten Artillerieschule in La Fère; beschäftigte sich mit ballistischen Problemen, mit militärischen und bürgerlichen Ingenieurwissenschaften. Er wollte die Wirkung der Minen (Druckkugeln, globes de compression) durch größere Ladungen steigern (überladene Minen). Durch seine über das Maximum der Pulverladung bei Kanonen aufgestellte Behauptung zog er sich die Gegnerschaft der Artilleristen zu und verlor seine Professur. 1741 Kapitän in Metz, machte die Feldzüge 1741 bis 1745 in Bayern, Böhmen, Italien und Flandern mit Auszeichnung mit. Dann Oberst, 1758 Direktor des Arsenals in Paris und bald Brigadier und Generalinspekteur der Mineure.

Arbeitsgebiete: Artillerie, Befestigungskunst und Mathematik.

Beobachtung des Schießens der Artillerie ist so alt wie das Schießen, wenn auch früher gegen einzelne Ziele (Kartätschfeuer) nicht die Lage der Schüsse, sondern nur die Wirkung beobachtet werden konnte. Die B. erfolgte bis vor etwa 60 Jahren fast immer aus der Feuerstellung, beim Aufkommen verdeckter Stellungen wurde die B.-Stelle (s. d.) von der Feuerstellung getrennt. Bis etwa 1910 erfolgte die B. nur vom Erdboden, von Häusern, Bäumen usw. aus. Dann trat auch die Luftbeobachtung hinzu, seit etwa 1915 auch die B. durch Licht- und Schallmeßverfahren. Die B. des Feindes, des Vorgeländes usw. wird im Sprachgebrauch nicht von der Schußbeobachtung unterschieden, beide fallen oft, aber nicht immer, zusammen. Neuerdings wird die B. des Feindes in den Vorschriften „Aufklärung" genannt.

Beobachtungsoffizier ist ein Gehilfe des Batterieführers, Offizier oder älterer Unteroffizier, der sich mit ihm auf der B.-Stelle befindet und den Feind wie auch das Vorgelände mitbeobachtet. Er regelt gleichzeitig den Dienst auf der B.-Stelle und tritt für den Batterieführer ein, wenn dieser ausfällt. Mitbeobachtung der Schußlage wird sich oft von selbst ergeben, doch ist ein Hineinreden in die Entschlüsse des Batterieführers immer zu vermeiden.

Beobachtungsstelle (B.-Stelle) ist die Stelle, von der der Batterieführer (im Stellungskrieg der „Schießende“) das Feuer der Batterie beobachtet und leitet; der Ausdruck wird nur bei Erdbeobachtung gebraucht. Außer dieser „Hauptbeobachtungsstelle“, wie sie beim Vorhandensein mehrerer B.-Stellen genannt wird, gibt es noch vorgeschobene B.-Stellen, die meist von der Abteilung aus eingerichtet werden und „„Ausweichbeobachtungsstellen“ (s. d.). In offenen Stellungen fällt die B.-Stelle mit der „Befehlsstelle“ zusammen, aus der in verdeckten Stellungen der Batterie-Offizier die Batterie kommandiert und beaufsichtigt.

Berichtigungen am E.-Meßgerät, in der Regel mit Hilfe des Berichtigungsgeräts, das unmittelbar vor das E.-Meßgerät gesetzt wird. Außerdem ist Berichtigung nach wahrer Entfernung durch Anmessen eines Erdzieles mit genau bekannter Entfernung oder auch eines Zieles unendlicher Entfernung (Mond, helle Sterne) möglich.

Berlin, Hugo, Generalmajor a. D. Geb. 16. 9. 1861 in Nordhausen. 1881 Eintritt in das Heer (Fußart.-Rgt. 7), 1883 Leutnant. Nach verschiedenen Frontstellungen wurde er 1899 Lehrer an der Kriegsschule Metz. Dann 1908 als Major Inspizient des Fußart.-Gerätes im Kriegsministerium, zugleich Mitglied der Art.-Prüfungs-Kom. Bei Kriegsausbruch 1914 wurde er Kommandeur eines Res.-Fußart.-Rgts., dann Art.-Kommandeur. Nach Beförderung zum Oberst im Jan. 1915 wurde er Inspizient des Fußart.-Gerätes, Herbst 1916 General der Fußart. bei der 8. Armee. Nachdem er im Winter 1916 als Abt.-Direktor in die Art.-Prüfgs.-Kom. versetzt war, wurde er April 1918 Generalmajor, erbat Okt. 1918 den Abschied, General von der Armee, erhielt Febr. 1919 den Abschied.

Arbeitsgebiete: Waffenwesen im allgemeinen. Verfasser des Handbuches der Waffenlehre (1904). Mitarbeiter an militär. Sammelwerken und Zeitschriften.

Berlin, Wilhelm, Oberst. Geb. 28. 4. 1889 in Köln a. Rh. 1909 Eintritt in das Heer (Fußart.-Rgt. 14), 1910 Offizier, 1914 Militärtechn. Akad. in Berlin. Im Kriege 1914—18 Batterieführer, im Stabe XV. Res.-A.-K. u. Adjutant Art.-Kdr. 126. Hauptmann 1917. Nach dem Kriege Batteriechef und Hauptmann beim Stabe, 1927—30 Lehrer an der Art.-Schule in Jüterbog, 1930—34 im Reichskriegsministerium Gerätereferent bei der Art.-Inspektion, 1934—36 Abt.-Kdr., dann höherer Art.-Offizier beim Kdo. der Panzertruppen. 1930 Major, 1934 Oberstleutnant, 1936 Oberst.

Seine Hauptarbeit gilt den verschiedenen Gebieten der Waffenlehre, insbesondere der Artillerieentwicklung und des -gerätes. Herausgeber von Büchern über Waffenlehre und Artillerie.

Bernini, Arciero, ital. Physiker. Geb. 9. 7. 1876 in Correggio (Emilia). Studierte an der Univ. Bologna, 1903 Dr. phys. ebenda. Beauftragt mit Vorlesungen über techn. Physik an dieser Universität, seit 1909 Prof. der Physik am Nautischen Inst. in Genua. Arbeitsgebiete: Entfernungsmesser und ihre Verwendung, Luftverteidigung und ihre Mittel, Mechanik.

Bernoulli, Daniel (I), Mathematiker und Physiker (Sohn von Johann (I) Bernoulli). Geb. 29. 1. 1700 in Groningen, gest. 17. 3. 1782 in Basel. 1725 Prof. der Mathematik in St. Petersburg, 1733 Prof. der Anatomie und Botanik in Basel, 1750 Prof. der Experimentalphysik daselbst. Hauptwerk „Hydrodynamica“ (Straßburg 1738). Gab die ersten Ansätze zur kinetischen Gastheorie und für das „Prinzip von der Erhaltung der Kraft“. Wichtige Arbeiten über Wahrscheinlichkeitsrechnung.

Bernoulli, Jakob (I), Mathematiker. Bruder von Johann (I) Bernoulli. Geb. 27. 12. 1654 in Basel, gest. daselbst am 16. 8. 1705. Seit 1687 Prof. der Mathematik in Basel. Er baute die Infinitesimalrechnung aus (das Wort Integral stammt von ihm) und begründete die Wahrscheinlichkeitsrechnung (Ars conjectandi 1713).

Bernoulli, Johann (I), Mathematiker. Geb. 27. 7. 1667 in Basel, gest. 1. 1. 1748 in Basel. 1695 Prof. der Mathematik und Physik in Groningen, 1705—1748 Nachf. seines Bruders Jakob (I) B. in Basel. Er hat die Infinitesimalrechnung wesentlich gefördert und den Anstoß zur Entwicklung der Variationsrechnung gegeben. Seine Dissertation über die Gärung (1690) enthält einen Versuch zur Berechnung der Spannung der bei Entzündung von Schießpulver entwickelten Gase.

Bernoullisches Theorem s. Hydrodynamischer Druck.

Beschleunigung. Ist v die Maßzahl der Geschwindigkeit (s.d.) eines eine beliebige Bahn im Raume beschreibenden materiellen Punktes als Funktion der Zeit t gegeben: $v = f(t)$, so heißt der Differentialquotient $b_t = dv/dt$ die Tangentialbeschleunigung des Punktes zur Zeit t. Die Tangentialbeschleunigung ist ein Vektor; seine Richtung ist gleich der Richtung der Geschwindigkeit oder der Tangente an die Bahnkurve.

Wird mit ϱ der Krümmungsradius (s. d.) der Bahnkurve an der Stelle bezeichnet, wo sich der Punkt zur Zeit t mit der Geschwindigkeit v bewegt, so heißt der Ausdruck $b_n = v^2/\varrho$ die Normalbeschleunigung des Punktes zur Zeit t. Die Normalbeschleunigung ist gleichfalls ein Vektor, zum Mittelpunkt des Krümmungskreises hin gerichtet.

Die Tangentialbeschleunigung entspricht der Größenänderung und die Normalbeschleunigung der Richtungsänderung der Geschwindigkeit. Beide Beschleunigungen vektoriell zusammengesetzt (s. Parallelogrammgesetz) ergeben die Gesamtbeschleunigung des Punktes. Der Betrag der Gesamtbeschleunigung b ist demnach:

$$|b| = \sqrt{\left(\frac{dv}{dt}\right)^2 + \left(\frac{v^2}{\varrho}\right)^2}.$$

Bei geradliniger Bewegung des Massenpunktes bedeutet seine Beschleunigung die Größe der Geschwindigkeitsänderung in der Zeiteinheit. Ändert sich die Gesamtbeschleunigung eines Punktes nicht mit der Zeit, so heißt die zugehörige Bewegung gleichmäßig beschleunigt.

Besondere Einflüsse sind eine Sammelbezeichnung für ballistische Auswirkungen der jeweiligen Verfassung von Rohr und Munition auf die ballistischen Elemente (ballistischer Beiwert und Anfangsgeschwindigkeit eines Geschosses). Die Auswirkung ist bis auf Unterschiede im Geschoßgewicht, die auch den Flug beeinflussen, nur innenballistisch zu betrachten. Es ändert sich der Zustand des Rohres vornehmlich am Verbrennungsraum durch Beschädigung der „Felder", durch Ausbrennung, durch Verschmieren des Rohres mit Pulverrückständen, besonders aber mit dem Schliff der Führungsbänder. Bei Gewehren wird der Lauf vom Geschoßmantel abgescheuert (s. Ausbrennungen).

Der Inhalt der Kartuschen, das „Pulver", ändert seine Kraftäußerung mit seiner Temperatur, mit seiner Feuchtigkeit und durch andere Einflüsse. Verschiedene Pulverarten verhalten sich verschieden. Dazu kommt gelegentlich die Wirkung der Kartuschvorlage.

Die Gesamtbenennung als „Besondere Einflüsse" ist zwar durch Jahrzehnte üblich, aber logisch betrachtet unscharf. Man könnte die entscheidenden Merkmale „Rohr und Munition" in das Kondenswort „Romu" zusammenfassen, das dann den außenballistischen „Balta"-Werten gleichberechtigt gegenüberstünde.

Besondere und Witterungseinflüsse, abgekürzt B.W.E., fassen die Wirkungen zusammen, die die Unterschiede der Tagesbedingungen („Romu" [s. Bes. Einfl.] und „Balta") gegenüber den schußtafelmäßigen hervorrufen. Sie ändern sowohl die innenballistischen Grundlagen des Schusses (Anfangsgeschwindigkeit) wie auch die Bewegung des Geschosses im Luftraum.

Beta-Gerät s. Deckbezeichnung der schwersten deutschen Geschütze.

Beta-Lggr. s. Deckbezeichnung der schwersten deutschen Geschosse.

Bewegungsgröße eines **Punktes** von der Masse m heißt der mit dessen Geschwindigkeit $\mathfrak{v}$ gleichgerichtete Vektor $\mathfrak{u} = m\mathfrak{v}$. Die gesamte Bewegungsgröße U eines Systems von Massenpunkten ist die vektorielle Summe der einzelnen Bewegungsgrößen. Es empfiehlt sich nicht, wie es allerdings häufig geschieht, für die Bewegungsgröße die Bezeichnung Impuls (s. d.) zu verwenden.

Biegung der Rohre durch ihr Eigengewicht tritt bisher nur bei langen Rohren merklich in Erscheinung. Die Größe der Durchbiegung ist von der Längssteifigkeit der Rohre abhängig. Mantelringrohre und Drahtrohre, deren Ring- und Drahtlagen keinen Längenzug übertragen können, zeigen größere Neigung zum Durchhängen als Voll- und Mantelrohre.

Biegungsmoment (Rohr) ist abhängig von den Kräften, die am Rohr angreifen (z. B. Eigengewicht, Brems- und Vorholerkraft) und der Art der Lagerung der Rohre in der Wiege.

Biegungsspannung s. Rohrspannungen.

Bildhauptpunkt einer photogrammetrischen Aufnahme ist die Projektion des bildseitigen Hauptpunktes des photographischen Objektivs auf die Bildebene.

Bildhorizont ist die Schnittlinie einer zur Zeit der Aufnahme durch den Bildhauptpunkt (s. d.) gelegten Horizontalebene mit der Bildebene.

Bildmeßtheodolit, ein zuerst von Porro 1871 und in endgültiger Form von Koppe 1896 angegebenes Instrument zur Bestimmung von Horizontal- und Höhenwinkeln aus photogrammetrischen Geländebildern. Das Bild wird in der Aufnahmekammer oder einer anderen Kammer mit gleichem Objektiv vor einem für diesen Zweck gebauten Theodolit aufgestellt, so daß es dieselbe Neigung und Verkantung wie bei der Aufnahme hat. Durch das Kammerobjektiv hindurch wird das Theodolitfernrohr auf die einzelnen Punkte des Geländes eingestellt, worauf an den Kreisen des Theodolits Horizontal- und Höhenwinkel abgelesen werden können. Als Nullrichtung für die ersteren dient die Richtung nach dem Bildhauptpunkt (s. d.). Der Grundgedanke des Bildmeßtheodolits bildet ein wichtiges Element der photogrammetrischen Auswertegeräte.

Bildmessung s. Photogrammetrie.

Bildungswärme einer Substanz heißt diejenige Wärmemenge, die bei dem Aufbau eines Stoffes aus seinen Elementen in Freiheit gesetzt oder gebunden wird; die Ausgangssubstanzen werden dabei in der normalen, experimentell zugänglichen Zustandsform betrachtet (nicht als Atome).

Die Kenntnis der Bildungswärmen ist deshalb sehr wertvoll, weil man aus ihnen den Umsatz an Wärmeenergie bei chemischen Prozessen ermitteln kann, wenn die Bildungswärme der Reaktionsteilnehmer gegeben ist:

Die gesuchte Wärmetönung einer Reaktion ist auf Grund des Energieprinzips gleich der Summe der Bildungswärmen der entstehenden, vermindert um die Summe der Bildungswärmen der verschwindenden Stoffe.

Zur Bestimmung des kalorischen Effektes bedient man sich der Kalorimeter; bei vielen Substanzen wird die Bildungswärme meist aus der Verbrennungswärme in der kalorimetrischen Bombe von Berthelot ermittelt.

Bleiazid ist das Bleisalz der Stickstoffwasserstoffsäure; die Salze sind, wie die Säure selbst, sehr explosiv. Bleiazid findet Verwendung in der Sprengtechnik zur Einleitung der Detonation der Sprengpatronen (Initialzündung), wozu früher fast ausschließlich Knallquecksilber verwendet wurde. Zur Vermeidung der Bildung selbstexplosiven Kupferazids wird Bleiazid in Aluminiumhülsen geladen; ferner wird zur Einleitung der Initialzündung das leichter zündbare, aber weniger brisante Bleisalz des Trinitroresorzins, das sog. Bleitricinat, beigeladen; es ist chemisch der Pikrinsäure verwandt.

Bleigeschosse waren früher allgemein üblich wegen des hohen spezifischen Gewichtes des Bleis und beim Schießen aus gezogenen Läufen wegen der weichen Führung in den Zügen. Nachdem die Einführung des rauchschwachen Pulvers erhöhte Anforderungen an die Geschosse stellte, mußte der Drall der Züge so verstärkt werden, daß die Führung von Bleigeschossen nicht mehr genügte. Das Blei streifte sich in den Zügen ab, das Geschoß übersprang die Züge, anstatt sich in ihnen zu führen. Die modernen Langgeschosse müssen einen Stahlmantel haben. In Sonderfällen, in denen auf die hochgespannte Rasanz von Militärgewehren und Pirschbüchsen verzichtet werden kann, werden auch heute noch Bleigeschosse verwendet, z. B. bei Kleinkaliberpatronen und z. T. auch bei Faustfeuerwaffen (Revolver). Bei diesen wird dabei die Absicht verfolgt, durch Stauchung des weichen Bleis beim Auftreffen eine stärkere Wirkung auf den getroffenen Körper zu erzielen, wenn möglich Steckschüsse anstatt glatter Durchschüsse. Das Zugsystem der Waffe muß auf die Verwendung von Bleigeschossen Rücksicht nehmen. Aber selbst dann muß mit einem häufigen Verbleien des Laufes gerechnet werden, indem Blei sich an den Felderkanten abschert und allmählich die Zugecken verschmiert (s. Rückstände). In Waffen mit Patronenmagazin verursachen Bleigeschosse leicht Hemmungen.

Bleitricinat s. Bleiazid.

Blindflug. Flug ohne jede Bodensicht und ohne jede Wahrnehmung des Horizontes, z. B. in den Wolken oder bei vollkommen unsichtiger Nacht. Er wird nur mittels besonderer für diese Flugart entwickelter Instrumente ausgeführt.

Blindgänger ist ein Geschoß, welches beim Auftreffen durch Versagen der Zündung nicht zur Detonation kommt.

Blindwurf. Unter Blindwurf ist das Abwerfen nicht entsicherter Bomben zu verstehen. Blindwurf erfolgt, wenn der Flieger die Bomben über eigenem Gelände abwerfen muß oder zu einer beschleunigten Landung gezwungen ist.

Blondel, François, franz. Artillerist u. Ingenieur. Geb. 1617, gest. 1686. Auf artilleristischem Gebiet erregte sein 1683 erschienenes Werk „L'art de jeter les bombes“ Aufsehen. Im gleichen Jahr stellte er in seinem Werk „Nouvelle manière de fortifier les places“ neue Grundsätze über die Anlage und den Ausbau von Festungen auf.

Bocken des Geschützes tritt ein, wenn sich die Räder unter dem Einfluß der beim Schuß auf die Lafette wirkenden Kräfte vom Boden abheben, wobei sich das Geschütz um den Sporn dreht, oder bei festen Lafetten durch ähnliche Auswirkungen des Schusses. Das Bocken hat Einfluß auf den Abgangsfehlerwinkel, gleichzeitig drängt es die „Ziellinie“ vom Ziel fort.

Bodenzünder ist ein im Boden des Geschosses, der Bombe od. dgl. untergebrachter Zünder. Er wird vorwiegend bei Panzergranaten beim Durchschlagen fester Ziele angewendet.

Bogenschuß s. Steilfeuergeschütz.

Bomben sind Geschosse, die von Flugzeugen aus abgeworfen werden. Dabei wird zwischen Splitterbomben, Sprengbomben, Minenbomben, Brandbomben und Gasbomben unterschieden.

Splitterbomben besitzen ein Gewicht von durchschnittlich 10 kg und eine Wandung, die beim Krepieren viele Splitter erzeugt. Sie werden vor allem gegen lebende Ziele eingesetzt. Sprengbomben sind Bomben mit stärkerer Wandung und besitzen eine entsprechende Durchschlagskraft und Sprengwirkung. Ihr Gewicht beträgt im allgemeinen 22—250 kg, seltener 500 kg. Bei den Minenbomben ist der Hauptwert auf eine möglichst große Sprengladung gelegt, um durch den Gasdruck große Zerstörungen hervorzurufen. Ihr Gewicht beträgt 270—1000 kg. Brandbomben sind leichte Bomben aus einem Material (z. B. Thermit, Elektron u. ä.), das bei der Verbrennung sehr hohe Hitzegrade entwickelt, eine starke Funkenzerstäubung gewährleistet und dadurch Löschungsversuchen große Schwierigkeiten bereitet. Gasbomben besitzen eine sehr dünne Wandung und enthalten neben einer verhältnismäßig geringen Sprengladung chemische Kampfstoffe, die beim Krepieren in weitem Umkreis umhergeschleudert werden.

Bombenabwurf-Fernrohr s. Bombenabwurfvisier. Statt des Visiers (Kimme und Korn) hat es ein Zielfernrohr mit schwacher Vergrößerung.

Bombenabwurfvisier dient beim Bombenwurf vom Flugzeug zur Ausschaltung des „Vorhaltewinkels". Der Betrag des Vorhaltewinkels wird meist im Anschluß an die Flugbedingungen des luftleeren Raumes (unter beiläufiger Berücksichtigung des tatsächlichen Luftwiderstandes mittels des „Rücktriftwinkels") bestimmt. Für den Hauptfall des Horizontalfluges ist der Vorhaltewinkel φ aus der Geschw. über Grund (s. Fahrt) v_F des Flugzeuges, seiner Flughöhe H über dem Ziel, der Falldauer T der Bombe und dem Rücktriftwinkel $\Delta\varphi$ wie folgt zu bestimmen:

$$\varphi = \operatorname{arc\,tg} \frac{v_F T}{H} - \Delta\varphi .$$

H/T ist dabei die „mittlere" Fallgeschwindigkeit der Bombe. Der Rücktriftwinkel hängt von der Fahrt (s. d.) des Flugzeuges und der Flughöhe ab; die Abhängigkeit der Falldauer von der Geschwindigkeit des Flugzeuges braucht meistens nicht berücksichtigt zu werden. Grundzüge des Bombenwurfes und Zielgeräte wurden von H. Knobloch und W. Müller in „Beiträge zur Techn. Phys." S. 23 bis 67 behandelt. S. u. Cranz S. 53.

Von der Erde aus gesehen erscheint die Bahn der Bombe ungefähr als Parabel, vom Flugzeug aus als (um den Rücktriftwinkel nach hinten geneigte) Gerade.

Einstellung der jeweils erforderlichen Vorhaltewinkel und Auslösung der Bomben können automatisch bewirkt werden. (Vgl. Chr. von Hofe, Entwicklung der Bombenabwurf-Visiergeräte. Heerestechnik 1931, Nr. 3.) Die Berücksichtigung des Windeinflusses erschwert praktisch das Treffen, so daß man gelegentlich diese Berichtigung durch Probewurf ermittelt.

Bombenflugzeuge sind Flugzeuge, die für den Abwurf von Bomben bestimmt sind (s. Nachtbomber, Sturzbomber, Tagbomber).

Bombengehänge sind die Aufhängevorrichtungen, an denen die Bomben mitgeführt werden. Dabei wird zwischen vertikalen und horizontalen Bombengehängen unterschieden. Die horizontalen Bombengehänge sind je nach der Art des Flugzeugmusters entweder beiderseits des Rumpfes unter den Flügeln, oder unter dem Rumpf, oder in den Flügeln oder im Rumpf, die vertikalen Bombengehänge meist im Rumpf angeordnet. Da die unter den Flügeln oder unter dem Rumpf angeordneten Gehänge beträchtlichen schädlichen Luftwiderstand erzeugen, gewinnt bei neuzeitlichen Bombenflugzeugen die Anordnung der Gehänge im Rumpf oder in den Flügeln immer mehr an Bedeutung. Die Auslösung der Bomben erfolgt auf mechanischem oder elektrischem Wege, wobei der Abwurf der Bomben nach Wahl einzeln oder in Reihen erfolgen kann.

Bombenlast heißt diejenige Menge Bomben, die ein Flugzeug bei einer bestimmten Reichweite befördern kann.

Bombenwirkung ist die Wirkung besonderer als Bomben bezeichneter mittelalterlicher und auch neuzeitlicher Geschosse, früher in Kugelform. Da die ersten Wurfgeschosse aus dem Luftschiff und Flugzeug ebenfalls die Kugelform hatten, so bezeichnete man auch sie mit Abwurfbomben und behielt diesen Namen bei, nachdem sie aus ballistischen Gründen eine langgestreckte bzw. stromlinienähnliche Form erhalten hatten. Wegen der besonderen Eigenart der Abwurfbomben, die nicht verschossen und daher verhältnismäßig dünnwandig gebaut werden und eine entsprechend größere Sprengladung aufzunehmen vermögen, ist die Wirkung in mancherlei Hinsicht eine andere als bei Artilleriegranaten (s. Geschoßwirkung). Vor allem besitzen Bomben im Vergleich zu schweren Granaten nur eine verhältnismäßig geringe Auftreffwucht je Flächeneinheit und eignen sich daher weniger zum Durchschlagen widerstandsfähiger Ziele. Hiergegen (z. B. gegen Betonziele, Schiffsziele) wirken sie vielmehr mit dem Druck der Detonationsgase ihrer gewaltigen Sprengladung, deren Gewicht bis zu 70 % des Gesamtgewichts ausmacht (das Gewicht der Sprengladung einer Spreng- oder Minengranate beträgt höchstens 15 % des Gesamtgewichts). Panzerbomben werden nur wenig gebraucht, Splitterbomben nur im Kampf gegen Feldziele. Gegen Stadtziele, Fabriken, Munitionslager, Brücken, kommen neben Brandbomben (Thermit) Sprengbomben bis zu 2000 kg zur Verwendung. Der Druck der Detonationsgase ist nach den Untersuchungen von JUSTROW (Ztschr. f. d. ges. Schieß- u. Sprengstoffwes. 22. Jahrg., Heft 4—6) in der Nähe des Sprengpunktes gewaltig; er beträgt hier mehrere 1000 kg/cm². Damit werden auch widerstandsfähige Ziele eingedrückt. In der freien Luft fällt der Druck schnell, etwa umgekehrt proportional dem Quadrat der Entfernung vom Sprengpunkt, er beträgt bei großen Bomben auf 50 m Abstand zwar noch etwa 3 kg/cm², auf 500 m aber nur noch höchstens 0,05 kg/cm², womit eine erhebliche Beschädigung selbst freistehender leichter Häuser nicht mehr erzielt werden kann.

Bombenwurf aus Flugzeugen bedeutet die Art des Abwerfens von

Bomben. Unterschieden wird dabei zwischen dem Bombenwurf aus dem Horizontalflug und demjenigen aus dem Sturzflug (Sturzbombenangriff). Beim Abwurf aus dem Horizontalflug erhält die Bombe eine Anfangsgeschwindigkeit, welche der des Flugzeuges entspricht. Der Flug der Bombe wird weiterhin durch den Einfluß der Schwere und des Luftwiderstandes (s. d.) bestimmt. Beim Sturzbombenangriff wird die Bombe erst nach einem Sturzflug von mehreren hundert Metern, bei dem Geschwindigkeiten über 600 km/Std. erreicht werden, abgeworfen und erhält dadurch eine größere Geschwindigkeit. Der Zielvorgang im Sturzflug stellt allerhöchste Anforderungen.

Bomber - Transporter. Eine in England entwickelte Flugzeugart, die sowohl als Transportflugzeug als auch als Bomber eingesetzt werden kann. Im Gegensatz zum Transportflugzeug verfügt sie über eine starke Verteidigungsbewaffnung.

Borda, Jean Charles, franz. Mathematiker, Astronom u. Seemann. Geb. 4. 5. 1733 in Dax, gest. 20. 2. 1799 in Paris. Trat in das Geniekorps ein und wurde 1756 auf Grund seiner ballistischen Untersuchungen Mitglied der Akademie der Wissenschaften. Fragen des Schiffbaues und der Nautik durch Untersuchungen zur Bestimmung des Widerstandes schwimmender Körper, durch Vervollkommnung des Spiegelkreises und durch magnetische Beobachtungen gelöst. Erfinder der nach ihm benannten Reflexions- und Repetitionskreise. Auf Reisen nach Amerika und Afrika Küstenvermessung. Bordasche Regel zur überschlägigen Abschätzung der Stabilität eines Schiffes.

Bordflugzeuge. Neuzeitl. Kriegsschiffe (Linienschiffe und Kreuzer) haben ein bis vier Flugzeuge an Bord, deren Aufgabe es ist, Aufklärungsarbeit über See zu leisten. Der Start dieser Bordflugzeuge erfolgt mittels Katapult, die Anbordnahme bei stilliegendem Schiff mittels Kran. England ist in letzter Zeit dazu übergegangen, an Stelle der bisher üblichen Schwimmer-Seeflugzeuge auch Wasser-Landflugzeuge als Bordflugzeuge zu verwenden.

Boulengé s. Le Boulengé.

Boyle, Robert, engl. Naturforscher, Physiker u. Chemiker. Geb. 25. 1. 1627 in Lismore (Irland), gest. 30. 12. 1691 in London. Nach seinem Studium in Genf beschäftigte er sich in seiner Heimat mit Chemie und Physik, verbesserte u. a. GUERICKEs Luftpumpe. Eingehend untersuchte er den Verbrennungsprozeß und war der erste Gelehrte, der die chemische Beschaffenheit der atmosphärischen Luft feststellte. Das nach ihm benannte Boylesche Gesetz (1660) ist unabhängig von ihm 1679 durch MARIOTTE gefunden und bewiesen worden und wird allgemein als Boyle-Mariottesches bezeichnet.

Boyle-Lussacsches Gesetz. Dieses Gesetz entsteht durch Vereinigung der Gesetze von BOYLE-MARIOTTE (s. d.) und GAY-LUSSAC (s. d.). Ist p der Druck eines Gases, V sein Volumen, t die Temperatur in Celsiusgraden, T die absolute Gastemperatur (s. d.) und α der Ausdehnungskoeffizient des Gases, so bestehen die Beziehungen:

$$p \cdot V = R'(1 + \alpha t) \quad \text{oder}$$

$$p \cdot V = R'\alpha \left[\frac{1}{\alpha} + t\right] = R'' T.$$

R', R'' sind Konstanten, die von der Menge und Art des vorliegenden Gases abhängen.

Die Dichte ϱ (s. d.) eines Gases ist seinem Volumen umgekehrt proportional, daher kann das Gesetz auch geschrieben werden:

$$\frac{p \cdot V}{T} = \text{Konst.} \quad \text{oder} \quad \frac{p}{\varrho \cdot T} = \text{Konst.}$$

Aus dem Boyle-Lussacschen Gesetz geht die Zustandsgleichung (s. d.) idealer Gase hervor.

Boyle-Mariottesches Gesetz. Bei konstanter Temperatur ist das Produkt aus dem Drucke p und dem Volumen V eines Gases konstant; oder: bei konstanter Temperatur ist der Druck eines Gases proportional seiner Dichte ϱ und umgekehrt proportional seinem Volumen.

In einem rechtwinkligen Koordinatensystem mit den Achsen V und p wird das Boyle-Mariottesche Gesetz durch gleichseitige Hyperbeln dargestellt, mit den Koordinatenachsen als Asymptoten. Diese Kurven heißen Isothermen, weil sie Zustände gleicher Temperatur miteinander verbinden.

Braccialini, Scipione, General. Geb. 1850 auf Isola Giglio (Grosseto). 1870 Unterleutnant der Artillerie. Nach Dienst in der Truppe, in Art.-Comitees, Art.-Direktionen und beim Kommando der Zentral-Artillerieschule wurde er 1916 Oberst, 1917 Brigadegeneral, dann Divisionsgeneral der Artillerie. Er veröffentlichte mehrere ballistische Arbeiten; erfand Entfernungsmesser, Richtkreise für Richten und Schießen der Küstenartillerie, elektrisch-magnetische Apparate für Übertragung von Schießbefehlen und Richtangaben.

Brandgeschosse. Füllung ähnlich der von Brandbomben:

a) Phosphorgeschosse enthalten entweder weißen Phosphor, eingeschmolzen (Schmelzp. 49°), oder weißen Phosphor gelöst in Schwefelkohlenstoff. Beim Aufprall des Geschosses wird entweder aus freigegebenen Öffnungen der durch bestimmtes Erwärmungsverfahren im Geschoß zuvor geschmolzene Phosphor in feinen Sprühströmen herausgepreßt oder die Lösung in ähnlicher Weise verspritzt; nach einiger Zeit oxydiert sich der feinverteilte Phosphor an der Luft unter Feuererscheinung. Es entstehen keine hohen Verbrennungstemperaturen, aber der Phosphorbrand ist schwer zu löschen, vor allem treten Neubrände auf, wenn das Wasser wieder verdunstet ist. Angesetzt werden diese Geschosse gegen leicht brennbare Gegenstände, wie z. B. Heuschober, ausgetrocknete Getreidefelder, Wälder usw., evtl. als Gewehrgeschosse gegen Luftschiffe.

b) Thermitgeschosse enthalten Thermit, ein Gemisch aus Aluminium mit Eisenoxyd, zündbar durch eine besondere Superoxydkirsche, die leicht durch gewöhnliche Zündung zu entfeuern ist. Thermit gibt Temperaturen von etwa 3000°, ist also auch gegen schwer brennbare Gegenstände einzusetzen. Brand ist mit Wasser nicht zu löschen, u. U. kommt noch Knallgasbildung bzw. -Explosion dann dazu; nur Abdecken mit Sand oder Kalisalzen dämmt Feuer ein, das an sich jedoch ausbrennt, weil genügend Sauerstoff im Gemisch zur Verfügung steht.

Braunsche Röhre ist ein elektrisches Meßgerät zur optischen Registrierung schnell verlaufender Vorgänge. In einem solchen Rohr werden von einer Heizspirale Kathodenstrahlen ausgesendet. Die Strahlen fallen auf einen mit einem kleinen Loch versehenen Abblendeschirm. Das schmale Strahlenbündel, welches durch die Blende gegangen ist, gelangt entweder auf einen Fluoreszenzschirm oder auf eine photographische Platte, die sich in der Röhre an der Stelle befindet, wo sonst der Fluoreszenzschirm angebracht ist. Quer zu dem Strahlenbündel gehen beispielsweise die Kraftlinien eines durch eine Wechselstrommaschine hoher Frequenz erzeugten magnetischen Feldes und senkrecht zu diesen die Kraftlinien eines elektrischen Kondensatorfeldes. Das magnetische Feld allein bewirkt für sich, daß der Lichtfleck aus dem Auffangeschirm auf einer Geraden hin und her wandert. Eine Änderung des elektrischen Feldes allein hat zur Folge, daß der Lichtfleck in einer zur ersten Geraden senkrechten Geraden wandert. Unter dem gleichzeitigen Einfluß beider Wirkungen wird also der Lichtfleck eine willkürliche Kurve beschreiben. Wird die Änderung des elektrischen Feldes gekoppelt mit den schnell verlaufenden Phasen des zu beobachtenden Vorganges, so beschreibt der Lichtfleck eine Kurve, welche im allgemeinen den zeitlichen Verlauf dieses Vorganges ohne zeitliches Nachhinken wiedergibt.

Breitenausdehnung des Feuers. Sie kommt nicht nur beim Schießen der Batterie, sondern auch beim Schießen einzelner Züge und selbst Geschütze in Betracht. Es wird unterschieden zwischen günstiger und nötiger B. Die erstgenannte ist gegeben, wenn die einzelnen Schüsse soweit seitlich auseinanderliegen, daß die Wirkung auch bei unverändert bleibender Seitenrichtung lückenlos ist. Ist die durch die Lage oder durch den Abteilungsbefehl geforderte B. größer, so müssen die Geschütze in ihren Abschnitten mit dem Feuer seitlich hin und her gehen („Pendeln“, „tir fauchant“). Die seitliche Wirkung hängt ab von der Rohrweite, der Kraft der Sprengladung, der Art des Zünders, der Bodenbeschaffenheit und Geländegestaltung. Sie ist am größten bei ebenem, unbedecktem Gelände, starker Sprengladung und zäher Geschoßhülle; allgemein gültige Zahlen lassen sich nicht geben.

Breitenstreuung s. Streuung.

Bremsen s. Rücklaufbremsen.

Bremszylinder s. Rohrrücklaufbremsen.

Brenndauer ist die Zeit, die zum Abbrennen eines Pulvers oder Brandsatzes von bestimmten Abmessungen notwendig ist. Sie hängt von der chemischen Zusammensetzung, der Form und der jeweiligen Verdichtung des Pulvers ab.

Brennlänge eines Zeitzünders ergibt sich aus der spez. Brenndauer des Pulvers bzw. spez. Laufdauer des Uhrwerkes und dem bei der Tempierung (s. d.) eingestellten Winkelmaß. In der Bezeichnung des Zünders ist größtenteils die maximale Brennlänge in Sekunden angegeben (S/30, S/60).

Brennwerte verschieden geformter Pulver s. Formen d. rauchschw. P. u. s. Verbrennung nach Pioberts Ges.

Brennzünder ist ein Zünder, bei dem ein Brennsatz durch sein Abbrennen die Zeitbestimmung ermöglicht. Dieser Brennsatz ist in sog. Satzringen oder Satzkanälen untergebracht.

Das Einstellen der Brenndauer geschieht von außen durch Verschieben des Brennsatzes gegenüber der Anzündstelle bzw. Durchzündöffnung.

Die Entzündung des Brennsatzes erfolgt beim Abschuß durch ein auf eine Nadel auftreffendes Zündhütchen. Je nach der gewünschten Brenndauer muß ein kürzeres oder längeres Stück des Brennsatzes bis zur Zündung abgebrannt sein.

Brisanz eines Explosiv- oder Sprengstoffes ist ein Begriff, dessen genaue Definition umstritten ist und für den ein geeignetes rechnerisches oder experimentelles Maß noch nicht feststeht. Allgemein wird ein Sprengstoff als um so brisanter gewertet, je stoßartiger seine Wirkung ist. Während der Umsetzung des Sprengstoffes in gasförmige Teile erhalten die Gasteile endliche Geschwindigkeiten, die zur Ausbildung einer Druck- oder Stoßwelle (s. d.) führen; nach der Zersetzung hat man ein Gasgemenge sehr hoher Temperatur, das sich ausdehnt und dabei Arbeit leistet. Beide Vorgänge, dynamischer Stoß und expansive Arbeitsleistung, gehen zeitlich ineinander über. Für die Brisanz maßgebend ist die Stoßwirkung. Diese wird um so höher sein, je rascher die Zersetzung erfolgt. Ehe die Gase entweichen, kann eine um so größere Drucksteigerung eintreten und dadurch wiederum die Reaktion beschleunigt werden. Ein gutes Mittel zur Beurteilung der Brisanz eines Sprengstoffs besteht in der Registrierung des Druckverlaufs bei der Zersetzung in geschlossenen Versuchsbomben; je steiler unter gleichen Versuchsbedingungen die Druck-Zeit-Kurve verläuft, um so brisanter ist der Sprengstoff zu bezeichnen.

Zur Erfassung der Stoßwirkung definiert Redl die Brisanz als diejenige Bewegungsgröße, die in der Zeiteinheit auf die Oberflächeneinheit der Sprengstoffmasse ausgeübt wird. Nach der vereinfachten Redlschen Formel, die sich gut den Erfahrungen anschließt, ist das Produkt aus Ladedichte und Detonationsgeschwindigkeit ein Maß der Brisanz.

Kast sieht als Maß der Brisanz das Produkt aus dem spezifischen Druck des Pulvers, seiner Dichte und der Detonationsgeschwindigkeit an. Viele ähnliche Formeln sind aufgestellt worden, keine ist befriedigend; ebensowenig gibt es eine einheitliche Meßmethode.

Nach praktischen Erfahrungen hat sich erwiesen, daß die Brisanz als Stoßwirkung bei Initialzündmitteln am besten nach der Bleiplattenmethode ermittelt wird; die in Bleiplatten bestimmter Stärke geschlagene Höhlung oder die Größe des Durchschlagloches dient als Maß. Bei Sprengstoffen benutzt man zweckmäßig die Stauchung eines Bleizylinders oder Kupferzylinders mit Stahlstempel als Maß. Redl hat durch seine Rechnungen gezeigt, daß das Ergebnis der Trauzlprobe im wesentlichen die Arbeitsleistung und nicht die Stoßwirkung eines Sprengstoffs erfaßt; Sprengstoff bestimmter Menge wird zur Zersetzung in der Höhlung eines Bleiblocks gebracht und die Vergrößerung der Höhlung gemessen.

Für die Wahl eines Sprengstoffes zu einem bestimmten Zweck ist maßgebend, ob eine Zertrümmerung der Umgebung eintreten soll, oder ob in erster Linie expansive Arbeitsleistung verlangt wird. Im ersten Falle ist ein hochbrisanter Sprengstoff zu wählen. Bei Geschoßtreibmitteln darf die Brisanz oder wie hier auch vielfach die Bezeichnung lautet, die Offensivität, nicht zu groß sein, damit Waffe und Geschoß nicht unzulässig beansprucht werden; in diesem Falle soll keine plötzliche Zersetzung stattfinden, sondern das Pulver soll erst verbrannt sein, kurz bevor das Geschoß die Mündung verläßt.

Brisanzgeschoß ist ein Geschoß, dessen träge Stahlmasse unter dem Explosionsvorgang einer in seinem Innern gelagerten brisanten Sprengladung (s. „Brisanz") ihren Zusammenhalt verliert und in mehr oder weniger großen Stücken (Sprengstücken) mit großer Geschwindigkeit vom Sprengpunkt fortgeschleudert wird. Ein Brisanzgeschoß ist demnach um so wirkungsvoller, je zahlreicher seine Sprengstücke, je größer deren Dichtigkeit im Raum (s. „Trefferdichte") und je größer deren Geschwindigkeit ist, wobei das Gewicht des einzelnen Sprengstückes eine untere Grenze (etwa 5 g) nicht unterschreiten soll, weil es sonst seine Geschwindigkeit zu schnell in der Luft verliert und keinen Durchschlag, d. h. keinen „scharfen", sondern nur einen „matten" Treffer erzeugt. Die Geschwindigkeit der Sprengstücke im Sprengpunkt ist sehr hoch; sie liegt bei 1000 m/sec. Die Zahl der wirksamen Sprengstücke über 5 g beträgt beim 7,5 cm-Brisanzgeschoß rund 250, beim 10,5 cm-Geschoß rund 500 und beim 15 cm-Geschoß rund 1200.

Brückenglühzünder, auch kurz „Brückenzünder" bezeichnet, sind Zündmittel, bei denen die Entzündung des eigentlichen Zündsatzes durch einen in die Zündmasse eingebetteten Glühdraht erfolgt.

Brückenraumglas dient zur räumlichen Betrachtung stereoskopisch aufgenommener Bildpaare, insbesondere von Luftbildern. Es besteht aus zwei auf einer Schiene verschiebbaren Linsen, die mittels angelenkter Füße nach Art einer Brücke über dem auf dem Tisch liegenden Bildpaar aufgestellt werden kann (s. „Stereoskop").

Büchsenschüsse sind Schüsse, die aus einem gezogenen Lauf (Büchse) abgegeben werden im Gegensatz zu Flintenschüssen aus glattem Lauf, aus dem die im Kaliber geringeren „Rollkugeln" verschossen wurden. Die Büchse aus der alten Vorderladerzeit verlangte, um eine Geschoßführung in den Zügen zu erreichen, eine sehr umständliche Ladeweise. Die Erfindung von Minié brachte durch Expansionsführung den großen Vorteil, daß das gezogene Vorderladergewehr leicht und schnell geladen werden konnte wie eine Flinte und dann doch schoß wie eine Büchse. Der Hinterlader erst bot die beste Möglichkeit, daß ohne Schwierigkeiten alle Gewehre zum Kugelschuß (der Schrotschuß [s. d.] ist etwas ganz anderes) mit gezogenen Läufen versehen werden, also zum Büchsenschuß eingerichtet werden konnten. Auch Faustfeuerwaffen haben jetzt allgemein gezogene Läufe. Der Schuß aus ihnen ist also ebenfalls ein Büchsenschuß, freilich wegen der Kleinheit der Patrone und der Kürze des Laufs unter besonderen ballistischen Formen. Bei modernen, vollwertigen Selbstladepistolen (Militärwaffen) werden vom wohlgezielten Einzelschuß auf weite Pistolenentfernungen Eigenschaften des Büchsenschusses verlangt. Der im Nahkampf auf kleinen Entfernungen schnell hingeworfene Schuß aus einer Faustfeuerwaffe kann nicht als Büchsenschuß gerechnet werden; er entspricht aber dem Hauptverwendungszweck der Faustfeuerwaffe.

Nach den „Schieß- und waffentechnischen Mitteilungen" der Deutschen Versuchsanstalt für Handfeuerwaffen e.V. in Wannsee bei Berlin (1936) erfolgt die Beurteilung der Schußleistung von Büchsläufen für den Jagdgebrauch nach der Streuung. Zur Vereinfachung der Bearbeitung erfolgt keine Umrechnung auf die 50%-Streuung, sondern es gilt die 100%-Streuung für eine bestimmte Schußzahl als Anhalt[1]. Als Streukreisdurchmesser wird dabei der Abstand der am weitesten entfernten Einschläge auf der Scheibe gemessen. Die Schußweite ist auf 100 m einheitlich festgelegt. Es wird angenommen, daß auf Entfernungen von 60 m bis 175 m die Streuungen mit der Entfernung linear wachsen. Knapp zusammengefaßt ergibt sich aus den amtlichen Tabellen der Versuchsanstalt von 1936 der Streukreis für 6 Schuß in cm und die Beurteilung:

Einläufige Büchsen	Geschosse	hervorragend	recht gut	gut	gering
Büchsenlauf für den Jagdgebrauch . .	Mantelgeschosse	bis 5	bis 7	bis 10	über 10
Büchsenlauf für den Jagdgebrauch . .	Bleigeschosse	„ 8	„ 10½	„ 13	„ 13
Scheibenbüchsen . .	Blei- und Mantelgeschosse	„ 3½	„ 5	„ 6½	„ 6½
Wehrmannsbüchsen	—	„ 5	„ 6½	„ 8½	„ 8½
Doppelbüchsen . .	(Gesamtstreuung)	„ 7½	„ 10½	„ 15	„ 15

Unter Verwendung von besten Zielfernrohren können von beson-

[1] Genau genommen ist es nicht die 100%-Streuung, da diese unendlich groß ist.

ders geübten Schützen auch die bei „hervorragend" notierten Streuungen noch unterschritten werden. Bei Doppelbüchsen ist zu beachten, daß das Zusammenliegen beider Treffbilder wesentlich ist; im ganzen werden also 12 Schuß abgegeben. „Bockdoppelbüchsen mit Kerstenverschluß schießen durchschnittlich besser als solche mit nebeneinander gelegten Läufen."

Bucken des Geschützes s. Bocken des Geschützes.

Bunte Räume des Angriffs. Geländestreifen, für Angriffshandlungen durch verschiedenartige Gasmunition sturmreif geschossen, werden artilleristisch und gastaktisch als „Bunte Räume des Angriffs" bezeichnet. Die Bezeichnung hängt mit der Farbenkennzeichnung der verschiedenen Geschoßarten zusammen.

Buntschießen. Ein Tarnwort für die Gasschießen der deutschen Artillerie im Weltkriege, weil die Geschosse bunte Kreuze auf der Hülle trugen. Im späteren Verlauf des Krieges wurde der Ausdruck im besonderen für solche Schießen angewendet, bei denen Grün- und Blaukreuz gemischt oder in regelmäßigem Wechsel verfeuert wurden.

Busemann, Adolf, Prof., Dr.-Ing. Geb. 20. 4. 1901 in Lübeck. Studierte 1920—24 allgem. Maschinenbau an der Techn. Hochsch. Braunschweig, wurde dort Assistent des Festigkeitslaboratoriums, 1924 Dr.-Ing. daselbst. Dann Assistent bzw. Abteilungsleiter am Kaiser Wilhelm-Inst. für Strömungsforschung in Göttingen, dort 1930 Habilitation für angewandte Mechanik, 1931—35 Priv.-Doz. für Thermodynamik und Strömungslehre an der Techn. Hochsch. Dresden. 1936 Prof. an der Techn. Hochsch. Braunschweig und Leiter des Inst. für Gasdynamik der Dt. Forschgsanstalt für Luftfahrt in Braunschweig.

Hauptarbeitsgebiete: Mechanik der festen, flüssigen und gasförmigen Körper sowie Thermodynamik, insbes. Strömungen mit Unter- und Überschallgeschwindigkeit.

Bussole oder Kompaß, besteht aus einer magnetischen (ausgewogenen) Stahlnadel über einer waagerechten Kreisteilung.

Bussolenzug (s. a. Streckenzug).

Kann im Ausgangsfestpunkt *A* eine Orientierung des Meßtisches nicht erfolgen, so wird von *A* ausgehend ein Bussolenzug durchgemessen; an den Zwischenpunkten werden Meßlatten aufgestellt. Die Magnetnadel gibt an jedem Punkt die Grundrichtung. Entfernungsmessung optisch oder mit Meßband.

B.W.E., die zur Zeit übliche Abkürzung für „Besondere und Witterungseinflüsse" (s. d.). Sie entsprechen den T.V. bzw. Tagesverbesserungen und sind in Tabellen oder Rechengeräten (s. d.) zusammengefaßt, die eine schnelle Bestimmung der Auswirkung der „Tageseinflüsse" nach Entfernung und Seite ermöglichen.

C

Camerloher, Ludwig von, Konteradmiral d. R. Geb. 24. 12. 1865 in Adrianopel, gest. 1. 7. 1923 in Salzburg. Nach Besuch der Marineakademie in Fiume 1886 als Seekadett ausgemustert, 1896 zum Linienschiffsleutnant ernannt. Bis zum Weltkrieg hatte er die verschiedensten Dienststellen inne. Beim Kriegsausbruch 1914 wurde er zum Artillerieleiter des Flottenkommandos bestimmt, welchen Posten er bis zum 1. 8. 1918 bekleidete; dann Versetzung in den Ruhestand als Konteradmiral. C. war während seiner Dienstzeit verschiedentlich Lehrer für Nautik an der Marineakademie; als Leiter der Seeaspirantenschule war er gleichzeitig Lehrer für Nautik, Ozeanographie und Schiffbau. Instruktionsoffizier auf dem Artillerie-Schulschiff, Mitglied des Marinetechnischen Komitees. Er hat sich große Verdienste erworben um das Artillerie- und Schießwesen in der Kriegsmarine und bei den Entwürfen für die Artillerieanlagen der Neubauten.

Cauchy, Augustin Louis, franz. Mathematiker. Geb. 21. 8. 1789 in Paris, gest. 23. 5. 1857 in Sceaux. 1816 Mitglied der Akademie, 1848 bis 1852 Prof. an der Univ. Paris, war einer der ersten, die eine wirklich strenge Begründung der höheren Mathematik anstrebten. Beschäftigte sich mit allen Gebieten der Mathematik, ist einer der Begründer der modernen Funktionentheorie.

Cavalli, Ettore, General. Geb. 1861 in Lucca, gest. März 1932. 1880 Unterleutnant der Artillerie. Nach Dienst in der Truppe und Tätigkeit an der Art.- und Ing.-Schule 1911—18 Direktor der Art.-Versuche. 1913 Oberst, dann Gen.-Major. 1919 Direktor des Art.-Konstruktionsbüros in Turin. 1920 verabschiedet. 1924 wieder einberufen als Lehrer der Ballistik beim Oberen Techn. Kursus in Turin. 1926 Gen.-Leutn. der Artillerie. Zahlreiche Veröffentl. und Lehrbuch: Balistica Esterna (2 Bände: Testo, Tavole numeriche), Turin 1928. (Enthält die Werte der vergriffenen Fasella-Tafeln unter Verlust einer Stelle und übertragen auf Logarithmen.)

Cavalli, Giovanni, ital. Artillerieoffizier. Geb. 3. 7. 1808 in Novara, gest. 23. 12. 1879 in Turin. 1828 Artillerieleutnant, später in der Leitung der Artilleriewerkstätten, 1862 zum Gen.-Leutn. befördert, 1865 bis 1879 Kommandant der Militärakademie. Er ist auf den verschiedensten Gebieten des Artilleriewesens konstruktiv und schriftstellerisch tätig gewesen, so z. B. in der Konstruktion von Geschützen, Fahrzeugen, Geschossen, Brücken. Mit dem schwed. Baron Wahrendorff konstruierte er 1846 das erste gebrauchsfähige Hinterladegeschütz.

Cellulosenitrate. Beim Nitrieren entfetteter Cellulose entstehen Cellulosenitrate (fälschlich Nitrocellulose genannt; NO_2-Gruppe sitzt nicht am C-Atom, sonden am O-Atom!), die nach ihrem N-Gehalt entsprechend den in das Molekül getretenen NO_2-Gruppen in niedernitrierte und hochnitrierte Cellulosen geteilt werden (diese auch Kollodiumwollen, jene Schießwollen). (Bezeichnungen wie Tetra-, Hexa-Nitrocellulose sind verfehlt, da das Molekül der Cellulose noch unbekannt ist.) Beim Nitrieren durchweg Gemische erhalten, einigermaßen einheitlich bei Verwendung von Baumwolle als Ausgangsmaterial, da sonstige Faserstoffe viel verholzte Cellulose = Ligninsubstanzen enthalten. Gemische von Explosivstoffen sind durchweg instabiler als reine Stoffe, daher bis jetzt nicht ein einziges Produkt von Nitrocellulose bekannt, welches über eine bestimmte Zeit hinaus stabil wäre; am instabilsten Gemische mit nitrierten Ligninen. Daher für Pulver, welches auf längere Zeit gefertigt wird, nur Baumwolle brauchbar, für schnell verschießbare Kriegspulver auch einheimische Rohstoffe. Instabilität durch Abspaltung von NO-Verbindungen; zu unterbinden versucht durch Stoffe, welche solche NO-Verbindungen binden: Stabilisatoren (durch diese wird das an und für sich rauchlose Material rauchschwach).

Schießwolle früher zu Torpedoladungen benutzt; jetzt dient es zur Herstellung von 1. Gelatinedynamiten als Sprengmittel, 2. rauchschwachem Pulver, und zwar a) reines Nitrocellulosepulver, b) Nitroglycerinpulver (s. rauchschwaches Pulver).

C-Geschoß (Abbildung siehe unter Geschoßwirkung).

CGS-System s. Maßsystem.

Chassepot, Antoine, Waffenrevisor der Artilleriewerkstätte St. Thomas bei Paris. Geb. 4. März 1833, gest. 13. Februar 1905 in Gagny bei Versailles. Erfand um 1860 den beweglichen Verschlußkopf mit Kautschukring zum gasdichten Abschluß bei dem nach ihm benannten Hinterladegewehr (Mod. 1866, 11 mm), dessen eigentlicher Urheber, namentlich in ballistischer Beziehung, Oberstltnt. Nessler (Schießsch. Vincennes) war. Das franz. Gewehr im Kriege 1870/71 war dem preuß. Zündnadelgewehr überlegen.

Chemische Zünder sind Zünder, bei welchen chemische Umsetzungen zur Aufhebung der Sicherungen oder zur Einleitung von Zündungen dienen.

Chloratsprengstoffe sind Gemische von Chloraten, evtl. Perchloraten als Sauerstoffträgern mit Passivbrennstoffen wie Kohle und Kohlenwasserstoffen. Es sind sehr stoßempfindliche Sprengstoffe, die deshalb mit Rizinusöl phlegmatisiert werden; sie dienen zu Granatfüllungen.

Choke-Bohrung ist eine Verengung der Seele kurz vor der Mündung. Sie wurde bei glatten Rohren angewandt, aus denen Kartätschen verschossen werden. Die Verengung hat den Zweck, die Kartätschkugeln besser zusammenzuhalten. Den gleichen Zweck verfolgt die Choke-Bohrung bei Schrotläufen. Der Gedanke wurde auch von Gerlich bei seinen Hochleistungsbüchsen wieder verwertet.

Chronograph ist ein Zeitmesser großer Präzision, welcher ein bestimmtes Zeitintervall auf irgendeine Weise markiert (z. B. mit einem Schreibstift auf Papier).

(Viele Chronographen-Konstruktionen vorhanden.) Chronographen in ihrer besten Form besitzen als elektrische Drehspulschreiber mit Streifenzugapparat für das Schreibpapier regelbare Streifengeschwindigkeiten bis zu 500 mm/sec. Die Meßgenauigkeit kann beim Ablesen des Zeicheneinsatzes, besonders bei Anwendung kräftiger Stromstöße — rechtwinklige Ablenkung der Schreibnadel durch Kondensatorentladung — auf 0,1 mm Längendifferenz, entsprechend 0,001 sec Zeitfehler bei Streifengeschwindigkeiten von etwa 100 mm/sec geschätzt werden. Bei hohen Streifengeschwindigkeiten kann die Geschwindigkeit innerhalb des Zeitintervalls stärker schwanken, so daß z. B. die Mitte des Meßstreifens nicht der zeitlichen Mitte des Zeitintervalles entspricht; stets ist daher im Streifenzugapparat die Verwendung eines Synchronmotors als Zugmotor vorteilhaft.

Coriolis, Gustave Gaspard, franz. Mathematiker. Geb. 1792 in Paris, gest. daselbst Sept. 1843. Er war seit 1836 Prof. der Hydraulik an der École des ponts et des chaussées und zugleich Repetitor an der École polytechnique. Hauptgebiet Mechanik, in der er einen wichtigen Satz über Relativbewegung aufstellte (s. Corioliskraft).

Corioliskraft s. Absolut- und Relativbewegung.

Cranz, Carl Julius, Prof. Dr., Geh. Reg.-Rat. Geb. 2. 1. 1858 in Hohebach (Württ.). 1883 Dr. phil. in Tübingen, 1884 Priv.-Doz. und Assistent für Mathematik und Mechanik an der Techn. Hochsch. Stuttgart, 1891 Prof. für Physik und Chemie an der Friedrich-Eugens Realschule, 1904 Prof. an der Militärtechn. Akademie in Berlin. Dr.-Ing. e. h. 1920 Prof. für techn. Physik und Vorstand des Inst. für techn. Physik an der Techn. Hochschule in Berlin. 1927 Prof. emer. Seit seiner Berufung an die Militärtechn. Akademie hat CRANZ in richtunggebender Weise auf die Ballistik eingewirkt. Sein immer mehr erweitertes „Lehrbuch der Ballistik" behandelt unter Mitarbeit von KARL BECKER und OTTO VON EBERHARD, besonders auch im historischen Sinne, alle einschlägigen Fragen der Ballistik. Eng damit zusammen hängt die von ihm bearbeitete Entwicklung der Schußwaffen. Auch heute noch nimmt der Gelehrte tatkräftig teil an der von ihm besonders geförderten Entwicklung der Experimentalballistik.

C. CRANZ, Lehrbuch der Ballistik. Bd. 1—4. (Ergbd.) 1925—36[1].

Cubirgewicht eines Pulvers ist das Kilogrammgewicht von einem Kubikmeter desselben; das Cubirgewicht wird durch Hohlmaße bestimmt, die leeren Räume zwischen den Pulverkörnern werden also mitgemessen. Den tausendsten Teil dieser Größe bezeichnet man als gravimetrische Dichte des Pulvers. Diese alte Bezeichnung sollte den heutigen Bezeichnungen angepaßt werden.

---

[1] Vgl. auch die von CRANZ-Schülern verfaßten „Beiträge zur Ballistik u. Techn. Physik". Herausgeber Prof. Dr. H. SCHARDIN. Leipzig, Barth. 1938.

D

D'Alembert, Jean Lerond, franz. Philosoph, Mathematiker und Physiker. Geb. 16. 11. 1717 in Paris, gest. 29. 10. 1783 in Paris. Gab mit Diderot die „Enzyklopädie" heraus, deren Vorwort „Über den Ursprung der menschlichen Erkenntnis" er schrieb. Das d'Alembertsche Prinzip führt die Bewegung starrer Körper auf die Bewegung von Massenpunkten zurück.

D'Alembertsches Paradoxon. Eine ideale Flüssigkeit ist dadurch gekennzeichnet, daß sie keinen Widerstand gegen Formänderung besitzt und der Koeffizient der inneren Reibung (s. d.) verschwindet. In Wirklichkeit treten jedoch bei allen realen Flüssigkeiten tangentiale Spannungen auf, die davon herrühren, daß benachbarte Flüssigkeitsteilchen infolge ihrer relativen Bewegung Reibungskräfte aufeinander ausüben.

Nach den Eulerschen hydrodynamischen Gleichungen (s. Hydrodynamik, Grundgleichungen), die für ideale Flüssigkeiten gelten, erfährt ein Körper, der mit gleichbleibender Geschwindigkeit in der Flüssigkeit bewegt wird, im völligen Gegensatz zur Erfahrung keinen Widerstand (hydrodynamisches Paradoxon). Infolge mangelnder Reibung vermag die Flüssigkeit auf den Körper keine Kräfte auszuüben, da sie nur entlanggleiten kann ohne anzugreifen. Die Stromlinien (s. Hydrodynamik) teilen sich vor dem Körper, um hinter demselben symmetrisch wieder zusammenzulaufen. Der hydrodynamische Druck auf die Hinterseite des Körpers ist genau so groß wie auf seine Vorderfläche; beide Drucke heben sich auf. Das gilt z. B. auch für die Bewegung einer Lamelle mit ihrer Breitseite in einer Flüssigkeit.

Helmholtz hat noch eine unstetige Potentialbewegung (s. Hydrodynamik) eingeführt, nach der sich hinter der Lamelle ein Totwassergebiet ausbildet, das sich als starrer Körper mitbewegt, so daß sich ein Widerstand durch den Aufprall der Flüssigkeit auf die Vorderseite der Platte bildet, während die Rückseite keinen Beitrag liefert; der Widerstand ist zwar proportional mit dem Quadrate der Geschwindigkeit, aber real betrachtet noch wesentlich zu klein.

In Wirklichkeit sind die Helmholtzschen Unstetigkeitsflächen labil und werden durch die Flüssigkeitsreibung zerstört; es bilden sich Wirbel mit höherer Strömungsgeschwindigkeit aus, die immer mehr und mehr hinter der Platte zurückbleiben, so daß auf der Hinterseite derselben Unterdruck entsteht. Der Gesamtwiderstand der Flüssigkeit auf die bewegte Platte und im übertragenen Sinne auf jeden bewegten Körper setzt sich aus dem vorderen Überdruck und dem Sog auf der Rückseite zusammen.

(S. auch Strömungswiderstand.)

Daltonsches Gesetz. Nach Dalton ist der von einem Gemisch mehrerer Gase in einem Volumen ausgeübte Druck gleich der Summe der Einzeldrucke, der sog. Partialdrucke, den jedes Gas für sich allein im gleichen Volumen bei gleicher Temperatur annehmen würde.

Eine Flüssigkeit verdampft nach Menge und Druck in einem Gase oder Gasgemisch in gleicher Weise wie im luftleeren Raume, nur ist die Verdampfungsgeschwindigkeit eine andere. Der Partialdruck ihres Dampfes ist höchstens gleich dem Sättigungsdruck der Flüssigkeit bei der Temperatur des Gemisches.

Unter anderem findet das Daltonsche Gesetz Anwendung bei der Berechnung des Luftgewichtes (s. d.) unter Berücksichtigung des Feuchtigkeitsgehaltes der Luft.

Däniker, Gustav, Dr. jur. utr., Oberstleutnant, Kommandant der Schießschulen in Wallenstadt (Schweiz). Geb. 10. 4. 1896 in Zürich. Studium an Univ. u. Techn. Hochsch. Zürich. 1922 Dr. jur. utr. 1916 Leutnant, 1923 Instr.-Offz., auch Trupp.-Kdt. u. im Generalstab. 1929—31 Kriegsakademie Paris. 1936/37 Sekt.-Chef d. Generalst.-Abt. in Bern. 1. 1. 1938 Kommandant d. Schießsch. in Wallenstadt. Seit 1935 Dozent f. Mil.-Wissensch. an Techn. Hochsch. Zürich, seit 1938 desgl. Univ. Basel.

Hauptarbeitsgebiete: Feuertaktik und -technik.

Bücher: Einführung in d. Waffenlehre 1927. Schießl. d. Inf. 1934. Handb. d. Masch. Waffen (in Vorbereitung), Berlin.

Darrieus-Effekt s. Luftdichte u. Luftelastizität.

Dauer der Geschoßbewegung im Rohr ist abhängig von der Länge des Laufes, von der Verbrennungsweise des Pulvers, von dem Verlauf der Gasdruckkurve und damit von der Geschwindigkeit, die dem Geschoß erteilt wird. Zuerst muß das Beharrungsvermögen des ruhenden Geschosses überwunden werden; die Geschoßbewegung wird durch Reibungswiderstände verzögert. Während der ganzen Dauer der Bewegung erhält das Geschoß einen Zuwachs an Geschwindigkeit (s. Geschwindigkeitsverlauf im Rohr). Für die Berechnung dieser innenballistischen Vorgänge ist ungefähr maßgebend das Druckverhältnis, d. h. der höchste und der durchschnittliche Gasdruck in ihrem Verhältnis. Für jede Waffe und ihre Munition lassen sich die Werte für Gasdruck, Geschoßgeschwindigkeit und Dauer der Geschoßbewegung im Lauf feststellen. Ihre Kenntnis ist von Wichtigkeit, wenn unter Beibehaltung der Patrone der Lauf einer Waffe verkürzt werden soll, z. B. bei Schaffung eines dem Infanteriegewehr gegenüber verkürzten Karabiners.

Deckbezeichnungen der schwersten deutschen Geschütze. Als Frankreich nach dem Kriege 1870/71 seine Grenzlinie im Osten immer stärker befestigte, wogegen die deutschen 15 und 21 cm-Mörser trotz der Erfindung der wirkungsvolleren Langgranaten mit Grf. 88 (Pikrinsäure) nicht mehr ausreichten, sah sich Deutschland Ende der achtziger Jahre gezwungen, zu größeren Kalibern überzugehen, deren Verwendungszweck durch entsprechende Deckbezeichnungen verschleiert wurde. Zunächst entstand der 30,5 cm-Mrs. L/8, der im Jahre 1897 unter der Bezeichnung „Schwerer Küstenmörser“, und der 30,5 cm-Mrs. L/16, der 1910 als „Schwerer Küstenmörser 09“ eingeführt wurde. Bald genügte aber auch dies Kaliber nicht, und so baute Krupp in Verbindung mit der Artillerie-Prüfungs-Kommission kurz vor dem Kriege (1911) den

Abb. 2. 42 cm-„M-Gerät".

42 cm-Mrs., der die Deckbezeichnung „Kurze Marine-Kanone" erhielt (Scherzbezeichnung im Kriege „Dicke Berta", „Brummer" u.a.).

Abb. 3. 42 cm-„Gamma-Gerät".

Um die Außenwelt weiter irre zu führen, wurden noch andere Deckbezeichnungen für die genannten Geschütze verwendet. Der 30,5 cm-Mrs. erhielt noch den Namen „Beta-" bzw. „Beta-09-Gerät", der mit der Eisenbahn transportierbare 42 cm-Mrs. den Namen „Gamma-Gerät" und das mit Kraftzug auf der Straße bewegliche 42 cm-Geschütz die Bezeichnung „M-Gerät" (Minen-Gerät). Entsprechend wurden die Geschosse „Beta-Lggr."bzw. „Gamma-Lggr." genannt. Aber auch die Wirkung der 42 cm-Geschosse reichte nicht aus, um die $2^1/_2$ m dicken, modernen Betonkasematten der stärksten französischen Forts im Einzelschuß zu durchschlagen, zumal wenn diese tief in der Erde oder im Fels versenkt lagen (s. auch Geschoßwirkung). Die Schußweite des Beta-Mrs. betrug nur 8200 m, des Beta-09-Mrs. 11900 m, des Gamma-Mrs. 14200 m und des M-Mrs. 9300 m.

Im Kriege trat neben die schwersten Steilfeuergeschütze noch eine Reihe schwerster Flachfeuergeschütze, die z. T. scherzhafte Deck- oder Ehrenbezeichnungen erhielten, wie der „Lange Max" (38 cm S. K. L/45) mit einer Reichweite von 47 km, der bereits im April 1915 Dünkirchen beschoß, und der „König August" (35,5 cm S. K. L/52,5), der 1917 das feindliche Hauptquartier beschoß, und als Krönung endlich die sog. „Pariskanone", eine Schöpfung der Professoren RAUSENBERGER und VON EBERHARD der Firma Krupp mit einer Schußweite von 125 km. Wer sich über diese und andere schwerste Geschütze, ihren Werdegang, ihre Leistung, ihre Munition unterrichten will, sei auf das Buch: K. JUSTROW, Die dicke Berta und der Krieg, Berlin 1935, verwiesen. Das Buch von EISGRUBER über dies Thema dient mehr der Unterhaltung als Belehrung.

Deckungswinkel ist die Neigung der Geraden vom Geschütz zum von dort aus höchsten Punkt der Deckung gegen die Mündungswaagerechte. Er kann mit den Richtmitteln des Geschützes bestimmt werden. Beim praktischen Schießen ist zu beachten, ob die Deckung etwa von eigenen Truppen besetzt ist, also zu deren Sicherheit der Deckungswinkel einen Zuschlag erhalten muß. Entsprechend werden die Bedingungen vom Ziel aus beurteilt, wobei der Schichtlinienplan und die Fallwinkel der Bahnen zu verwenden sind (geschützter Raum, gedeckter Winkel).

Defant, Albert, Prof. Dr., Direktor des Instituts und Museums für Meereskunde in Berlin. Geb. 12. 7. 1884 in Trient (Tirol). Nach mathemat.-physik. Studium, besonders der Geophysik, war er ab April 1902 Assistent am Inst. für kosm. Physik an der Univ. Innsbruck, 1906 Dr. phil.; Januar 1907 Assistent, ab Januar 1909 Adjunkt und Abt.-Vorstand an der Zentralanstalt für Meteorologie und Geodynamik in Wien; 1909 Priv.-Doz., Juli 1919 a.o., Sept. 1924 o. Prof. und Vorstand des Inst. f. kosm. Physik an der Univ. Innsbruck. Ab Jan. 1927 o. Prof. für Ozeanographie an der Univ. Berlin.

Arbeitsgebiete: Meteorologie, kosm. Physik, dynam. Meteorologie und Physik des Meeres, Ozeanographie, Hydrographie und Geophysik.

Defensivkraft s. Feuerwirkung.

Deflagration heißt das ohne Geräusch, wenigstens ohne Knall, vor sich gehende Abbrennen eines Sprengstoffs, z. B. in einer für Detonation bestimmten Granate. In diesem Falle hat entweder die Zündung versagt, weil zu schwach, so daß statt des Initialstoßes nur eine Entzündung des Sprengstoffs erfolgte. Die Sprengkapsel kann auch falsch angeordnet gewesen sein. Oder die Sprengstoffladung war fehlerhaft bzw. über ihre Grenzdichte (s. d.) (etwa beim Abschuß) gestaucht, so daß eine Detonationsauslösung nicht erfolgen konnte.

D-Geschoß ist das französische, Balle-D genannte, Infanterie-Geschoß, Kaliber 8 mm. Es ist als einziges Geschoß aller Militärstaaten kein Bleigeschoß mit Stahlmantel, sondern besteht ganz aus Kupfer. Es ist ein Spitzgeschoß von 39,3 mm Länge, in Kalibern ausgedrückt 4,91, und von 12,84 g Gewicht, 25,6 g/cm² Querschnittsbelastung. Der größte Durchmesser ist 8,12 mm. Die Führung erfolgt durch Pressung und Stauchung; am hinteren Ende hat das Geschoß einen eingezogenen Konus ($v_0 = 737$ m/sec.) Sein ballistisches Verhalten war musterhaft.

Delvigne, Henri Gustave, franz. Offizier. Geb. 1799 in Hamburg, gest. 18. 10. 1876 in Toulon. Nach seinem Eintritt in das Heer war er 1827 Kapitän der Garde Royale. Er beschäftigte sich mit Gewehr- und Geschoßkonstruktionen und wies 1826 als einer der ersten auf die notwendige Einführung gezogener Gewehre hin. Das 1838 bei den franz. Jägern eingeführte Gewehr ist von ihm konstruiert worden. Er führte die Ladeweise durch Stauchung des Geschosses mit dem Ladestock auf den Rand der von ihm konstruierten Pulverkammer ein und gilt als Erfinder des ersten Spitz- oder Langgeschosses für den gezogenen Lauf.

Deprez, Marcel, franz. Ingenieur und Elektrotechniker. Geb. 19. 12. 1843 in Châtillon sur Loing, gest. 14. 10. 1918 in Vincennes (Seine). Nach verschiedenen Berufen war er seit 1890 Prof. der Elektrotechnik am Conservatoire des Arts et Métiers in Paris. Er erprobte zuerst (1882) die elektrische Kraftübertragung auf große Entfernungen, förderte die Theorie der Dynamomaschine und konstruierte ein Galvanometer. Auf ballistischem Gebiet entwickelte er, z. T. zusammen mit Sébert, zahlreiche Apparate zur Messung des größten Gasdruckes und zur Aufzeichnung des Verlaufes des Gasdruckes im Geschützrohr.

Detonationsgeschwindigkeit, Bestimmung der. Nach Mettegang wird der zu untersuchende Sprengstoff in langgestreckter Form angeordnet und an einem Ende gezündet, so daß eingelegte elektrische Drähte, deren Abstände bekannt sind, bei der Detonation der Reihe nach zerreißen und dadurch Primärströme ebensovieler Funkeninduktoren geöffnet werden. Die Sekundärfunken markieren sich auf einer sehr schnell rotierenden Trommel bekannter Umlaufsgeschwindigkeit; durch Ausmessen der Funkenentfernung auf der Trommel läßt sich dann die Detonationsgeschwindigkeit errechnen.

Die Methode von Dautriche ist ein Differentialverfahren, das eine Zündschnur bekannter Zersetzungsgeschwindigkeit v benutzt. Der zu untersuchende Sprengstoff erfülle die Strecke AB; die Enden dieser Strecke werden durch die Zündschnur verbunden. Wird in der Mitte von AB gezündet, so erhält man als Treffpunkt der Explosionswellen den Punkt M, der sich auf einer untergelegten Bleiplatte markiert. Erfolgt dagegen die Zündung im Punkte A, so liege der Treffpunkt in N. Die gesuchte Detonationsgeschwindigkeit x ist dann gegeben durch:

$$x = \frac{AB}{2\,MN}\,v\,.$$

Dichte s. Spezifische Masse.

Dichte von Pulver. Strenge Definitionen der physikalischen Begriffe s. Dichte und Spez. Gew.

Bei Pulvern sind folgende Unterscheidungen und Bezeichnungen gebräuchlich:

Maßdichte, Kubische Dichte oder Kubirgewicht als das Gewicht eines Kubikmeters der Substanz in Kilogramm; hierbei rechnet der Raum zwischen den Körnern (Zwischenraum) und die Poren in den einzelnen Körnern (Porenraum) mit zum Volumen.

Gravimetrische Dichte, relatives spezifisches Gewicht als das Gewicht eines Kubikmeters der Substanz unter Abrechnung der Zwischenräume, jedoch mit Porenraum. Bestimmung des Zwischenraums durch Quecksilber, das nicht in die Poren eindringt.

Absolutes spezifisches Gewicht als das Gewicht eines Kubikmeters der Substanz in Kilogramm unter Abrechnung von Porenraum und Zwischenraum. Bestimmung des Volumens von Porenraum und Zwischenraum z. B. durch Alkohol.

Wichtigste Größe ist die Gravimetrische Dichte.

Die Bezeichnungen relatives und absolutes spezifisches Gewicht decken sich nicht mit den physikalischen Definitionen; dort bezieht sich absolut auf den leeren Raum und relativ auf eine Vergleichssubstanz.

Dicke Berta. Scherzbezeichnung des 42 cm-Mrs. unter Bezugnahme auf die Firma Krupp (Frau Berta Krupp von Bohlen); Näheres s. Deckbezeichnungen der schwersten deutschen Geschütze.

Dickwandiges Rohr bildet die Grundlage für den Aufbau der Geschützrohre. Der Berechnung auf Wandstärke, Beanspruchung und zulässigen Innendruck liegt die Dehnungstheorie zugrunde, wobei ein an beiden Enden offenes, statisch beanspruchtes Rohr angenommen wird. Es bedeute

d_a den Außendurchmesser,
d_i den Innendurchmesser,
σ die zulässige Zugbeanspruchung des Werkstoffs,
$p_{\max}$ den Höchstdruck.

Das erforderliche Durchmesserverhältnis $k_{\min}$ ergibt sich aus der Winklerschen Formel:

$$k_{\min} = \frac{d_a}{d_i} = \sqrt{\frac{3\,\sigma + 2\,p_{\max}}{3\,\sigma - 4\,p_{\max}}}.$$

Hieraus folgt für ein beliebiges Durchmesserverhältnis k die tangentiale Beanspruchung an der Bohrung zu

$$S_z = \frac{2\,(2\,k^2 + 1)}{3\,(k^2 - 1)}\,p.$$

Der zulässige Innendruck ist

$$p_{zul} = \frac{3\,(k^2 - 1)}{2\,(2\,k^2 + 1)}\,\sigma.$$

Hiernach können Vollrohre und selbsttragende Seelenrohre berechnet werden.

Didion, Isidore, franz. General und Ballistiker. Geb. 22. 3. 1798 in Thionville, gest. 3. 7. 1878 in Nancy. Er trat 1819 in die Artillerie ein und wurde später nach Durchlaufen verschiedener Stellungen im Heer Prof. der Artillerie und Lehrer für Ballistik an der Kriegsschule Metz, Examinator an der Ecole Polytechnique. Auf ballistisch-artilleristischem Gebiet hat er viel Erfolge gehabt. Auf Grund ausgedehnter, in den Jahren 1839/40 ausgeführter Versuche stellte D. neue Luftwiderstandsgesetze auf und förderte die Berechnung der Flugbahn, indem er sie in kleine Parabelbogen zerlegte. Diese Methode wurde von dem italienischen General Siacci weiter ausgebaut. Schriftstellerisch hat er Werke und Abhandlungen verfaßt über Ballistik, Luftwiderstand der Geschosse, Fortschritte der Wissenschaft und ihren Einfluß auf die Artillerie.

Differentialquotient. Ist $y = f(x)$ eine Funktion und sind ferner x_0, x_1 zwei Punkte des Intervalls und $y_0 = f(x_0)$, $y_1 = f(x_1)$ die zugehörigen Funktionswerte, so heißt der Ausdruck:

$$\frac{y_1 - y_0}{x_1 - x_0} = \frac{\Delta y}{\Delta x} = \frac{\Delta f(x)}{\Delta x}$$

der Differenzenquotient von $f(x)$ im Intervall $[x_0, x_1]$.

Existiert ein endlicher Grenzwert des Differenzenquotienten für nach Null konvergierendes Δx, so heißt dieser „Ableitung" oder Differentialquotient von $f(x)$ an der

Stelle x_0. Man schreibt:

$$\lim_{x \to x_0} \frac{y_1 - y_0}{x_1 - x_0} = \lim_{\Delta x \to 0} \frac{\Delta y}{\Delta x} = \frac{dy}{dx}$$

$$= y' = \frac{d f(x)}{dx} = f'(x_0).$$

Geometrisch bedeutet die Ableitung den Tangenswert des Winkels zwischen der Tangente an die Kurve $f(x)$ im Punkte x_0 und der positiven Richtung der x-Achse.

Differentiation ist die Bildung des Differentialquotienten (s. d.) einer Funktion; die Rechenoperation selbst heißt differentiieren.

Dimension s. Maßsystem.

Direkte Richtverfahren. 1. Freies Schießen (s. d.), 2. Schießen mit zwei Am. (s. d.).

Direktes Richten ist das Zielen des Richtkanoniers, bei dem er die Dreieckspitze im Rundblickfernrohr (Richtglas, Notvisier usw.) durch Benutzung der Höhen- und der Seitenrichtmaschine so lange verschiebt, bis sie das Ziel (den dem Geschütz gegenüberliegenden Zielteil) von unten berührt. In Ausnahmefällen gibt es direkte Seitenrichtung in Verbindung mit indirekter Höhenrichtung; der Richtkanonier nimmt in diesem Fall die Seitenrichtung mit dem senkrechten Strich im Glase (oder seiner gedachten Verlängerung), die Höhenrichtung mit Hilfe einer Luftblase („Libelle“).

Dirmoser, Oswald, Dr. techn., Prof. an der Techn. Hochsch. Wien. Geb. 28. 2. 1875 in Brünn. Der jüngere Bruder von Richard Dirmoser widmete sich nach seiner Ernennung zum Leutnant i. d. R. dem aktiven Offiziersberuf. Aber schon 1899 trat er wieder in das Reserveverhältnis über und wurde nach Besuch der Techn. Hochsch. Wien und nach einem Assistentenjahr bei Prof. ENGLÄNDER 1904 als Vorstand des Büros für Geschützrohrkonstruktionen und elektr. Einrichtungen der Geschütztürme in die Waffenfabrik der Skodawerke übernommen. Hier war er an der Berechnung und konstruktiven Durchbildung der 30,5 cm-Turmgeschütze auf den neuesten Schlachschiffen, ebenso des 30,5 cm-Mörsers und der 42 cm-Belag.-Haubitze beteiligt. 1914 wurde D. techn. Referent bei der Generaldirektion in Wien, in welcher Stellung er nach kurzer Zeit zum Direktor der Waffenfabrik aufrückte. Nach Beendigung des Weltkrieges, an dem D. kurze Zeit teilnahm, hörte die praktische Tätigkeit an der Waffenfabrik auf. Er widmete sich theoretischen Studien seines Fachgebietes und wurde Prof. an der Techn. Hochsch. Wien. Hier veröffentlichte er 1931 sein Werk: „Festigkeitsberechnung von Hochleistungsgeschützrohren mit natürlicher und künstlich gehobener Elastizitätsgrenze“. Gest. am 6. 2. 1938 in Baden bei Wien.

Dirmoser, Richard, Ing., Dr. h. c. Geb. 16. 6. 1872 in Brünn, gest. 23. 3. 1919 in Pilsen. Nach Besuch der Techn. Hochsch. in Brünn und zweijähriger Tätigkeit als Assistent an der Staatsgewerbeschule in Bielitz kam er 1897 in das Konstruktionsbüro für Dampfmaschinen der Ersten Brünner Masch.-Fabr. in Brünn. 1900 trat er in die Waffenfabrik der Skodawerke in Pilsen, und zwar in die Abteilung für den

Bau großkalibriger Geschütze ein, deren Konstruktion nun seine Lebensaufgabe wurde. Er nahm erfolgreichen Anteil an dem Bau der Geschütztürme für die Kriegsmarine und an der Konstruktion des Geschützmaterials für die schwere Belagerungs- und Küstenartillerie. Besonderes Verdienst hatte er an der Durchführung der Konstruktion des 30,5 cm-Mörsers. 1913 wurde er Vorstand des Konstruktionsbüros. Während des Weltkrieges waren die Konstruktionen des neuen 30,5 cm-Mörsers, der 38 und 42 cm-Haubitze, einer 24 cm-Kan. und eines 21 cm-Mörsers sein besonderes Werk, bei denen er neue Konstruktionsgrundsätze anwendete. Auch die Konstruktion weittragender Geschütze hatte er in die Wege geleitet, deren Indienststellung die Beendigung des Weltkrieges verhinderte.

Doppeldecker ist ein Flugzeug, bei dem zwei Tragflügel übereinander angebracht sind. Dabei wird zwischen normalen und gestaffelten Doppeldeckern unterschieden. Ein normaler Doppeldecker ist ein Flugzeug dann, wenn die beiden Tragflügel senkrecht übereinander liegen. Beim gestaffelten Doppeldecker sind die Tragflügel so angeordnet, daß die Vorderkante des unteren Tragflügels gegenüber der des oberen Tragflügels nach rückwärts oder (eine nur selten ausgeführte Bauweise) weiter nach vorn gelagert ist.

Doppelfernrohr ist ein aus zwei Fernrohren mit parallelen Achsen zusammengesetztes Instrument für den binokularen (beidäugigen) Gebrauch (s. Fernrohr).

Doppelknall (Mündungsknall und Kopfwelle) entsteht beim Schuß, wenn das Geschoß mit Überschallgeschwindigkeit das Rohr (den Lauf) verläßt und auf der Geschoßbahn den Geschoßknall (Kopfwelle) erzeugt. Es wird i.d.R. zuerst der Geschoßknall, dann der Mündungsknall gehört (s. Knall und Geschoßknall). Durch Echowirkungen kann das akustische Bild sehr unklar werden.

Doppelprojektoren für photogrammetrische Aufnahmen. Zwei Stereoluftbilder werden in Projektionsapparate eingesetzt, in denen sie dieselbe gegenseitige Stellung wie bei der Aufnahme erhalten und in denen sie auch gegen die Lotrichtung richtig orientiert sind. Auf einem waagerechten Schirm fallen die beiden Projektionsbilder in der Schichtlinie zusammen, die der Höhe des Schirms entspricht, und diese Schichtlinie kann unmittelbar nachgezeichnet werden. Wird der Schirm auf verschiedene Höhen eingestellt, so erhält man der Reihe nach die entsprechenden Schichtlinien. Außerdem kann hierbei jedesmal der Grundriß des Geländes in der Nähe der Schichtlinie gezeichnet werden. Für die Projektionsapparate ist eine besondere Optik erforderlich. Der von SCHEIMPFLUG 1898 ausgesprochene Grundgedanke des Verfahrens wurde 1915 von GASSER für die praktische Anwendung nutzbar gemacht.

Bei Anwendung des Anaglyphenverfahrens (s. Stereoskop) durch Vorsetzen eines roten und eines grünen Filters vor die Projektionsobjektive kann man das Geländemodell plastisch sehen und mittels einer im Raum verstellbaren Meßmarke abtasten.

Doppelzünder ist ein Zünder, der eine Aufschlag- und eine Zeitzündeinrichtung besitzt.

Drahtgeschütze bestehen aus einem Geschützrohr, das aus einem mit mehreren Lagen Stahldraht oder Stahlband umwickelten Kernrohr besteht. Diese Drahtlagen üben einen Druck auf das Kernroht aus, der dem Druck der Pulvergase entgegenwirkt. Versuche mit Drahtgeschützen sind außer in England auch in Frankreich und Amerika gemacht worden, ohne daß im allgemeinen den Erwartungen entsprochen wurde.

Drahtwicklungen s. Mantelringrohr.

Drall bezeichnet die Drehwucht des Geschosses um seine Längsachse, die ihm beim Fortschreiten durch das Rohr durch schraubenförmige Windung der Züge mitgeteilt wird. Die Drehwucht um seine Längsachse soll ihm die erforderliche Stabilität beim Fluge durch die Luft geben. Blickt man durch das Rohr von hinten zur Mündung, und verläuft die Schraubenwindung der Züge im Uhrzeigersinne, so spricht man von Rechtsdrall des Rrohes; andernfalls hat die Waffe Linksdrall. Rechtsdrall ergibt Seitenabweichung (s. d.) des Geschosses auf dem größten Teil seines Fluges nach rechts, wenn man in Schußrichtung sieht (Linksdrall nach Links).

Steigungsmaße des Dralles im Rohr sind Dralllänge L bzw. Drallwinkel ζ. Drallänge bedeutet die Strecke, auf der das Geschoß eine Umdrehung gemacht hat; die Drallänge wird häufig in Kalibern als Einheit gemessen. Der Drallwinkel ist der Winkel, unter dem die Züge die Geraden der zylindrischen Seelenwand schneiden. Ist 2 R das Kaliber und l die Drallänge in Kalibern, so besteht bei konstantem Drall die Beziehung:

$$\operatorname{tg}\zeta = \frac{2\pi R}{L} = \frac{\pi}{l}.$$

Bei wachsendem oder progressivem Drall wächst der Drallwinkel ζ auf dem Wege zur Rohrmündung, die Züge bilden beim Abrollen der Rohrwandung auf eine Ebene krumme Linien; man unterscheidet dann Anfangs- und Enddrallwinkel. Der wachsende Drall ist mit Rücksicht auf eine möglichst gleichmäßige Beanspruchung von Geschoß und Zügen auf der ganzen Rohrlänge eingeführt worden. Je nach der Art der Zunahme des Dralles mit der Rohrlänge wird dem konstanten Drall der parabolische, der kubisch-parabolische und sinusförmige Drall gegenübergestellt.

Von Bedeutung für die Umdrehungsgeschwindigkeit des Geschosses auf seinem Fluge ist nur der Enddrallwinkel ζ_e. Ist v_* die Geschoßgeschwindigkeit in m/sec beim Verlassen des Rohres, und 2 R das Kaliber in m (!), so ist die Umdrehungszahl n des Geschosses pro Sekunde:

$$n = \frac{v_*}{2\pi R} \cdot \operatorname{tg}\zeta_e.$$

Streng genommen sollte beim Rohr nicht von Drall, sondern von Dralllänge gesprochen werden, da es sich um eine Drehwucht des Geschosses handelt. Verfehlt ist die Anwendung dieses Begriffes auf die durch die Pendelung beim Geschoßflug eintretende Seitenabweichung, die man allenfalls „Dralleffekt“ nennen könnte.

Drehimpuls. Ist $\mathfrak{r}$ der Fahrstrahl eines Massenpunktes, bezogen auf den gegebenen Punkt O, so heißt das Vektorprodukt

$$\mathfrak{u} = [\mathfrak{r}\mathfrak{q}] = \mathfrak{m}[\mathfrak{r}\dot{\mathfrak{r}}] \qquad \mathfrak{q} = \mathfrak{m}\dot{\mathfrak{r}}$$

der Drehimpuls (in der Physik, nicht in der Ballistik, auch „Drall“ genannt) des Massenpunktes in bezug auf O. Der Vektor $\mathfrak{u}$ steht senkrecht auf $\mathfrak{r}$ und $\mathfrak{q}$, er ist so ausgerichtet, daß $\mathfrak{r}$, $\mathfrak{q}$, $\mathfrak{u}$ ein rechtshändiges System (s. Koordinaten) bilden. Bei einem System von Massenpunkten erhält man durch vektorielle Addition der einzelnen Drehimpulse den Gesamtdrehimpuls des Systems. Er ist dann von der Wahl des Bezugspunktes O unabhängig, wenn der Schwerpunkt des Systems ruht.

Drehimpulssatz. Bei einem System von Massenpunkten, in dem die inneren Kräfte zwischen zwei Punkten die Richtung ihrer Verbindungslinie haben, sei $\mathfrak{M}$ das resultierende Drehmoment der äußeren Kräfte (s. Drehmoment) und $\mathfrak{P}$ der Gesamtdrehimpuls (s. Drehimpuls). Dann sagt der Drehimpulssatz aus, daß

$$\mathfrak{M} = \frac{d\,\mathfrak{P}}{dt};$$

d. h. die zeitliche Änderung des Gesamtdrehimpulses ist gleich dem resultierenden Drehmoment der äußeren Kräfte.

Bei einem System, auf das keine äußeren Kräfte wirken, ist also der Gesamtdrehimpuls nach Größe und Richtung konstant (Satz von der Erhaltung des Drehimpulses).

Drehmoment $\mathfrak{M}$ einer Kraft $\mathfrak{K}$ in bezug auf den festen Punkt O ist das äußere Vektorprodukt $\mathfrak{M} = [\mathfrak{r}\,\mathfrak{K}]$. Sein Betrag ist gleich dem Produkt aus der Größe der Kraft und dem Abstande des Bezugspunktes O von der Kraftrichtung. Der Vektor $\mathfrak{M}$ steht senkrecht auf $\mathfrak{r}$ und $\mathfrak{K}$, und zwar so, daß $\mathfrak{r}$, $\mathfrak{K}$, $\mathfrak{M}$ ein rechtshändiges System bilden (s. Koordinaten).

Wirken auf einen starren Körper mehrere Kräfte, so erhält man durch vektorielle Addition der einzelnen Drehmomente das resultierende Drehmoment. Es ist dann von der Lage des Bezugspunktes O unabhängig, wenn die Resultante $\mathfrak{K}$ der äußeren Kräfte verschwindet.

Drehmoment (Luftwiderstand). Drehmoment des Luftwiderstandes nennt man jenes Drehmoment auf das Geschoß, das dadurch zustande kommt, daß der Punkt der Geschoßachse, in dem der Gesamtluftwiderstand auf das Geschoß angreifend gedacht werden kann, nicht mit dem Geschoßschwerpunkt zusammenfällt. Der Betrag des Drehmomentes ist gleich der Größe des Luftwiderstandes multipliziert mit der Entfernung Angriffspunkt-Schwerpunkt und dem Sinus des Anstellwinkels zwischen Geschoßachse und Bahntangente des Schwerpunktes. Der Angriffspunkt ist für kleine Anstellwinkel am weitesten vom Schwerpunkt entfernt und liegt nahe dem Zentrierwulst des Geschosses; bei größeren Anstellwinkeln rückt er näher an den Geschoßschwerpunkt. Das

Drehmoment des Luftwiderstandes ist Ursache der Geschoßpendelung u. Seitenabweichung (s. d.). Ein von Null verschiedener Anstellwinkel entsteht dadurch, daß die Geschoßachse infolge der Kreiselwirkung der Geschoßrotation nur träge der Krümmung der Flugbahn folgt und die Geschoßspitze meist oberhalb der Bahntangente liegt (s. Folgsamkeit).

Drehvektor s. Winkelgeschwindigkeit.

Drehzahl, Zahl der Umdrehungen des Geschosses je Minute (!) beim Austritt aus der Rohrmündung ist durch Anfangsgeschwindigkeit v_0 (m/sec) und Kaliber D (cm) des Geschosses und durch den Enddrallwinkel ζ_0 bestimmt:

$$n = \frac{6000 \cdot v_0}{\pi \cdot D} \operatorname{tg} \zeta_0 .$$

Wird der Enddrall durch die Dralllänge l in Kalibern für eine vollständige Geschoßumdrehung gemessen, so ergibt sich auch:

$$n = \frac{6000 \cdot v_0}{l \cdot D} .$$

Stets zu beachten, daß hier vorläufig die minutliche Drehzahl vorkommt, während die Theorie der Geschoßpendelungen die Sekunde als Einheit benutzt. Näh. s. u. Drall.

Drei-Bahnen-Verfahren s. Stoßkoeffizienten.

Dreyse, Johann Nikolaus von. Geb. 20. 11. 1787 in Sömmerda (Thür.), gest. 9. 12. 1867. Erlernte das Schlosserhandwerk und ging 1809 zu seiner weiteren Ausbildung nach Paris, wo er bis 1814 in einer Gewehrfabrik tätig war. 1824 gründete er in Sömmerda eine Zündhütchenfabrik, erfand 1827 das Zündnadelgewehr. Dies war zunächst ein Vorderlader, den er 1836 in einen Hinterlader umwandelte. Dieser wurde 1840 in Preußen eingeführt. Im folgenden Jahr gründete D. eine Gewehr- und Munitionsfabrik. Der Krieg 1866 hat die Vorteile des Zündnadelgewehrs klar erwiesen.

Druck ist die senkrecht auf die Flächeneinheit wirkende Kraft (s. d.). Im Gegensatz zum Druck steht Zug, der als negativer Druck gerechnet wird.

Die technische Einheit des Druckes ist die Atmosphäre. Es wird unterschieden die metrische (neue) Atmosphäre (at), dargestellt durch das Gewicht (s. d.) von einem Kilogramm auf ein Quadratzentimeter und die alte Atmosphäre, die gleich dem Gewicht einer Quecksilbersäule von 760 mm Länge und einem Quadratzentimeter Querschnitt bei 0° Celsius unter normaler Schwere (s. d.) ($g = 980{,}665$ cm/sec^2, Paris) ist.

Es besteht die Beziehung:

1 metrische Atmosphäre (at)
= 0,968 alte Atm.

In der Physik ist als Druckeinheit der Druck ein Dyn (s. Kraft und Masse) pro Quadratzentimeter gebräuchlich, der als Bar bezeichnet wird.

Es ist:

$$1 \text{ Bar} = 0{,}9869 \cdot 10^{-6} \text{ (at)}.$$

Druckindikator, magnetoelastischer s. Magnetoelastischer Druckindikator.

Druckmessung wird durchgeführt nach einem Meßverfahren zur Feststellung des Gasdruckes, der im

Rohr beim Schuß herrscht. Zu diesem Zwecke werden geeichte Stauchzylinder aus Kupfer im Rohr derart angebracht, daß sie beim Schuß unter Einwirkung des Gasdruckes auf ihre kreisförmige Grundfläche gestaucht werden können. Das Maß der Stauchung steht in einem bestimmten Verhältnis zur Höhe des Gasdruckes. Die Fehler des Verfahrens, die durch Zeitunterschiede in der Druckbeanspruchung zwischen Schuß und Eichdruckmaschine hervorgerufen werden, können nachgeprüft werden. Die Vorrichtungen, die dazu dienen, um die Stauchkörper dem Gasdruck auszusetzen, sind verschieden. Besondere Vorrichtungen (Meßeier) können in die Ladung der Waffe gelegt werden (Geschütze), bei Gewehren werden auch eigens konstruierte Gasdruck-Messer oder -Gewehre mit angebohrtem Lauf angeordnet, in den ein entsprechender Körper zur Aufnahme des Stauchzylinders eingesetzt ist. Es gibt auch ein Verfahren, bei dem die Stärke des Druckes mittels der Tiefe eines Kerbschnittes von einem meißelartigen Instrument gemessen wird.

Druckpunkt ist ein Teil der Abzugsvorrichtung einer Feuerwaffe, die eine ruhige, zielsichere Abgabe des Schusses erleichtern soll (s. Abkrümmen). Wenn der Schütze in Anschlag geht und mit dem Zielen beginnt, drückt er den Abzug zurück, bis die Abzugsvorrichtung einen gewissen Widerstand bietet. Dies heißt „Druckpunkt nehmen". Von diesem Augenblick an wird durch gleichmäßiges Weiterkrümmen des Zeigefingers der Druckpunkt in der Waffe überwunden, bis der Schuß bricht. Wenn der Widerstand des Druckpunktes groß ist, wird von einem „harten" oder „schweren" Druckpunkt gesprochen; umgekehrt von einem „leichten" Druckpunkt. Ein schwerer Druckpunkt bietet eine erhöhte Sicherheit gegen ein ungewolltes Abfeuern der Waffe durch unachtsame Bewegung des Abzuges. Er erschwert aber das sorgfältige Abkrümmen und stört damit den Schützen. Ein Druckpunkt, der zu leicht steht, bringt die Gefahr mit sich, daß bei unachtsamer Berührung des Abzuges ungewollt ein Schuß losgehen kann. Auch widerspricht er dem Sinne des ganzen Abziehverfahrens mit Druckpunkteinrichtung, der darin besteht, daß der Schütze beim Zielen in Ruhe durchkrümmt, anstatt mit dem Bewußtsein, daß der Schuß jetzt brechen soll, den Abzug durchreißt.

Druckspannung s. Rohrspannungen.

Druckverlauf im Rohr (s. Gasdruck) beginnt mit dem Werte Null, steigt an, bis er groß genug geworden ist, um das Geschoß in Bewegung zu setzen. Von diesem Augenblick an vergrößert sich der Verbrennungsraum; trotzdem steigt der Gasdruck stark unter der Wirkung vermehrter Gasentwicklung an. Nachdem das Beharrungsvermögen des ruhenden Geschosses und sein Widerstand beim Einpressen in die Züge überwunden ist, regelt sich der Druckverlauf nach den beiden Faktoren: Zunehmende Gasentwicklung einerseits und zunehmende Vergrößerung des Verbrennungsraumes andererseits infolge der immer schneller fortschreitenden Vorwärtsbewegung des Geschosses. Die Steigerung bis zum Höchstgasdruck (s. d.) geht sehr rasch vor sich; dann beginnt ein allmählicher Abfall der Gasdruckkurve, weil mit dem Verbrennen der Pulverladung die Gasentwicklung nachläßt, während die Geschoßgeschwindigkeit zunimmt. Dieses Verhältnis muß so geregelt sein, daß der Gasdruck bis zum Austritt des Geschosses aus der Mündung immer noch dem Geschoß einen Zuwachs an Geschwindigkeit gibt. Bei aggressiven Pulvern ist der Unterschied zwischen Höchstgasdruck und Mündungsgasdruck (s. d.) sehr groß; bei progressiven Pulvern ist er geringer. Bewertet wird der Gasdruck als treibende Kraft nach einem theoretischen Maß, dem sog. mittleren Gasdruck. Dieser wird als der gleichmäßige Druck gedacht, der im Rohr geherrscht haben müßte, um dem Geschoß die wirklich erreichte Mündungsgeschwindigkeit zu erteilen.

Druckwelle ist die durch Detonation eines Sprengkörpers entstehende Luftwelle, die sich vom Sprengmittelpunkt allseitig (kugelförmig) fortpflanzt. Sie ist von der einfachen Schallwelle verschieden und hat eine recht verwickelte Theorie.

Duda, Franz. Geb. 30. 9. 1887 in Wien, gest. 24. 11. 1929 in Berlin. Artillerieoffizier. 1914 an der Front, dann im Militär-Komitee in Wien. Schon vor dem Weltkriege beschäftigte er sich mit der Konstruktion eines Apparates zur Erforschung der Geschoßflugbahnen. Man verdankt ihm die Entwicklung des „Mikrozeitmeßgerätes", das mit einer Stimmgabel arbeitet und etwa die gleiche Genauigkeit aufweist wie der Boulengé-Apparat. Zur Erforschung des Geschoßfluges nahe der Mündung des Geschützes dient sein „kleiner Ballistograph", der zuerst auf einer großen Platte mit vier Objektiven zugleich durch eine rotierende Trommel gesteuerte Aufnahmen machte, später als „Jekaduma"-Gerät eine schwingende Stimmgabel zur Steuerung der Aufnahmen auf Rollfilm verwandte. Zur Erforschung des Geschoßfluges nahe dem Auffallpunkt (Fallwinkel, Endgeschwindigkeit) dient sein „großer Ballistograph", bei dem jedes der vier Objektive eine feststehende Platte belichtet. Der frühe Tod von Major D. unterbrach eine vielversprechende Entwicklung seiner Ideen.

Dum-Dum-Geschosse sind ursprünglich Geschosse, die aus der indischen Munitionsfabrik Dum-Dum stammen. Sie waren an der Spitze mit einer Höhlung versehen, in der sich im Fluge Stauluft sammelte. Beim Auftreffen wurde die Luft komprimiert und wirkte im getroffenen Körper mit einer gewissen Sprengkraft gewebezerstörend. Allmählich gewöhnte sich der Sprachgebrauch daran, auch andere Geschosse als Dum-Dum zu bezeichnen, wenn ihre Konstruktion auf eine erhöhte Zerreißwirkung hinzielte, z. B. Stahlmantelgeschosse, bei denen der Bleikern frei gelegt ist, oder Geschosse mit an der Spitze eingekerbtem Stahlmantel (Zerschellermunition). Durch die Haager Konvention sind solche Geschosse für Kriegszwecke verboten, weil sie geeignet sind, dem Verwundeten besondere Qualen zu bereiten. Oftmals hat Haß dazu geführt, vorschriftsmäßige Munition durch Anfeilen oder Spitzenabbrechen auf Dum-Dum-Wirkung umzuarbeiten. Für Jagdzwecke werden vielfach Geschosse mit Dum-Dum-Eigenschaften verwendet. Hier liegt die Absicht einer möglichst schnellen Tötung vor, gerade um dem angeschossenen Wild lange Qualen zu ersparen.

Dünnwandige Rohre haben eine im Vergleich zum Durchmesser so geringe Wandstärke, daß die bei innerem Überdruck auftretenden Spannungen als angenähert gleichmäßig über den Querschnitt verteilt angenommen werden können. Sie werden als Futterrohre für Seelenrohre verwendet.

Durchmesser, wirksamer (Geschoß-) s. Wirksamer Durchmesser.

Durchschlagskraft. Bezeichnung für das Durchschlagsvermögen eines Geschosses. (S. a. Durchschlagsleistung.)

Durchschlagsleistung ist die von einem Geschoß beim Durchschlagen des Zieles geleistete Arbeit in der Zeiteinheit. Die Durchschlagsleistung im Sprachgebrauch gibt an, welches Ziel von einem bestimmten Geschoß bei einer bestimmten Auftreffgeschwindigkeit noch durchschlagen wird.

Durchschlagswirkung von Handfeuerwaffen und Maschinengewehren ist abhängig von der Auftreffgeschwindigkeit (Auftreffenergie) des Geschosses, die mit den Schußentfernungen wechselt, ferner vom Auftreffwinkel (Möglichkeit zum Abgleiten), vom Geschoßkaliber (s. Auftreff-Fläche), von Bauart und Material des Geschosses und des Ziels. Die in allen Schießvorschriften angegebenen Durchschlagsleistungen bieten gegenüber den unzähligen praktischen Fällen nur einen Anhalt. Da die Maschinengewehre den gleichen Lauf und die gleiche Munition verwenden wie die Infanteriegewehre, ist ihre Durchschlagsleistung im Einzelschuß die gleiche. Durch die auf einen Punkt gerichtete Maschinengewehrgarbe wird die Durchschlagswirkung wesentlich gesteigert, weil bei der Masse der Geschosse viele Stellen wiederholt getroffen werden. Um gegen Stahlplatten günstige Durchschlagswirkung zu erzielen, werden panzerbrechende Spezialgeschosse (S. m. K-Geschoss und T-Geschoß) verwendet.

Durchschnittliche Streuung s. Fehlerdefinitionen.

Durchschnittlicher Fehler s. Fehlerdefinitionen.

Düse s. Laval-Düse.

Dyn s. Kraft und Masse.

Dynamische Ähnlichkeit. Für viele Probleme der Hydrodynamik ist es von Wichtigkeit, daß aus Modellversuchen in kleinem Maßstabe und mit bestimmter Flüssigkeit Schlüsse auf das Verhalten von dem Modell ähnlichen Körpern in gleichen oder auch anderen Flüssigkeiten gezogen werden können.

In einem hydrodynamischen Systeme (z. B. ein Körper, der sich in einer Flüssigkeit mit bestimmter Geschwindigkeit bewegt) sei ϱ_1 die Dichte der (unzusammendrückbaren) Flüssigkeit und η_1 der Koeffizient der inneren Reibung. Ferner sei l_1 eine lineare Abmessung des Systems (etwa die Länge des bewegten Körpers). Der Zustand des Systems werde zur Zeit t_1 an beliebiger Stelle P_1 betrachtet.

Ein zweites System gehe aus dem ersten dadurch hervor, daß der Maßstab der räumlichen und zeitlichen Dimensionen desselben geändert wird. Jedem Punkte P_2 zur Zeit t_2 des zweiten Systems entspricht dann ein Punkt P_1 zur Zeit t_1 des ersten Systems. Derartige Punkte und Zeiten heißen korrespondierend. Ferner besitze das zweite System eine andere Dichte ϱ_2 und einen anderen Zähigkeitskoeffizienten η_2. Die zu l_1 korrespondierende Länge sei l_2.

Das Prinzip der dynamischen Ähnlichkeit besagt dann, daß folgende Verhältnisgleichungen bestehen:

korrespondierende Geschwindigkeiten:

$$v_1 : v_2 = \frac{\eta_1}{\varrho_1 l_1} : \frac{\eta_2}{\varrho_2 l_2},$$

korrespondierende Drucke:

$$p_1 : p_2 = \frac{\eta_1^2}{l_1^2 \varrho_1^2} : \frac{\eta_2^2}{l_2^2 \varrho_2^2},$$

korrespondierende Zeiten:

$$t_1 : t_2 = \frac{\varrho_1 l_1^2}{\eta_1} : \frac{\varrho_2 l_2^2}{\eta_2}.$$

Nach der ersten Beziehung hat der Ausdruck $\varrho v l / \eta$ für korrespondierende Geschwindigkeiten in beiden Systemen den gleichen Wert. Ist v eine ausgezeichnete Geschwindigkeit eines Systems (z. B. die Geschwindigkeit v eines in der Flüssigkeit bewegten Körpers), so heißt obiger Ausdruck die Reynoldssche Zahl des betreffenden Systems. Strömungen sind bei geometrisch ähnlichen Körpern in verschiedenen Systemen dann als ähnlich anzusehen, wenn sie zu gleichen Reynoldsschen Zahlen gehören. Die große Bedeutung der Reynoldsschen Zahl liegt darin, daß für irgendeinen Strömungsvorgang das Auftreten von Wirbeln und damit die Bildung von turbulenten Flüssigkeitsbewegungen (s. Hydrodynamik, Grundgleichungen) bei einem ganz bestimmten Werte der Reynoldsschen Zahl erfolgt. In der Reynoldsschen Zahl wird die Bedeutung der inneren Reibung der Flüssigkeiten für die Strömungsverhältnisse erfaßt.

Bei Übertragung auf Bewegungen in Luft (Gasen) ist jedoch zu beachten, daß nicht zu große Geschwindigkeiten auftreten, bei denen die Luft nicht mehr als inkompressibel angesehen werden kann. Das ist jedoch der Fall bei Geschoßgeschwindigkeiten von der Größenordnung der Schallgeschwindigkeit, bei denen die Dichteänderungen der Luft erheblichen Einfluß auf den Widerstand besitzen (Wellenwiderstand).

E

Ebenen beim Schuß gegen Flugziele. 1. Kartenebene (s. d.). 2. Höhenebene (s. d.). 3. Visierebene (s. d.). 4. Schußebene (s. d.) 5. Flugebene (s. d.). 6. Seitenvorhaltsebene (s. d.).

Eberhard, Otto von, Prof. Dr.-Ing. e.h., bei Firma Fried. Krupp

(Essen). Geb. 3. 2. 1877 in Frankfurt a. M. Studierte 1893—96 auf der Techn. Militär-Akademie in Wien, 1896—1901 österr. Artillerieoffizier, dann 1901—06 Leutnant im Berg. Feldart.-Rgt. 59. Nach Besuch der Militärtechn. Akademie in Berlin von 1903—06 trat er 1907 in die Firma Alfred Krupp A.-G. in Essen ein. Dr.-Ing. e. h. der Techn. Hochsch. in Berlin. Mitarbeiter von C. Cranz.

Arbeitsgebiete: Ballistik, Schießlehre, Waffentechnik, Richteinrichtungen.

Echolot s. Behm-Zeitmesser.

Eckardt, Werner, Oberstleutnant a. D. Geb. 9. 9. 1875 in Strasburg (Westpr.). 1895 Eintritt in das Heer (Gren.-Rgt. 10). Als Leutnant zweijähriges Kommando zur Gew.-Fabr. Danzig. 1906—09 Militärtechn. Akad. in Berlin, anschließend drei Jahre Assistent bei der Gew.-Prüfgs-Komm. Im Kriege 1914—18: Komp.-Chef und Batl.-Führer, im Kriegsministerium bei der Gew.-Prüfgs-Komm. tätig, dann Kaiserl. osman. Major u. Leiter der Abt. f. Inf.-Bewaffnung im Waffenamt in Konstantinopel. Nach dem Kriege in das Heer übernommen als Referent in die Insp. für Waffen und Gerät, seit 1923 Leiter der Abt. für Inf.-Bewaffnung. Dann Oberstleutnant beim Heereswaffenamt, 1927 aus dem Heeresdienste ausgeschieden. Seit 1927 ehrenamtlich im Beirat des Staatl. Zeughauses.

Hauptarbeitsgebiete: Geschichte und Entwicklung der Inf.-Waffen, Schießlehre, Ballistik und Verwendung der Handfeuerwaffen.

Effekt s. Leistung.

Eggert, Otto, Dr. phil., Dr.-Ing. e.h., Prof. an der Techn. Hochsch. Berlin, Direktor des Preuß. Geodät. Inst. in Potsdam. Geb. 4. 2. 1874 in Tilsit. Nach Studium an Univ. und Landwirtsch. Hochsch. Berlin und Bestehen der Landmesserprüfung (1895) promovierte er 1898 zum Dr. phil. an Univ. Berlin. Nachdem er sich 1903 für Geodäsie an Univ. Berlin habilitiert hatte, wurde er 1904 Prof. der Geodäsie an Techn. Hochsch. Danzig. 1921 in gleicher Eigenschaft an Landwirtschaftl. Hochsch. Berlin und 1925 an Techn. Hochsch. Berlin berufen. 1. 4. 1936 unter Belassung in der Professur an Techn. Hochsch. Berlin zum Direktor des Preuß. Geodät. Inst. in Potsdam ernannt. 1931 Dr.-Ing. e.h. an Techn. Hochschule Hannover. Neben Bearbeitung neuer Auflagen des von Jordan 1872 begründeten „Handbuchs der Vermessungskunde" und Herausgabe des wissenschaftl. Teils der „Zeitschr. f. Vermessungswesen" hat E. eine „Einführung in die Geodäsie" und andere Bücher über mathem. und geodät. Berechnungen bearbeitet, daneben zahlreiche Aufsätze in wissenschaftl. Zeitschr. veröffentlicht.

Eiffel, Alexandre Gustave, franz. Ingenieur. Geb. 15. 12. 1832 in Dijon, gest. Jan. 1924. Besuchte 1852—55 die „École centr. des arts et manuf.", war Inhaber einer von ihm gegründeten Maschinenfabrik in Levalloix-Perret. Konstruierte zahlreiche Kunstbrücken, 1885—89 den nach ihm benannten Turm auf dem Marsfelde in Paris. Beschäftigte sich mit dem Einfluß des Luftwiderstandes.

Eigendrehungswinkel s. Eulersche Winkel.

Einblockrohre s. Monoblockrohre.

Eindecker sind Flugzeuge, die nur eine Tragfläche besitzen. Dabei wird zwischen Tiefdeckern, Hochdeckern, Schulterdeckern und Mitteldeckern unterschieden.

Tiefdecker sind Eindecker, bei denen die Flügel an der Unterkante des Rumpfes oder unter dem Rumpf befestigt sind. Beim Hochdecker sind die Flügel entweder auf der Oberkante des Rumpfes oder über dem Rumpf befestigt, beim Schulterdecker sind die Holme des Tragflügels entweder an der Oberkante des Rumpfes oder unmittelbar unter derselben angebracht. Beim Mitteldecker dagegen sind die Flügel zwischen Rumpfober- und Unterkante befestigt.

Eindringtiefe ist die Strecke, auf welcher ein Geschoß im Ziel zur Ruhe kommt. Sie ist abhängig von der kinetischen Energie des Geschosses und vom Material des Zieles (s. Panzerformeln und Geschoßwirkung).

Eindringungstiefe bei Flugzeugen (Aktionsradius) ist die Strecke, die ein Flugzeug von seinem Ausgangspunkt in das Gebiet des Gegners zurücklegen kann. Man rechnet als Eindringungstiefe meist die halbe „Reichweite" abzüglich 20—30% als Sicherheitsfaktor für widrige Umstände.

Dasselbe Wort wird seit Jahrzehnten auch benutzt, um beim Beschuß von Panzerplatten die Leistung des Geschosses zu kennzeichnen. Daher sollte man bei Flugzeugen von „Kehrweite" sprechen.

Einfallwinkel s. Fallwinkel.

Einfluchten. Abstecken einer geraden Linie im Gelände. Ein Neupunkt N (Stab) wird zwischen, vor oder hinter zwei sichtbaren Punkten (Stäben) eingefluchtet.

Einheitsgeschoß ist ein Geschoß, das die Konstruktion und Wirksamkeit von Granate und Schrapnell in sich vereinigt. Die früher notwendige doppelte Ausrüstung mit diesen beiden Geschossen erweckte vor dem Kriege in fast allen Armeen das Bestreben nach Vereinfachung durch eine Einheitskonstruktion. Die Firmen Rheinmetall (Patent Ehrhardt-van Essen) und Krupp stellten schon bald nach der Jahrhundertwende ihre Einheitsgeschosse dem Weltmarkt zur Verfügung. In Deutschland wurden für die leichte Feldhaubitze das „Feldhaubitzgeschoß 05" und für die Feldkanone 96 das „Feldkanonengeschoß 11" eingeführt. Die Österreicher bezeichneten ihre bei fast allen und auch den schweren Kalibern eingeführten Einheitsgeschosse mit „Granatschrapnells".

Die Einheitsgeschosse haben sich im Kriege nicht bewährt und wurden in Deutschland schnell wieder abgeschafft (Näheres darüber s. K. Justrow, Feldherr und Kriegstechnik, Kap. 8, e).

Einheitsgeschütz. Verschiedentlich ist im Ausland der Versuch gemacht worden, ein Einheitsgeschütz für die leichte Artillerie zu konstruieren. Dieses soll die Eigenschaften der Feldkanone und leichten Feldhaubitze in sich vereinigen. Es ist schwierig, die Wirkung der leichten Feldhaubitze mit der Beweglichkeit und Feuergeschwindigkeit der Feldkanone zu vereinigen. Von Vorteil wäre die Schaffung eines solchen Einheitsgeschützes im Hinblick auf Vereinfachung des Nachschubes an Gerät und Munition. Im Auslande sind Versuche mit Kanonen-Haubitzen gemacht worden. Bei der einen Art wird die Verwendung als Kanone (großer Verbrennungsraum) und als Haubitze (kleiner Verbrennungsraum) durch Benutzung von zwei Geschoßarten mit verschieden starken Führungsbändern ermöglicht. Bei einer anderen Konstruktion können die Rohre ausgewechselt werden je nach Art der Verwendung als Kanone oder Haubitze. Einen befriedigenden Erfolg haben die verschiedenen Versuchsgeschütze noch nicht gehabt.

Einknallverfahren. Akustisches Vermessungsverfahren zur Festlegung von Artilleristischen Punkten (A.P.) im akustischen Meßsystem. Akustische Vermessung eigener Meßstellen beruht auf Dreiecksbestimmung durch akustische Streckenmessungen im Hin- und Hergang. Knallwellen werden durch Sprengkörper auf den zu vermessenden Punkten erzeugt. Sollen solche Punkte später selbst besetzt werden, dann kann man einen beliebigen benachbarten Punkt „einknallen". Das Verfahren soll die optische Vermessung unterstützen bzw. ersetzen, wenn Schallmeßstellen bei schlechter Sicht oder im Bewegungskrieg schnellstens örtlich behelfsmäßig zu bestimmen sind. Vorschlag Hpt. d. R. Löschmann, Artl.-M.Sch. Wahn, eingeführt 1917.

Einpressungswiderstand ist die Kraft, die notwendig ist, das Geschoß in die Züge einzupressen. Ihre Größe ist von Einfluß auf die Verbrennung des Pulvers und den Gasdruck. Sie wird durch Fallhammer- oder Schießversuche bestimmt. S. Cranz Bd. II; v. Horstig, Über den Einpressungswiderstand der Geschosse. (Diss.)

Einschießarten. Es werden unterschieden je nach den angewendeten Beobachtungsmitteln ein Einschießen mit Erd-, Luft- oder Meßtruppbeobachtung, ferner je nach Art des Einschießens ein genaues und grobes, ein Einschießen auf das Ziel selbst oder auf ein Einschießziel (s. d.) (s. Schießen mit h. Sp.P.).

Einschießen auf Geländepunkte. Das Einschießen erfolgt auf solche Punkte (Strecken), statt auf das Ziel, in folgenden Fällen: 1. Wenn Ziele noch nicht sichtbar sind, aber an bestimmten Stellen erwartet werden; 2. wenn die Ziele sich rasch auf einen Geländepunkt hin bewegen, insbesondere wenn dieser Punkt eine Enge darstellt (Brücke usw.); 3. wenn das Einschießen auf den Geländepunkt Grundlagen zum Wirkungsschießen gegen ein von ihm nicht weit entferntes Ziel geben soll; in diesem Fall wird der Punkt zum Einschießziel (s. d.)

Einschießen der Artillerie. Regelung der Schußlage nach Seite und Länge (Entfernung), in einzelnen Fällen (Schießen mit Brennzünder) auch nach der Höhe, durch die an die Batterie befohlenen Verbesserungen. Das E. kann erfolgen mit Erd-, mit Luft- oder mit Meßtruppbeobachtung (s. auch die betr. Stichworte).

Einschießen (mathematisch) bildet einen Abschnitt der Wahrscheinlichkeitstheorie. Die Verteilung der Kurz- und Weitschüsse im Rahmen einer Beobachtungsreihe liefert einen Anhalt für die wahrscheinlichste Rohrerhöhung oder -erseitung (s. d.) zur Bekämpfung des Zieles. Als man noch Zeit hatte, ein umständliches Einschießen vorzunehmen, bestand unter Artilleristen Interesse an dem auftretenden mathematischen Problem (vgl. z. B. N. Sabudski, Wahrsch.-Rechn. Stuttgart 1906). Das bevorzugte Verfahren von Mangon hat besonders H. Rohne in Deutschland bekanntgemacht. Heute muß man sich bei großen gefechtsmäßigen Streuungen besonders vor der Anwendung einer zu engen „Gabel" (s. d.) hüten, mit der man das Ziel von vornherein einzuschließen sucht.

Einschießen mit hohen Sprengpunkten, auch „Höhenmeßplanschießen" genannt. Zweck, gemäß Einführungswortlaut:

„Das Schwabsche Höhenmeßplanverfahren hat den Zweck, die Feuerleitung durch die Artillerie-Meßtrupps auch dann noch zu ermöglichen, wenn die Geschoßaufschläge infolge ungünstiger Geländeverhältnisse (tief eingeschnittene Ziellage, unübersichtliches und ungünstiges, z. B. sumpfiges Aufschlaggelände) und besondere Gefechtsverhältnisse (Trommelfeuer der eigenen oder feindlichen Artillerie und damit verbundene Rauchentwicklung) der Sicht der Meßstellen entzogen sind ...

Die Sp.P. werden so hoch gelegt, daß sie allen M.St. sichtbar werden. Ihre Lage im Raum wird durch die Messung von Höhen- und Seitenwinkeln bestimmt. Der zu jedem Bz. gehörige (ergänzte) Auftreffpunkt der Flugbahn auf dem Zielhorizont wird auf Grund dieser Messungen mit Hilfe des Schwabschen Höhenmeßplans graphisch ermittelt." (Streuen innerhalb bestimmter Grenzen.)

Messungen mit S.F. bei Tag nach Sprengwolke (Windkante), bei Nacht nach Sprengblitz mit Gitterfadenplatten (Augenblicksabschätzungen).

Grundlage für Aufschlagweitenbestimmung ist das Kurvenstück der Geschoßbahn, bestimmt durch Rohrerhöhung und Schnitt mit Zielebene. Man sucht jenen Punkt der Kurve, dessen Höhe über Ziel der Meßhöhe des Sp.P. entspricht. Von hier aus Bestimmung der Aufschlagweite im Kurvenbild. Entnahme aus Schaubild, graphischer Schußtafel, Fallwinkeltafel; Schaubild am anschaulichsten. S. „Luft-Einschieß-Ziel", „Luft-Vergleichs-Ziel".

Einschießen nach der Seite. Kommt im allgemeinen nur dann vor, wenn die Batterie indirekt richtet. Regelt die seitliche Lage der Flugbahnen so, daß sie durchs Ziel gehen und dessen seitliche Ausdehnung gleichmäßig decken. Je weiter die Beobachtungsstelle seitlich der Flugbahn liegt, desto schwieriger wird dieses Einschießen. Die Notwendigkeit, die Schüsse dann im „Sehstreifen" (s. d.) zu halten, führt oft zu einer Verkoppelung des seitlichen Einschießens mit dem nach der Länge; es entsteht dann ein Verfahren, das im Sprachgebrauch „Heranklettern ans Ziel" genannt wird.

Einschießentfernung ist die Entfernung, auf die eine Waffe mit einem bestimmten Visier eingeschossen ist, um auf ihr den Visierschuß (s. d.) zu ergeben. Da die Höhe des Korns über der Seelenachse festliegt, muß für jede Entfernung die Visierhöhe geändert werden. Mit Hilfe ballistischer Tabellen werden die Visierkurven aufgestellt und dementsprechend die verschiedenen Visierhöhen ausgearbeitet. Bei Faustfeuerwaffen wird meist nur ein Visier angebracht, für das eine einzige Einschießentfernung gilt. Wenn mit einer solchen Waffe auf verschiedenen Entfernungen genaue Treffpunkte erhalten werden sollen, müssen durch Verlegen der Haltepunkte die Fehler ausgeglichen werden (s. Haltehöhe und Zielwinkel).

Einschießgeschütz. Das Geschütz, mit dem der Batterieführer bei grobem Einschießen das ganze Einschießen, bei genauem Einschießen zum mindesten die Bildung der „engen Gabel" ausführt, ehe er zum Schießen mit allen Geschützen übergeht.

Einschießpunkt. Bei breiteren Zielen, die in ihren einzelnen Teilen verschieden gut sichtbar sind, wählt der Batterieführer einen Punkt als Einschießpunkt. Meist geschieht dies dadurch, daß er das Geschütz zum Einschießgeschütz (s. d.) nimmt, das bei regelrechter Feuerverteilung auf diesen Punkt oder in seine Nähe schießen muß. Der Einschießpunkt ist also immer ein Punkt des Zieles und nie ein Geländepunkt (s. Einschießen auf Geländepunkte).

Einschießziele (Erd-Luft-) werden gewählt a) wenn das zu bekämpfende Ziel nicht sichtbar, in seiner Lage aber planrichtig bekannt ist; b) wenn das sichtbare Ziel bei der Feuereröffnung des Einschießens nicht sofort selbst beschossen, sondern mit eingeschossener Flugbahn überraschend gefaßt werden soll (z. B. Beobachtungsstellen, Fesselballone).

1. Das Erd-Einschießziel muß planrichtig bekannt sein, falls man sich mit Gabelverfahren und persönlicher Beobachtung dagegen einschießt. Werden die Az-Einschläge jedoch eingemessen, dann ist ein Einschießziel als solches nicht nötig. Es ergibt sich dann auch nicht als beobachtungsfähiger Punkt im Gelände, sondern als berechneter mittlerer Treffpunkt aus z. B. 6 Schüssen gleicher Rohrlage und ist nur im Schießplan (Karte) koordinatenmäßig festlegbar. Von diesem „Az-Einschieß-Meßpunkt" aus sind die Übergänge auf die Ziele zu berechnen, genau so wie vom „Einschießziel" beim Az-Gabelschießen.

2. Ein „Luft-Einschieß-Ziel" gibt es streng genommen nicht. Es handelt sich wie beim „Az-Einschieß-Meßpunkt" um einen „Bz-Einschieß-Meßpunkt", also um einen „Einschieß-Sprengpunkt" oder „Mittleren Sprengpunkt" in der Luft, der nur meßtechnisch bestimmt werden kann und den man sich beliebig in die Nähe der zu bekämpfenden Ziele legt. Man

schießt 6 Sp.P. aus gleicher Rohrlage und gleicher Zünderstellung, mißt ihre Lage ein (vgl. Schießen mit h. Sp.P.) und berechnet den mittleren Sprengpunkt in seinen Raumkoordinaten. Von diesem Meßpunkt in der Luft verlegt man die Geschoßbahnen nach Seite und Länge ins Ziel. Dieses Verfahren ist einheitlich für Aufschlag- und Brennzünderschießen, für Schießen in der Ebene, im Gebirge und gegen Fesselballone.

Einschneiden auf Richtungslinien. Von einem Festpunkt *A* aus ist der zu bestimmende Neupunkt *N* und in anderer Richtung ein anderer Festpunkt *B* zu sehen. Der Meßtisch wird orientiert über *A*. Auf *A* wird nach *N* visiert und diese Linie (*L*) auf das orientierte Meßtischblatt gezeichnet. Dann wird der Meßtisch über *N* aufgestellt, über den Kartenpunkt *a* nach dem sichtbaren Geländepunkt *A* orientiert und diese Richtungslinie auf dem Meßtischblatt durchgezogen bis zur bereits gewonnenen Linie *L*. Im Schnittpunkt liegt *N*.

Eisenbahngeschütze sind Geschütze, die nicht nur zum Transport auf Eisenbahngleisen eingerichtet sind, sondern auch vom Gleis aus feuern können. Sie sind zu diesem Zweck auf besonders konstruierten Eisenbahnwagen lafettiert und so bemessen, daß sie das Ladeprofil nicht überschreiten. Die Zahl der Achsen richtet sich nach der beim Schuß von den Gleisen aufzunehmenden Beanspruchung. Im allgemeinen sind besondere Abstützvorrichtungen gegen den Erdboden notwendig, um das Feuern in beliebiger Seitenrichtung zu ermöglichen. E-Geschütze haben meist großes Kaliber und den Vorteil, daß sie schnell eingesetzt oder in Sicherheit gebracht werden können.

Frankreich verfügte während des Krieges über E-Geschütze von 9,5 cm bis 52 cm Kaliber. England baute Schiffskanonen von 30,5 cm bis 38 cm Kaliber auf E-Wagen ein. (Methling, H.: Die deutschen Eisenbahngeschütze im Weltkriege an der Land- und Küstenfront. In: Artill. Rundsch. Jg. 1929.)

Ei-Ziel s. Einschießziel.

Elastizitätsmodul E ist der reziproke Wert der Dehnungszahl α, welche die in cm gemessene Verlängerung darstellt, die ein Probestab von 1 cm Länge und 1 qcm Querschnitt bei der Belastung von 1 kg erfährt. Für den gebräuchlichen Rohrstahl ist $E = 2\,000\,000$.

Elektrische Aufladung (Pulvergrafitierung) s. Pulvergrafitierung und elektr. Aufladung.

Elektrische Momentphotographie s. Momentphotographie, elektrische.

Elektrischer Zünder. Kennzeichnend für einen elektrischen Zünder ist die Verwendung von Elektrizität, insbesondere zur Einleitung der Zündung.

Unterschieden werden batteriebetätigte, magnetische und elektrostatische Zünder.

Batteriebetätigter Zünder ist ein solcher, der eine Stromquelle in Form eines Primär- oder Sekundärelementes besitzt und auf Grund der darin gespeicherten elektrischen Energie den Zündvorgang einleitet.

Bei einem magnetischen Zünder wird die Feldenergie von Magnetspulen für die Zündung ausgenutzt.

Beim elektrostatischen Zünder bewirkt die Ladung von Kondensatoren die Zündung.

Elektrische Zünder können je nach Aufbau Aufschlag- oder Zeitzünder sein.

Elektromagnetische Geschütze beruhen auf dem Grundgedanken des Elektromotors, den man sich seitlich aufgeschnitten und in die Länge gezogen denken könnte. Es wechseln also auf dem Rohr Drahtwicklungen (Magnetisierungsspulen) mit unbesetzten Abschnitten. Das Ein- und Ausschalten der jeweils wirksamen Spulen ist bei den erwarteten hohen Geschwindigkeiten der Geschosse eine neue technische Aufgabe. Es ist die Rede von einem schwedischen Geschütz von 47,5 cm Kaliber und 27,5 m Länge, das Geschosse von 3 t mit $v_0 = 1000$ m/s „verfeuern" soll ... je Sekunde ein Schuß (?).

In Rußland behandelt im Zusammenhang mit Großkraftwerken Prof. A. A. Koroljkoff solche Geschütze, die sowohl mit Gleich- wie mit Wechselstrom „betrieben" werden können. Im Rechenbeispiel wird ein 100000 kW-Kraftwerk zugrunde gelegt, das ein Geschütz (mit etwa 15 cm Kal.) für Geschoßgewichte von etwa 40 kg und $v_0 = 800$ m/s bedienen und eine Feuerfrequenz von 200 Schuß je Minute erreichen soll. Die elektrischen Geschütze sind nach den bisherigen Entwürfen sehr lang und vom benachbarten Kraftwerk abhängig. Wenn sie sich auch wenig durch das ausgestrahlte Kraftfeld bemerkbar machen werden und kein Mündungsfeuer und mäßigen Knall aufweisen, so verraten sie sich doch durch den Rückstoß auf der Bodenfläche den seismischen Meßgeräten. Vorläufig wird die elektrische Kanone vielfach belächelt, vielleicht ergeben aber die Versuche doch noch brauchbare Anregungen.

Elemente eines Flugbahnbogens s. Flugbahnaufgaben.

E.-Meßmann (Entfernungsmeßmann) wird der messende Bedienungsmann am E.-Meßgerät und am Kommandogerät genannt.

Empfindliche Zünder sind vorwiegend Kopfzünder, dadurch gekennzeichnet, daß beim Auftreffen des Geschosses das Zielmaterial unmittelbar auf den Zündmechanismus (Stößel-Zündnadel) einwirken kann und deshalb auch bei schwachen Zielen die Zündung momentan eintritt.

Endballistik hat mit der Wirkung des Geschosses auf das Ziel zu tun. Das zu verwendende Geschoß ist durch Art des Zieles und die beabsichtigte Wirkung bestimmt. Es ist zu beachten, ob das Ziel belebt (s. Tötungswucht) oder unbelebt, bewegt oder unbewegt ist. Die Eindringtiefe bzw. Durchschlagsleistung ist besonders für Ziele aus Erde, Beton oder Panzer (s. d.) zu erforschen bzw. zu berücksichtigen. Als Grenzfragen kommen die Wirkungsbereiche der Splitter bzw. Sprengstücke von Granaten, der Kugeln von Schrapnells bzw. die Streukegel von Kartätschen und beim Schrotschuß das Verhalten der Garbe und ihre Auflösung in Frage.

Enddruck ist der Gasdruck, der im Rohr herrscht, wenn das Geschoß die Mündung verläßt. An ihm wird die mehr oder minder rationelle Ausnutzung der Pulverladung gemessen. Je niedriger der Endgasdruck ist, desto günstiger war die Ausnutzung des Pulvers. Die maßgebenden Faktoren dabei sind die Verbrennungsweise des Pulvers, die Größe und Form des einzelnen Pulverkorns, das Verhältnis, in dem das Volumen der Pulverladung zu ihrem ursprünglichen Verbrennungsraum steht (Ladedichte), ferner das Geschoßgewicht, der Reibungswiderstand und die Länge des Rohrs.

Endgeschwindigkeit ist die Geschwindigkeit des Geschosses in m/sec im Fallpunkte; sie wird in den Schußtafeln angegeben. Die Geschwindigkeit im Auftreffpunkte heißt dagegen Auftreffgeschwindigkeit.

Energie. Unter der Energie eines Systems in einem gegebenen Zustand, bezogen auf einen willkürlich festgesetzten Normalzustand, versteht man die Summe der Arbeitswerte aller Wirkungen, die außerhalb des Systems hervorgerufen werden, wenn dasselbe auf irgendeine Weise aus dem gegebenen Zustand in den Normalzustand übergeht (PLANCK).

Energie ist die einem System innewohnende Fähigkeit, äußere Arbeit zu leisten.

Sind die äußeren Wirkungen mechanischer Natur, so ist ihr Arbeitswert die vom System geleistete mechanische Arbeit selbst.

An Energiearten, die der Mechanik angehören, gibt es die potentielle und kinetische Energie (s. d.). Sonstige Energiearten sind Wärme-E., Strahlungs-E., elektrische E., chemische E. usw. Unter der inneren Energie eines Systems versteht man den Teil seiner Gesamtenergie, der nur von seiner inneren, durch Temperatur und Dichte bedingten Beschaffenheit abhängt; es ist das der Wärmeinhalt des Systems oder die Energie seiner Molekularbewegung.

Der Arbeitswert einer dieser Energieformen ist gleich dem Betrage der Energie in ihren eigenen Einheiten (z. B. bei der Wärme in Kalorien) gemessen, multipliziert mit einem bestimmten Zahlenfaktor, der für jede Energieart verschieden ist und mechanisches Äquivalent derselben genannt wird.

Für die Wärmeenergie hat man so (Mechanisches Wärmeäquivalent):

$$1\ \text{cal}_{15} = 4{,}189 \cdot 10^7\ \text{Erg} = 0{,}427\ \text{mkg}.$$

Über den Begriff Kalorie s. spezifische Wärme.

Energieinhalt s. Wärmeinhalt.

Energieprinzip. Das Prinzip der Erhaltung der Energie besagt, daß Energie (s. d.) weder erzeugt noch zerstört, sondern nur umgewandelt werden kann. Für je zwei Energiearten geschieht die Umwandlung nach einer ganz bestimmten Verhältniszahl, die „Äquivalent" genannt wird.

Wird daher ein System aus einem Normalzustand in einen anderen Zustand übergeführt, so ist der Arbeitswert aller äußeren Wirkungen unabhängig von der Art des Übergangs. Die Energie ist eine reine Zustandsgröße des Systems.

In der Thermodynamik wird das Prinzip der Erhaltung der Energie als Erster Hauptsatz bezeichnet. Sein Inhalt ist die Gleichwertigkeit von Wärme und Arbeit. Ist Q eine dem System zugeführte Wärmemenge und A eine am System geleistete Arbeit, so ist die Änderung der Gesamtenergie E durch die Gleichung bestimmt:

$$E_2 - E_1 = Q + A.$$

Bei Flüssigkeiten und Gasen besteht die äußere Arbeit nur in der Überwindung des Druckes an der Oberfläche des Systems, der bei umkehrbaren (quasistatischen) Zustandsänderungen gleich dem inneren Drucke p im Volumen V des Gases oder der Flüssigkeit ist. In diesem Falle ist $dA = -p\,dV$ oder $A = -\int p\,dV$ und die Änderung der Inneren Energie (s. Energie) U des Systems ist gegeben durch:

$$dU = dQ + dA = dQ - p\,dV.$$

Mit dieser Gleichung ist der Begriff der Inneren Energie streng definiert; ihr Zuwachs ist gleich der Summe der vom System aufgenommenen Wärme und Arbeit.

Bei adiabatischen Vorgängen (s. d.) ist $dQ = 0$ und für Änderungen der Inneren Energie gilt:

$$U_2 - U_1 = -\int_{V_1}^{V_2} p\,dV.$$

Anwendung auf ideale Gase s. Poissonsches Gesetz.

Entfernungsauswanderung je Minute (Abkzg. Enami [?], sonst mißverständlich und der Dimension nicht entsprechend „Entfernungsunterschied" genannt) ist die Strecke, um die sich in einer Minute die Entfernung des Zieles vom schießenden Schiff aus gemessen ändert. Nimmt die Entfernung zu, so ist Enami positiv, bei einer Abnahme der Entfernung negativ. Beträgt die Flugdauer T sec, so ist der Längenvorhalt gleich Enami × $T/60$. (S. auch Seitenauswanderung je Minute.) Besser „Entfernungsgeschwindigkeit" genannt.

Entfernungsmeßdienst ist der gesamte Dienst am E.-Meß- und Kommandogerät.

Entfernungsmesser ist ein Instrument, mit Hilfe dessen die Entfernung eines Zieles von einem gegebenen Standpunkt aus gemessen werden kann. Je nach den Grundlagen des Meßvorganges werden akustische, optische und trigonometrische Entfernungsmeß-Verfahren unterschieden.

Bei der ersten Klasse wird die Schallgeschwindigkeit zugrunde gelegt, bei der zweiten die Abhängigkeit des Bildabstandes vom Objektivabstand; bei der dritten wird ein Dreieck trigonometrisch ausgewertet, von dem eine Seite (die Basis) und die beiden anliegenden Winkel bekannt sind bzw. gemessen werden. Die Basis kann am Ziele oder am Standort liegen.

Am gebräuchlichsten sind die letztgenannten, also die trigonometrischen Entfernungsmesser mit Basis am Standort, und zwar in der Gestalt, daß die Basis in das Instrument eingebaut ist, so daß ihre Länge unverändert festliegt. Sie sind also Doppelfernrohre, deren Hauptausdehnung quer zur Blickrichtung liegt (s. Stangen-Fernrohre). Der eine Winkel an der Basis ist dann ein rechter, also auch unveränderlich, der andere Winkel wird dadurch gemessen, daß die beiden von jedem Ende der Basis herrührenden Bilder entweder durch monokulare Beobachtung zum Zusammenfallen gebracht werden (Schnittbild- und Kehrbild-Entfernungsmesser) oder durch binokulare bzw. stereoskopische Beobachtung in räumliche Übereinstimmung mit einer ebenfalls räumlich sichtbaren Marke gebracht werden. (Raumbild-Entfernungsmesser mit wandernder Marke). Diese Einstellvorrichtung ist mit einer Entfernungsskala versehen, so daß die gemessene Entfernung direkt abgelesen werden kann. Rechnungen werden also nicht gebraucht.

Entfernungsvorhalt (Δe) ist der Unterschied zwischen Treffentfernung (besser: Entfernung des Vorhaltepunktes) und Meßentfernung:

$$\Delta e = e_T - e_M .$$

Der erforderliche Entfernungsvorhalt wird beim freien Schießen und beim Schießen mit zwei Auswanderungsmessern vom Schießenden geschätzt.

Entflammbarkeit (Entzündlichkeit) des Pulvers. Zündung in drei Abschnitte zerlegbar: Entzündung eines Stoffes durch äußere Mittel, Übertragung des Feuers auf den zu zündenden Stoff, Übertragung des Feuers auf Inneres des zu zündenden Stoffes.

Rauchschwaches Pulver schwerer zündbar als Schwarzpulver, deshalb Beiladungen von Schwarzpulver (s. d.). Reaktionsgeschwindigkeit zwischen Salpeter und Schwefel hat größeren Temperaturkoeffizienten als Zersetzung von Nitrozellulose oder Nitroglyzerin durch Wärme. Andererseits Nitroglyzerinpulver schneller entflammbar als Nitrozellulosepulver, da bei gleicher Temperatur Zerfall des Nitroglyzerins 10mal schneller als der von Nitrozellulose. Pulver muß durch Zündung so hoch an Oberfläche erhitzt werden, daß Wärmeentbindung der eingeleiteten Verbrennung den Wärmeabfluß durch Leitung oder Strahlung übertrifft.

Ordnungsgemäßes Verbrennen hängt also von der Zündungsart ab: durch schwache Zündhütchen evtl. Nachbrenner, durch zu starke, zu hohe Gasdrücke. Bei Nitroglyzerinpulvern ist Verbrennungsgeschwindigkeit verschieden, je nachdem ob bei Zündung zuerst ein Nitroglyzerin- oder Nitrozelluloseteilchen getroffen ist.

Prüfung der Entflammbarkeit: Pendelapparat von Cronquist, bei dem die Zeitdauer bis zur Entflammung an einem durch Spiritusflamme durchschwingenden Pulverblättchen gemessen wird; gefunden bei

Würfelpulver . .	$24—44 \cdot 10^{-2}$	sec,	
Ätheralkoholpulver .	54	„	„
Essigätherpulver . .	90	„	„
„ graphitiert	328	„	„

Bei Abkühlung auf tiefe Temperaturen geht Entflammbarkeit zurück.

Entropie. Nach der Definition von Boltzmann ist die Entropie eines thermodynamischen Systems proportional dem natürlichen Logarithmus der Wahrscheinlichkeit seines Zustandes.

Dem äußeren sichtbaren (makroskopischen) Zustande eines Gases können nach der kinetischen Gastheorie (s. d.) viele Orts- und Geschwindigkeitsverteilungen (mikroskopischer Zustand) der Moleküle in dem vom Gase eingenommenen Raume zugrunde liegen. Die Zahl der möglichen Mikroverteilungen unter Berücksichtigung der Individualität der Moleküle, die den gleichen äußeren Zustand realisieren, ist ein Maß für die Wahrscheinlichkeit des Zustandes; denn auf je mehr Arten und Weisen ein bestimmter Makrozustand gebildet werden kann, um so wahrscheinlicher wird er eintreten. Es zeigt sich nun, daß ungleichmäßige Zustände sehr viel unwahrscheinlicher sind als homogene.

Die Bestimmung der thermodynamischen Wahrscheinlichkeit und damit der Entropie ist Aufgabe der Statistik. (S. auch Entropiesatz. Entropiemessung.)

Entropiemessung. Die Entropie ist wie der Druck p, das Volumen V, die innere Energie U (s. d.), die absolute Temperatur T (s. d.) eines thermodynamischen Systems allein vom augenblicklichen Zustande desselben abhängig. Wie bei der Energie interessieren bei der Entropie nur die Differenzen dieser Größen zwischen zwei Zuständen 1 und 2. Gemessen wird die Entropiedifferenz zwischen Zustand 1 und 2 durch den Ausdruck $\int_1^2 \frac{dQ}{T}$, wenn das System auf umkehrbare Weise von einem Zustand in den anderen übergeführt wird. T ist die absolute Temperatur der Umgebung des Systems, dQ sind die zu- und abgeführten Wärmemengen. Reversibel heißt eine Zustandsänderung, wenn sie sich wieder vollständig rückgängig machen läßt, ohne daß irgendwelche Änderungen in der Natur zurückbleiben.

Die wesentliche Bedeutung der Entropie für die Technik liegt in der Beziehung, daß die größte nutzbare mechanische Arbeit (s. d.), die sich aus einem System gewinnen läßt, diejenige ist, um die die Gesamtenergie des Systems bei gleichbleibender Entropie vermindert werden kann.

Entropiesatz. In der Fassung von Boltzmann lautet der Entropiesatz oder Zweite Hauptsatz der Thermodynamik: „Alle Naturvorgänge streben einem größeren Maß von Wahrscheinlichkeit zu.“ Oder da die Entropie (s. d.) proportional der thermodynamischen Wahrscheinlichkeit ist in der Fassung von Planck: „Jeder in der Natur stattfindende physikalische oder chemische Prozeß verläuft derart, daß die Summe der Entropien sämtlicher am Prozeß irgendwie beteiligten Körper vergrößert wird.“ Im Grenzfall der reversiblen Prozesse bleibt die Entropiesumme konstant.

Nach der statistischen Auffassung ist der Entropiesatz kein absolutes Naturgesetz, sondern nur eine Regel, deren Nichteintreffen bei Beobachtung von Makrozuständen äußerst unwahrscheinlich ist.

Der Energiesatz (s. d.) oder Erste Hauptsatz der Thermodynamik bestimmt das Umsetzungsverhältnis zwischen Wärmeenergie und anderen Energiearten ohne Rücksicht, ob eine solche Umsetzung in der Natur wirklich stattfindet; der Entropiesatz bestimmt die Richtung, in welcher eine Energieumsetzung erfolgen kann.

Entzerrung. Ein bei lotrechter Kammerachse aufgenommenes Luftbild gibt bei waagerechtem Gelände unmittelbar einen Lageplan, dessen Maßstab von der Aufnahmehöhe und der Brennweite des Aufnahmeobjektivs abhängt. Bei geneigter Kammerachse gibt die Aufnahme ein verzerrtes Geländebild. Aufgabe der „Entzerrung" ist es, die Schrägaufnahme durch geometrische Transformation in die Form einer Senkrechtaufnahme von bestimmtem Maßstab zu bringen. Die Grundlage der Entzerrung geben vier geeignet liegende Paßpunkte, deren gegenseitige Lage im Gelände bekannt ist, und die im Bilde sichtbar sind. Das Verfahren gibt bei genähert ebenem und waagerechtem Gelände brauchbare Lagepläne (s. Entzerrungsgerät).

Entzerrungsgerät dient zur Entzerrung (s. d.) von Schrägaufnahmen auf optischem Wege. Es besteht aus einem Projektionsapparat, in den das Bild eingesetzt wird, und einem Projektionsschirm. Hierbei sind das Bild, das Projektionsobjektiv und der Schirm gegeneinander verstellbar. Die einzelnen Teile des Geräts sind derartig zu berichtigen, daß vier auf dem Schirm bereits dargestellte Paßpunkte mit den Projektionen der vier entsprechenden Bildpunkte zusammenfallen. Gleichzeitig müssen Bild, Objektiv und Schirm in ihrer gegenseitigen Lage bestimmten Bedingungen genügen. Bei den automatischen Entzerrungsgeräten sind diese drei Elemente mechanisch derartig miteinander verbunden, daß bei beliebiger Einstellung die Bedingungen immer erfüllt bleiben. Das entzerrte Bild kann sogleich auf photographischem Wege festgehalten werden.

Entzündlichkeit von Pulver s. Entflammbarkeit.

Erdabwehr ist die Abwehr von Fliegerangriffen von der Erde aus mittels Flak-Artillerie, Fla-MG. und Waffen der erdgebundenen Truppe.

Erddrehung (Einfluß auf die Flugbahn). Es sei berechnet die elliptische Flugbahn unter Berücksichtigung der Kugelgestalt der Erde (s. d.) und unter Zugrundelegung der reinen Gravitationsbeschleunigung g (s. d.) unter der Annahme einer gegen den Fixsternhimmel ruhenden Erde. Infolge der Erddrehung wird sowohl der Aufschlagpunkt als auch die Steighöhe und die Flugdauer von den so errechneten Werten abweichen.

Es sei $R = 6370000$ m der Erdradius, $w = 0{,}0000729$ sec^{-1} die Winkelgeschwindigkeit der Erde, $g_1 = 9{,}81$ die reine Gravitationsbeschleunigung, v_0 die Anfangsgeschwindigkeit, ϑ_0 der Abgangswinkel, φ die geogr. Breite des Geschützortes (Nordbreite +, Südbreite —), α das Azimut der Schußrichtung (gemessen von N über O, S, W). Dann ist angenähert die

seitliche Treffpunktsverlegung (rechts +, links —)

$$\Delta Z = \frac{4\,v_0^2\,w}{g_1^2}\sin^2\vartheta_0\left(v_0\cos\vartheta_0\sin\varphi - \frac{v_0}{3}\sin\vartheta_0\cos\varphi\cos\alpha + \frac{Rw}{4}\sin 2\varphi\sin\alpha\right),$$

die Treffpunktsverlegung in der Länge (nach vorn +)

$$\Delta X = \frac{2v_0^2 w}{3g_1^2}\sin\vartheta_0\cos\varphi[2v_0\sin\alpha(4\cos^2\vartheta_0-1)$$
$$+3Rw(\cos\varphi\cos\vartheta_0-\sin\varphi\sin\vartheta_0\cos\alpha)],$$

die Änderung der Steighöhe

$$\Delta y_s = \frac{v_0^2 w}{2g_1^2}\sin^2\vartheta_0\cos\varphi(2v_0\cos\vartheta_0\sin\alpha$$
$$+Rw\cos\varphi),$$

die Änderung der Flugdauer

$$\Delta T = \frac{2v_0 w}{g_1^2}\sin\vartheta_0\cos\varphi(2v_0\cos\vartheta_0\sin\alpha$$
$$+Rw\cos\varphi).$$

Für die praktische Anwendung in der Fernballistik wird man diesen Einfluß nicht nach unsicheren Näherungsformeln berücksichtigen, sondern direkt bei der numerischen Integration der Flugbahnen einsetzen.

Erd-Einschießziel. Als Erd-Einschießziel werden Geländepunkte (oder Häuser, Türme u. dgl.) gewählt, die nicht weit vom Ziel entfernt sind und auf die sich der Batterieführer genau einschießt, wenn entweder das Ziel der Erdbeobachtung nicht sichtbar ist oder zu erwarten steht, daß das Ziel während und wegen des Einschießens seinen Platz ändert (Augenblicksziele, s. d.). Im ersten Fall muß die Lage des Einschießziels kartenmäßig bekannt sein, damit das Überschwenken auf das Ziel mit Kartenwinkelmesser u. dgl. erfolgen kann, im zweiten Falle ist dies nicht nötig. Als Höchstabstände zwischen Ziel und Einschießziel gibt die deutsche Schießvorschrift für die Artillerie nach der Seite 200 Strich, nach der Länge vom Ziel 1500 m an.

Erd-Ei-Ziel s. Erd-Einschießziel.

Erdgeschütz. Im Sprachgebrauch selten benutzte Bezeichnung für Geschütze, die nur gegen Erdziele wirksam feuern können. Gegensatz ist Flak.

Erdgestalt. Die Erde ist ein abgeplattetes Rotationsellipsoid mit den beiden Achsen (Hayford 1910):

$$a = 6\,378\,388{,}00 \text{ m},$$
$$b = 6\,356\,911{,}95 \text{ m}.$$

Die Abplattung beträgt:

$$\frac{a-b}{a} = \frac{1}{297{,}0}.$$

Für die Zwecke der Ballistik genügt es, die Erde als Kugel mit dem Radius $r = 6\,370\,000$ m anzunehmen. Diese Kugel hat nahezu die gleiche Oberfläche und das gleiche Volumen wie das Rotationsellipsoid.

Die siderische Umdrehungsdauer der Erde beträgt 86164 sec, ihre Winkelgeschwindigkeit

$$\omega = \frac{2\pi}{86164} = 0{,}0000729 \text{ sec}^{-1}.$$

Erdkrümmung s. auch Höhenmeßplan.

Erdvergleichsziel. Wenn eine Batterie mit Luft- oder Meßtruppbeobachtung oder auch durch einen vorübergehend tätigen vorgeschobenen Beobachter auf ein von ihrer Hauptbeobachtungsstelle nicht sichtbares Ziel eingeschossen wurde, kann sie das Ergebnis durch unmittelbar folgendes Einschießen gegen einen sichtbaren Geländepunkt („Vergleichsziel") festlegen, der vom Ziel nicht weiter entfernt liegt, als dies für ein Einschießziel zulässig ist (s. d.). Soll das Ziel erneut beschossen werden, so wird das Vergleichsziel als Einschießziel benutzt. Das Vergleichsziel braucht nicht kartenmäßig festgelegt zu sein, was bei anderen Einschießzielen erforderlich ist (s. d.). Dieser Geländepunkt darf nicht weiter als 200 Strich nach der Seite und 1500 m nach der Länge vom Ziel entfernt liegen.

Erg s. Arbeit.

Erhebungswinkel dasselbe wie Erhöhungswinkel (s. d.).

Erhöhung oder Erhöhungswinkel ist der Winkel, den die Seelenachse des eingerichteten Geschützes mit der Mündungswaagerechten bildet. Der Erhöhungswinkel setzt sich zusammen aus der der „Aufsatzentfernung" entsprechenden Erhöhung und den Berichtigungen zur Ausschaltung des Geländewinkels, der Grundstufe und der Staffelung.

Erschütterungsfreie Aufstellung. Für die Brauchbarkeit eines Galvanometers und die mit ihm erzielbare Genauigkeit ist nicht nur die Empfindlichkeit des Instrumentes maßgebend (s. Ballistische Empfindlichkeit), sondern bei sehr feinen Instrumenten vor allem ihre erschütterungsfreie Aufstellung. Für die Beseitigung der mechanischen Erschütterungen sind verschiedene Vorrichtungen im Gebrauch, von denen einige im wesentlichen die horizontalen, andere auch die vertikalen Schwankungen beseitigen. In manchen Fällen genügt es, das Instrument auf Tennisbälle zu stellen, evtl. in Verbindung mit Luftpolstern. Vollkommener ist die Juliussche Aufhängung, ein Trägerstativ, das an drei gleichen Stahldrähten oder Federn hängt. In die Mitte zwischen den Aufhängepunkten soll vermöge einer verstellbaren Bodenplatte die besonders zu schützende Stelle und mittels Laufgewichte der Schwerpunkt des Ganzen gebracht werden; Schwingungen werden durch Flüssigkeitsdämpfer oder lose Watte beruhigt. Für die gleichzeitige Beseitigung der horizontalen und vertikalen Erschütterungen (z. B. für Flüssigkeitsspiegel) sind von Gehrke und Voigt verschiedene Anordnungen angegeben worden, die aus einer Vereinigung von Luftpolstern und Schlingertanks bestehen.

Erschütterungsscheibe ist ein Hilfsgerät zur Flugdauermessung von Geschossen (s. auch Kontaktscheibe, Schießdraht usw.). Statt des zweiten Gitterrahmens bzw. der Kontaktscheibe usw. wird hier eine Vorrichtung folgender Art verwendet: die beim Aufschlag des Geschosses auf eine Stahlscheibe bzw. beim Durchschlag desselben durch eine Holzscheibe auftretende mechanische Erschütterung verursacht die Unterbrechung des zweiten Stromkreises. Ein in diesem Stromkreis liegender Elektromagnet hält beim Stromschluß gerade noch einen Anker; der Strom durchfließt die Windungen der Elektromagnetspule, den Elektromagnetkern und den Anker; bei geringer Erschütterung fällt der Anker ab und der Strom ist unterbrochen. Dabei kann die Anordnung leicht so getroffen werden, daß von der Meßstelle aus das Wiederanlegen des Ankers und damit das Schließen des Stromes zu bewerkstelligen ist. Auch Vorrichtungen, die auf dem Prinzip des Mikrophons und des Kohärers beruhen, sind verschiedentlich vorgeschlagen worden. Die Kohärerscheibe beruht darauf, daß ein gewöhnlicher Kohärer am hinteren, unteren Rande der Scheibe befestigt wird. Durch den Kohärer geht der zweite Stromkreis der Meßanordnung. Infolge der Erschütterung beim Durchgang des Geschosses durch die Scheibe wird auf sehr kurze Zeit der Widerstand des Kohärers derart vergrößert, daß der durch ihn gespeiste Elektromagnet seinen Anker fallen läßt und damit den Meßstromkreis unterbricht.

Erseitung (sprachliche Neubildung) bedeutet als Gegenstück zu Erhöhung den Winkel, um den das Rohr zur Aufhebung der Seitenabweichung des Geschosses aus der Vertikalebene vom Geschütz zum Ziel herausgedreht werden muß. Der bisherige Ausdruck „Seitenverschiebung" bringt keinen für den Anfänger begrifflich wesentlichen Unterschied gegenüber der Seitenabweichung. Es liegt die Notwendigkeit vor, den Mißbrauch des Wortes „Drall", der die Drehwucht des fliegenden Geschosses kennzeichnet, die für das Entstehen der Seitenabweichung verantwortlich zu machen ist, einzudämmen, da man nie weiß, ob damit Strecke oder Winkel gemeint ist. Das Wort „Erseitung" soll streng für den Winkel der Ablenkung des Geschosses aus der Schußebene gelten, wobei die Vorsilbe „er-" wie in erringen, erkämpfen auf den gesteigerten geistigen Einsatz zur Ermittlung des Winkels selbst hindeutet.

EU (Entfernungsunterschied) s. Entf.Ausw. je Min.

Euler, Leonhard, Mathematiker. Geb. 15. 4. 1707 in Basel, gest. 18. 9. 1783 in Petersburg. War 1730 bis 1733 Prof. der Physik in St. Petersburg, dann bis 1741 an der dortigen Akademie der Wissenschaften tätig. In diesem Jahre berief ihn Friedrich der Große nach Berlin, wo er 1744—66 Direktor der mathem. Klasse der Akademie der Wissenschaften war. In diese Zeit fällt seine aufsehenerregende Übersetzung und Bearbeitung der Schrift von ROBBINS über „Neue Grundsätze der Artillerie" mit der Theorie der Bewegung geworfener Körper. Von EULER rührt der später von F. R. MOULTON weit ausgebaute Gedanke her, die Geschoßbahn vom Gipfel aus in beiden Ästen selbständig zu bearbeiten. — 1766 kehrte EULER wieder nach Petersburg zurück, wo er trotz seiner Erblindung seine mathematischen Arbeiten fortsetzte. Als einer der fruchtbarsten Mathematiker der Neuzeit förderte er die Ballistik durch Arbeiten über die Geschoßbewegung bei quadratischem Luftwiderstandsgesetz (Methode von EULER-OTTO) und durch Untersuchungen über die Geschoßwirkung im Ziel (Konstanter Widerstand).

Eulersche hydrodynamische Gleichungen s. Hydrodynamik, Grundgleichungen.

Eulersche hydrostatische Gleichungen s. Hydrodynamik, Grundgleichungen.

Eulersche Kreiselgleichungen bestimmen die Drehbewegung eines starren Körpers um seinen Schwerpunkt gegenüber einem als raumfest betrachteten Koordinatensystem (x, y, z). Ist ξ, η, ζ das System der Hauptträgheitsachsen (s. d.) des Körpers, sind A, B, C seine Hauptträgheitsmomente, P, Q, R die ξ, η, ζ-Komponenten der Winkelgeschwindigkeit und M_ξ, M_η, M_ζ die Komponenten des Gesamtdrehmomentes (s. Drehmoment) der äußeren Kräfte, so lauten die Eulerschen Kreiselgleichungen[1]:

$$M_\xi = A\dot{P} - (B - C)\,QR,$$
$$M_\eta = B\dot{Q} - (C - A)\,RP,$$
$$M_\zeta = C\dot{R} - (A - B)\,PQ.$$

M_ξ, M_η, M_ζ, P, Q, R lassen sich durch die Eulerschen Winkel (s. d.) und deren erste Ableitungen ausdrücken. Führt man die sich so ergebenden Ausdrücke in die Kreiselgleichungen ein, so erhält man drei Differentialgleichungen zweiter Ordnung für die Eulerschen Winkel, nach deren Integration der Verlauf der Bewegung bekannt ist. Die Anwendung auf die Ballistik gestaltet sich hinsichtlich des Geschoßfluges sehr schwierig.

Eulersche Winkel dienen zur Kennzeichnung der gegenseitigen Lage zweier rechtwinkliger Koordinatensysteme (x, y, z-System und ξ, η, ζ-System) mit gemeinsamem Nullpunkt. Zunächst wird mit Knotenlinie derjenige Halbstrahl der Schnittgeraden von x, y- und ξ, η-Ebene bezeichnet, von dem aus gesehen die z-Achse durch eine Linksdrehung auf kürzestem Wege in die ζ-Achse übergeführt wird. Die Eulerschen Winkel sind dann:

[1] Die Punkte bedeuten die Ableitung nach der Zeit.

der Nutationswinkel α zwischen z-Achse und ζ-Achse,

der Präzessionswinkel ψ zwischen x-Achse und Knotenlinie,

der Rotationswinkel φ zwischen Knotenlinie und ξ-Achse.

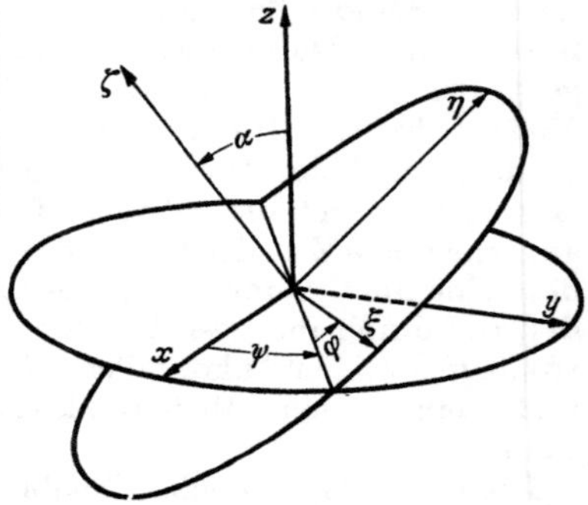

Abb. 4. Bezeichnung der Eulerschen Winkel.

Dreht sich das System ξ, η, ζ gegenüber dem als fest betrachteten System x, y, z mit einer Winkelgeschwindigkeit $\mathfrak{w}$, so gelten für die x, y, z-Komponenten p, q, r von $\mathfrak{w}$ und für die ξ, η, ζ-Komponenten P, Q, R von $\mathfrak{w}$ die folgenden Beziehungen:

$$p = \dot{\alpha}\cos\psi + \dot{\varphi}\sin\alpha\sin\psi,$$
$$q = \dot{\alpha}\sin\psi - \dot{\varphi}\sin\alpha\cos\psi,$$
$$r = \dot{\psi} + \dot{\varphi}\cos\alpha,$$
$$P = \dot{\alpha}\cos\varphi + \dot{\psi}\sin\alpha\sin\varphi,$$
$$Q = -\dot{\alpha}\sin\varphi + \dot{\psi}\sin\alpha\cos\varphi,$$
$$R = \dot{\psi}\cos\alpha + \dot{\varphi}.$$

Die praktische Anwendung dieser Gleichungen wird dadurch in der Ballistik vereinfacht, daß α selbst und seine Ableitung Null gesetzt wird. S. auch den Kunstgriff von Th. Vahlen in seiner Ballistik.

Exner, Felix, Prof. Dr., Physiker und Meteorologe. Geb. 23. 8. 1876 in Wien, gest. daselbst am 7.2. 1930.

Nach dem Studium Promotion zum Dr. phil. 1900 in Wien. 1901—10 Assistent an der Zentralanstalt für Meteorologie und Geodynamik in Wien, 1910—16 Prof. für kosm. Physik an der Univ. Innsbruck, seit 1917 Prof. der Physik der Erde an der Univ. Wien und Direktor der Zentralanstalt für Meteorologie und Geodynamik in Wien. Er veröffentlichte Arbeiten aus dem Gebiet der Meteorologie und Geophysik, Hydrographie und maritimen Meteorologie.

Explosion. Scharfe Definition noch nicht möglich, weil Ablauf noch nicht völlig aufgeklärt. Deshalb charakterisiert durch folgende drei gleichzeitig auftretende Momente:

1. chemisches Moment = Feuer,
2. physikal. Moment = Knall,
3. sprengtechnisches Moment = Zerschmetterung der Umgebung (dabei entweder Nahstoß- oder Fernstoßwirkung).

Neben dieser echten = chemischen Explosion die physikalische, bei der Feuermoment fehlt: Explosion eines Dampfkessels, einer Gasflasche, meistens veranlaßt durch plötzliche Entspannung von hochgespannten Gasen.

Bei echten Explosionen kann an Stelle der Zerschmetterung der Umgebung bei Waffen Treibwirkung treten (ebenso bei Explosion im Motor: Bewegung des Kolbens).

Explosivstoff der weitere, Sprengstoff der engere Begriff (ein zum Sprengen geeigneter Explosivstoff): alle Sprengstoffe sind Explosivstoffe, aber nicht umgekehrt (Jodstickstoff Explosivstoff, kein Sprengstoff).

Weiterer Unterschied: ungerichtete, gerichtete Explosionen. Zu erstgenannten alle Explosionen im freien Raum, zu letztgenannten solche mit Vorzugsrichtungen, z.B. Sprengen im Bohrloch, genannt Schießen, entspr. dem Vorgang in der Waffe.

Eine gewisse Vorzugsrichtung auch bei freien Sprengungen durch Richtung des Initialstoßes.

Explosion 1. Ordnung = Detonation, gekennzeichnet durch Bildung der Detonationswelle, also verlaufend mit konstanter Geschwindigkeit (Einschluß unmaßgeblich). Explosion 2. Ordnung = einfache Explosion mit verschiedener Geschwindigkeit verlaufend. Verpuffung = langsame Zersetzung mit dumpfem Geräusch, u.U. Teilexplosion (Einschluß maßgebend). Deflagration = rasches Abbrennen ohne Geräusch. Auskochen, Ausblasen (s. d.) = zischende Zersetzung des Sprengstoffs ohne Knall und ohne Feuer.

Explosionsbombe oder Kalorimeterbombe ist ein dickwandiges Gefäß, in welchem die Explosionswärme, der zeitliche Verlauf des Explosionsdruckes und die Analyse der Gase eines Pulvers oder Sprengstoffes ermittelt werden können.

Explosionsdruck ist abhängig von der chemischen Zusammensetzung des Pulvers bzw. der Sprengladung und von der Ladedichte (Verbrennungsraum).

Explosionsstoß s. Stoßwellen.

Explosionstemperatur s. Verbrennungstemperatur.

Explosionswelle s. Stoßwellen.

F

Fadenkreuz. Bei vielen optischen Geräten, z. B. bei Fernrohren, die zu Messungen dienen, wird an der Stelle, an welcher das reelle Bild des Gegenstandes liegt, ein sog. Fadenkreuz angebracht, das der Beobachter mit dem Bilde des Gegenstandes zusammenfallend sieht. Das Fadenkreuz besteht entweder aus einem waagerechten und einem lotrechten feinen Faden (Spinnwebfäden aus dem Eierkokon der Kreuzspinne), deren Schnittpunkt genau in der Achse des Fernrohres liegt, oder aus einem System mehrerer waagerechter und lotrechter Fäden. Endlich wird das Fadenkreuz auch durch einen auf Glas mit einer feinen Diamantspitze gerissenen, geätzten oder photographierten Maßstab ersetzt, mit Hilfe dessen die Größe des Sehwinkels abgelesen werden kann, unter dem einzelne Teile des Gegenstandes erscheinen (Okularmikrometer). — Das Gaußsche Okular ermöglicht eine Beleuchtung der Fäden des Fadenkreuzes im optischen Gerät selbst, was für viele Meßmethoden von Wichtigkeit ist. Es fällt dabei das Licht einer seitlich aufgestellten Lichtquelle auf ein geneigtes, zwischen Okular und Fadenkreuz befindliches, sehr dünnes Planparallel-Glasplättchen und gelangt von da reflektiert am Fadenkreuz vorüber zum Objektiv.

Fahrt ist die Geschwindigkeit, mit der sich ein Fahrzeug gegenüber dem es umgebenden Medium bewegt (beim Schiff seine Geschwindigkeit relativ zum Wasser, beim Flugzeug seine Geschwindigkeit relativ zur umgebenden Luft). Davon zu unterscheiden ist die Geschwindigkeit des Fahrzeuges, bezogen auf den festen Erdboden: Fahrt „über Grund".

Fahrtwind für ein Fahrzeug bzw. Flugzeug ist entgegengesetzt gleich der Fahrt über Grund. Bei Fehlen wahren Windes (s. d.) würde ein mit dem Fahrzeug bewegter Beobachter einen Luftzug von der Stärke des Fahrtwindes empfinden. Für das praktische Schießen wird der scheinbare Wind (s. d.) verwendet, der nicht mit dem Fahrtwind identisch zu sein braucht (vgl. Windeinfluß bei bewegter Waffe). Die dienstlichen Bezeichnungen bei den verschiedenen Waffen sind noch nicht ganz einheitlich, wodurch Mißverständnisse entstehen können.

Faktor. Bei der Produktbildung heißen die einzelnen, gleichberechtigten Glieder, die miteinander multipliziert werden sollen, Faktoren.

Liegt ein analytischer Ausdruck vor, in dem Produkte aus konstanten und veränderlichen Größen zu bilden sind, so werden die konstanten Faktoren auch Koeffizienten genannt. Im allgemeinen sind die Koeffizienten keine absoluten Konstanten, sondern sie ändern sich oft mit dem Spezialfall, auf den der analytische Ausdruck angewendet wird.

So besteht z. B. für den Luftwiderstand W der Geschosse in Abhängigkeit von der Geschoßgeschwindigkeit v die Beziehung $W = c \cdot f(v)$. Der Faktor c im Produkte $c \cdot f(v)$ ist der sog. ballistische Beiwert (Koeffizient), der nach dieser Gleichung nicht mehr von der Geschwindigkeit v abhängt, also konstant sein soll. Leider ändert sich dieser Koeffizient mit der Geschoßart.

Faktor als Geschoßfaktor s. Ballistischer Beiwert.

Fakultät, wehrtechnische s. Wehrtechnische Fakultät.

Fallchronograph. Bei einem Fallchronographen fällt ein etwa 10 kg schweres Prisma zwischen zwei kräftigen Eisenschienen frei herab. Es nimmt dabei fünf Registrierelektromagnete samt einer elektromagnetisch erregten Stimmgabel mit sich. Die Schreibfeder der Stimmgabel beschreibt auf der berußten Fläche der einen Eisenschiene ihre Sinuslinie; ebenso zeichnen die Schreibfedern der Registrierelektromagnete ihre Linien, die im allgemeinen geradlinig verlaufen, und nur am Anfang und am Ende der zu messenden Zeitdifferenz, nämlich in den Momenten der betreffenden Stromunterbrechungen, Knicke erhalten. Der vertikale Abstand der Knicke wird gemessen. Dieser Fallchronograph wurde früher hauptsächlich für innenballistische Zwecke verwendet. Sollte z. B. die Zeit des Rücklaufes gemessen werden, so wurde der Beginn der Rücklaufbewegung dadurch markiert, daß ein Strom unterbrochen wurde, wenn das Rohr sich nach rückwärts in Bewegung setzte. Sollte die Zeit gemessen werden, die das Geschoß braucht, um von seiner Anfangsstellung im Rohr aus bis zur Mündung zu gelangen, so wurde der Beginn der Geschoßbewegung dadurch erhalten, daß im Geschoß selbst eine Unterbrechungsvorrichtung angebracht war. Indem nämlich das Geschoß eine Beschleunigung nach vorwärts erhält, bleibt im Hohlraum des Geschosses eine Masse zurück; dadurch wird ein Strom unterbrochen. Beim Fallchronographen von Watkin können sich zwei vertikale Zylinder um ihre Achse drehen. Sie stehen in einiger Entfernung voneinander und sind berußt. Wird das erste Gitter vom Geschoß durchrissen, so wird ein Elektromagnet unmagnetisch und läßt eine schwere Masse frei; die Masse beginnt, zwischen den Zylindern herabzufallen, ohne diese indessen zu berühren. Wird das zweite Gitter durchrissen, so wird in einem Induktorium ein Induktionsstrom erregt, der Funke geht dabei von dem einen Zylinder durch das Fallgewicht hindurch zum anderen Zylinder. Zu diesem Zweck hat das Fallgewicht beiderseits einen Spitzenansatz. Auf den beiden berußten Zylindern werden durch die Induktionsfunken Punkte markiert, deren Lage die Fallhöhe und damit die Falldauer angibt.

Fallender Ast s. Absteigender Ast.

Fallgeschwindigkeit s. Freier Fall.

Fallhammer (bei Pulverprüfung) s. Schlagempfindlichkeit.

Fallpunkt heißt der zweite Schnittpunkt der Flugbahn mit der Mündungswaagerechten; der erste Schnittpunkt liegt in der Rohrmündung. Die geradlinige Entfernung von der Mündung zum Fallpunkt ist die horizontale Schußweite oder „Entfernung“.

Fallwinkel ist der Winkel, welchen die Tangente an die Flugbahn im Fallpunkt mit der Mündungswaagerechten einschließt; er ist in der Schußtafel angegeben. Er wurde früher seinem absoluten Betrag nach angegeben und mit ω bezeichnet; jetzt kommt ϑ_e in Frage, das stets negativ ist.

Fallwinkeltafel (s. auch Höhenmeßplan) dient zur graphischen bzw. mechanischen Bestimmung von Aufschlagweiten oder Dekkungswinkeln. Meßfläche mit Gradbogen, Lineal und Geviert-einteilung. Drehpunkt des Winkellineals entspricht dem Auftreffpunkt der Geschoßflugbahn in der Zielwaagerechten. Zeichenmaßstab meistens 1:1000. Fallwinkelwerte aus Schußtafel. Für größere Höhen bzw. längere Aufschlagweiten sollte Geschoßbahnkurve zeichnerisch berücksichtigt werden. Man betrachtet das Endstück als Teil einer Parabel.

Fasan-Pulver wird von der Pulverfabrik Hasloch in der in Jägerkreisen weitbekannten Schrotpatrone „Fasan“ verwendet. Für Pistolen empfiehlt das Buch von WEIGEL („Ballistik der Faustfeuerwaffen“) für solche Schützen, die abgefeuerte Patronenhülsen der Browningpatrone 7,65 mm selbst wieder laborieren wollen, eine Pulverladung von 0,15 g weißem Haslocher Pistolenpulver „Fasan“. Es muß aber auseinander gehalten werden: Pulver für den Schrotschuß und Pistolenpulver. Eine falsche Verwendung von Flintenpulver in Kugelpatronen durch Laien hat schon viel Unheil verursacht!

Fasella, Ettore, ital. Admiral. Geb. 1858 in Turin, gest. 1914 in Rom. Trat 1878 in die Marine ein, wurde 1904 Kapitän und Abt.-Chef im Marine-Ministerium, 1913 Konteradmiral, dann verabschiedet. Er beschäftigte sich mit Fragen aus dem Gebiet der Ballistik und gab 1902 vielbenutzte Ballistische Tafeln der „Sekundärfunktionen“ heraus (s. d.).

Fasella-Tabellen enthalten die von ETTORE FASELLA berechneten Sekundärfunktionen von SIACCI (s. d.) zur näherungsweisen Bestimmung von Flugbahnen. Die Originaltafeln (Genova 1902) sind völlig vergriffen; sie enthalten zahlreiche, oft schwer feststellbare Druckfehler. Eine einen größeren Bereich umspannende Neubearbeitung, aber von geringerer Stellenzahl und wesentlich für Logarithmen eingerichtet, ist der „Balistica esterna“ von CAVALLI beigefügt.

Zur schnellen Bestimmung ballistischer Hilfsgrößen ist in beistehender Funktionstafel das Ergebnis der Fasella-Tabellen zusammengedrängt (KRITZINGER).

Aus dem bekannten (etwa erschossenen) Zusammenhang von Abgangswinkel ϑ_0 und Schußweite X bildet man die Hilfsgröße:

$$f_1 = \frac{\sin 2\vartheta_0}{X},$$

wobei zweckmäßig X in Kilometern ausgedrückt wird. Das Fasellablatt enthält schräge, ausgezogene Kurven, die mit den verschiedenen Werten f_1 bezeichnet sind. Man sucht nun für eine bestimmte Anfangsgeschwindigkeit v_0 des Geschosses, die am linken Rande

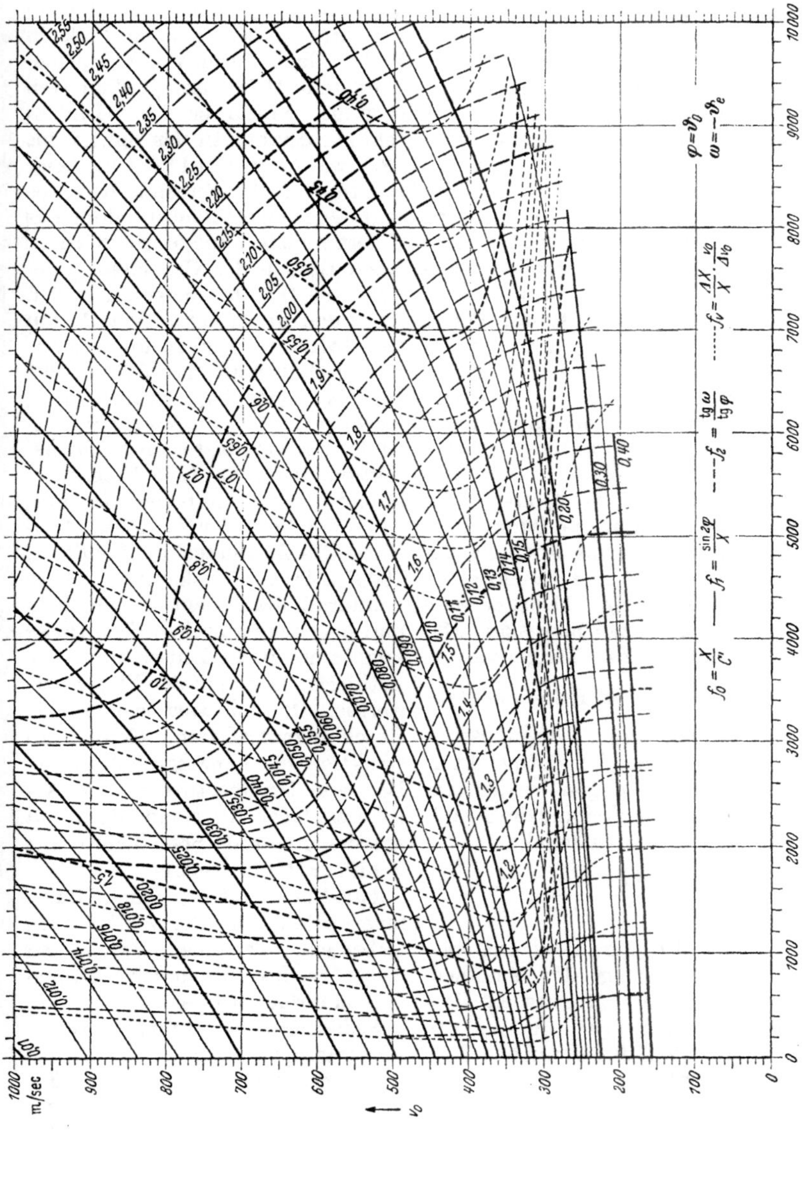

$\varphi = \vartheta_0$
$\omega = -\vartheta_e$
$f_0 = \frac{X}{C'}$
$f_1 = \frac{\sin 2\varphi}{X}$
$f_2 = \frac{\operatorname{tg}\omega}{\operatorname{tg}\varphi}$
$f_v = \frac{\Delta X}{X} \cdot \frac{v_0}{\Delta v_0}$
f_0
m/sec
v_0

Abb. 5.

angegeben ist, den Punkt auf der betreffenden Horizontalen auf, der dem erschossenen f_1 entspricht. Von diesem Punkt aus fällt man ein Lot nach unten, wo man einen gewissen Wert f_0 abliest. Dieser kann zur Bestimmung des ballistischen Beiwertes C' (für Fasella) benutzt werden. Man hat die einfache Beziehung: $X = C' \cdot f_0$, woraus C' zu berechnen ist. Kennt man dagegen C' für das betreffende Geschoß, so kann man daraus f_0 bestimmen. Dieses Verfahren liefert jedoch im allgemeinen wenig befriedigende Ergebnisse, da der ballistische Koeffizient bei Fasella als Mittelwert für die ganze Bahn allgemein eine Funktion des Abgangswinkels ist.

Der durch f_1 oder f_0 und v_0 im Fasellablatt festgelegte Punkt kann auch noch auf die anderen gestrichelten (f_2) und punktierten Kurvenscharen (f_v) bezogen werden, die dort verzeichnet sind. Dabei bedeutet f_2 das Tangentenverhältnis $\frac{\operatorname{tg}|\vartheta_e|}{\operatorname{tg}\vartheta_0}$ ($|\vartheta_e|$ Fallwinkel [absolut genommen], ϑ_0 Abgangswinkel) und f_v den Verhältnisfaktor, mit dem Änderungen in der Anfangsgeschwindigkeit auf die Schußweite übergehen, nämlich

$$f_v = \frac{\Delta X}{X} \cdot \frac{V_0}{\Delta V_0}.$$

Man hat also nur die verhältnismäßige Änderung der Anfangsgeschwindigkeit v_0, etwa in Prozenten ausgedrückt, mit f_v zu multiplizieren, um dann ebenfalls die prozentische Änderung der Schußweite zu erhalten. (S. a. Siaccische Näherung.)

Fath, Emil, Konteradmiral. Geb. 17. 2. 1861 in Hermannstadt (Siebenbürgen), gest. 10. 10. 1912 in Pola. Nach Besuch der Marineakademie 1878 zum Seekadetten ernannt, wurde er 1889 Linienschiffsleutnant. In den Jahren bis 1897 war er an Bord verschiedener Schiffe, im Marinetechn. Komitee und in der Operationsabteilung des Kriegsministeriums, Marinesektion. Nach Besuch des Offiziers-Artilleriekurses 1897 bekleidete er in den folgenden drei Jahren den Posten eines Artillerieoffiziers auf dem Artillerieschulschiff. Im Jahre 1901 zum Korvettenkapitän befördert, wurde er 1903 in die Präsidialkanzlei des Kriegsministeriums, Marinesektion, berufen. 1905 Fregattenkapitän und Schiffskommandant, 1907 Vorstand der IV. Abt. (Art.-Abt.) des Marinetechn. Komitees, 1908 Linienschiffskapitän, 1912 Konteradmiral. Seine allgemeinen und marinetechnischen Kenntnisse konnte er für die Entwicklung des Artilleriewesens auf der Flotte verwerten. U. a. entwarf er eine neue Geschoßkonstruktion, Zünderkonstruktion für Panzergranaten, den Bau von Drillingstürmen und Artillerieanlagen für Neubauten, und entwickelte die Schießlehre für Schiffsartillerie weiter.

Faustfeuerwaffen (s. auch Handfeuerwaffen) sind die Waffen zum Gebrauch mit einer Hand. Zu diesen rechnen Revolver, Pistolen und Mehrladepistolen.

Federungszahl (Rohr) s. Rohrschwingungen.

Federvorholer bestehen aus zylindrischen Schraubenfedern, die beim Rücklauf gespannt werden und das

Rohr in die Schußstellung vorholen. Die Federn müssen soviel Vorspannung haben, daß sie das Rohr auch bei größter Erhöhung in der Schußstellung festhalten. Federvorholer sind einfach im Aufbau und in der Wartung, auch verhältnismäßig wenig verletzlich und leicht instand zu setzen (s. auch Rohrrücklaufbremsen).

Feder-Zeitmesser. Die Vorzüge eines Feder-Zeitmessers (von SCHMIDT) bestehen (vor allem für den Ballistiker) in der Handlichkeit des kleinen Instrumentes, das zugleich alle elektrischen Schaltelemente u. dgl. enthält, ferner in der Unempfindlichkeit gegen die Erschütterungen durch das nahe Geschütz. Der Feder-Zeitmesser arbeitet etwa folgendermaßen:

Ein Zahnrad trägt einen Zeiger, der über einer Skala spielt. Das Zahnrad kann durch eine Spiralfeder in rasche Schwingungen versetzt werden, ähnlich der Unruhe einer Taschenuhr. Zur Messung wird das Zahnrad in die Anfangsstellung gebracht und der erste Stromkreis geschlossen, in welchem das erste Drahtgitter (s. Kontaktscheibe) und ein Elektromagnet liegen; das Zahnrad ist dabei durch den Elektromagneten festgehalten und die Spiralfeder ist gespannt. Ein zweiter Elektromagnet ist von einem Strom durchflossen, der durch die Drähte eines zweiten Gitters geht, und hält bei geschlossenem Strom die Enden zweier Hebel fest, so daß diese nicht in das Zahnrad eingreifen können. Wird durch das Geschoß der erste Stromkreis unterbrochen, so kann das Zahnrad seine Bewegung beginnen, indem die Spiralfeder sich entspannt. Wird auch der zweite Stromkreis unterbrochen, so greifen die beiden Hebel beiderseits in das Zahnrad ein und klemmen es fest. Der Bogen, den der Zeiger zurückgelegt hat, gibt die gewünschte Zeitdifferenz, wenn noch die tote Laufdauer des Apparates berücksichtigt wird. Diese wird durch gleichzeitige Unterbrechung beider Ströme gefunden. Sie ist eine Apparatekonstante, die bei der Konstruktion des Apparates genügend groß gestaltet werden muß. Die Zeigerskala des Instrumentes wird empirisch geeicht.

Fehlerdefinitionen. Es sei eine Reihe von n Einzelmessungen l_i gleicher Genauigkeit mit einer Fehlerverteilung entsprechend dem Gaußschen Fehlergesetz (s. d.) vorausgesetzt.

Der wahre Wert der Meßgröße sei X, ihr wahrscheinlichster Wert, das arithmetische Mittel der Einzelmessungen (s. Meth. der kl. Quarate) sei x.

Die Differenzen $X - l_i = \varepsilon_i$ sind die Wahren Fehler, die Differenzen $x - l_i = v_i$ die Scheinbaren Fehler der Einzelmessungen.

Der Durchschnittliche Fehler E der Einzelmessung wird definiert als arithmetisches Mittel der Absolutbeträge der wahren Fehler:

$$E = \frac{\sum |\varepsilon_i|}{n} = \frac{\sum |v_i|}{\sqrt{n(n-1)}}.$$

Unter dem Mittleren Fehler μ der Einzelmessung ist der Ausdruck:

$$\mu = \sqrt{\frac{\sum \varepsilon_i^2}{n}} = \sqrt{\frac{\sum v_i^2}{n-1}}$$

zu verstehen, der gleich der Wurzel aus dem arithmetischen Mittel der Quadrate der wahren Fehler ist.

Der Wahrscheinliche Fehler w ist von solcher Größe, daß es für den einer Beobachtung zukommenden Fehler gleich wahrscheinlich ist, absolut genommen größer oder kleiner als w zu sein. Es ist $w = 0{,}6745\,\mu$; der wahrscheinliche Fehler ist nahezu zwei Drittel des mittleren Fehlers.

Zwischen dem Präzisionsmaß h des Gaußschen Fehlergesetzes (s. d.) und den verschiedenen Fehlerdefinitionen bestehen die Beziehungen:

$$\mu = \frac{1}{h \cdot \sqrt{2}}, \quad E = \frac{1}{h \cdot \sqrt{\pi}}, \quad \varrho = \frac{0{,}477}{h}.$$

Werden die Fehler einer Meßreihe mit Vorzeichen auf einer Geraden vom Nullpunkt nach beiden Seiten aufgezeichnet, so schließen die beiden äußersten Fehler eine Strecke ein, welche Gesamtstreuung heißt (leider auch 100%-Streuung genannt). Werden vom Nullpunkt aus die μ, ϑ, ϱ darstellenden Strecken aufgetragen, so soll $2\,\mu$ 68%, $2\,E$ 58% und $2\,w$ 50% aller Fehler enthalten. Die Größen $2\,\mu$, $2\,\vartheta$ und $2\,\varrho$ werden als Mittlere, Durchschnittliche, Wahrscheinliche oder fünfzigprozentige Streuung bezeichnet.

Neben der Kenntnis des mittleren Fehlers der Einzelmessung ist es wichtig, die Genauigkeit des arithmetischen Mittels als dem wahrscheinlichsten Werte der Meßgröße abzuschätzen.

Der Mittlere Fehler M des Mittelwertes x aus einer Reihe von n Einzelmessungen gleicher Genauigkeit mit dem mittleren Fehler μ ist:

$$M = \frac{\mu}{\sqrt{n}} = \sqrt{\frac{\Sigma v_i^2}{n(n-1)}}.$$

Durch unscharfe Anwendung der verschiedenen Fehlerbezeichnungen entstehen unter Artilleristen öfters Mißverständnisse.

Fehlertheorie s. Gaußsches Fehlergesetz und Fehlerdefinitionen.

Fehlzerspringer (Fehlkrepierer). Die Ursache für das Auftreten der F. liegt darin, daß der schwer zur Detonation zu bringende Sprengstoff vom Zünder (Sprengkapsel, Detonator) nicht genügend initiiert wird oder daß die Sprengladung infolge ungünstiger Lagerungseinflüsse unbrauchbar geworden ist. Dieses tritt wegen der hohen Beständigkeit der neuzeitlichen Sprengstoffe (Trinitrotoluol) und der guten Laborierung nur sehr selten in Erscheinung.

Blindgänger = am Ziel nicht zerspr. Geschoß, Frühzerspringer = in Luft frühzeitig zerspr. G., Spätzerspringer = spät nach Aufschlag zerspr. G., Fehlzerspringer = teilweise zerspr. G.

Feldkanonen haben ein Kaliber von 7,5—8,5 cm, ein Geschoßgewicht von 6—9 kg, eine Anfangsgeschwindigkeit von 500—600 m/s. Sie erreichen damit eine wirksame Schußweite von etwa 10 km. Eine noch mehr gesteigerte Schußweite würde Nachteile, wie z. B. größere Beanspruchung des Gerätes im Gefolge haben. Die Feldkanone wird verwendet gegen alle lebenden, frei stehenden und von oben nicht eingedeckten Ziele, gegen hoch aufgesetzte Deckungen, gegen leicht eingedeckte Ziele bei genügendem Fallwinkel, gelegentlich zur Bekämpfung von gepanzerten Kampffahrzeugen.

Feldschlagröhren s. Reibzünder.

Feldstecher ist ein kleines Doppelfernrohr (s. d.) für den freihändigen Gebrauch. Krimstecher gelegentlich genannt wegen Anwendung im Krimkriege (1853—56).

Fellmer, Johannes, Generalleutnant a. D. Geb. 20. 2. 1863 in Dresden. Nach seinem 1880 erfolgten Eintritt in das Heer (Feldart.-Rgt. 12) war er als Leutnant 1884—86 zur Vereinigt. Art.- u. Ing.-Schule in Berlin und von 1886—89 zur Techn. Hochsch. in Dresden befehligt. In seiner weiteren Laufbahn war er 1891—93 Assistent, 1898—1901 Referent an der Art.-Prüfgs-Komm., 1906 Direktor der Art.-Werkstatt Dresden und wurde 1911 Oberst und Feldzeugmeister. In dieser Stellung wurde F. 1914 zum Gen.-Major, 1918 zum Gen.-Lt. befördert. 1919 nahm er den Abschied. Mitarbeiter an mehreren milit. Sammelwerken und Zeitschriften. Übertragung der ballistischen Studien von Siacci und Braccialini ins Deutsche.

Arbeitsgebiete: Ballistik, insbes. äußere Ballistik, Mathematik, Physik, Mechanik. Milit. Brieftaubenwesen.

Fernbahnen bzw. Geschoßbahnen von besonders großem Ausmaß können nicht mehr mit den Behelfsverfahren berechnet werden, die bei geringen Erhöhungen ausreichen, um den ganzen Flug etwa als einen Bogen zu behandeln. Bei Schußweiten über 20 km ist die sorgfältige Berücksichtigung der Abnahme der Luftdichte mit der Höhe unvermeidlich. Man zerlegt die Bahn in eine Reihe von Bögen, die man nach der Neigung der Bahntangente, der Geschwindigkeit oder der Flughöhe unterteilen kann. Den letztgenannten Plan verfolgt z. B. v. Eberhard, der sein Verfahren in C. Cranz Ballistik (1925, I) mit Beispiel entwickelt. Für sehr große Bahnen mit hohen Anfangsgeschwindigkeiten bedient man sich besser der Unterteilung der Mercatorfunktion der Richtung der Bahntangente. Ein Rechenbeispiel dafür haben C. Cranz und R. Rothe in Artl. Monatsh. 1917 u. 1918 gegeben. Das angewandte graphische Verfahren führt wegen eines Zeichenfehlers zu etwas abweichenden Ergebnissen (vgl. Wehrtechn. Monatsh. 1937, 84). Die Maximalschußweite liegt für Fernbahnen bei Erhöhungen von über 45°, im Beispiel bei 55°. Wenn es nur auf die Schußweite ankommt, kann man von den Gipfelwerten aus mit einer Näherungsformel den ganzen absteigenden Ast erfassen.

Ein „neues Verfahren zur Berechnung von Steil- und Fernbahnen" teilte v. Eberhard 1926 in Artl. Monatsh. mit, das darauf beruht, eine Fernbahn mit etwa 55° Erhöhung als geschwenkte Vertikalbahn aufzufassen. Die geistreiche Idee ist dort mit einem Beispiel vorgeführt. Die Hilfstafeln beruhen anscheinend auf graphischen Integrationen und erlauben teilweise nur mäßige Rechengenauigkeit.

Fernrohr ist ein optisches Instrument, mit Hilfe dessen weit entfernte Objekte dem Beobachter scheinbar näher gerückt werden. Das Maß der Annäherung, d. h. das Verhältnis der wahren Entfernung zur scheinbaren Entfernung des beobachteten Objektes ist die Vergrößerung. Die optischen Bestandteile des Fernrohrs sind vor allen Dingen das Objektiv (die nach dem Objekt hin liegende Linse) und das Okular (die dem Auge zugewandte Linse). Das Verhältnis von Objektivbrennweite zur Okularbrennweite ergibt die Vergrößerung. Die Brennweite des Objektivs ist immer positiv (sammelnd), die des Okulars kann positiv oder negativ (zerstreuend) sein.

Ist die Okularbrennweite negativ, so hat man ein Galilei-Fernrohr oder ein holländisches Fernrohr vor sich; die Bilder stehen aufrecht. Die Länge des Fernrohrs ist gleich der Differenz der Brennweite von Objektiv und Okular. Ist die Okularbrennweite positiv, so hat man ein Keplersches (astronomisches) Fernrohr vor sich; die Bilder stehen verkehrt (links und rechts, oben und unten vertauscht). Die Länge ist gleich der Summe der Brennweiten.

Das astronomische Fernrohr wird zu einem terrestrischen, d. h. die Bilder werden richtiggestellt, durch Einbau von weiteren Linsen oder von Prismen. Durch Umkehrlinsen wird die Länge des Fernrohrs vergrößert, durch Umkehrprismen kann sie erheblich verkleinert werden.

Festigkeit der Rohre ist bedingt durch die Festigkeitseigenschaften des Werkstoffes und den konstruktiven Aufbau des Rohres.

Als Rohrmetall eignet sich nur ein Werkstoff, dessen Elastizitätsgrenze so hoch liegt, daß er unter dem hohen Gasdruck keine bleibende Formänderung erleidet. Die elastischen Formänderungen dürfen nur klein sein, d. h. der Elastizitätsmodul muß groß sein. Die Festigkeit und Zähigkeit muß möglichst groß sein, ebenso die Widerstandsfähigkeit gegen mechanische und chemische Einflüsse. Der Schmelzpunkt muß in Rücksicht auf die hohen Verbrennungstemperaturen des Pulvers hoch liegen.

Am besten eignen sich Legierungen, die Nickel enthalten. Der heute gebräuchliche Stahl hat etwa folgende Daten:

Zugfestigkeit ∾ 85 kg/mm²,
Streckgrenze ∾ 68 kg/mm²,
Bruchdehnung ∾ 18 %,
Schmelztemperatur 13—1400°.

Der konstruktive Aufbau der Rohre muß einmal die Festigkeit des Werkstoffes ausnutzen, andererseits die leichte Wiederherstellbarkeit eines ausgeschossenen Rohres gewährleisten.

Das Vollrohr nutzt die Festigkeit des Werkstoffes schlecht aus, da die Spannung in der innersten Schicht am größten ist und nach außen hin abnimmt (Berechnung s. Dickwandiges Rohr). Es kann daher der Innendruck auch bei beliebiger Erhöhung der Wandstärke nicht über ein gewisses Maß gesteigert werden.

Die Haltbarkeit des Rohres wird erhöht, wenn die Wandstärke des Rohres in mehrere Lagen unterteilt wird, die aufeinandergeschrumpft werden, so daß im Ruhezustand bereits ein bestimmter Spannungszustand herrscht. Das Schrumpfmaß muß so gewählt werden, daß beim Schuß eine möglichst gleichmäßige Beanspruchung des Werkstoffes durch die ganze Wandstärke erfolgt. Diese Konstruktion wird als „künstliche Metallkonstruktion" bezeichnet.

Festlegepunkt. Der Festlegepunkt, der vielfach auf einer senkrechten Linie liegt (Kante einer Stange, eines Schornsteins u. dgl.), dient dem Richtkanonier zum Festhalten der Seitenrichtung beim indirekten Richten aus verdeckten und offenen Stellungen. Der Punkt, dessen Auswahl dem Kanonier überlassen ist, soll deutlich sichtbar sein, nicht mit anderen, ähnlichen Punkten verwechselt werden können und möglichst nahe der rückwärtigen Verlängerung des Rohres liegen. Es werden unterschieden: Weit-F., die bei Tage und klarer Sicht, und Nah-F., die bei Nacht, bei natürlichem oder künstlichem Nebel, bei starker Rauch- und Staublagerung benutzbar bleiben. Die neue deutsche Vorschrift verlangt, daß Nah- und Weit-F. genau in einer Linie liegen, also mit derselben Teilringzahl des Rundblickfernrohrs anzurichten sind.

Festlegezahl s. Festlegepunkt.

Feuchter, Georg W., Oberleutnant a. D. Geb. 18. 5. 1896 in Nürnberg. 1914 Eintritt in das Heer (14. bayer. Inf.-Rgt.), 1915 Offizier, machte bei Infanterie, Fliegertruppe und Tank den Krieg 1914—18 mit. 1919 Freikorpskämpfer, dann in der Automobilindustrie, als Rennfahrer und Fachschriftsteller auf automobiltechn. Gebiet, später auf dem Gebiet des militärischen Flugwesens tätig. Seit 1934 Hauptschriftleiter der unter Mitarbeit des Reichsluftfahrtministeriums erscheinenden Zeitschrift „Deutsche Luftwacht", Ausgabe „Luftwehr".

Verfasser mehrerer Bücher über Luftwaffen und Luftkrieg, Mitarbeiter an Sammelwerken über Luftwaffe und an mehreren milit. Fachzeitschriften.

Feuer nennt man die sichtbaren Vorgänge einer Verbrennung. Eine Verbrennung im chemischen Sinne ist eine Vereinigung eines Stoffes mit Sauerstoff und im physikalischen Sinne ein Prozeß, der unter Licht- und Wärmeentwicklung vor sich geht, meist mit dem Bilde einer Flamme. Eine Flamme entwickelt sich nur dort, wo ein Gas in einem anderen verbrennt. Feste Körper verbrennen unter Erglühen, aber nie mit Flamme. Die Ausdrücke Glut und glühen beziehen sich rein physikalisch auf Stoffe von hoher Temperatur, gleichgültig, ob es sich um eine Verbrennung handelt oder nicht. Passivbrennstoff nennt man die Substanz, die verbrannt wird; das die Verbrennung unterhaltende Agens (meist Sauerstoff) heißt Aktivbrennstoff. Sauerstoff kann sich auch passiv verhalten (Umgekehrte Flamme). Im übertragenen Sinne bezeichnet man auch chemische Prozesse, die gleichfalls unter Feuererscheinungen verlaufen, als Verbrennungen (z. B. Wasserstoff in Chlor). Die Verbrennungsgeschwindigkeit ist stark abhängig von der Temperatur; ohne Feuer langsam verlaufende Verbrennungen werden (dunkle) Oxydation genannt. Wird die Reaktionswärme nicht hinreichend abgeleitet, so daß sich kein Gleichgewichtszustand ausbilden kann, und das Reaktionsgemenge sich immer mehr erwärmt, dann setzt bei einer Entzündungstemperatur lebhafte Verbrennung unter Feuererscheinung ein.

Feuerarten. Sie regeln die Abgabe der Schüsse innerhalb einer Batterie. Es gibt folgende Feuerarten: 1. geschützweises Feuer, bei dem immer nur ein und dasselbe Geschütz schießt, entweder nach Abgabe neuer Kommandos für Seite und Entfernung oder erst auf den Zuruf „Schuß!" (Feuern „nach Kommando"); 2. Gruppenfeuer, bei dem die Geschütze, ohne aufeinander zu warten, so oft abfeuern, als Gruppen befohlen sind; 3. Lagenfeuer, bei dem die Geschütze entweder dauernd („von rechts feuern!") oder so oft, als befohlen wurde („einmal von rechts feuern!"), von einem Flügel aus abgefeuert werden. Auch das Lagenfeuer kann durch den Zusatz „Nach Kommando" in der Hand behalten werden. Dazu kommt in Ausnahmefällen noch die „Salve", eine nach erfolgter Meldung der Feuerbereitschaft gleichzeitig abgegebene Gruppe.

Feuerdichte. Der Ausdruck bezieht sich im allgemeinen nur auf die seitliche Lage des Feuers. Die Dichte ist abhängig von der Breitenausdehnung des Feuers (s. d.). In einzelnen Fällen (Ziele mit Tiefenausdehnung, gegen die die Batterien mit ihrem Feuer hin- und zurückgehen oder in der Abteilung hintereinandergelegt sind) kann auch eine verschiedene Dichte nach der Tiefe eintreten. Im allgemeinen ist die Dichte nach der Tiefe nur abhängig von der Längenstreuung.

Feuerformen. Im Gegensatz zu den Feuerarten (s. d.), bei denen es sich um die kommandotechnischen Unterschiede im Feuer der Batterie handelt, wird mit Feuerformen die verschiedene taktische Anwendung des Feuers bezeichnet. Es werden unterschieden: Notfeuer (früher Sperrfeuer, tir de barrage), Vernichtungsfeuer (tir de contrepréparation, gegen einen sich vorbereitenden Angriff), Zerstörungsfeuer (gegen Batterien, Stellungen usw.), Störungsfeuer (Hintergelände), Feuerüberfälle (Augenblicksziele) und Feuerwalze, die der Infanterie beim Angriff vorausgeht. Innerhalb dieser Feuerformen sind die Feuerarten alle anwendbar. Bei der Feuerwalze kommt oft ein Schießen der Geschütze nur nach Aufzeichnungen und Uhr in Frage.

Feuergeschwindigkeit stellt die Zahl der ordnungsmäßig je Geschütz und Minute abzugebenden Schüsse dar. Die Feuergeschwindigkeit hängt wesentlich von der Konstruktion des Geschützes, der Zahl und Gewandtheit der Bedienungsmannschaft, dem Munitionsnachschub, der Dauerbelastbarkeit der Waffe (Erwärmung) und im Zusammenhang damit von der angestrebten Schuß- und Treffsicherheit ab. Durch alle möglichen mechanischen Verbesserungen des Lade- und Richtmechanismus, durch Verbesserung des Rohrwerkstoffes gegen Wärmebeanspruchungen, durch mechanisches Einstellen der Zünder usw. ist die Feuergeschwindigkeit der neuzeitigen Geschütze gewaltig gesteigert worden insonderheit bei den kleinkalibrigen Flak und Tak, die wie Maschinengewehre eine Feuergeschwindigkeit von mehreren 100 Schüssen in der Minute zu erreichen vermögen. Auch die Feuergeschwindigkeit der größeren Kaliber läßt sich in Augenblicken einer kritischen Gefechtshandlung auf eine sehr schnelle Schußfolge, bei Feldgeschützen bis zu 30 in der Minute, steigern. Selbst bei der „dicken Berta“ wurde in Ausnahmefällen eine Feuergeschwindigkeit von zwei Minuten je Schuß ($^1/_2$ Schuß/min) erzielt. Es unterliegt keinem Zweifel, daß bei zu langer pausenloser Ausnutzung der größtmöglichen Feuergeschwindigkeit die Rohre leiden, die Rohrabnutzung zu- und die Lebensdauer abnimmt (s. JUSTROW: Theoretische Betrachtungen über die Lebensdauer unserer Geschützrohre. Berlin 1923). Die Schwierigkeit des Munitionsnachschubes sowie ein ordnungsmäßiges Richten verlangen eine Mäßigung in der Feuergeschwindigkeit. Als gute Ausnutzung der Geschütze in der Feldschlacht dürfen etwa vier Schüsse je Minute bei der Feldkanone und leichten Feldhaubitze, ein Schuß bei der 10 cm-K. und s. F.H. angenommen werden. Meist bezieht sich die Zahlenangabe auf das einzelne Geschütz und die Minute, im Sonderfall muß hinzugesetzt werden, ob es sich um Geschütz oder Batterie, um Minute oder Stunde handelt. Die befohlene Feuergeschwindigkeit deckt sich mit der möglichen (Höchstgeschwindigkeit) bei den Feuerarten nur im Gruppenfeuer, bei den Feuerformen im Notfeuer und Feuerüberfall. Bei den großen deutschen Angriffen 1918 gaben in der Stunde die F.K.-Bttr. etwa 450, die l. F.H.-Bttr. 360, die s. F.H.-Bttr. 180 und die Mörser-Bttr. 90 Schuß ab.

Feuerglocke. Signaleinrichtung zur Regelung der Feuererlaubnis.

Feuerhöhe der Geschütze wird der Abstand der Schildzapfenachse (oder der waagerecht liegenden Seelenachse) vom Erdboden oder von der Bedienungsplattform genannt. Davon ist die Höhe des Mündungshorizontes zu unterscheiden, die sich streng genommen mit der Rohrerhöhung ändert.

Feuerkraft bedeutet die Kraft, die durch das zusammengefaßte Feuer vieler Waffen erzeugt wird, um einen bestimmten Gefechtszweck zu erzielen. Ein Kampf „mit höchster Feuerkraft“ verlangt die Abgabe von Feuer mit einer Schnelligkeit, wie sie bei äußerster Überlastung von Waffe und Bedienungsmannschaft erreicht werden kann (s. Feuerwirkung).

Feuerleitung, technische, der Artillerie s. Technische Feuerleitung der Artillerie.

Feuerstoß. Unter einem Feuerstoß ist die schnelle Abgabe von drei bis acht Schuß aus dem leichten Maschinengewehr zu verstehen. In der Regel besteht das Feuer des l. M.G. aus mehreren schnell aufeinanderfolgenden Feuerstößen. Die Pausen zwischen den Feuerstößen dürfen nicht länger sein, als dies zum erneuten Anvisieren des Ziels erforderlich ist.

Feuerüberfall. Leichte Maschinengewehr- und Gewehrschützen können keine langen Feuerkämpfe führen. Stets ist anzustreben, daß sie überraschend auftauchen und überfallartig zur Wirkung kommen.

Sieger bleibt, wer am schnellsten die größere Anzahl von gutliegenden Schüssen auf seinen Gegner abgibt. Nach kurzer Feuerdauer, oder sobald die mit dem Feuer verbundene Absicht erreicht ist, verschwinden l. M.G.- und Gewehrschützen in voller Deckung. Der Feuerkampf besteht also im allgemeinen aus einer Reihe von Feuerüberfällen. Die bei einem Feuerüberfall zu verschießende Munition kann befohlen werden.

Der F. der Artillerie soll den Gegner gleichfalls so überraschend treffen, daß er keine Zeit hat, sich der Wirkung zu entziehen. Der F. muß also zeitlich und örtlich begrenzt sein. Das Einschießen zu einem F. muß sehr schnell erfolgen; besser ist es, wenn er ohne Einschießen oder mit Hilfe eines Erd-Einschießzieles möglich ist.

Beim Niederhalten von Artillerie werden, wenn sichere Schießgrundlagen vorhanden sind, oft Feuerüberfälle einer Abteilung im Planschießen durchgeführt. Gleichzeitiges Einsetzen des Feuers, das etwa eine halbe bis eine Minute dauert, und seine schnelle Abgabe muß sorgfältig vorbereitet sein. Alle Batterien schießen mit gleichlaufenden Rohren in schneller Feuerfolge auf einer Entfernung auf Zielmitte.

Feuerwalze. Unter Feuerwalze ist zu verstehen die Feuerunterstützung der Infanterie nach einem feststehenden Plan, bei dem das Feuer automatisch abrollt. Diese Feuerunterstützung wird im allgemeinen nur bei Angriffen aus dem Stellungskrieg angewendet. In diesem Fall wird oft ein Masseneinsatz von Batterien erfolgen. Hierdurch entsteht beim Schießen eine so große Rauch- und Staubwolke, daß ein Auseinanderhalten der Schüsse und eine sichere Beobachtung nicht mehr möglich ist.

Die Ausdehnung, der Verlauf und die Zeit für die Feuerwalze werden von der höheren Führung in Form von Feuerwalzenpausen (Kartenblättern) befohlen. Diese werden im Maßstab der Schießpläne hergestellt. Die Batterien errechnen die Schießgrundlagen, legen die Ergebnisse schriftlich fest und vervollständigen sie kurz vor dem Schießen entsprechend den Wettermeldungen. Die Führung kann diese Feuerwalze nötigenfalls durch Befehle anhalten oder zurückholen, wobei die Zeitangaben in den Walzenpausen gleichzeitig als Ortsbezeichnungen dienen (siehe nebenstehende Tabelle).

Feuerwirkung (Feuerkraft) ist die in einem bestimmten Zeitabschnitt gegen ein bestimmtes Ziel zusammengefaßte Gesamtwirkung einzelner oder mehrerer Geschütze oder Batterien. Die Wirksamkeit des Einzelschusses, Feuergeschwindigkeit und Zahl der zu einer Einheit zusammengefaßten Feuerwaffen bilden die Grundlage der Feuerkraft. Besonders bei den Flak wird angestrebt, die Feuerkraft je Zeiteinheit wegen des kurzen Auftauchens der Luftziele zu erhöhen, indem nicht nur die Feuergeschwindigkeit vergrößert, sondern auf einer gemeinsamen Lafette bis zu acht Rohre aufmontiert werden. Auch bei anderen Waffen, z. B. den Tankabwehrgeschützen, den Flugzeugwaffen, den Schiffsgeschützen usw.

Tabelle 1. Schießliste für die Feuerwalze = Walter.
Die W. E. wurden während des Schießens jeweilig nach Seite und Länge besonders berücksichtigt.

Zeitabschnitt	Entfernung				Seite	Gel.-winkel	Feuer-geschw. u. Munition	La-dung
	IV	III	II	I				
x + 160/x + 166	2075	2075	2115	2135	1033 mehr	13 t	pro Std. 180 Spl.	4
	in den versch. Entfern. sind die bes. Einflüsse einbegriff.							
x + 166/x + 190	2300	2300	2340	2340	888 mehr	13 t		4
x + 190/x + 202	2550	2570	2600	2610	764 mehr	12 t		4
x + 202/x + 210	2600	2620	2650	2660	736 mehr	11 t		4
x + 210/x + 216	2750	2770	2800	2810	673 mehr	11 t		4
x + 216/x + 240	2980	2980	3000	3010	602 mehr	11 t		4
x + 240/x + 250	3160	3160	3180	3190	546 mehr	11 t		4
x + 250/x + 274	3385	3885	3405	3415	493 mehr	10 t		4
x + 274/x + 280	3610	3610	3630	3640	450 mehr	10 t		4
x + 280/x + 300	3810	3810	3830	3840	424 mehr	7 t		4
x + 300/x + 306	3950	3945	3960	3965	411 mehr	4 t		4
x + 306/x + 330	4040	4025	4050	4055	399 mehr	4 t		4
x + 330/x + 342	4265	4250	4275	4280	382 mehr	8 t		4
x + 342/x + 362	4440	4425	4450	4455	370 mehr	6 t		4
x + 362/x + 380	4650	4645	4660	4665	350 mehr	5 t		7
x + 380/x + 386	5125	5120	5135	5140	308 mehr	3 t		7
x + 386/x + 400	5450	5445	5460	5465	299 mehr	2 t		7
x + 400/x + 406	5700	5680	5700	5700	296 mehr	2 t		7
x + 406/x + 412	5875	5855	5875	5875	296 mehr	2 h		7
x + 412/x + 418	6100	6080	6100	6100	300 mehr	1 h		7
x + 418/x + 424	6375	6355	6375	6375	301 mehr	2 h		7
x + 424/x + 430	6640	6620	6640	6640	298 mehr	2 t		7
x + 430/x + 436	6940	6920	6940	6940	296 mehr	5 t		7
x + 436/x + 450	7240	7220	7240	7240	295 mehr	2 t		7

Das dem II. Band des großen „Ehrenbuches der Deutschen Schweren Artillerie“ S. 403 entnommene Beispiel ist dort auch durch eine Karte erläutert. Die Zeit x bedeutet den Beginn des Zerstörungsfeuers, im Beispiel früh 2^h. Die zweite Angabe in der Spalte „Zeitabschnitt“ betrifft den Beginn der Feuerwalze. Die erste Zeile bedeutet also $2^h + 160^m = 2^h + 2^h 40^m$ oder $4^h 40^m$, Losbrechen der Feuerwalze.

nimmt die Feuerwirkung je Zeiteinheit ständig zu, weil auch hier in kürzester Zeit die Entscheidung angestrebt wird.

Neuerdings wird auf Grund der Untersuchungen von Dr. Däniker ein Unterschied zwischen Waffen „offensiver“ und „defensiver“ Feuerkraft gemacht. Zur offensiven Feuerkraft gehören neben den physischen und seelischen Kräften der Truppe diejenigen (offensiven) Waffen, die den Gegner aus seiner Stellung hinauszuwerfen vermögen. Dies sind vornehmlich alle Geschütze mit Bogenschuß; während

Waffen mit gestreckter Flugbahn den Gegner gerade zum Verharren im Stellungskampf und in seinen Deckungen veranlassen und ihn ebenfalls zur Verwendung der Defensivwaffe (Flachfeuer) zwingen.

Finsterwalder, Sebastian, Univ.-Prof., Dr. Geheimrat. Geb. 4. 10. 1862 in Rosenheim (Bay.). Stud. Mathematik und Physik in München und Tübingen. 1888 Habilitation München, 1891 Prof., 1911 Prof. der Mathematik und darstellenden Geometrie an Techn. Hochschule München, 1917 Wien, 1930 Zürich, 1931 i. R., lebt in München.

Hauptarbeitsgebiete: Allgemeine Photogrammetrie, Geodäsie.

Flachbahngeschütze (Kanonen) haben große Anfangsgeschwindigkeiten und daher große Schußweiten. Von ihnen wird eine gestreckte Flugbahn verlangt, für die große Ladung und ein langes Rohr zur Ausnutzung der Pulverkraft notwendig sind. Die weittragenden Kanonen (10—15 cm) haben eine größere Schußweite (bis 22 km) als die gleichkalibrigen Haubitzen. Die schwersten Flachfeuergeschütze (bis 24 cm) werden zur Zerstörung von wichtigen Anlagen weit hinter der feindlichen Front verwendet (s. auch Eisenbahngeschütze, Fernbahnen, Reichweite, Schußweite).

Flak. Im Kriege 1870/71 waren von der Firma Krupp pferdebespannte 3,7 cm-Ballonkanonen auf vierrädrigen Plattformwagen mit Pivotsockel konstruiert worden, um die französischen Freiballone zu verfolgen und abzuschießen. Wenn auch ein Ballon abgeschossen wurde, so hatten die Ballonkanonen doch keinen entscheidenden Erfolg. Denn die Geschwindigkeit dieser Fahrzeuge war für die Verfolgung der Ballone zu gering, überdies konnten die Kanonen die Steighöhen der Freiballone nicht erreichen. Über 30 Jahre ruhte die Frage der Bekämpfung von Luftzielen. Erst im Anfang des Jahres 1906 wurden Versuche in der artilleristischen Bekämpfung von Luftfahrzeugen gemacht. Als in den folgenden Jahren Luftschiff und Flugzeug große technische Verbesserungen erfuhren, trat in den Jahren 1910/11 ihre artilleristische Bekämpfung erneut in den Vordergrund. Die Konstruktion eines Sondergeschützes wurde aber nicht für notwendig gehalten, denn man glaubte, daß die vorhandenen Geschütze der Feldartillerie und die 10 cm-Langrohrkanonen zur Bekämpfung ausreichten. Wenn nötig, sollte der Lafettenschwanz eingegraben werden, um dem Rohr eine größere Erhöhung geben zu können. Da die Geschwindigkeiten der Flugzeuge zu groß geworden waren, um nach zeitraubendem Eingraben der Lafette rechtzeitig das Feuer eröffnen zu können, mußte an eine andere Lösung der Frage gedacht werden. Deshalb wurden im Jahre 1912 von den Firmen Krupp und Ehrhardt Sondergeschütze für die Flugabwehr konstruiert (Ballonabwehrkanonen BAK.), von denen das eine auf Kraftwagen, das andere auf Räderlafette mit Pferdebespannung verwendet werden sollte. Bis zum Beginn des Weltkrieges war aber nur das erstgenannte für die Front verwendungsbereit. Vorgesehen war, daß für den Mobilmachungsfall jede

Armee mit vier Kraftwagengeschützen, jede Division und Reservedivision mit je einer bespannten BAK.-Batterie ausgerüstet werden sollte. Die Ausrüstung mit Flugabwehrgeschützen war an der Westfront anfangs nicht genügend. In der Heimat war ein Schutz durch Flugabwehrgeschütze nicht planmäßig eingerichtet, wenn auch an vielen wichtigen Stellen Geschütze zur Abwehr (l. F.H. 98/09) in Räderlafette aufgestellt waren.

Im Weltkrieg 1914—18 hatte anfangs die Abwehr mit Gewehr- und MG.-Feuer keinen Erfolg. Es wurden die eingeführten Geschütze der leichten und schweren Artillerie zur Abwehr verwendet, in erster Linie die l. F.H. 98/09. Die Feldkanone 96 n/A. wurde für die Flugabwehr geeignet gemacht, indem das Geschütz auf hölzerne Sockel gesetzt wurde, um ihm eine größere Erhöhung geben zu können. Als dann im Spätherbst 1914 der Stellungskrieg begann, wurde auch die artilleristische Flugabwehr sehr vermehrt und verbessert. Die Herstellung von Sondergeschützen wurde so beschleunigt, daß im April 1915 an Abwehrgeschützen 138 vorhanden waren. Im Laufe des Krieges wurden weitumfassende Maßnahmen für eine Vermehrung der Fliegerabwehrkanonen (seit 1916 so genannt), für ihre Organisation und Verwendung, auch im Heimatgebiet, für die Einrichtung eines Flugmeldedienstes getroffen. Dadurch wurde erreicht, daß unsere Flugabwehr am Ende des Weltkrieges mit Gerät der verschiedensten Art gut ausgerüstet, aufgestellt und in ihrer Verwendung so weit organisiert war, daß Flieger und Truppe in hervorragender Weise unterstützt werden konnten.

Bei einem Rückblick auf die Entwicklung des Flugabwehrgerätes im Weltkriege können drei Zeitabschnitte unterschieden werden:

1. Verwendung der vorhandenen Feldgeschütze und Umwandlung erbeuteter feindlicher Feldkanonen,

2. Konstruktion von 8,8 cm- und auch 10,5 cm-Flak auf Anhängern, die durch Kraftzug fortbewegt wurden,

3. Schaffung von Abwehrwaffen gegen Fliegerangriffe auf Beobachtungs-Ballone der Artillerie, sowie gegen tiefstreichende Flieger. Dazu wurde das MG. 08 verwendet mit entsprechenden Visiereinrichtungen und geeigneter Lafettierung. Ferner wurde die 3,7 cm-Masch.-Kan. der Marine und die 3,7 cm-Rev.-Kan. der Fußart. sowie die 2 cm-M.K. zur Fliegerbekämpfung behelfsmäßig umgeändert. Die einzige kleinkalibrige Flak war die 3,7 cm-S-Flak L/14,5 Krupp. Seit Wiedererlangung der Wehrhoheit 1935 ist die Flugabwehr neu ausgerüstet und organisiert. Im allgemeinen kann bei den neuzeitlichen Flak folgende Dreiteilung unterschieden werden:

1. Mittelkalibrige Flak, 7—7,5 cm; gegen feindliche Artillerie- und Erkundungsflieger,

2. Einheitsflak, 7,7 cm (Feldkan.) (Kaliber 10,5 oder 12,7 cm vorgeschlagen),

3. großkalibrige Flak, 8,8 bis 10,5 cm, E-Flak: Hauptkampfgeschütze der Flugabwehrartillerie. Ziele: die feindlichen Artillerie- und Erkundungsflieger, Bomben- und

Jagdgeschwader. Sie finden in ihren größeren Kalibern Verwendung im rückwärtigen Operationsgebiet und im Heimatluftschutz.

Flak auf Kriegsschiffen. Die wichtigste eigene Waffe eines jeden Schiffes gegen Angriffe aus der Luft ist neben dem allgemeinen Schutz durch eigene Luftwaffe seine Bewaffnung mit Flak, die praktisch erst im Kriege eingeführt wurde. Behelfsmäßig wurden zuerst MG. aufgestellt, ihnen folgten vorhandene Geschütze auf Sonderlafetten als Flak mit einem Kaliber von etwa 7,6 cm. Nach dem Kriege 1914—18 ging die Entwicklung nur langsam vorwärts. 1923 nahm die Neukonstruktion von Flak feste Formen an. An Bord werden zwei Arten von Flak unterschieden: schwere Flak (Kal. 7,6—13 cm) und leichte Flak (Kal. unter 4 cm), meist Maschinenwaffen. Daneben können andere Bordgeschütze zur Flugabwehr mit wechselnder Aussicht auf Erfolg verwendet werden. Ein Schlachtschiff wird etwa ausgerüstet sein: mit 8—12 schweren Flak (10—13 cm), 8—16 leichten Flak (unter 4 cm) und mit 12—30 Fla-MG. Die leichteren Schiffe sind entsprechend geringer bewaffnet. Die Zerstörer sind meist mit leichten Flak ausgerüstet. Deutschland hatte früh die 8,8 cm-Flak mit Schutzschild eingeführt, die seit 1930 durch längeres Modell mit Schutzschild in Doppellafette ersetzt wurde. 1936 kam ein 10,5 cm-Geschütz hinzu.

Flakschießen = Schießen mit Flugabwehrkanonen.

Flammdauer (Flammlänge) von Pulvern an der Mündung einer Waffe (eigentliches Mündungsfeuer oder Feuer aus der Mündung durch unverbranntes Pulver) werden gemessen durch Auswertung photographischer Aufnahmen; diese erfolgen entweder mit feststehender Photoplatte und rotierender Schlitzblende oder neuerdings direkt auf schnell rotierendem Film.

Flamme als eine bestimmte Art von Feuer (s. d.) gekennzeichnet, welche nur bei Verbrennung von Gasen auftritt. Diese entweder ursprünglich vorhanden: Wasserstoff, Grubengas, Leuchtgas, oder bei der Verbrennung aus den Reaktionsprodukten entstanden: Kerze. Flamme leuchtet (Karburierung), wenn in ihr feste Bestandteile zum Glühen und dadurch zum Leuchten gebracht werden. Leuchtendmachen von nichtleuchtenden Flammen entweder von außen durch Hineinhalten von Glühkörpern (Platindraht, Auerglühstrumpf) oder von innen aus Verbrennungsprodukten der Flamme selbst: Tonerde bei Leuchtpatronen, Magnesiumoxyd bei Blitzlicht, ebenso Kohlenstoff bei Verbrennung organischer Stoffe. So spaltet sich bei ungenügendem Luftzutritt zu Flammen von Leuchtgas, Kerzen aus dem Passivbrennmaterial Kohlenstoff ab, der nicht verbrennen kann, sondern in der Flamme zum Glühen kommt und dadurch Leuchten bewirkt.

Aus der „weiß“, d. h. polychromatisch leuchtenden Flamme wird die monochromatisch leuchtende, d. h. die farbig brennende, wenn wie bei Signalpatronen Stoffe zum Glühen kommen, die Licht eines eng begrenzten Spektralbereiches aussenden. So geben Salze von Natrium gelbes, von Barium und Thallium grünes, von Strontium und Lithium rotes Licht.

Flammenwerfer ist ein im Weltkrieg aufgekommenes Kampfmittel, das aus einem in einem tragbaren Spritzbehälter mitgeführten leicht brennbaren Flammöl besteht. Dies wird durch Kohlensäuredruck aus einem Stahlrohr herausgetrieben. An der Mündung des Rohres befindet sich ein selbstwirkender Zünder, der das Öl entflammt. Die von der Flamme getroffenen Leute verbrennen sofort zu Kohle. Die Flammenwerfer werden angewandt, um feindliche Gräben aufzurollen, um Unterstände, Blockhäuser usw. auszuräuchern.

Die Flammenwerfer haben je nach Größe eine Reichweite von 20—40 m, eine Brenndauer bei ununterbrochenem Spritzen bis zu 45 Sekunden. Bis zu 35 kurze Feuerstöße können gemacht werden.

Flammlänge s. Flammdauer.

Flattern des Geschosses tritt ein, wenn die Anstellwinkel, die Winkel zwischen Geschoßachse und Bahntangente (im Ausland „yaw" genannt), und damit auch das Drehmoment des Luftwiderstandes (s. d.) zu große Beträge annehmen. Die Bewegungen der Geschoßachse erfolgen dann nicht mehr regelmäßig wie sonst bei der konischen Geschoßpendelung (s. d.), sondern ungleichmäßige Schwankungen der Geschoßachse beeinträchtigen den Geschoßflug und damit die Treffsicherheit erheblich. Flattern des Geschosses kann auftreten beim Abschuß durch Bocken der Geschütze oder durch Rohrschwingungen und an Geschossen, für die die Bedingungen eines stabilen Fluges nicht scharf genug erfüllt sind.

Flettner-Rotorschiff ist ein Segelschiff, bei dem die Segel durch rotierende Zylinder ersetzt sind. Zum Antrieb des Schiffes dient die Komponente in Fahrtrichtung der Magnuskraft, die entsteht, wenn die rotierenden Zylinder vom Wind angeblasen werden. Zur Verringerung der Verluste durch Umströmung der Zylinderenden vom Überdruckgebiet in das Unterdruckgebiet dienen die sog. Endscheiben. Die Kräfte bei einem richtig dimensionierten Rotor sind bedeutend größer als bei einem guten Tragflügel mit gleicher Projektionsfläche. Das Rotorschiff kommt deshalb mit kleinerer Segelfläche aus als das normale Segelschiff. Es ist auch durch Sturm weniger gefährdet und gegen plötzlich einsetzende Böen weniger empfindlich. Daß sich das Rotorschiff trotz einer Reihe von Vorteilen gegenüber dem normalen Segelschiff nicht durchsetzen konnte, liegt daran, daß die Zeit der Wirtschaftlichkeit der großen Segelschiffe wegen des Aufkommens der Motorschiffe heute vorbei ist. Das Rotorschiff hat als Lehrmodell für den Einfluß des Magnus-Effektes (s. d.) besondere ballistische Bedeutung.

Flobertmunition. Die von Flobert in Teschen (Tesching) zuerst hergestellte Flobertmunition unterscheidet sich von der gewöhnlichen Gewehrmunition dadurch, daß Zündhütchen und Pulver nicht getrennt sind, sondern statt dessen nur ein einziges vergrößertes Zündhütchen zur Anwendung kommt. Die bei Schlagzündung des Hütchens zur Entzündung kommenden Sätze (durchweg besonders reich an Knallquecksilber) entwickeln selbst einen Gasdruck, der zum Abschuß kleiner Geschosse genügend ist.

Flugabwehrkanonen (Flak) sind Spezialgeschütze zur Bekämpfung von Flugzielen (s. Flak).

Flugbahnaufgaben beziehen sich auf die Berechnung der Flugbahnelemente im lufterfüllten Raum. Die sieben Größen x, y, t, u_0, u, ϑ_0, ϑ bezeichnet man als die Elemente eines Flugbahnbogens; es bedeuten x, y Ortskoordinaten, t die Zeit (Flugdauer bis zur Erreichung des Punktes), u die Pseudogeschwindigkeit (s. Siaccische Näherung), ϑ die Neigung der Bahntangente gegen die x-Achse und die mit dem Index 0 bezeichneten Größen die entsprechenden Anfangswerte. Zwischen den Elementen bestehen vier unabhängige Siaccische Gleichungen, so daß aus vier Größen die drei übrigen berechnet werden können. Ist der ballistische Beiwert c bekannt, so spricht man von Flugbahnaufgaben erster Art; es gibt deren 33 Stück.

Bei den Flugbahnaufgaben zweiter Art gehört der Beiwert zu den gesuchten Größen; in den Siaccischen Gleichungen kommt c nur in Verbindung mit dem Mittelwertfaktor β vor als Produkt: $C' = \frac{1}{\beta c}$; daher läßt sich erst nach Abschätzung von β der Wert von c angeben, ist also mit der gleichen Unsicherheit wie β behaftet.

Aus einer der Siaccischen Gleichungen läßt sich $C' = \frac{1}{\beta c}$ nur berechnen, wenn u oder u_0 gegeben sind. Anderenfalls sind je nach den gerade gegebenen Größen zwei dieser Gleichungen durcheinander zu dividieren und die Werte u und u_0 zu ermitteln; die dabei auftretenden Quotienten aus den sekundären Siaccischen Funktionen heißen bei VAHLEN Schußfaktoren. Sonst versteht man unter diesem Begriff zwar entsprechende Ausdrücke, die sich jedoch auf ein quadratisches oder kubisches Luftwiderstandsgesetz (SIACCI, CHAPEL, BASHFORTH) beziehen und z. B. für den Bahngipfel oder die Schußweite berechnet werden und nur zur Lösung spezieller Aufgaben gebraucht werden können.

Flugbahnberechnung von Geschossen erfolgte früher bei geringen Erhöhungen in einem Bogen. Die dabei gemachten vereinfachenden Voraussetzungen liefern aber bei Entwürfen so kläglich ungenaue Resultate, daß man mit einer beiläufigen Schätzung aus benachbarten Verhältnissen mehr erreicht. Der türkische Hauptmann Dr. ÖMER LUTFI SALIH hat eine Reihe von Museumsstücken ballistischer Formeln geprüft (Wehrtechn. Monatsh. 1935, 1. Sonderh.), unter denen ihm die von DIDION noch am besten gefiel. Zu einer sauberen Bahnberechnung braucht man leider die Widerstandsfunktion des betr. Geschosses und Anhaltspunkte über die Pendelungen. Fliegt es „folgsam“, so sind die Störungen gegenüber der „idealen Berechnung“ gering. Sonst kann auch eine sorgfältige Rechnung um 10% vom direkten Beschuß abweichen. Das Rungesche Verfahren, das C. Cranz und R. Rothe zur Flugbahnbestimmung durch graphische Integration benutzen, ist einer numerischen simultanen Integration der beiden auftretenden linearen Differentialgleichungen (s. „Hptgl.") an Genauigkeit und Zeitbedarf unterlegen, aber für Anfänger durchsichtiger und daher zunächst zu empfehlen.

Flugbahnbild s. Flugbahnschaubilder.

Flugbahnhöhe oder Gipfelhöhe s. Gipfel.

Flugbahnschaubilder, besser Geschoßbahnbilder, sind eine den jeweiligen Anforderungen angepaßte Darstellung des Weges des Geschosses (in den meisten Fällen) in Luft. Meist werden dafür rechtwinklige (kartesische) Koordinaten verwendet. In diesen Darstellungen liegen dann die Bahnen den zunehmenden Erhöhungen entsprechend übereinander. Sie verflechten sich im Rahmen der Reichweite der Waffe in einer Hüllkurve. Statt der Erhöhungen können auch die „Entfernungen" (Schußweiten im Mündungshorizont) zur Gruppierung der Bahnen benutzt werden. Das hat seine Vorteile bei der Berücksichtigung der Tageseinflüsse für Ziele außerhalb des Mündungshorizontes.

Neben den rechtwinkligen Koordinaten hat man etwa ein Dutzend andere Darstellungen der Flugbahnen zur Verfügung, unter denen die nach Prof. Amann als „graphische" Schußtafel eine gewisse Beliebtheit an der Front erlangte. Die Bezeichnung ist logisch unscharf, da alle Geschoßbahnbilder, die zugleich einen gewissen Winkelbereich der Erhöhung umfassen, unter diesen Begriff fallen. Die Amannschen Tafeln stellen Flugbahnberge dar (s. Schießen gegen Fesselballone).

Flugbahntangente in einem Punkte der Flugbahn ist diejenige gerade Linie, die die Flugbahn in diesem Punkte berührt. Der Winkel, den die Tangente mit der Mündungswaagerechten bildet, heißt Neigungswinkel. Ist die Flugbahn durch eine Funktion $y = f(x)$ dargestellt mit horizontaler x-Achse und der y-Achse senkrecht nach oben, so ist der „Tangens" des Neigungswinkels gleich dem Differentialquotienten von y nach x. Wenn das Geschoß in einem Punkte der Flugbahn plötzlich nicht mehr dem Einflusse der Schwerkraft unterliegen würde, würde es in Richtung der Bahntangente weiterfliegen. Die Tangente ist somit auch die Richtung der augenblicklichen Geschoßgeschwindigkeit.

Flugboote sind Seeflugzeuge (s. Seeflugzeuge), bei denen der Flugzeugrumpf als Boot ausgebildet ist.

Flugdauer (früher Flugzeit) ist die Dauer der Geschoßbewegung in Sekunden von der Mündung der Waffe ab bis zum Auftreff- oder Sprengpunkt. Die Schußtafeln enthalten die Flugdauern, die sich unter Normalbedingungen auf den Fallpunkt im Mündungshorizont beziehen.

Flughöhe (Flugzeug) ist die Höhe eines Flugzeuges über Grund. Größte Flughöhe eines Flugzeugmusters heißt Gipfelhöhe (s. Gipfelhöhe).

Flughöhe (Geschoß) in einem Punkte der Bahn ist sein lotrechter Abstand von der Mündungswaagerechten.

Flugmelderose. Hilfsmittel zur ungefähren Einweisung eines — etwa vom Flugmeldeposten erkannten — Flugzieles. Als Flugmelderose kann das Zifferblatt einer waagerecht liegenden Uhr dienen; die Zahl 12 wird nach Norden gerichtet. Z. B. bedeutet „Flugzeug 7!", daß das Ziel in südlicher bis südwestlicher Richtung zu suchen ist.

Flugneigungswinkel ist der Winkel, den der Zielweg (s. d.) mit der Waagerechten bildet.

Flugwert bedeutet das Reziprok des Widerstandsbeiwertes bzw. Ballistischen Beiwertes. Die häufigen Verwechslungen des Ballistischen Beiwertes c mit der Größe $C' = 1/\beta c$, die in der Siaccischen Theorie vorkommt, haben die Einführung der Bezeichnung von C' als „Flugwert" angeregt; der Flugwert ist logischerweise um so größer, je besser das Geschoß den Luftwiderstand überwindet.

Flugwinkel ist der spitze Winkel, den der auf die Kartenebene übertragene Zielweg mit der Spur der Visierebene in der Kartenebene (also mit der Schnittlinie von Visierebene und Kartenebene) bildet.

Flugschallmessung s. Schallrichtungsmessung nach Flugschall, Schallmeßwesen.

Flugzeitmesser. Einer der bekanntesten Flugdauermesser ist der von Le BOULENGÉ. Dieser Apparat wird meistens für Zeitintervalle von etwa 0,1 bis 0,001 sec benutzt. Er besteht in der Hauptsache aus zwei an einer Säule befestigten Elektromagneten, zwei zugehörigen Anhängestäben A und B, einem Auffallteller und einem Kerbmesser mit Spannfedervorrichtung. Diese ist so konstruiert, daß ein leichter Druck auf den horizontal liegenden Auffallteller genügt, um die Spannfeder auszulösen und das Messer vorschnellen zu lassen. Dieses schlägt sodann auf einer Zinkhülse, die über den einen Stab (A) geschoben ist, eine feine Kerbe ein. Zunächst wird im Ruhezustande der ganzen Anordnung das Messer von Hand ausgelöst, und es entsteht die sog. Nullkerbe, von der aus die Fallhöhen gemessen werden. Bei einem Schuß werde nun von dem Geschoß irgendwie ein erster Stromkreis durchschossen. Der eine Elektromagnet verliert dabei seinen Magnetismus, Stab A beginnt zu fallen. Nach dem Zeitintervall, das gemessen werden soll, ist das Geschoß am zweiten Stromkreis (Kontaktscheibe od. dgl.) angelangt und unterbricht den zweiten Strom. Der zweite Magnet wird unmagnetisch, Stab B fällt. Vom Beginn seines Fallens ab vergeht noch eine kleine Zeitdifferenz, bis er auf den Auffallteller trifft, und eine weitere, bis die Spannfeder ausgelöst ist, und das Messer eine Kerbe auf den vorbeifallenden Stab A erzeugt. Aus dem Abstand der Kerben wird die Falldauer ermittelt.

Flugzeug nennt man ein oft vogelartiges Fahrzeug, das durch mechanische Energie den Luftwiderstand in Hubkräfte umwandeln und zur Fortbewegung in beliebiger Richtung ausnutzen kann.

Flugzeugbomben s. Bomben.

Flugzeugkanonen. An Bord von Flugzeugen mitgeführte Maschinenkanonen, die Sprenggeschosse verfeuern. Der Einbau kann wie bei den Flugzeug-MG. entweder starr oder beweglich erfolgen. Die starren Flugzeugkanonen schießen jedoch nicht durch den Luftschraubenkreis. Sie sind deshalb entweder so angeordnet, daß sie am Luftschraubenkreis vorbeifeuern können, oder es wird eine Flugzeugkanone auf dem Motor selbst derart eingebaut, daß sie durch die hohle Welle des Untersetzungsgetriebes und die hohle Luftschraubennabe feuern kann. Diese Anordnung wird Kanonenmotor genannt. Das Kaliber der für den Luftkampf bestimmten Flugzeugkanonen beträgt heute 20—23 mm. In England werden bei manchen Flugbootmustern auch Kanonen mit einem Kaliber von 37 mm verwendet, die jedoch zur Bekämpfung von U-Booten gedacht sind. Die Feuergeschwindigkeit der starr oder beweglich eingebauten Flugzeugkanonen mit einem Kaliber von 20—23 mm beträgt 350—500 Schuß je Minute.

Flugzeug-Maschinengewehre. Maschinengewehre, die an Bord von Flugzeugen mitgeführt werden; bei ihnen wird zwischen starren und beweglichen MG. unterschieden. Die starren MG. sind parallel der Längsachse des Flugzeuges fest eingebaut. Sie werden vom Flugzeugführer bedient, der mittels des ganzen Flugzeuges zielt und vom Steuerknüppel aus den Abzug betätigt. Der Einbau der starren MG. erfolgt derart, daß sie entweder durch den Luftschraubenkreis oder am Luftschraubenkreis vorbei feuern. In diesem Falle werden die MG. vom Motor aus derart gesteuert, daß sich dann kein Schuß lösen kann, wenn ein Luftschraubenblatt gerade vor der Mündung des MG. steht. Durch diese Steuerung wird die Schußgeschwindigkeit dieser durch den Luftschraubenkreis feuernden MG. beschränkt. Um die hohe Schußgeschwindigkeit neuzeitlicher MG. (bis 1200 Schuß je Minute) voll ausnützen zu können, findet die Anordnung am Luftschraubenkreis vorbeifeuernder MG. mehr und mehr Verwendung.

Die beweglichen MG. sind auf Drehkränzen oder sonstigen Lafetten (s. MG.-Ring) derart angeordnet, daß sie nach verschiedenen Richtungen horizontal und vertikal feuern können. Sie werden vom Beobachter bzw. MG.-Schützen bedient. Mehrsitzige Flugzeuge verfügen über mehrere solcher beweglichen MG., deren Stände so angeordnet sind, daß nach keiner Seite hin ein toter Schußwinkel entsteht (drei bis vier, sogar fünf MG.-Stände).

Flugzeugschiffe. Es wird unterschieden zwischen Flugzeugmutterschiffen, Flugzeugträgern, Flugdeckkreuzern und Flugzeugkreuzern.

Flugzeugmutterschiffe sind Schiffe, die Schwimmer-Seeflugzeuge oder Flugboote mit sich führen. Diese werden bei stillliegendem Schiff durch Kran zum

Start aufs Wasser gesetzt und auf dem gleichen Wege nach der Landung wieder an Bord genommen. Außerdem besitzen die meisten Flugzeugmutterschiffe eine Katapultanlage, mittels derer kleinere Seeflugzeuge gestartet werden können. Die Anbordnahme erfolgt aber bei stilliegendem Schiff mittels Kran. Zu den Flugzeugmutterschiffen gehören auch die Flugzeugtender und Flugzeugtransporter. Die Flugzeugtender stellen eine behelfsmäßige schwimmende Tankstelle und Reparaturwerkstatt für auf hoher See zwischen- oder notgelandeter Flugzeuge dar. Die Flugzeugtransporter haben lediglich die Aufgabe, Flugzeuge an einen weit entfernten Kampfplatz über See zu befördern.

Flugzeugträger dagegen sind Schiffe, die mit einem Flugdeck versehen sind, das sich über die gesamte Schiffslänge erstreckt. Dann können mit Radfahrgestellen ausgerüstete Landflugzeuge bei fahrendem Schiff auf diesem Flugdeck starten und landen. Um die nötige Größe dieser Flugdecks zu ermöglichen, besitzen die Flugzeugträger entweder überhaupt keinerlei Aufbauten, so daß das Flugdeck die gesamte Länge und Breite des Schiffes einnimmt, oder es sind alle Aufbauten dicht an einer Schiffsseite, der Steuerbordseite, angebracht. Die Flugzeugträger sind sehr schnelle Kriegsschiffe, die über eine starke Flugabwehrbewaffnung und über eine ihrer Größe entsprechende Bestückung verfügen.

Flugdeckkreuzer sind den Flugzeugträgern sehr ähnlich. Sie sind bisher noch nirgends eingeführt, sondern lediglich in Amerika und Japan projektiert. Darunter sind Flugzeugträger zu verstehen, die den Kampfwert eines normalen Kreuzers mit der Beförderungsmöglichkeit für mit Radfahrgestellen ausgerüstete Landflugzeuge vereinen.

Flugzeugkreuzer sind normale Kreuzer, die eine zusätzliche Bewaffnung in Gestalt einer größeren Anzahl von Seeflugzeugen mit sich führen. Deren Start erfolgt mittels Katapultanlage bei fahrendem Schiff, ihre Anbordnahme nur bei stilliegendem Schiff mittels Kran.

Flugzeugwaffen. An Bord von Flugzeugen mitgeführte Feuerwaffen (s. Flugzeugmaschinengewehre und Flugzeugkanonen).

Flüssigkeitsbremse (oder hydraulische Bremse) besteht aus einem mit Flüssigkeit gefüllten Zylinder, in dem sich ein Kolben bewegt. Durch die Bewegung des Kolbens wird die Flüssigkeit von einer zur anderen Kolbenseite durch Öffnungen gepreßt, die entweder im Kolben oder als Züge in der Wand des Zylinders angebracht sind. Die von der Bremse zu vernichtende Energie wird in Reibungswärme der Bremsflüssigkeit umgesetzt (s. auch Rohrrücklaufbremsen).

Fokalpunktstriangulierung s. Radialtriangulierung.

Folgsamkeit ist ein aus der Kreiseltheorie der Geschosse (s. konische Pendelung) entlehnter Begriff. Er bildet einen Anhalt dafür, inwieweit ein Geschoß mit seiner Figurenachse (durch die Präzessions-Pendelung) der Drehung der Bahntangente während des Fluges zu folgen vermag (s. auch

Pfeilprinzip). Das ist theoretisch nur für einen kleinen Bereich möglich, der aber praktisch die gerade ausreichende Stabilität des Geschosses gewähren kann. Nicht selten genügt die Stabilität für mäßige Erhöhungen, während sie für steilere Bahnen schon zu groß ist. Das Geschoß neigt sich dann zu langsam mit der Spitze abwärts und schlägt als Bauch- oder Bodentreffer auf. Die ballistische Theorie des Vorganges führt auf so viele „Unbekannte", daß man praktisch mit Versuchen (Änderung des Geschoßaufbaues) am schnellsten zur Lösung des Problems gelangt, die gewünschte Folgsamkeit herzustellen.

Formfaktor s. Ballistischer Koeffizient.

Formwiderstand s. Strömungswiderstand und Sog.

Fortpflanzungsgeschwindigkeit (Explosionsstoß) s. Stoßwellen.

Freie Achsen s. Trägheitsmoment.

Freier Fall heißt die unter dem Einfluß der Schwerkraft eintretende Fallbewegung eines freien Körpers.

a) Im luftleeren Raume beträgt nach t Sekunden
die Fallgeschwindigkeit $v = gt$ (in m/s),
die Fallstrecke $s = \frac{g}{2} t^2$ (in m),
wobei $g \sim 9{,}81$ m/s² die konstant angenommene Schwerebeschleunigung (s. d.) ist.

b) Im lufterfüllten Raum ist bei vorläufiger Annahme des mit dem Quadrat der Geschwindigkeit wachsenden Luftwiderstandes $\mu\delta F v^2$

$$v = \sqrt{\frac{P}{\mu\delta F}}\,\mathfrak{Tg}\left(\sqrt{\frac{\mu\delta F g^2}{P}}\,t\right),$$

$$s = \frac{P}{\mu\delta F g}\log\text{nat}\,\mathfrak{Cof}\left(\sqrt{\frac{\mu\delta F g^2}{P}}\,t\right),$$

wo P das Gewicht des Körpers (in kg), F sein Querschnitt in der Bewegungsrichtung (in m), δ das Luftgewicht (in kg/m³) und μ ein von der Form des Körpers abhängiger Beiwert ist (für ebene Fläche etwa 0,09, für Kugeln 0,04). Mit wachsender Zeit nähert sich v der maximalen Sinkgeschwindigkeit (sog. Fallschirmgeschwindigkeit)

$$v_m = \sqrt{\frac{P}{\mu\delta F}}.$$

Beträgt beispielsweise das Gewicht eines Menschen zuzüglich des Fallschirmes 81 kg, $\delta = 1{,}22$ also $\mu\delta = 1/9$, der Halbmesser des Schirmes 3 m und $\sqrt{1/\pi} = 0{,}56$, so wird

$$v_m = \sqrt{\frac{81\cdot 9}{9\cdot\pi}} = 9\cdot 0{,}56 = 5\text{ m/s}.$$

Freies Schießen. Schießen auf Flugziele ohne Kommandogerät und ohne Auswanderungsmesser (Am.). Die Kommandobildung stützt sich hierbei nur auf das E.-Meßgerät und auf Zielbeobachtung. Vorhalte werden geschätzt.

Freitragend. Beim freitragenden Flugzeug sind die Tragflügel so gebaut, daß keinerlei äußere Verstrebungen oder Verspannungen nötig sind.

Frequenz s. Schwingung.

Frühzerspringer (Frühkrepierer, Bahnkrepierer) ist ein Geschoß, das vorzeitig in der Luft zerspringt und an Stelle in der feindlichen vielleicht über der eigenen Frontlinie seine Wirkung ausbreitet. Die Ursache liegt an fehlerhaft gearbeiteten Zündern gewöhnlich in Verbindung mit einem unregelmäßigen Geschoßflug, wobei infolge zu starken Pendelns (Schlagens) des Geschosses ein schlecht gesicherter Zündermechanismus frühzeitig in Tätigkeit gesetzt wird. Ein durch falsche Zünderstellung verursachter Kurzschuß ist demnach kein Frühzerspringer, da der Zünder an sich richtig gearbeitet hat (s. Kurzschuß).

Der schlimmste Frühkrepierer ist der zeitlich am frühesten auftretende, nämlich der Rohrkrepierer. Er entsteht dann, wenn infolge von mangelhafter Geschoßanfertigung die Sprengladung so stoßempfindlich ist, daß sie unter der Stoßwirkung der Pulvergase auf das Geschoß im Rohr zur Detonation kommt. Rohrkrepierer machen das Rohr unbrauchbar und können die Geschützbedienung gefährden.

Führungsbeschleunigung s. Absolut- und Relativbewegung.

Fünfzigprozentige Streuung s. Streuung.

Funkenchronograph. Funkenchronographen beruhen auf einer Zeitmessung mit Hilfe des elektrischen Funkens. Ihre Konstruktion ist folgende:

Ein Uhrwerk, ein Motor od. dgl. hält eine kleine Stahltrommel in gleichmäßiger Rotation; die Rotationsgeschwindigkeit wird entweder durch ein mechanisches Zeigerwerk oder durch eine elektromagnetische Uhr ermittelt. Die Mantelfläche der Trommel ist versilbert und wird vor dem Gebrauch berußt, nur am Rande ist ein Streifen frei gelassen, der eine Umfangsteilung besitzt. Dicht über der Trommel befindet sich ein Ablesemikroskop. Zur Messung sehr kleiner Zeitdifferenzen wird die Maximaldrehzahl benutzt, für größere Zeitintervalle die kleinste Drehzahl; zugleich kann für Messungen der letzten Art die Trommel eine Schraubenbewegung in der Richtung ihrer Achse erhalten. — Die Markierung des Anfanges und des Endes der zu messenden Zeitintervalle bewirkte W. Siemens zum ersten Male mittels des Induktionsfunkens, der im sekundären Kreis eines Induktoriums an einer Unterbrechungsstelle, nämlich zwischen der Trommel und einer sehr nahen Spitze übergeht, wenn im Primärkreis ein Strom unterbrochen wird. Ein Draht, der etwa vom Geschoß durchrissen wird, liegt dabei im primären Stromkreis. Bei der ursprünglichen Anordnung diente hierzu ein einziger Induktionsapparat. Es mußte also, wenn z. B. die Flugzeiten eines Geschosses zwischen mehreren Drähten gemessen werden sollten, derselbe primäre Stromkreis abwechselnd geöffnet und geschlossen werden. Solche Öffnungs-Schließungskontakte sind in großer Zahl angegeben worden; meistens ist die Anordnung die, daß ein Draht eine Kontaktfeder gespannt hält. Wird der Draht vom Geschoß durchrissen, so wird momentan der Strom unterbrochen, schließt sich aber sofort wieder durch das Zurückschnellen der Feder. Heute werden ebensoviele Induktorien verwendet als Stromunterbrechungen erfolgen sollen. Von den einzelnen Spitzen springen die Funken nicht alle auf eine und dieselbe Trommel, sondern auf eine entsprechende Anzahl voneinander getrennter Scheiben über, die auf derselben Achse montiert sind. Funkenchronographen gestatten Messungen bis herab zu 10^{-4} oder 10^{-5} Sekunden mit einer Genauigkeit von einigen Zehntel Prozent.

Funktionssicherheit ist eine Anforderung, die an alle Selbstladewaffen gestellt werden muß, wenn der selbsttätige Betrieb der Ladevorgänge Nutzen bringen soll. Betriebsstörungen (Hemmungen) gelten mit Recht als die schlimmsten Fehler, die bei Maschinengewehren und Selbstladegewehren auftreten können. Bei Selbstladepistolen können sie, den bedrohlichen Gefechtslagen entsprechend, schlechthin vernichtend für den Führer der Waffe sein. Alle Teile einer Selbstladewaffe im Spiel und Gegenspiel der Gasdruckkräfte und Federwirkungen und der Reibungswiderstände müssen auch bei unregelmäßiger Schmierung und bei teilweiser Verschmutzung mit vollkommener Sicherheit arbeiten. Von ganz wesentlicher Bedeutung sind dabei die Vorgänge beim Ausziehen der leeren Patronenhülse und beim Zuführen der neuen Patrone aus dem Magazin in den Lauf. Aus diesem Grunde sind namentlich Bleigeschosse für Selbstladepistolen ungeeignet. Anhänger der Revolver rechnen zu den Nachteilen der Selbstladepistolen die mangelnde Funktionssicherheit. Bei der guten Arbeit der heutigen Waffen- und Munitionsfabriken können an hochwertigen Modellen, die bei einem Vergleich zugrunde gelegt werden können, keine Mängel der Funktionssicherheit mehr angenommen werden.

G

Gabel. Unter Gabel versteht der Artillerist den Abstand zwischen zwei auf dasselbe Ziel abgegebenen und richtig beobachteten Schüssen, von denen der eine davor, der andere dahinter liegen sollte. Je nach der Größe dieses Abstandes und dem angewendeten Schießverfahren wird unterschieden zwischen „weiter“ und „enger“ Gabel; gelegentlich wird die Gabel auch nach Metermaß beurteilt: 800-, 400-, 200-, 100- und 50 m-Gabel. In seltenen Fällen (Punktschießen gegen kleine Ziele, wie Panzertürme u. dgl.) kann es auch zur Bildung einer seitlichen Gabel kommen. Sie ist gebildet, wenn von zwei auf dasselbe Ziel mit verschiedener Seitenrichtung abgegebenen und richtig beobachteten Schüssen der eine rechts, der andere links vom Ziel liegt. (Vgl. Einschießen.)

Gabelbildung. Darunter ist das zur Bildung einer Gabel (s. d.) angewendete Schießverfahren zu verstehen. Durch grobe „Sprünge“ (Entfernungsveränderungen) wird meist zuerst eine „weite“ Gabel gebildet, die dann — in der Regel durch Halbieren — bis zur erforderlichen Grenze verengert wird. Bei den meisten Artillerien erfolgt diese Verengerung auch bei genauem Einschießen nur bis etwa 100 m, worauf dann auf Gabelmitte das Reiheschießen (s. d.) beginnt.

Gabelschießen. Das zur Gabelbildung (s. d.) erforderliche Schießen einer Batterie, eines einzelnen Zuges oder auch eines Geschützes.

Galilei, Galileo, Physiker und Astronom. Geb. 15. 2. 1564 (a. St.) in Pisa, gest. 8. 1. 1642 (n. St.) in seiner Villa in Arcetri bei Florenz. 1589—1609 Prof. in Pisa und Padua, 1610 Hofastronom in Florenz. Er verteidigte das Coppernikanische Weltsystem, entdeckte die Jupitertrabanten, den Saturnring, die Sonnenflecken u. a. Ferner erfand G. die hydrostatische Waage, den Proportionszirkel, erforschte die Gesetze des Falles, baute das holländische Fernrohr nach, entwickelte das Parallelogramm der Bewegungen und der Kräfte. Auf ballistischem Gebiet bestimmte er die Parabel als Geschoßbahn (Ballistik des luftleeren Raumes).

Galvanometermethode. Zur Messung der Flugdauer u. a. dienen die auf ein Galvanometer ausgeübten Wirkungen von Stromstößen, die während des Fluges des Geschosses zwischen zwei Drahtgittern durch das Galvanometer gehen.

Gamma-Gerät s. Deckbezeichnungen der schwersten deutschen Geschütze.

Gamma-Lggr. s. Deckbezeichnungen der schwersten deutschen Geschütze.

Gasbrisanzgranaten. Deutsche Gelbkreuzmunition im Kriege seit 1917, bei der die zum Zerlegen der Geschoßwand benutzte Sprengladung zur feineren Zerteilung des Kampfstoffes so stark vermehrt war, daß eine gewisse Brisanzwirkung erreicht wurde. Diese Granaten hießen deshalb auch „Gasbrisanzgranaten".

Gasdruck entsteht beim Schuß in einer Feuerwaffe durch das Verbrennen des Pulvers. Die dabei sich bildenden Gase beanspruchen einen viel größeren Raum als das feste Pulver. In dem engen Laderaum der Feuerwaffe (Patronenhülse), der als Verbrennungsraum zur Verfügung steht, wächst ein starker Druck an, der durch die hohe Verbrennungstemperatur noch gesteigert wird. Der Druck treibt das Geschoß vorwärts. Die dadurch entstehende Vergrößerung des Verbrennungsraumes führt zuerst noch keine Entspannung des Gasdruckes herbei, da immer noch vermehrte Gasentwicklung hinzutritt. Die allmählich zunehmende Geschoßbewegung bewirkt aber, daß der Höchstdruck (s. d.) zu einer Zeit erreicht wird, wo noch nicht die ganze Ladung in Gasform umgesetzt ist. Das Sinken des Gasdruckes geschieht unter der Wechselwirkung von beschleunigter Geschoßbewegung und geringer werdender Nachentwicklung des Gases. Der beim Austritt des Geschosses aus der Mündung herrschende Gasdruck ist der Mündungsdruck oder Enddruck (s. d.). Dem Gesamtverlauf der Gasdruckkurve entspricht ein gedachter mittlerer Gasdruck, der gleichmäßig geherrscht haben müßte, um dem Geschoß die tatsächlich erreichte Mündungsgeschwindigkeit (s. d.) zu verleihen (s. Druckverlauf im Rohr). Die Höhe des Gasdruckes wird angegeben als Druck in Kilogramm auf 1 cm² der umschließenden Wände des Verbrennungsraumes oder auch in Atmosphären (1 atü = 1,033 kg/cm²). Der Gasdruck ist abhängig vom Verhältnis der Größe des Verbrennungsraumes zur Größe der Pulverladung („Ladedichte"), von der Art des Pulvers, seiner Entzündungs- und Verbrennungsgeschwindigkeit, Verbrennungstemperatur, von der Form des Pulverkornes, vom Geschoßgewicht und den Reibungswiderständen. Durch Änderung dieser Faktoren läßt sich der Gasdruck für jede Waffe und Munition regeln.

Gasgeschosse traten erst im Weltkrieg in die Erscheinung. Die Verwendung giftiger Gase war bis dahin völkerrechtlich verboten. Nachdem aber im Oktober 1914 erstmalig von den Franzosen Stickgeschosse verwendet wurden, waren auch die Deutschen zu gleicher Maßnahme berechtigt. In schneller Folge ging die Entwicklung der Gasgeschosse von den nur auf Nase und Augen zu den auch auf Lungen und Blut wirkenden Stoffen. Die vielen Abarten der Gasgeschosse, die je nach der beabsichtigten Wirkung nebeneinander verwendet werden mußten, erhielten zur äußeren Kennzeichnung ein farbiges Kreuz auf dem Geschoßmantel, woraus sich die Benennung Grün-, Gelb-, Blaukreuz- usw. -Geschoß ergab. An sich war die Wirkung der Gasgeschosse keineswegs grausamer als die Wirkung der zackigen rotierenden und den Menschenkörper zerreißenden Sprengstücke. Dennoch ist die Gaswaffe nach dem Kriege durch internationales Übereinkommen in Washington 1922 und durch das Genfer Protokoll 1925 erneut verboten worden. Die Konstruktion eines Gasgeschosses, wie es am Schluß des Krieges verwendet wurde, bestand darin, daß im hinteren Teil einer gut abgedichteten Geschoßhülle der Gasstoff und davor in einer besonderen Kammer eine kleine Sprengladung untergebracht war; diese reichte gerade aus, um bei der Detonation die Hülle aufzureißen, den Gasstoff zu zerstäuben und den Sprengstücken eine für gewisse Zwecke ausreichende Geschwindigkeit und Wirksamkeit zu erteilen. (Näheres s. Hanslian, R.: Der chemische Krieg. Berlin 1936.)

Gasgewehrgranaten wurden bei Beginn des Weltkrieges vom französischen Heere bei den Kämpfen im Argonnerwald verwendet. Sie hatten eine mäßige Wirkung durch Hervorrufen von Husten- und Augenreiz und zwangen die Deutsche Heeresleitung zu Vergeltungsmaßnahmen (Artilleriegeschosse mit tränenerregenden Körpern).

Gaskonstante, absolute s. Absolute Gaskonstante.

Gasraum ist der Raum in einer Feuerwaffe, in dem die Pulverladung gelagert ist, der für die anfängliche Pulververbrennung bis zum Beginn der Geschoßbewegung zur Verfügung steht. Bei Handfeuerwaffen ist die vom Verschluß und vom Patronenlager abgestützte Patronenhülse der Gasraum. Das Verhältnis, in dem die Ladung zum Gasraum steht, ist die Ladedichte. Sie ist bis zum Beginn der Geschoßbewegung maßgebend für den schnellen Anstieg des Gasdruckes (s. d.).

Gasschießen. Im Gegensatz zum Gasblaseangriff trägt Artilleriegasschießen chemische Kampfstoffe direkt in Feindzone. Maßgebend Hektareinheit (100 m^2). Für Schwadenschießen 1,5 m/s Windgeschwindigkeit Höchstgrenze, für Gasüberfall 3 m/s, für Vergiftungsschießen 5 m/s zulässig.

Gasüberfall schlagartig einsetzend, auf Punktziel („Bunte“ Räume [Flächen] mit Blaukreuz und Grünkreuz).

Schwadenschießen auf Zielfläche, Gasüberfälle nebeneinander.

Gasbrisanzschießen: $^3/_4$ Brisanzladung, $^1/_4$ Kampfstoff. Gegner zum Aufsetzen der Gasmaske gezwungen (Gelbkreuz).

Vergiftungsschießen im Gegensatz zu bisherigen Verfahren ruhiges Feuer, gut gezielt, besonders gegen Gelände: Gelbkreuz.

Gasschießen der Minenwerfer mit schweren Minen entspr. der 28 cm-Granate, mittleren entspr. 15 cm-Feldhaubitze, leichten entspr. einer Feldgranate. Leichte Mine mit 0,8 l Inhalt bis 1300 m, mittlere mit 8 l bis 1000 m, schwere etwa mit 15 l bis 840 m Reichweite. (Auf Feindseite besonders Stokes-Minenwerfer.)

Gaswerferverfahren mit großen Behältern für chemische Kampfstoffe, die aus einfachen Wurfeinrichtungen auf Gegner geworfen werden (im Weltkriege zuerst Livens projecters). Zusammenordnung zu Werferbatterien, elektrische gleichzeitige Zündung, Schußweite etwa 1500 m. Chemische Nahkampfmittel der Nachkriegszeit sind Gewehrgranaten, Handgranaten.

Gaswerferschießen s. Gasminenschießen.

Gauss, Karl Friedrich, unstreitig einer der größten Mathematiker der Geschichte. Geb. 30. 4. 1777 zu Braunschweig, gest. 23. 2. 1855 in Göttingen. Wird durch Anwendung seines Genies auf die Probleme der Bahnbestimmung der Planetoiden früh weltberühmt und erlangt 1807 als Direktor der Göttinger Sternwarte und Prof. der Mathematik eine unabhängige Stellung. Für Vermessungszwecke erfand er das Heliotrop, seine Arbeiten über den Erdmagnetismus sind grundlegend. Für die Ballistik kommen die von ihm entwickelten Methoden der numerischen Integration in Frage und zur Bestimmung genauester Werte das Verfahren der kleinsten Quadrate (d. h. der Summe der Quadrate der übrigbleibenden Fehler).

Gausssches Fehlergesetz. Bei wiederholter, mit zufälligen Fehlern (s. Ausgleichsrechnung) behafteter Messung kann von der Wahrscheinlichkeit gesprochen werden, daß der Fehler einer Messung zwischen ε und $\varepsilon + d\varepsilon$ liegt.

Gauss setzt diese Wahrscheinlichkeit gleich $\varphi(\varepsilon)\,d\varepsilon$; $\varphi(\varepsilon)$ heißt Verteilungsfunktion.

Unter der Annahme, daß die Beobachtungsfehler sich jedesmal aus einer großen Zahl von Elementarfehlern zusammensetzen, die unter sich gleich groß sind und von denen jeder mit gleicher Wahrscheinlichkeit positiv oder negativ auftreten kann, läßt sich die Verteilungsfunktion theoretisch berechnen. Nach GAUSS hat sie die Form

$$\varphi(\varepsilon) = \frac{h}{\sqrt{\pi}} e^{-h^2 \varepsilon^2}.$$

Diese Aussage bezeichnet man als das Gausssche Fehlergesetz.

Der einzige in $\varphi(\varepsilon)$ auftretende Parameter h heißt Präzisionsmaß, da er mit der Genauigkeit der Meßreihe zusammenhängt. Mit der Größe von h wächst auch die Genauigkeit.

Das Gausssche Fehlergesetz hat sich an aus der Erfahrung gewonnenen Verteilungen sehr gut bestätigt; wo über eine Fehlerverteilung nichts bekannt ist, ist es am besten, dieses Gesetz zugrunde zu legen. Die Beurteilung von Treffbildern macht häufig Gebrauch davon.

Gay-Lussac, Joseph Louis, hervorragender franz. Chemiker und Physiker. Geb. 6. 12. 1778 in St. Léonard, gest. 9. 5. 1850 in Paris. 1808 Prof. der Physik an der Sorbonne, außerdem seit 1809 Prof. der Chemie an der École Polytechnique, ab 1832 Prof. der Chemie am Jardin des plantes. Man verdankt ihm grundlegende Forschungen über die Ausdehnung von Gasen und Flüssigkeiten durch die Wärme u. a. m. Die Zustandsgleichung der idealen Gase (1802) wird nach BOYLE-MARIOTTE-GAY-LUSSAC benannt.

Gay-Lussacsches Gesetz. Bei konstantem Druck ändert sich das Volumen V eines Gases durch eine Temperaturänderung von einem Grad Celsius um das α-fache seines Volumens V_0 bei 0° Cels.; die Größe α heißt Ausdehnungskoeffizient des Gases. Beträgt die Temperatur eines Gases t° Cels., so besteht die Beziehung:

$$V = V_0(1 + \alpha t).$$

Bei konstantem Volumen ändert sich der Druck p eines Gases durch eine Temperaturänderung von einem Grad Celsius um das β-fache seines Druckes p_0 bei 0° Cels.; die Größe β heißt Spannungskoeffizient des Gases. Es besteht die Gleichung, wenn die Gastemperatur t° Cels. ist:

$$p = p_0(1 + \beta t).$$

Im allgemeinen hängen die Koeffizienten α und β von der Temperatur t ab; für die idealen Gase (s. d.) ist $\alpha = \beta$, unabhängig von der Temperatur:

$$\alpha = \beta = 0{,}00367 \sim \frac{1}{273}.$$

Da das Volumen V umgekehrt proportional der Dichte (s. d.) ist, kann auch geschrieben werden:

$$\varrho = \varrho_0 \frac{1}{1 + \alpha t}.$$

Gebirgsgeschütze sind für den Gebirgskrieg zerlegbar gebaut und haben bei geringerer Schußweite etwa die gleichen Aufgaben wie die Geschütze der leichten Artillerie. Um der Infanterie im gebirgigen Gelände fast überallhin folgen zu können, müssen Gebirgsgeschütze in Einzelteile zerlegt und auf Tragtiere verlastet werden können. Ein Tragtier kann eine Nutzlast von höchstens 115 kg tragen. Es gibt Gebirgskanonen (65—75 mm) und Gebirgshaubitzen (10 cm). Die erstgenannten haben eine Schußweite bis 7 km und können in sechs

Traglasten in Feuerstellung gebracht werden. Um Höhen und Deckungen überschießen zu können, wie es der Gebirgskrieg erfordert, braucht die G.-Haubitze große Erhöhungen, Kartuschen mit Teilladungen, veränderlichen Rohrrücklauf. Eine Feldhaubitze erfordert zehn und mehr Traglasten, je nach der verlangten Schußzahl.

Gebirgsschießen. Das Schießen gegen breite und übersichtliche Hänge, die quer zur Schußrichtung verlaufen, ist einfach und verläuft ebenso wie das in der Ebene. In unregelmäßigem, stark zerklüftetem Gelände ist es schwierig, den ersten Schuß zu finden und dann die einmal erlangten Grundlagen nicht wieder zu verlieren, da die Schüsse oft schon wegen der Streuung oder auch bei kleinen Abweichungen und Änderungen verschwinden. Das Auffinden des ersten Schusses wird erleichtert durch genaues Ermitteln von Seite, Entfernung und Höhenunterschied bei Vorhandensein einer Karte 1:50000 und bei Benutzen der graphischen Schußtafeln. Ferner ist es zweckmäßig, den ersten Schuß in ein gut zu beobachtendes Gelände in der Nähe des Ziels zu legen und sich dann allmählich an das Ziel heranzuschießen. Oft wird man sich zunächst mit Brennzünderschüssen an das Ziel heranschießen müssen. Hierbei sind zwei Möglichkeiten zu unterscheiden: 1. Bei Beobachtung „unter der Flugbahn" ist der Sprengpunkt zunächst durch Ändern der Flugbahn unter gleichzeitigem Einstellen der entsprechenden Schlüsselstellung solange zu heben oder zu senken, bis eine günstige Sprenghöhe (je zur Hälfte Sprengpunkte und Aufschläge) zum Zielgelände erreicht ist. Hierauf ist mit dieser Schlüssel- und Aufsatzstellung zum Wirkungsschießen überzugehen. 2. Bei stark seitlicher Beobachtung ist der Sprengpunkt auf einer zu hohen Flugbahn solange zu verschieben, bis er sich in Sehlinie über dem Ziele befindet. Alsdann wird der Sprengpunkt mit der Libelle solange vorsichtig gesenkt, bis er mit dem Ziel in Verbindung gebracht werden kann. Beim Schießen im Gebirge muß weiter berücksichtigt werden, daß die Stärke der Auswirkung beim Ändern der Rohrerhöhung davon abhängig ist, mit welchem Teil die Flugbahn im Gelände auftrifft (im aufsteigenden oder absteigenden Ast oder im Gipfelpunkt) und wie das Zielgelände im Auftreffpunkt zur Flugbahn geneigt ist. Ferner wirken sich Seitenänderungen bei quer zur Schußrichtung ansteigendem oder abfallendem Hang auch in der Entfernung aus. Bei ansteigendem Hang liegen die Schüsse kürzer, bei abfallendem Hang weiter. Aus diesem Grunde sind meist gleichzeitige Seiten- und Längenverbesserungen zu vermeiden. Beim Schießen gegen Ziele an steilen Hängen ist der mittlere Treffpunkt nicht in das Ziel, sondern in ein Gelände oberhalb des Zieles zu legen, um durch Loslösen von Steinschlag oder Lawinen Wirkung zu erzielen.

Gebirgs-Schußtafeln sind ein Mittelding zwischen den Erdschußtafeln und den Flak-Schußtafeln. Sie berücksichtigen im allgemeinen in bildlicher Darstellung die Bedingungen, die bei Zielen außerhalb des Mündungshorizontes zu beachten sind (vgl. Graph. Schußtafeln). Der Umstand, daß im Gebirge die Dichte der Luft geringer ist und damit die Flugbahn auseinander zieht, ist wohl kaum beim Geschoßbahnbild bisher berücksichtigt worden. Bei der Seltenheit, mit der Geschützstellungen in etwa 2000 m Höhe bezogen werden, ist das verständlich. Die Dichte beträgt dort 0,8 des Wertes in N.N.

Gebrauchsstufe eines Geschützes ist ein Ausdruck für den Unterschied der für eine bestimmte Munition anzusetzenden „Tages"-Anfangsgeschwindigkeit (ausgedrückt in $^1/_3$% ihres Betrages) gegenüber der schußtafelmäßigen V_0. Die Gebrauchsstufe wird gebildet, indem man zu der Grundstufe (s. d.) die Stufen-Berichtigungen für Pulver, Geschoßgewicht und Kartuschvorlage hinzufügt.

Geländewinkel ist der Winkel zwischen der Mündungswaagerechten und der Tangente vom Geschütz aus an das Profil der Deckung. Er wird mit dem sog. Deckungswinkelmesser ermittelt (s. Deckungswinkel).

Gelbe Räume der Verteidigung. Das durch Gelbkreuzmunition der Artillerie im Kriege 1914—18 verseuchte Gelände wurde für längere Zeit für jedes Lebewesen unpassierbar gemacht. Da das Gelbkreuz ein Verteidigungskampfstoff war, führte dieses Gelände die Bezeichnung „Gelbe Räume der Verteidigung".

Genaues Einschießen mit A.Z. Dieses Einschießen soll die Flugbahn eines Geschützes oder die mittlere Flugbahn einer Batterie möglichst dicht an das Ziel legen. Es besteht aus der Gabelbildung, wobei das Ziel zunächst durch zwei mit verschiedener Entfernung abgegebene Schüsse eingerahmt wird. Dann wird diese Gabel bis zu einem bestimmten Maße (Gabelweite) verengt. Nachprüfung der Gabel (s.d.), Reiheschießen (s. d.).

Genauigkeitsprüfung von Chronographen. In der Literatur finden sich häufig über die Genauigkeit von ballistischen Zeitmessern Angaben, die geeignet sind, unrichtige Vorstellungen über die Leistungsfähigkeit solcher Apparate zu erwecken. Abgesehen davon, daß mitunter gesagt wird, diese oder jene Uhr messe absolut genau, was keinen Sinn hat, wird z. B. bei einem Funkenchronographen aus der Tourenzahl der Trommel, der Trommelteilung, der Markengröße und der Mikroskopvergrößerung berechnet, daß man mit dem Apparat noch $^1/_3$ Millionstel Sekunden messen könne. Mit einer solchen Angabe ist jedoch nur etwas über die Möglichkeit der Ablesungen und der Empfindlichkeit des Apparates, also über die Messung im allergünstigsten Falle gesagt. Tatsächlich wäre die einzelne Messung einer so kleinen Zeitdifferenz mit Hilfe des betr. Funkenchronographen im wahrscheinlichsten Falle mit einem so großen prozentualen Fehler verbunden, daß von einer Messung im eigentlichen Sinne keine Rede mehr sein könnte; denn die Lage der Funkenmarken gegenüber den Spitzen, die Tourenzahlen, die Verzögerungen zwischen den Kontaktunterbrechungen und den betr. Funkenauslösungen usw. sind stets gewissen Störungen unterworfen. Um die Meßgenauigkeit eines Chronographen zu bestimmen, wird genau dieselbe Zeitdifferenz wiederholt mit dem Chronographen gemessen werden. Werden alsdann für eine größere Meßreihe die Differenzen zwischen dem Mittelwert und den einzelnen Messungen gebildet und daraus der mittlere quadratische Fehler berechnet, so ist dieser oder auch der hieraus berechnete wahrscheinliche Fehler der Einzelmessung ein Maßstab für die Genauigkeit des Chronographen.

Geographisch-Nord (**Ge.N.**) ist die Richtung der Längenkreise.

Geographische Himmelsrichtung, bezogen auf einen Standort, wird astronomisch festgelegt. Man geht von dem Punkt am Himmel aus, auf den bei uns der nördliche Teil der Erdachse weist. Er liegt nahe dem Polarstern (α Urs. min.), dessen geringen Polabstand man berücksichtigt. Durch diesen Punkt legt man unter Ausnutzung der Erdschwerkraft eine senkrechte Ebene, die im Horizont den Nordpunkt ergibt. Auf der Vertikalebene (Meridianebene) durch den Nordpol steht die Ost-West-Ebene (sog. I. Vertikal) senkrecht. Danach sind vereinbarungsgemäß weitere Himmelsrichtungen einzuschalten.

Gepanzerte Kampffahrzeuge. Sammelbegriff für Panzerkampfwagen, Panzerspähwagen und Panzersonderwagen. S. Panzerwagen.

Gerätestreuung wird durch Einflüsse, die in den Einrichtungen, dem Mechanismus, der Abnutzung, der Erwärmung, Verschmutzung usw. des Geschützes liegen, bedingt und bildet einen Teil der Gesamtstreuung.

Gesamtauswanderungsdauer ist die Summe aus der Kommando- und Ladeverzugsdauer und der Geschoßflugdauer. Während dieser Zeit legt das Luftziel die „Gesamtauswanderungsstrecke“ zurück.

Gesamtauswanderungsstrecke setzt sich aus der Vorauswanderungsstrecke (s. d.) und der Hauptauswanderungsstrecke (s. d.) zusammen: Strecke auf dem Zielwege vom Meßpunkt bis zum „Treffpunkt“.

Gesamtrohrerhöhung (ε) ist der Winkel, den die Seelenachse des Rohres mit der Waagerechten unmittelbar vor dem Abschuß bildet. Sie setzt sich aus dem Geländewinkel γ zum Vorhaltepunkt und dem Aufsatzwinkel α zusammen.

Gesamtstreuung s. Fehlerdefinitionen.

Geschoßarten. Die Geschosse der Artillerie werden unterteilt in Kartätschen, Schrapnells, Granaten und Sondergeschosse.

Kartätschen sind dünnwandige, mit Bleikugeln gefüllte Büchsen, die (ohne Zünder verschossen) sich im Rohr zerlegen.

Schrapnells sind mit Zeitzündern versehen und besitzen nur eine kleine Sprengladung zum Ausstoßen der Kugelfüllung.

Granaten unterteilt man nach Verwendungszweck in Spreng- und Panzergranaten. Sprenggranaten sind hauptsächlich mit Kopfzündern (Zeit- oder Aufschlagzünder), bei größeren Kalibern zum Teil auch mit Bodenzündern, und Panzergranaten ausschließlich mit Bodenzündern, zum Teil auch mit Innenzündern versehen.

Sondergeschosse, wie Gas-, Nebel- und Leuchtgeschosse, tragen außer dem Zünder eine für die Zerstörung der Geschoßhülle bestimmte kleine Sprengladung und eine für den jeweiligen Zweck bestimmte Ladung, die nach der Detonation der kleinen Sprengladung wirksam wird.

Zu den Geschossen rechnet man weiterhin die Fliegerbomben, Spreng-, Brand-, Nebel- und Fallschirm-Leuchtbomben, deren Aufbau sinngemäß dem der betreffenden Geschoßarten entspricht.

Geschoßbahn s. auch Flugbahn.

Geschoßbahn im luftleeren Raum. Bezeichnungen: v_0 ($\mathrm{m\,sec^{-1}}$) Anfangsgeschwindigkeit; ϑ_0 Abgangswinkel (s. d.); x, y und v_x, v_y Koordinaten des Geschosses bzw. Komponenten seiner Geschwindigkeit zur Zeit t (sec) (bezogen auf ein rechtwinklig in der Schußebene liegendes Koordinatenkreuz, dessen Anfangspunkt in der Rohrmündung liegt, dessen x-Achse waagerecht nach vorn und dessen y-Achse senkrecht nach oben geht).

$$v_x = v_0 \cos\vartheta_0, \quad v_y = v_0 \sin\vartheta_0 - g t; \quad \text{(1a, b)}$$

$$\left.\begin{aligned} x &= v_0 t \cos\vartheta_0, \\ y &= v_0 t \sin\vartheta_0 - \frac{g}{2} t^2; \end{aligned}\right\} \quad \text{(2a, b)}$$

$$y = x \operatorname{tg}\vartheta_0 - \frac{g x^2}{2 v_0^2 \cos^2\vartheta_0} \quad \text{(Flugbahnparabel);} \quad (3)$$

Koordinaten des Scheitels:

$$x_s = \frac{v_0^2}{2g} \sin 2\vartheta_0, \quad y_s = \frac{v_0^2}{2g} \sin^2\vartheta_0; \quad \text{(4a, b)}$$

Schußweite und Flugdauer für den Mündungshorizont:

$$X = \frac{v_0^2}{g} \sin 2\vartheta_0, \quad T = \frac{2 v_0}{g} \sin\vartheta_0. \quad \text{(5a, b)}$$

Aus (4b) in Verbindung mit (5a, b) folgt:

$$y_s = \frac{g}{8} T^2, \quad y_s = \frac{X}{4} \operatorname{tg}\vartheta_0. \quad \text{(6a, b)}$$

Änderung der Schußweite infolge der ϑ_0-Änderung $\varDelta\vartheta_0$ bzw. der v_0-Änderung $\varDelta v_0$:

$$\varDelta X_1 = \frac{2 v_0^2}{g} \cos 2\vartheta_0 \varDelta\vartheta_0 = 2X \operatorname{ctg} 2\vartheta_0 \cdot \varDelta\vartheta_0$$

$$\varDelta X_2 = \frac{2 v_0}{g} \sin 2\vartheta_0 \varDelta v_0 = 2X \frac{\varDelta v_0}{v_0}.$$

Folgerungen aus Gl. (1) bis (5).

Die Reichweite im Mündungshorizont v_0^2/g wird erzielt mit $\vartheta_0 = 45°$, jede geringere Schußweite mit zwei Erhöhungen ϑ_0 und ϑ_0', die sich zu 90° ergänzen, die unter 45° liegende liefert die direkte Parabel, ihr Komplementwinkel (große Erhöhung) die indirekte Parabel.

Liegt das Ziel unter dem Geländewinkel γ (s. d.), so wird die Höchstschußweite $\frac{v_0^2}{g(1+\sin\gamma)}$ (gemessen in der Luftlinie) erreicht mit der Erhöhung $\vartheta_m = \frac{1}{2}(90° + \gamma)$. Jedes näher liegende Ziel wird mit zwei Erhöhungen ϑ_1 und ϑ_2 erreicht; für diese gilt

$$\vartheta_1 + \vartheta_2 = 90° + \gamma = 2\vartheta_m.$$

Sätze über die Gesamtheit der Flugparabeln.

1. Sämtliche zu derselben v_0 gehörigen Parabeln haben dieselbe

waagerechte Leitlinie, ihr Abstand von der Mündung ist gleich der Steighöhe $v_0^2/2\,g$ des Vertikalschusses.

2. Die Brennpunkte dieser Parabeln liegen auf einem Kreise um O mit dem Radius gleich der Steighöhe.

3. Ihre Scheitel liegen auf einer Ellipse, deren Mittelpunkt den feuerten Geschosse ist ein Kreis vom Radius $v_0 t$ und dem Mittelpunkt M, der um die Strecke $\frac{g}{2}t^2$ senkrecht unterhalb O liegt.

6. Alle unter den verschiedensten Geländewinkeln liegenden Ziele, die mit demselben Aufsatzwinkel ε (s. d.) erreicht werden, liegen auf der zu der Horizontal-

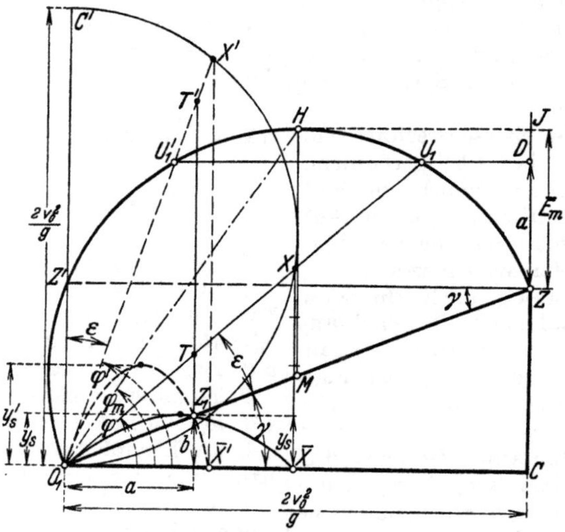

Abb. 6. Ballistik des leeren Raumes.

senkrechten Abstand der gemeinsamen Leitlinie von O halbiert und deren senkrechte und waagereecht Halbachse gleich $v_0^2/2\,g$ bzw. $v_0^2/4\,g$ ist.

4. Sämtliche Parabeln werden umhüllt von einer Parabel, deren Brennpunkt in O liegt und deren Scheiteltangente die gemeinsame Leitlinie der Flugparabeln ist.

5. Der Ort gleicher Flugdauer für alle mit gleichem v_0, aber verschiedenem ϑ_0 gleichzeitig abgeentfernung $X = \frac{v_0^2}{g}\sin 2\varepsilon$ gehörigen indirekten Parabel (s. d.); der Abgangswinkel derselben ist also $90° - \varepsilon$. Diese Parabel heißt Kurve gleicher Aufsatzstellung. (ε a. Erhg.)

7. Die neutrale Aufsatzkurve hat die Eigenschaft, daß alle ihre Punkte mit derselben Aufsatzstellung ε getroffen werden, wie sie für ein gleich weites, aber im Mündungshorizont liegendes Ziel erforderlich ist.

Konstruktive Lösung der ball. Hauptaufgabe[1].

In der Abbildung ist von der Rohrmündung O_1 aus der Horizontalabstand a des Zieles Z_1 sowie dessen Höhe b über dem Mündungshorizont in einem passenden Maßstabe aufgetragen (z. B. 1 mm ÷ 10 m). — Zur Ermittlung der erforderlichen Erhöhungen ϑ_0 bzw. ϑ_0' trägt man von O_1 aus die Strecke $\frac{2v_0^2}{g} = O_1C$ waagerecht auf, errichtet in C das Lot bis zu seinem Schnitt Z mit O_1Z_1, verlängert CZ um a bis D, zieht durch D die Horizontale, welche den Halbkreis über O_1Z in U_1 und U_1' schneidet. Dann ist $\sphericalangle U_1O_1C = \vartheta$ und $\sphericalangle U_1'O_1C = \vartheta_0'$. Schneidet ferner die Vertikale durch Z die Strahlen O_1U_1 und O_1U_1' in T und T', so geben die Strecken O_1T und O_1T' die Flugdauern T bzw. T' an, wenn man sie mit einem Maßstabe mißt, dessen Einheit gleich v_0 ist.

Geschoßbeanspruchung im Rohr. Zu Anfang der Geschoßbewegung besteht der Einpreßwiderstand, bis sich die Züge des Rohres in die Führungsbänder oder die Mantelfläche des Geschosses eingedrückt haben; die Pulvergase müssen also vor Beginn seiner Bewegung erst einen gewissen Anfangsdruck erreicht haben. Weiterhin wirkt dann der Reibungswiderstand infolge der Reibung des Geschosses im Rohr. Einpreß- und Reibungswiderstand können durch Vorschieben des Geschosses im Rohr mittels Fallhammer oder gleichmäßiger hydraulischer Bewegung ungefähr bestimmt werden. Bei Patronenmunition kommt die Arbeit zum Freimachen des Geschosses aus der Hülse hinzu, die in gleicher Weise bestimmt werden kann.

Infolge des Trägheitswiderstandes und durch die sonstigen Widerstände in Richtung der Seelenachse erfährt das Geschoß bei seiner Beschleunigung durch die Pulvergase eine Beanspruchung auf Stauchung; maßgebend dafür ist das Produkt aus Geschoßmasse und Geschoßbeschleunigung. In gleicher Weise besteht ein Trägheitswiderstand gegen die Rotationsbeschleunigung durch den „Drall"; maßgebend für die Beanspruchung auf Abwürgen ist das Produkt aus Trägheitsmoment und Winkelbeschleunigung. Stauchung und Torsionsbeanspruchung dürfen nur solche Werte annehmen, daß ein Zerspringen des Geschosses sicher vermieden wird. Bei konstantem „Drall" (s. d.) erreichen beide Größen gleichzeitig ihr Maximum, weshalb man häufig wachsenden Drall verwendet. Auch darf durch zu starken Drall kein Abscheren der Führungsbänder eintreten. Bei all diesen Beanspruchungen handelt es sich um dynamisch wirkende; die statischen Festigkeitswerte bieten nur geringen Anhalt und können weit überschritten werden, ohne das Geschoß zu beschädigen.

Eine Sprengstoffladung im Geschoß wird ebenfalls durch die Beschleunigung auf Stauchung beansprucht. Für die verschiedenen Sprengstoffe wird festgestellt, welchen Beschleunigungsdruck sie aus-

[1] Abb. aus Hänert, Geschütz und Schuß, enthält noch die Bezeichnung des Abgangswinkels mit φ statt ϑ_0.

zuhalten vermögen, ohne zu detonieren; etwa ein Siebentel davon wird als zulässige Grenze angenommen. Um den Druck der Sprengladung bei der Beschleunigung auf den Geschoßboden möglichst zu vermindern, versucht man durch zweckmäßige Anordnung (Laborierung) der Ladung zu erreichen, daß die Geschoßwände die Ladung mittragen helfen.

Geschoßfaktor s. Ballistischer Koeffizient.

Geschoßgarbe ist die Gesamtheit der Flugbahnen von Geschossen, die aus einem Geschütz bei gleicher Stellung kurz hintereinander abgefeuert werden. Geringe Schwankungen in den Abmessungen von Geschoß und Ladung, kleine Fehler beim Richten sowie atmosphärische Einflüsse bewirken, daß die einzelnen Flugbahnen der Garbe nicht streng zusammenfallen, sondern um eine mittlere Bahn mehr oder weniger stark streuen (s. Streuung).

Die Geschoßgarbe wird insbes. beim Schießen aus dem l. MG. im Feuerstoß gegenüber dem Einzelfeuer vergrößert. Bei größeren Schußweiten kann durch rasches Wachsen des Fallwinkels bei langsam ansteigender Höhenstreuung ein unübersichtlicher Verlauf der Längenstreuung mit der Entfernung resultieren.

Geschoßgeschwindigkeit im Rohr. Es kommt hier auf Erzeugung einer möglichst großen Mündungsgeschwindigkeit bei möglichst niedrigem Maximalgasdruck an; Beschleunigung des Geschosses als nahezu konstant anzustreben. Gasdruck daher annähernd auf gleichem Wert zu halten, wobei die durch Raumvergrößerung und Arbeitsleistung bewirkte Abnahme des Gasdrucks durch ständige Bildung neuer Verbrennungsgase kompensiert sein sollte. Durch geeignete Wahl und Formgebung des Pulvers, die durch die Größe der Ladung, Volumen des Verbrennungsraumes, Rohrlänge, Trägheitswiderstand des Geschosses bestimmt wird, sucht man zu erreichen, daß das Pulver die Verbrennung fortsetzt, bis das Geschoß die Mündung verläßt, dann aber vollständig verbrannt ist. In Wirklichkeit läßt sich ein gleichmäßiger Gasdruck nicht erreichen, sondern nach raschem Anstieg auf einen Maximalwert tritt langsame Abnahme ein. Infolgedessen ist die Geschwindigkeitszunahme des Geschosses anfangs wachsend, bis bei Maximalgasdruck ein Wendepunkt in der Geschwindigkeits-Zeit-Kurve eintritt und dann der Geschwindigkeitszuwachs ständig geringer wird. Nach Verlassen der Mündung wird das freifliegende Geschoß durch nachdrängende Pulvergase weiterhin eine kurze Zeit beschleunigt; Geschwindigkeitszunahme gering. Der Wert der Geschoßgeschwindigkeit, bezogen auf die Mündung, gilt als Anfangsgeschwindigkeit des Geschosses.

Geschoßknall s. Geschoßwellen.

Geschoßspitze als Ogival. Der Achsenschnitt eines Ogivalgeschosses ist an der Spitze durch zwei zur Achse symmetrische Kreisbögen begrenzt, deren Radius $R_1 = n\,2R$ ($2R =$ Kaliber) der Abrundungsradius heißt. Der Winkel der beiden Kreisbögen an der Spitze heißt der Ogivalwinkel 2γ, $OC = h$ ist die Kopfhöhe des Geschosses. Die

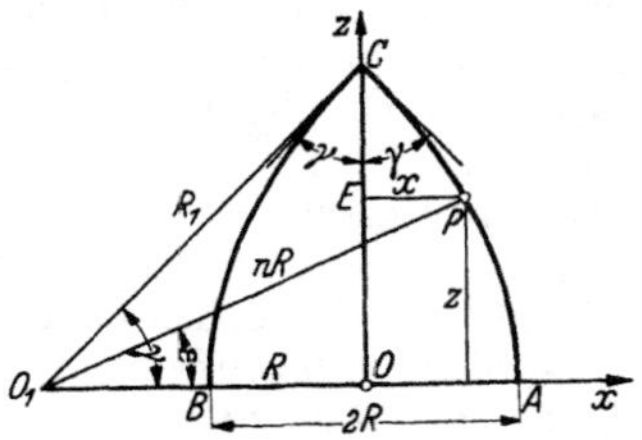

Abb. 7.

das Ogival charakterisierenden Größen hängen so zusammen:

$$\cos\gamma = \frac{n-1}{n},$$

$$n\sin\gamma = \frac{h}{R}, \quad \left(\frac{h}{R}\right)^2 = 2n - 1 .$$

Geschoß-Überschläger s. Querschläger.

Geschoßumdrehung (s. a. Drehzahl). Beim Durchgang durch das Rohr preßt sich die Führung des Geschosses in die Züge ein und überträgt so eine dem Drallverlauf (s. d.) entsprechende Drehung des Geschosses um seine Achse. Durch die Drehung des Geschosses wird sein Flug in gewissen Grenzen (teilweise zu sehr) stabilisiert.

Geschoßwellen. Ein mit Überschallgeschwindigkeit fliegendes Geschoß wird von stationären Wellen begleitet, die zum erstenmal 1872 von E. Mach, später besonders eindrucksvoll von C. Cranz, photographiert wurden. Von der Geschoßspitze geht ein schräger Verdichtungsstoß (s. d.), die Kopfwelle, aus, in der die Luft plötzlich verdichtet wird. Die Stärke der Verdichtung hängt stark von dem Winkel an der Geschoßspitze ab. Je kleiner dieser Winkel ist, desto geringer wird auch die Intensität des Verdichtungsstoßes. Hinter der Kopfwelle setzt entsprechend der konvexen Krümmung der Geschoßform Expansion

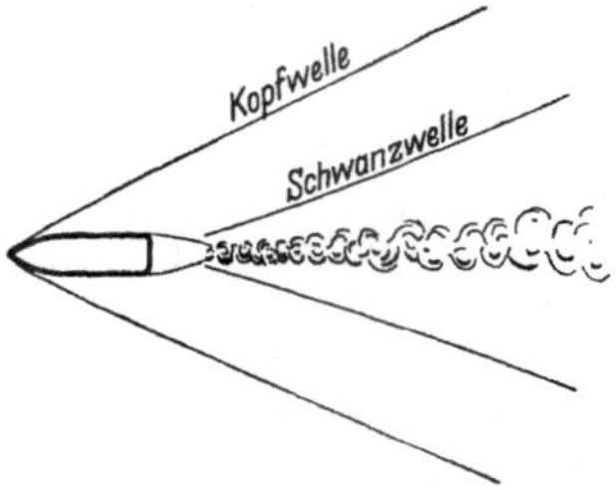

Abb. 8. Geschoßwellen bei Überschallgeschwindigkeit. (Geschoßspitze vorn.)

ein, die über den Geschoßboden hinausreichen kann. Im Verlauf dieser Expansion kann sich schließlich ein geringerer Druck einstellen

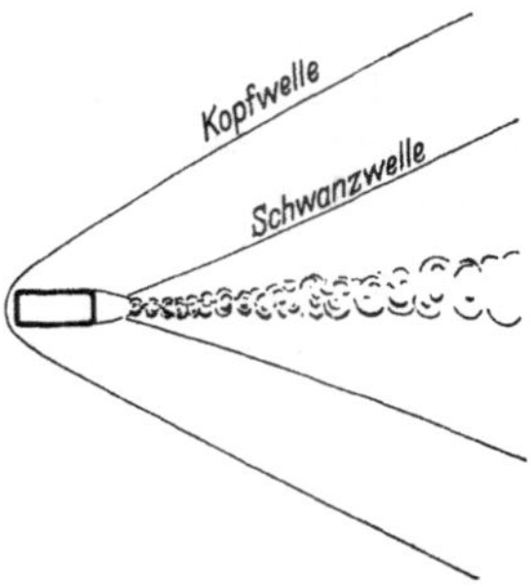

Abb. 9. Geschoßwellen bei Überschallgeschwindigkeit. (Zylindrisches Geschoß. Deformierte Kopfwelle.)

als in der ungestörten Luft. Da aber in einiger Entfernung vom Geschoß wieder der normale Zustand der Luft herrscht, muß noch ein weiterer Verdichtungsstoß, die Schwanzwelle, folgen, in der sprunghaft der Zustand der ruhenden Luft wiederhergestellt wird. In Geschoßnähe sind Kopf- und Schwanzwellen gekrümmt, da die örtliche Richtung der Wellen von der örtlichen Fortpflanzungsgeschwindigkeit der Störungen abhängt und diese wegen der Temperaturerhöhung im Gebiet der höheren Drucke größer, und umgekehrt im Gebiet niederer Drucke kleiner ist als die Schallgeschwindigkeit in ruhender Luft (s. Machsche Welle). Dazu kommt, daß sich starke Druckstörungen anfänglich rascher als mit Schallgeschwindigkeit fortpflanzen. Erst mit zunehmender Entfernung vom Geschoß klingt dessen Druckfeld allmählich ab, Kopf- und Schwanzwellen laufen dann geradlinig wie gewöhnliche Machsche Wellen, die von kleinen Störungen herrühren. C. CRANZ hat diese Entfernung zu etwa 6—8 Geschoßlängen ermittelt. Bei der Bestimmung der Geschoßgeschwindigkeit v bei bekannter Schallgeschwindigkeit c aus einem photographierten Wellenbild mit Hilfe der Machschen Gleichung $\frac{v}{c} = \frac{1}{\sin\alpha}$ ist also der Machsche Winkel α dort abzugreifen, wo die Wellen geradlinig geworden sind.

Bei stumpfen Geschoßformen wird die Luft vor dem Geschoß aufgestaut. Am Geschoß selbst entsteht ein Staupunkt, davor herrscht relativ zum Geschoß Unterschallströmung, die ihre Grenze nach vorn in einem senkrechten Verdichtungsstoß findet. Nach der Seite hin wird dieser Verdichtungsstoß allmählich schräg und geht in die gewöhnliche Kopfwelle über.

Die Geschoßwellen, die sich in einiger Entfernung vom Geschoß senkrecht zu ihrer Wellenfront mit Schallgeschwindigkeit fortpflanzen, werden von einem Beobachter beim Auftreffen der Wellen auf das Ohr als Geschoßknall wahrgenommen.

Geschoßwirksamkeit ist die größtmögliche, theoretische und nur für den Vergleich gebrauchte Gesamtleistung eines Geschosses. Wirksamkeit ist daher nicht zu verwechseln mit der in irgendeinem Fall tatsächlich erreichten reinen Geschoßwirkung (s. d.). Z. Beisp. kann die Splitterwirksamkeit einer Sprenggranate ausgedrückt werden durch die Gesamtzahl der erzeugten Splitter oder durch die auf einem Quadratmeter in einem bestimmten Abstand vom Sprengpunkt unter einem bestimmten Winkel mögliche Anzahl von Splittern, während die reine Splitterwirkung einer Granate durch die tatsächlich erreichte Anzahl von Treffern gegen ein bestimmtes Ziel ausgedrückt wird.

Geschoßwirkung ist die unter den jeweiligen Verhältnissen von einem oder mehreren Geschossen gegen ein bestimmtes Ziel erreichte tatsächliche Wirkung, die je nach der Art des Geschosses, der Flugbahn, der Zündung usw. ganz verschiedenartig sein kann und ihren größtmöglichen Ausdruck in der rein theoretischen Geschoßwirksamkeit (s. d.) findet. Der Wirkung der Artilleriegeschosse ähnlich ist die Wirkung der Abwurfbomben (s. Bombenwirkung); die nachfolgenden Betrachtungen treffen daher zum Teil auch für Abwurfbomben zu. Die wesentlichsten artilleristischen Wirkungsarten sind:

1. die rein ballistische Wirkung des Vollgeschosses mittels seiner Auftreffwucht,

2. die Wirkung der Geschoßfüllung, die durch einen Zünder entweder beim Aufschlag oder in der Luft vor oder nach dem Aufschlag zur Auslösung gebracht wird.

Eine reine Vollgeschoßwirkung gibt es eigentlich nur bei den Kalibern der Handfeuerwaffen, weil bei deren Kleinheit die Unterbringung einer Füllung und eines Zünders auf Schwierigkeiten stößt und aus Gründen der Menschlichkeit (Haager und Genfer Übereinkommen) verboten ist. Bei den im Verhältnis sehr hohen Geschoßgewichten und Geschwindigkeiten ist die Durchschlagsleistung der Geschosse der Infanteriegewehre auf allen Entfernungen gegen alle Lebewesen groß und selbst gegen schwächere Panzerungen bei Verwendung besonders gehärteter und gefertigter Panzergeschosse (S.m.K.) noch ausreichend.

Für die eigentliche Panzer- (Tank-) Bekämpfung kommen Sondergeschütze von 2—5 cm in Frage, die ebenfalls besonders gehärtete Panzergeschosse mit hohen Geschwindigkeiten verfeuern. Gegen leichte Kampfwagen reicht vermutlich ein kleineres Kaliber aus. Bei schrägem Auftreffen (unter 70°) werden die Geschosse an den Panzerungen leicht zum Abgleiten gebracht. Vom Standpunkt der Geschoßwirkung ist ein Tank verhältnismäßig leicht außer Gefecht zu setzen; anders liegt die Frage, ob es möglich ist, diese Wirkung überall auf dem Gefechtsfeld schnell in Erscheinung treten zu lassen.

Alle größeren Kaliber, vor allem die Feldgeschütze, haben gegen Kampfwagen eine überlegene Wirksamkeit. Und selbst reine Sprenggranaten drücken mittels des Detonationsgasdruckes Panzerungen bis zu 20 mm, und wenn diese spröde sind, noch darüber hinaus ein. Die bei den leichten Tanks verwendeten schwachen Panzerungen von oft nur 10 mm Dicke werden schon von den größeren Sprengstücken der in der Nähe krepierenden Granaten der Feldgeschütze (besonders aber der schweren Kaliber) glatt durchschlagen.

Die Wirkung mittels der Auftreffwucht des Vollgeschosses spielt ferner bei den Steilfeuergeschützen der schweren Artillerie, und zwar besonders im Stellungs- und Festungskampf eine Rolle. Eine Überlegenheit der Wirkung besteht hier allerdings nicht, weil die fest im Gelände eingebauten Verteidigungsmittel, vor allem die betonierten Kasematten, beliebig stark gemacht werden können. Nur in reinem Erdwerk sind die Eindringungstiefen der Geschosse erheblich; so dringt eine 15 cm-Granate bei steilem Fallwinkel bis zu 4 m, eine 21 cm-Gr. bis 6 m, eine 42 cm-Gr. bis 12 m ein. In dicken, gut armierten Beton aber beträgt die Eindringung von 15 cm-Granaten höchstens 40 cm, von 21 cm-Gr. nur 60 cm und von 42 cm-Gr. nur 120 cm, unter der Voraussetzung, daß die Geschosse beim Auftreffen nicht zu Bruch gehen. Vor dem Weltkriege wurden zur Erhöhung der Wirkung besondere Minengranaten (Langgranaten) eingeführt, deren kräftiger, teilweise gehärteter

Kopf den Stoß beim Auftreffen aushielt, deren Zünder im Geschoßboden geschützt untergebracht war, und deren sorgfältig laborierte Sprengladung die Befestigungswerke nach dem Eindringen aufreißen sollte. Dazu besaßen die eigens hierfür gebauten kz. Bd.Z.10 eine besonders lange Verzögerung, damit die Auftreffwucht voll ausgenutzt wurde, bevor die Minenwirkung (s. d.) in Erscheinung trat.

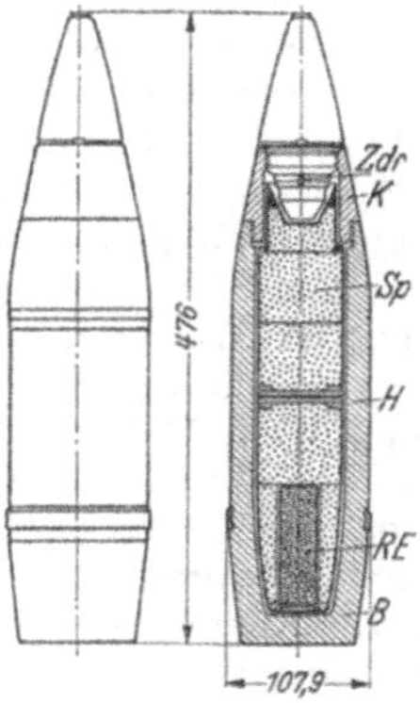

Abb. 10. Schematisiertes C-Geschoß der l. F. H. 16.

B (Verjüngter) Bodenteil, *H* Hülle (Geschoßwandung), *K* Geschoßkopf, *RE* Rauchentwickler, *Sp* Sprengladung, *Zdr* Zünder.

Auf anderer Grundlage beruht die Splitterwirkung der Sprenggranaten. Während bei den Langgranaten die Geschoßhüllen aus zähem Werkstoff gefertigt werden, bestehen die Hüllen der Sprenggranaten aus verhältnismäßig sprödem Stahl, der sich bei der Detonation der Sprengladung in zahlreiche wirkungsvolle Sprengstücke zerlegt (s. Splitterwirkung). [Siehe auch Berechnungen von JUSTROW in: Technik u. Wehrmacht 1921, Heft 9—12.] Die Splitterwirkung ist die bedeutungsvollste Wirkung der Artillerie im neuzeitlichen Kampf; die Sprenggranate wird gleichermaßen gegen alle feldmäßigen Ziele, gegen Ortschaften, im Waldgelände, gegen Drahthindernisse, gegen Luftziele usw. verwendet. Alle übrigen Geschoßarten sind im Vergleich dazu nur als Sondergeschosse zu werten. Selbst Bohlen und Balken bis zu 30 cm Dicke werden in der Nähe des Sprengpunktes von den Sprengstücken durchschlagen. Ein besonderer Vorteil liegt darin, daß die Splitter wegen ihrer senkrecht zur Geschoßachse abgehenden Richtung auch hinter Deckungen und von oben in die Gräben hineingelangen. Deswegen ist es anzustreben, daß die Geschosse nicht in Richtung, sondern etwas seitlich zum Ziel liegen; dies ist auch im Luftabwehrkampf von Bedeutung, da Flugzeuge in Richtung der Geschoßflugbahn sich im allgemeinen außerhalb des eigentlich wirkungsvollen Sprengkegels befinden. Ein wesentlicher Nachteil der Sprenggranatwirkung besteht darin, daß sich die Splitter in weitem Umkreis um den Sprengpunkt im Raume stark verteilen und daß die Trefferdichte (s. d.) mit wachsender Entfernung vom Sprengpunkt schnell abnimmt.

Bei Schrapnells wird die Wirkung der Sprengteile (Kugeln) in einem engen Streuungskegel in Richtung der Flugbahn besser zusammengehalten; die Trefferdichte ist verhältnismäßig groß. Jedoch ist die Geschwindigkeit der Kugeln und damit deren Durchschlagsleistung selbst gegen dünnen Panzerschutz (Stahlhelm) gering; Stahlkugeln sind trotz ihres geringeren Gewichtes den Bleikugeln überlegen, die sich auf Panzerungen völlig platt drücken. Hinter Deckungen vermögen die Kugeln überhaupt nicht zu gelangen, so daß die Schrapnellwirkung im neuzeitlichen Kriege fast völlig fallen gelassen ist (Studie über den Schrapnellschuß von Generallt. ROHNE in: Artill. Monatsh. 1911).

Zu beachten ist bei Sprenggranaten die Giftwirkung der bei der Detonation entwickelten Sprenggase (Kohlenoxyd, Methan usw.), die aber nur in geschlossenen Räumen vorübergehend auftritt.

Sonderwirkungen durch Brand (gegen Städte, Dörfer, Getreidefelder, Ballone), durch Vernebelung (um eigene Bewegungen oder wertvolle Ziele der Sicht des Gegners zu entziehen), durch Aufleuchten (um bei Nacht gewisse Geländeteile zu beleuchten), durch Buntrauch (um beim Massenbeschuß die Geschoßeinschläge der einzelnen Batterien auseinanderzuhalten) werden durch Sondergeschosse (s. d.) erzeugt.

Geschoßwucht ist die kinetische Energie (s. d.) eines Geschosses. Sie setzt sich zusammen aus der kinetischen Energie der fortschreitenden Bewegung

$$L = \frac{G}{2g} v^2$$

und der der Drehbewegung

$$\Lambda = \frac{G}{2g} \left(\frac{\varrho}{R}\right)^2 v^2 \operatorname{tg}^2 \zeta \,.$$

Hierin ist v die Geschwindigkeit, G das Gewicht, $2R$ das Kaliber und ϱ der Trägheitsradius des Geschosses, ferner ist g die Schwerebeschleunigung und ζ der Drallwinkel.

Bei mäßigen Drallwinkeln ist Λ sehr klein gegenüber L, so daß es fast stets vernachlässigt wird.

Von praktischer Bedeutung sind Mündungswucht und Auftreffwucht eines Geschosses, d. h. diejenigen Beträge von L, die dessen Anfangsgeschwindigkeit v_0 bzw. Endgeschwindigkeit v_e entsprechen.

Geschütz. Indem in den Abschnitten über Artillerie das Wichtigste über Geschütze gesagt wurde, ist hier über die Benennung einiger Teile der Geschütze an Hand der

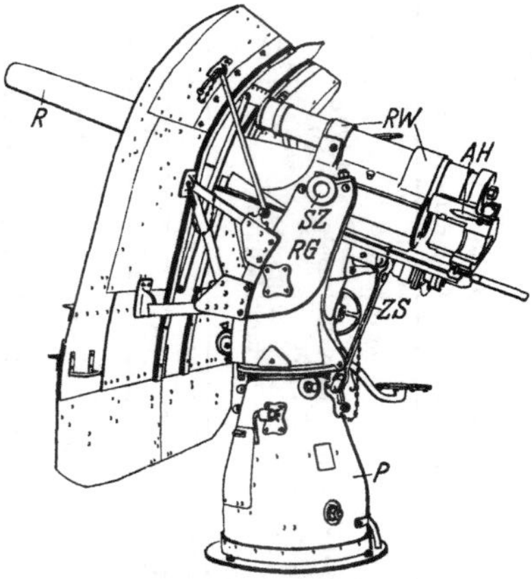

Abb. 11. Schematisiertes Kraftwagengeschütz 14 (Krupp).
AH Abzugshebel, *P* Pivot, *R* Rohr, *RG* Rohrgabel, *RW* Rohrwiege mit Federvorholer, *SZ* Schildzapfen, *ZS* Zurrstange.

Abbildungen einiges nachzutragen. Es dienen als Anhalt das K.W. G. (Kraftwagengesch. von Krupp) und die F.K. 16 (Feldkanone) auf einer

Tabelle 2. Übersicht über unsere hauptsächlichsten Geschütze während des Krieges, über ihre Munition, Lebensdauer und ihre Verwertung.

Bemerkung	Geschützgewicht in Feuerstellung	Rohrlänge	Rohrgewicht	Höchstgasdruck bei größter Ladung	Anfangsgeschw. bei größter Ladung	Größte Schußweite	Mündungswucht insgesamt	Mündungswucht auf 1 kg Rohrgewicht	Lebensdauer (Durchschnitt)	Geschoßgewicht	Metallgewicht des Geschosses	Geschützverwertung (Verhältn. zwischen Gew. des Rohres u. Metallgew. aller daraus verfeuerten Geschosse,	Gewicht der Geschoßsprengladung	Preis der Munition pro Schuß
1	2	3	4	5	6	7	8	9	10	11	12	13	14	15
	kg	Kal.	kg	Atm	m/s	m	mt	mt	Schußzahl	kg	kg		kg	RM.
F. K. 16 (7,7 cm)	1330	35	375	2300	600	10700	110	0,29	18000	6,5	6,0	1:288	0,55	20
l. F. H. 16 (10,5 cm)	1400	22	445	2300	427	9700	147	0,33	17000	15,8	14	1:535	1,6	30
8,8 cm K-Flak	7300	45	1540	2600	785	10800	302	0,195	4000	9,6	9,0	1:23	0,61	40
10,5 cm K-Fl.	9000	45	2215	2400	720	13900	460	0,21	3500	17,4	16,5	1:26	0,88	50
10 cm K. 17	3250	45	1380	2100	650	14100	404	0,29	10000	18	16	1:115	1,8	40
lg. s. F. H. 13 (15 cm)	2300	17	840	2000	377	8500	297	0,35	15000	41	35	1:625	5,0	60
15 cm K. 16	10000	43	4200	2700	757	22000	1523	0,36	2000	52	46	1:22	5,0	80
Mrs. (21 cm)	6333	12	2600	2000	367	9400	819	0,315	10000	119	100	1:385	17	150
Dicke Berta (42 cm)	140000	16	21900	1800	440	14200	8900	0,405	2000	900	770	1:70	130	600
Paris-Kanone (21 cm)	140000	170	100000	4000	1700	125000	17500	0,175	50—80	120	110	1:0,09	8	500
l. M. W. (7,5 cm)	145	5,2	23	1000	120	1300	3,5	0,15	30000	4,6	4	1:5200	0,6	10
m. M. W. (15 cm)	586	4,5	150	800	110	1160	33,5	0,22	20000	54	40	1:5300	14	40

Rad-Lafette. Über die Berechnung von Geschützen und Lafetten gibt C. CRANZ Bd. II auf Grund älteren Materials einige Unterlagen.

Nach dem Ehrenbuch der Deutschen Schweren Artillerie, Bd. II, vgl. nebenst. Zusammenstellung.

Geschützführertafel. Sie liefert zu den verschiedenen Flughöhen und Entfernungen (zum Vorhaltepunkt) die erforderlichen Aufsatzwinkel, Zünderstellzahlen („Grad vom Kreuz") und Schieberkorrekturen für Seitenabweichung (s. auch Schußtafeln).

Geschwindigkeit. Ein materieller Punkt oder der Schwerpunkt eines Systems bewege sich auf beliebiger Bahn durch den Raum. Der zurückgelegte Weg s werde als Funktion der Zeit t von einem bestimmten Zeitpunkte an gemessen; es ist also $s = s(t)$. Zeiteinheit ist die Sekunde.

Der Differentialquotient $v = \frac{ds}{dt}$ heißt die Geschwindigkeit des Punktes zur Zeit t. Die Geschwindigkeit ist ein Vektor mit der Richtung der Tangente an die Bahnkurve zur Zeit t.

Eine Bewegung heißt gleichförmig, wenn ihre Geschwindigkeit konstant ist, wenn also in gleichen Zeiten gleiche Wege zurückgelegt werden.

Geschwindigkeit der Verbrennung. Von den drei für Verbrennung (s. d.) wichtigen Faktoren hat geringsten Einfluß auf Geschwindigkeit die Zündtemperatur. Steigerung der Geschwindigkeit dagegen durch Variation von

1. Passivbrennstoff: Innigere Mischung mit Aktivbrennstoff. Gase brennen am schnellsten, Flüssigkeiten brennen nur in einer oberen Niveaufläche, wo Sauerstoff herankommt, ähnlich Feststoffe. Steigerung der Verbrennungsgeschwindigkeit bis zur Explosion durch feine Verteilung mit nachfolgender Intensivmischung des Passivstoffs mit dem Aktivstoff:

bei Feststoffen: Verstäubung—Kohlenstaubexplosion,

bei Flüssigkeiten: Vernebelung—Explosion im Motor.

2. Variation des Aktivbrennstoffs:

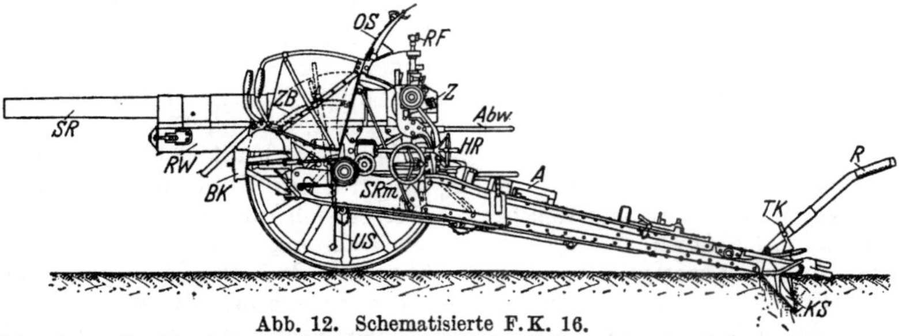

Abb. 12. Schematisierte F. K. 16.

A Ansetzer, *Abw* Abweiser, *BK* Bremsk'otz, *HR* Höhenrichtmaschine (Kurbelrad), *KS* Klappsporn, *OS* Oberschild, *R* Richtbaum, *RF* Rundblickfernrohr, *RW* Rohrwiege, *SR* Seelenrohr, *SRm* Seitenrichtmaschine (Kurbelrad), *TK* Trittklinke, *US* Unterschild, *Z* Zieleinrichtung, *ZB* Zahnbogen.

Verwendung von konzentrierterem Sauerstoff als in Luft, wobei Wärme zusammengehalten wird: Preßluft. Noch größere Geschwindigkeit in reinem Sauerstoff, weil die Miterwärmung des mitgeschleppten Stickstoffs der Luft fortfällt. Weitere Steigerung durch Verwendung von flüssigem Sauerstoff: Herstellung und Verwendung von Flüssigluft-Sprengstoffen. Weitere Steigerungen möglich durch Verwendung von naszierendem Sauerstoff, d. h. nicht von bereits vorhandenem, sondern frisch gebildetem; dieser ist bei seiner Entstehung in dem viel reaktionsfähigeren Stadium der Atome. Beispiel: Salpeter im Schwarzpulver, Chlorate in Chloratsprengstoffen. Die höchste Geschwindigkeit erzielt man bei Verwendung von naszierendem Sauerstoff nicht aus Gemischen wie den ebenerwähnten, sondern aus Verbindungen, bestehend aus Aktiv- mit Passiv-Brennstoffen, wie sie z. B. in Nitroringkörpern usw. vorliegen. Hier tritt sogar noch Explosion bzw. Detonation ein bei einem Defizit von Sauerstoff, d. h. wenn der vorhandene Sauerstoff zur Verbrennung der gesamten Passivsubstanz nicht ausreicht; hier bewirkt die zuerst einsetzende außerordentlich schnelle Verbrennung danach einen thermischen Zerfall des Moleküls.

Geschwindigkeit der Zersetzung von Explosivstoffen. Bei der langsamen Verbrennung reicht die durch die chemische Reaktion erzeugte Wärme gerade hin, um die nächstfolgende Schicht auf die Entzündungstemperatur zu erheben, so daß sich ein Gleichgewichtszustand mit konstanter Zersetzungsgeschwindigkeit herausbildet. Dieser Fall liegt vor bei der Verbrennung von Pulver in länglichen schmalen Haufen an freier Luft, insbesondere bei den Zündschnüren und Brennzündern. Brenngeschwindigkeit von Zündschnüren etwa 1—30000 cm/sec. Abhängigkeit der Zeitzünder vom Luftdruck; Zunahme der Brenndauer um etwa 1‰ bei Erhöhung des Drucks um 1 mm Hg.

Bei der Explosion („Zerknallung“) eines Explosivstoffes handelt es sich um eine beschleunigte Verbrennung, bei der sich infolge äußerer Bedingungen (genügend fester Einschuß) Temperatur- und Drucksteigerungen bis zu Maximalwerten (Verbrennungstemperatur) ergeben, so daß die weitere Verbrennung mit konstanter Beschleunigung verläuft. Die Verbrennungstemperatur ist eine Pulverkonstante (2000—4000° Cels.); die Explosionsgeschwindigkeit ist eine Funktion des Drucks. Messungen und Registrierungen des Druckverlaufs in Versuchsbomben oder Waffen durch Stauchung eines Kupferzylinders, durch Federindikatoren, durch piezoelektrische oder magnetoelastische Verfahren, durch die Methode des „piston libre“. Unter Heranziehung der Abelschen Gleichung (s. d.) läßt sich die verbrannte Pulvermenge als Funktion der Zeit und damit auch die Verbrennungsgeschwindigkeit errechnen; diese Geschwindigkeit kann in den meisten Fällen proportional dem Gasdruck p und einer Funktion $\varphi(\varepsilon)$ der verbrannten Pulvermenge ε gesetzt werden (Krupp-Schmitz):

$$\frac{d\varepsilon}{dt} = \varphi(\varepsilon)p.$$

(Bedeutung dieser Gleichung s. unter Treibmittel und Waffe.)

Bei der Detonation erfolgt die Fortpflanzung der Zersetzung nicht durch die Wärmewirkung, sondern durch die bei dem außerordentlich raschen Zerfall unter hohem Druck sich ausbildende Stoßwelle. Die Detonationsgeschwindigkeit ist annähernd eine Materialkonstante, indem nach der Theorie von Becker andere Zersetzungsgeschwindigkeiten instabilen Zuständen entsprechen und daher sich immer der gleiche stabile thermodynamische Zustand einzustellen sucht. Gemessen wird die Detonationsgeschwindigkeit nach Dautriche, Mettegang mit dem Funken- oder Kondensatorchronographen (s. d.) oder einem der modernen Kurzzeitmeßgeräte; sie kann sehr hohe Werte bis etwa 9000 m/sec betragen, wobei die Drucke oft unmeßbar hoch sind.

Geschwindigkeitsmessung von Geschossen. Hier ist zunächst zwischen direkten und indirekten Methoden zur Messung der Geschoßgeschwindigkeit zu unterscheiden. Von Methoden zur direkten Messung einer Geschoßgeschwindigkeit sind zu nennen:

1. Anwendung des ballistischen Pendels. Dieses gestattet, die Geschwindigkeit eines Geschosses in einem bestimmten Punkte seiner Bahn und nur in diesem zu messen; der betr. Punkt muß in der Nähe der Mündung der Schußwaffe liegen (s. Ball. Pendel).

2. Photographie der das Geschoß begleitenden Kopf- und Schwanzwelle. Voraussetzung dafür ist, daß die Geschoßgeschwindigkeit größer als die normale Schallgeschwindigkeit ist. (In der Praxis kaum aussichtsreich.)

3. Wiederholt vorgeschlagen die elektrische Induktionswirkung der Stahlmantelgeschosse oder des stählernen oder eisernen Artilleriegeschosses zur Messung der Geschoßgeschwindigkeit in der Luft und ebenso im Rohr zu verwenden. Das magnetisierte Geschoß würde durch eine Drahtspule fliegend Wechselströme erzeugen, die an einem Wechselstromgalvanometer gemessen werden, oder aber es würden die Kraftlinien eines schon vorhandenen Magnetfeldes durch das Geschoß abgeändert. — Die übrigen Verfahren indirekter Natur: es wird die Dauer in Sekunden gemessen, die das Geschoß braucht, um eine bestimmte Strecke zurückzulegen. Zu diesem Zwecke rotiert etwa ein Hohlzylinder von Kartonpapier um eine vertikale Achse; wird durch den ruhenden Zylinder geschossen, so kann nach dem Schuß der Abstand der beiden Schußlöcher gemessen werden; rotiert der Zylinder, so wird dieser Abstand geändert. Die Genauigkeit dieser Bestimmung der Geschoßgeschwindigkeit sehr gering. Neuerdings haben Hartmann und Braun einen Chronographen gebaut, der auf demselben Gedanken beruht; nur wird bei ihm parallel zur Zylinderachse geschossen.

Das große Gebiet der elektrischen Methoden zur Geschwindigkeitsmessung kann (nach C. Cranz) am besten eingeteilt werden in uneigentliche und eigentliche elektrische Geschwindigkeitsmesser.

Bei den uneigentlichen elektrischen Geschwindigkeitsmessern werden die elektrischen Hilfsmittel nur benutzt, um Anfang und Ende des zu messenden Zeitintervalles zu markieren. Das auf solche Weise beiderseits begrenzte Zeitintervall selbst wird dadurch gemessen, daß während dieser Zeit ein mit bekannter Geschwindigkeit sich bewegender materieller Körper einen bestimmten Teil seiner Bewegung vollführt (Masse frei herabfällt, Pendel oder geeichte Stimmgabel oder Waagebalken unter dem Einfluß einer geeichten Feder schwingt, eine Trommel oder eine Scheibe od. dgl. mit bekannter Tourenzahl sich dreht, eine justierte Uhr läuft, und Quecksilber aus einem Gefäß ausfließt). Die eigentlichen elektrischen Geschwindigkeitsmesser sind dadurch gekennzeichnet, daß im Anfang des Zeitintervalles der stationäre Zustand eines Gleichstroms gestört und ein Ausgleichsvorgang eingeleitet wird. Ballistisches Galvanometer direkt vom Ausgleichsstrom durchflossen (Galvanometermethode, s. d.) oder mit veränderter Ladung eines Kondensators festgestellt (Kondensatormethode, s. d.). Endlich sind zu nennen nichtelektrische Verfahren, welche optisch-photographisch zur Messung einer mittleren Geschwindigkeit dienen. Dabei teils Sonnenlicht benützt, teils feststehende, teils vom Geschoß mitgeführte künstliche Lichtquelle.

Geschwindigkeitsriß, Hodograph oder Tachygon der Geschwindigkeit nennt man diejenige Kurve, die man erhält, wenn man von einem festen Punkte aus den Geschwindigkeitsvektor (s. d.) für jeden Flugbahnpunkt nach Größe und Richtung abträgt und die Spitzen der Vektoren miteinander verbindet. Während das Geschoß fliegt, bewegt sich ein gedachter Punkt der Hodographenkurve mit einer Geschwindigkeit, die gleich der Beschleunigung des Geschosses ist.

Die Hauptgleichung (s. d.) der äußeren Ballistik ist die Differentialgleichung des Geschwindigkeitsrisses der Flugbahn; ihre Auflösung bildet das spezielle Grundproblem der äußeren Ballistik.

Geschwindigkeitsstufe s. Stufen der Geschwindigkeit.

Gewicht eines Körpers an einem bestimmten Orte ist die Kraft, mit der der Körper dort von der Erde angezogen wird und demgemäß auf seine Unterlage drückt. (S. auch Schwerkraft und Maßsystem.)

Gezogener Lauf ist ein Lauf, in dessen Seelenwände gewundene Rinnen (Züge) eingeschnitten sind, in die sich das Geschoß einpressen muß und durch die ihm eine Kreiselbewegung verliehen wird. Diese soll dem Langgeschoß im Fluge Richtungsfestigkeit seiner Längsachse geben. Auch bei den Kugeln der alten Vorderlader war bekannt, daß eine durch den gezogenen Lauf erteilte Rotation der Kugel von Wichtigkeit war. Auch im glatten Lauf erhielt jede Kugel eine Rotation, weil der Stoß der Pulvergase niemals mit mathematischer Genauigkeit den Schwerpunkt der Kugel traf (Effet der Billardkugel). Da diese Drehbewegung ganz willkürlich und von Schuß zu Schuß verschieden war, wirkte sie sich ungünstig auf die Treffleistung aus. Ein gezogener Lauf zog der Willkür der Rotation bestimmte Grenzen. Zahl und Form der Züge sind zu allen Zeiten sehr verschieden gewesen. Die zwischen den Zügen stehen gebliebenen Teile der Seelenwand heißen Felder oder Balken. Ein Gewehr mit gezogenem Lauf ist eine Büchse (s. Büchsenschüsse). Zur Zeit der Vorderlader bestand die Schwierigkeit darin, daß in einer Büchse das Geschoß mit Armeskraft mittels des Ladestockes durch den Lauf auf die Ladung heruntergestoßen werden mußte. Ein solches Geschoß konnte sich nachher beim Schuß nicht gut in den Zügen führen. Die Pflasterführung (Pflasterbüchse) wurde angewendet, später wurde durch Stöße mit dem Ladestock das geladene Bleigeschoß breit gehämmert (Kammerbüchsen, Dornbüchsen). Die Erfindung der Expansionsführung durch MINIÉ (s. d.) brachte eine große Verbesserung; denn das mit Spielraum leicht geladene Geschoß hatte am Boden eine Expansionshöhlung, die beim Schuß von den Pulvergasen ausgedehnt wurde. Die aufgeblähten Geschoßwände führten sich in den Zügen. Erst der Hinterlader gab die Möglichkeit, ein für die Führung in den Zügen genügend dickes Geschoß in die Waffe zu laden (Preßführung). Seitdem kann der Vorteil des gezogenen Laufes für alle Gewehre und Faustfeuerwaffen ausgenutzt werden. (Schrotflinten sind etwas ganz anderes.)

Gipfel der Geschoßbahn heißt ihr höchster Punkt. Der Gipfel trennt den aufsteigenden Flugbahnast vom absteigenden Ast. Der lotrechte Abstand des Gipfelpunktes von der Mündungswaagerechten ist die Gipfelhöhe oder Flugbahnhöhe. Als Gipfelentfernung bezeichnet man die waagerechte Entfernung von der Rohrmündung bis zum Fußpunkt des Lotes, das vom Gipfel auf die Mündungswaagerechte gefällt wird. Vom Gipfel zu unterscheiden ist der Scheitel (s. d.) der Flugbahn, der sich auf die Stelle größter Krümmung bezieht. Nur im luftleeren Raum rückt der Scheitel in den Gipfel der Bahn.

Gipfelentfernung s. Gipfel.

Gipfelhöhe (Flugtechnik) ist die größte Höhe, die ein bestimmtes Flugzeugmuster erreichen kann. Es wird unterschieden zwischen theoretischer, erflogener und Dienstgipfelhöhe. Die theoretische Gipfelhöhe ist die errechnete, die erflogene Gipfelhöhe ist diejenige Höhe, die mit einem Flugzeug des betreffenden Musters tatsächlich erreicht wurde. Die Dienstgipfelhöhe ist diejenige Höhe, die mit allen Flugzeugen des betreffenden Musters ohne besonders günstige Witterungsbedingungen und mit der vollständigen dienstlichen Ausrüstung jederzeit erreicht werden kann.

Gitterlinie. Teil des rechtwinkligen Koordinatennetzes eines Kartenblattes. Gitterrichtung Nord-Süd oder Ost-West nicht gleichbedeutend mit geographischer Himmelsrichtung (vgl. Gitternord). Ihre Übertragung als Grundrichtung der Geschütze erfolgt mit Hilfe von Richtungswinkeln nach Festpunkten oder mit der Bussole und den Zahlen der Nadelabweichung des betreffenden Kartenblattes.

Gitternord. Die Nord-Süd-Linien im Gitternetz eines Kartenblattes geben die Gitternordrichtung an. Die Gitternetze sind rechtwinklige Koordinatennetze der Gauß-Krügerschen Projektion für das Gebiet des Kartenblattes. Gitternord (Gi.N.) zeigt infolgedessen Abweichungen von Geographischnord (Ge.N.) (Ge.N. = Meridianrichtung). Entsprechend wird der Unterschied zwischen Magn.N. und Gi.N. als „Nadelabweichung" bezeichnet und der Unterschied zwischen Magn.N. und Ge.N. als „Mißweisung". Bei Karten mit Gitternetz sind die Werte der Nadelabweichung, bei solchen ohne Gitternetz jene der Mißweisung bei Bussolenverwendung zu berücksichtigen (s. Mißweisung).

Gitterrahmen finden Verwendung bei Infanteriegeschossen, wenn infolge größerer Entfernung von der Mündung der einzelne Draht oder die Kupferlamelle nicht mehr sicher getroffen wird, und bei Artilleriegeschossen. Je nach Kaliber und Entfernung verschieden große Rahmen werden mit einer größeren Zahl von Kupferdrähten derart bespannt, daß je das Ende des einen Drahtstückes in leitender Verbindung steht mit dem Anfang des nächsten. Die einzelnen Drähte werden vertikal oder horizontal und einander parallel geführt; der so bespannte Rahmen wird senkrecht zur Schußrichtung aufgestellt. Die einzelnen Drähte dürfen nicht um mehr als etwa ein Drittel des Kalibers voneinander entfernt sein, damit das Geschoß mit Sicherheit einen der Drähte durchreißt und dadurch den Strom unterbricht. Die Dicke der Drähte muß so gewählt werden, daß einerseits die Drähte straff gespannt werden können, andererseits doch das Gitter dem Durchgang des Geschosses keinen auffällig großen Widerstand entgegensetzt. Bei Infanteriegeschossen mit schlanker Spitze besteht trotz enger Führung der Drähte die Gefahr, daß das Geschoß durch das Gitter hindurchschlüpft, ohne den Draht zu zerreißen, oder daß es die Zerstörung nicht mit der Spitze herbeiführt. Abhilfe hiergegen beispielsweise wie beim Schießdraht: Durchschießen eines dünnen Kupferbandes.

Glatter Lauf ist die älteste Form der Gewehr- und Pistolenläufe. Die besseren Schußleistungen eines gezogenen Laufes (s. d.) konnten in der Allgemeinheit nicht ausgenutzt werden, da die Ladeweise zu umständlich und daher zu zeitraubend war. Die Gewehre mit glattem Lauf hießen Flinten; auch heute noch heißen die Schrotgewehre Flinten. Seit Einführung der Hinterlader gibt es keine Militärflinten mehr. Zur Ladeweise der Flinte gehörte es, daß eine im Kaliber geringere „Rollkugel", so genannt, weil sie in den Lauf leicht hinabrollte, geladen wurde. Die Schußleistung solcher Rollkugeln war sehr gering, weil beim Schuß die

Pulvergase trotz Pfropfenverdämmung an ihnen vorbeistrichen. Die Kugel bekam durch den exzentrischen Stoß der Pulvergase und durch willkürliche Anschläge an die Seelenwände in den verschiedensten Formen „Effet" wie eine Billardkugel; dies beeinträchtigte die Treffgenauigkeit.

Glatzel, Bruno, Prof. Dr. Geb. 24. 9. 1878 in Berlin, gefallen 8. 10. 1914 vor Verdun. Studierte 1897 bis 1898 in Berlin, 1898—1900 in Erlangen, 1900—02 in Charlottenburg. 1899 Dr. phil. in Erlangen. War erst Assistent an der Techn. Hochsch. Berlin, dann Priv.-Doz., Lehrer an der 1. Handwerkerschule in Berlin, Lehrer an der Militärtechn. Akademie, wissenschaftl. Berater der Firmen Lorenz und Telefunken.

Arbeitsgebiete: Drahtlose Telegraphie. Elektrizitätslehre.

Gleichgewichtsarten s. Prinzip der virtuellen Verschiebungen.

Gleichlaufende Stellung der Rohre. Eine solche Stellung der Rohre innerhalb der Batterie gibt eine Breitenausdehnung der Einschläge oder Sprengpunkte (nicht der Wirkung), die der Breitenausdehnung der Batterie entspricht. Diese Stellung der Rohre erleichtert das Verfahren bei Zielwechseln, wenn von Ziel zu Ziel übergeschwenkt wird; dann ergibt eine für alle Geschütze befohlene Änderung an „mehr" oder „weniger" (links oder rechts) bei gleichlaufenden Rohren immer wieder Gleichlauf. Natürlich findet die Anwendung gleichlaufender Rohre ihre Begrenzung in der Zielausdehnung, die oft ein Auseinanderlaufen, in einzelnen Fällen auch ein Zusammenlaufen der Flugbahnen erfordert. Das Einrichten auf „Grundrichtung" geschieht stets mit gleichlaufenden Rohren.

Gleichlaufverfahren. Ein indirektes Richtverfahren zum Gleichlaufendstellen der Geschützrohre einer Batterie nach einem von den Geschützstellungen aus nicht sichtbaren Grundrichtpunkt (Gr.R.P.) im Zielgelände. Der Gr.R.P. muß jedoch sichtbar sein entweder von einem Punkt, von dem man auch die einzelnen Geschütze sieht, — dann genügt ein Richtkreis zum Gleichlaufendstellen, — oder von einem Punkt aus, von dem man den Richtkreis (II) hinter der Batterie sieht, — dann benötigt man zwei Richtkreise. Geometrische Grundlage: zwei gleichlaufende Geraden werden von einer dritten Geraden geschnitten. Diese dritte Gerade ist gegeben als Verbindungslinie zwischen R.K. I und R.K. II. Eine der Gleichlaufenden ist gegeben vom R.K. I zum Gr.R.P., die zweite Gleichlaufende von R.K. II wird gefunden, indem man den äußeren Wechselwinkel von R.K. I am R.K. II einstellt. Dann zeigt die Optik des R.K. II gleichlaufend zu R.K. I am Ziel (Gr.R.P.) vorbei. Den Abstand der beiden Gleichlaufenden bezeichnet man als Stellungsunterschied. Zwischen dem Rundblickfernrohr eines jeden Geschützes und dem R.K. II vollzieht sich nunmehr der gleiche Übertragungsvorgang (s. Gitterlinien).

Gleitbahn ist die Bahn, auf der das Rohr beim Rücklauf zurückgleitet. Bei Rahmenlafetten gleitet das Rohr samt der Oberlafette auf einer ansteigenden Gleitbahn, bei Wiegenlafetten kann die Gleitbahn eben oder als das Rohr umfassender Zylinder ausgebildet sein. Im erstgenannten Fall geschieht die Führung auf der Bahn durch Klauen, die entweder unmittelbar am Rohr sitzen oder durch einen aufgesetzten Klauenring mit dem Rohr verbunden sind.

Gleitende Reibung. Zwei Körper liegen mit ebenen Flächen aufeinander; der eine Körper sei fest, der andere drücke auf diesen mit der senkrechten Kraft (Normaldruck) N. Auf den verschiebbaren Körper wirke parallel zur gemeinsamen Ebene eine von Null an wachsende Kraft P, ohne jedoch denselben zu kippen.

Es sei P_0 die Größe derjenigen Kraft, bei der der Körper sich zu bewegen anfängt, und P_1 die Kraft, die nötig ist, um ihn in gleichförmiger Bewegung zu erhalten. Dann nennt man:

$\varrho_0 = P_0/N$ den Koeffizienten der statischen Reibung,

$\varrho_1 = P_1/N$ den Koeffizienten der dynamischen Reibung;

es ist stets $\varrho_1 < \varrho_0$. Die Reibungskoeffizienten hängen ab von den Eigenschaften der aufeinandergleitenden Flächen beider Körper und von dem Material, aus dem die Flächen gebildet sind.

Die Kraft P_1 zur Aufrechterhaltung einer gleichförmigen Bewegung wird auch Reibungswiderstand genannt. Der Reibungswiderstand ist proportional dem wirkenden Normaldrucke N und unabhängig von der Größe der einander berührenden Flächen (Coulomb).

Der Reibungskoeffizient wird wesentlich herabgesetzt, wenn zwischen die gleitenden Körper Schmiermittel gebracht werden; in diesem Falle gilt der Satz von Coulomb nicht mehr.

Die Reibung wirkt stets der Relativgeschwindigkeit beider Körper entgegen, unabhängig, welches die Richtung der angreifenden Kraft ist.

Gradbogen, aus Metall oder Papier, Bogenstück eines Teilkreises mit größerem Radius, zur Ablesung von Winkelwerten (Teilstrichen) auf Schießplänen, in Verbindung mit einem Gradbogenlineal oder Fadenspannung.

Granatschrapnell s. Einheitsgeschoß.

Graphische Interpolation. Die geometrische Darstellung gemessener Werte im Koordinatensystem (s. d.) kann zur Kontrolle und Verbesserung von Beobachtungen dienen. Beobachtungsfehler machen sich in Unregelmäßigkeiten der Zeichnung geltend; häufig kann der richtige Verlauf trotz der Unregelmäßigkeiten erkannt und eine ausgleichende Kurve durchgezogen werden. Mittels dieser Kurve können dann auch beliebige Funktionswerte zwischen den Meßpunkten abgelesen werden. Dieses Verfahren der graphischen Interpolation gibt an den Enden der Kurven leicht Veranlassung zu größeren Fehlern.

Graphische Näherungsmethoden zur Ermittlung von Flugbahnen dienen zur Bestimmung der Flugbahn aus den Anfangselementen der Geschwindigkeit v_0 und des Neigungswinkels ϑ_0 gegen die Horizontale.

Eine Lösung kann in der Weise erzielt werden, daß zu einem Bahnelement (s. d.) zur Zeit t das Element zur Zeit $t + \Delta t$ ermittelt wird, wobei Δt einen hinreichend kleinen Zeitzuwachs bedeutet. (Ein Bahnelement stellt einen Bahnpunkt, Größe und Richtung der Geschwindigkeit in ihm dar.)

Poncelet hat folgende Lösung vorgeschlagen. Von den Grundgleichungen für die Flugbahn (s. Hauptgleichung der Außenballistik)

$$\varrho = \frac{v^2}{g \cos\vartheta}, \quad \frac{dv}{dt} = -w - g \sin\vartheta; \quad (1), (2)$$

stellt die erste die Gleichung für den Krümmungsradius ϱ dar, die zweite ergibt die Verzögerung unter dem Einflusse des Luftwiderstandes und der Schwere. Ist Δs ein Wegelement der Flugbahn, so ist $\Delta s = v \cdot \Delta t$ und man hat:

$$\Delta v = -\frac{1}{v}(w + g \sin\vartheta) \cdot \Delta s. \quad (3)$$

Der Mittelpunkt des Krümmungskreises liegt im Abstand ϱ senkrecht zur Tangentenrichtung der Flugbahn, die durch die Richtung der Geschwindigkeit gegeben ist. Mit Hilfe der Gleichung für ϱ läßt sich daher der Krümmungskreis konstruieren und auf ihm das Bogenelement $\Delta s = v \Delta t$ abtragen, wodurch man näherungsweise den Flugbahnpunkt zur Zeit $t + \Delta t$ erhält. Die Geschwindigkeitsänderung Δv folgt aus (3); mit Hilfe der Verzögerungsfunktion für das Geschoß läßt sich die Änderung Δw ermitteln. Die Neigungsänderung $\Delta\vartheta$ der Bahntangente ist gleich: $\Delta\vartheta = \Delta s/\varrho$. Hat man so alle Elemente für die Zeit $t + \Delta t$ erhalten, fährt man in gleicher Weise fort, den dritten Punkt zu bestimmen.

Folgende einfachere Lösung von Vahlen geht vom Bahnpunkte P aus, trägt die Geschwindigkeit v nach Größe und Richtung ab (PQ),

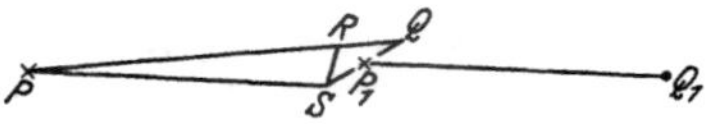

Abb. 13.

zeichnet QR gleich der Verzögerung durch den Luftwiderstand und RS gleich dem Betrage der Schwerebeschleunigung; dann ist QS gleich der Gesamtbeschleunigung des Geschosses und die Mitte zwischen Q und S der Bahnpunkt P_1 zur Zeit $t + \Delta t$. Die Größe und Richtung der Geschwindigkeit im neuen Punkte ist durch PS gegeben. Da durch zwei Punkte P, P_1 und die Tangenten in ihnen eine Parabel bestimmt ist, kann man die punktweise konstruierte Bahn durch Parabelbögen ausfüllen.

Eine einfache Näherungskonstruktion der Flugbahn läßt sich ausführen, wenn etwa aus der Schußtafel die Grundelemente ϑ_0, X und T der ganzen Flugbahn bekannt sind. Dabei wird durch den Anfangspunkt der Bahn unter dem Winkel ϑ_0 eine Gerade gezogen und auf ihr der Punkt S aufgesucht, der um die doppelte Gipfelhöhe (näherungsweise aus $y_s = \frac{g}{8} T^2$ bestimmt) über dem Mündungshorizont liegt. S wird dann mit dem Endpunkt der Bahn (aus X zu erhalten) verbunden. Der Winkel zwischen dieser Verbindungsgeraden und dem

Mündungshorizont liefert einen Näherungswert für den Fallwinkel ω. Die Bahn wird dann als Parabel gezeichnet, von der zwei Tangenten (die Verbindungsgeraden von S mit Anfangs- und Endpunkt der Bahn) und auf ihnen die Berührungspunkte (Anfangs- und Endpunkt der Bahn) bekannt sind. Beim Zeichnen wird folgende Parabeleigenschaft benutzt: Die Verbindungsgerade der Mitten zweier Parabeltangenten (deren Länge vom Berührungspunkt bis zum Schnittpunkt der beiden Tangenten zu messen ist) ist eine neue Parabeltangente und ihre Mitte ein neuer Parabelpunkt. Näheres bei L. SCHMIDT (Wehrtechn. Monatshefte 1938, S. 159).

Für Flachbahnen hoher Geschwindigkeit ist auch die Annäherung durch eine Hyperbel geeignet. Sind Abgangswinkel, Fallwinkel und Flugdauer T der Bahn gegeben, so sind damit zwei Tangenten an die Hyperbel mit ihren Berührungspunkten in der Mündungswaagerechten bestimmt; eine dritte horizontale Tangente ist näherungsweise durch die Gipfelhöhe y_g nach $y_g = \frac{g}{8} T^2$ bekannt. Durch diese Größen ist dann eine Hyperbel als Flugbahnkurve eindeutig festgelegt.

Eine strenge graphische Lösung der Flugbahngleichungen liefert die Methode von C. CRANZ und R. ROTHE. In einer Abhandlung des türkischen Hauptmanns Ö. L. SALIH (Wehrtechn. Monatsh. 1935, 1. Sonderh.) wurde diese Methode zur Prüfung der wichtigsten Verfahren zur Bahnbestimmung verwendet.

Graphische Schußtafeln sind allgemein zeichnerisch gewonnene Hilfsmittel zur Wiedergabe des Tabelleninhaltes der Schußtafeln. Die „Ausbildungsvorschrift für die Artillerie" will darunter nur die Wiedergabe als „Flugbahnberg" verstanden wissen. An sich gibt es viele graphische Schußtafeln, wie sie besonders früh in Frankreich unter dem Einfluß des hervorragenden Nomographen MAURICE d'OCAGNE entworfen und auch hinsichtlich der Tageseinflüsse ausgestaltet wurden.

Graphische Schußtafeln gehen auf Notizen zurück, die bei einem gefallenen französischen Capitain während des Weltkrieges im Argonnerwalde gefunden wurden. Darauf soll Prof. AMANN aufgebaut haben.

Die Bezeichnung graph. Schußt. als „Flugbahngrundrisse" in der Ausbildungsvorschr. f. d. Artl. 1937 ist mißverständlich. Es sind Flugbahnaufrisse als Höhenschichtenlinien des Flugbahnberges verarbeitet, indem die Bahnen (Aufrisse) in die Zeichenebene als Grundrisse hingekippt wurden.

Graphisches Rechnen. Die graphischen (zeichnerischen) Rechenverfahren sind von beschränkter Genauigkeit, die etwa der einer dreistelligen Logarithmentafel entspricht, während das numerische (zahlenmäßige) Rechnen (s. d.) eine beliebige Genauigkeit des Ergebnisses zu erreichen gestattet. Durch Vergrößerung des Zeichenmaßstabs läßt sich die Genauigkeit steigern. Vorteil der graphischen Methoden ist die Anschaulichkeit und Schnelligkeit, mit der Näherungslösungen zu erhalten sind, welche dann numerisch verbessert werden können. Beispiele hierfür sind graphische Integration und Differentiation, graphische Integrationen von Differentialgleichungen, Auflösung algebraischer Gleichungen. Ferner gehört hierzu die Nomographie, deren Gegenstand die geometrische Darstellung funktionaler Beziehungen zum Zweck der Konstruktion graphischer Rechentafeln ist.

Gravimetrische Dichte eines Pulvers s. Cubirgewicht.

Gravitationsgesetz s. Massenanziehung.

Gravitationskonstante s. Newtons Massenanziehungsgesetz.

Grenzdichte. Jeder Explosivstoff besitzt eine bestimmte Dichte, über die hinaus eine einfache Initiierung mittels Sprengkapsel unmöglich ist (s. Initiierung). Infolgedessen in Geschossen mit Brisanzladung Zwischenschaltung des Zündungskörpers (s. d.). Offenbar tritt Initialzündwelle mit nur bestimmten Detonationswellen des Sprengstoffs in Wechselwirkung. Ein Überschreiten der Grenzdichte der Sprengstoffe kann bei Granatladungen beim Abschuß eintreten, weil ein Überstauchen infolge der Stoßwirkung erfolgt; daher Vorlage des Zündladungskörpers, der nur aus gepreßtem, nicht aus gegossenem Material bestehen darf, damit er auf jeden Fall unterhalb der Grenzdichte bleibt, also detoniert und den Hauptstoff mitnehmen kann.

Grobes Einschießen mit A.Z. Ein solches Einschießen findet statt, wenn das Wirkungsschießen drängt (Augenblicksziele), wenn das Ziel schlecht sichtbar ist oder wenn es eine große Tiefenausdehnung hat (Infanterie-Angriffe). Es wird dann entweder eine weite Gabel (etwa 100, 200, 400 m) gebildet, die dann meist nicht oder nur auf einer ihrer Grenzen nachgeprüft wird, oder es werden nur einzelne Probeschüsse (Probegruppen) abgegeben, deren Lage den nötigen Anhalt für das Wirkungsschießen gibt. Das Reiheschießen entfällt.

Grundgeschütz der Batterie ist das Geschütz, „auf das die Schießgrundlagen bezogen werden". Von ihm aus läuft die Grundrichtung nach dem Grundrichtungspunkt, von ihm aus werden seitliche Abstände gemessen; beim Abgreifen oder Errechnen der Entfernung des Ziels ist seine Stellung maßgebend.

Grundgleichung der Mechanik (Newton) gibt den Zusammenhang

$$K = mb$$

zwischen der auf einen Körper der Masse m wirkenden Kraft K und der durch sie hervorgerufenen Beschleunigung b. Ist ein Körper um eine feste Achse drehbar und wirkt auf ihn eine Kraft, deren Drehmoment (s. d.) in bezug auf diese Achse gleich M ist, so gilt die entsprechende Gleichung für die Drehung

$$M = J \cdot \frac{d^2\varphi}{dt^2} = J \cdot \frac{d\omega}{dt}.$$

Hier bedeutet J das Trägheitsmoment (s. d.) des Körpers in bezug auf die Drehachse und $d^2\varphi/dt^2$ die von M bewirkte Winkelbeschleunigung.

Grundrichtpunkt (s. Grundrichtung) im Zielgelände. Seine Wahl hat nur einen Sinn, wenn er sichtbar ist, andernfalls hat die Kartenorientierung (Gitter-Nord) genau dieselbe meßtechnische Wirkung zur Ableitung der Grundrichtung. Nach Plänen festgelegte Richtungen werden mit sichtbaren Festlegepunkten zum Gefechtsgebrauch verwertet.

Grundrichtung. Ausgangsgrundlage für alle Seitenrichtungen der Batterie während des Gefechts. Festlegung nach einem Grundrichtpunkt oder Himmelsrichtung. Ihre Ableitung im Gelände und Übertragung auf die Batterie erfolgt mit Instrumenten: Bussole, Theodolit, Richtkreis. Ableitung von Magn.-Nord setzt Kenntnis der genauen Nadelabweichung voraus, Ableitung von Gestirnen (Sonne, Polarstern) Beobachtungsmöglichkeit, genaue Zeit und Korrekturfaktoren. Ableitung von trigonometrischen Punkten verlangt Kenntnis der genauen Koordinaten und Sichtbarkeit dieser Punkte im Gelände zur Anvisierung und Richtungsübertragung. Magnetische Ableitung mit Nordnadel ist zunächst einfachste und schnellste Grundlage bei gewissenhafter Arbeit. Nachprüfung jedoch unerläßlich. Bei nachfolgender Schußbeobachtung als Ausgangsrichtung völlig ausreichend. Bei Planschießen im Nebel strebe man Schallbeobachtung an. Im Abteilungsverband ist als gemeinsame Grundrichtung die Kartengitterrichtung wesentlich einfacher ausnutzbar, als ein im endlichen Beobachtungsfeld stehender, u. U. nicht eindeutiger, gemeinsamer Gr.R.P. Die Gleichlaufstellung ist damit ohne weiteres gewährleistet. Stellungen auf verschiedenen Karten verlangen u. U. Umrechnungen. Prüfen der Grundrichtung s. d.

Grundstufen. Grundstufe ist eine Rechengröße, welche die Abweichung der Anfangsgeschwindigkeit der Geschosse für ein gewisses Rohr gegen den schußtafelmäßigen Betrag angibt. Dabei ist angenommen, daß Pulver und Geschoß sich genau normal verhalten. Die Grundstufe kennzeichnet in den meisten Fällen den Abnutzungsgrad des Rohres bzw. Laufes. Die Grundstufe wird unabhängig von den anderen, die Batterie im Ganzen betreffenden Tageseinflüsse, für jedes einzelne Rohr vom Geschützführer direkt ausgeschaltet (s. Stufe der Geschwindigkeit). Das Erschießen der Grundstufen machte im Kriege 1914/18 und auch heute noch Schwierigkeiten (vgl. Otto Schwab, Ingenieur u. Soldat, S. 120), da die Ausschaltung aller übrigen Einflüsse, besonders Luftströmungen, sehr eingehende meteorologische Beobachtungen erfordert. In dem sonst so lehrreichen Beitrag von Dr. ing. Otto Schwab „Vom Schießen der Schweren Artillerie" (Ehrenbuch d. Dtsch. Schw. Artl. II, S. 354) ist ein Irrtum zu berichtigen insofern, als der Vorschlag, eine prozentuale Änderung der Anfangsgeschwindigkeit für alle Ladungen zu benutzen, nicht von Pulkowski, sondern von H. H. Kritzinger stammt, mit dem P. öfters über diese Fragen sprach. Über die Bezeichnung „Pulkowskisches Verfahren" (s. d.).

Güteziffer einer Stahlsorte s. Panzerformeln.

H

Haltehöhe ist ein Begriff, der beim Schießen mit Faustfeuerwaffen Bedeutung hat. Wenn die Waffe nur ein Visier hat, auf das sie eingeschossen ist, so muß beim Schießen auf andere Entfernungen das Fehlen eines entsprechenden Visiers durch veränderte Wahl des Haltepunktes ausgeglichen werden. Das Maß, um das die Höhe des Haltepunktes verlegt werden muß, ist die Haltehöhe. Der Schütze kann sie sich mit seiner Pistole durch Probieren ermitteln, so daß er sie schließlich rein gefühlsmäßig auf verschiedenen Entfernungen richtig anwendet. Wer genau vorgehen will, muß sich die Haltehöhe errechnen, wozu er ballistische Unterlagen braucht. Siehe WEIGEL: „Ballistik der Faustfeuerwaffen" (1934) (Tabellen für verschiedene Faustfeuerwaffen) (s. auch Zielwinkel).

Haltepunkt ist der Punkt, auf den die Visierlinie beim Zielen gerichtet sein soll. Um einen bestimmten Treffpunkt zu erreichen, muß berücksichtigt werden, daß auf Entfernungen, die nicht genau der Visierschußweite (s. d.) entsprechen, die Geschoßbahn zunächst über, dann unter der Visierlinie liegt (s. Haltehöhe).

Handchronometer. Sie zeichnen sich durch kompendiöse Form aus. Für artilleristische Zwecke werden sie meist von Hand betätigt: wenn der Beobachter durch das Telephon das Abfeuern des Schusses hört oder den Mündungsblitz vom Ziel aus sieht, drückt er auf einen Knopf der Uhr und setzt damit das Uhrwerk in Gang. Beim Aufschlagen des Geschosses am Ziel drückt er wiederum — bei den einen Exemplaren auf den nämlichen, bei anderen auf einen zweiten Knopf — und hemmt damit das Uhrwerk. Natürlich können, wenn die Geschoßeinschläge oder Sprengpunkte alle vom Geschütz aus zu sehen sind, auch alle Messungen beim Geschütz ausgeführt werden. Es wird so direkt die Zeitdifferenz aus der Ablesung an zwei Zifferblättern erhalten, bei großen Zeitdifferenzen an drei Zifferblättern. Das erste Zifferblatt geht von 0,01—1 Sekunde, das zweite von 1 Sekunde bis 1 Minute, das dritte von 1 bis 30 Minuten. Durch nochmaliges Drücken auf einen Knopf der Uhr gehen die Zeiger wieder in die Anfangsstellung zurück. (Einschalten und Ausschalten des Uhrwerkes kann auch elektromagnetisch erfolgen.)

Handfernrohr s. Feldstecher.

Handfeuerwaffen sind Feuerwaffen, die von einem Mann getragen und bedient werden. Es gibt zweihändige und einhändige Waffen. Zu den zweihändigen Waffen gehören Gewehre und Karabiner; zu den einhändigen, die mit einer Hand bedient werden können, gehören Revolver, Pistolen und Mehrladepistolen (s. auch Faustfeuerwaffen).

Die ältesten tragbaren Feuerwaffen (Handrohre, Bombardelle) werden bald nach der Erfindung des Pulvers in der zweiten Hälfte des 14. Jahrhunderts erwähnt. Sie sollten Bogen und Armbrust ersetzen. Da beim Schuß ein gasdichter Abschluß des Rohres nötig, eine Trennung zwischen Rohr und Pulverkammer aber noch nicht möglich war, mußten diese Waffen von vorn geladen werden. Sie wurden (ebenso wie die Geschütze der damaligen Zeit) als Vorderlader bezeichnet. Bald wurde, damit das Rohr beim Schuß angefaßt werden konnte, ein Handgriff aus Holz angebracht und dieser allmählich mit einem Schaft so verbunden, daß die Waffe zum Schuß an der Schulter angeschlagen werden konnte. Die ersten Waffen erreichten noch nicht die Treffgenauigkeit der damals im Gebrauch befindlichen Armbrust, sie hatten nur größere Durchschlagskraft. In der ersten Hälfte des 15. Jahrhunderts wurde die Handhabung dieser Waffe durch das Erfinden des Luntenschlosses erleichtert; weitere Verbesserung brachte das Radschloß. Bei diesem riß das unter Federdruck stehende und durch den Abzug gelöste Radschloß an einem im Hahn befindlichen Zündmittel einen Funken, der auf die Pulverladung übertragen wurde. Zu Beginn des 17. Jahrhunderts wurde das Steinschloß erfunden, das bald alle anderen Schloßsysteme verdrängte. Hier wirkte der vom Abzug gelöste Hahn als Hammer, der mit dem Feuerstein gegen eine Stahlplatte anschlug und dadurch Funken erzeugte, die das Pulver auf der Pfanne entzündeten.

Zu dieser Zeit waren die Läufe noch glatt, trotzdem bekannt war, daß mit gezogenen Läufen größere Schußweiten und bessere Treffgenauigkeit erzielt werden konnten. Gezogene Läufe waren zu schwer herzustellen; außerdem ergaben sich beim Laden gezogener Läufe große Schwierigkeiten. Es war z. B. zu Beginn des 19. Jahrhunderts selbst bei sehr geübten Leuten nur möglich, in der Minute einen Schuß zu laden. Trotzdem die Waffen mit gezogenen Läufen, mit denen gute Treffleistungen bis auf 400 m erzielt wurden, denen mit glatten Läufen weit überlegen waren, wurden damals wegen der geringen Ladegeschwindigkeit vorwiegend Gewehre mit glatten Läufen verwandt.

In den Anfang des 19. Jahrhunderts fällt auch die Erfindung des Zündsatzes. Es war bekannt, daß bestimmte Salze, z. B. das Knallquecksilber, sich durch Schlag entzündeten. Diese Eigenschaft wurde zum Entzünden der Pulverladung ausgenutzt. In den Zündkanal wurde ein durchbohrter Zündkegel eingeschraubt, auf den das Zündhütchen aufgesetzt und durch den Schlag des Hahnes entzündet wurde. Dieses Schloß hieß das Perkussionsschloß.

Durch die zerstreute Gefechtsart, die in den napoleonischen Kriegen erhöhte Bedeutung gewonnen hatte, mußte man vom Massenfeuer, für das die Treffgenauigkeit glatter Rohre genügt hatte, zum Einzelfeuer und damit zu genauer schießenden Waffen, also zu gezogenen Läufen kommen. Ein schnelleres Laden wurde beim Kammergewehr von Delvigne 1827 erreicht. Völlig beseitigt wurde das langsame Laden aber erst durch die Erfindung des französischen Hauptmanns MINIÉ 1849, der den Gedanken verwirklichte, durch die Treibkraft der Ladung das Einpressen des Geschosses in die Züge zu ermöglichen. Bis Mitte des 19. Jahrhunderts wurden im allgemeinen Kugeln, seit dieser Zeit Langgeschosse verfeuert.

Die gezogenen Feuerwaffen, die wirkungsvolles Feuer auch auf größeren Entfernungen ermöglichten, erforderten auch eine Verbesserung der Visiereinrichtung. Während früher ein Korn oder ein Ausschnitt in der Schwanzschraube als Visier genügt hatten, wurden jetzt Visiereinrichtungen eingeführt, die das Zielen von hundert zu hundert Schritt ermöglichten. Der Hauptmangel der an sich gute ballistische Leistungen aufweisenden Vorderlader bestand in der zu geringen Feuergeschwindigkeit. Erst durch das Einführen der Hinterlader wurde eine Steigerung der Feuergeschwindigkeit erzielt. Der erste Hinterlader war das 1841 in Preußen eingeführte Zündnadelgewehr (DREYSE). Eine weitere Verbesserung der Hinterlader erfolgte durch Einführung der Metallpatronen, die durch den gasdichten Abschluß des Laufes eine Vereinfachung des Verschlusses ermöglichten. Während die ersten Gewehre noch Einzellader waren, wurde nach dem Feldzug 1870/71 auch zur Einführung der Mehrlader (Repetiergewehre) übergegangen. Damit ist ein gewisser Abschluß der Entwicklung der Handfeuerwaffen erreicht. Das Streben geht jetzt dahin, die Treffgenauigkeit und die Feuergeschwindigkeit der Handfeuerwaffen zu erhöhen.

Handhabungssicherheit s. Transportsicherheit von Zündern.

Handmeßkammer für Luftbildaufnahmen, eine starre mit Handgriffen versehene photographische Kammer mit Film- oder Platten-Wechselkassette, die vom Beobachter im Flugzeug freihändig gehalten wird. Das Aufziehen und Auslösen erfolgt mittels einfacher Vorrichtungen. Zum Einstellen der Kammer dient ein Rahmensucher, in dem ihr Bildfeld übersehen werden kann. Für Aufnahmen in einer bestimmten Neigung ist eine verstellbare Dosenlibelle oder eine Röhrenlibelle in Form einer gekrümmten Glasröhre vorgesehen. Der Platten- bzw. Filmrahmen trägt Rahmenmarken (s. d.).

Hänert, Ludwig, Oberstudiendirektor bei der Marineschule Mürwik, Dr. phil. Geb. 11. 4. 1882 in Nordhausen. Studierte 1902—04 in Leipzig, 1904—07 in Göttingen. Lehrtätigkeit 1907—08 in Leer, 1909—10 am preuß. Kadettenkorps, seit 1910 an der Marineschule in Kiel und Mürwik; 1914 bis 1918 im Felde als Batterieführer. Verf. von Büchern über angewandte Mechanik (1913), über Geschütz und Schuß (Ballistik) (1928 und 1935) und geometrische Grundlagen der Seetaktik (1933).

Hangprüfung s. Deckungswinkel.

Hanslian, Dr., Chemiker. Geb. 7. 3. 1883 in Johrensdorf (Österreich). Studium in Erlangen und Leipzig; 1910 Dr. phil. Seit Beginn des Weltkrieges bis zum Jahre 1931 im Heeresdienst als Apotheker und Chemiker in leitenden Stellungen. Mitarbeiter an milit. Sammelwerken und Zeitschriften über Fragen des Gaskrieges und der chemischen Kampfstoffe. H. war Hauptschriftleiter der Zeitschrift „Gasschutz und Luftschutz“.

Arbeitsgebiete: Technik des chemischen Krieges und der chemischen Waffen. Gasschutz. Luftschutz.

Haubitzen sollen mit gekrümmter Flugbahn Ziele dicht hinter und unter Deckungen[1] bekämpfen. Beim Feldheer sind die leichten (10,5 cm) und die schweren (15 cm) Feldhaubitzen eingeführt. Diese ist befähigt, feldmäßige Befestigungen und Gerät zu zerstören. Die leichte Feldhaubitze hat ähnliche Aufgaben wie die Feldkanone zu erfüllen. Sie hat aber eine größere Wirkung gegen Artillerie, gegen Ziele dicht hinter Deckungen, gegen feldmäßige Eindeckungen, Ortschaften und Truppen in hochstämmigen Wäldern. Ihr Geschoßgewicht beträgt etwa 15 kg.

Hauptauswanderungsstrecke ist die Strecke auf dem Zielwege vom Abschußpunkt bis zum Vorhaltepunkt.

Hauptgleichung der Äußeren Ballistik, eine durchaus mathematische Angelegenheit. Die Ableitung erfolgt hier auf dem kürzesten Wege. Auf der Normalen (s. d.) zur Geschoßbahn wird die Wirkung der Zentrifugalkraft durch die zugehörige Komponente der Schwerkraft aufgehoben. Diese Grundüberlegung für das Zustandekommen der Bahn überhaupt liefert eine wichtige Verbindung der Zeit- und Winkelelemente. Wir führen folgende Bezeichnungen dem deutschen Gebrauch gemäß ein:

- v Geschoßgeschwindigkeit in m/sec,
- g Schwerkraft der Erde 9,81 m/sec²,
- $f(v)$ Verzögerungsfunktion, bezogen auf vereinbarte Normalbedingungen („Widerstands-Fkt.“),
- c Ballistischer Beiwert zum Übergang von Normalbedingungen auf ein besonderes Geschoß,
- ϑ Richtung der Bahntangente bezogen auf die Horizontale.

Danach lautet obige Grundüberlegung betr. Zentrifugalkraft und Schwere als Formel:

$$\frac{v^2}{\varrho} = -g\cos\vartheta\,, \qquad (1)$$

wobei ϱ wie üblich den Krümmungsradius der Bahn bezeichnet, der vorläufig nicht weiter gebraucht wird.

Aus der Theorie der Kurven ist bekannt:

$$ds = \varrho\, d\vartheta = v\,dt \quad \text{oder} \quad \frac{1}{\varrho} = \frac{d\vartheta}{v\,dt},$$

also:
$$\frac{v^2 d\vartheta}{v\,dt} = -g\cos\vartheta$$

oder
$$dt = -\frac{v}{g}\sec\vartheta\, d\vartheta. \qquad (2)$$

Durch den Luftwiderstand erleidet die Geschwindigkeit des Geschosses je Sekunde (in der „Zeiteinheit“) einen Verlust. Diese „Verzögerung“ ist nach Vereinbarung $c\,f(v)$, also für die Dauer dt hier $c\,f(v)\,dt$. Unsere Betrachtung beschränkt sich auf die Horizontal-

[1] Durch seitlich wirkende Geschoßsplitter.

komponente der Geschwindigkeit $v\cos\vartheta$. Es ist daher auch die Horizontalkomponente der Verzögerung $c\,f(v)\cos\vartheta\,dt$ anzusetzen. Als Formel geschrieben:

$$d(v\cos\vartheta) = -c f(v)\cos\vartheta\,dt. \quad (3)$$

Hieraus entfernen wir dt mittels (2) und erhalten:

$$d(v\cos\vartheta) = +c f(v)\cos\vartheta\cdot\frac{v}{g}\sec\vartheta\,d\vartheta$$

oder

$$\frac{d(v\cos\vartheta)}{d\vartheta} = \frac{c}{g}\,v\,f(v),$$

$$\cos\vartheta\frac{dv}{d\vartheta} + v\frac{d\cos\vartheta}{d\vartheta} = \frac{c}{g}\,v\,f(v)$$

$$= \cos\vartheta\frac{dv}{d\vartheta} - v\sin\vartheta,$$

$$\frac{\cos\vartheta}{d\vartheta}\,\frac{dv}{v} = \frac{c}{g}f(v) + \sin\vartheta$$

und schließlich:

$$\frac{\cos\vartheta}{d\vartheta} = \frac{v}{dv}\left(\frac{c}{g}f(v) + \sin\vartheta\right). \quad (4)$$

Das ist die „Hauptgleichung der „Äußeren Ballistik“ in ihrer einfachsten Form.

Die Integration der Winkelfunktion links kann man mit Hyperbelfunktionen, wie auch den weiteren Verlauf der Berechnung, ausführen und erhält dann die Form nach CRANZ-ROTHE. Man kann auch die harmlosere, aus der Nautik seit langem bekannte „Mercatorfunktion“ benutzen und bleibt dann für die ganze Rechnung bei einfacheren Hilfsmitteln. Diese Funktion $\mathfrak{z}$ sieht hier so aus:

$$\mathfrak{z} = \int\frac{d\vartheta}{\cos\vartheta} = \ln\operatorname{tg}\left(45^\circ + \frac{\vartheta}{2}\right).$$

Bezeichnet man $\ln v$ mit u, so hat man, da man die Integration für feste $\mathfrak{z}$ anlegt:

$$du = \left(\frac{c}{g}f(v) + \sin\vartheta\right)d\mathfrak{z}. \quad (5)$$

Damit hat man für alle gewünschten Neigungen der Tangente an die Geschoßbahn die zugehörigen u bzw. die Geschwindigkeiten v.

Die Ordinate y, die man bei der Integration sofort zur Hand haben muß, um die Abnahme der Luftdichte bei c zu berücksichtigen, bestimmt man am einfachsten aus den Gleichungen der Komponenten der Geschwindigkeiten:

$$\frac{dx}{dt} = v\cos\vartheta \quad\text{und}\quad \frac{dy}{dt} = v\sin\vartheta,$$

indem man dt wie oben ersetzt und aus der Definitionsgleichung $d\vartheta = \cos\vartheta\,d\mathfrak{z}$ verwertet. Dann gilt für die

Abszisse:

$$dx = -v\cos\vartheta\,\frac{v}{g}\sec\vartheta\,d\vartheta$$

$$dx = -\frac{v^2}{g}d\vartheta = -\frac{v^2}{g}\cos\vartheta\,d\mathfrak{z}$$

$$\frac{dx}{d\mathfrak{z}} = -\frac{v^2}{g}\cos\vartheta. \quad (7)$$

Ordinate:

$$dy = -v\sin\vartheta\,\frac{v}{g}\sec\vartheta\,d\vartheta$$

$$= -\frac{v^2}{g}\operatorname{tg}\vartheta\,d\vartheta$$

$$\frac{dy}{d\mathfrak{z}} = -\frac{v^2}{g}\sin\vartheta. \quad (6)$$

Die Gleichung (6) für $\frac{dy}{d\mathfrak{z}}$ wird mit $\frac{du}{d\mathfrak{z}}$ (5) simultan integriert. Die Flugdauer folgt aus

$$dt = -\frac{v}{g}\sec\vartheta\,d\vartheta = -\frac{v}{g}\sec\vartheta\cos\vartheta\,d\mathfrak{z},$$

also:

$$\frac{dt}{d\mathfrak{z}} = -\frac{v}{g}. \quad (8)$$

Zum Schluß integriert man einzeln (7) und (8) und stellt daneben das zu u gehörige v.

Für den astronomischen Rechner besteht kein Zweifel, daß dieses Verfahren numerisch (nicht graphisch) gehandhabt, an Genauigkeit und Bequemlichkeit kaum zu übertreffen ist.

Hauptgleichung der Inneren Ballistik entsteht durch Anwendung des Energieprinzips (s. d.) auf die Geschoßbewegung im Rohre; die Energie der Pulvergase findet sich neben Wärmeverlusten, Einpreßarbeit, Reibungsenergie, Rücklaufenergie u. a. als kinetische Energie des Geschosses wieder. Zur Zeit t sei der Bruchteil ε der Pulverladung von L kg verbrannt; das Geschoß der Masse m besitze die Geschwindigkeit v, also die Bewegungsenergie $\frac{m}{2}v^2$. Der Druck der Pulvergase im Volumen V hinter dem Geschoß sei p; dann ist zur Zeit t die innere Energie der Gase (s. Poissonsches Gesetz) durch den Ausdruck $\frac{p \cdot V}{\varkappa - 1}$ bestimmt, wenn $\varkappa$ das Verhältnis der spezifischen Wärmen bezeichnet. Das Arbeitsvermögen der verbrannten Pulvermenge L ist nach Definition des spezifischen Druckes f des Pulvers (s. d.) gegeben durch: $\frac{f}{\varkappa - 1} L\varepsilon$. Die Differenz zwischen dem Arbeitswert der verbrannten Pulvermenge und der inneren Energie der Pulvergase zur Zeit t muß nach dem Energieprinzip gleich der Bewegungsenergie $\frac{m}{2}v^2$ des Geschosses plus der Einpreßarbeit A in die Züge sein, wenn man von den anderen Energieumsetzungen zunächst absieht. Es besteht also die folgende Grundgleichung der Inneren Ballistik:

$$\frac{fL\varepsilon - pV}{\varkappa - 1} = \frac{m}{2}v^2 + A.$$

Die Zustandsänderung der Pulvergase erfolgt nun in Wirklichkeit nicht adiabatisch, wie bei dieser Überlegung angenommen wird; für $\varkappa$ ist daher nicht sein theoretischer Wert einzusetzen, sondern ein Erfahrungswert, der unter Umständen entlang des Geschützrohres verschieden groß ist. Durch dieses Vorgehen werden gleichzeitig die Fehlerquellen des Austretens von Pulvergasen zwischen Geschoß und Rohr und der Luftwiderstand auf das Geschoß im Rohr erfaßt.

Statt der wahren Geschoßmasse m wird eine scheinbare Masse μ gebraucht, die durch

$$\mu = \frac{m'M}{m' + M}$$

mit

$$m' = m\left(1 + 0{,}5\,\frac{L}{G}\right)\left(1 + \frac{\varrho^2}{R^2}\,\mathrm{tg}\,\alpha\,\frac{\mathrm{tg}\,\zeta + \nu}{1 - \nu\,\mathrm{tg}\,\zeta}\right)$$

bestimmt ist. Dabei bedeutet M die Masse des rücklaufenden Rohres, G das Geschoßgewicht, $2R$ das Geschoßkaliber, ϱ den Trägheitsradius des Geschosses um seine Längsachse, L das Gewicht der Pulverladung, ζ den mittleren Drallwinkel und ν den Reibungskoeffizienten des Geschosses im Rohr. Durch Einführung der scheinbaren Geschoßmasse μ wird die Rotationsenergie des Geschosses, die Bewegung des rücklaufenden Rohres, die Geschoßreibung in den Zügen und die Bewegung der Pulverladung bei ihrer Verbrennung erfaßt.

Die Hauptgleichung der Inneren Ballistik stellt in Verbindung mit der Newtonschen Bewegungsgleichung für das Geschoß und einem Verbrennungsgesetz für das Pulver (SARRAU, CHARBONNIER) das System von Gleichungen dar, aus dem die Lösung des innerballistischen Hauptproblems, nämlich die Geschoßbewegung und der Druck- und Temperaturverlauf der Pulvergase im Rohre als Funktion der Zeit zu erfolgen hat.

Für die praktische Durchführung der Berechnung wendet man Näherungsverfahren an, wie sie bei HEYDENREICH, Lehre vom Schuß 1908, oder C. CRANZ Bd. II gezeigt werden. Die Unsicherheit der Grundlagen war Veranlassung, hier von einer Mitteilung der Verfahren abzusehen.

Hauptsätze der Thermodynamik s. Energieprinzip, Entropiesatz und Nernstsches Wärmetheorem.

Hélie, Félix, franz. Ingenieur. Geb. und gest. in Nantes (1795 bis 1885). War zuerst Prof. der angewandten Wissenschaften an der Marineartillerieschule in Lorient, wandte sich dann der Ballistik zu. Er gehörte der Versuchskommission auf dem Schießplatz Gâvres an und nahm an den Studien über die gezogenen Geschütze teil. Bekannt durch bequeme Faustformeln für den Praktiker. Werke über Experimentalballistik, Einfluß der Luft- und Schiffsbewegungen auf das Schießen der gezogenen Geschütze u. a.

Helmholtz, Hermann, Prof. Dr., Physiker und Physiolog. Geb. 31. 8. 1821 in Potsdam, gest. 8. 9. 1894 in Berlin. Stud. Medizin, war von 1842—48 Militärarzt. 1849 Prof. der Physiologie in Königsberg, 1871 in Berlin, seit 1888 erster Präsident der physik.-techn. Reichsanstalt. Hervorragend auf dem Gebiete der Nervenphysiologie, physiologischen Optik und Akustik. Erfand den Augenspiegel (1851). Klärte die Lehre von den Farbenempfindungen auf und wurde durch seine Lehre von den Tonempfindungen der Begründer der modernen wissenschaftlichen Akustik.

Helmholtzsche Wirbelgleichungen s. Hydrodynamik.

Heydenreich, Willy, Oberstleutnant a. D., Prof. Geb. 27. 3. 1858 in Dresden, gest. 3. 9. 1908 in Niehagen (Mecklbg.). 1877 Eintritt in das Heer (Feldart.-Rgt. 12), 1878 Leutnant. Besuchte 1881—82 die Vereinigte Art.- und Ing.-Schule in Berlin und studierte 1883—86 auf dem Polytechnikum in Dresden Mathematik, Mechanik u. Physik. 1887—90 Assistent, 1893—98 Mitglied der Art.-Prüfg.-Komm. in Berlin. In den dazwischen liegenden Zeiten und von 1898—1903 leistete er Frontdienst in den Feldart.-Rgtn 12, 32 und 77 als Batteriechef und zuletzt als Abteilungskommandeur. War von 1903—06 Militärlehrer für Waffenlehre und Ballistik an der Militärtechn. Akademie in Berlin. Nach kurzem Frontdienst als Kommandeur des Feldart.-Rgts 78 nahm H. den Abschied und wirkte seit 1906 zunächst als außeretatsmäßiger Zivillehrer, ab Juli 1908 als Professor auf dem Lehrstuhl für Waffenkonstruktion auf der Militärtechn. Akademie. H. Verf. von „Die Lehre vom Schuß und die Schußtafeln“ (1898 und 1908) und „Das moderne Feldgeschütz“ (1906). Außerdem schrieb er eine Anzahl Aufsätze in militärischen und wissenschaftlichen Zeitschriften aus den Gebieten der Ballistik der Geschütze und Handfeuerwaffen, der Innenballistik, Schießlehre und Waffenkonstruktion.

Hilfskorn ist ein höheres Korn, welches an das normale Korn eines Gewehrs angesteckt werden kann, um beim genauen Zielen gegen kleine, näher als die Visierschußweite (s. d.) des niedrigsten Visiers liegende Ziele einen bequemen Haltepunkt (s. d.) nehmen zu können. Das deutsche Militärgewehr 98 hatte früher als niedrigste Visiereinstellung 400 m. Gegenüber Kopfzielen glich die Gestrecktheit der Geschoßbahn bis 400 m alle Haltepunktsunterschiede aus. Als im Kriege der Stellungskampf auf nächste Entfernungen Treffsicherheit gegen ganz kleine Ziele, z. B. Schießscharten in Panzerblenden erforderte, reichte das 400 m-Visier nicht mehr aus. Der Schütze mußte einen Haltepunkt zu tief unter dem gewünschten Treffpunkt wählen, was ein unbequemes Abkommen (s. d.) zur Folge hatte. Da am Visier nichts geändert werden konnte, wurde ein ansteckbares Hilfskorn herausgegeben, dessen Höhe für einen Visierschuß (s. d.) von 100 m eingerichtet war.

Hilfspunkt (Vermessung). Beim Streckenmessen (Basismessung) angewandt (s. Längenmessung). Durch Wahl eines Hilfspunktes seitwärts einer zu messenden Strecke wird ein Dreieck hergestellt, dessen möglichst rechter Winkel beim Hilfspunkt liegt. Die Entfernung des Hilfspunktes von einem Endpunkt der Basis wird optisch gemessen. Aus Winkelmessung und Dreiecksberechnung ergibt sich die Länge der Strecke. Das Verfahren kann durch Aneinanderreihen von Teilstrecken ausgedehnt werden, auch auf Kurven (Sehnen) und Polygonzüge (Streckenzüge, Bussolenzüge).

Himmelsrichtung, geographische s. Geographische Himmelsrichtung.

Hipp, Matthäus, Uhrmacher. Geb. 25. 10. 1813 in Blaubeuren, gest. 3. 5. 1893 in Zürich, machte wichtige Erfindungen an elektr. Uhren, Telegraphenapparaten, Kontrolluhren u. a., und konstruierte hochwertige Zeitmeßinstrumente, die auch für die Ballistik wichtig gewesen sind.

Hippsche Uhr. Prinzip der Uhr: mit einem Räderwerk, das vor dem Schuß in Gang zu setzen ist, wird im Anfang des zu messenden Zeitintervalles ein Zeigerwerk gekuppelt, am Ende des Intervalls wird das Zeigerwerk wieder vom Räderwerk gelöst und arretiert. Das Uhrwerk wird durch ein Gewicht bewegt. Bei vielen Konstruktionen wird ein Elektromagnet an der Uhr verwendet. Im allgemeinen lassen sich mit der Hippschen Uhr Zeitdifferenzen von $^1/_{10}$ bis zu 65 Sekunden messen.

Hochfrequenz-Kinematograph dient zur photographischen Aufzeichnung der einzelnen Phasen eines sehr schnell verlaufenden Vorganges und ist besonders für ballistische Zwecke entwickelt worden. Eines der bekanntesten Geräte dieser Art ist der Hochfrequenz-Kinematograph von Cranz und Glatzel, der bis zu 100000 Bilder je Sekunde liefert. Er beruht auf dem Prinzip der aperiodischen Stoßerregung. Mit Hilfe einer dichten Funkenfolge wird der zu untersuchende Vorgang beleuchtet und photographiert.

Höchstdruck ist der Höchstbetrag, bis zu dem im Rohr der Gasdruck ansteigt. Ihm muß die Haltbarkeit der Waffe im Verschluß und in den Wänden des Patronenlagers gewachsen sein. Infolge der schnellen Gasentwicklung und der langsam beginnenden Geschoßbewegung wird der Höchstdruck sehr schnell erreicht, um erst allmählich bis zum Mündungsdruck (s. d.) abzusinken (s. Druckverlauf im Rohr). Bei modernen Infanteriegewehren wird mit einem Höchstdruck von etwa 3500 at gerechnet.

Höchstgeschwindigkeit ist die Geschwindigkeit, die ein bestimmtes Flugzeugmuster im Horizontalflug erreicht. Da bei verschiedenen Höhen die Flugmotoren je nach ihrer Konstruktion verschiedene Leistungen abgeben, wird zwischen absoluter Höchstgeschwindigkeit und Höchstgeschwindigkeit in bestimmten Höhen unterschieden. Die absolute Höchstgeschwindigkeit ist die größte Höchstgeschwindigkeit, die ein Flugzeugmuster überhaupt im Horizontalflug erreichen kann. Es wird dabei stets die Flughöhe angegeben, in der diese Spitzenleistung erzielt wird (z. B. Höchstgeschwindigkeit 440 km/h in 4200 m, d. h. daß das Flugzeugmuster in 4200 m die größtmögliche Geschwindigkeit von 440 km/h erreicht). Um die Leistungen eines Flugzeugmusters beurteilen zu können, wird weiterhin die Höchstgeschwindigkeit in verschiedenen Flughöhen angegeben (z. B. Höchstgeschwindigkeit in 0 m 350 km/h, in 3000 m 370 km/h, in 4000 m 400 km/h, in 5000 m 380 km/h, in 6000 m 370 km/h). Es ist hieraus zu schließen, in welcher Flughöhe ein bestimmtes Flugzeugmuster seine Höchstleistungen entwickelt.

Hodograph s. Geschwindigkeitsriß.

Hofe, Christian Hermann von, Prof., Dr. phil. Geb. 8. 2. 1871 in Arnis (Schleswig). 1898 Dr. phil. Berlin, 1897—1903 Hilfsphysiker am Mil.-Versuchsamt in Berlin, 1903—07 wissensch. Mitarbeiter am Zeisswerk in Jena, 1907—35 wissensch. Mitarbeiter, Prokurist und ord. Vorstandsmitglied der Opt. Anst. C. P. Goerz in Berlin, Wien, Preßburg. 1919 Priv.-Doz. Techn. Hochsch. Berlin, 1925 Priv.-Doz. Techn. Hochsch. Wien, 1931 dort a. o. Prof., 1934 o. Prof. an Techn. Hochsch. Berlin. Entwicklung und Konstruktion optischer Geräte, insbesondere der Fernrohre, Entfernungsmesser und Visiergeräte.

Höhen beim Schuß gegen Flugziele. 1. Zielhöhe (s. d.). 2. Meßhöhe (s. d.). 3. Treffhöhe (s. d.).

Höhenebene ist die waagerechte Ebene durch das Flugziel.

Höhenlibelle (ein Röhrchen mit Flüssigkeit gefüllt, die eine Luftblase enthält) ist in der Aufsatzebene angebracht und dient zur Messung des Geländewinkels beim direkten Richten sowie der gesamten Rohrerhöhung beim indirekten Richten.

Höhenmeßplan mit Fallwinkeltafel nach Vorschlag O. Schwab eingeführt 1917. Ein zeichnerisch-mechanisches Hilfsmittel zur schnellen Auswertung von Höhenmessungen und Aufschlagweiten von Sp.P. beim Einschießen mit h. Sp.P. (Schwab 1915) gegen Erdziele und Ballone. Ausrüstungsgerät für Lichtmeßbatterie. Meßfläche = Vertikalschnitt. 10 m-Schichthöhen erscheinen in parallelen, gekrümmten Linien als geschnittene Kugelschalen des Luftraumes über der Erdkugel. Abstand im Zeichenmaßstab des Plans. Maßstab der Höhe wird zweckmäßig 10fach vergrößert gegenüber der Länge, z. B. Längenmaßstab 1:10000, Höhe 1:1000. Höhenwinkelteilung im Bogenmaß. Höhenwinkelmessung auf der ganzen Planfläche mechanisch mit gespannten Fäden möglich.

Höhenrichtmaschine dient dazu, dem Rohr in der Lafette die gewünschte Höhenrichtung zu erteilen. Sie wird im allgemeinen als Schraubenspindel- oder Zahnbogenrichtmaschine ausgebildet. Alle Höhenrichtmaschinen müssen Selbsthemmung besitzen, um das Durchschlagen des Rohres beim Rücklauf zu verhindern.

Höhenrichtfeld entspricht Verwendungsart des Geschützes, z. B. bei Kanonen und Haubitzen im allgemeinen bis 45°, bei Steilfeuergeschützen bis 70°, bei Flak bis 90°.

Höhenstreuung s. Streuung.

Höhenwinkel sind die Winkel, die die Geraden vom Geschützort nach den verschiedenen Punkten des Zielweges mit der Kartenebene bilden:

γ_M = Höhenwinkel zum Meßpunkt,
γ_A = „ zum Abschußpunkt,
γ_V = „ zum Vorhaltepunkt,
γ_T = „ zum Treffpunkt,
γ_W = „ zum Wechselpunkt.

Höhenwinkelmessen (s. Einschießen m. h. Sp.P.). Artilleristisch mit S.F. (Scher.-Fernr.) und geprüfter Libelle, vermessungstechnisch mit Theodolit. Höhenmessungen in Meter, behelfsmäßig mit Barometer.

Höhenwinkelvorhalt ist a) bei Geschützen mit abhängiger Visierlinie der Winkel, den die Linie Geschützort—Vorhaltepunkt mit der Seitenvorhaltsebene (gemessen in der Schußebene) bildet; er wird als Reglerwert kommandiert und eingestellt. Er ist positiv oder negativ („Hochregler“ oder „Tiefregler“), je nachdem der Vorhaltepunkt über oder unter dem Reglerpunkt liegt. Er ist Null („Regler Null“), wenn der Vorhaltepunkt (und nicht etwa der Abschußpunkt) mit dem Wechselpunkt zusammenfällt; b) bei Geschützen mit unabhängiger Visierlinie die Differenz zwischen den Höhenwinkeln zum Vorhaltepunkt und zum Abschußpunkt: $\Delta\gamma = \gamma_V - \gamma_A$. Er ist Null, wenn Vorhaltepunkt und Abschuß in entgegengesetzten Richtungen gleichweit vom Wechselpunkt entfernt sind.

Homogenität s. Maßsystem.

Hopf, Ludwig, emer. Prof. an der Techn. Hochsch. Aachen. Geb.

23. 10. 1884 in Nürnberg; studierte 1902—09 in München und Berlin. 1909 Dr. phil. München. 1911 Assistent, 1914 Priv.-Doz. Aachen, dann Leiter der aerodynamischen Abteilung der Flugzeugmeisterei Adlershof; 1920 a. o., 1923 o. Prof. der Mathematik und Mechanik an der Techn. Hochsch. in Aachen, 1934 im Ruhestand. Werke über Aerodynamik und Mechanik, zahlreiche Aufsätze über theoretische Physik, Mathematik, Mechanik, Flugtechnik und Hydraulik.

Hörbarkeit s. Knall.

Horizontalkomponente der Geschwindigkeit s. Bahngeschwindigkeit.

Horizontieren wird die Ausschaltung der Höhen- und Seitenfehler genannt, die durch Schiefstellung des Geschützhorizontes gegen den astronomischen (wahren) Horizont entstehen. Es wird unmittelbares und mittelbares Horizontieren unterschieden.

Beim unmittelbaren Horizontieren wird der Seitenrichtkreis des Geschützes waagerecht gestellt bzw. der Schwenkzapfen des Geschützes senkrecht, indem z. B. die Oberlafette in der Unterlafette kardanisch aufgehängt und mit Hilfe zweier Libellen ausgerichtet wird. Das Geschütz arbeitet dann auf waagerechter Grundlage.

Bei mittelbarem Horizontieren wird nicht das Geschütz, sondern nur die Zieleinrichtung horizontiert oder eingekippt, wobei die auftretenden Richtfehler mechanisch ermittelt und zur Berichtigung der Lage des Rohres benutzt werden. Das Einkippen erfolgt durch Senkrechtstellung der Aufsatzebene um eine zur Seelenachse des Rohres ständig parallele Achse.

Das mittelbare Horizontieren wird für Rohrerhöhungen über 45° unbequem, da die erforderlichen Seitenverbesserungen sehr groß werden. Das Horizontieren kann vereinfacht werden, wenn nur die Verkantungen des Geschützes um eine waagerechte Längsachse berücksichtigt werden. Zu diesem Zweck wird eine dritte Achse, die Kantachse, zwischen Schildzapfenachse und Schwenkachse eingelegt. Durch Richten um diese Achse kann die Höhenrichtebene ständig senkrecht gestellt werden.

Alle mittelbaren Horizontierungen haben den bedenklichen Nachteil, daß infolge der Schiefstellung des Schwenkzapfens jede Seitenkorrektur auch die Höhenrichtung beeinflußt und eine neue Horizontierung erforderlich macht.

Verkantung wird bei Feldgeschützen durch Querlibelle angezeigt. Bei Geschützen auf dauernd schwankender Grundlage (Schiffsgeschützen) wird am einfachsten horizontiert nach dem natürlichen Horizont. Dazu wird Geschütz durch ständiges Bedienen der Horizontiermaschine in einer solchen Lage gehalten, daß ein querab zum Geschütz gerichtetes Fernrohr stets auf den natürlichen Horizont (Kimm) zeigt. Statt des natürlichen kann auch ein künstlicher Horizont benutzt werden, z. B. Libellen oder Pendel, wobei jedoch die im Charakter dieser Instrumente liegenden Fehlerquellen berücksichtigt werden müssen.

Einkippen der Zieleinrichtung kann für ein oder mehrere Geschütze auch von einem zentralen Leitstand aus bewirkt werden (Zentralhorizontieren).

Beim Zentralrichten muß die Zentralzieleinrichtung ständig horizontiert sein (dagegen nicht die Geschütze). Bei schwankendem Geschützstand kann dann die Übertragung der in der Zentrale ermittelten Richtwinkel nicht unmittelbar, sondern nur unter Zwischenschaltung eines Umrechners, Koordinatenwandlers, erfolgen.

Huber, Heinrich, Linienschiffskapitän d. R. Geb. 26. 11. 1871 in Wien. Seekadett 1890, 1907—09 und 1911 im Marinetechn. Komitee, 1910—13 Lehrer in den Höheren Marineartillerie-Offizierkursen, 1914—17 Kommandant eines Zerstörers, 1917 Kommandant eines Schlachtschiffes, 1917 bis 1918 im Kriegsministerium, Marinesektion, als Vorstand der II. Geschäftsgruppe. 1919 im Ruhestand.

Hauptarbeitsgebiete: Marineartillerie-Schießlehre und Schiffsgeschütze. Neukonstruktionen von Munitionsaufzügen auf Schiffen, einer Landungslafette für Maschinengewehre und eines Distanz-Änderungsapparates.

Hydraulische Bremse s. Flüssigkeitsbremse.

Hydrodynamik, Grundgleichungen. Hydrodynamik ist die Lehre von der Mechanik der Flüssigkeiten (und Gase). Sie findet ihre ballistische Anwendung in der Lehre vom Luftwiderstand der Geschosse. Aus den unten behandelten hydrodynamischen Gleichungen hat z. B. LANGEVIN das neue (temperaturabhängige) Luftwiderstandsgesetz hergeleitet (vgl. CRANZ, Ballistik, Erg.-Bd., S. 52).

Es sei P ein beliebiger Punkt einer Flüssigkeit mit den rechtwinkligen Koordinaten x, y, z; in diesem Punkte sei die Dichte der Flüssigkeit ϱ, der Koeffizient der Zähigkeit η. Im Punkte P herrsche der Druck p und die Geschwindigkeitskomponenten der Flüssigkeit nach den drei Achsen x, y, z seien dort u, v, w; die Komponenten der im Punkte P wirkenden äußeren Kräfte seien X, Y, Z.

Die Navier-Stokesschen Differentialgleichungen für die Bewegungsvorgänge in reibenden Flüssigkeiten (Gasen) lauten dann, wenn die Zeit mit t bezeichnet wird:

$$X-\left(\frac{\partial u}{\partial t}+u\frac{\partial u}{\partial x}+v\frac{\partial u}{\partial y}+w\frac{\partial u}{\partial z}\right) = \frac{1}{\varrho}\frac{\partial p}{\partial x}-\frac{\eta}{\varrho}\left(\frac{\partial^2 u}{\partial x^2}+\frac{\partial^2 u}{\partial y^2}+\frac{\partial^2 u}{\partial z^2}\right) - \frac{1}{3}\frac{\eta}{\varrho}\frac{\partial}{\partial x}\left(\frac{\partial u}{\partial x}+\frac{\partial v}{\partial y}+\frac{\partial w}{\partial z}\right),$$

$$Y-\left(\frac{\partial v}{\partial t}+u\frac{\partial v}{\partial x}+v\frac{\partial v}{\partial y}+w\frac{\partial v}{\partial z}\right) = \frac{1}{\varrho}\frac{\partial p}{\partial y}-\frac{\eta}{\varrho}\left(\frac{\partial^2 v}{\partial x^2}+\frac{\partial^2 v}{\partial y^2}+\frac{\partial^2 v}{\partial z^2}\right) - \frac{1}{3}\frac{\eta}{\varrho}\frac{\partial}{\partial y}\left(\frac{\partial u}{\partial x}+\frac{\partial v}{\partial y}+\frac{\partial w}{\partial z}\right),$$

$$Z-\left(\frac{\partial w}{\partial t}+u\frac{\partial w}{\partial x}+v\frac{\partial w}{\partial y}+w\frac{\partial w}{\partial z}\right) = \frac{1}{\varrho}\frac{\partial p}{\partial z}-\frac{\eta}{\varrho}\left(\frac{\partial^2 w}{\partial x^2}+\frac{\partial^2 w}{\partial y^2}+\frac{\partial^2 w}{\partial z^2}\right) - \frac{1}{3}\frac{\eta}{\varrho}\frac{\partial}{\partial z}\left(\frac{\partial u}{\partial x}+\frac{\partial v}{\partial y}+\frac{\partial w}{\partial z}\right).$$

Hinzu tritt die Kontinuitätsgleichung, die ausdrückt, daß die Masse eines Flüssigkeitsvolumelementes sich nicht ändern kann:

$$\frac{\partial \varrho}{\partial t} + \frac{\partial}{\partial x}(\varrho u) + \frac{\partial}{\partial y}(\varrho v) + \frac{\partial}{\partial z}(\varrho w) = 0;$$

außerdem sind die Anfangs- und Grenz- (Oberflächen-) Bedingungen zu beachten.

Für unzusammendrückbare (inkompressible) Flüssigkeiten geht die Kontinuitätsgleichung in die Inkompressibilitätsbedingung

$$\frac{\partial u}{\partial x} + \frac{\partial v}{\partial y} + \frac{\partial w}{\partial z} = 0$$

über und in obigen Differentialgleichungen fallen die letzten Glieder fort.

Bei nichtreibenden (idealen), auch zusammendrückbaren Flüssigkeiten ist der Zähigkeitskoeffizient Null und die Navier-Stokesschen Gleichungen gehen unter Streichung der beiden letzten Glieder in die sog. Eulerschen hydrodynamischen Gleichungen über.

Bei den Strömungen idealer Flüssigkeiten werden Potentialbewegungen und Wirbelbewegungen unterschieden; eine schließt die andere aus. Bei Potentialströmungen sind folgende Ausdrücke zu allen Zeiten gleich Null:

$$\dot{p} = \frac{1}{2}\left(\frac{\partial w}{\partial y} - \frac{\partial v}{\partial z}\right), \quad \dot{q} = \frac{1}{2}\left(\frac{\partial u}{\partial z} - \frac{\partial w}{\partial x}\right),$$
$$\dot{r} = \frac{1}{2}\left(\frac{\partial v}{\partial x} - \frac{\partial u}{\partial y}\right).$$

In diesem Falle lassen sich die Geschwindigkeitskomponenten u, v, w aus einem Geschwindigkeitspotential φ durch Differentiation ableiten, wobei die Funktion φ lediglich eine Funktion des Punktes $P(x, y, z)$ ist:

$$u = \frac{\partial \varphi}{\partial x}, \quad v = \frac{\partial \varphi}{\partial y}, \quad w = \frac{\partial \varphi}{\partial z}.$$

Bei der Potentialbewegung findet keine Drehung der Flüssigkeitsteilchen um sich selbst statt. Die Kurven, deren Tangente in jedem Punkte mit der Richtung der Geschwindigkeit zusammenfällt, heißen Stromlinien; bei stationären (mit der Zeit sich nicht ändernden) Strömungen sind sie gleich der Bahn der Flüssigkeitsteilchen. Die Stromlinien geben eine anschauliche Darstellung der Verhältnisse; Verkleinerung ihres Abstandes bedeutet Erhöhung der Geschwindigkeit und Verminderung des Druckes.

Verschwinden die obigen Ausdrücke für $\dot{p}$, $\dot{q}$, $\dot{r}$, die Komponenten der Rotationsgeschwindigkeit, nicht, so liegt Wirbelbewegung in der Flüssigkeit vor. Durch Einführung dieser Größen in die Eulerschen hydrodynamischen Gleichungen erhält man die Helmholtzschen Wirbelgleichungen. Der Vektor der Rotationsgeschwindigkeit heißt Wirbelvektor; die Richtung desselben gibt die Richtung der Wirbellinien oder Wirbelfäden an. Jeder Wirbelfaden besteht stets aus den gleichen Flüssigkeitsteilchen; die Teilchen kreisen nicht nur um eine Achse, sondern vollführen auch gleichläufige Drehungen um sich selbst.

Ist endlich in der Flüssigkeit keine Bewegung vorhanden ($u, v, w = 0$), so erhält man aus den Navier-Stokesschen Gleichungen die Eulerschen Gleichungen der Hydrostatik

$$X = \frac{1}{\varrho}\frac{\partial p}{\partial x}; \quad Y = \frac{1}{\varrho}\frac{\partial p}{\partial y}; \quad Z = \frac{1}{\varrho}\frac{\partial p}{\partial z}.$$

Es ergibt sich, daß die Kraftkomponenten X, Y, Z sich aus einer Potentialfunktion Ω ableiten lassen müssen, damit überhaupt Gleichgewicht in der Flüssigkeit bestehen kann:

$$X = -\frac{\partial \Omega}{\partial x}; \; Y = -\frac{\partial \Omega}{\partial y}; \; Z = -\frac{\partial \Omega}{\partial z}.$$

Setzt man noch $\int\limits_{p_0}^{p} \frac{dp}{\varrho} = U$ mit der beliebigen Konstanten p_0, so kann man die Grundgleichungen der Hydrostatik in der Form schreiben:

$$\Omega + U = \text{const}$$

und für inkompressible Flüssigkeiten:

$$\Omega + \frac{p}{\varrho} = \text{const}.$$

Potentialflächen ($\Omega = \text{const}$) und Flächen konstanten Druckes ($U = \text{const}$), die Isobaren genannt werden, fallen zusammen; daher ist z. B. auf der Erde die freie Oberfläche einer Flüssigkeit horizontal.

Hydrodynamischer Druck. Der in strömenden Flüssigkeiten oder Gasen herrschende Druck wird als hydrodynamischer Druck bezeichnet im Gegensatz zum hydrostatischen Druck (s. d.) einer Flüssigkeit im Gleichgewichtszustand.

Ist die Strömung in einer Flüssigkeit wirbelfrei, d. h. treten keine Drehbewegungen der Flüssigkeitsteilchen um sich selbst auf, und ist die Strömung stationär, so daß sie sich im Laufe der Zeit nicht ändert, so gilt folgende Beziehung zwischen dem hydrodynamischen Druck p_d und dem hydrostatischen Druck p_s, der bei Nichtvorhandensein einer Strömung an der betrachteten Stelle herrschen würde:

$$p_d = p_s - \frac{\varrho}{2} v^2,$$

ϱ ist die Dichte und v die Geschwindigkeit der Flüssigkeit an der betrachteten Stelle; der Ausdruck $\frac{\varrho}{2} v^2$ bedeutet die kinetische Energie der Raumeinheit der Flüssigkeit. Der dynamische Druck ist stets kleiner als der statische; er ist gleich Null, wenn die Geschwindigkeit der Flüssigkeit den Wert $v = \sqrt{\frac{2 p_s}{\varrho}}$ erreicht. Bei noch größerer Geschwindigkeit zerreißt die Flüssigkeit und es tritt Hohlraumbildung (Kavitation) ein.

In einer strömenden Flüssigkeit herrscht also an Stellen hoher Strömungsgeschwindigkeit geringer Druck und an Stellen geringer Geschwindigkeit höherer Druck (Bernoullisches Theorem). Dieser Satz, der auch für stationäre Wirbelbewegung von Flüssigkeiten gilt, ist von großer Bedeutung für die Hydrodynamik und ihre Anwendungen.

Hydrostatische Zünder sind dadurch gekennzeichnet, daß bei ihnen durch Wasserdruck die Sicherung aufgehoben bzw. die Zündung bewirkt wird.

Hydrostatischer Druck. Eine im Zustande der Ruhe (abgesehen von den ungeordneten Bewegungen der Moleküle) befindliche Flüssigkeit (Gas) besitzt eine Druckverteilung, die als hydrostatisch bezeichnet wird, weil sie einem Gleichgewichtszustande entspricht. In jedem Punkte der Flüssigkeit ist der Druck unabhängig von der Richtung, auf ein ebenes Flächenelement in der Flüssigkeit wirkt der hydrostatische Druck stets senkrecht.

Wird eine Flüssigkeit oder ein Gas einem äußeren Drucke ausgesetzt, der nur in einer Richtung wirkt, so pflanzt sich dieser Druck auf alle Teile nach allen Richtungen hin gleichmäßig fort (Gesetz von PASCAL).

I, J

Jagdflugzeuge sind dazu bestimmt, feindliche Bombenflugzeuge und Arbeitsflugzeuge anzugreifen und an der Durchführung ihrer Aufgaben zu hindern. Es wird unterschieden zwischen Jagdeinsitzern und Jagdzweisitzern. Jagdeinsitzer sind einsitzige Flugzeuge, deren Bewaffnung (mehrere MG. oder eine bzw. mehrere Flugzeugkanonen) starr parallel der Längsachse des Flugzeuges eingebaut ist und vom Flugzeugführer betätigt wird. Jagdeinsitzer können nur in Flugrichtung feuern; Zielen erfolgt mittels des ganzen Flugzeuges durch genaues Anfliegen des Gegners. Jagdzweisitzer haben neben dem Flugzeugführer noch einen MG.-Schützen, der ein bewegliches, auf Drehkranz befestigtes MG. oder Doppel-MG. besitzt. Der Vorteil des Jagdzweisitzers gegenüber dem Jagdeinsitzer besteht darin, daß er auch nach rückwärts, oben und unten feuern kann. Aber auch beim Jagdzweisitzer stellen die starren Waffen des Flugzeugführers die Hauptbewaffnung dar. Gegenüber dem Jagdeinsitzer hat der Jagdzweisitzer den Nachteil größerer Ausmaße und größeren Gewichtes, wodurch Wendigkeit und Steigfähigkeit ungünstig beeinflußt wird. Beim Nachtluftkampf oder beim Sperrefliegen, wo es sich darum handelt, ständig den gefährdeten Luftraum zu beobachten, wird oft der Jagdzweisitzer bevorzugt, weil der MG.-Schütze den Flugzeugführer durch Beobachtung des gefährdeten Luftraums und durch Bedienung der Funkverbindung mit den Erdbeobachtungsstellen entlasten kann.

Ideale Flüssigkeit s. d'Alembertsches Paradoxon.

Ideale Gase. Vollkommene oder ideale Gase sind solche, die den Gesetzen von BOYLE-MARIOTTE (s. d.) und GAY-LUSSAC (s. d.) streng gehorchen. Spannungs- und Ausdehnungskoeffizient sind unabhängig von der Temperatur und einander gleich, während für die in der Natur vorhandenen wirklichen Gase das nur angenähert der Fall ist, so daß Abweichungen von den erwähnten Gesetzen auftreten. Die thermodynamischen Gesetze sind für ideale Gase besonders einfach. Ein wirkliches Gas verhält sich um so idealer, je geringer seine Dichte ist und auf je höherer Temperatur es sich befindet.

Vgl. Zustandsgleichung idealer Gase und die van der Waalssche Gleichung.

Impuls einer Kraft $\mathfrak{K}$ während des Zeitintervalles von t_0 bis t_1

heißt das Zeitintegral der Kraft

$$\int_{t_0}^{t_1} \mathfrak{K}\, dt .$$

(S. auch Bewegungsgröße).

Impulssatz sagt aus, daß für ein System von Massenpunkten der Impuls (s. d.) der Resultante der $\mathfrak{K}$ der äußeren Kräfte in einem Zeitintervall gleich der Änderung der gesamten Bewegungsgröße des Systems in diesem Zeitintervall ist:

$$\int_{t_0}^{t_1} \mathfrak{K}\, dt = \mathfrak{U}(t_1) - \mathfrak{U}(t_0) .$$

Verschwindet für ein System die Resultierende der äußeren Kräfte, so ist die gesamte Bewegungsgröße konstant (Satz von der Erhaltung der Bewegungsgröße).

Indirekte Richtverfahren. 1. Schießen mit Kommandogerät (s. d.), 2. Schießen mit Kommandohilfsgerät (s. d.).

Indirektes Richten. Beim indirekten Richten wird die Visierlinie der Geschütze nicht durch das Auge, sondern durch bestimmte, für die Höhen- und die Seitenrichtung getrennte Einrichtungen und Verfahren ins Ziel gelegt. Für die Höhenrichtung wird das Einspielen der Luftblase einer Wasserwaage benutzt, um dem Rohr die gewünschte Erhöhung zu geben. Für die Seitenrichtung gibt es drei Verfahren: das Gleichlauf-, das Nadel- und das Richtpunktverfahren (s. d.). Alle diese Verfahren geben dem Geschütz aber nur die erste Seitenrichtung. Sie wird alsdann — ohne Kommando — durch Anrichten eines Festlegepunktes (s. d.) bestimmt. Nach jedem Abfeuern wird dieser Punkt wieder angerichtet, ebenso nach jeder Änderung der eingestellten Seite.

Indra, Alois, Generalmajor. Geb. 1849 in Ferdinandsthal (Mähren), gest. 1904. Im Jahre 1870 als Unterleutnant aus der Techn. Militärakademie ausgemustert, 1879 dem Techn. Militärkomitee zur Dienstleistung zugewiesen, wo er bis 1883 blieb. Kehrte 1895 in das Techn. Militärkomitee zurück und wurde 1898 zum Vorstand der Abt. 2/I (Ballistik) ernannt; 1896 Oberst, 1901 Generalmajor und Artilleriedirektor beim Militärkommando in Zara. Hauptarbeitsgebiete: graphische Ballistik, Ballistik der Handfeuerwaffen, Feld- und Festungskrieg, Kriegskunst.

Infanteriegeschütze. Ihre Aufgabe liegt in der Bekämpfung feindlicher MG., Minenwerfer, Inf.-Geschütze, Stützpunkte u. a., und Unterstützung der schweren Waffen. Die Inf.-Geschütze müssen Flach- und Steilfeuer abgeben können; im Auslande deshalb Inf.-Haubitzen konstruiert. Allgemein folgende Anforderungen gestellt:

1. Genügende Wirkung im Flachbahn- und Steilfeuerschuß gegen lebende und widerstandsfähige Ziele im Infanteriekampf (Kaliber nicht unter 6 cm).

2. Genügende Munitionsausrüstung.

3. Leichte Beweglichkeit. Beförderung durch Pferdezug, Zug durch niedrige Kraftschlepper, auf kurze Strecken Mannschaftszug. (Zerlegbarkeit mehr Nachteile als Vorteile.)

4. Gute Treffähigkeit bis etwa 2500 m. Inf.-Geschütze sollen kein

langdauerndes Feuer unterhalten sondern nur gegen bestimmte Ziele wenige, gut wirksame Schüsse abgeben.

5. Große Feuerbereitschaft und -geschwindigkeit.

6. Fähigkeit, aus verdeckter Stellung zu feuern und auch verdeckt stehende Ziele zu bekämpfen.

7. Geringe Sichtbarkeit, gute Tarnmöglichkeit.

Bestreben vorhanden, Inf.-Geschütze mit Tak zu vereinigen.

Infanteriemunition besteht bei allen modernen Gewehren und Masch -Gew. aus einer Patrone, die alle zum Schuß gehörenden Elemente in sich vereinigt, nämlich das Geschoß, die Treibladung und das Zündmittel fest in einer Metallhülse, die in ihrer Lagerung im Patronenlager die gasdichte Liderung zu übernehmen hat. Neben geringem Gewicht ist möglichste Kürze der Patrone anzustreben. Die Pulverladung soll dem Geschoß eine möglichst große Anfangsgeschwindigkeit verleihen Das Geschoß soll durch Gewicht, Querschnittsbelastung und Form in der Lage sein, seine Anfangsgeschwindigkeit gegen den Luftwiderstand gut zu behaupten. Die Leichtigkeit der Patrone ist wichtig für die Munitionsausstattung und für den Nachschub auf Patronenwagen. Die Kürze der Patrone ist sehr wesentlich für die Konstruktion der Waffe, weil Kürze des Verschlusses und des Patronenlagers bei gleichem Gewicht der Waffe der Lauflänge zugute kommen. Moderne Infanteriegeschosse sind Bleigeschosse mit Stahlmantel; Frankreich führt Kupfergeschosse. Vielfach haben die Geschosse am Boden einen kurzen Konus zum günstigen Abströmen der Luft. Nach der Form des Patronenbodens werden Randpatronen, Rillenpatronen und Rillenrandpatronen unterschieden. Randpatronen haben am Boden einen vorstehenden starken Rand, mit dem in einfachster Form die Lagerung im Patronenlager erfolgt und an dem die Auszieherkralle anfassen kann. Randpatronen haben aber den großen Nachteil für die Verpackung und Magazinierung, daß sie am Boden viel mehr Platz beanspruchen als vorn am Geschoß. Alle Magazine erhalten dadurch eine unbequeme Schweifung. Rillenpatronen haben am Boden keinen vorstehenden Rand; der Auszieher greift in eine am Boden eingezogene Rille. Die Verpackung und Magazinierung solcher Patronen ist praktisch. Eine Schwierigkeit für die Rillenpatrone bildet die Gewährleistung einer immer gleichmäßigen Anlage der Patrone im Patronenlager. Sie erfordert eine besonders sorgfältige Bearbeitung der die Anlage regelnden Übergangsschweifung (Schulter) vom Geschoßteil der Hülse zu ihrem Pulverraum. Eine Rillenrandpatrone ist ein Kompromiß mit Rille und wenig vorstehendem Rand. Zugunsten der Kürze der Patrone kann der Durchmesser des Pulverraumes vergrößert werden. Diese Möglichkeit wird aber begrenzt durch die Gasdruckbeanspruchung des Hülsenmaterials und durch einen ungünstigen Druckeinfluß der Gase auf das Geschoß. Als Hülsenmaterial bewährt sich Messing am besten, ganz besonders bei Maschinenwaffen; Hülsen aus Eisen oder Aluminium bewähren sich nicht Die Infanteriemunition muß für Gewehre und Masch.-Gew. einheitlich sein. Über Zündmittel s. Zündhütchen.

Influenzzündung. Übertragung einer Detonation über kleine Entfernungen hinweg (Resonanzwirkung ?). Angewandt z. B bei Bergwerkssprengungen beim Versagen einer Ladung: Abfeuern eines zweiten in geringer Entfernung vom Versager angebrachten Schusses, der dann den ersten mitnimmt.

Jeder Sprengstoff sein eigener Detonator. (Nicht sehr empfindliche und brisante Sprengstoffe müssen verdämmt werden, damit sie sich immer weiter initiieren.) Widerlegung von Abels Theorie der synchronen Schwingungen, weil Übertragungsfähigkeit abhängig von Ladedichte, Detonationsgeschwindigkeit und Menge des angewandten Zündmittels.

Ferner dürfen nach Lehre vom Wellensynchronismus keine Teildetonationen auftreten, wie sie aber tatsächlich vorkommen.

Detonationsübertragung von 50 g-Ladungen von Tetryl, Pikrinsäure, Tetryl und Sprenggalatine durch Luft, Wasser, Eis, Holz, Sand, Blei usw. unter verschiedenen Bedingungen. Luft nicht das schlechteste, sondern das beste Medium für Übertragung der Detonation. Feste Körper übertragen auf viel kleinere Entfernungen. Wasser steht festen Körpern nahe. Lockere lufthaltige Materialien, wie Sägespäne, übertragen Detonation besser als dichte Körper. Dünne, feste Wände rufen beträchtliche Verminderung der maximalen Übertragungsstrecke durch Luft hervor. Bei Verwendung von Röhren starke Vergrößerung der Übertragung. Die Reihenfolge der Sprengstoffe in bezug auf Empfindlichkeit zur Detonationsübertragung scheint dieselbe wie gegen Schlag zu sein (Z. Sprengstoffw. 1931, 9, 25, 33; 1932, 348).

Initialzündung zur Auslösung der Explosion und Detonation von Explosiv- und Sprengstoffen durch besondere Sprengmittel, die Initiatoren. Maßgebend für die Brauchbarkeit als Initialsprengmittel ist eine sehr hohe Zerfallsgeschwindigkeit, die zur Bildung einer Detonationswelle führt, und relativ geringe Auslösungsenergie zur Einleitung der Zersetzung. Die Auslösung erfolgt in der Regel durch mechanischen Stoß, dessen Energie sich adiabatisch in Wärme umsetzt, oder durch direkte Erhitzung; Initiatoren werden durch hohe Temperaturen allein zur Umsetzung gezwungen, d. h. Wärme genügt zur Auslösung. Durch den fast momentanen Zerfall der Initialsprengmittel entsteht ein außerordentlich hoher Druck, da anfangs die Gase fast das Volumen des festen Stoffes bei der hohen Verbrennungstemperatur einnehmen. Infolge davon erhalten die Gasteilchen Geschwindigkeiten von Tausenden Meter je Sekunde; die Teile des zersetzten Initiators wirken entweder direkt auf den zu zündenden Explosivstoff oder durch Vermittlung eines Luftwellenstoßes. Hauptbedingung dafür, daß der Explosivstoff ebenfalls zur Detonation gelangt, ist die, daß der Druck niemals kleiner wird, als er zum Einleiten einer Detonation notwendig ist. Die Explosion oder beschleunigte Verbrennung eines Pulvers erfolgt dann, wenn die Geschwindigkeit, mit der die chemische Reaktion eingeleitet ist, sich zu einem Maximum bestimmter Höhe steigern kann; die äußeren Umstände, Ladedichte, Festigkeit des Einschlusses, sind entscheidend.

Die wichtigsten Initiatoren sind die Quecksilber- und Bleisalze der Knallsäure und Stickstoffwasserstoffsäure (Knallquecksilber, Bleiazid [s. d.]), organische Verbindungen der Chlorsäure und Überchlorsäure und von Superoxyden.

Empfindlichkeit der Explosivstoffe nicht die gleiche bei den verschiedenen Initiatoren; Wirkung auch abhängig von der Art des Einschlusses eines Initiators.

Innenballistik. Innere Ballistik hat als Hauptaufgabe die Untersuchung der Geschoßbewegung im Rohre, die Bestimmung des Temperatur- und Druckverlaufs der Pulvergase im Rohr, bis das Geschoß zur Mündung gelangt ist (dann Übergangsballistik), und in der Beurteilung der am Geschoß und Rohr auftretenden Materialbeanspruchung. Unter Heranziehung von Thermochemie und Thermodynamik sind die Vorgänge der Zündung und Explosion der Treibmittel (Pulver) zu erforschen und Brenngesetze aufzustellen.

Man unterscheidet die Wirkung der Treibmittel bis zu beginnender Einpressung des Geschosses in die Züge (Initialballistik) und den Verlauf der Geschoßbewegung im Rohre unter Einwirkung des Dralls des Rohres (Geschoßführungs-Ballistik). Für die Praxis ist am wichtigsten die Bestimmung des Höchstdrucks der Pulvergase (Rohrbeanspruchung) und der Anfangsgeschwindigkeit des Geschosses beim Verlassen des Rohres.

Innenballistisches Arbeitspotential s. Verbrennungswärme.

Innendruck im Rohr ist der Gasdruck (s. d.), der beim Schuß entsteht und in seiner Wirkung auf die Waffe betrachtet wird. Der Druck der Pulvergase wirkt nach allen Seiten auf die Umfassungswände. Der Ballistiker rechnet mit der Druckwirkung, die gegen den Geschoßboden gerichtet ist. Für den Waffenkonstrukteur aber ist der Innendruck im Rohr mit seiner Wirkung auf den Stoßboden (Patronenboden und Verschluß) und auf die Rohrwände von größter Bedeutung. Der Patronenboden und der ihn hinten abstützende Verschluß müssen dem Innendruck vollkommen sicher sein und gasdicht widerstehen. Die Rohrwände und die Wände der Patronenhülse müssen ebenfalls den Druck aushalten; sie werden radial auf Ausdehnung beansprucht. Dabei darf die Elastizitätsgrenze normalerweise nicht erreicht, niemals überschritten werden, wenn nicht ein dauernder Schaden für das Rohr entstehen soll. Von großer Bedeutung ist bei Masch.-Gew. und Selbstladegewehren der Innendruck auf die Patronenhülse. Die Konstruktion muß dabei berücksichtigen, daß die Ausziehbewegung der vom Innendruck fest an die Patronenlagerwand gepreßten Hülse nicht zu früh beginnt. Das Metall der Hülse muß Zeit gehabt haben, elastisch zurückzufedern, sonst arbeiten die Ausziehkräfte unregelmäßig oder gar nicht, oder der Auszieher reißt aus. Nur Messinghülsen arbeiten in dieser Beziehung einwandfrei (s. Patronenlager, Funktionssicherheit).

Innenzünder, im Geschoßinnern angebracht, dienen gleichen Zwekken wie Bodenzünder.

Innere Energie s. Energie und Energieprinzip; innere Energie eines idealen Gases s. Poissonsches Gesetz.

Innere Reibung. In allen Flüssigkeiten und Gasen üben benachbarte Teilchen Kräfte aufeinander aus, die einer gegenseitigen Verschiebung einen tangentialen Widerstand entgegensetzen, der proportional der Zähigkeit ist.

Der Koeffizient der Zähigkeit oder inneren Reibung gibt an, welche Kraft pro Flächeneinheit in Dyn erforderlich ist, um in einer Flüssigkeits- oder Gasschicht von einem Zentimeter Dicke die obere Schichtfläche gegen die untere parallel zu ihr mit der Geschwindigkeit von einem Zentimeter je Sekunde in Bewegung zu halten.

Die innere Reibung eines (idealen) Gases ist unabhängig vom Druck, vom Volumen und von der Dichte des Gases (Maxwell).

Für die in Flüssigkeiten mit innerer Reibung auftretenden Strömungsverhältnisse ist nicht der Koeffizient η der inneren Reibung selbst maßgebend, sondern sein Verhältnis zur Dichte ϱ der Flüssigkeit; der Quotient $\varkappa = \frac{\eta}{\varrho}$ wird als kinematische Zähigkeit bezeichnet (s. Hydrodynamik, Grundgleichungen).

Integral. Das bestimmte Integral der Funktion $f(x)$ zwischen den Grenzen a und b, geschrieben $\int_a^b f(x)\,dx$, wobei das Integralzeichen aus S von dem Wort Summe entstand, ist der Inhalt der Fläche, die von der Kurve $y = f(x)$, den beiden Parallelen zur y-Achse durch die Punkte $x = a$, $x = b$ und durch die x-Achse begrenzt wird. Dabei werden Flächenstücke oberhalb der x-Achse positiv, solche unterhalb der x-Achse negativ gezählt. Eine Funktion $F(x)$, deren erste Ableitung (s. Differentialquotient) $f(x)$ ist, heißt ein unbestimmtes Integral von $f(x)$. Das unbestimmte Integral ist nur bis auf eine willkürliche additive Konstante bestimmt. Mit seiner Hilfe läßt sich das bestimmte Integral ausrechnen; es ist nämlich:

$$\int_a^b f(x)\,dx = F(b) - F(a)\,.$$

Obige Definitionen sind nicht streng; eine strenge Fassung des Integralbegriffs findet man z. B. in der Enzykl. d. math. Wiss.

Integration heißt die Auswertung von Integralen (s. d.). Unter der Integration einer Differentialgleichung ist die Aufstellung ihrer Lösungen zu verstehen, die auch Integrale genannt werden, weil sie in einfachen Fällen durch die Operation des Integrierens erhalten werden.

Interpolation heißt die näherungsweise Berechnung von Zwischenwerten bei einer Funktion, die nur für einzelne Werte des Argumentes bekannt ist. Dazu wird die gegebene Funktion durch eine Näherungsfunktion ersetzt und deren Zwischenwerte bestimmt. Meist genügen lineare oder quadratische Näherungsfunktionen; man spricht dann von linearer bzw. quadratischer Interpolation.

Sind die Funktionswerte für äquidistante Argumente bekannt, so gelten für die Interpolation die Formeln:

linear:

$$f(a + nw) = f(a) + n f^1(a + \tfrac{1}{2}),$$

quadratisch:

$$f(a + nw) = f(a) + n f^1(a + \tfrac{1}{2}) + \frac{n(n-1)}{2} f_m^2\left(a + \frac{1}{2}\right).$$

Die quadratische Interpolation benutzt außer der 1. Differenz $f^1(a + \frac{1}{2})$ zwischen den Funktionswerten auch das Mittel der einschließenden 2. Differenzen $f_m^2(a + \frac{1}{2})$, das mit höchstens $^1/_8$ seines Betrages eingeht. Solange die 2. Differenzen 4 Einheiten nicht übersteigen, brauchen sie in den meisten Fällen nicht berücksichtigt zu werden.

Bei der Interpolation mit zwei Argumenten (horizontal und vertikal) gelten sinngemäß die gleichen Regeln. Man interpoliert zuerst zweimal in der einen Richtung und dann (meist) einmal in der anderen.

Joule s. Arbeit.

Isogonen. In der Geophysik Kurven gleicher Deklination (Winkel der Nadel mit der wahren Nord-Südrichtung) der Magnetnadel. In der Mathematik Kurven der Punkte x, y, denen eine Differentialgleichung $y' = f(x, y)$ gleiche Werte der Richtung (also von y') erteilt (s. a. Isoklinen).

Isoklinen. In der Geophysik Kurven gleicher Inklination (Winkel der Nadel mit der Horizontalebene) der Magnetnadel. In der Mathematik Kurven der Punkte x, y, denen eine Differentialgleichung $y' = f(x, y)$ gleiche Werte der Richtung (also von y') erteilt.

Isothermen eines thermodynamischen Systems sind diejenigen Kurven, die Zustände gleicher Temperatur miteinander verbinden (s. a. Boyle-Mariottesches Gesetz). Isothermen im Luftraum werden zur Beurteilung der Witterungseinflüsse auf das Schießen vielfach verwendet.

Justrow, Karl, Oberstleutn. a. D. Geb. 9. 8. 1883 in Neuenburg (Kr. Schwetz). Eintritt 1903 in das Heer (Fußart.-Rgt. 2), 1904 Leutnant, 1906—11 Sonderausbildung auf der Militärtechn. Akademie in Berlin für Waffenkonstruktion, 1911—14 Assistent bei der Art.-Prüfgs-Komm. 1914—15 Batterieoffizier, dann Führer einer „Dicken Berta“ im Felde, 1915—18 Referent bei der Art.-Prüfgs-Kom. für die gesamte schwere Art.-Mun., später nur für Geschosse u. Sprengstoffe. 1919—29 Ref. bei der Inspektion für Waffen und Gerät (Heereswaffenamt-Prüfwesen) für Art.-Geschosse und Sprengstoffe. 1925 Major, 1929 Austritt aus dem Heer als Oberstleutn. a. D. Seitdem schriftstellerisch tätig. J. hat in den Jahren 1908—13 viele technische Studienreisen in das Ausland gemacht. War Hauptschriftleiter der „Wehrtechn. Monatshefte“. Verf.: Feldherr und Kriegstechnik (1933), Die dicke Berta und der Krieg (1935), Samml. art. Aufgaben zum Gebrauch im Mathem. Unterricht ... (1935), Theoret. Betrachtungen über die Lebensdauer unserer Geschütze ... (1923). Mitarbeiter an Sammelwerken und Zeitschriften. „Das Geschütz in der Nachkriegszeit“. In: Rundsch. dt. Technik. 1938. Nr. 2—15. Der technische Krieg 1938.

K

Kaliber oder Rohrweite ist die zwischen den „Feldern“ gemessene lichte Weite der Seelenbohrung. Sie wird in Millimetern, Zentimetern oder engl. Zoll (25,4 mm) angegeben.

Kaliber der Schrotflinten werden anders bezeichnet als bei militärisch verwendeten Waffen. Für die Kaliber der Schrotläufe gilt heute noch eine alte englische Norm, nach der das Kaliber nach der Zahl der Kugeln (aus reinem Blei [spez. Gewicht 11,37]) mit einem Durchmesser gleich der Laufweite bezeichnet wird, die auf ein engl. Pfund (453,6 g) gehen. Danach gelten für Flintenläufe bei Verwendung von Papphülsen folgende Werte:

Kal.-Nr.	Rohrweite mm	Kal.-Nr.	Rohrweite mm
4	26,7	16	16,8
8	21,2	20	15,6
10	19,7	24	14,7
12	18,5	28	14,0
14	17,6	32	13,4

Die Angaben im Schrifttum sind öfters ungenau oder fehlerhaft. (Rohrweite gleich 42,4 dividiert durch die dritte Wurzel aus der Kalibernummer.)

Die ungefähre Körnerzahl (Hartblei) in der Patrone beträgt:

Kal.-Nr.	Schrotladung g	Schrotgröße in mm		
		3½	3	2½
12	35	138	219	375
12	32	126	200	343
16	30	118	188	321
16	28	110	175	300
20	25	98	156	268
24	20	78	125	214
28	18	70	112	193
32	16	62	100	171

Näheres vgl. Schießtechnisches Handb. für Jäger und Schützen von W. Lampel, Hptm. a. D. und z. B. Jubil.-Kal. 1937 der Rhein.-Westfäl. Sprengstoff AG. Nürnberg.

Kaliberfaktor. Die von Hänert in seinem Werke „Geschütz und Schuß“ 1935 nach Kritzinger wiedergegebenen Werte des Kaliberfaktors *k* erscheinen nicht nur, sondern sind tatsächlich für die großen Kaliber zu klein. Man wird z. B. für 30 cm nicht 0,56, sondern etwa 0,85 annehmen dürfen, wenn man mit neueren Widerstandsfunktionen (z. B. der des S-Geschosses) rechnet. Die anderen Werte liegen sinngemäß höher als l. c. 258 angegeben (s. Ball. Koeff.).

Kaliberlänge. Abmessungen des Rohres werden häufig in Kaliber angegeben, z. B. Schnelladekanone L/50, worin L/50 die Länge des ganzen Rohres in Kaliber bedeutet (Pariskanone hatte etwa L/170).

Kalorie s. Spezifische Wärme.

Kampffahrzeuge, gepanzerte s. Gepanzerte Kampffahrzeuge.

Kampfmehrsitzer. Bezeichnung für eine vor allem in Frankreich entwickelte Flugzeuggattung. Kampfmehrsitzer sind Flugzeuge, die einerseits als mittlere und schwere Bomber verwendet werden können, anderseits über große Geschwindigkeit, genügende Wendigkeit und eine sehr starke Bordbewaffnung verfügen, so daß sie auch für den Luftkampf und zum Eingreifen in den Erdkampf geeignet erscheinen. Hauptaufgabe der Kampfmehrsitzer: Bombenwurf.

Kanone (Ableitung). Zu dem lat. canna (Rohr, Röhre) gehört als Vergrößerungsform das ital. cannone (franz. canon), die im 16. Jahrh. aus der Bedeutung „großes Rohr" in die von „schweres Geschütz" überging. Ältere Geschütznamen waren: Büchse, Donnerbüchse, Feuerbüchse, Stück, Kartaune; diese alle verdrängte „Kanone" im 17. Jahrh. immer mehr; im 30jähr. Kriege hat sich das Wort in Deutschland allmählich verbreitet, anscheinend von Frankreich her. Dem dortigen „le canon" entsprach in Deutschland noch lange Zeit die sächliche Form „das Kanon".

Kanonenflugzeuge sind Flugzeuge, die mit Flugzeugkanonen, d. h. mit Bordwaffen, die Sprenggeschosse verfeuern, ausgerüstet sind.

Kanonen-Jagdeinsitzer sind Jagdeinsitzer, die mit starr eingebauten Flugzeugkanonen ausgerüstet sind (s. Flugzeugkanonen). Neuzeitliche Kanonen-Jagdeinsitzer besitzen entweder eine Kanone und zwei (sogar vier) Masch.-Gew. (in diesem Falle findet die auf dem Motor angeordnete Kanone Verwendung) oder zwei beiderseits des Rumpfes angeordnete, am Luftschraubenkreis vorbeifeuernde Kanonen und ein oder zwei Masch.-Gew.

Kappe einer Granate s. Panzerformeln.

Karabiner sind Gewehre für berittene Truppen. Sie sind, ihrer Verwendungsart entsprechend, kürzer und leichter als Infanteriegewehre. Deshalb mußte eine geringere Schußleistung in Kauf genommen werden. Bei der fortschreitenden Feuertaktik der Reiterei hat sich bei der modernen Bewaffnung der Längenunterschied zwischen Gewehr und Karabiner immer mehr ausgeglichen.

Kartaune (Ableitung). Das ital. cortana (kurze Kanone, vom ital. corto, unserem „kurz") gelangte um 1475 als Curtan in die Schweiz, 1489 als Kartune nach Oberdeutschland. Dabei war Scheidung von der seither untergegangenen Quartana (Viertelsbüchse), die Kugeln zu 25 Pfund schoß, nicht immer möglich.

Kartenebene ist die waagerechte Ebene durch den Geschützort.

Kartenentfernung ist die geradlinige Entfernung von der Mündung der Waffe bis zum Fußpunkt des Lotes, das vom Ziele auf die Horizontalebene durch die Mündung gefällt wird. Liegt das Ziel in dieser Ebene, so ist die Kartenentfernung gleich der Länge der Ziellinie. Die Kartenentfernung wird durch Ausmessen von Karten und Plänen gewonnen oder aus Beobachtungen im Gelände errechnet. An die Kartenentfernung werden die Korrektionen der BWE (s. d.) angebracht, wodurch sie zur „Tagesentfernung“ wird, die bei Benutzung der Schußtafeln zugrunde zu legen ist.

Kartenentfernungen von Luftzielen sind die Entfernungen der Fußpunkte der Lote von den verschiedenen Punkten des Zielweges auf die Kartenebene vom Geschützort:

e_{KM} = Kartenentfernung des Meßpunktes,
e_{KA} = „ des Abschußpunktes,
e_{KV} = „ des Vorhaltepunktes,
e_{KT} = „ des Treffpunktes,
e_{KW} = „ des Wechselpunktes.

Kartenpunkte. Punkte von besonderer Bedeutung, sind in ihrer Lage in der Ebene in Beziehung zu einem rechtwinkligen Koordinatensystem und in ihrer Höhe in Beziehung zu N.N. festgelegt. Die in der Kartenzeichnung vorhandene Genauigkeit ist verschieden, z. B. eingemessene Punkte in der Karte 1:25000 $\pm 2{,}5$ m, die übrigen Punkte ± 20 m, in der Karte 1:50000 ± 5 m, die übrigen Punkte ± 30 m. Als eingemessene Punkte auf K. 1:25000 gelten alle Punkte mit Höhenzahlen, auf K. 1:50000 nur die trigonometrischen Punkte (T.P.); in den Karten 1:100000 kann die Lage der Punkte Fehler bis zu 200 m enthalten. Festpunkte haben folgende Ordnung:

a) Trigonometrische Punkte (T. P.); alle Punkte der Landestriangulation.

b) Artilleristische Punkte (A.P.); festgelegt durch Winkelmessungen mit Theodolit und Berechnung.

c) Graphische Punkte (G.P.); festgelegt mit Meßtisch oder Richtkreis.

Koordinaten werden angegeben für T.P. auf cm, A.P. auf dm, G.P. auf m. Koordinatenentnahme aus der Karte ergibt nur G.P.-Werte.

Kartenwinkelmesser. Eine mit der 6400-Teilung versehene, durchsichtige Scheibe, zur Übertragung der im Gelände gemessenen Winkel in die Karte und zum Ablesen von Kartenwinkeln. Diese Winkelmessung nur behelfsmäßig brauchbare Grundlage für Winkelbestimmung.

Karten- und Plangerät. Im Sprachgebrauch sind unter „Karten- und Plangerät der Truppe“ teils ihre Ausstattung mit Karten und Plänen, teils außerdem die gewöhnlich mit „Schießhilfsmitteln“ bezeichneten Geräte zu verstehen, soweit sie in Verbindung mit Karte und Plan verwendet werden. „Plan“ bedeutet in der Regel eine Karte vom Maßstab 1:25000 oder von einem kleineren. Die neue deutsche Schießvorschrift spricht aber auch bei 1:25000 von der „Karte“ und verwendet den Ausdruck „Plan“ nur noch für „Bildpläne“ und „Schießpläne“ (s. d.). Die Ausdrücke „Karten-“ und „Plan-Gerät“ kennt sie nicht mehr.

Kartesische Koordinaten s. Koordinaten.

Kartusche. Der bei Gewehren angewandten Patrone entspricht bei Geschützen die Kartusche. Für Feldgeschütze z. T. Patronenkartuschen, d. h. Kartuschen mit einer einzigen Pulverladung und aufgesetztem Geschoß wie bei Gewehrpatronen, gezündet durch Schlag- oder Reibzündschraube (s. d.). Soll aus einem Geschütz mit verschiedenen Ladungen geschossen werden (Fußartillerie), so werden Beutelkartuschen verwendet (Beutel aus Seide zur Vermeidung des Nachbrennens). Verschiedene Zahl derselben in die Metallkartusche (Messing) eingehüllt (1., 2., 3., ... Ladung). Kartusche und Geschoß also getrennt verladen.

Kartuschvorlage. Rauchschwaches Pulver ist schwerer entzündlich als Schwarzpulver; deshalb wird z. B. für Brennzünder-Satzringe nur Schwarzpulver, kein rauschschwaches Pulver verwendet. Auch im Geschütz oder Gewehr erfolgt direkte Zündung durch Zündhütchenfeuer nur schwer. Deshalb wird den Kartuschen zwecks leichterer Zündung eine Beiladung von Schwarzpulver gegeben.

Katalyse. Steigerung in der Geschwindigkeit chemischer Reaktionen, erzielbar durch Temperatursteigerung (s. d.), wodurch aus den Molekülen der reagierenden Stoffe freie Atome werden. Ähnliche Geschwindigkeitssteigerungen durch Zusatzstoffe (Katalysatoren), welche Reaktionen beschleunigen, ohne sich selbst dabei qualitativ oder quantitativ zu verändern (Unterscheidung in Überträger- und Kontaktkatalysatoren).

Kavitation s. Hydrodynamischer Druck.

Kegelschnitte nennt man die ebenen Kurven: Kreis, Ellipse, Parabel und Hyperbel, weil sie als ebene Schnitte eines Kegels erhalten werden können.

Wird ein gerader Kreiskegel senkrecht zu seiner Achse durch eine Ebene geschnitten, so ist die erhaltene Figur ein Kreis. Wird die Schnittebene allmählich aus ihrer ursprünglichen Lage so herausgedreht, daß der Winkel zwischen Ebenennormale und Kegelachse größer wird, so wird aus dem Kreise zunächst eine Ellipse. Ist die Ebene parallel zu einer Mantellinie des Kegels geworden, so ist die Schnittfigur eine Parabel. Wird die Ebene noch weiter gedreht, so ergibt sich eine Hyperbel. Beide Hyperbelzweige erscheinen, wenn von einem Doppelkegel ausgegangen wird.

Kehrweite bezeichnet die Distanz, bis zu der sich ein Fahr- oder Flugzeug auf dem Wasser, der Erde oder in der Luft von seinem Versorgungsplatz für Treibstoff usw. entfernen kann, ohne zu neuer Einnahme desselben gezwungen zu sein. Früher Aktionsradius oder Eindringungstiefe genannt; dieser Begriff jedoch schon länger artilleristisch für Panzerfragen festgelegt. (Neubildung.)

Kelvingrade s. Absolute Temperatur.

Kernebene (Kernpunkt, Kernstrahl) bei photogrammetrischen

Aufnahmen. Wird ein Gegenstand von zwei Standpunkten aus photogrammetrisch aufgenommen, so schneidet die Verbindungslinie der beiden Aufnahmepunkte die beiden Bildebenen in den „Kernpunkten“, die Verbindungslinie ist die „Kernachse“. Legt man durch die Kernachse und einen Punkt des Gegenstandes eine Ebene, so ist dies die „Kernebene“ des Punktes. Diese schneidet die beiden Bildebenen in zwei Strahlen, die durch den Kernpunkt und den Bildpunkt jeder der beiden Ebenen gehen. Diese beiden Strahlen sind die „Kernstrahlen“ des Objektpunktes. Die Kernstrahlen spielen eine Rolle bei der Ermittlung zusammengehöriger Bildpunkte für die Auswertung der Bilder.

Kerngarbe ist der mittelste und für den Schießerfolg einer Abteilung wichtigste Teil der Gesamtgeschoßgarbe. Wenn eine Infanterietruppe mit Gewehren und l. Masch.-Gew. feuert, dann schlagen nicht alle Geschosse auf einer Linie der Visierschußweite ein (s. d.); die Geschoßeinschläge verteilen sich nach der Tiefe. Die dazugehörigen Flugbahnen bilden eine nach der Tiefe sich ausdehnende Geschoßgarbe. In der Mitte der Trefffläche liegt die mittlere Trefferachse; um sie nach vorwärts und rückwärts gruppieren sich die Treffer am dichtesten und werden nach den Rändern zu allmählich immer dünner. Für die Feuerwirkung einer schießenden Abteilung kann nur der innere Teil der Geschoßgarbe, die Kerngarbe, in Betracht gezogen werden. Die nach den Rändern anschließenden Außenteile der Gesamtgarbe sind für die Wirkung bedeutungslos.

Kernpunkt s. Kernebene.

Kernrohr s. Seelenrohr.

Kernstrahl s. Kernebene.

Kerreffekt. Die Schwingungen des Lichtes erfolgen senkrecht zu seiner Fortpflanzungsrichtung. Im allgemeinen sind in einem Lichtstrahle Schwingungen aller Richtungen ungeordnet zugleich vorhanden. Ein Nikol, der aus in besonderer Weise zusammengesetzten Kalkspatkristallen besteht, läßt nur Schwingungen einer Richtung hindurch und erzeugt sog. linear polarisiertes Licht. Durch zwei hintereinanderstehende Nikols, deren Durchlaßrichtungen gekreuzt sind, tritt daher kein Licht hindurch.

Im elektrischen Felde zwischen zwei Kondensatorplatten zeigen manche Flüssigkeiten, besonders Nitrobenzol, die Eigenschaft (Kerreffekt), doppelbrechend zu werden: schräg zur Richtung der Kraftlinien einer Kerrzelle durch diese hindurchtretendes Licht bleibt nicht linear polarisiert oder wird doch wenigstens aus seiner ursprünglichen Ebene herausgedreht.

Wird eine Kerrzelle zwischen zwei gekreuzte Nikols gebracht, so tritt daher doch Licht durch die gesamte Anordnung, wenn die Zelle eine elektrische Spannung erhält.

Hiervon wird beim Kerreffekt-Chronograph zur Bestimmung der Geschoßgeschwindigkeit Gebrauch gemacht, indem in einiger Entfernung befindliche Kontakte durch das fliegende Geschoß ausgelöst werden, und an die Kerrzelle zwei

Spannungsstöße gelangen. Die durch die gekreuzten Nikols hindurchtretenden Lichtblitze werden auf photographischem Film, der sich auf dem Umfang einer schnell rotierenden Trommel bekannter Umdrehungszahl (Oszillograph) befindet, festgehalten, woraus sich die Geschoßgeschwindigkeit errechnen läßt.

Kilogrammgewicht s. Kraft.

Kilowatt s. Arbeit.

Kimme ist der Ausschnitt am Visier, durch den das zielende Auge über das Korn nach dem Zielpunkt sieht. Die Form der Kimme ist je nach Geschmack des Schützen (Jäger) sehr verschieden. Am häufigsten kommt, dem militärischen Gebrauch entsprechend, die Dreiecksform vor. Je enger die Kimme, desto größere Feinheit läßt sich beim Zielen erreichen; dagegen erschwert eine enge Kimme das schnelle Erfassen des Ziels. Je mehr es auf schnelle Zieltätigkeit ankommt (Kampfwaffen gegenüber reinen Sportwaffen), desto weiter muß die Kimme sein (s. Korn). Das ist bei Faustfeuerwaffen mit ihrer kurzen Visierlinie und bei den meist in höchster Eile hingeworfenen Schüssen von großer Bedeutung. Bei Schrotflinten mit ihren Schüssen auf schnell bewegliches Wild kommt eine Visierkimme ganz in Wegfall und wird nur durch eine breite Muldenform der Laufschiene ersetzt.

Kinetische Energie. Ist v die Geschwindigkeit eines Punktes der Masse m, so heißt $L = \frac{m}{2} v^2$ die kinetische Energie oder lebendige Kraft des Massenpunktes. Die kinetische Energie eines Systems von Punkten ist gleich der algebraischen Summe der lebendigen Kräfte der Einzelmassenpunkte.

Die kinetische Energie eines starren Körpers oder eines Punktsystems läßt sich zerlegen in die kinetische Energie der fortschreitenden Bewegung des Schwerpunktes (s. d.), in dem die Gesamtmasse vereinigt zu denken ist, und in die kinetische Energie von Rotationsbewegungen um den Schwerpunkt.

Die kinetische Energie der Rotation um eine Achse ist gleich $L = \frac{\Theta}{2} \omega^2$, wenn Θ das Trägheitsmoment (s. d.) in bezug auf die Achse und ω die Winkelgeschwindigkeit (s. d.) der Drehung ist; diese Formel entspricht völlig der für die kinetische Translationsenergie eines Massenpunktes (s. a. Potentielle Energie).

Kinetische Gastheorie. Nach der kinetischen Gastheorie ist ein Gas eine Ansammlung von sehr kleinen Teilen [Molekülen (s. d.)], die sich mit allen möglichen Geschwindigkeiten vollkommen frei und geradlinig durcheinander bewegen und sich beim Zusammenprallen wie elastische Kugeln verhalten. Diese Bewegung der Gasmoleküle ist nach CLAUSIUS Ursache der Wärmeenergie. Der Druck auf die Wandung eines ein Gas einschließenden Gefäßes wird durch das Bombardement der auftreffenden und zurückprallenden Moleküle hervorgerufen.

Ist p der Druck des Gases, n die Anzahl der Moleküle im Kubikzentimeter, μ die Masse eines Moleküls, $\bar{c}^2$ der Mittelwert aus den

Quadraten der Geschwindigkeiten der Moleküle und ϱ die Dichte des Gases, so sagt die kinetische Gastheorie aus, daß

$$p = \frac{n\mu\bar{c}^2}{3} = \frac{\varrho\bar{c}^2}{3}.$$

Ist T die absolute Temperatur des Gases, R die Gaskonstante, N die Zahl der Moleküle im Mol (s. d.) und $m = N\mu$ das Molekulargewicht (s. d.), so ergibt sich daraus, unter Heranziehung der Zustandsgleichung idealer Gase

$$\frac{\mu\bar{c}^2}{2} = \frac{3}{2}\frac{R}{N}T = \frac{3}{2}kT,$$

also

$$\bar{c} = \sqrt{\frac{3kT}{\mu}}.$$

Die mittlere kinetische Energie eines Gasmoleküls ist also der absoluten Temperatur proportional. Die Größe k ist die Boltzmannsche Konstante, der Proportionalitätsfaktor in der statistischen Definition der Entropie (s. d.).

Für Luft gelten bei 0° C und Atmosphärendruck etwa folgende Zahlen:

Zahl der Moleküle im Kubikzentimeter $27 \cdot 10^{18}$.

Geschwindigkeit der Gasmoleküle etwa 500 m/sec, also in der Größenordnung der Geschoßgeschwindigkeit.

Mittlere freie Weglänge der Moleküle zwischen zwei Zusammenstößen etwa 10^{-5} cm.

Zahl der Zusammenstöße eines Moleküls $5 \cdot 10^9$ pro sec.

Zeit zwischen zwei Zusammenstößen 10^{-10} sec.

Die kinetische Gastheorie wurde besonders von Boltzmann und Maxwell gefördert.

Kinetische Geschoßenergie s. Geschoßwucht.

Kinetische Mündungsenergie dient zur Aufstellung der Energiebilanz einer Waffe durch Vergleich der Pulver- und Geschoßenergie (s. Anfangsgeschwindigkeit, kinetische Energie).

Kippen bezeichnet die Drehung des Geschützrohres um eine zur Schildzapfenachse parallele Achse, die durch Schiefstellung des Geschützes auf einer geneigten oder schwankenden Unterlage hervorgerufen wird. Die Neigung des Rohres gegen die Horizontale wird Hang oder Kippwinkel genannt.

Durch Kippen entsteht ein Fehler in der Höhenrichtung, der durch Drehen des Rohres um die Schildzapfenachse ausgeschaltet wird, d. h. der Fehler verschwindet, wenn die Ziellinie mittels der Höhenrichtmaschine auf das Ziel gerichtet wird.

Das Gegenstück zum Kippen bildet das Verkanten, bei dem das Rohr um eine horizontale, die Schildzapfenachse senkrecht schneidende Achse verdreht wird. Die hierdurch bezüglich Höhe und Seite entstehenden Fehler werden durch Horizontieren beseitigt.

Kippregel wird auf dem Meßtisch gebraucht. Besteht aus Fernrohr mit Höhenkreis, das mit Trägern auf einem Metallineal befestigt ist; dient zur Richtungs-, Entfernungs- und Höhenwinkelbestimmung. In neuerer Zeit kommt die Meßtisch-Tachymetrie nur noch bei der Aufnahme von Meßtischblättern 1:25000 in Anwendung. Sie wird durch die Theodolit-Tachymetrie und Photogrammetrie immer mehr verdrängt.

Kippschwingungen werden für die Ablenkung der Elektronenstrahlen in den Kathodenstrahloszillographen zur Darstellung und Auflösung irgendwelcher periodischer Vorgänge (Strom- oder Spannungskurven) benötigt. Die wahre Kurvenform wird nur dann erhalten, wenn auch innerhalb einer Periode die Ablenkung genau proportional der Zeit erfolgt; daraus ergibt sich, daß die Ablenk- oder Kippspannung dieselbe Frequenz wie der zu untersuchende Vorgang besitzen oder im einfachen Verhältnis dazu stehen muß, daß am Ende einer Schwingung die Kippspannung momentan ihren Anfangswert annehmen und daß sie innerhalb einer Schwingung linear ansteigen muß. Infolgedessen verläuft die Kurvenform der Kippschwingungen sägezahnartig. Kippschwingungen werden im allgemeinen erzeugt mit Hilfe eines Kondensators, eines Ladewiderstandes und eines selbständig arbeitenden Schaltgliedes; als Schaltglied finden Glimmlampen, gasgefüllte Elektronenröhren (Thyratrons) oder Hochvakuum-Elektronenröhren Verwendung. Auch als Ladewiderstand werden zweckmäßig Elektronenröhren (Penthoden) benutzt.

Klappspiegelstereoskop, ein zusammenklappbares Spiegelstereoskop (s. Stereoskop) zur räumlichen Betrachtung von mit stereoskopischer Überdeckung aufgenommenen Luftbildern größeren Formats. Es besteht im wesentlichen aus dem für die Verpackung zusammenklappbaren Gestell mit zwei Spiegeln und den beiden Einblickprismen mit aufsteckbaren Einzelfeldstechern. (Zubehör: Stereomikrometer mit Zeichenvorrichtung.) Man ist damit in der Lage, Höhenunterschiede im Raumbild zu ermitteln bzw. den Bildinhalt mit Lage- und Formlinien mit einer für viele Zwecke ausreichenden Genauigkeit zu kartieren.

Knall wird die durch eine kurze, heftige, elastische Stoßerregung der Luft hervorgerufene gedämpfte Schwingung genannt, die sich als Kugelwelle mit Schallgeschwindigkeit fortpflanzt. Größere Entfernungen werden vorzugsweise von langwelligen Knallen erreicht. Liegt deren Frequenz unter der Hörbarkeitsgrenze, so können sie noch als Verdichtungs- und Verdünnungswelle meßbar nachgewiesen werden.

Knallabstand. Bei Geschossen, deren Anfangsgeschwindigkeit größer als die Schallgeschwindigkeit ist, können auf beiden Seiten der Geschoßbahn und nahe derselben zwei Knalle gehört werden, der Mündungs- oder Waffenknall und der Kopfwellen- oder Geschoßknall. In der Regel wird der scharfe und helle Geschoßknall vor dem dumpferen Waffenknall gehört. Der betreffende Zeitunterschied zwischen der Ankunft des Geschoßknalles und der etwas späteren Ankunft des Waffenknalles heißt der Knallabstand; er wird in Sekunden gemessen. Für einen Beobachter, der sich, nahe der Flugbahn bleibend, immer mehr vom Geschütz in der Schußrichtung entfernt, wächst der Knallabstand zuerst, und zwar solange, bis die Geschoßgeschwindigkeit auf die normale Schallgeschwindigkeit herabgesunken ist, also bis die Kopfwelle sich vom Geschoß ablöst. Von da ab bleibt dieser Zeitabstand zwischen den beiden Knallen konstant. Er beträgt dann beispielsweise für Feldkanonen 0,7 bis 1,3 Sek., bei den 10 cm-Kanonen 1,2 bis 2 Sek., bei den schwersten Flachbahngeschützen bis über 20 Sek. (Nach C. CRANZ.)

Knallmessung s. Schallmeßwesen.

Knallquecksilber ist das Quecksilbersalz der Knallsäure; es wird aus Quecksilbernitrat mit Alkohol und Salpetersäure nach komplizierter Reaktion gewonnen. Es ist der bekannteste Initialzündstoff, wird jedoch immer mehr durch Bleiazid, das zwar schwerer zündbar, aber aus einheimischen Rohstoffen herstellbar ist, ersetzt. Knallquecksilber erleidet an feuchter Luft oder durch Temperaturen über 60° C oder durch starken Druck Umsetzungen, die es unbrauchbar machen. Durch Zusatz von Chlorat läßt sich die Explosionstemperatur des Knallquecksilbers steigern.

Kohle für Pulver. Für Schwarzpulver (s. d.) wird Holzkohle gebraucht; leichter zündlich als Steinkohle (in Amerika Pulver aus Petroleumkoks). Verkohlung des Holzes liefert je nach der innegehaltenen Temperatur bei 270° Rotkohle (Jagdpulver), bei 340° Schwarzkohle. Unmöglich, stets gleichmäßige Kohle zu erhalten; daher streng einheitliches Schwarzpulver nicht zu beschaffen.

Kohlrausch, Wilhelm, Dr. phil., emer. Prof. für Elektrotechnik an der Techn. Hochsch. in Hannover, Geh. Reg.-Rat. Geb. 14. 5. 1855 in Marburg a. d. Lahn. Studierte 1874 bis 1878 in Darmstadt, Göttingen und Würzburg. Dr. phil. 1878 Würzburg; 1878 Assistent, 1881 Priv.-Doz., 1883 a.o. Prof. für theoret. Physik in Straßburg, 1884 o. Prof. für Elektrotechnik an der Techn. Hochsch. Hannover; 1923 Dr.-Ing. e.h. Berlin, im gleichen Jahre emer. K. verfaßte zahlreiche wissenschaftliche Abhandlungen aus den Gebieten der Physik und Elektrotechnik.

Kommandogerät. Die Wirkungsweise der Kommandogeräte der Flakartillerie ist grundsätzlich die folgende: Das Flugziel wird durch das E.-Meßgerät (als Bestandteil des Kommandogeräts) laufend angerichtet und angemessen. Auf Grund dieser Eingangswerte und der ballistischen Daten werden vom Kommandogerät laufend — und zwar mehr oder minder automatisch — die erforderlichen Rohrerhöhungen und Seitenrichtungen und die Zünderstellungen ermittelt. Weitergabe dieser Schußwerte erfolgt normalerweise über Kabel an die Empfänger für Höhen- und Seitenrichtung sowie für Zünderstellung an den Geschützen, und wird von den Geschützbedienungen dadurch, daß Lampen abgedeckt oder Zeiger in Deckung gehalten werden, auf die Geschütze selbst übertragen. — Ein Anrichten des Flugzieles von den Geschützen aus findet also nicht statt. Das Kommandogerät der Fa. Vickers wurde in Wehrtechn. Monatsh. 1936 genau beschrieben; dort alle technischen Einzelheiten nach Dr. KUHLMANN.

Kondensator s. Kondensatorchronograph.

Kondensatorchronograph (Kondensator, Kondensatormethode) dient zur Messung sehr kurzzeitiger Vorgänge, insbesondere zur Ermittlung der Flugdauern von Geschossen. Ein elektrischer Kondensator ist seinem Wesen nach einem Akkumulator vergleichbar, nur daß in ihm keine chemischen Vorgänge stattfinden; beim Anlegen an eine Elektrizitätsquelle von bestimmter Spannung E nimmt er eine gewisse Elektrizitätsmenge Q auf und wird dadurch geladen. Das Verhältnis $C = Q/E$ heißt Kapazität des Kondensators. Bei der Entladung, die je nach der Kleinheit des äußeren Widerstandes verschieden lange dauern kann, wird die aufgespeicherte Elektrizitätsmenge wieder abgegeben. Entlädt man einen Kondensator über einen Strommesser (zweckmäßig Spiegelgalvanometer), und ist die Entladung beendet, bevor die Drehspule des Instruments sich in Bewegung gesetzt hat, so ist der durch den Stromstoß eintretende Ausschlag proportional der hindurchgegangenen Elektrizitätsmenge Q (Verfahren des ballistischen Galvanometers). Beim Kondensatorchronographen wird davon Gebrauch gemacht, indem man beim Zerreißen eines ersten Kontaktes durch das Geschoß einen geladenen Kondensator über einen geeignet bemessenen, induktionsfreien Widerstand R bis zum Zerreißen eines zweiten Kontaktes teilweise entlädt und die im Kondensator verbliebene Ladung mit dem ballistischen Galvanometer bestimmt; ist α_0 der Galvanometerausschlag bei geladenem Kondensator und α der des teilweise entladenen, so ist die verflossene Zeit t gegeben durch:

$$t = R \cdot C \cdot \log\text{nat}\, \alpha_0/\alpha\,.$$

Der Logarithmus tritt deswegen auf, weil die Ladung des Kondensators exponentiell abnimmt.

Kondensatormethode s. Kondensatorchronograph.

Konstanter Drall s. Drall.

Kontaktscheibe. Hilfsgerät zur Messung von Geschoßgeschwindigkeiten. An Stelle des zweiten elektrischen Kontaktes, den das Geschoß auf seinem Fluge auslöst, wird bei längerer Meßstrecke zweckmäßig eine gehärtete Stahlplatte benutzt; beim Aufprallen des Geschosses weicht diese zurück und unterbricht so den Stromkreis, schließt ihn jedoch wieder selbständig für die nächste Messung, so daß der lästige Neuaufbau fortfällt. Die Massenträgheit der Kontaktscheibe kann leicht Anlaß zu Fehlern werden.

Koordinaten sind Maßzahlen, die zum Festlegen der einzelnen Punkte eines Raumes dienen.

Das dabei meist verwendete System ist das rechtwinklige (kartesische) Koordinatensystem, das aus drei zueinander senkrechten Geraden mit gemeinsamen Schnittpunkt besteht, die x, y, z-Achsen genannt werden; der Schnittpunkt ist der Koordinaten-Nullpunkt. Den Achsen wird eine bestimmte Richtung beigelegt, in der die maßstäbliche Entfernung vom Nullpunkt positiv zu rechnen ist. Durch je zwei Koordinatenachsen geht eine Koordinatenebene. Die Lage eines beliebigen Raumpunktes ist dann vollkommen bestimmt durch die Angabe seiner drei senkrechten Abstände von den Koordinatenebenen; die drei Abstände x, y, z von den bzw. y, z-, z, x-, x, y-Ebenen heißen die kartesischen Koordinaten des Punktes P. Es werden hier links- und rechtshändige Koordinatensysteme unterschieden. Daumen, Zeige- und Mittelfinger der rechten Hand bilden, senkrecht zueinander gehalten, der Reihe nach x-, y-, z-Achsen eines Rechtssystems, die der linken Hand die Achsen eines Linkssystems. In der Ballistik wird meist ein rechtshändiges System mit der x-Achse in Schußrichtung, der y-Achse senkrecht nach oben und der z-Achse senkrecht zur Schußrichtung benutzt.

Im allgemeinen werden die drei Abstände eines Punktes im kartesischen Koordinatensystem mit der gleichen Längeneinheit gemessen, jedoch ist das nicht notwendig; schiefwinklige Koordinaten entstehen, wenn die drei Achsen eines kartesischen Systems nicht senkrecht aufeinander stehen. Die schiefwinklige x-Koordinate eines Raumpunktes ist dann gleich der Länge einer Strecke auf der Parallelen durch den Punkt P zur x-Achse, die durch diesen Punkt und dem Schnittpunkt mit der yz-Ebene begrenzt wird. Die Ballistik erfährt dadurch eine gelegentlich vereinfachte Darstellung (K. Popoff).

Eine Raumaufteilung ganz anderer Art liegt bei den Polarkoordinaten (s. d.) vor, die einen Raumpunkt durch eine Länge und zwei Winkel festlegen.

Jeder Punkt einer Ebene oder einer Geraden ist entsprechend durch zwei bzw. eine reelle Zahl bestimmt. In der Ebene wird meist ein Achsenkreuz aus zwei aufeinander senkrechten Geraden benutzt; die Abschnitte auf der horizontalen x-Achse heißen Abszissen, die auf der y-Achse Ordinaten des Punktes $P(x, y)$ der Ebene.

Kopfwelle s. Geschoßwellen.

Koppe, Heinrich, Dr. phil., Dr.-Ing. habil., Prof. an der Techn. Hochsch. Braunschweig. Geb. 26.3 1891 in Nordhausen. Studierte Mathematik und Naturwissenschaften in Jena und Halle. 1920 Dr. phil. Halle; 1920—30 Leiter der physik. Abt. der Deutsch. Versuchsanstalt für Luftfahrt. 1925 Priv.-Doz. an Techn. Hochsch. Berlin, 1930 Doz. an Techn. Hochschule Braunschweig. Gründer und Vorstand des Braunschw. Instituts für Luftfahrtmeßtechnik und Flugmeteorologie, 1931 a.o., 1934 o. Prof.

Korn ist der in der Nähe der Mündung angebrachte Teil der Visiereinrichtung; er liegt niedriger über der Seelenachse als das Visier. Wenn der Schütze beim Zielen das Korn in die Kimme nimmt, dann hebt er die Mündung an, gibt dem Lauf eine Erhöhung und gleicht somit den Fall des Geschosses auf seiner gekrümmten Geschoßbahn aus. Die Form des Korns ist sehr verschieden (Perlkorn, Rundkorn, Korn mit Silhouette von der Form einer abgestumpften Pyramide von solcher eines Dreiecks usw.); durch den militärischen Gebrauch ist die

Dreiecksform am verbreitetsten. Beim Zielen wird das Korn in die Mitte der Kimme genommen, so daß die Spitze des Korns sich mit dem Visierkamm vergleicht. Feinheit des Korns erhöht die Genauigkeit des Zielens, erschwert aber schnelles Anvisieren des Ziels. Ein grobes Korn in grober Kimme erleichtert das rasche Erfassen des Ziels beim Schnellschuß (s. Kimme); für Faustfeuerwaffen ist dieser Gesichtspunkt ausschlaggebend.

Korn klemmen ist ein Zielfehler. Wenn beim Zielen das Korn nicht genau in die Mitte der Kimme genommen wird, sondern nach rechts oder links seitlich gerückt steht, so ist das Korn rechts oder links „geklemmt". Ein rechts geklemmtes Korn ergibt Rechtsschuß, ein links geklemmtes Linksschuß.

Korn verkanten s. Verkantung des Gewehrs.

Korngröße des Schwarzpulvers.

Feines Jagdpulver .	0,3—0,5	mm
Feines Gewehrpulver	0,7—1,6	„
Feines Geschützpulver	0,7—1,3	„
Grobes Geschützpulv.	6—18	„
Sprengpulver . . .	4—16	„

Korrosionsfreie Zündsätze s. Zündsätze, korrosionsfreie.

Kosmische Ballistik umfaßt diejenigen ballistischen Vorgänge, bei denen die Abmessungen der Erde und die Ausdehnung ihrer Lufthülle gegenüber der Größe der Flugbahn nicht mehr vernachlässigt werden dürfen. In erster Linie gehört hierzu die noch in den Anfängen befindliche Ballistik der Meteore (s. d.); aber auch die Fernbahnen weittragender Geschütze („Paris"-Geschütz), die hoch in die Stratosphäre (mit ihren besonderen meteorologischen Bedingungen) reichen, und bei denen die Corolisbeschleunigung durch die Erdrotation und die Erdkrümmung auch in ihrer Änderung der Richtung der Schwerebeschleunigung von Einfluß ist, fallen schon unter diesen Begriff.

Kovolumen s. Abelsche Gleichung und van der Waalssche Gleichung (s. Spezifischer Druck u. Kovolumen).

Kozák, Josef, Oberst i. R. Geb. 6. 6. 1851 in Josefstadt (Böhmen), gest. 18. 8. 1921 in Wien. Am 1. 9. 1873 aus der Techn. Militärakademie als Leutnant zur Festungsartillerie ausgemustert. Nach zweijährigem Besuch des Höheren Artilleriekurs Lehrer für Mathematik, Geometrie, Waffenlehre und Festungskrieg an verschiedenen Militärschulen, darunter auch an der Theresianischen Militärakademie in Wr. Neustadt. Festungsart.-Kompaniekommandant in Krakau und Pola, von 1890—94 und von 1898 bis 1910 im Techn. Militärkomitee. 1907 Oberst, 1910 im Ruhestand. Arbeitsgebiete: Äußere Ballistik, Schießlehre (Bücher und Aufsätze).

Kraft eines Pulvers s. Spezifischer Druck.

Kraft und Masse. Nach dem Trägheitsgesetz (s. d.) bewegt sich ein freier Massenpunkt geradlinig und gleichförmig; seine Beschleunigung (s. d.) ist Null. Treten bei der Bewegung Beschleunigungen auf, so haben diese ihre Ursache in äußeren Einwirkungen, die man Kräfte nennt.

Zwei Kräfte heißen einander gleich, wenn sie demselben Massenpunkte die gleiche Beschleunigung erteilen. Verschiedenen Massenpunkten erteilt die gleiche Kraft erfahrungsgemäß verschiedene Beschleunigungen. Es geht in die Beziehung zwischen Kraft und Beschleunigung noch ein Proportionalitätsfaktor ein, der nur von der „Wesenheit" des Massenpunktes abhängig ist. Dieser Faktor heißt die Masse m des Punktes. Die auf einen Punkt der Masse m wirkende Kraft $\mathfrak{K}$, die die Beschleunigung b hervorruft, ist dann definiert durch die Beziehung: $\mathfrak{K} = mb$, die die Grundlage der gesamten Mechanik darstellt. Die Kraft ist ein Vektor mit der Richtung der hervorgerufenen Beschleunigung eines freien Massenpunktes.

Als Masseneinheit (Gramm) dient der tausendste Teil der Masse eines in Paris aufbewahrten Stückes Platiniridium.

In der Physik wird als Krafteinheit das Dyn benutzt, das einer Masse von einem Gramm die Beschleunigung Eins (cm/s²) erteilt. In der Technik ist als Krafteinheit das Kilogrammgewicht (kg) gebräuchlich, das dem Gewichte der Einheitskilogrammasse in Paris mit der dortigen Schwerebeschleunigung (s. d.) ($g = 980.665$) entspricht. Es bestehen die Gleichungen:

$$1\ \text{kg} = 0{,}980665 \cdot 10^6\ \text{Dyn};$$
$$1\ \text{Dyn} = 1{,}0197 \cdot 10^{-6}\ \text{kg}.$$

Die Kraft von einem Dyn ist fast genau das Gewicht eines Milligramms.

Kräfteparallelogramm s. Parallelogrammregel.

Kraftwagengeschütz ist ein dauernd auf Kraftwagen lafettiertes Geschütz, also eine Räder-Selbstfahr-Lafette (s. Motorisierung — Mechanisierung). Nicht zu verwechseln mit vorübergehend verlastetem (verladenem) oder durch Zugmittel motorisiertem Geschütz. Außer Räder-Selbstfahr-Lafette auch Gleisketten-Selbstfahr-Lafette vorhanden. Nachteil der Selbstfahr-Lafette: bei Beschädigung von Geschütz oder Lafette (Beförderungsmittel) fallen beide aus (s. a. Geschütz).

Krängungsfehler s. a. Verkanten. Horizontieren. Schiefer Radstand.

Kreisel ist ein Körper, bei dessen Bewegung ein Punkt eine im Raum ständig feste Lage behält. Die Bewegung des Kreisels ist durch die Eulerschen Kreiselgleichungen (s. d.) gegeben.

Beim symmetrischen Kreisel sind zwei Hauptträgheitsmomente gleich; die Symmetrieachse ist eine freie Achse (s. d.) des Kreiselkörpers.

Die Kreiselbewegung im gewöhnlichen Sinne, auf die sich alles weitere bezieht, ist die Bewegung eines symmetrischen Kreisels, der schnell um seine Symmetrieachse rotiert, und bei dem ein Punkt dieser Achse im Raume festliegt.

Bei der kräftefreien Bewegung eines solchen Kreisels beschreibt die Rotationsachse einen im Raume festen Kreiskegel, den Präzessionskegel, mit dessen Achse der Vektor des Gesamtdrehimpulses des Kreisels zusammenfällt. Rotiert der Kreisel um die Achse kleinsten Trägheitsmomentes, so verlaufen Rotation und Präzession gleichsinnig (progressive Präzession); ist die Rotationsachse die des größten Trägheitsmomentes, so tritt gegenläufige (retrograde) Präzession ein.

Bei einem dem Einfluß der Schwerkraft unterworfenen Kreisel findet pseudoreguläre Präzession statt: der reinen Präzessionsbewegung der Rotationsachse überlagern sich meist kleine Schwankungen, die Nutationen. (S. a. Eulersche Winkel.)

Kreiselkompaß s. Kreisel.

Kreisendes Ziel. Wenn das Flugziel sich auf einem Kreise bewegt, dessen Mittelpunkt senkrecht über dem Geschützort liegt, so wird dies als „Kreisendes Ziel!" angesprochen (Kreisflug).

Kreisflug s. Kreisendes Ziel.

Kreiskimme s. Kreisvisier.

Kreiskorn s. Kreisvisier.

Kreiskornvisier s. Kreisvisier.

Kreisvisier heißt eine Visiereinrichtung, bei der entweder das Korn oder die Kimme als Kreiskorn bzw. Kreiskimme ausgebildet ist. Das Kreiskorn bzw. die Kreiskimme dient dazu, den richtigen Vorhaltewinkel entsprechend der geschätzten Geschwindigkeit und Richtung des zu beschießenden Flugzeugs wählen zu können. Bei beweglichen Bordwaffen (Flugzeugmaschinengewehren oder Flugzeugkanonen) findet meist eine Kreiskimme in Verbindung mit einem Windfahnenkorn (s. d.) Verwendung, während bei Erdabwehrwaffen häufiger das Kreiskorn anzutreffen ist.

Das Kreiskorn besteht aus einem Korn, das meist mit zwei kreisförmigen Rahmen umgeben ist, die durch ein Fadenkreuz geteilt sind.

Die Kreiskimme besteht ebenfalls meist aus zwei kreisförmigen Rahmen, die durch ein Fadenkreuz geteilt sind. Die beiden kreisförmigen Rahmen besitzen verschiedenen Durchmesser und sind konzentrisch angeordnet. Das Visieren erfolgt derart, daß je nach Richtung und Geschwindigkeit des feindlichen Flugzeuges die Visierlinie vom Auge des Schützen beim Kreiskorn über die normale Kimme und einen Punkt des inneren oder äußeren kreisförmigen Rahmens zum feindlichen Flugzeug, bei der Kreiskimme über einen Punkt des inneren oder äußeren Rahmens der Kreiskimme und das Korn zum feindlichen Flugzeug verläuft.

Kreuzlafette ist eine Mittelpivotlafette mit einem Unterbau aus gekreuzten Holmen. Zweck der Kreuzlafette ist Erreichung großer Standfestigkeit nach allen Richtungen, also Seitenrichtfeld 360°, verbunden mit leichter Beweglichkeit.

Kriegsflugzeuge sind alle Flugzeuge, die bei einer Luftwaffe zu militärischen Handlungen verwendet werden. Es wird unterschieden zwischen Jagdflugzeugen (Jagdeinsitzern, Jagdzweisitzern), Schlacht- oder Tiefangriffsflugzeugen, Arbeitsflugzeugen, Mehrzweckeflugzeugen, leichten, mittleren und schweren Tagbombern, Sturzbombern, Kampfmehrsitzern, Nachtbombern und Sonderflugzeugen. Die Kriegsmarine verfügt daneben noch über Torpedoflugzeuge, Bordflugzeuge und Küstenüberwachungsflugzeuge (s. die besonderen Stichworte).

Kriegsmäßige Streuungen (Kriegsstreuungen) sind erst im Weltkriege so recht in Erscheinung getreten. Während die normalen Streuungen einer Waffe, wie sie in den Schußtafeln angegeben sind, sich auf den

Verhältnissen einer friedensmäßig nur wenig abgenutzten und sorgfältig hergestellten Waffe und einer gleichartig gefertigten Munition unter Ausschaltung aller unregelmäßigen Witterungseinflüsse und Bedienungsfehler aufbauen, wachsen die Streuungen bereits bei kriegsmäßigem Schießen im Batterie- oder Abteilungsverband gewaltig an. Dies tritt noch mehr ein, wenn auf Grund der im Kriege notwendigen Massenfabrikation die erforderliche Gleichmäßigkeit in der Herstellung der Waffen nicht erzielt wird, die Geschosse bei dem riesigen Munitionsbedarf im Gewicht, in der Form, in der Massenverteilung stark schwanken, das Führungsbandmaterial von Lieferung zu Lieferung in seiner Güte abnimmt, ein Sortieren der Munition nach ihrer Eigenart aus Zeitmangel nicht möglich ist, und selbst die sonst sehr gleichmäßigen Treibmittel in ihrer chemischen und physikalischen Struktur Unterschiede aufweisen. Die kriegsmäßigen Streuungen wachsen unter diesen Bedingungen bis zum Dreifachen des in den Schußtafeln angegebenen Wertes an. Zuweilen erreichten die Streuungen im Weltkriege darüber hinaus solche Ausmaße, daß ein regelrechtes Schießverfahren, wie es nach der A.V.A. vorgeschrieben ist, unmöglich war, und daß die stark herausfallenden Geschosse zuweilen in die eigenen Linien gingen. Das kriegsmäßige Schießen muß sich den Streuungsverhältnissen besonders dann anpassen, wenn die gegnerischen Linien nahe beieinanderliegen und die eigenen Truppen unter dem Schutz einer davorgelegten Feuerwalze (s. d.) zum Sturm antreten.

Kriegsschiffsarten. 1. Schlachtschiffe: Großkampfschiffe (Linienschiffe und Schlachtkreuzer), Panzerschiffe (auch Küsten-).

2. Kreuzer: Schwere Kreuzer, leichte Kreuzer.

3. Zerstörer: Flottillenführer, Zerstörer.

4. Unterseeboote: U-Kreuzer, U-Boote, U-Bootsminenleger.

5. Flugzeugschiffe.

6. Minenfahrzeuge, Kanonenboote und andere Kampfeinheiten.

7. Schulschiffe.

8. Spezialfahrzeuge (Vermessung, Fischereischutz, Zielschiffe, Tender u. a.).

Kriegsstreuungen s. Kriegsmäßige Streuungen.

Kriegstechnische Physik oder Wehrphysik hat die Beziehungen der physikalischen Wissenschaft zu kriegstechnischen Problemen zu klären, wobei sich neue Anwendungsgebiete der Physik und Chemie erschließen. Dabei sind Querverbindungen zwischen physikalischer Wissenschaft und Kriegswesen im Zeitalter des wissenschaftlich geführten, totalen Krieges außerordentlich zahlreich. Es seien hier einige ganz allgemein gehaltene Anwendungsgebiete genannt: Optischer, akustischer und seismischer Meßdienst, meteorologischer Dienst, Bilderkundungs- und Bildmeßdienst, Signalwesen, Nachrichtendienst, Ballistik, Scheinwerferwesen, Starkstromkampf mit Schutz- und Sperranlagen, Unterwasser-Schallwesen u. v. a. m. — Neben diesen Gebieten aber stehen noch die zahlreichen, hier nicht näher aufzuführenden reinen Forschungsprobleme der physikalischen Kriegswissenschaft. Um die Klärung all dieser Wehrkomponenten der exakten Naturwissenschaft hat sich wohl als erster in seinem Buch „Ingenieur u. Soldat“ Dr. ing. OTTO SCHWAB verdient gemacht (s. a. Wehrtechnische Fakultät).

Kritzinger, Hans-Hermann, Dr. phil., Astronom und Ballistiker. Geb. 10. 6. 1887 in Boitzenburg (Kreis Templin). Studierte in Berlin und Kiel 1906—11 Astronomie und verwandte Gebiete. 1911 Dr. phil. Berlin. 1912—14 Leiter der Sternwarte Bothkamp bei Kiel. 1915—18 wissensch. Hilfsarbeiter bei der Art.-Prüfgs-Komm. in Berlin, Assistent bei Geh.-Rat C. CRANZ, dann Leiter der Arbeitsgruppe „Tageseinflüsse beim Schießen der Artillerie“. Nach dem Kriege 1914 bis 1918 war Kr. einige Zeit auf dem Marine-Observatorium Wilhelmshaven tätig, wo er Lehrgänge für Seeoffiziere über Strategische Meteorologie des Seekrieges abhielt. Nachdem dann Kr. einige Zeit in Düsseldorf bei der Rheinmetall A.G. als Ballistiker tätig gewesen war, machte er sich auf diesem Gebiet in Berlin 1932 selbständig. Hauptarbeitsgebiete: Ballistik, Astronomie, Meteorologie.

Kropatschek, Alfred Ritter von, österr. Feldzeugmeister d. R. Geb. 1838 in Bielitz (Schles.), gest. 1911 in Lovrana. 1859 Unterleutn. der Feldartillerie. Sein Kommando zum Artillerie-Komitee veranlaßte ihn zu waffentechn. Studien. 1895 General-Artillerieinspektor. Vervollkommnung des Art.-Gerätes (z. B. Federsporn an der Lafette). Überzeugter Anhänger des Feldgeschützes mit Rohrrücklauf, Schutzschilden und Einheitspatronen (in Österreich eingeführt). K. schied 1907 als Feldzeugmeister aus dem Heere.

Krümmung einer ebenen Kurve in einem ihrer Punkte ist der reziproke Wert des Halbmessers des Kreises, der sich in dem betrachteten Punkte der Kurve möglichst eng anschmiegt. Ist die Kurve als Funktion $y = f(x)$ in einem rechtwinkligen Koordinatensystem (s. d.) gegeben, so ist die Krümmung:

$$\varrho = \frac{y''}{(1 + y'^2)^{\frac{3}{2}}} .$$

Bei der Bestimmung von Geschoßbahnen geht die Krümmung derselben in eine der Grundgleichungen ein (s. Hauptgleichung der Äußeren Ballistik).

Bei räumlichen Kurven gibt es außer einem ganz entsprechend definierten Krümmungsbegriff noch den der Windung oder Torsion, der ein Maß für die Änderung der Lage einer Ebene durch den Krümmungskreis darstellt und daher auch zweite Krümmung genannt wird (s. Schmiegungsebene).

Krümmungskreis s. Krümmung.

Krupp, Alfred, Industrieller. Geb 26. 4. 1812 in Essen, gest. 14. 7. 1887. Er hat die von seinem Vater Friedrich Kr. (1787—1826) 1811 errichtete Gußstahlfabrik im Jahre 1826 wieder in Betrieb gebracht, die er im Laufe der Jahre zur bedeutendsten Gußstahlfabrik der Welt erhob. Zuerst fertigte er Werkzeuge, Stempel und Walzmaschinen an, erweiterte die Fabrik, baute besonders die Gußstahlherstellung und -verwendung weiter aus, so z. B. für Eisenbahnwagen, Lokomotiven, Tender, Schiffsachsen u. a. In den 40er Jahren ging Kr. zur Herstellung von Kriegsgerät über (Gewehrläufe, Kanonen, Schiffskanonen u. a.). Die Fabrik übernahm und erweiterte sein Sohn Friedrich Alfred (1854—1902).

Krupp A.-G. in Essen. Das heutige Krupp-Unternehmen ist aus einem im Jahre 1811 von Friedrich Krupp gegründeten Stahlwerk entstanden, das hochwertigen Tiegel-Gußstahl erzeugte. Der wirtschaftliche Erfolg blieb zunächst versagt. Nach seinem frühen Tode im Jahre 1826 übernahm sein Sohn Alfred Krupp das fast zusammengebrochene Werk und führte es im Verlaufe einiger Jahrzehnte zu einem der größten Unternehmen der Eisen- und Stahlindustrie empor. Er starb im Jahre 1887. Die Etappen des Ausbaues kennzeichnen folgende Tatsachen: 1848 lieferte die Firma Krupp als erstes Werk der Welt Eisenbahnachsen und -federn aus hochwertigem Tiegelstahl, 1851 wurden die ersten nahtlosen Radreifen hergestellt, 1862 wurde das Bessemer-Verfahren, 1869 das Siemens-Martin-Verfahren aufgenommen. In den 40er Jahren wurde mit der Verwendung von Tiegelstahl für Kanonen der Anfang der Kriegsgerät-Herstellung gemacht, die durch die Bestellung von 300 Feldgeschützrohren durch Preußen im Jahre 1859 den ersten sichtbaren Erfolg hatte. In den folgenden Jahrzehnten wurde die Artillerietechnik in hervorragendstem Maße weiter ausgebaut. 1863 wurde die Zusammenarbeit zwischen Wissenschaft und Praxis durch Einführung der wissenschaftlichen Werkstofforschung hergestellt. 1865 wurden die ersten Erzgruben, 1868 die ersten Steinkohlenzechen angekauft. Als Alfred Krupp 1826 das Werk übernahm, hatte es vier Arbeiter, bei seinem Tode 1887 zählte es rund 21000 Werksangehörige. Sein Sohn Friedrich Alfred Krupp baute das Werk weiter aus. 1905 wurde das Thomas-Verfahren, 1907 das Elektrostahlverfahren aufgenommen. Die wissenschaftliche Werkstoff-Forschung wurde durch Einrichtung einer chemisch-physikalischen Versuchsanstalt weitergefördert. Um die Versorgung mit Rohstoffen und Rohstahl zu wahren, wurden neue Zechen und Gruben erworben; die Friedrich-Alfred-Hütte in Rheinhausen wurde neu angelegt. 1890 wurde ein großes Panzerplatten-Walzwerk erbaut, 1893 das Grusonwerk in Magdeburg, 1902 die Germaniawerft in Kiel erworben. Mit besonderer Sorgfalt wurde das Fürsorgewerk für die Belegschaft eingerichtet und in wahrhaft großzügiger Weise ausgebaut. Nach dem Tode von Friedrich Alfred Krupp im Jahre 1902 wurde die Firma Krupp am 1. 7. 1903 in eine Aktiengesellschaft umgewandelt. Als Berta Krupp, die Erbin des Werkes, sich 1906 mit Dr. Gustav von Bohlen und Halbach vermählte, trat dieser, der seitdem den Namen Krupp neben dem seinigen trägt, in den Aufsichtsrat ein, dessen Vorsitz er seit 1909 führt. Die Zahl der Werksangehörigen betrug im Februar 1914 81400, im Oktober 1918 war sie auf 171000 gestiegen. Durch das Versailler Diktat 1919 hörte die Kriegsgeräte-Herstellung bis auf die Fertigung notwendiger kleiner Mengen auf. Die Zweige der Friedenserzeugung mußten nun neu belebt und weiter ausgebaut werden. Dieser Aufbau erfolgte mit großen Anstrengungen und unter großen Opfern, unterbrochen durch mancherlei politische und wirtschaftliche Ereignisse. Die nationale Erhebung des Jahres 1933 hat auch dem Krupp-Werk einen neuen Aufschwung gegeben. Der niedrigste Stand der Belegschaft im Sept. 1932 mit 46100 Angehörigen konnte bis zum 1. 10. 1934 auf 75000 erhöht werden. Das Wehrgesetz vom Mai 1935 hatte auch auf die Tätigkeit der Firma Krupp einen großen Einfluß.

Kubirgewicht eines Pulvers s. Cubirgewicht eines Pulvers.

Kugelfang ist der Teil eines Schießstandes, der aus Sicherheitsgründen dazu bestimmt ist, die Geschosse nach dem Durchschlagen der Scheibe aufzufangen und unschädlich zu machen. Anlage und Baumaterial eines Kugelfangs müssen sich nach der Durchschlagskraft, Abprallmöglichkeit und Splitterwirkung der Geschosse richten, die auf dem Schießstande verwendet werden (Erdwall, Mauerwerk, Holz, Eisenplatten u. a.).

Kugelgeschosse. Die Geschosse, die aus glatten Rohren verschossen wurden, hatten Kugelform. Aus den ältesten Geschützen wurden Steinkugeln, aus Gewehren Kugeln aus Blei verschossen. Aus Kanonen werden seit der Mitte des 15. Jahrhunderts Kugeln aus Eisen verfeuert. Mit Einführung der gezogenen Läufe verschwanden bald die Kugelgeschosse und machten Langgeschossen Platz. Jetzt finden sich Kugeln nur noch in der Kartätsche und in der Füllung von Schrapnells.

Kugelgestalt der Erde und Reichweite. Bei sehr großen Schußweiten ist sowohl die Abnahme der Schwerkraft mit der Höhe über dem Erdboden wie die Kugelgestalt der Erde zu berücksichtigen, da ihr Einfluß bereits den Betrag der Streuungen erreichen kann. Auf 100 km macht die Zunahme der Schußweite auf der gekrümmten Erdoberfläche im Vergleich zur Ebene des Mündungshorizontes etwa einen halben Kilometer. Die Zunahme Δ ist angenähert:

$$\Delta = \frac{X^2}{2R} \operatorname{cotg} \text{Fallwinkel}$$

($2R$ = Erddurchmesser).

Da für diese Bahnen der Fallwinkel bei 60° liegt, kann man überschlagsweise das Quadrat der in Kilometer ausgedrückten Schußweite durch etwa 20000 dividieren, um den gewünschten Betrag zu erhalten.

Kennt man von einer Fernbahn bereits die Gipfelhöhe Y_g und die Gipfelgeschwindigkeit v_g, so ist mit guter Annäherung die für Abnahme der Schwerkraft und Konvergenz der Vertikalen (Erdkrümmung) verbesserte Schußweite

$$X = v_g \sqrt{\frac{8 Y_g}{g}} \left(1 + \frac{Y_g + \frac{v_g^2}{g}}{2R}\right).$$

Kugelwelle s. Machsche Welle.

Kummer, Ernst Eduard, Mathematiker. Geb. 29. 1. 1810 in Sorau, gest. 14. 5. 1893 in Berlin. 1842 Prof. an der Univ. Breslau, 1856 bis 1884 in Berlin. Auf ballistischem Gebiet untersuchte K. den Einfluß der Schrägstellung des Geschosses auf dessen Flugbahn, was besonders Theodor Vahlen in seiner Ballistik weiter ausbaute.

Kumulativzündung. Initiierung (s. d.) erfolgt in stärkster Weise bei Verwendung von detonierender Zündschnur — angeglichen an Zündung mittelst Zündladungskörpers.

Der L'heuresche Detonatorstab besteht aus einem solchen Zündladungskörper. Die von Brunswig eingeführte Kumulativzündung benutzt eine Detonationszündschnur, die an ihren Enden zusammengebogen ist; das zusammengebogene Schlußstück endigt in einer Sprengkapsel. Wird diese gezündet, so entstehen in der Detonationszündschnur zwei entgegengesetzt laufende Detonationswellen, welche sich in der Schnurmitte (im zu zündenden Sprengstoff) treffen.

Künstliche Metallkonstruktion s. Festigkeit der Rohre.

Kurswinkel ist der Winkel des Zielweges mit der Nordrichtung. Er wird in Teilstrichen (des Rundblickfernrohrs oder Sichtkreises, also Teilung des Vollkreises in 6400 Striche) angegeben. Z. B. bedeutet der Kurswinkel 1600, daß das Flugziel nach Osten fliegt.

Kurven gleicher Flugdauer heißen diejenigen Linien, die Punkte eines Systems von Flugbahnen mit verschiedenem Abgangswinkel aber sonst gleichen Bedingungen miteinander verbinden. Das Geschoß braucht die gleiche Anzahl von Sekunden, um vom Anfangspunkt zu diesen Flugbahnpunkten zu gelangen. Diese Kurven sind von Bedeutung bei der Beschießung von Luftzielen, insbesondere zur Festlegung der Zündereinstellung von Sprenggeschossen.

Kurvenlineal ist ein Hilfsmittel zum Zeichnen gekrümmter Linien. Es besteht aus einer dünnen, meist hölzernen Platte, die von Kurven verschiedener Krümmung und Form begrenzt wird und deren Inneres gleichfalls Ausschnitte unterschiedlicher Art besitzt. Sind in einer Zeichnung mehrere einzelne Punkte durch eine Kurve zu verbinden, so wird durch Anlegen ein geeigneter Teil des Kurvenlineals herausgesucht, der sich den zu verbindenden Punkten möglichst gut anschmiegt; dann wird mit Bleistift oder Reißfeder die Kurve ausgezogen. Bei ballistischen Kurven bedient man sich zum Zeichnen der sog. Straaklatten, die sehr biegsam sind und mit schweren Klötzen auf dem Reißbrett fixiert werden (s. Höhenmeßpläne. Zeichnung der Erdkrümmungslinien mit dem Kurvenlineal).

Kurzschuß ist ein gegenüber dem Ziel kurz liegender Schuß. Beim Einschießen wird durch Veränderung der Entfernungen (Erhöhungen) aus Weit- und Kurzschüssen eine Gabel gebildet und so die richtige Schußentfernung zum Ziel ermittelt. Die Berücksichtigung der Kurzschüsse ist von großer Bedeutung, wenn die eigene Truppe dicht am feindlichen Ziel liegt und sich daher im Wirkungsbereich der eigenen Kurzschüsse befindet. Kurzschüsse werden außer durch zu geringe Erhöhung auch durch Fehler am Geschütz, der Munition, der Bedienung und endlich auch durch Erhebungen im Gelände verursacht, welche in der Flugbahn liegen und ein Geschoß vorzeitig auffangen.

L

Ladedichte D bezeichnet in Deutschland allgemein das Verhältnis der (unverbrannten) Pulverladung in kg zum Volumen des leeren Verbrennungsraums in Liter; die Dimension ist die einer Dichte. Daneben versteht man anderweitig unter Ladedichte das unbenannte Verhältnis D_1 des Volumens, das die Pulverkörner ohne ihre Zwischenräume einnehmen, zum Volumen des Verbrennungsraumes und drittens das entsprechende Verhältnis D_2, bei dem für das Pulvervolumen die Zwischenräume eingerechnet werden. Diese drei Definitionen führen zu verschiedenen Zahlenwerten; ist d_1 das spezifische Gewicht eines Pulverkorns und d_2 die „gravimetrische" Dichte oder das spezifische Gewicht des Pulvers mit seinen Zwischenräumen, so besteht die Beziehung:

$$D = d_1 D_1 = d_2 D_2 .$$

Die Brisanz eines Geschoßtreibmittels oder Sprengstoffs wächst unter sonst gleichen Bedingungen mit zunehmender Ladedichte; Sprengstoffe werden daher unter Druck in die Sprengkörper eingepreßt oder in geschmolzenem Zustande eingefüllt.

Ladehemmung ist jede Hemmung, die das richtige Ansetzen der Munition im Laderaum verhindert. Sie kann z. B. entstehen, wenn das Führungsband des Geschosses zu stark oder beschädigt ist, oder die Kartuschhülse nicht paßt. Ladehemmungen können auch durch Störungen im Lademechanismus und Verschluß hervorgerufen werden.

Laderaum (Verbrennungsraum) ist der nicht gezogene Teil des Seelenvolumens. Er hat einen größeren Durchmesser als der übrige Teil der Seele (Kaliber) und ist bei Verwendung von Hülsenkartuschen leicht kegelig, um das Auswerfen der Hülsen zu erleichtern. Er wird nach hinten durch den Stoßboden des Verschlusses abgeschlossen. Verbrennungsraum ist der Raum, der dem Pulver zur Verbrennung zur Verfügung steht, bevor sich das Geschoß in Bewegung gesetzt hat. Er ist vorn begrenzt durch den Geschoßboden, hinten und seitlich durch die innere Hülsenwandung. Seine Größe (in Liter) wird durch das Gewicht der Ladung und die Ladedichte bestimmt, die von der geforderten Leistung des Geschützes abhängen. Der Verbrennungsraum verlängert sich mit der Abnutzung des Rohres, wodurch dessen Mündungsleistung und Schußgenauigkeit abnehmen.

Lafette ist ein Gestell zur Lagerung der Wiege mit Rohr. Sie besteht häufig aus Ober- und Unterlafette. Die gebräuchlichsten Lafettenarten sind: Räder-, Mittelpivot-, Drehscheiben- (Turm-), Spreiz-, Rahmen-, Verschwind- und Küstenlafetten.

Lafette (Ableitung). Zum franz. fût = Schaft (aus dem lat. fustis = Knüppel) gehört l'affût (älter affust) = Geschützlade, das kurz vor dem 30jährigen Kriege als affuit (affüte) in deutschen kriegswissenschaftlichen Werken erschien. Im 16. Jahrh. waren Fachausdrücke gebräuchlich, wie Lade, Gefäß, gefesz, Schaft. Von Anfang des 17. Jahrh. an treten die Schreibweisen Lavette, Lafete, Laffete auf, bis die heutige festgesetzt wurde. Die Deutschen führten zum ersten Male Lafettengeschütze im Hussitenkriege (1419—36) mit. Bisher waren Lafetten im heutigen Sinne nicht bekannt. Die schweren Geschützrohre wurden ebenso wie die Wiegen, worauf sie im Felde gebettet wurden, auf besondere Wagen gelegt und nachgefahren (s. Geschütz).

Lagenfeuer. Eine der Feuerarten (s. d.), bei der die Geschütze der Batterie vom Flügel aus nacheinander abgefeuert werden. Ohne weiteres Kommando beträgt der zeitliche Abstand zwischen den Schüssen dabei etwa 5 Sek.; jeder andere Abstand kann befohlen werden. Der Zusatz „Nach Kommando von rechts (links)!" bedeutet, daß die Geschütze erst auf Anruf („Schuß!", „Zwei usw. Schuß!" abgefeuert werden dürfen. Das Lagenfeuer nach Kommando wird insbesondere dann angewendet, wenn die einzelnen Geschütze in ihre Seitenrichtung noch genau eingedreht werden sollen.

La Grange, Joseph Louis, großer franz. Mathematiker. Geb. 25. 1. 1736 in Turin, gest. 10. 4. 1813 in Paris. 1755 Prof. an der Art.-Schule in Turin, 1766—87 Direktor der mathem. Klasse der Akademie in Berlin, dann Prof. an der École Polytechnique in Paris und Mitglied der Akademie. Entwickelte die Theorie der analytischen Funktionen und die analytische Mechanik. Gab der Variationsrechnung die heutige Form. Während der französischen Revolution beschäftigte er sich auf Veranlassung des Wohlfahrts-Ausschusses mit innenballistischen Problemen.

Längenmessungen erfolgen:

a) behelfsmäßig durch Abschreiten auf ebenem Boden (nur bis 200 m). Schrittlänge muß bekannt sein. Verwendbar zum Einkrokieren von Punkten.

b) mit Meßband. Bei schrägen Flächen ist die gemessene Länge auf die Waagerechte umzurechnen.

c) optisch mit Fernrohr und Teilwerten der Fadenplatte (Entfernungsfäden). Ihr Abstand ist so gewählt, daß sie auf 100 m eine Strecke (Tangente des Winkels) von 1 m abgrenzen. Die zu bestimmende Entfernung entspricht also dem 100fachen der auf der Meßlatte zwischen den Entfernungsfäden abgelesenen Länge.

d) durch rechnerische Ableitung. Man bestimmt die Länge einer kurzen Basis und leitet eine längere dadurch ab, daß man auf ihren Endpunkten neue Punkte anschneidet.

Längenstreuung s. Streuung.

Längenvorhalt s. Entfernungsunterschied (E.U.).

Langhans, Alfred, Dr. phil., Oberregierungsrat. Geb. 18. 5.1887 in Berlin. Studierte in Greifswald und Berlin Naturwissenschaften, insbes. Chemie. 1911 Dr. phil. Berlin. Assistent bei Prof. Dr. PSCHORR sowie Dr. PRINGSHEIM am 1. chem. Inst. der Univ. Berlin; 1913 am Militärversuchsamt Berlin. Bei Kriegsausbruch 1914 Betriebsleiter am Feuerwerkslaboratorium Siegburg, dort tätig bis 1919. 1919/20 Vorlesungsassistent bei Geh.-Rat ANSCHÜTZ in Bonn. 1920 Dozent für Chemie an den Techn. Staatsanstalten in Hamburg. 1924 Lehrer für Chemie an der Artillerieschule Jüterbog, 1930 an die Feuerwerkerlehrgänge in Berlin-Lichterfelde versetzt. 1936 Oberregierungsrat.

Längslibelle ist eine Röhrenlibelle (s. Libelle), die an ein Fernrohr parallel zu seiner optischen Achse angebracht ist.

Längsspannungen (Rohr) s. Axialspannungen, Rohrspannungen.

Langstrecken-Schnellbomber sind sehr schnelle Bombenflugzeuge mit besonders großer Reichweite. Meist zweimotorige mittlere Bomber.

Langzeitzünder sind Zeitzünder (s. d.), welche die Detonation des Geschosses erst nach längerer Zeit (Tagen oder Monaten!) hervorrufen. Sie können als Uhrwerkszünder oder chemische Zünder aufgebaut werden.

La Place, Pierre-Simon, Mathematiker und Astronom. Geb. 28. 3. 1749 in Beaumont-en-Auge, gest. 5. 3. 1827 in Paris. Erst Lehrer der Mathematik an der Militärschule in seinem Geburtsort, 1785 Mitglied der Akademie, unter dem Konsulat vorübergehend Innenminister, 1800 Senator, 1804 Graf, 1817 Marquis.

Seine Arbeiten auf den Gebieten der Himmelsmechanik und der Wahrscheinlichkeitsrechnung sind grundlegend.

La Placesche Gleichung. Nach der Elastizitätstheorie ist die Schallgeschwindigkeit c (Geschwindigkeit, mit der sich Druckschwankungen geringer Amplitude fortpflanzen) in homogenen, isotropen Medien gegeben durch $c=\sqrt{\frac{dp}{d\varrho}}$, wobei der Druck p als Funktion der Dichte ϱ anzusehen ist.

Nach LA PLACE ist für Gase das Gesetz von POISSON (s. d.) zugrunde zu legen, da die die Schallwellen bildenden Verdichtungen und Verdünnungen des Gases so rasch erfolgen, daß kein Wärmeausgleich stattfinden kann; man erhält also:

$$c=\sqrt{\varkappa\frac{p}{\varrho}}\,.$$

$\varkappa$ ist das Verhältnis der spezifischen Wärmen (s d.), für Luft gleich 1,40.

In guter Übereinstimmung mit der Erfahrung ist die Schallgeschwindigkeit der Luft bei 0° C und 760 mm Druck gleich 333,2 m je Sekunde.

Nach der Zustandsgleichung (s. d.) idealer Gase ist der Quotient p/ϱ proportional der absoluten Temperatur; folglich ist die Schallgeschwindigkeit in Luft proportional der Wurzel aus ihrer absoluten Temperatur und unabhängig vom Luftdruck. Für die Fortpflanzung der Wellen von Explosionen gilt die verwickeltere Riemannsche Theorie.

Laufaufbauchung heißt eine örtliche Vergrößerung des Rohrdurchmessers infolge einer übermäßigen inneren Erweiterung. Sie kann z. B. durch einen Rohrkrepierer erzeugt werden. Im vorderen Teil des Laufes kann eine Aufbauchung dadurch entstehen, daß das Geschoß durch irgendein Hindernis im Lauf eine starke Verzögerung erfährt (z. B. Sand im Gewehrlauf, übermäßige Einfettung der Seele).

Lauffer, Emil, Generalmaj. d. R. Geb. 28. 5. 1833 in Kawarn (Schlesien), gest. 1917 in Nieder-Paulowitz bei Jägerndorf. 1855 Unterleutnant, 1887 Kommandant der 7. Art.-Brig., 1892 Generalmajor, 1893 in Ruhestand. Lehrer an verschiedenen Kadettenschulen, am höheren Chemiekurse im Techn. Militärkomitee und am Stabsoffizierkurse. Abhandlungen über Schießlehre für Infanterie und Artillerie, konstruierte Apparat zur Darstellung ballistischer Verhältnisse beim Gewehrschießen.

Lauffer, Franz, Konteradmiral d. R. Geb. 1869. 1888 Seekadett. Dienst in der Flotte bis zum Kommandanten einer Torpedoflottille. 1914—18 Vorstand der technischen Geschäftsgruppe im Kriegsministerium, Kommandant eines Schlachtschiffes und dann der II. schweren Schiffsdivision. Lehrer für Nautik und Ballistik; Artillerie-Referent des nachmal. Großadmirals A. Hans. Studien über Bewegungsgesetze rotierender Massen im schwingenden Schiff; Aufsatz zur Berücksichtigung der Rohrabnutzung.

Lauflänge (Einfluß auf die Mündungsgeschwindigkeit). Der Druckverlauf im Rohr (s. d.) muß derart bemessen sein, daß das Geschoß bis zu seinem Austritt aus der Mündung trotz sinkenden Druckes immer noch einen Zuwachs an Geschwindigkeit erhält. Wird unter Beibehaltung derselben Patrone, also derselben Pulverladung, der Lauf (Gewehr — Karabiner) verkürzt, dann wird die Pulverladung nicht voll ausgenutzt; es bleibt noch unverbranntes Pulver übrig. Das Geschoß hat nicht die volle Mündungsgeschwindigkeit erreicht. Der höhere Mündungsgasdruck des kürzeren Laufes macht sich nur in Form von lauterem Knall und unangenehmerem Mündungsfeuer bemerkbar. Würde bei gleicher Pulverladung der Lauf übertrieben lang gemacht werden, so würde die Mündungsgeschwindigkeit sinken.

Laufschwingungen. Es sind viererlei Arten von Vibrationen des Gewehrlaufs im einzelnen möglich: 1. Da das Geschoß sich durch das Rohr hindurchpreßt, und da hinter dem Geschoß hoher Gasdruck herrscht, muß eine Welle von Verdickungen und Verdünnungen des Gewehrlaufs von hinten nach der Mündung zu fortschreiten. 2.Durch den Gasdruck, der zwischen Geschoßboden und Stoßboden im Rohr entsteht, wird das Rohr in der Richtung der Seelenachse gedehnt, und da die Elastizitätsgrenze nicht überschritten wird, müssen Longitudinalschwingungen auftreten; daß diese eine sehr hohe Schwingungszahl besitzen, ist aus der Physik bekannt. 3. Der Lauf muß ferner beim Schuß Torsionsschwingungen um die Seelenachse ausführen. Wäre der Lauf vom Schaft befreit und vollkommen frei beweglich, und wäre alles Laufmaterial symmetrisch um die Seelenachse verteilt, so müßte, da das Geschoß im Sinne des Rechtsdralls um die Richtung der Seelenachse rotiert, dem Flächensatz zufolge der Lauf im entgegengesetzten Sinne rotieren. Da nun in Wirklichkeit der Lauf mit seinem hinteren Ende in die Hülse eingeschraubt ist, so wird der Lauf Torsionsschwingungen ausführen. 4. Zu Transversalschwingungen läge keine Veranlassung vor, wenn um die Seelenachse vollkommene Symmetrie bestehen würde. Eine solche ist jedoch nicht vorhanden. In der Tat führt auch der Gewehrlauf beim Schuß kräftige Transversalschwingungen aus. Diese Schwingungen in ihrem zeitlichen Verlauf wurden schon um die Jahrhundertwende von C. Cranz und Koch untersucht und photographisch festgelegt.

Laufsprengungen treten ein, wenn der Sprengstoff eines Geschosses vorzeitig im Rohr detoniert. Durch den Gasdruck können sie nur erzeugt werden, wenn der Werkstoff stark fehlerhaft war (s. auch Rohrzerspringer).

Laurent, Auguste, franz. Chemiker. Geb. 14. 11. 1807 in La Folie bei Langres, gest. 15. 4. 1883 in Paris. Erst Bergingenieur, dann praktischer Chemiker. 1836—46 Prof. der Chemie in Bordeaux, von 1848 an Münzbeamter in Paris. Von besonderer Bedeutung als Theoretiker durch eine scharfe Unterscheidung der Begriffe Molekular-, Atom- und Äquivalentgewicht und durch seine Ansätze zur Begründung einer Strukturchemie. Schuf eine Kerntheorie und eine Typentheorie (theoret. Chemie), deren feste Begründung erst Karl Friedr. Gerhardt (1816—56) gelang.

Laussedat, Aimé, geb. 19. 4. 1819 in Moulins im Departement Allier, gest. als Oberst am 18. 3. 1907 in seinem Geburtsort, ist der Begründer der Photogrammetrie. Er wurde in jungen Jahren mit den Arbeiten des Forschungsreisenden Beautemps-Beaupré bekannt, der auf Grund perspektivischer Freihandzeichnungen Geländepläne herstellte. Laussedat verfeinerte dieses Verfahren zunächst durch Benutzung der Camera lucida, dann etwa 1850 durch Zuhilfenahme der Photographie, wofür er die photographische Kammer mit einer Bussole verband. Hiermit war der Grundstein zum Aufbau der Photogrammetrie gelegt. Laussedat bemühte sich in der Folgezeit ständig um die Weiterentwicklung der neuen Wissenschaft, jedoch war es ihm ungeachtet des großen wissenschaftlichen Ansehens, das er genoß, nicht vergönnt, der Photogrammetrie in seinem Vaterlande weitgehende Anerkennung zu verschaffen.

Lavaldüse ist eine von de Laval angegebene, besonders geformte Düse für hohe Ausströmungsgeschwindigkeiten von Gasen und Dämpfen. Zur Erzielung einer stetigen Abnahme des Druckes vom Behälter bis zum Außendruck verengert sich die Düse zunächst von ihrem Anfange aus, um sich dann auf einen bestimmten Betrag in bestimmter Form zu erweitern. Bei Düsen konstanten Querschnitts tritt der Strahl mit Überdruck aus und verbreitert sich infolgedessen nach Verlassen der Düse.

Lebendige Kraft s. Kinetische Energie.

Le Boulengé, Paul Émile, belgischer Offizier. Geb. 11. 3. 1832 in Mesnil-Église, gest. 30. 5. 1901 in Ostende. Erfinder des nach ihm benannten zur Bestimmung der Anfangsgeschwindigkeit von Geschossen dienenden, viel benutzten Zeitmessers, sowie eines akustischen Entfernungsmessers.

Le Gendre, Adrien Marie, franz. Mathematiker. Geb. 18. 9. 1752 in Paris, gest. daselbst 10. 1. 1833 als Vorsteher der Universität. Hat sich besondere Verdienste erworben durch seine Arbeiten über die elliptischen Integrale und über Zahlentheorie; er erfand im Jahre 1806 unabhängig von Carl Friedr. Gauss die Methode der kleinsten Quadrate (s. d.).

Leichte Waffen der Infanterie. Dazu werden gerechnet:

1. Gewehr und Karabiner (Waffen des Einzelkämpfers).
2. Selbstladegewehr.
3. L. Masch.-Gew.
4. Faustfeuerwaffen (Revolver und Selbstladepistole).
5. Nahkampfmittel (Handgranate, Flammenwerfer).

Leichtes Maschinengewehr ist eine Maschinenwaffe (s. automatische Waffen), welche Gewehrpatronen verschießt. Das l. Masch.-Gew. soll die Feuerkraft der M.G. bis in die kleinsten Einheiten des Infanteriekampfes hineinbringen; so hat sich der leichte Typ entwickelt. Die Forderung der Leichtigkeit und Bedienungsmöglichkeit durch einen Mann bedingt ein Waffengewicht von rund 8—12 kg. Dem schweren Masch.-Gew. gegenüber muß zugunsten der Leichtigkeit eine erhebliche Leistungsminderung mit in Kauf genommen werden. Dem Wesen der l. Masch.-Gew. entspricht die Anwendung kurzer Feuerstöße. Die erforderliche Munitionsversorgung macht das l. Masch.-Gew. immer noch zu einer Kollektivwaffe, die in ihrer Feuerkraft den Gefechtswert mehrerer Leute vertreten muß. Da mit Gewichtsverminderung die Feuerkraft eines Masch.-Gew. sinkt, so wird hier die Grenze für übertriebene Leichtigkeit bald erreicht.

Leistung oder Effekt ist die von einer Kraft in der Zeiteinheit abgegebene Arbeit (gemessen in mkg sec^{-1}). Bei Sprengstoffen insbesondere zu beachten, daß zwar Energieinhalt gering, aber Effekt sehr groß wegen der äußerst kurzen Dauer der Detonation (Detonationsgeschw. etwa 7,5 km/s).

Leuchtpatronen dienen zur Erzeugung weißen Lichtes (Geländebeleuchtung), sowie zur Abgabe von Buntsignalen. Prinzip der Leuchtpatronen entnommen den bekannten Mischungen von Magnesium (evtl. Aluminium) mit Oxydantien wie Nitraten, Chloraten, Bindung durch Schellack, Flammen-, besser Feuer- oder Glutregulierung z. B. durch Zusatz von Milchzucker. Einpressen der Sätze in Papphülsen, besser Zinkhülsen (mitverbrennende Pappe verdunkelt Leuchtfeuer). — Um die

Leuchtdauer zu vergrößern, werden Fallschirmpatronen verwendet.

Leuchtschuß (senkrechter). Einmeßverfahren nach O. SCHWAB mit s.L., eingeführt 1917. Zweck: Verdeckte, nicht eingesehene Bodenfestpunkte (Batteriestellungen, Beobachtungsstellen, Infanteriestellungen) werden mit senkrechter Leuchtbahn 100—200 m hochgelotet, zwecks Anschnitt mit Scherenfernrohr oder Theodolit, zur Gewinnung der trigonometrischen Winkelwerte innerhalb des artilleristischen Punktnetzes eines Abschnittes. Schnellvermessung ohne Signalbau, ausführbar abends und nachts. Bei Tag Sprengwolke statt s.L.

S.L. wird abgefeuert nach Abschußzeitplan, der den Beobachtern bekannt sein muß. Hintereinander folgende Schüsse an wechselnden Orten. Nachts photographische Festlegung mit Meßkammern, genauestes Verfahren.

Leuchtspur s. Lichtspur.

Levi-Civita, Tullio, Prof. Dr., Mathematiker. Geb. 29. 3. 1873 in Padua. 1900—18 Prof. der analyt. und Suppl. für die höhere Mechanik in Padua, 1919—23 Prof. der höheren Analysis, seit 1924 Prof. der theoret. Mechanik an der Univ. Rom.

Arbeitsgebiete: Theoretische Mechanik. Differentialgeometrie. Hydro- und Aerodynamik. Äußere Ballistik. Nozioni di balistica esterna (mit UGO AMALDI) 1935.

Libelle, auch Wasserwaage genannt, dient zum Festlegen einer horizontalen Linie oder Fläche.

Es werden Dosen- und Röhrenlibellen unterschieden. Bei den erstgenannten ist die innere Fläche des Dosendeckels konkav geschliffen, oder der ganze Deckel entsprechend gebogen. Die Dose ist bis auf einen kleinen Raum mit einer leicht beweglichen Flüssigkeit (z. B. Alkohol und Äther) gefüllt, so daß sich unter dem Deckel eine kleine Luftblase bildet, welche durch ihre von der Schwerkraft beeinflußte Lage unter der durch einen Kreis bezeichneten Mitte des Dosendeckels die horizontale Lage der Fläche anzeigt, auf der die Dosenlibelle ruht. Die Röhrenlibelle besteht aus einem Glasrohr, dessen zylindrischer Hohlraum eine schwach kreisförmige nach außen gebogene Mantellinie hat. Bei besseren Libellen ist dieser Hohlzylinder entsprechend geschliffen, bei billigeren ist das ganze Glasrohr gebogen. Die Flüssigkeit füllt auch hier das Rohr nicht ganz aus, so daß die Luftblase durch ihre Mittellage, die durch Skalenstriche angegeben ist, die horizontale Lage der Zylinderachse angibt.

Durch eine Röhrenlibelle wird also eine horizontale Richtung festgelegt. Soll die Horizontallage einer Fläche bestimmt werden, so sind zwei Libellen nötig, deren Zylinderachsen senkrecht zueinander stehen (Kreuzlibelle).

Die Krümmungsradien der Röhrenlibellen können so groß gemacht werden, daß eine Richtungsbestimmung mit Hilfe einer genauen Teilung auf kleine Bruchteile der Bogensekunde genau erfolgen können.

Libellenquadrant ist ein Winkelmesser, mit dem Winkel in einer senkrechten Ebene mit Hilfe einer Libelle gemessen werden, welche die Horizontalebene fixiert. Geschützrohre besitzen zum Aufsetzen des Quadranten eine hierfür besonders vorgerichtete Fläche, die Quadrantenfläche.

Lichtmeßbatterie. 1914: „Meßplan-Abteilung", 1915: „Artillerie-Meßtrupp", 1916: „Lichtmeßtrupp"; artilleristischer Truppenteil, heute motorisiert, zur optischen Aufklärung feindlicher, feuernder Artillerie-Stellungen mit Hilfe der geodätischen Vermessung der Lichtblitze feuernder Geschütze. Einsetzbar im Bewegungskrieg und Stellungskrieg. Besetzt 4—6 Meßstellen auf einer Divisionsfront sowie eine Planstelle (Auswertestelle), diese in der Nähe des Artillerieführers der Division. Die Meßbasis ($^1/_3$—$^2/_3$ der Meßtiefe) nicht an Divisions-Aufmarschbreite gebunden.

Meßausrüstung: Strecken- und Winkelmeßgerät, Scherenfernrohre, Richtkreise, Theodolite, Stoppuhren, u. U. Chronometer, Plangerät, Nachrichtenmittel mit und ohne Draht.

Licht-Meßbeobachtung (Licht-Schußmessung) (besser Licht-Schußmessung als Gegensatz zu Licht-Meßerkundung) bezeichnet eine optische Einmessung eigener Granataufschläge oder Sprengpunkte beim Feind. Mit „Beobachtung" soll man nur persönliche Eindrücke und Auffassungen bezeichnen. (Der einzelne Artilleriebeobachter „beobachtet" sein Gabelschießen.) (S. Schall-Meßbeobachtung.)

Lichtmeßtrupp s. Lichtmeßbatterie.

Licht-Meßverfahren (Erkundung). Einzelschnittverfahren: Jede Meßstelle arbeitet selbständig, meldet Anschneidezahlen mit Zeitfestlegung nach Minuten. Nach Möglichkeit Schallwegbestimmung durch Zeitmessung zwischen Blitz und Knall. Visierlinien (Anschnitte) werden laufend auf dem Plan aufgetragen. Im Einzelfeuer ausreichend, bei lebhaftem Feuer bald versagend, weil Zeitbestimmung nicht mehr ausreicht und viele Scheinschnitte auf dem Plan entstehen. Geschoßknall verursacht häufig Täuschung bei der Stoppzeitfestlegung.

Hauptschnittverfahren nach Schwab: 1916 eingeführt, bildete meßtechnische Erkundungsgrundlage im Massenfeuer. Telephonische Verbindung aller Beobachter untereinander und mit Plan-Offizier. Ein Hauptbeobachter leitet Messung, faßt Ziel auf, gibt Beschreibung (Schußfolge, Farbe, Kaliber) und meldet jeden beobachteten Abschuß zeitgerecht. Einlenkung der Seitenbeobachter durch diese Zurufe auf gleiche Lichterscheinungen. Erfolg: Sekundengleiche Anschnitte. Keine Täuschung in Zielauffassung. Genauestes Verfahren.

Lichtmeßwesen umfaßt optische, meßtechnische Erkundung und Schußeinmessung. Hauptentwicklung im Weltkrieg. Vor 1914 Grundlagen im Festungskrieg der Fußartillerie. Anwendbar bei ausreichender Sicht bei Tag und Nacht. Nebel stört.

Erkundungsziele: Ortsfeste und bewegliche Ziele, Licht- und Raucherscheinungen, Signalstationen,

Scheinwerfer, Fesselballone. Taktische Beobachtungen.

Schußeinmessung:

Aufschlagschießen: Messung der Seitenwinkel am Tage nach Sprengwolke. Nachtschießen nur mit besonderer Az.-Leuchtmunition.

Sprengpunktschießen: Messung der Seiten- und Höhenwinkel, bei Tage nach Sprengwolken, bei Nacht nach Sprengblitzen. Punktfestlegung durch meßtechnische Zusammenfügung einzelner Anschnitte, von verschiedenen Festpunkten ausgehend. Vorwiegend graphische Auswertung. Ausführbar durch sämtliche Truppenteile mit Beobachtungsgerät. Höchstleistung durch Sondertruppe: Lichtmeßbatterie.

Lichtspur. Ein Leuchtsatz von beliebiger Farbe ist in Geschossen usw. angebracht, durch welchen die Flugbahn derselben beobachtungsfähig gemacht wird. Die Anzündung kann unmittelbar durch die Treibladung des Geschosses oder durch Zeitzünder beliebiger Art erfolgen.

Linksabweichung des Geschosses tritt allgemein bei Linksdrall auf (s. Seitenabweichung). Jedoch wird auch bei Rechtsdrall nahe der Mündung öfters Linksabweichung beobachtet, wenn infolge von Schwingungen des Rohres das Geschoß beim Verlassen der Mündung schräg zur Bahntangente eingestellt wird, so daß es durch eine seitliche Komponente des Luftwiderstandes nach links hinübergedrückt wird. Dieser Fall tritt mitunter auch bei Gewehren mit aufgesetztem Bajonett auf, wodurch die Laufschwingungen einseitig beeinflußt werden können. Am auffälligsten ist die Linksabweichung der Geschosse von Mörsern und Minenwerfern bei Erhöhungen von etwa 65° und darüber.

Linksdrall s. Drall.

Linkssystem s. Koordinaten.

Liouville, Roger, Ingenieur und Ballistiker. Geb. 1856, gest. 1930 in Maure. Nach Beendigung seiner Studien in Saint-Louis trat L. 1874 in die École Polytechnique in Paris ein, um dann in den Service des Poudres überzugehen; hier wurde er Chefingenieur. 1886 Repetitor an der École Polytechnique, dann Examinator und Ingenieur. 1914 bis 1918 war er wieder in dem Service des Poudres tätig. Mitarbeiter des Oberst Gossot. Untersuchte Beziehungen zwischen Verbrennungsgeschwindigkeit der Pulver und deren Druck. Innere Ballistik: Geschichte, Grundsätze und Entwicklung.

Liter s. Volumen.

Logarithmisches Dekrement s. Schwingungen.

Lorenz, Hans, Prof. emer., Dr., Geh. Reg.-Rat. Geb. 24. 3. 1865 in Wilsdruff (Sa.). Erst Ingenieur, dann 1896—1900 Prof. in Halle a. d. S., 1900—04 in Göttingen, zugl. Dir. des Inst. für techn. Physik; 1904—34 Prof. der Mechanik an der Techn. Hochsch. in Danzig. Werke und Abhandlungen über Mechanik, mechan. Wärmelehre, techn. Physik, Hydromechanik, Theorie der Maschinen. Ballistik: Ballistik, die mechanischen Grundlagen der Lehre vom Schuß.

Löschfunken, bei ihrer Entdeckung durch M. Wien im Jahre

1908 ein großer Fortschritt der drahtlosen Telegraphie, sind für die ballistische Photographie und Kinematographie von Bedeutung als elektrische Beleuchtungsfunken kürzester Leuchtdauer oder schnellster „Löschung" (weniger als 10^{-6} sec). Verfahren beruht neben aperiodischer Dämpfung des Funkenkreises in einer möglichst raschen Kühlung der Funkenstrecke, um Rückzündungen auszuschalten; Elektroden bestehen aus Material bester Wärmeleitfähigkeit (Silber); Funkenstrecke wird durch strömende Luft oder Wasserstoff gekühlt, evtl. in mehrere enge Teilfunkenstrecken zerlegt.

Luftaufnahmearten. Hinsichtlich der Richtung der Aufnahmeachse werden folgende Aufnahmearten unterschieden:

a) Waagerechtaufnahmen, das sind solche mit waagerechter Aufnahmeachse bzw. lotrechter Bildebene.

b) Flachaufnahmen, bei denen die Aufnahmerichtung mäßig (bis etwa 30°) gegen den Horizont geneigt ist.

c) Steilaufnahmen mit wenig (bis etwa 30°) von der Lotrichtung abweichender Aufnahmerichtung.

d) Senkrecht- oder Nadiraufnahmen mit lotrecht nach unten zeigender Aufnahmerichtung. (Der Ausdruck „Senkrechtaufnahmen" ist auch gebräuchlich für Aufnahmen mit genähert lotrechter Aufnahmerichtung, die streng genommen als Steilaufnahmen zu bezeichnen wären.)

e) Schrägaufnahmen, die das Gebiet zwischen Steil- und Flachaufnahmen umfassen. Vielfach werden alle Aufnahmen mit wesentlich von der Waagerechten oder Senkrechten abweichender Aufnahmerichtung als „Schrägaufnahmen" bezeichnet.

Die Aufnahmen können als „Einzelaufnahmen" oder, wenn größere Gebiete erfaßt werden sollen, als „Reihen- bzw. Streifenaufnahmen" ausgeführt werden. Dann werden die Aufnahmen nacheinander so angeordnet, daß sie sich im Sinne der Flugrichtung („Längsüberdekkung") an den Rändern überdecken. Bei „Flächenaufnahmen" werden einzelne Flugstreifen nebeneinandergelegt, die sich auch in der Querrichtung („Querüberdeckung") übergreifen (s. a. „Überdeckung").

Luftbeobachtung s. Schießen mit Erdbeobachtung.

Luftbildkarte. Eine stets maßstäbliche Karte oder Plan mit oder ohne Höhenschichten, die aus Luftmeßbildern gewonnen und unter Verwendung von Signaturen gezeichnet ist.

Luftbildplan, auch „Photoplan" genannt, entsteht durch Aufkleben aneinanderstoßender, entzerrter Luftbilder auf einer verziehungsfreien Unterlage derart, daß sich die Bildpunkte mit den aufgetragenen entsprechenden Kartenpunkten decken. Er stellt ein geschlossenes maßstabhaltiges Luftbild eines größeren Kartenbereichs dar, in dem alle luftsichtbaren Einzelheiten in höchster geometrischer Treue wiedergegeben sind. Beschriftung und eingetragenes Gitternetz erhöhen seine kartenmäßige Verwendbarkeit. In nahezu ebenem Gelände entspricht seine Genauigkeit der terrestrisch vermessener Karten. Bezüglich der Genauigkeit in der Wiedergabe von Einzelheiten („Innere Genauigkeit") ist er unübertreffbar.

Abb. 14. Luftbildkamera. Für Freihandaufnahmen.

Neben dem Reichtum an Einzelheiten und seiner Anschaulichkeit bietet der Luftbildplan den Vorteil weit geringeren Zeit- und Kostenaufwandes für seine Herstellung.

Luftbildumzeichner dient zum Umzeichnen des Inhaltes von Luftbildern in die vorhandene Karte oder ein gegebenes Punktnetz. Er beruht auf dem Grundgedanken, der von alters her (1809) bekannten „Camera lucida," und besteht im wesentlichen aus einem Prisma mit halbversilberter Spiegelschicht, mit dessen Hilfe das virtuelle Bild des Originalbildes subjektiv in die Zeichen- bzw. Kartenebene projiziert wird und dort von Hand nachgezeichnet werden kann. Das Luftbild wird dazu auf einer an einer Säule der Höhe nach verstellbaren Metallplatte mit Klemmen befestigt und durch das Prisma betrachtet. Neigungs- und Kantungsfehler können durch allseitiges Drehen der Metallplatte um ihren Mittelpunkt in einem Kugelgelenk beseitigt werden. Maßstabsänderungen erfolgen durch Verstellen des Abstandes des Prismas vom Bild bzw. der Zeichenfläche. Zwecks Scharfabbildung können entsprechende Vorsatzlinsen in den Strahlengang am Prisma eingeschaltet werden, ebenso Rauchgläser zum Ausgleich von Helligkeitsunterschieden.

Luftdichte ist die Masse eines Kubikmeters Luft in Kilogramm (kg/m^3). Statt Luftdichte wird auch häufig die Bezeichnung Luftgewicht gebraucht. Zahlenmäßig ist zwar zwischen Dichte und „Spezifischem Gewicht" der Luft (praktisch) kein Unterschied, jedoch ist das Spezifische Gewicht (s. d.) eine unbenannte Zahl.

Die Dichte δ trockener Luft ergibt sich für einen Druck von p mm Hg und eine Temperatur von t° C nach dem Boyle-Lussacschen Gesetz aus einer Normaldichte $\delta_0 = 1{,}2932$ für $p_0 = 760$ mm Hg und $t_0 = 0$° C zu:

$$\delta = \frac{\delta_0}{1+\alpha t} \cdot \frac{p}{p_0} = \frac{1{,}2932}{1+0{,}00367 \cdot t} \cdot \frac{p}{760}\,.$$

α ist der Ausdehnungskoeffizient idealer Gase.

Wasserdampf ist sehr nahe 5/8 so schwer wie Luft von gleichem Druck und gleicher Temperatur; man findet daher die Dichte feuchter Luft, wenn der Partialdruck des Wasserdampfes darin e mm Hg beträgt, indem man vom Barometerstand p mm Hg den Wert $3/8\,e$ abzieht und mit diesem „verbesserten“ Druck in obige Dichteformel eingeht:

$$\delta = \frac{1{,}2932}{1 + 0{,}00367 \cdot t} \cdot \frac{p - \frac{3}{8} e}{760}.$$

Der Dampfdruck oder „Partialdruck“ e des Wasserdampfes in der Luft ist gleich dem Sättigungsdruck des Wassers bei der Lufttemperatur t multipliziert mit dem Hundertstel der relativen Luftfeuchtigkeit in Prozenten.

Statt mit dem verbesserten Druck kann man auch mit einer durch

$$\frac{\frac{1}{\alpha} + t'}{\frac{1}{\alpha} + t} = \frac{p}{p - \frac{3}{8} e}$$

definierten „virtuellen“ Temperatur in die erste Dichteformel eingehen:

$$\delta = \frac{1{,}2932}{1 + 0{,}00367 t'} \frac{p}{760}.$$

Bei Einführung der absoluten Temperaturskala ergibt sich für die virtuelle Temperatur:

$$T' = \frac{T}{1 - \frac{3}{8} \frac{e}{p}}.$$

Luftdichte und Schußweite. Der Luftwiderstand auf ein Geschoß wird in erheblichem Maße durch die Dichte der Luft beeinflußt (s. Ballistischer Beiwert). Bei geringerer Luftdichte als normal schießt man weiter als nach der Schußtafel, im kältesten Winter dagegen kürzer.

Der Einfluß ΔX einer Änderung des Luftgewichtes δ um den Betrag $\Delta\delta$ auf die Schußweite X ergibt sich auf Grund der Siaccischen Näherung durch:

$$\frac{\Delta X}{X} = -\left(1 - \frac{1}{f_2}\right)\frac{\Delta\delta}{\delta}, \quad (1)$$

wobei $f_2 = \frac{\operatorname{tg}|\vartheta_e|}{\operatorname{tg}\vartheta_0}$ nach „Fasella“ (s. d.) das Verhältnis der Tangenten des Fallwinkels $|\vartheta_e|$ zum Abgangswinkel ϑ_0 bezeichnet.

Unter Heranziehung der Zustandsgleichung idealer Gase läßt sich die Dichteänderung in die entsprechende Druck- und Temperaturänderung zerlegen:

$$\frac{\Delta\delta}{\delta} = \frac{\Delta p}{p} - \frac{\Delta T}{T},$$

wenn p den Luftdruck und T die absolute (virtuelle) Temperatur der Luft bedeuten. Man hat dann:

$$\frac{\Delta X}{X} = -\left(1 - \frac{1}{f_2}\right)\frac{\Delta p}{p} + \left(1 - \frac{1}{f_2}\right)\frac{\Delta T}{T}. \quad (2)$$

Nach der neueren Theorie des Luftwiderstandes mit Berücksichtigung der Luftelastizität (s. d.) geht der atmosphärische Zustand der Luft nicht nur durch eine Veränderliche ein, sondern ist durch zwei Größen, z. B. Luftdichte und Lufttemperatur, zu erfassen. Es ist nicht nur von Bedeutung, wieviel Teilchen in der Raumeinheit enthalten sind, sondern auch wie schnell sie sich bewegen.

Statt der Gleichung (1) hat man dann die Beziehung:

$$\frac{\Delta X}{X} = -\left(1 - \frac{1}{f_2}\right)\frac{\Delta\delta}{\delta} + \left(1 - \frac{n}{2}\right)\frac{\Delta T}{T} \quad (3)$$

n ist ein mittlerer Wert für den Geschwindigkeitsexponenten, mit dem der Luftwiderstand als Funktion der Geschwindigkeit für die ganze Flugbahn erfaßt wird. Bleibt die Luftdichte konstant bei einer

Änderung der Lufttemperatur T um ΔT, so blieb nach den bisherigen Ansätzen die Schußweite unverändert, während die Berücksichtigung der Luftelastizität eine Änderung um den Betrag

$$\left(1-\frac{n}{2}\right)\frac{\Delta T}{T}$$

ergibt; dieser verschwindet nur, wenn $n = 2$ ist, also das quadratische Luftwiderstandsgesetz streng gilt.

Am einfachsten läßt sich mit den früheren Bezeichnungen die Schußweitenänderung berechnen, wenn nicht Luftdichte und Lufttemperatur, sondern Luftdruck und Lufttemperatur als Größen zur Kennzeichnung des Luftzustandes gewählt werden:

$$\frac{\Delta X}{X} = -\left(1-\frac{1}{f_2}\right)\frac{\Delta p}{p} + \left(1-\frac{f_v}{2}\right)\frac{\Delta T}{T}, \quad (4)$$

f_v stellt den Einfluß dar, den eine Änderung Δv_0 der Anfangsgeschwindigkeit v_0 auf die Schußweite nehmen würde:

$$\frac{\Delta X}{X} = f_v \frac{\Delta v_0}{v_0}.$$

Es ist somit in Gleichung (4) die Lufttemperatur und damit die Geschwindigkeit der Luftmoleküle irgendwie in Beziehung zur Geschoßgeschwindigkeit getreten.

Wertvolles Schrifttum zu diesen Fragen in einem sonst recht unklaren Aufsatz von Dr. ing. Dora Wehage in den Wehrtechn. Monatsheften 1936 (s. Luftelastizität).

Luftdruckwirkung auf Menschen. Tödliche Wirkung durch den in der kurzen Zeit zu stark wechselnden Luftdruck (s. Tornadowirkung).

Einwandfrei festgestellt, daß durch Explosion Luftdruckverminderungen bis zu 350 mm auftreten können. Nachlassen des Druckes erzeugt Gasblasen, die den Blutkreislauf unterbrechen, wodurch der Tod herbeigeführt wird. Bildung dieser Gasblasen erfolgt erst im Verlauf von 10—20 Minuten.

Ausgeschlossen, daß Druckverminderung bei der Explosion von Geschossen zu einer Ausscheidung von Gasblasen in der Blutbahn führen kann.

Besondere Wirkung liegt vor, wenn neben einem Gasmaskenträger eine Brisanzgranate detoniert und durch Luftdruckwirkung die Filterporen geschlossen werden, so daß Erstickung eintreten muß.

Lufteinschießziel s. Einschießziele.

Luft-Ei-Ziel s. Schießen m. h. Sp.P.

Luftelastizität. Da die Luft elastische Eigenschaften besitzt, pflanzen sich die Störungen, die ein fliegendes Geschoß in der umgebenden Luft hervorruft, wellenförmig fort. Es ist danach wahrscheinlich, daß die Schallgeschwindigkeit (s. d.) c, mit der sich die Druckschwankungen ausbreiten, den Luftwiderstand beeinflußt. In der Tat haben theoretische Untersuchungen (Sarrau, Darrieus, Vahlen, Langevin) gezeigt, daß der Luftwiderstand gegen ein Geschoß in der Form

$$W = \lambda \frac{\delta}{\delta_0} v^2 K\left(v \frac{c_0}{c}\right)$$

oder anders geschrieben

$$W = \lambda \frac{p}{p_0} f\left(v \sqrt{\frac{T_0}{T}}\right)$$

mit

$$\lambda = \frac{(2R)^2 \pi \delta_0}{8g}$$

anzusetzen ist. Hierin bedeutet v die Geschwindigkeit des Geschosses, p den Luftdruck, δ die Luftdichte, g die Schwerebeschleunigung, $2R$ das Kaliber und $f(v) = v^2 K(v)$ die Verzögerungsfunktion. Der Index 0 zeichnet gewisse Normalwerte aus.

Aus diesen neuen Ansätzen ist zu ersehen, daß hier die Temperatur nicht nur indirekt über die Luftdichte, sondern auch direkt in den Luftwiderstand eingeht.

Über den Einfluß einer Zustandsänderung der Luft s. Luftdichte und Schußweite, Luftkräfte.

Luftgewicht s. Luftdichte; Ballistisches Luftgewicht s. d.

Luftkräfte. Jeder durch Luft bewegte Körper unterliegt einer resultierenden Luftkraft. In der Flugtechnik wird ihre Komponente parallel zur Bahntangente mit Widerstand bezeichnet, die Komponente senkrecht dazu mit Auftrieb oder Quertrieb. Ein symmetrischer Körper (Geschoß), der sich streng in der Bahntangente bewegt, erfährt aus Symmetriegründen nur einen Widerstand. Sobald ein Geschoß aber pendelt, was besonders kurz nach Verlassen der Mündung der Fall ist, kommt ein Quertrieb dazu. Für die Stabilität des fliegenden Geschosses ist das Moment der resultierenden Luftkraft bezogen auf den Geschoßschwerpunkt von Bedeutung, also nicht nur das Moment des Widerstandes, sondern auch das Moment des Quertriebes. Die Ermittlung der einzelnen Komponenten und ihrer Momente in Abhängigkeit vom Anstellwinkel scheint am besten im Windkanal möglich zu sein. Die Darstellung der Luftkräfte erfolgt zweckmäßig durch die dimensionslosen Kraftbeiwerte, den Quertriebsbeiwert

$$c_a = \frac{A}{\frac{\varrho}{2} v^2 F}$$

und den Widerstandsbeiwert

$$c_w = \frac{W}{\frac{\varrho}{2} v^2 F}.$$

Hierbei ist A, W = Auftriebs- bzw. Widerstandskraft, ϱ = Dichte, v = Strömungsgeschwindigkeit bzw. Fluggeschwindigkeit, F = vereinbarte Bezugsfläche, etwa Geschoßquerschnitt.

Der Widerstandsbeiwert c_w, auch „Stauwert" genannt, ersetzt in physikalisch klar definierter Form das frühere $K(v)$. Der praktische Ballistiker wird darauf hinarbeiten, möglichst alle brauchbaren i- und $K(v)$-Werte als Stauwerte übersichtlich zusammenzufassen. Dazu sind alle Größen im CGS-System auszudrücken (s. S. 204). Bei den in der Ballistik üblichen Maßen ist zu bedenken, daß δ in kg/m³, v in m/sec, W in kg, $g = 9{,}81$ m/sec², aber $2R$ in cm ausgedrückt werden. Es ist also $F = \frac{\pi}{4}(2R_{\text{cm}})^2 \cdot 10^{-4}$ zu nehmen, um zum CGS-Ergebnis zurückzukehren. Am bequemsten mißt man v in km/sec und hat schließlich (z. B. für $\delta = 1{,}22$ kg/m³):

$$c_w = \frac{8g}{\pi\delta} \cdot \frac{10^{-2}}{(2R_{\text{cm}})^2} \cdot \frac{W_{\text{kg}}}{v^2_{\text{km/sec}}} = \frac{0{,}2048}{(2R_{\text{cm}})^2} \cdot \frac{W_{\text{kg}}}{v^2_{\text{km/sec}}}.$$

Für Geschwindigkeiten, die wesentlich unterhalb der Schallgeschwindigkeit liegen ($v \ll c$), sind c_a und c_w unabhängig vom Absolutwert von v, solange nur die Reynoldssche Zahl groß genug ist und beträchtlich über ihrem kritischen Wert liegt. Bei Annäherung an die Schallgeschwindigkeit hängen die Beiwerte noch von der Machschen Zahl v/c ab (s. Ähnlichkeitsgesetze). Sind beispielsweise c_a und c_w durch Modellversuche bestimmt, so werden die Kräfte auf geometrisch ähnliche Großausführung bei der gleichen Machschen Zahl $\frac{v'}{c'} = \frac{v}{c}$

$$A' = c_a \frac{\varrho'}{2} v'^2 F', \quad W' = c_w \frac{\varrho'}{2} v'^2 F',$$

wobei die mit Index ′ bezeichneten Größen den Werten der Großausführung entsprechen sollen.

Luftkraftgesetze s. Luftkräfte.

Luftschutz als sehr wesentlicher Teil der Landesverteidigung soll die Spreng-, Gas- und Brandwirkung feindlicher Luftangriffe herabmindern. Der aktive Luftschutz ist Angelegenheit der Wehrmacht und umfaßt in gegenseitiger Ergänzung Flieger, Flugabwehrwaffen (Flakartillerie) und die Abwehr durch Gewehre und Maschinengewehre aller Truppengattungen. Der passive Luftschutz ist Sache des ganzen Volkes, untersteht dem Reichsluftfahrtministerium und zerfällt in behördlichen Schutz und Selbstschutz. Der behördliche Schutz wird in Sicherheits- und Hilfsdienst durchgeführt von der Polizei, der Feuerwehr, der Technischen Nothilfe und dem Roten Kreuz und umfaßt auch den Flieger-Melde- und -Warndienst. Der Selbstschutz der Bevölkerung ist organisiert durch den Reichsluftschutzbund, der durch Aufklärung der Bevölkerung, Schulung der Hauswarte usw. wirkt. Erstrebt wird Auflockerung der Städte, Trennung von Wohn- und Arbeitsstätten, Errichtung von gas- und bombensicheren Schutzräumen, Entfernung des Bodengerümpels zur Verminderung der Brandgefahr. Abhaltung großzügiger Luftschutz- und Verdunkelungsübungen bilden die beste Vorbereitung für den Ernstfall.

Luftstoßanzeiger s. Ballograph.

Luftvergleichsziel s. Vergleichsziele.

Luftvorholer arbeiten wie Federvorholer. An die Stelle der Federn tritt jedoch Preßluft, die in einem Zylinder durch einen Kolben zusammengepreßt wird. Luftvorholer werden im allgemeinen für größere Kaliber verwandt, da sie bezüglich Arbeitsleistung und Gewicht günstiger als Federvorholer sind. Nachteilig ist dagegen der verwickeltere Bau und die größere Empfindlichkeit (s. Federvorholer und Rohrrücklaufbremsen).

Luftwiderstand bei sehr großen Geschwindigkeiten, eine schwer zu klärende Frage, da die Geschwindigkeitsmessungen an Geschossen noch nicht bis 2000 m/s reichen und Aufnahmen von Meteoren bisher noch nicht planmäßig zur Bestimmung der Widerstandsfunktion angesetzt und ausgewertet wurden. Überdies ist die Bestimmung der Dichte der Luft in Höhen von etwa 100 km recht problematisch. (Solange das Meteor mit einzelnen Luftmolekülen zusammentrifft, gilt wohl das „quadratische“

Gesetz.) Eine Schätzung, die das Intervall von 2—40 km/sec überbrücken will, ist bisher nach NEWTON mit der 2. Potenz der Geschwindigkeit vorgegangen. Demgegenüber hat aber Th. VAHLEN (Z. Schieß. u. Spreng. 1923, 120) betont, daß nicht nur die alten Interpolationsformeln von CHAPEL, VALLIER, SCHEWE, sondern auch die lange Formel „SIACCI III" auf eine lineare Zunahme bei großen Geschwindigkeiten hinweisen. Auch die russischen „Zonengesetze" deuten auf eine allmähliche Abnahme des Exponenten der interpolierenden Monome von 2 auf 1 an. Entwicklungen von v. EBERHARD für die Abhängigkeit des Formfaktors i (bzw. $1/i$) von v (bzw. $1/v$ und seinen Potenzen) legen nahe, in den Exponenten 2 (also die alte Newtonsche Annahme) Zweifel zu setzen, bis es gelingt, auch mit sehr hohen Geschwindigkeiten zu extrapolieren (vgl. auch OTTENHEIMER, Mém. de l'Art. Franç.).

Luftwiderstand äußert sich durchaus verschieden, je nachdem, ob die den Körper umgebende Strömung in ihrer Geschwindigkeit den Schall unter- oder übertrifft.

a) Unterschallströmung. Der Widerstand eines in Luft in Achsrichtung angeblasenen symmetrischen Körpers besteht aus zwei Teilen, dem Reibungswiderstand und dem Wirbel- oder Ablösungswiderstand. Der Reibungswiderstand rührt von den tangential zur Oberfläche wirkenden Schubspannungen infolge der Zähigkeit her. Sein Beiwert (s. Luftkräfte) hängt von der Oberflächenbeschaffenheit (glatt, rauh, wellig) und der Reynoldsschen Zahl ab. Bei turbulenten Grenzschichten (s. Prandtlsche Grenzschicht), die bei großen Reynoldsschen Zahlen praktisch hauptsächlich vorkommen, folgt der Reibungsbeiwert einer großen Platte der Formel

$$c_f = \frac{W}{\frac{\varrho}{2}\, v^2 F} = \frac{0{,}455}{(\log_{10} \Re)^{2{,}58}}\,.$$

W = Widerstandskraft, ϱ = Dichte, v = Geschwindigkeit, F = bespülte Oberfläche, $\Re = \frac{v \cdot l}{\nu}$ = Reynoldssche Zahl, l = Länge, ν = kinematische Zähigkeit. Bei rauhen Oberflächen zeigt sich bei großen $\Re$ keine wesentliche Abhängigkeit des Widerstandsbeiwerts von $\Re$, so daß der Reibungswiderstand mit dem Quadrat der Geschwindigkeit wächst. Rauhe Oberflächen ergeben größeren Reibungswiderstand als glatte.

Der Wirbelwiderstand ist ein Druckwiderstand, der dadurch zustande kommt, daß in reibender Strömung die Umsetzung von Geschwindigkeit in Druck (etwa am Heck eines Luftschiffes) nicht mehr verlustlos erfolgt, wie dies in reibungsloser Strömung der Fall sein würde. Die kinetische Energie der wandnahen Schicht (Grenzschicht oder Reibungsschicht) wird durch Reibung an der Wand abgebremst und kann nicht mehr in Zonen höheren Druckes vordringen. Das Grenzschichtmaterial kommt dann relativ zum Körper zum Stillstand, häuft sich an und löst sich in Form von Wirbeln in die äußere Strömung ab, mitunter periodisch (Karmansche Wirbelstraße). Bei kantigen Formen (Geschoßboden) ist die Ablösestelle durch die Kante gegeben. Bei rundlichen Formen hängt die Ablösestelle in der Hauptsache davon ab, ob die Grenzschicht an der Ablösestelle noch laminar

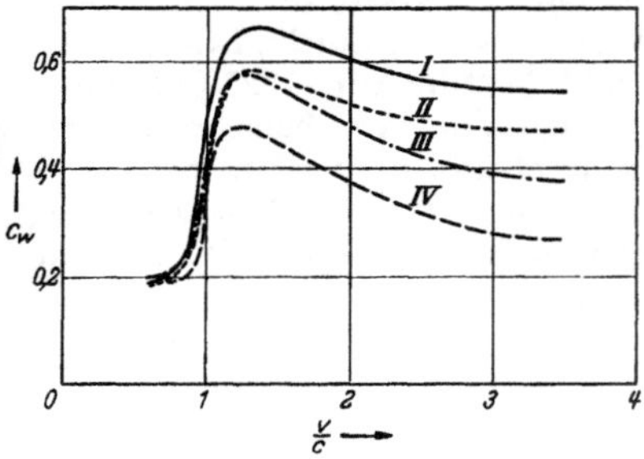

Abb. 15. **Widerstandsbeiwerte verschiedener Geschoßformen über den Vielfachen der Schallgeschwindigkeit.**

oder schon turbulent strömt. In turbulenter Reibungsschicht kommen immer wieder schnellere Flüssigkeitsteilchen von außen an

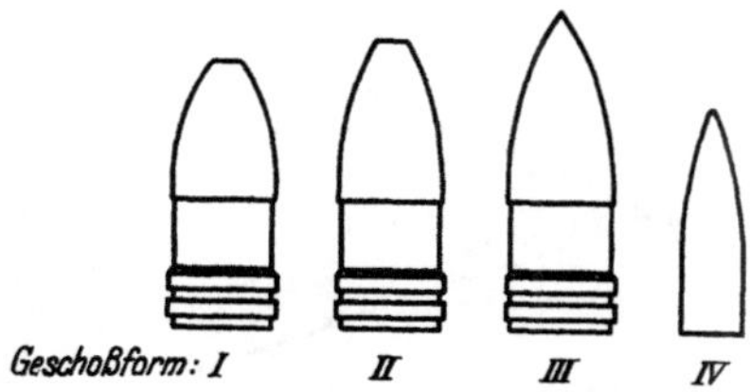

Abb. 16. Zugehörige Geschoßformen.

die Wand, umgekehrt gelangen abgebremste Teilchen von der Wand nach außen. Die Reibungsschicht enthält dann mehr kinetische Energie und kann weiter in Gebiete höheren Druckes vordringen, als eine laminare Reibungsschicht. Der Widerstandsbeiwert (s. Luftkräfte) nimmt mit der Verlagerung der Ablösestelle nach hinten ab. Bei einer glatten Kugel beträgt z. B.

$$c_w = \frac{W}{\frac{\varrho}{2} v^2 r^2 \pi} \quad \text{für} \quad \frac{v \cdot r}{\nu} < 10^5$$

etwa 0,45 bis 0,48.

Etwa bei $\frac{v \cdot r}{\nu} = 10^5$ wird die Reibungsschicht turbulent, c_w verringert sich dabei auf etwa 0,1 und steigt dann allmählich wieder etwas an, etwa auf 0,18 bei $\frac{v \cdot r}{\nu} = 10^6$. Bei guten Tragflügeln oder Luftschifformen erreicht man durch schlank auslaufende Gestalt einen sanften Druckanstieg und geringen Ablösungswiderstand.

b) Überschallströmung. Außer den Widerstandsteilen unter a) erfährt ein Körper für $v > c$ noch einen Wellenwiderstand, welcher der von den Wellen (s. Geschoßwellen) erzeugten Schallenergie entspricht. Das starke Anwachsen des Widerstandsbeiwertes verschiedener Geschoßformen beim Überschreiten der Schallgeschwindigkeit (s. Abbildung) hängt mit der Ausbildung der Geschoßwellen zusammen. Dabei verhalten sich spitze Geschoßformen günstiger als stumpfe. Bei sehr hohen Geschwindigkeiten zeigen die Spitzgeschosse wieder abnehmende Beiwerte, die sich allmählich einem festen Wert zu nähern scheinen. Diese Abnahme hängt mit der Änderung der Wellengestalt zusammen. Außerdem kann die Saugwirkung am Geschoßboden nicht unbegrenzt quadratisch mit der Geschwindigkeit wachsen, sondern findet schließlich eine Grenze in dem absoluten Vakuum.

Lüscher, Hermann, Dr.-Ing., Oberregierungsrat. Geb. 10. 9.1884 in Frankfurt a. M. 1903—08 Studium an den Techn. Hochsch. München und Darmstadt. 1908—10 Tiefbauingenieur bei der Stadt Frankfurt a. M. 1910—12 Leitung der photogramm. Vermessungsarbeiten beim Bau der Bagdadbahn (Türkei), 1912—14 photogramm. Aufnahme des Dachsteingebietes und Leitung der photogramm. Trassierungsarbeiten für die Bahnlinie Üsküb—Monastir in Serbien. 1914 Krfw. Fliegertruppe, dann Photogrammeter. 1917 Dr.-Ing. Techn. Hochsch. Darmstadt. 1918 bis 1920 wiss. Mitarb. bei Zeiss. 1920—21 im Dienste des Holländ. Kolonialministeriums in Holländ.-Indien. 1922—26 Abt.-Leiter beim Verm.-Inst. „Luftbild-Stereographik" in München. 1927 Leiter der photogramm. Abt. beim türkischen Generalstab in Ankara. Seit 1928 Sachbearbeiter für Photogrammetrie im Reichskriegsministerium in Berlin.

M

Mach, Ernst, Prof., Physiker. Geb. 18. 2. 1838 in Turas (Mähren), gest. 22. 2. 1916 in Haar bei München. 1860 Dr. phil. Wien, 1895 bis 1901 Prof. an der Univ. Wien, dann im Ruhestand. Bahnbrechende Arbeiten: Mechanik, Wärmelehre, Lichttheorie und naturwissensch. Erkenntnistheorie; Erforschung der Kopfwelle der Geschosse.

Mache, Heinrich, Dr. phil., Prof. an der Techn. Hochsch. Wien. Geb. 27. 4. 1876 in Prag. Dr. phil. 1898 Wien. 1902 Venia docendi für experimentelle und theoretische Physik, 1906—08 a.o. Prof. in Innsbruck, 1908—11 a.o. und seit 1911 o. Prof. an der Techn. Hochsch. Wien. Auf ballistischem Gebiet untersuchte er die Verbrennungsgeschwindigkeit und Verbrennungstemperatur der Pulver. Buch: „Die Physik der Verbrennungserscheinungen" (1918).

Machscher Kegel s. Machsche Welle.

Machsche Welle. Ein punktförmiger Körper bewege sich in einem Gas mit der Geschwindigkeit v, größer als die Schallgeschwindigkeit c des Gases. In der Zeit t durcheilt der Körper die Strecke vt von 1 bis 2 (s. Abbildung). Die

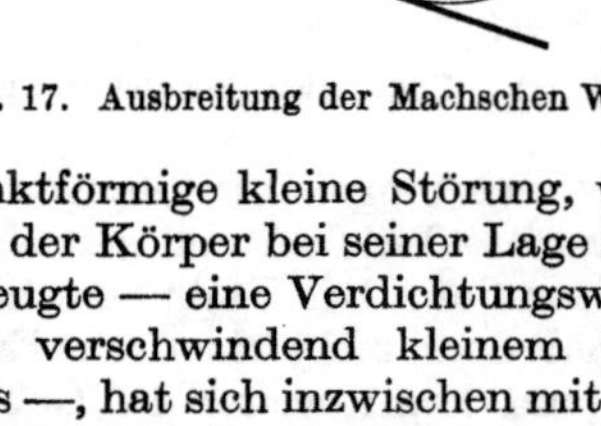

Abb. 17. Ausbreitung der Machschen Welle.

punktförmige kleine Störung, welche der Körper bei seiner Lage in 1 erzeugte — eine Verdichtungswelle mit verschwindend kleinem Radius —, hat sich inzwischen mit der Schallgeschwindigkeit c in das Gas ausgebreitet, und ist nach der Zeit t zu einer Kugelwelle mit dem Radius ct angewachsen. Alle so entstandenen Kugelwellen werden von dem Machschen Kegel eingehüllt, einer Welle, welche den Körper auf seinem Fluge begleitet. Auf den Zustand des Gases außerhalb dieses Machschen Kegels können die Störungen durch den Körper keinen Einfluß haben. Für den halben Öffnungswinkel des Machschen Kegels α gilt $\sin\alpha = c/v$; α wird als Machscher Winkel bezeichnet; das Verhältnis v/c heißt Machsche Zahl. Bei endlichen Verdichtungen ist die Ausbreitungsgeschwindigkeit c größer als die gewöhnliche Schallgeschwindigkeit (s. Verdichtungsstoß), deshalb kann in der Nähe des Körpers der Winkel α bis zu 90° anwachsen (s. Geschoßwellen), (statt c sonst a für Schallgeschwindigkeit).

Machscher Winkel s. Machsche Welle.

Magazin ist bei Feuerwaffen mit Repetiervorrichtung der Behälter, der einen Vorrat von Patronen aufnimmt. Durch die Ladebewegungen wird jedesmal eine Patrone aus dem Magazin in das Patronenlager des Laufes befördert. Von den ursprünglichen drei Magazinarten am Vorderschaft, am Kolben und am Mittelschaft, hat sich nur die letzte als entwicklungsfähig durchgesetzt. Es gibt Magazine, die in der Waffe fest eingebaut sind, wie bei fast allen modernen Militärgewehren; diese sind heute Mehrlader, d. h. bei ihnen werden die Magazine durch Einsetzen von Paketladungen (meist 5 Patronen) gefüllt. Es gibt auch Ansteckmagazine, von denen der Schütze mehrere gefüllt mit sich führt, um sie an die Waffe anzustecken. Ist ein Magazin leer geschossen, so wird es gegen ein gefülltes ausgetauscht. Dies Verfahren findet am meisten Anwendung bei Maschinengewehren und Maschinenpistolen. Je nach der Form der Magazine werden sie als Kasten-, Stangen-, Trommelmagazine bezeichnet (s. Trommel-Mag.).

Magnetisch Nord (**Ma.N.**) ist die Richtung, welche die durch keine örtlichen Störungen beeinflußte Magnetnadel der Bussole in ihrer Ruhestellung anzeigt (s. a. Gitternord).

Magnetoelastischer Druckindikator ist ein Apparat zur Messung der Pulvergasdrücke in Schußwaffen oder Berthelotschen Versuchsbomben. Den Druck läßt man auf geeignete ferromagnetische Legierungen (Permalloy) wirken, wodurch diese ihre magnetischen Eigenschaften ändern. Gemessen wird im Differentialverfahren mit einer Wheatstoneschen Brückenanordnung. Bei Druck auf den Meßkörper ändert sich die Induktivität einer Spule, ein Galvanometer im Brückenzweig zeigt druckproportionale Ausschläge.

Magnus, Heinrich Gustav, Prof., Chemiker und Physiker. Geb. 2. 5. 1802 in Berlin, gest. 4. 4. 1870 daselbst. 1834—69 Prof. der Physik und chem. Technologie an der Univ. Berlin, nachdem er seit 1831 als Priv.-Doz. für Physik und Technologie dort tätig war. 1852 gab er auf Grund von Versuchen mit rotierenden Zylindern Anregungen von entscheidender Bedeutung zur Beurteilung des verbundenen Einflusses von Geschoßrotation und Geschoßflug. Für ein rechtsherum rotierendes Geschoß wird danach (besonders merklich, wenn die Geschoßachse sich über die Bahntangente erhebt) auf der rechten Seite die Luft zusammengedrückt, auf der linken Seite verdünnt. Der „Magnuseffekt" würde danach den Einfluß der Kreiselkraft, die das präzedierende Geschoß nach rechts ablenkt, verringern. Es besteht die Möglichkeit, auf diesem Wege die bei sehr steilen Schüssen auftretende Linksabweichung der Geschosse zu deuten. Restlose Einigkeit scheint aber auf diesem Gebiet noch nicht zu bestehen.

Magnuseffekt. Nach dem Prinzip von BERNOULLI (s. Hydrodynamik) herrscht in einer Flüssigkeitsströmung an Stellen hoher Geschwindigkeit niederer Druck und umgekehrt. Rotiert ein Kreiszylinder in einer Flüssigkeit, die senkrecht zu seiner Achse strömt, so veranlaßt die Reibung durch den rotierenden Zylinder auf der einen Seite die Flüssigkeit zu schnellerer Bewegung, auf der gegenüberliegenden tritt Bremsung ein; infolgedessen herrscht auf der einen Seite des Zylinders senkrecht zur Strömungsrichtung der Flüssigkeit ein Gebiet verminderten, auf der gegenüberliegenden ein Gebiet erhöhten Drucks. Der Druckunterschied wirkt sich in der Magnuskraft (MAGNUS 1852) auf den Zylinder nach der Richtung aus, auf welcher die Richtung von Strömung und Drehung zusammenfallen. Beim Geschoßflug tritt ein Magnuseffekt dann auf, wenn Geschoßachse und Flugbahntangente nicht zusammenfallen (vgl. Kreiseleffekt u. Flettner-Rotor).

Majevski, Nikolaus Wladimirowitsch, russ. General und hervorragender Ballistiker. Geb. 1823 in Perwino (bei Torschok), gest. 11. 2. 1892 daselbst. Trat 1839 in die physik.-mathem. Fakultät der Univ. Moskau ein, 1844 Offizier, 1850 in die Artillerie-Abt. des Lehrkriegskomitees befehligt. 1858 Kapitän und ordentl. Mitglied obiger Art.-Abt. Bis 1890 Lehrstuhl für Ballistik an der Michaels-Art.-Akad., dann Oberst und Gen.-Major. Mehrere Male bei Krupp in Essen tätig. 1870 Dr. der angew. Mathem. der Univ. Moskau. Haupttätigkeit: Geschützkonstruktion und Ballistik. Große Verdienste um Konstruktion und Einführung der gezogenen Geschütze in Rußland. In der inneren Ballistik untersuchte M. den Einfluß des Gasdruckes auf das Geschützrohr, in der äußeren Ballistik den Einfluß des Luftwiderstandes gegen Rund- und Langgeschosse und seine rechnerische Darstellung. Seit 1890 beschäftigte er sich auch mit astronomischen Studien.

Manometrische Waage zur Messung von Pulvergasdrücken benutzt als Gegenkraft gegen die Spannkraft der Gase den mit einem Manometer gemessenen Druck von Quecksilber. Zur Herabsetzung des notwendigen Quecksilberdruckes gebraucht man einen Differentialstempel in der Wandung der Waffe oder Bombe, der nach der Seite der Gase einen wesentlich kleineren Querschnitt besitzt. In einer Versuchsreihe wird der Quecksilberdruck mehr und mehr gesteigert, bis bei einem bestimmten Manometerdruck der Stempel gerade nicht mehr gehoben wird.

Manöverpulver (rauchschw. P.) muß eine größere Verbrennungsgeschwindigkeit haben als gewöhnliches rauchschw. P. Denn es soll ein Knall erfolgen, obwohl nur ein leichtes Geschoß aus Holz Widerstand leistet bzw. Pulververbrennungsraum abschließt; infolgedessen muß schneller ein höherer Gasdruck hergestellt werden.

Mantelringrohr ist ein nach der künstlichen Metallkonstruktion hergestelltes Rohr. Es besteht aus einem Seelenrohr, auf das eine oder mehrere Lagen von Ringen aufgezogen sind, über die ein Mantel geschrumpft ist, dessen Bodenstück den Verschluß aufnimmt. Durch die mehrfache Unterteilung der Wandstärke in Verbindung mit den Schrumpfspannungen wird eine gleichmäßige Beanspruchung der ganzen Wandstärke beim Schuß erreicht.

Die inneren Ringlagen können auch durch Drahtwicklungen ersetzt werden, die kalt unter elastischer Zugbeanspruchung auf das Seelenrohr aufgewickelt werden. Hierdurch soll eine möglichst große Lagenzahl zwecks günstigster Spannungsverteilung erreicht werden. Die Ringlagen bzw. Drahtwicklungen erhöhen zwar die Festigkeit in radialer Richtung, dagegen verschlechtern sie die Steifigkeit des Rohres (Durchbiegung).

Mantelrohr besteht aus Seelenrohr und Mantel. Bei Verwendung der künstlichen Metallkonstruktion wird der Mantel auf das Seelenrohr aufgeschrumpft. Bei neueren Konstruktionen ist auf das Schrumpfen in Rücksicht auf den leichten Ersatz eines ausgeschossenen Seelenrohres verzichtet worden. Es werden dann zwei Fälle unterschieden:

1. Zwischen Mantel und Seelenrohr ist Spiel vorhanden, aber nur so viel, daß der Mantel die Schußbeanspruchung infolge der elastischen Dehnung des Seelenrohres mit aufnimmt. Der Ersatz des Seelenrohres ist durch Einpassen des neuen Seelenrohres verhältnismäßig einfach. Statt das Seelenrohr auszutauschen, kann auch in das Seelenrohr ein loses, auswechselbares Futterrohr eingesetzt werden.

2. Das Spiel zwischen Mantel und Seele wird so groß gemacht, daß der Mantel beim Schuß nicht zum Tragen kommt. Man spricht dann vom selbsttragenden Seelenrohr. Der Mantel hat den Zweck, die Durchbiegung des Rohres zu vermindern und die Sprengsicherheit zu erhöhen. Infolge des großen Spiels ist das Seelenrohr ohne Paßarbeiten auszuwechseln. Zur Erleichterung der Auswechselung wird das Bodenstück mit dem Mantel durch eine leicht lösbare Verschraubung verbunden (s. a. „Dickwandiges Rohr“).

Mariotte, Edme, franz. Physiker. Geb. um 1620 in Bourgogne, gest. 12. 5. 1684 in Paris. 1666 Mitglied der Pariser Akademie; Prior von St.-Martin-sous-Beaune bei Dijon. Entdeckte 1676 das nach ihm benannte Gesetz, nach dem die Volumina einer und derselben Menge Luft den auf sie wirkenden Drucken umgekehrt proportional sind (s. a. Boyle).

Marx, Wilhelm, Generalleutnant a. D. Geb. 1874 in Worms a. Rh. Eintritt in das Heer (Feldart.-Rgt. 33) 1893, 1902—05 Kriegsakademie Berlin, 1909—12 im Lehr-

Rgt. der Feldart.-Schießschule in Jüterbog. 1912—16 Batteriechef und Abt.-Kdr., 1916 Stabsoffizier beim Art.-Stab Nr. 1, dann befehligt zum Art.-Kdr. 86 bis 1918. Nach dem Kriege Lehrer beim Ausbildungsstab der Artillerie (Jüterbog), 1923 Kommandeur dieses Stabes, 1926 beim Stab des Art.-Rgts. 2, 1928 Chef des Stabes der Inspektion der Art., 1929—32 Inspekteur der Artillerie. Er betätigte sich hauptsächlich auf den Gebieten: Ausbildung der Artillerie, Richtlehre und Schießlehre.

Maschinengewehre haben ihren Namen daher, daß sie ohne die geringste Ähnlichkeit mit einem Gewehr Maschinenwaffen sind, welche Gewehrpatronen verfeuern. Das Wesen ihrer Feuerart ist das ganz automatisch abgegebene Dauerfeuer. Je länger die Feuerreihen eines solchen Dauerfeuers sein können, desto wertvoller ist das Masch.-Gew. für die Feuertaktik. Für solche Anforderungen muß es ein großes Gewicht und eine gute Lafettierung haben. Die obere Grenze für das Gewicht liegt in der Forderung auf Beweglichkeit für den Gebrauch im Infanteriegefecht. Ein langes Dauerfeuer verlangt ferner eine wirksame Laufkühlung und eine möglichst lange ohne Unterbrechung durchgeführte Munitionsergänzung. Das gute Zusammenhalten der Geschoßgarbe der schw. Masch.-Gew. und die maschinell gegebene Möglichkeit, diese Garbe zu lenken, machen die schw. Masch.-Gew. geeignet, auch Schießverfahren mit indirektem Richten anzuwenden. Die Gewichte verschiedener Masch.-Gew.-Modelle mit ihren Lafettierungen schwanken etwa zwischen 35—60 kg.

Maschinenpistole hat ihren Namen daher, daß sie ohne die geringste Ähnlichkeit mit einer Pistole eine Maschinenwaffe ist, welche die Pistolenpatrone verschießt. Nach Aussehen und Gewicht ähnelt eine M.P. etwa einem Karabiner. Das Bedürfnis nach dieser Waffenart ist im Weltkriege entstanden. Die M.P. soll dort Verwendung finden, wo mit Leichtigkeit und großer Wendigkeit der Waffe auf nahen Entfernungen Maschinenfeuer ausgenutzt werden soll und dabei die Kraft der vollwertigen Infanteriepatrone entbehrt werden kann (allernächste Sturmabwehr im Grabenkampf, Straßenkämpfe, Abwehr von Überfällen auf Fahrzeugkolonnen usw.). Die kurze Patrone und die einfachen Gasdruckverhältnisse ermöglichen eine leichte und handliche Bauart der Waffe. Die durch die Pistolenmunition bedingten Rückstoßkräfte erlauben es dem Schützen, im freihändigen Anschlag von der Schulter aus automatische Feuerreihen abzugeben, ohne daß ihm die Waffe „durchgeht“. Die Feuerarten sind neben der Möglichkeit, in besonderen Fällen Einzelfeuer abgeben zu können, das Spritzfeuer, bestehend aus ganz kurzen automatischen Feuerstößen von vielleicht 2—4 Schuß gegen rasch wechselnde Ziele, und das Reihenfeuer, dessen Dauer von dem Fassungsvermögen des Magazins abhängt; dies kann bei verschiedenen Modellen von M.P. etwa zwischen 30—50 Schuß schwanken. Je nachdem der

Tabelle 3. In- und ausländische Maschinenwaffen für Flugzeugeinbau und Flugzeugabwehr.
(Die Baujahre der angegebenen inländischen Maschinenkanonen liegen drei und mehr Jahre zurück.)
Nach „Luftwissen“ Bd. 5 (1938) Nr 5 S. 159.

	Waffenbezeichnung und Herstellerfirma	Kaliber mm	Geschoß-gewicht kg	Mündungs-geschwin-digkeit m/sec	Schuß-folge min^{-1}	Waffen-gewicht kg	Relative Waffen-Energie (rd.)	Norm-Zahl
1	Maschinengewehr für starren Flugzeugeinbau der Fa. Rheinmetall-Borsig	7,9	0,0128	756	1200	10,5	0,837	6,6
2	Maschinengewehr für beweglichen Flugzeugeinbau der Fa. Madsen	7,9	0,0128	750	1100	9	0,879	6,9
3	Maschinengewehr für beweglichen Flugzeugeinbau der Fa. Rheinmetall-Borsig	7,9	0,0128	756	1100	7,5	1,075	8,5
4	MG. 08/18	7,9	0,0128	770	540	14	0,291	2,3
5	Großkal. Maschinengewehr für Flugzeugabwehr der Fa. Waffenfabrik Solothurn (12,7 Colt-Patrone)	12,7	0,052	760	500	20	0,751	9,5
6	Großkal. Maschinengewehr für Flugzeugabwehr der Fa. Colt Browning	12,7	0,053	800	600	39	0,522	6,6
7	Maschinenkanone für Flugzeugabwehr der Fa. Madsen	20	0,160	900	300	52	0,748	15,0
8	Maschinenkanone für halbstarren Flugzeugeinbau der Fa. Oerlikon (Typ AS)	20	0,134	900	300	42	0,775	15,5
9	Maschinenkanone für Flugzeugeinbau (Drehkranz) der Fa. Waffenfabrik Solothurn	20	0,134	750	400	43	0,702	14,0
10	Maschinenkanone für Flugzeugeinbau (Bug) der Fa. Madsen	23	0,340	675	400	52	1,192	27,4
11	Maschinenkanone für Flugzeugabwehr der Fa. Bofors	25	0,250	900	180	75	0,486	12,2
12	Maschinenkanone für Flugzeugabwehr der Fa. Vickers	37	0,910	610	200	280	0,242	8,9
13	Maschinenkanone für Flugzeugeinbau (Bug) der Amer. Arm. Corp. (Typ F)	37	0,500	381	100	197	0,037	1,4
14	Maschinenkanone für Flugzeugabwehr der Fa. Vickers	40	0,900	750	200	317,5	0,318	12,7

Schütze diese Feuerreihe auf einen Punkt gerichtet hält oder mit ihr wie mit einem Sensenschnitt seitlich über das Ziel hinstreicht, wird von einem Punkt- oder Mähfeuer gesprochen.

Maschinenwaffen. Vorstehende Tabelle nach GERHARD BARANSKI faßt die bekanntesten neueren Maschinenwaffen für den Luftkampf zusammen. Es ist hier davon Abstand genommen worden, solche Waffen mit Flugzeugmotoren zu vergleichen. Die in den letzten Spalten angegebenen Zahlen betreffen hinsichtlich der „relativen Waffenenergie" das Produkt aus dem Quadrat der Anfangsgeschwindigkeit und der Schußzahl je Minute multipliziert mit dem Gewichtsverhältnis von Geschoß und Waffe, hinsichtlich der „Normzahl" den vorhergehenden Tabellenwert multipliziert mit dem Kaliber. Nr. 4 und 13 liegen besonders niedrig (einerseits veraltet, andererseits sehr niedrige v_0), Nr. 10 sehr hoch (der dänische Konstrukteur scheint mit der Beanspruchung der Waffe ungewöhnlich weit gegangen zu sein).

Maskensicherheit ist die Eigenschaft des Zünders, innerhalb einer bestimmten Entfernung vom Rohr beim Auftreffen auf leichte Ziele (wie Laub, Geäst, Straßenmasken usw.) nicht zu zünden. Sie wird erreicht durch kurzzeitige Blockierung der Sicherungsorgane des Zünders.

Massenanziehung. Zwei Massen m_1 und m_2 ziehen einander an mit einer Kraft K, die dem Produkte der Massen direkt und dem Quadrate ihrer Entfernung r voneinander umgekehrt proportional ist:

$$K = f\frac{m_1 m_2}{r^2}.$$

Dieses Newtonsche Gravitationsgesetz besitzt universelle Gültigkeit. Ein Sonderfall der allgemeinen Massenanziehung ist die Schwerkraft (s. d.)

Die Konstante

$$f = 6{,}68 \cdot 10^{-8}\,\mathrm{cm}^3 g^{-1} s^{-2}$$

heißt Gravitationskonstante.

Massenfeuer ist das zusammengefaßte Feuer vieler Batterien zum Erreichen eines bestimmten Gefechtszweckes. Das Feuer der Artillerie kann hierbei verstärkt werden durch Einsatz von Maschinengewehr-, Minenwerfer-, Gaswerfer- usw. Feuer. Die Wirkung kann auch durch gleichzeitigen Einsatz von Fliegerkampfkräften erhöht werden. Massenfeuer wird vor allem zum Vorbereiten eigener Infanterieangriffe oder zum Zerschlagen feindlicher Angriffsabsichten angewandt. Auch Notfeuer, Feuerwalze und Vergasen größerer Räume kann als Massenfeuer bezeichnet werden.

Maßsystem. Eine physikalische Größe wird gemessen, indem man ihr Verhältnis zu einer als bekannte Größe derselben Art gegebenen Einheit bestimmt, für die sich ein unveränderliches, reproduzierbares Grundmaß herstellen läßt. Als solche Grundmaße dienen für die Länge und die Masse die im Normalmeter und Normalkilogramm des Bureau international à Paris verkörperten Einheiten, für die Zeit die mittlere Umdrehungsdauer der

Erde gegen die Sonne oder Bruchteile dieser Größen.

Derartige Grundmaße lassen sich nur für die wenigsten physikalischen Größen unmittelbar verwirklichen. Eine vollständige Meßkunde gibt es deshalb erst, seitdem die Einheiten der übrigen Größen mittels geometrischer und physikalischer Beziehungen auf wenige Grundeinheiten zurückgeführt werden.

GAUSS und WEBER führten zuerst alle Größen, vor allem die elektrischen, auf die Größen Länge, Masse und Zeit zurück. Das so entstehende Maßsystem heißt absolutes Maßsystem. Vorzugsweise werden cm, g, sec als Grundeinheiten gewählt; die hierauf zurückgeführten Einheiten heißen CGS-Einheiten; das Maßsystem CGS-System.

Im technischen Maßsystem werden im Gegensatz zu diesem physikalischen Maßsystem alle Größen aus den drei Grundeinheiten der Länge (Meter), der Zeit (Sekunde) und Kraft abgeleitet. Einheit der Kraft ist das Gewicht der Normalkilogrammasse an der Normalstelle in Paris, gleich der Kraft, mit der diese Masse von der Erde angezogen wird; Schwerebeschleunigung 980,665 cm/sec^2.

Einheiten, die aus anderen abgeleitet sind, stellen sich vermöge des zu ihrer Ableitung benutzten Gesetzes als Funktionen ihrer Grundeinheiten dar; im physikalischen Maßsystem als Funktionen der Längeneinheit $[l]$, Masseneinheit $[m]$ und Zeiteinheit $[t]$. Es wird die Geschwindigkeitseinheit von der Form $[lt^{-1}]$, die Volumeinheit $[l^3]$, die Krafteinheit $[lmt^{-2}]$. Der Exponent von l, m, t heißt die Dimension der Größenart bezüglich Länge, Masse oder Zeit. Die Dimension Null besitzen z. B. Winkel im Bogenmaß.

Jede richtige physikalische Formel muß die Bedingung der Homogenität erfüllen, d. h. alle in ihr additiv vorkommenden Glieder, also auch ihre rechte und linke Seite müssen von der gleichen Größenart sein. Hierzu ist nötig und ausreichend, daß diese Glieder, wenn man die in ihnen vorkommenden Größenarten durch ihre Dimensionen aus einem bestimmten Maßsystem ersetzt, gleiche Dimensionen zeigen.

Die Dimensionsformel ist ferner wichtig, wenn der Zahlenwert einer Größe in gewissen Grundeinheiten gegeben ist und statt dessen vermittelst anderer Grundeinheiten ausgedrückt werden soll.

Die wichtigsten Einheiten für die mechanischen Größen im absoluten und im technischen Maßsystem sind:

absolut	technisch
Kraft:	
$1\ \text{Dyn} = 1\ \frac{\text{gcm}}{\text{sec}^2}$	1 kg Gewicht $= 981\,000$ Dyn
Druck:	
Bar und Millibar (mB)	Atmosphäre (Atm.)
$1\ \text{Bar} = 1000\ \text{mB} = 10^6\ \frac{\text{Dyn}}{\text{cm}^2}$	1 Atm. (alt) $= 760$ mm Hg $\left(= 1{,}013 \cdot 10^6\ \frac{\text{Dyn}}{\text{cm}^2}\right) = 1013$ mB
$1\ \text{mB} = 10^3\ \frac{\text{Dyn}}{\text{cm}^2}$	1 Atm. (neu) $= 1\ \frac{\text{kg}}{\text{cm}^2} = 981\ \text{mB}$

Energie, Arbeit:

Erg und Joule (J) od. Wattsekunde (Wsec), Kalorie (kal) und Kilokalorie (kcal)	Meterkilogramm (mkg), Pferdekraftstunde (PSh) u. Kilowattstunde (kWh)
1 Erg = 1 Dyncm	1 mkg
1 J = 1 Wsec	$= 981 \cdot 10^5$ Erg
$= 10^7$ Erg	= 9,81 J
1 cal	1 PSh
$= 4{,}19 \cdot 10^7$ Erg	= 270000 mkg
= 4,19 J	= 0,736 kWh
1 kcal	1 kWh
= 1000 cal	$= 3{,}6 \cdot 10^6$ J
$= 4{,}19 \cdot 10^{10}$ Erg	= 1,36 PSh

Leistung:

Watt (W) und Kilowatt (kW)	Pferdestärke (PS)
$1\ \text{W} = 10^7\ \frac{\text{Erg}}{\text{sec}}$	$1\ \text{PS} = 75\ \frac{\text{mkg}}{\text{sec}}$
$= 1\ \frac{\text{J}}{\text{sec}}$	= 736 W
1 kW = 1000 W	

Mathematisches Pendel heißt ein an einem masse- und ausdehnungslosen Faden aufgehängter Massenpunkt. Die Länge l des Fadens heißt die Pendellänge. Die Bewegung des Pendels wird als eben bezeichnet, wenn sich der Massenpunkt in einer vertikalen Ebene durch den Aufhängungspunkt bewegt (sonst Kegelpendel). Verlauf der Bewegung von der Masse des Pendels vollkommen unabhängig, solange kein Luftwiderstand vorhanden ist.

Als Schwingungsdauer T des Pendels bezeichnet man die für einen Hin- und Hergang benötigte Zeit. Ist der größte Ausschlag, gemessen durch den Winkel des Fadens mit der Vertikalen, kleiner als 7 Grad, so ist bis auf ein Promille genau

$$T = 2\pi \sqrt{\frac{l}{g}},$$

die Schwingungsdauer also unabhängig von der Schwingungsweite.

Ein Pendel, dessen Hin- oder Hergang eine Sekunde dauert, heißt Sekundenpendel. Seine Länge L ist durch

$$L = \frac{g}{\pi^2}$$

gegeben. Für $g = 981$ cm/sec² ergibt sich $L = 99{,}4$ cm.

Allgemeine Anwendung des Pendels vor allem in der Zeitmessung (Uhren), in der Ballistik beim Ballistischen Pendel und der Pendelkanone (s. d.).

Matter Treffer s. Scharfer Treffer.

Maximaldruck s. Höchstdruck, Gasdruck, Druckverlauf im Rohr.

Mazzuoli, Umberto, ital. General. Geb. und gest. in Castelfranco (Emilia), 1868—1930. Als Artillerieoffizier seit 1889 ganz besonders mit Artilleriekonstruktionen beschäftigt, auf die er großen Einfluß hatte. Im technischen Artilleriedienst bis zum Generalmajor.

Mechanische Wärmetheorie sagt aus, daß die Wärme einer Substanz durch bestimmte mechanische Bewegungen der als diskrete Massen gedachten chemischen Moleküle und Atome bedingt ist.

Bei Gasen wird in diesem Sinne von kinetischer Gastheorie (s. d.) gesprochen.

Mechanische Zünder sind dadurch gekennzeichnet, daß bei ihnen durch rein mechanische Vorgänge die Zündung eingeleitet wird (Aufschlag- oder Zeitzünder).

Mechanisches Wärmeäquivalent s. Energie.

Mehrzweckeflugzeuge sind Flugzeuge, die für verschiedene Sonderaufgaben ohne bauliche Veränderungen, lediglich durch Umtausch der entsprechenden Sondereinrichtungen, verwendet werden können. Der Gedanke des Mehrzweckeflugzeugs wurde in England durch die Anforderungen des Flugdienstes in den Kolonien entwickelt. Das englische Mehrzweckeflugzeug war bisher ein Flugzeug, das als Nah- und Fernaufklärer, Artilleriebeobachter, leichter Bomber und, infolge des vorgesehenen Umtausches des Landfahrgestells gegen ein Schwimmergestell, als Seeflugzeug eingesetzt wurde. (Schulungszwecke!). Seit etwa $1^1/_2$ Jahren hat sich aber in England das Mehrzweckeflugzeug zu einer Flugzeugart entwickelt, die vor allem als mittlerer Tagbomber, Fernaufklärer oder Torpedoflugzeug eingesetzt werden kann.

Membranindikatoren sind Vorrichtungen zur Messung des Druckverlaufs bei der Verbrennung von Explosivstoffen in geschlossenen Räumen. Sie bestehen aus stählernen Bomben, bei denen ein kleiner Teil der Wandung durch eine Membran ersetzt ist. Die bei Druckanstieg in der Bombe eintretende Ausbauchung der Membran wird auf optischem Wege photographisch auf einer drehbaren Trommel registriert. Bei nicht zu rasch ansteigendem Druck erhält man ein scharf ausgeprägtes Maximum. Eine Fehlerquelle liegt, wie bei allen Apparaten zur Messung sehr rasch ansteigender Gasdrücke, bei denen eine wägbare Masse in Bewegung zu setzen ist und die statisch oder halbstatisch geeicht werden, darin, daß sie Größe und Eintreten des Druckmaximums verkleinert und verspätet anzeigen.

Mercatorfunktion s. S. 145 l. u. Bezeichnung stammt von C. Börgen.

Meridian ist ein größter Kugelkreis, der als Schnitt einer Ebene durch die Rotationsachse einer Kugel erhalten wird.

Meridiankonvergenz (geographisch). Unter M. versteht man das allmähliche Zusammenlaufen der am Äquator parallelen Meridiane in den Pol, das auf Karten (abgesehen von einigen Zylinderprojektionen) anschaulich wird.

Meßbild. Eine auf photographischem Wege gewonnene Zentralprojektion, bei der die „innere Orientierung" (s. Orientierung) bekannt ist.

Meß-Ei s. Stauchapparat.

Meßentfernung (e_M) ist die Entfernung des Meßpunktes vom Geschützort.

Meßhöhe (h_M) ist die Höhe des Meßpunktes über der Kartenebene.

Meßtruppbeobachtung s. Schießen mit Erdbeobachtung.

Meteore können als Geschosse aus dem Weltraum aufgefaßt werden, die mit kosmischen Geschwindigkeiten von etwa 40 km/sec in die Lufthülle der Erde eindringen. Die Erforschung ihrer Flugverhältnisse stößt ballistisch auf große Schwierigkeiten, da weder ihre Masse noch ihre Form ungefähr abgeschätzt werden kann. Trotz der großen Höhen von über 100 km, in denen sie aufleuchten, und der sehr geringen Luftdichte, die dort herrscht, sind sie doch einem sehr bedeutenden Luftwiderstand ausgesetzt. Man ist bisher mit dem Newtonschen Ansatz der quadratischen Beziehung zur Geschwindigkeit ausgekommen, doch verdient die Frage noch eingehendes Studium.

Meterkilogramm s. Arbeit.

Methode der kleinsten Quadrate (von GAUSS) dient zur Ermittlung der wahrscheinlichsten Werte von Unbekannten aus überzähligen Beobachtungen. Die Unbekannten werden dabei so bestimmt, daß die Quadratsumme der Abweichungen der berechneten (wahrscheinlichen) von den gemessenen Werten ein Minimum wird.

Als Beispiel sei erwähnt, daß das arithmetische Mittel die Quadratsumme der Abweichungen der Einzelwerte von ihm zum Minimum macht.

Metzner, Hugo, Oberst des Bundesheeres, Ing. Geb. 1882, gest. 18. 10. 1926. 1902 Artillerieleutnant, Kriegsschule, Techn. Hochschule in Wien, Art.-Stab im Techn. Militärkomitee. Im Weltkriege zuerst Batterie- und Abteilungskommandant, bald in das Techn. Militärkomitee zurückberufen und Vorstand der 6. Abt. der I. Sektion (Schießen gegen Luftziele). 1918 Kommandant der von ihm aufgestellten Lfa-Schule an der ital. Front. Nach dem Kriege in der Waffentechn. Abt. des Bundesministeriums für Heereswesen, Referent und Lehrer bis zu seinem Tode. Hauptarbeitsgebiete: Ballistik, Schießen gegen Luftziele. Entwurf der Schießtafeln für Schießen gegen Luftziele.

M-Gerät s. Deckbezeichnungen der schwersten deutschen Geschütze.

MG.-Ring (Flugzeuge) (besser Drehkranz) ist die meist gebräuchliche Lafettierung der beweglichen Masch.-Gew. Er besteht aus dem eigentlichen Drehkranz, der die Beweglichkeit in der „horizontalen“ Ebene gewährleistet. Auf ihm ist meist ein um die vertikale Ebene schwenkbarer Bügel mit Drehzapfen angebracht. Auf diesem Drehzapfen (Pivot) ist das MG. befestigt. Dadurch wird eine Schwenkbarkeit des MG. nach allen Richtungen hin gewährleistet.

Außer diesen gewöhnlichen Drehkränzen finden Wiegelafetten, Verschwindlafetten und verschiedene Sonderlafetten Verwendung. Bei den Wiegelafetten ist der Sitz des MG.-Schützen derart mit dem Drehkranz verbunden, daß der Schütze die Verstellung des Drehkranzes nach allen Richtungen durch Bewegungen seines Sitzes vornehmen kann und dabei stets sein MG. in der richtigen Schußstellung vor Augen hat. Drehkränze und Wiegelafetten werden, um den Luftwiderstand zu verringern, vielfach mit einer Kuppel aus durchsichtigem Werkstoff verkleidet, die überdies den Schützen vor den starken Einwirkungen des Fahrtwindes schützt. Da wegen des Fahrtwindes bei hohen Fluggeschwindigkeiten die Bedienung der Drehkränze außerordentliche Kraftanstrengung erfordert, ist dazu übergegangen worden, die Drehkränze mit einem Windausgleich (meist in Form starker Federn) zu versehen, die dem Fahrtwind entgegenarbeiten und dadurch die Bedienung mit geringerem Kraftaufwand ermöglichen. Bei schweren Bombenflugzeugen erfolgen die Bewegungen der Drehkränze oder Wiegelafetten häufig mittels Elektromotoren. Verschwindlafetten sind Lafetten, die während des Fluges vollkommen eingezogen werden können und nur während des Luftkampfes ausgefahren werden. Bei verschiedenen Bombenflugzeugen werden auch MG.-Türme mit Drehkränzen verwendet, die vollkommen eingezogen werden können. Sonderlafetten werden bei Flugzeugmustern, bei denen der Einbau normaler Drehkränze aus baulichen oder gefechtsmäßigen Gründen nicht möglich ist, entsprechend den gegebenen Voraussetzungen verwendet. Gegenüber den Drehkränzen verfügen sie meist nur über geringere Schwenkbarkeit der Waffe.

Mieg, Armand, geb. 20. 12. 1834 in Ulm, gest. 11. 3. 1917 in Ahrweiler (Reg.-Bez. Koblenz). 1859 Offizier, Mitgl. der bayer. Militärschießschule, 1872 zur preuß. Militärschießschule Spandau. 1880 als Major den Abschied. Hatte großen Anteil an der Entwicklung des Inf.-Gewehrs und seiner Munition. Schriftstellerisch tätig: Angewandte Ballistik, Schießlehre, Geschoßkonstruktion.

Mikrophoneffekt. Hierbei handelt es sich um einen Druckindikator, bei dem die Änderung des elektrischen Widerstandes der Kohle infolge von Druck verwendet wird.

Minenwerfer wurden zuerst von den Japanern im Festungskrieg verwendet. In Deutschland wurde 1907 auf Grund dieser Erfahrungen im russisch-japanischen Kriege mit der Konstruktion des schweren Minenwerfers begonnen, dem später der mittlere und leichte Minenwerfer folgten. Am Ende des Weltkrieges befanden sich an der Front 1200 schwere, 2400 mittlere und über 12000 leichte deutsche Minenwerfer.

Die Minenwerfer sollen mit der Infanterie zusammenwirken, insbesondere sollen sie bekämpfen:

1. widerstandsfähige offene und verdeckte Ziele, die mit Masch.-Gew. nicht erreicht werden können,
2. Ziele, die von der Artillerie wegen der gestreckten Flugbahn oder wegen Gefährdung der eigenen Truppen nicht beschossen werden können.

Es werden unterschieden:

1. leichte Min.W., bis etwa 9 cm; ähnlich der Wirkung der Feldkan.
2. mittlere Min.W., etwa 15 bis 17 cm; Wirkung der schw. Feldh.
3. schwere Min.W., etwa 18 cm und darüber.

Minenwirkung wird durch die Sprenggase einer in einem Ziel detonierenden Granate hervorgerufen. Die Geschosse (Granaten und Minen) müssen zu diesem Zweck mit großer Auftreffwucht möglichst tief in das Ziel eindringen, bis der auf Verzögerung eingestellte Zünder die Sprengladung zur Detonation bringt. Es liegt in der Natur der Sache, daß sich nur großkalibrige kräftige Geschosse, die eine große Sprengladung aufzunehmen vermögen, zur Durchdringung widerstandsfähiger Ziele (Beton) eignen; dazu gehören vor allem die früheren Langgranaten; die mittleren und schweren Minen finden wegen der schwachen Hülle nur gegen Erdziele Verwendung. Die „leichte" Mine führt ihren Namen zu Unrecht, da sie ein durch die Splitter wirkendes Sprenggeschoß ist. Minenwirkung besitzen ferner alle Abwurf-Sprengbomben, die zunächst in ein Häuserziel eindringen und es dann von innen heraus umlegen sollen (s. Bombenwirkung).

Minié, Claude Etienne, franz. Offizier und Waffenkonstrukteur. Geb. 13. 2. 1804 in Paris, gest. daselbst 14. 12. 1879. Franz. Offizier bis zum Major. Seit 1858 Direktor einer Waffenfabrik in Ägypten. Er war Erfinder des Miniégewehres, eines gezogenen Vorderladers mit Expansionsgeschoß, mit dem seit 1852 die franz. Infanterie u. a. bewaffnet war. Es wurde 1866 durch das Chassepot-Gewehr ersetzt.

Mischpulver. Eine besondere Gruppe der rauchschwachen Schießmittel bilden die Mischpulver:

a) Pulver aus einfachen Mischungen von nitrierter Baumwolle mit Salpeter, die gekörnt und mit Stärke verkleistert sind;

b) Pulver aus halbgelatinierter Nitrozellulose mit Zusatzstoffen wie Holzmehl, Kampfer, Nitraten von Alkali- und Erdalkalimetallen;

c) oberflächlich gelatinierte Pulver: 1. Schultze-Pulver, d.h. Mischungen gereinigter nitrierter Holzsubstanz verschiedener Löslichkeit und Zusätzen wie unter b; 2. Spiralit = in Papierform nitrierte Zellulose, ebenfalls mit Zusatzstoffen wie oben.

Die letztgenannten Pulver kommen evtl. im Kriegsfall als Ersatz in Frage.

Mißweisung oder Deklination, bezeichnet in Winkelmaß den örtlichen Winkel zwischen Magn. N. und Geogr. N. (nicht gleichbedeutend mit Nadelabweichung). Täglich und jährlich schwankende Werte am gleichen Ort.

Berücksichtigung: Bei Karten ohne Gitternetz und bekannter Mißweisung verbindet man die an den Kartenrändern angegebenen Marken gleicher Längenwerte. An dieser Meridianlinie trägt man die Mißweisung an. Bei Gebrauch der Bussole ist auf Karten mit Gitternetz die Nadelabweichung zu berücksichtigen.

Mittlerer Fehler s. Fehlerdefinitionen.

Mittlerer quadratischer Fehler s. Fehlerdefinitionen.

Mittlerer Treffpunkt s. Streuung.

Mittlere Streuung s. Streuung und Fehlerdefinitionen.

Mol ist diejenige Menge eines Stoffes in Gramm, die sein Molekulargewicht angibt.

Durch Wahl des Mol als Masseneinheit zur Angabe der Menge einer Substanz nehmen viele physikalische Gesetze eine besonders einfache Form an (s. z. B. Zustandsgleichung idealer Gase).

Molekulargewicht s. Moleküle.

Moleküle. Diejenigen kleinsten Einheiten, in denen ein chemisches Element oder Verbindung in der Natur frei aufzutreten vermag, heißen Moleküle.

Das Molekulargewicht einer Substanz ist das Verhältnis des Gewichts seiner Moleküle zum Molekülgewicht des Sauerstoffs, das dabei willkürlich gleich 32,00 gesetzt wird.

Momentenwaage von DIDION dient zur einfachen und genauen Bestimmung des rücktreibenden Drehmomentes der Schwerkraft beim ballistischen Pendel. Über ein geeignetes System von Verbindungsstangen und Gelenken wird das gesuchte Moment durch ein Drehmoment aus Hebelarm mit anhängendem Gewicht kompensiert.

Momentphotographie, elektrische. In dem Entladungskreis einer Leidener Flasche oder eines technischen Kondensators seien A und B zwei Unterbrechungsstellen eingefügt. Die Anordnung sei so getroffen, daß eine Entladung bei B erst übergehen kann, wenn bei A eine metallische Überbrückung erfolgt (durch das Geschoß). A möge die Auslösungsfunkenstrecke, B die Beleuchtungsfunkenstrecke heißen. Ein Teil des vom Beleuchtungsfunken B ausgehenden Lichtes wird durch eine Linse gesammelt und auf der Mitte der Öffnung des Objektivs einer photographischen Kamera konzentriert. Fliegt das Geschoß zwischen den Drahtenden A hindurch, so entsteht auf der photographischen Platte durch Beleuchtung von B aus momentan ein heller Kreis. Innerhalb dieses Kreises erscheint das Geschoß. gleichsam ruhend als scharfe Silhouette. Um ein vorzeitiges Überspringen des Funkens bei A (und damit auch bei B) zu verhüten, werden zweckmäßig über die Drahtenden der Funkenelektroden A zwei Glashütchen geschoben. Entladung kann erst dann erfolgen, wenn die Glasröhrchen vom Geschoß zertrümmert werden. Nachdem MACH und SALCHER auf diese Weise das fliegende Geschoß mittels elektrischer Momentbeleuchtung aufgenommen hatten, gelang es ihnen später, auch die Vorgänge der Luftverdichtungen und Luftverdünnungen, die in der Nähe des die Luft durchfliegenden Geschosses stattfinden, photographisch zu fixieren. Sie verwendeten hierzu die Töplersche Schlierenmethode (s. Schl.meth.).

Momentverschlüsse (für Geschoßaufnahmen). Mit mechanischem Momentverschluß und mit Sonnenlicht wurden zuerst in England Versuche zum Zweck der Aufnahme des fliegenden Geschosses angestellt, weiterhin in Frankreich und dann von ANSCHÜTZ in Deutschland. Nach den Mitteilungen der Versuchsanstalt für Handfeuerwaffen war ANSCHÜTZ imstande, auf dem Grusonwerk in Magdeburg von einer 8,5 cm-Granate (Geschwindigkeit 400 m/s) eine einzige Aufnahme in einer Zeit von ein zehntausendstel Sekunde zu erzeugen. In dieser Zeit bewegte sich aber das Geschoß um 4 cm weiter; ein scharfes und zugleich genügend großes Bild konnte also nicht entstehen. In anderer Weise ging die deutsche Artillerie-Prüfungs-Kommission vor: Zwölf photographische Apparate wurden seitlich der Schußebene in einer zu dieser parallelen Vertikalebene im Kreise angeordnet; alle Objektive sahen nach der Seite des vorbeifliegenden Geschosses. Auf diese Weise wurden Bilder des fliegenden Geschosses in Zeitintervallen von je etwa eintausendstel Sekunde erzeugt. Wirklich scharfe Bilder erhielt erst MACH durch Anwendung der künstlichen Beleuchtung mit Hilfe des elektrischen Funkens.

Monoblockrohre oder Einblockrohre sind durch Autofrettage hergestellte Rohre (s. Autofrettage).

Moralische Wirkung s. Seelische Wirkung.

Morin, Arthur-Jules, franz. General und Mathematiker. Geb. und gest. in Paris (1795—1880). 1813 Eintritt in die École Polytechnique in Paris, 1817 Kriegsschule Metz. 1839 Prof. der industriellen Mechanik in Paris. Div.-General im Jahre 1855. Neben Arbeiten über experimentelle Mechanik Denkschrift über das ballistische Pendel.

Mörser sind Steilfeuergeschütze von 21 cm und größerem (bis 92 cm) Kaliber. Infolge ihres größeren Geschoßgewichts übertreffen sie die schw. Feldh. an Wirkung (s. auch Schwere Artillerie).

Abb. 18. Altertümlicher Mörser.

Motorisierung unterscheidet drei Stufen: Verladung (Verlastung) von Truppen oder Waffen auf Kraftfahrzeugen = Vorstufe der Motorisierung. Das Kraftfahrzeug ist lediglich vorübergehend Beförderungsmittel; Truppe (Waffe) und Kraftfahrzeug sind nicht organisch verbunden (Vergleich mit Eisenbahntransport).

Motorisierung einer Truppe oder Waffe bedeutet dauernde Kopplung mit dem Kraftfahrzeug (z. B. mot. Schützen, mot. Artillerie). Das Kfz. ist ihr Bewegungsmittel. Truppe (Waffe) dementsprechend grundsätzlich besonders gegliedert, bewaffnet und ausgerüstet. Zum Kampf wird das Kfz. grundsätzlich verlassen. Bezeichnung „Motorisierung" dient außerdem allgemein als Sammelbegriff.

Mechanisierung = letzte und höchste Stufe in der Verwendung des Kraftfahrzeuges im Rahmen des Heeres. Bedeutet organische Koppelung von Mann, Waffe und Motor auf dem Marsch und im Gefecht. Fahrzeug wird zum Kampf nicht verlassen sondern für die Durchführung dieser Aufgabe ausgenutzt. Es wird dadurch zum Kampfmittel (z. B. Kampfwagen). Das bedingt einen gewissen Panzerschutz; daher neuerdings im Sprachgebrauch häufig statt Mechanisierung die Bezeichnung Panzerwaffe oder Panzertruppe angewandt.

Motorisierung der Artillerie. Sie ist auf drei Arten möglich:

1. durch Verladen des Geschützes auf geeignete Lastkraftwagen: Artillerie auf Kraftwagen;

2. durch Schleppen des Geschützes mit einer Zugmaschine: Kraftzugartillerie;

3. durch feste Aufstellung des Geschützes auf einem Kraftfahrzeug: Kraftwagengeschütz (Kw.-G.).

Die Fortbewegung der motorisierten Fahrzeuge erfolgt:

1. nur auf Rädern: Räderkraftfahrzeuge;

2. nur auf Gleisketten: Kettenfahrzeuge;

3. zeitweise auf Rädern, zeitweise auf Ketten: Räderkettenfahrzeuge;

4. auf Rädern und Ketten zugleich: Zwitterfahrzeuge.

Motorisierung der Artillerie hat gegenüber dem Pferdezug Vorteile und Nachteile.

Moulton, Forest Ray, Prof., Dr. phil., amerikan. Astronom. Geb. 29. 4. 1872 in Le Roy (Mich.). 1899 Dr. phil. Univ. Chicago. 1898—1900 Instruktor, 1900—08 Assistent, 1908—12 Prof., 1912—27 Prof. der Astronomie an der Univ. Chicago. Verschiedene mathematisch bedeutende Arbeiten über verschiedene ballistische Probleme. Besonders hervorzuheben (elegante Behandlung der Kreiselbewegung der Geschosse) in seinem Werk: New Methods in Exterior Ballistics. Chicago 1926. Vorher hat er für das Ordnance Departement der US. Army ein etwa 700 Seiten umfassendes Tabellenwerk im dienstlichen Auftrag bearbeitet: Exterior Ballistic Tables based on Numerical Integration (Washington 1924). Der allein zugängliche Band enthält (vgl. Euler) die Gipfelwerte für zahlreiche Bahnen, die nach einem analytisch wiedergegebenen Luftwiderstandsgesetz berechnet wurden. Dieses dürfte aber für heutige Geschosse nur behelfsmäßig ausreichen.

Mucken ist ein Fehler des Schützen, der in Erwartung des kommenden Schusses nicht ruhig weiter zielt und abkrümmt (s. Abkrümmen), sondern ruckartig durchreißt und dabei oft sogar unter Schließen des zielenden Auges mit Kopf und Schulter zuckt. Der unter solchen Umständen abgegebene Schuß muß schlechte Treffergebnisse zeitigen. Der Schütze kann dabei auch niemals Klarheit über sein Abkommen (s. d.) haben.

Müller, Hermann von, Generalleutnant a. D., Artilleriekonstrukteur und Ballistiker. Geb. 2. 7. 1832 in Bründel (Anh.), gest. 9. 1. 1908 in Berlin. 1851 Eintritt in das Heer (Artill.), 1853 Offizier, 1859 bis 1862 in der Kriegsakademie zu Berlin. Nach dem Feldzug 1864 arbeitete er in der Topogr. Abt. des Gr. Generalstabes, war von 1867 bis 1870 in der Art.-Prüfgs-Komm., 1875—78 im Gr. Generalstab und Lehrer an der Kriegsakademie. 1879 Vorstand der Art.-Abtlg. im Kriegsministerium. 1883 Oberst, 1888 Gen.-Major, kurze Zeit Präses der Art.-Prüfgs-Komm., 1890 als Gen.-Ltnt. an der Spitze des Waffendepartements im Kriegsministerium. 1893 verabschiedet.

M. hat sich große Verdienste erworben durch Konstruktion und Ausgestaltung der Steilfeuergeschütze der Belagerungsartillerie, um die Einführung der Brisanzmunition und des rauchschwachen Pulvers. Arbeiten über Geschichte der dtsch. Artillerie. Ballistisch: Rotation der runden Artilleriegeschosse (1862).

Multiplex, der „Zeiß-Aerotopograph", setzt sich aus einer größeren Zahl von Projektoren (siehe Doppelprojektoren) zusammen, die in einem gemeinsamen Träger so befestigt sind, daß jeder von ihnen in drei Hauptrichtungen verschoben und um diese drei Richtungen gedreht werden kann. Werden in die Projektoren die aufeinanderfolgenden Bilder einer Luftaufnahmereihe eingesetzt, so kann man unter Zuhilfenahme des Anaglyphenverfahrens (s. Stereoskop) zunächst die ersten beiden Bilder so gegeneinander orientieren, daß das plastische Geländemodell sichtbar wird. Hierauf wird in derselben Weise das dritte Bild an das zweite angeschlossen usw., bis alle Projektoren ein zusammenhängendes Geländemodell ergeben. Durch entsprechendes Einstellen des ganzen Trägers wird das Modell so orientiert, daß Paßpunkte nach ihrer gegebenen Lage und Höhe in das Modell hineingesetzt werden können. Das Zeichen der Schichtlinien und des Geländes erfolgt wie beim Doppelprojektor. Das Gerät ist in erster Linie für Karten kleinen Maßstabs bestimmt.

Mündungsbremse wird auf die Mündung des Rohres aufgeschraubt. Sie ist so eingerichtet, daß die aus der Mündung mit hohem Druck und hoher Geschwindigkeit austretenden Gase durch Leitschaufeln ähnlich wie in Dampfturbinen nach rückwärts umgelenkt werden. Der hierbei entstehende und unmittelbar auf das Rohr wirkende Reaktionsdruck ist dem Rückstoß entgegengerichtet. Es können bis 40% des Rückstoßes zur Entlastung der Lafette aufgenommen werden. Die rückwärts strömenden Gase können unter Umständen die Geschützbedienung gefährden, was bei Verwendung der Mündungsbremse besonders zu beachten ist.

Mündungsdruck s. Enddruck.

Mündungsfeuer heißt die Leuchterscheinung vor der Mündung der Waffe, nachdem das Geschoß das Rohr verlassen hat. Das Feuer aus der Mündung entsteht, wenn es überhaupt vorhanden ist, durch bis dahin unverbrannte Pulverteile (mitunter Feuerschlangen); davon zu unterscheiden das eigentliche Mündungsfeuer, das eine sekundäre Explosionserscheinung darstellt. Die austretenden Pulvergase enthalten vor allem noch Kohlenoxyd und Wasserstoff, die sich mit Luft vermischen und bei ausreichender Temperatur der Pulvergase oder durch den Gasstau auftretende Wärme in größerer oder kleinerer Entfernung von der Mündung in der Form eines Feuerballes zur Verbrennung gelangen. Dämpfung des Mündungsfeuers durch Salzvorlagen, die teils kohlensäurebildend, teils wärmeentziehend wirken sollen.

Mündungsgeschwindigkeit siehe auch Anfangsgeschwindigkeit.

Mündungshorizont ist die Grenzlinie, in der die Himmelskugel von der durch die Geschützmündung gelegten waagerechten Ebene geschnitten wird. Diese Ebene verläuft senkrecht zur Schwerebeschleunigung (Lot) und läßt sich durch die Oberfläche einer ruhenden Flüssigkeit darstellen (Libelle).

Die Schnittebene der Horizontalebene durch die Rohrmündung mit der durch die Seelenachse des Rohres gelegten Vertikalebene heißt die Mündungswaagerechte. Die Mündungswaagerechte ist also eine waagerechte gerade Linie, die von der Rohrmündung aus sich zum Mündungshorizont erstreckt; mit diesem Worte wird jedoch auch oft in unzweckmäßiger Weise die Horizontalebene durch die Mündung bezeichnet.

Mündungsknall s. Mündungswelle.

Mündungswaagerechte s. Mündungshorizont.

Mündungswelle ist eine Verdichtungswelle, die beim Austritt der hochgespannten Pulvergase aus der Mündung erzeugt wird. Sie breitet sich anfänglich mit einer Fortpflanzungsgeschwindigkeit größer als Schallgeschwindigkeit und dann in einiger Entfernung von der Mündung mit der normalen Schallgeschwindigkeit der Luft aus. C. Cranz hat die Mündungswelle mit Hilfe der Toeplerschen Schlierenmethode sichtbar gemacht und photographiert. Vom Ohr wird die Mündungswelle als Mündungsknall oder Waffenknall wahrgenommen.

Mündungswucht s. Geschoßwucht.

N

Nachprüfen der Gabel. Die beim genauen Einschießen (s. d.) geforderte enge Gabel beruht zunächst nur auf zwei Schuß. Da aber bei einem dieser Schüsse ein außergewöhnlicher Einfluß vorgelegen haben kann, wird die Gabel in der Regel durch je einen oder durch zwei Schuß auf jeder Grenze nachgeprüft. Ergeben diese Schüsse dieselben Abweichungen, wie die Gabelschüsse, so ist die Gabel „bestätigt“. Ergeben sich durch das Nachprüfen auf einer Gabelentfernung Kurz- und Weitschüsse, so beginnt das Reiheschießen auf dieser Entfernung und nicht — wie sonst gewöhnlich — auf Gabelmitte. Erweckt die Lage der Bestätigungsschüsse den Verdacht, daß die Gabel unrichtig liegt, so muß erneut gegabelt werden.

Nachtbomber sind Bombenflugzeuge, bei denen der Hauptwert auf eine hohe Bombenlast gelegt ist. Daher wurde auf gute Flugeigenschaften und starke Verteidigungsbewaffnung verzichtet, und diese Flugzeugart nur bei Nachtangriffen eingesetzt, bei denen nur mit schwacher Abwehrtätigkeit gerechnet werden kann. Da aber heute das Nachtjagdflugwesen immer mehr an Bedeutung gewonnen hat, muß nunmehr auch den Nachtbombern eine genügende Verteidigungsbewaffnung gegeben werden, so daß heute kein großer Unterschied mehr zwischen dem schweren Tagbomber und dem eigentlichen Nachtbomber besteht.

Nachwirkung der Pulvergase. Die aus dem Rohr strömenden Pulvergase haben kurz nach Verlassen des Rohres noch eine größere Geschwindigkeit als das Geschoß selbst; sie strömen demzufolge an ihm vorbei und beeinflussen seine Bahn ein wenig (Wehrtechn. Mh. **1935**, H. 6, 244ff.).

Nadel. Abgekürzte Bezeichnung für Magnetnadel oder Bussolennadel. Dünner Stabmagnet aus Stahl mit zugespitzten Enden, auf einer Spitze frei schwebend aufgehängt.

Nadelabweichung bezeichnet den Winkel zwischen magnetisch Nord und Gitternord eines Kartenblattes. Bei Gebrauch der Bussole ist auf Karten ohne Gitternetz die Mißweisung, auf Karten mit Gitternetz die Nadelabweichung zu berücksichtigen.

Nadelunterbrecher oder Ringunterbrecher an der Kontaktscheibe (s. d.) zur Betätigung eines Chronographen, besteht aus einem an der Scheibe befestigten Ring, in welchem eine Nadel lose anliegt und so den Stromkreis schließt. Beim Auftreffen des Geschosses auf die Scheibe wird dann durch die Massenträgheit der Nadel der Stromkreis kurze Zeit unterbrochen (s. Ring- oder Nadelunterbrecher.)

Nadelverfahren, dient zum indirekten Einrichten einer Batterie:

A. mit Karte, dann benötigt man: Richtkreis (mit Bussole). Messung kann bei Nacht und Nebel durchgeführt werden (s. auch Gleichlaufverfahren);

B. Mit Anschluß an einen Grundrichtpunkt, den man von einer beliebigen Stelle aus sieht, während man den RK. II hinter der Batterie nicht sieht.

Verfahren zu A.: Karte mit der Bussole orientieren (Nadelabweichung!). Dann Bussole an eingezeichnete Grundrichtung, Nadelzahl wiederholt ablesen. Am RK. II hinter Batterie Nadel wieder auf diese Zahl einspielen lassen, dann zeigt Visierachse des RK. II in gewünschter Grundrichtung.

Verfahren zu B.: RK. I schneidet den GRP. mit 3200 an und bringt die Marke NN. an Nordende der Nadel. Hierdurch Winkel zwischen Visierinstrument und magn. Nord festgelegt. Hinter Batterie als Richtungsgrundlage benutzt, um Visierachse des RK. II gleichlaufend zur Linie RK. I bis GRP. einzustellen (Stellungsunterschied!). Nadelabweichung im Fall B. nicht abgezogen, da nur Ausgangsrichtung übertragen.

Verfahren B. genauer als Verfahren A. Prüfen der Grundrichtung stets notwendig.

Nadelwinkel s. Azimut.

Nadelzahlen sind die Richtungsfesthaltezahlen, die bei Übertragung von Richtungen mit Hilfe der Bussolennadel abgelesen werden. Insbesondere werden als Nadelzahlen bezeichnet jene Richtkreiszahlen nach Himmelsrichtungen, mit denen Grundrichtungen (GR.) der Batterie bezeichnet werden, falls die Teilachse (3200 = Linie) des RK. selbst mit Hilfe der Nordnadel und unter Berücksichtigung der örtlichen Nadelabweichung orientiert ist (Nord

= 3200, Ost = 1600, Süd = 6400, West = 4800).

Nadirpunktstriangulierung s. Radialtriangulierung.

Näherungsbahnen. Die Differentialgleichung für die Flugbahn der Geschosse ist streng nur numerisch integrierbar, ohne daß sich die Lösung in analytischer Form angeben läßt.

Man sucht daher einfache mathematische Funktionen, die sich dem Verlauf der Flugbahn möglichst gut anschmiegen und Näherungsbahnen liefern.

Ein wichtiges Verfahren zur Auffindung solcher Näherungen besteht darin, die Differentialgleichung der Flugbahn unter Zugrundelegung einer Wiedergabe der Widerstandsfunktion der Geschosse durch Potenzreihen (s. d.) zu integrieren. Dabei werden Funktionen herangezogen, die ähnlich gebaute Potenzreihen (Taylor-Reihen) besitzen. Vgl. Näherungsformeln von Newton, Bernoulli, Siacci, Popoff u. a.

Näherungsmethoden, graphische, zur Ermittlung von Flugbahnen s. Graphische Näherungsmethoden zur ...

Nebelgranaten. Im Kriege verwendete Granaten, die im Oberteil die Sprengladung, im Unterteil in einem Bleibehälter, fest in den Geschoßkörper eingekittet, den Nebelstoff enthielten; dies Geschoß war also eine Nebelbrisanzgranate. Im Weltkriege verhältnismäßig wenig verwendet. Durch Verwendung von Nebelgranaten hervorgerufene Nebelwände können im Land- und Seekriege von entscheidender Bedeutung sein.

Nebel-Rauchgeschosse. Rauchentwickler dienen als gepreßte Körper innerhalb von Sprengladungen zur Feststellung von Sprengpunktslagen oder zur Markierung der Flugbahn, in größeren Mengen verschossen zur Verschleierung und Einnebelung von Stellungen. Nitrokörper, vor allem Pikrinsäure, geben bei ihrer Detonation schon allein einen beträchtlich dunklen Rauch. Gemenge nach Art der Bergerschen Rauchmischungen aus Zinkpulver und Tetrachlorkohlenstoff werden neuerdings verwendet, auch Mischungen von Naphtalin, Anthrazen und Ruß mit Nitraten bzw. Chloraten.

Zur Markierung von Schrapnell-Sprengpunkten werden die Kugeln mit feinverteiltem Eisenoxyd umgeben.

Neesen, Friedrich. Prof. Dr. phil., Geh. Reg.-Rat. Geb. 16. 8. 1849 in Dortmund, gest. 11. 1. 1923 in Berlin. Studierte in Bonn und Göttingen Physik und Mathematik, 1871 Dr. phil. in Göttingen. 1872 Assistent am Physik. Inst. in Göttingen, 1873 desgl. in Berlin. 1873 Priv.-Doz. in Göttingen, 1874 in Berlin. Hier fünf Jahre Assistent bei Hermann Helmholtz. 1877 Lehrer, dann Prof. d. Physik an der Vereinigt. Art.- und Ing.-Schule (später Militärtechn. Akad.) in Berlin und ao. Prof. an Univ. Berlin. Von 1882 an 30 Jahre lang Dezernent am Patentamt. N. war auch Sachverständiger f. Blitzableiter an allen öffentl. Gebäuden. 1908 Geh. Reg.-Rat.

Hauptarbeitsgebiete: Physik. Ballistik. Neue photogr. Wiedergabe der Geschoßbahn, photogr.

Bestimmung der Geschoßbahnelemente, Pendelung der Geschosse, Blitzableiter bei Sprengstoffanlagen.

Nehring, Walther, Oberst. Geb. 15. 8. 1892 in Stretzin (Westpr.). 1911 Eintritt in das Heer (Inf.-Reg. 152), 1913 Offizier. Im Kriege 1914—1918 Zug- und Kompanieführer bei der Inf. 1918—20 Grenzschutz und vorläufige Reichswehr. 1923—26 Ausbildung im Generalstabsdienst, 1926—29 im Reichskriegsministerium, 1929—32 Komp.-Chef Kraftfahr-Abt. 6; 1932 Reichskriegsministerium (Insp. d. Kraftfahrtruppen), 1932 Major, 1934 Oberstleutannt, 1935 Erster Gen.-Stabs-Offz. b. Kdo. d. Panzertruppen, 1937 Oberst. Verfasser mehrerer Bücher über Kampfwagenverwendung und -abwehr, über Motorisierung.

Neigungswinkel. Der Winkel, den zwei Gerade in einer Ebene oder zwei Ebenen miteinander bilden, heißt Neigungswinkel, wenn die eine Gerade oder Ebene ausgezeichnet ist und die Lage der anderen in Beziehung zur ausgezeichneten Gerade oder Ebene betrachtet wird.

So wird z. B. vom geneigten Gelände gesprochen, wobei der Neigungswinkel die Abweichung des Geländes von der Horizontalebene mißt, oder vom geneigten Geschützstand, wenn die Schildzapfenachse nicht in der Waagerechten liegt.

Beim Auftreffwinkel der Geschosse gegen Panzer ist zu beachten, ob (artilleristisch) die Neigung der Flugbahn gegen den Panzer oder (mathematisch) deren Neigung gegen die Flächennormale gemeint ist.

Nernst, Walter, Prof., Direktor i. R., Geh. Reg.-Rat, Dr. phil., Dr. med. und Dr. ing. e. h. Geb. 25. 6. 1864 in Briesen (Westpr.). Studierte von 1883 an in Zürich, Berlin, Graz und Würzburg. 1887 Assistent am chem. Laboratorium von Wilhelm Ostwald in Leipzig; dort 1889 Priv.-Doz. für Physik. Chemie; 1891 a.o., 1894 o. Prof. in Göttingen, wo er 1895 das Inst. f. Physik. Chemie und Elektrochemie errichtete, dessen Leiter er wurde. 1905 an Univ. Berlin, 1922 Präsident d. physik.-techn. Reichsanstalt, 1925 bis 1. 10. 1933 Direktor d. Physik. Inst. an der Univ. Berlin. Erfinder der Nernst-Lampe.

Arbeitsgebiete: Physikalische Chemie, Thermodynamik.

Nernstscher Druckmesser. Das Verfahren von W. Nernst besteht darin, daß über das äußere Ende eines dünnen und leichten Stempels, auf den die Pulvergase drükken, ein Draht gespannt ist, der als ein Zweig einer Brückenkombination in den Stromkreis einer oszillographenartigen Registriereinrichtung geschaltet wird und dessen elektrischer Widerstand sich mit der durch den Druckstempel bewirkten Spannung ändert. Es ist noch nicht ganz geklärt, ob dieser Druckmesser in der experimentellen Ballistik wirklich mit Vorteil Verwendung finden kann.

Nernstsches Wärmetheorem. Der dritte Hauptsatz der Thermodynamik: „Es ist unmöglich, eine Vorrichtung zu ersinnen, durch die ein Körper auf den absoluten

Nullpunkt (s. absolute Temperatur) abgekühlt werden kann."

Neugebauer, Paul Viktor, Dr., Prof. am astronomischen Recheninstitut in Berlin. Geb. 5. 12. 1878 in Breslau. 1901 Promotion, 1914 Observator am astronomischen Recheninstitut in Berlin. 1916—18 Mitarbeiter von H. H. KRITZINGER in der Art.-Prüfgs-Komm. Besonders verdient um die ballistisch rechnerische Begründung von dessen „Balta-Sekunden" (s. d.). P. V. NEUGEBAUER hat zahlreiche Hilfstafeln für Chronologen veröffentlicht, lebt im Ruhestand in Wernigerode.

Neupunkt (N.). Ein im Anschluß an bekannte Festpunkte zu bestimmender neuer Kartenpunkt.

Newton, Sir Isaac, engl. Physiker, Mathematiker und Astronom, einer der größten naturwissenschaftlichen Forscher aller Zeiten, Begründer der neueren mathematischen Physik und theoretischen Astronomie. Geb. am 5. 1. 1643 in Woolsthorpe (Lincolnshire), gest. 31. 3. 1727 in Kensington bei London. 1669—96 Prof. in Cambridge, 1672 Mitglied, 1703 Präsident der Royal Society, 1696 kgl. Münzmeister in London. 1703 gab N. seine Lehrtätigkeit auf und lebte meist in London. 1705 wurde N. geadelt; als Zeichen höchster Ehrung erfolgte seine Beisetzung in der Westminster Abtei.

N. größte physikalische Leistung, die ihn unsterblich machte, ist die Begründung[1] des Gravitationsgesetzes (s. d.), die er im „Tractatus de motu" als erstem und zweitem Buche seiner „Philosophiae naturalis principia mathematica (1687)" niedergelegt hat. Dieses Werk, das auch die drei Grundsätze der Mechanik enthält, ist für die Grundlage der Darstellung der theoretischen Mechanik geworden.

Nach dem Gravitationsgesetz (s. d.) ist die gegenseitige Anziehung zweier Massenteilchen proportional den Einzelmassen und umgekehrt proportional dem Quadrat ihrer Entfernung. Die Erdschwere, die die Geschoßbahnen bestimmt, ist nichts anderes als die vom Erdkörper ausgeübte Massenanziehung, die sich an der Erdoberfläche als das Fallen der Körper äußert. Die Bahn aller Himmelskörper, insbesondere die Keplerschen Gesetze, werden durch das Gravitationsgesetz erfaßt bzw. erweitert.

Ns. größte mathematische Entdeckung ist die Erweiterung des binomischen Lehrsatzes im Jahre 1665 und die Entwicklung der Theorie der „Fluxionen" sowie der Grundlagen der Integralrechnung im folgenden Jahre. Erst als 18 Jahre später LEIBNIZ dieselben Entdeckungen in anderer Form brachte, jetzt als Differentialrechnung bekannt, teilte N. seine eigenen Methoden mit. Der einsetzende Prioritätsstreit ist dahin entschieden, daß beide Gelehrte ihre Verfahren unabhängig voneinander entwickelt haben. Differential- und Integralrechnung sind die Rechenverfahren, die die exakten Naturwissenschaften und moderne

[1] Die Priorität des Grundgedankens hat N. nicht, was oft unbeachtet bleibt. Diese gebührt (wohl unabhängig) in England ROBERT HOOKE, in Italien BORELLI.

Technik zu ihrer heutigen Größe geführt haben.

Für die Theorie des Geschoßfluges ist das Newtonsche Widerstandsgesetz von großer Bedeutung gewesen. Die auf vereinfachten Voraussetzungen beruhende Annahme einer quadratischen Abhängigkeit des Luftwiderstandes von der Geschwindigkeit hat die Berechnung von der Wirklichkeit nahe kommenden Geschoßbahnen ermöglicht und in Hydro- und Aerodynamik fruchtbringend gewirkt.

Niederschläge verkürzen insbesondere in Form von Regen die Schußweite. Der Betrag ist theoretisch unsicher zu beurteilen und wird praktisch wegen ungenügender Beachtung des Vertikalwindes häufig überschätzt. Das gilt besonders für Nebel und Wolken.

Nitrieren wird die Behandlung von Kohlenstoffverbindungen mit Salpetersäure unter Gegenwart von Schwefelsäure zur Bindung des entstehenden Wassers genannt.

Die gebildeten Verbindungen heißen echte Nitrokörper, wenn die Nitrogruppe der Salpetersäure direkt an ein Kohlenstoffatom getreten ist und das Wasser aus einem H- oder Wasserstoffatom der Kohlenstoffverbindung und dem HO der Salpetersäure entstanden ist:

Benzol + Salpetersäure → Nitrobenzol + Wasser.

Verbindungen, bei deren Entstehung aus der Salpetersäure der Wasserstoff und aus der Kohlenstoffverbindung die OH-Gruppe unter Bildung von Wasser zusammengetreten ist und daher die Nitrogruppe über ein Sauerstoffatom an Kohlenstoff gebunden ist, sind im wissenschaftlichen Sinne keine Nitrokörper, werden jedoch oft als solche bezeichnet (Nitroglyzerin, Nitrozellulose). Solche Verbindungen, die ganz allgemein aus Alkoholen und Säuren entstehen, heißen Ester und unterscheiden sich in den chemischen Reaktionen von den echten Nitrokörpern:

Glyzerin + 3 Salpetersäure = Nitroglyzerin + 3 Wasser.

Die Bedeutung des Nitrierens für die Explosivstoffchemie liegt in der Einführung des Sauerstoffs in das Molekül der Kohlenstoffverbindung, so daß der für eine chemische Verbrennung notwendige Sauerstoff unmittelbar zur Verfügung steht. Ob ein nitrierter Körper ein Explosivstoff ist, hängt bei Abwesenheit störender Beimengungen von der Größe der Verbrennungswärme ab; besteht durch die äußeren Bedingungen die Möglichkeit zu einer Erhitzung weit über die Entzündungstemperatur und zur Steigerung der Reaktionsgeschwindigkeit, und sind die Reaktionsprodukte gasförmig, so geht der Verlauf der chemischen Umsetzung als Explosion oder Detonation vor sich.

N. N. (1879 oder 1912) s. Normalnullpunkt.

Nobel, Alfred, Chemiker. Geb. 21. 10. 1833 in Stockholm, gest. 10. 12. 1896 in San Remo. Versuchte seit 1862 das Nitroglyzerin als Sprengstoff einzuführen; erfand 1867 den Dynamit, ferner die Gelatinierung der Schießbaumwolle durch Nitroglyzerin. Gründete Fabriken für rauchloses Pulver in Düneberg a. d. Elbe und in Schweden, auch Geschützgießereien in Schweden und Italien. (Nobelstiftung — Nobelpreise.)

Nomographie wird ein Verfahren genannt, mittels zeichnerischer Wiedergabe des Inhaltes beliebig vieler zusammengehöriger Gleichungen eine zeitraubende Zahlenrechnung durch Ablesungen an geraden oder gekrümmten Linien bzw. an beweglichen Hilfsmitteln (Lineal, Kreis u. a.) zu ersetzen. Die Nomographie ist Jahrtausende alt (Sonnenuhr u. ä. astron. Hilfsmittel). In eine akademische Form wurde sie von Maurice d'Ocagne gekleidet, der während des Krieges hervorragend zweckmäßige Anwendungen auf wehrwissenschaftliche Aufgaben machte. Als deutsches Meisterwerk hat das „Lehrbuch der Nomographie auf abbildungsgeometrischer Grundlage" von K. Schwerdt (Berlin 1924) zu gelten. Eine gute Einführung bilden die Hefte von P. Lukey (bei Teubner). Die erste deutsche Anwendung der Nomographie auf artilleristische Aufgaben wurde in der ehemaligen A.P.K. seit 1915 von H. H. Kritzinger gemacht. Dora Wehage hat einige „Ballistische Nomogramme" 1932 in „Wehr und Waffen" zusammengestellt, ohne auf zahlreiche frühere Arbeiten (d'Ocagne, Principes usuels de Nomogr. Paris 1920 — Herm. Cranz, Artl. Mh. 1919) hinzuweisen. Die C. Cranzschen „Abaken" in seiner „Ballistik" lassen sich zum Teil einfacher nach nomographischen Gesichtspunkten entwerfen, z. B. die Tabellen von Fasella. Einige Anregungen bietet auch die sonst wenig auf das bereits Vorhandene eingestellte Diss. von Ebh. Wagener, Anwendung der Nomographie in der Wehrwissenschaft" (Göttingen 1935). Besonders fesselnd gestaltet sich die nomographische Kunst, wenn sie schwierig zu berechnende Größen mit praktisch ausreichender Genauigkeit auf einfachen geraden Leitern zusammenfaßt.

Nordnadel s. Nadel.

Nordrichtungen. Drei Nordrichtungen sind zu unterscheiden:

a) Geographisch-Nord (Ge.N.),
b) Magnetisch-Nord (Ma.N.),
c) Gitter-Nord (Gi.N.).

Normalatmosphäre. Die atmosphärischen Bedingungen, die das Geschoß auf seinem Wege durch die Luft antrifft, sind von erheblichem Einfluß auf den Luftwiderstand und damit auf die Flugbahn selbst. Zur Aufstellung von Schußtafeln wird daher den Flugbahnrechnungen ein zweckmäßig gewählter, mittlerer Zustand der Atmosphäre (Normalatmosphäre) zugrunde gelegt.

Nach älteren Ansätzen ist der Luftwiderstand außer von der Geschoßgeschwindigkeit nur vom Luftgewicht (s. d.) abhängig, so daß es bei Zugrundelegung einer mittleren Lufttemperatur genügt, ein Normalluftgewicht δ_0 am Erdboden festzusetzen, weil dann das Luftgewicht δ in der Höhe y nach der barometrischen Höhenformel

$$\delta = \delta_0 e^{-10^{-4} y}$$

berechnet werden kann.

Nach neueren Ansichten gehen jedoch die meteorologischen Verhältnisse mit zwei Veränderlichen in den Luftwiderstand ein. Als solche können etwa Luftgewicht und Lufttemperatur oder Luftdruck und Lufttemperatur gewählt werden (s. Luftelastizität).

In einer entsprechenden Normalatmosphäre müssen dann Luftgewichts- und Temperaturverlauf mit der Höhe festgelegt sein. Die Temperatur ist bis etwa 9 km eine lineare Funktion der Höhe, so daß es genügt, eine Normalbodentemperatur und einen Normaltemperaturgradienten festzusetzen. Wird dann noch ein Normalluftgewicht δ_0 am Erdboden festgelegt, so läßt sich zunächst der Normalbodendruck p_0 aus der Zustandsgleichung (s. d.) idealer Gase bestimmen. Die Abnahme des Luftdrucks p mit der Höhe y ergibt sich dann aus der Gleichung (s. Barometerformel):

$$\log \frac{p}{p_0} = \frac{mg}{R} \int_0^y \frac{dy}{T}.$$

Aus der Zustandsgleichung ergibt sich dann auch das Luftgewicht δ für die Höhe y.

Die neue Normalatmosphäre [Din. 5450 (1937)] weicht von den Normalatmosphären der Ballistiker der verschiedenen Länder ab. Für 45° geogr. Breite und Meereshöhe gilt $p_0 = 760$ Torr (mm Hg), Temp. am Boden + 15° C oder 288 K, Temperaturgradient 6,5° auf 1000 m (sonst 6°), Höhe der mittl. Troposphäre 11 km, mittl. Stratosphäre bis 20 km Temperatur — 56,5° C. Ballistischer Übergang ohne Knick üblich.

Normalbeschleunigung s. Beschleunigung.

Normalfall der Stereophotogrammetrie s. Stereoaufnahmen.

Normalnullpunkt für alle Höhenangaben in Deutschland angenommener Ausgangspunkt (bei Berlin nahe Hoppegarten unter der Erde fixiert).

Notfeuer. Eine neue Bezeichnung für den Begriff „Sperrfeuer". Notfeuer kommt zur Anwendung beim Angriff feindlicher Infanterie oder bei einer Sturmfahrt feindlicher Kampfwagen gegen die eigene Infanterie; es soll möglichst dicht vor der vordersten Linie liegen, bedarf also einer sorgfältigen Regelung. Seine Auslösung erfolgt durch die Beobachter oder durch die Infanterie, durch Leuchtzeichen, Funkspruch oder Befehl. Es setzt immer mit einer „Welle" ein, deren zeitliche Ausdehnung vorher durch Befehle bestimmt ist; wird es während dieser Welle erneut angefordert, so schließt sich eine neue an. Das Notfeuer ist ein Gruppenfeuer, bei dem aber nicht die Zahl der Gruppen, sondern die Dauer des Feuers bestimmt wird (meist 2—3 Minuten).

Nowakowski, Artur, Ing., Generalmajor d. R. Geb. 14. 12. 1876 in Sternberg (Mähren). 1896 Artillerieleutnant, 1901 nach Besuch der Kriegsschule dem Generalstab zugeteilt. 1904 Hauptmann und Batteriechef, 1912 Major und Artilleriestabsoffizier der Festung Sarajevo. 1910 Referent im Techn. Militärkomitee, 1913 Lehrer im Schießwesen am höheren Artilleriekurse. Bearbeitete besonders das Schießen gegen hochgelegene Ziele (Schießen gegen Flugzeuge und Krieg an der gebirgigen Südgrenze). Entwurf eines Flugbahnen-Schichtenplanes zur Ermittlung schußtoter Räume vor Geschützstellungen im Gebirge. Im Weltkriege Artilleriereferent bei höheren Kommandos, Regimentskommandant, Artilleriebrigadier, dazwischen Präses der Schießversuchskommission. 1924 in den Ruhestand versetzt. Abhandlungen über Artilleriegeschosse, Schießlehre und Ballistik.

Nullpunkt (s. auch Koordinaten). Technische Bezeichnung des Artilleristen für Stellung des Grundgeschützes einer vorbereiteten Batteriestellung im Kartenplan. Ausgangspunkt der Entfernungsmessung, gemeinsamer Scheitel aller auf die Batterie bezogenen Winkel.

Numerisches Rechnen. Eine numerische Berechnung hat folgende Bedingungen zu erfüllen: sie muß die erwünschte Genauigkeit innehalten, sie muß möglichst schnell zum Ziele führen, es muß bei jedem Schritte Klarheit herrschen, wie groß die Abweichung von der strengen Lösung ist. Gegenüber den früher bevorzugten Logarithmen dringt heute die (elektrische) Rechenmaschine vielfach vor.

Bei Auswertung von Beobachtungsergebnissen ist die Genauigkeit des Ergebnisses durch die Meßgenauigkeit bestimmt. Die genauesten Ergebnisse liefert die Methode der kleinsten Quadrate (s. d.). Die neuere praktische Ballistik zwingt häufig zu numerischen Differentiationen und Integrationen empirischer Funktionen. Vgl. Numerische Infinitesimalrechnung von Prof. Dr. M. Lindow, 1928.

Nutation s. Kreisel.

Nutzeffekt ist im besonderen der Wirkungsgrad eines Pulvers, entspricht dem allgemeinen Begriff des Nutzeffekts als Verhältnis der abgegebenen Energie zur aufgewendeten.

O

Offensivität = Verbrennungsgeschwindigkeit des Pulvers in der Waffe. [Fälschlicherweise wird Offensivität zuweilen als Brisanz (s. d.) der Treibmittel angesprochen.] Ausdrückbar durch das Verhältnis:

$$\frac{\text{mittlerer Gasdruck}}{\text{maximaler Gasdruck}} = \frac{p_{\text{mittel}}}{p_{\max}} = \eta .$$

Nach Heydenreich wird zahlenmäßig unterschieden: scharfwirkende Pulver mit $\eta = 0{,}30$ bis 0,45 (Mörser), mittelwirkende Pulver mit $\eta = 0{,}45$—0,60, mildewirkende Pulver mit $\eta = 0{,}60$ bis 0,75 (Gewehre, Flachbahngeschütze).

Die Offensivität darf eine bestimmte Grenze nicht überschreiten, weil die Verbrennung sonst zur Explosion wird und das Waffenmaterial übermäßig beansprucht (s. Brisanz).

Offensivkraft s. Feuerwirkung.

Ogivalgeschoß s. Geschoßspitze als Ogival.

Ölschuß heißt der erste Schuß, der aus einem stark geölten Lauf abgegeben wird. Das Herausschießen des reichlich vorhandenen Öls stört die normale Treffwirkung. Es braucht nicht immer, wie oft angenommen, ein leichteres Gleiten des Geschosses durch den Lauf, ein niedrigerer Gasdruck und damit ein Kurzschuß mit dem Ölschuß verbunden zu sein. Störungen durch Öl wirken sich verschiedenartig aus; vorhanden sind sie jedenfalls. Nach dem ersten Schuß ist jede Spur von Öl aus dem Lauf verschwunden; der Lauf ist völlig trocken. Die deutsche Schießvorschrift verlangt, daß vor dem Schulschießen die Läufe entölt werden.

Optisches Gerät umfaßt alle bei den verschiedenen Truppenteilen gebrauchten optischen Instrumente, also vor allen Dingen Fernrohre im weitesten Sinne.

Ordinate s. Koordinaten.

Orientierung, innere und äußere, bei photogrammetrischen Aufnahmen. Die innere Orientierung eines Bildes ist gegeben durch die Lage des Bildhauptpunktes (s. d.), und die Brennweite des Aufnahmeobjektivs. Die äußere Orientierung besteht in der Lage und Höhe des Aufnahmepunktes, der Richtung und Neigung der Achsen der Aufnahmekammer sowie ihrer Verkantung.

Orientierungsaufsatz, ein optisches Gerät, das auf dem Phototheodoliten (s. d.) befestigt wird und das bei Stereoaufnahmen (s. d.) die genaue Orientierung der Kammer gegen die Basis ermöglicht. Die Aufnahmerichtung kann hierbei sowohl rechtwinklig zur Basis eingestellt als auch um bestimmte Winkel nach rechts und links verschwenkt werden.

Oskulieren. Zwei Kurven $y=f(x)$ und $y=g(x)$ berühren sich in einem gemeinsamen Punkte $(n+1)$-punktig oder von n-ter Ordnung, wenn an dieser Stelle die Ableitungen bis zur n-ten Ordnung, aber keine höheren Ableitungen übereinstimmen. Enthält die Kurve $y = g(x)$ p willkürliche Konstanten, so kann durch geeignete Wahl derselben erreicht werden, daß sie die Kurve $y = f(x)$ in einem gegebenen Punkte von $(p-1)$-ter Ordnung berührt.

Oszillograph. Der zuerst in der Experimentalphysik und Elektrotechnik zur Aufnahme des Strom- und Spannungsverlaufes bei Wechselströmen benützte Oszillograph, nach dem Grundgedanken der Blondel-Duddellschen Anordnung (stromdurchflossene Meßschleife aus Silberdraht im magnetischen Feld, mit eingeklemmtem oder aufgekittetem Spiegelchen), wird neuerdings im steigenden Maße auch als Zeitmeßinstrument benutzt. Im Augenblick der Stromunterbrechung oder Stromänderung schlägt das Spiegelchen aus, und in der gekennzeichneten Linie tritt ein Knick auf. Die Zeit von Knick zu Knick wird auf Grund der auf dem gleichen Papierstreifen aufgezeichneten Schwingungen einer geeichten Stimmgabel ermittelt. Der Oszillograph eignet sich sowohl für die Messung von Geschoßgeschwindigkeiten usw., als auch besonders für längere Zeitintervalle wie Geschoßflugdauern. Besondere Verwendung fand er im Weltkriege auf beiden Seiten im objektiven Schallmeßverfahren. An Stelle des Blondelschen Oszillographen ist auch die Braunsche Röhre, die als Kathodenstrahloszillograph gleichfalls in der Wechselstromtechnik gebraucht wird, zu ballistischen Zeit- und Druckregistrierungen vorgeschlagen und benützt worden (s. Braunsche Röhre).

P

Painlevé, Paul, franz. Politiker und Mathematiker. Geb. 5. 12. 1863 in Paris. 1887 Dr. ès-sc. math. Paris; 1895 Prof. der ration. Mechanik an der Sorbonne und École Polytechnique in Paris. Förderte Wilbur Wrights Flugversuche, gehörte seit 1914 dem Ausschuß für Militärflugwesen an. Seit 1910 Abgeordneter, in der Folgezeit in führenden politischen Stellen, auch als Kriegs- und Luftfahrtminister, tätig.

Pankratisches Fernrohr ist ein Fernrohr (s. d.) mit einem Umkehrlinsensystem, bei welchem dieses entlang der optischen Achse verschoben werden kann, wobei sich die Vergrößerung des Fernrohres ändert. Sie kann von einer schwächsten bis zu einer stärksten ununterbrochen, meistens durch Drehen an einem Ring, verändert werden, ohne daß die Bildschärfe sich merklich ändert. Das Verhältnis der stärksten zur schwächsten Vergrößerung ist meistens dreifach.

Pannke, Kurt, Dr.-Ing. Geb. 1. 8. 1889 in Gudnick (Ostpr.). 1907—14 Techn. Hochsch. München, Berlin und Danzig. 1914 Dipl.-Ing. 1914—17 im Felde. 1917—18 kdt. zur Art.-Prüfungs-Komm. Berlin. 1918 Dr.-Ing. 1920 bis 1925 wissenschaftl. Mitarbeiter bei der Firma C. P. Goerz, Friedenau. Seit 1925 eigene Fabrik in Berlin für Herstellung ballistischer Rechengeräte.

Panorama-Fernrohr s. Rundblickfernrohr.

Panoramakammer der „Photogrammetrie G. m. b. H." in München ist eine Aufnahmekammer mit großem Gesichtsfeld. Dies wird dadurch erzielt, daß um das Hauptobjektiv herum kreisförmig und symmetrisch acht weitere Objektive derselben Art angeordnet sind, deren Aufnahmerichtung durch vorgeschaltete Prismen um einen bestimmten Winkel nach innen abgelenkt wird. Die Ablenkung ist derart gewählt, daß die neun Objektive zusammen einen Geländeabschnitt lückenlos aufnehmen. Die Seitenbilder sind hierbei gegenüber dem Mittelbild verzerrt, und es wird ein besonderes für diesen Zweck konstruiertes Umbildegerät benutzt, um sie auf die Ebene des Mittelbildes einheitlich umzubilden. Mit einer Aufnahme wird auf diese Weise eine sehr große Geländefläche erfaßt.

Dem gleichen Zweck dient die Kammer mit Weitwinkelobjektiv (s. Weitwinkelmeßkammer).

Panzerbrechende Waffen sind jene Waffen, deren Geschosse imstande sind, Panzer zu durchschlagen, also eigentlich auch Gewehre mit S.m.K.-Geschossen auf nahe Entfernungen gegenüber schwacher Panzerung. Grundsätzlich werden darunter aber nur Waffen mit einer Rohrweite von 12,7 mm aufwärts verstanden, die über Sondermunition (starke Pulverladung, Geschoß mit Panzerkopf) verfügen. Bei Waffen mit einer Rohrweite über 75 mm wirken im allgemeinen auch die übrigen Geschosse gegen gepanzerte Kampffahrzeuge mit den zur Zeit üblichen Panzerstärken auf ausreichende Entfernung, gegebenenfalls sogar durch Splitterwirkung, panzerbrechend. Sonderwaffen zur Panzerabwehr werden vor allem in den Rohrweiten 12,7, 17, 20, 25, 37, 40 und 47 mm gebaut; Hauptkampfentfernung für Rohrweiten bis zu 20 mm einschl. etwa bis zu 500 m, über 20 mm etwa bis zu 1000 m. Vgl. NEHRING: „Panzerabwehr", 1936.

Panzerformeln stellen eine knappe Zusammenfassung von Schießergebnissen gegen Panzerplatten hinsichtlich der Durchschlagsleistungen von „Panzergranaten" dar. Dergleichen wird besonders geheim gehalten, deswegen sind in der Literatur fast nur veraltete Werte zu finden. Nach einer Zusammenstellung von Dr. GALLWITZ (W. u. W. 1933, 441) gibt die sog. „Krupp-sche" Formel das Doppelte der in letzter Zeit erschossenen Werte. Bei der heute „beliebtesten" Formel von Capt. JACOB DE MARRE ist zunächst zu beachten, daß die Dimensionen nicht stimmen können. Setzt man wenigstens den Exponenten der Panzerstärke von 0,7 auf 0,75 hinauf, so ist die sog. Gütezziffer A für den alten Flußstahl zu etwa 1250, für neueren Stahl zu 2000—2500 und höher anzunehmen. Für einen und denselben Stahl und dasselbe Geschoß ist A aber praktisch von der Auftreffgeschwindigkeit abhängig; die zugrunde liegende „Widerstandsfunktion" der Panzerplatten sieht anders aus, als bisher

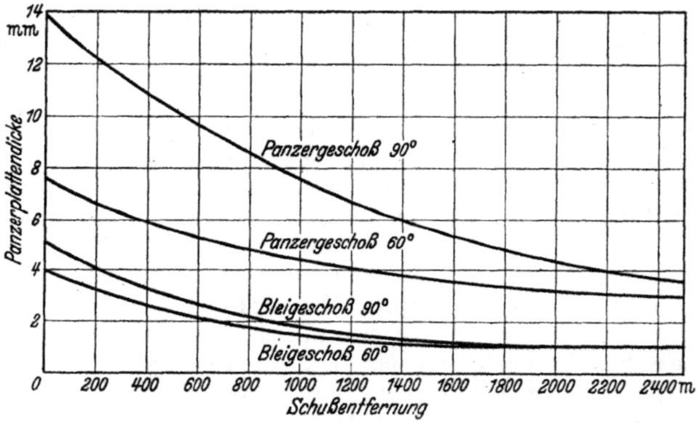

Abb. 19. Durchschlagsleistungen von Infanteriemunition gegen dünne Panzer. (Nur als ungefährer Anhalt zu benutzen).

angenommen wird. Aus der dort begegebenen Zusammenstellung von Durchschlagsleistungen geht (wie auch aus den Untersuchungen von Kontarô Honda über japanische Infanteriemunition) hervor, wie keiner der Bearbeiter bisher bemerkte, daß bei etwa 600 m/s ein

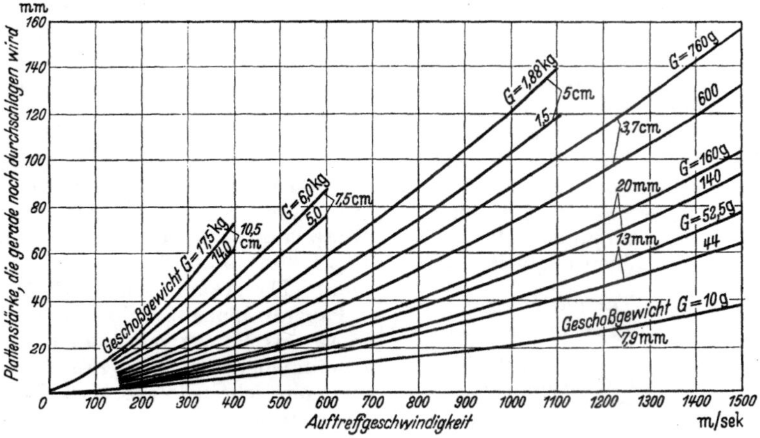

Abb. 20. **Anhaltswerte für Durchschlagsleistungen von kleinen und mittleren Geschossen.**

Höchstwert der Widerstandsfunktion erreicht wird. Deswegen stimmen die bisherigen Formeln (auch die von Gallwitz) nur in einem schmalen Geschwindigkeitsbereich. Nachstehende Tabelle zur Berechnung der Durchschlagsleistungen stellt das veröffentlichte Material einschließlich der Gerlichschen Rekordleistung bei etwa 1400 m/s gut dar. Der zur Auftreffgeschwindigkeit v angegebene Wert hat den Charakter der Siaccischen Primärfunktion $D(v)$. Um jetzt die zu erwartende Durchschlagsleistung S in Millimeter bei einer Auftreffgeschwindigkeit von v in m/s für ein Geschoß von $2R$ Kaliber in cm und dem Gewicht P in kg zu bestimmen, hat man zunächst eine Annahme über die Güteziffer A der auftretenden Kombination „Geschoß-Panzer" zu machen. Der Wert, der das veröffentlichte Material am besten darstellt, ist hier $A = 6000$.

Man bildet dazu:

$$S_{\mathrm{mm}} = \frac{P_{\mathrm{kg}}}{(2R_{\mathrm{cm}})^2} \cdot A \cdot D(v), \; [A = 6000 \text{ ca.}]$$

z. B. $v_a = 850$ m/s, 15 cm-Panzersprenggranate, Gewicht 45,1 kg. Auf dem Rechenschieber unter Verwendung der Skalen „A" und „C" die Querschnittsbelastung direkt einzustellen, mit $D(850) = 0{,}245$ zu multiplizieren und mit $1/A = 0{,}000166\ldots$ zu dividieren: 295 mm. Das ist die Paradeleistung jener Kruppschen Granate, die einen zwei Kaliber starken Panzer durchschlug.

Bei dieser Formel ist nicht darauf Rücksicht genommen, daß man Panzerplatten durch den als „Zementieren“ bezeichneten Prozeß auf der Vorderseite besonders hart, auf der Rückseite zäh machen kann. Um das Zersplittern des Geschoßkopfes zu verhindern, umgibt man ihn mit einer „Kappe“ (nicht zu verwechseln mit der langen „Haube“ zur Verringerung des Luftwiderstandes), deren Wirkung nicht restlos geklärt ist.

Wie die Schußweiten gewisse Streuungen aufweisen, so treten diese auch bei den Durchschlagsleistungen der Geschosse auf. Der Spielraum, innerhalb dessen ein Durchschuß sicher bzw. gerade noch möglich ist, wird in der Literatur nicht behandelt. Man bleibt auf Schätzungen angewiesen.

Tabelle 4.
Durchschlagsleistungen ($D(v)$) gegen ältere Panzerplatten.
(Nach KRITZINGER.)

Geschwindigkeit m/s	$D(v)$	Diff.	Geschwindigkeit m/s	$D(v)$	Diff.
50	0,002	5	700	0,173	21
100	0,007	7	750	0,194	24
150	0,014	9	800	0,218	27
200	0,023	11	850	0,245	30
250	0,034	11	900	0,275	33
300	0,045	13	950	0,308	37
350	0,058	14	1000	0,345	42
400	0,072	14	1050	0,387	46
450	0,086	15	1100	0,433	52
500	0,101	16	1150	0,485	57
550	0,117	17	1200	0,542	62
600	0,134	19	1250	0,604	69
650	0,153	20	1300	0,673	75
700	0,173		1350	0,748	

Die bisherigen Erwägungen gelten unter der Voraussetzung, daß das Geschoß senkrecht, also unter 90°, auf die Panzerfläche auftrifft. Die Bestimmung des „Anbeißwinkels“, unter dem ein Geschoß gerade noch nicht abgewiesen wird, ist unsicher. Manche unbekappten Geschosse werden von starken Panzern schon bei 60° abgewiesen. Bekappte Geschosse sollen beiläufig geschätzt bis 45° noch anbeißen. Auch bei noch geringerer Neigung der Geschoßachse gegen die Panzerplatte vermag das Geschoß in diese einzudringen, wenn sie dünn genug ist, um etwas nachzugeben. Die dafür mitgeteilten Formeln sind mit Vorsicht zu benutzen. Literatur: Geschichte der Herstellung der Panzerplatten in Deutschland von Geh. Baurat Dr. Dr. EMIL EHRENSBERGER (Eisen u. Stahl 1922) und Capt. TRESIDDER: Armour (The Naval Annual 1905).

Panzertruppen bestehen vorzugsweise aus Panzerwagen aller Art, zusammengefaßt in reinrassigen oder gemischten Panzerverbänden. Im weiteren Sinne werden darunter auch motorisierte oder mechanisierte gemischte Verbände aller Waffen verstanden, in denen Panzerwagen nach Menge und Stärke die Hauptwaffe bilden. Vgl. Begriff Infanterie- und Kavalleriedivision, sowie Motorisierung.

Panzerwagen. Es werden unterschieden:

a) Panzerkampfwagen (auch Kampfwagen, Tank, combat car oder char de combat, char d’assaut genannt);

b) Panzerspähwagen (auch Straßenpanzerkraftwagen, automitrailleuse de reconnaissance oder de découverte, autoblindata, scout car genannt);

c) Panzersonderwagen (Befehls- oder Funkwagen, Pionier-, Nebel-,

Nachschub- und Transportwagen).

Zu a) Panzerkampfwagen vereinigen starke Feuerkraft unter Panzerschutz mit hoher Geschwindigkeit und Geländegängigkeit,wozu Motor und endlose gleislegende Gliederkette die Möglichkeit geben. Diese Eigenschaften befähigen sie zum Angriff, der von großer moralischer und tatsächlicher Wirkung ist. Meist kämpfen sie in der Bewegung. Im Ausland: M.G.- und Geschützwagen oder kleine, leichte, mittlere und schwere Wagen, deren Gewichte zwichen $3^1/_2$ und 92 t schwanken. Bewaffnung reicht vom M.G. angeblich bis zur 15cm-Haubitze. Mehrzahl der Wagen gehört dem leichten Typ an (5 bis 10 t, ein M.G. oder eine panzerbrechende Waffe).

Zu b) Panzerspähwagen dienen der Aufklärung. Ihre Hauptstärke liegt in großer Straßengeschwindigkeit und guter Bewaffnung. Geländegängigkeit und Panzerung sind meist beschränkt. Kampfaufgaben außer gegen gleichartigen Gegner kommen selten in Betracht. Meist Radfahrzeuge mit mehreren angetriebenen Achsen; aber auch leichte Ketten- oder Halbkettenfahrzeuge werden verwendet (Frankreich!). Gewicht 3—9 t, Bewaffnung: M.G. bis zur kleinkalibrigen Kanone.

Zu c) Begriffserklärung durch Bezeichnung. Ketten- und Radfahrzeuge.

Papierstreifenverfahren s. Vierpunktverfahren.

Parabel ist der geometrische Ort aller Punkte, die von einem festen Punkt (Brennpunkt) und einer festen Geraden (Leitlinie) gleich weit entfernt sind.

Der Schnittpunkt einer zur Leitlinie senkrechten Geraden durch den Brennpunkt mit der Parabel heißt Scheitel der Parabel. Wird diese Gerade zur Abszissenachse eines Koordinatensystems gemacht und durch den Scheitel senkrecht zu dieser die Ordinatenachse gewählt, so lautet die Gleichung der Parabel: $y^2 = 2\,p\,x$. Der Koeffizient p wird Parameter genannt; der Parameter einer Parabel ist gleich dem Abstand von Brennpunkt und Leitlinie. Die Parabel gehört zu den Kegelschnitten (s. d.).

In der Ballistik hat die Parabel als Flugbahn des widerstandsfreien Schusses (im luftleeren Raum) Bedeutung.

Parabel (direkte, indirekte) s. Schuß im luftleeren Raume.

Parabolischer Drall ist ein zunehmender Drall, dessen in eine Ebene abgewickelte Drallkurve eine Parabel darstellt (s. Drall).

Parallaxe wird die Erscheinung genannt, daß ein räumlich vor einer Ebene befindlicher Gegenstand sich je nach der Stellung des Beobachters gegenüber der Ebene zu verschieben scheint. Bei Ablesung von Meßgeräten, deren anzeigender Teil räumlich vor einer Teilung spielt, entsteht dadurch Anlaß zu Ungenauigkeiten.

Der parallaktische Fehler kann vermieden werden, indem parallel zur Ebene der Teilung ein Spiegel angebracht und mit dem Auge Zeiger und Spiegelbild desselben zur Deckung gebracht wird, so daß in eindeutiger Weise eine Ablesung auf der Teilung vorgenommen werden kann.

In einem Fernrohr müssen Bildebene und Fadenkreuzebene zusammenfallen; sonst zeigen sich bei Bewegung des Auges vor dem Okular Verschiebungen von Bild (Objekt) und Kreuz gegeneinander.

Für den praktischen Artilleristen kommt die Parallaxe in Frage, die dadurch hervorgerufen wird, daß das Richtmittel nicht genau in der Seelenachse der Waffe liegen kann. Der Einfluß der Parallaxe wird bei Infanteriewaffen durch die Visierteilung berücksichtigt, bei Artilleriewaffen spielt er im Vergleich zur Streuung keine Rolle.

Parallaxe, stereoskopische s. Stereokomparator.

Parallaxenschlitten s. Stereokomparator nach Pulfrich.

Parallelogrammregel. Sind $\mathfrak{A}_x$, $\mathfrak{A}_y$, $\mathfrak{A}_z$ und $\mathfrak{B}_x$, $\mathfrak{B}_y$, $\mathfrak{B}_z$ die Komponenten zweier Vektoren (s. d.) $\mathfrak{A}$ und $\mathfrak{B}$ nach den drei rechtwinkligen Koordinatenachsen, so sind die Komponenten der Summe $\mathfrak{A}+\mathfrak{B}$ definiert als $\mathfrak{A}_x+\mathfrak{B}_x$, $\mathfrak{A}_y+\mathfrak{B}_y$, $\mathfrak{A}_z+\mathfrak{B}_z$.

Geometrisch bedeutet das: Wird der Vektor $\mathfrak{B}$ parallel mit sich selbst so verschoben, daß sein Anfangspunkt auf den Endpunkt

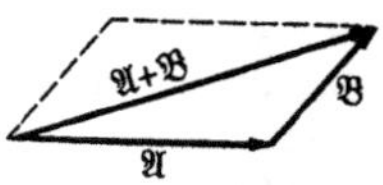

Abb. 21.

von $\mathfrak{A}$ fällt, so stellt die Verbindungslinie vom Anfangspunkte von $\mathfrak{A}$ nach dem Endpunkte von $\mathfrak{B}$ den Vektor $\mathfrak{A}+\mathfrak{B}$ dar (Abbildung). Der Vektor $\mathfrak{A}+\mathfrak{B}$ bildet die Diagonale eines Parallelogramms mit den Seiten $\mathfrak{A}$ und $\mathfrak{B}$, woher die Bezeichnung Parallelogrammregel für die Addition von Vektoren. Am bekanntesten ist das Kräfteparallelogramm zur Addition und Zerlegung von Kräften.

Die Zerlegung eines Vektors $\mathfrak{A}$ in zwei beliebig gerichtete Komponenten $\mathfrak{A}_1$ und $\mathfrak{A}_2$ geschieht dadurch, daß durch seinen Anfangspunkt Geraden der gewünschten

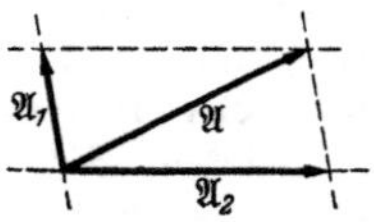

Abb. 22.

Richtung gelegt und durch den Endpunkt des Vektors zu diesen Geraden Parallelen gezogen werden; die auf den Geraden erhaltenen Abschnitte sind die gesuchten Komponenten.

Parameterdarstellung. Bei Darstellung einer Kurve durch eine Funktion $y=f(x)$ muß man sich auf eindeutige Zweige beschränken. Die allgemeinste Form ist die Parameterdarstellung von Kurven. Man betrachtet hierbei nicht die eine Koordinate als Funktion der anderen, sondern man faßt beide Koordinaten x, y als Funktion einer dritten, unabhängig Veränderlichen t auf, einer Hilfsvariablen oder eines Parameters; dabei durchläuft dann der Punkt mit den Koordinaten x, y die Kurve, wenn der Parameter t ein bestimmtes Intervall durchläuft.

Parisgeschütz s. Deckbezeichnungen der schwersten deutschen Geschütze.

Abb. 23. Parisgeschütz. Nach schematisierender ausländischer Darstellung.

Pascalsches Gesetz s. Hydrostatischer Druck.

Patrone. In Handfeuerwaffen werden Pulverladung und Geschoß durchweg zu einer einzigen Ladung vereinigt (s. Kartusche). Patronen bestehen meist aus Messing, Jagdpatronen aus einem Pappezylinder mit Metallboden. In den Boden eingepreßt das Zündhütchen (s. d.). Dann folgt die Treibladung aus rauchstarkem oder rauchschwachem Pulver, dann das eingezogene Geschoß. Bei Schrotpatronen ist Treibladung durch Filzpfropfen abgeschlossen; darauf das Schrot. Bei Leuchtpatronen auf der Treibladung durchbohrte Preßfilzscheibe; Feuerstrahl setzt die Anfeuerung der Patrone in Brand.

Patronenlager ist der Teil des Laufs, in dem die geladene Patrone abfeuerbereit gelagert ist. Die richtige Anlage der Patrone im Patronenlager von höchster Wichtigkeit. Von der Lage aller gleichmäßig in ihrer Abfeuerstellung liegenden Patronen hängt die gleichmäßige Schlagwirkung des Schlagbolzens und damit die Gleichmäßigkeit der Zündung (s. Zündhütchen, schlapper Schuß) ab. Bei Selbstladewaffen zu beachten, daß die beim Schuß aufgeblähte Patronenhülse fest an die Wände des Patronenlagers gepreßt liegt und doch ausgezogen werden soll. Erfordert sehr sorgfältige Konstruktion und Bearbeitung des Patronenlagers und der Patronenhülse (schlechte Erfahrungen mit Eisenhülsen im Weltkriege). Die Trennung von Lauf und Patronenlager großer Übelstand bei Revolvern (s. d., Trommelmagazin).

Pendel, physisches s. Physisches Pendel.

Pendelchronograph, eine Zeitmeßvorrichtung für kleine und mäßig lange Dauern. Ein schweres Pendel ist durch einen Elektromagneten E_1 in nahezu horizontaler Stellung vor einer halbkreisförmigen. Scheibe mit Gradeinteilung festgehalten. Wird das erste Gitter einer ballistischen Meßstrecke durchschossen, so läßt der Elektromagnet E_1 das Pendel frei, dieses fällt und nimmt einen sehr leichten Zeiger mit. Wird das zweite Gitter durchschossen, so beginnt ein Gewicht, das zuvor durch einen zweiten Elektromagneten E_2 festgehalten war, herabzufallen. Nach sehr kurzem Fall schließt es einen dritten kräftigen Stromkreis. Ein diesem zugehöriger dritter Elektromagnet E_3 hält alsdann durch magnetische Anziehung den erwähnten leichten Zeiger fest. Aus dem Fallweg läßt sich die Falldauer und damit die Geschoßflugdauer berechnen.

Pendelkanone. Zur Messung der Anfangsgeschwindigkeit eines Geschosses kann der Rückstoß verwendet werden, den das Geschoß beim Abfeuern auf das nach Art eines Pendels aufgehängte Geschütz ausübt. Es ist dann die Anfangsgeschwindigkeit

$$v_0 = 2 \sin \frac{\alpha}{2} \cdot \frac{PL}{pl} \sqrt{g l_0},$$

worin α der Winkel des Pendelausschlags, P das Gewicht des Geschützes, L der Abstand des Pendelschwerpunktes von der Drehachse, p das Geschoßgewicht, l der Abstand der Seelenachse von der Drehachse, l_0 die reduzierte Pendellänge (s. Physikalisches Pendel) und g die Schwerebeschleunigung ist (s. auch Ballistisches Pendel).

Das ballistische Pendel gestattet Anfangsgeschwindigkeiten bis auf wenige Dezimeter genau zu ermitteln; ungenauer wird die Messung aber bei größeren Entfernungen, da das Geschoß dann erstens nicht mehr genau in die Achse des Pendelkörpers einschlägt und zweitens die Richtung des ankommenden Geschosses von der Horizontalen merklich verschieden ist. Wenn dagegen die Kanone oder das Gewehr selbst als ballistisches Pendel benutzt werden (Pendelkanone), so fallen diese Schwierigkeiten fort, und es ändert sich an der allgemeinen Berechnung für das ballistische Pendel nur das eine, daß in diesem Fall die Pendelmasse, also hier die Masse des Pendels und des Rohres samt dem Geschoß, nach dem Schuß um das Gewicht m_1 des Geschosses nicht vermehrt, sondern vermindert werden muß. Die Endgleichung für die Anfangsgeschwindigkeit v_0 des Geschosses ergibt sich als ein ziemlich komplizierter Ausdruck mit 7 Konstanten.

Pendelungswinkel s. Eulersche Winkel.

Pentaerythrittetranitrat, auch Nitropentaerythrit, Niperyt, Pentrit, Nitropenta genannt, wird durch Nitrieren des Pentaerythrits hergestellt, feine Kristalle, Ladedichte 1,68.

Ausgezeichnet ist dieser moderne Sprengstoff dadurch, daß er von allen bisher bekannten die höchste Deton-Geschwindigkeit aufzuweisen hat, nämlich 8400 m/s. Dadurch hohe Brisanz, deshalb Anwendung in modernen Tankgranaten. Versuche über absolute Stoßsicherheit dieses Nitrokörpers sind noch nicht abgeschlossen.

Periskop s. Sehrohr.

Pfeilprinzip nennt man die Bedingung, daß das Geschoß wie ein Pfeil fliegen, sich also auf seinem Fluge mit der Längsachse in Richtung der Bahntangente einstellen oder der Bahntangente folgen soll (s. Folgsamkeit). Eigentlicher Pfeilflug ist bei rotierenden Langgeschossen nach den Kreiselgesetzen nicht streng möglich, doch kann man verlangen, daß sich die Geschoßspitze immer wieder der Bahntangente nähert.

Pferdestärke s. Arbeit.

Phlegmatisierung. Bei Zündung (s. d.) wurde betont, daß es gleichgültig ist, wie die Detonationstemperatur erreicht wird; so kann eine Granate mit Nitrokörpern geladen auch ohne Zünder detonieren, wenn beim Aufschlag solche Reibungswärme entsteht, daß die Explosionstemperatur des Nitrokörpers erreicht wird. Beispiel hierfür Skagerrakschlacht (1916), in der deutsche Schiffe mehr Treffer als die englischen bekamen, trotzdem aber mehr englische Schiffe sanken. Die englischen Granaten waren mit Nitrokörpern gewöhnlicher Art geladen; dieselben krepierten beim Aufschlag auf die Schiffspanzerwand, wobei der Zünder, gleichgültig ob Zünder o. V. oder m. V. nicht in Funktion trat. Unsere Granaten waren phlegmatisiert; dadurch wurde die Detonationstemperatur heraufgesetzt, so daß der Schlag auf die Bordwand nicht mehr die Detonationstemperatur der Granatladung erreichte; daher schlugen unsere Granaten durch und krepierten erst im Innern des Schiffes.

Phlegmatisierung durch Zusatz von: Rizinusöl (Esops Methode), Paraffinöl (Wöhlers Methode), Talkum (Methode der Chem.-Techn. Reichsanstalt). Diese Phlegmatisierung wird auch angewendet, um das Funktionieren der Sprengkapsel zu prüfen bzw. diese abzunehmen.

Photogrammetrie oder Bildmessung bezweckt die Herstellung von Grundriß und Aufriß eines Gegenstandes, der von einem oder mehreren Standpunkten aus photographisch aufgenommen ist. Ihr Hauptverwendungsgebiet ist die Topographie, für die sie ein wertvolles Hilfsmittel zur Herstellung von Lage- und Höhenplänen geworden ist. Bei der terrestrischen Photogrammetrie werden für die Aufnahmen feste Standpunkte im Gelände benutzt, während bei der Aero- oder Luftbildmessung die Aufnahmen vom Flugzeug aus erfolgen. Die etwa um 1900 hauptsächlich durch PULFRICH ins Leben gerufene „Stereophotogrammetrie" setzt photographische Aufnahmen in Form von Stereoaufnahmen (s. d.) voraus. Für die Auswertung photogrammetrischer Aufnahmen gibt es Auswertegeräte (s. d.). „Luftbildpläne" können für nahezu ebenes Gelände auch aus Einzelaufnahmen mit genähert lotrechter Kammerachse gewonnen werden. Die Auswertung des Bildes erfolgt hier durch Entzerrung (s. d.).

Photogrammetrische Auswertegeräte s. Auswertegeräte, photogrammetrische.

Phototheodolit besteht aus einer photographischen Kammer, die mit einem Theodoliten verbunden ist. Zur Aufnahme von höher oder tiefer gelegenen Gegenständen ist entweder die Kammer um eine zur Kippachse des Fernrohrs parallele Achse drehbar, oder es ist bei feststehender Kammer das Objektiv in vertikaler Richtung verschiebbar, oder es sind drei Objektive übereinander angebracht für waagerechte, aufwärts oder abwärts gerichtete Aufnahmen. Der Platten- oder Filmrahmen ist mit Rahmenmarken (s. d.) versehen, die sich gleichzeitig mit der Aufnahme abbilden. Mit dem Phototheodoliten können außer der photographischen Aufnahme auch die zur Bestimmung der äußeren Orientierung (s. d.) erforderlichen Winkelmessungen erledigt werden. Mitunter ist der Phototheodolit auch mit besonderen Vorrichtungen für Stereoaufnahmen (s. d.) versehen (s. Orientierungsaufsatz).

Photozelle kann Verwendung finden zur Zeitmessung und Geschwindigkeitsmessung, z. B. für Geschoßgeschwindigkeiten. Wenn zwei Lichtstrahlen, die auf je eine Photozelle fallen, nacheinander durchschossen werden, so entstehen in den beiden Photozellen Stromschwankungen, die mit Hilfe eines Oszillographen registriert werden können; auf diese Weise ist z. B. eine Geschoßgeschwindigkeitsmessung möglich. Vorzug des Verfahrens, daß keine materiellen Körper (Drahtgitter oder Kupferstreifen) durchschossen werden müssen.

Physik, kriegstechnische s. Kriegstechnische Physik.

Physisches Pendel. Ein physisches Pendel wird durch einen beliebig geformten starren Körper dargestellt, der unter dem Einfluß der Schwerkraft um eine horizontale Achse schwingt. Es verhält sich genau wie ein mathematisches Pendel (s. d.) von der Länge $l = \frac{\Theta}{m e}$, welche reduzierte Pendellänge genannt wird; es bedeutet m die Masse des starren Körpers, Θ sein Trägheitsmoment (s. d.) in bezug auf die Drehachse und e den Abstand des Körperschwerpunktes (s. d.) von dieser Achse.

Ein Reversionspendel besitzt zwei horizontale Schneiden, deren Abstand veränderlich ist. Sind die Schwingungsdauern um beide Schneiden gleich, so ist der Abstand der Schneiden gleich der reduzierten Pendellänge.

Piezoelektrizität. Manche Kristalle, insbesondere der kristalline Quarz, haben die Eigenschaft, daß sie, wenn aus dem Kristall ein flacher Zylinder, mit der elektrischen Achse als Zylinderachse, geschnitten ist, und auf die Endflächen ein Druck (oder Zug) ausgeübt wird, sich elektrisch aufladen. Die Ladungsmenge ist dabei proportional dem Druck. Bei Quarz, z. B. mit einer Kapazität von 5 cm und einer Quarzkonstanten $= 2{,}11 \cdot 10^{-11}$ Coul/kg, wird durch einen Gesamtdruck von 1000 kg eine Spannung von 3800 V erzeugt! Die praktische Anwendung der Quarze geschieht meist in Verbindung mit einer Braunschen Röhre. Unter dem gleichzeitigen Einfluß eines magnetischen oder elektrischen Feldes und der vom Quarz gelieferten elektrischen Spannung wird der Lichtfleck der Braunschen Röhre eine Kurve beschreiben. Die Änderung des elektrischen Feldes des Quarzes wird nun dadurch bewirkt, daß etwa in einer Versuchsbombe die Explosionsgase durch Vermittlung einer Deckplatte auf einen Quarzkristall drücken. Der Lichtfleck der Braunschen Röhre beschreibt dann eine Kurve, welche den Verlauf des Gasdrucks mit der Zeit zu erkennen gestattet.

Pikrinsäure. Besser als Pikrinsäure wäre der Name Trinitrophenol für diesen Granatfüllungssprengstoff. (Alte Bezeichnung: Grf. 88). Gewonnen durch Nitrieren (s. d.) von Phenol. Gelbe Blättchen, bei 122° schmelzbar. Pikrinsäure besitzt bei einer Deton-Geschwindigkeit von 7800 m/s ziemlich starke Brisanz, hat aber den Nachteil, daß es wasserlöslich ist, daß es Salze bildet, die stoßempfindlich sind. Deshalb kann es nur in Geschosse gepreßt werden, wenn diese vorher mit einem neutralen haltbaren Asphaltlack ausgekleidet sind, bzw. muß es in Pappbüchsen eingeladen werden. (Besteht die Gefahr des Überstauchens beim Schuß, wodurch Granate blind werden kann). Ersatz durch das weniger brisante Trinitrotoluol (s. d.). Bei Explosion stets viel Kohle, daher dunkler Rauch.

Piobert, Guillaume, franz. General und Mathematiker. Geb. 1793 in Lyon, gest. 1871 in La Pierre (Rhône). Schüler der École Polytechnique, 1815 Artillerieoffizier, dann Prof. an der Kriegsschule in Metz. Im Aufstieg in die milit. Dienststellen wurde er 1852 General und nahm 1858 den Abschied. Bücher über Artillerie und Ballistik, Untersuchungen über hydraulische Räder.

Pistole ist eine Faustfeuerwaffe, bei der, wie bei jeder anderen Feuerwaffe, ein Lauf mit Verschluß und Abfeuervorrichtung in dem Schaft (Griff) eingearbeitet ist. Früher gab es auch doppelläufige Pistolen, wie es Doppelflinten oder Doppelbüchsen gibt. Pistolen, bei denen ein Bündel von zwei oder mehr Läufen gedreht werden konnte, hießen Drehpuffer oder Drehling. Heute wird bei Pistolen dem Wunsche nach mehrfacher Schußbereitschaft durch Selbstladepistolen Rechnung getragen. Repetierpistolen mit Magazin haben im Gegensatz zu den Magazingewehren keine Bedeutung erlangt, weil ihre zweihändige Handhabung beim Repetieren dem Wesen der Faustfeuerwaffen widerspricht. Erst die Durchkonstruktion einer Selbstladevorrichtung gab der Pistole ihren vollen Wert (s. Revolver).

Pivotlafette ist um einen Zapfen („Pivot“) drehbar. Bei Rahmenlafetten dreht sich die ganze Lafette um den Pivot, der auf der Bettung befestigt ist. Bei den meist gebräuchlichen Mittel-Pivotlafetten bildet der Pivot den Drehzapfen, um den sich die Oberlafette gegen die Unterlafette dreht.

Planschießen. Ein Planrichten, d. h. ein Einrichten der Geschütze mit Hilfe des Plans, kann auch bei beobachteten Schießen vorkommen. Es ist die Regel beim Schießen mit Luft- oder Meßtruppbeobachtung. Planschießen liegt dann vor, wenn kein Einschießen erfolgt, und wenn das durch den Plan geregelte Schießen entweder gar nicht oder höchstens durch „Sammelbeobachtung“ des Fliegers beobachtet wird. Seite und Entfernung werden beim Planschießen aus dem Plan entnommen und entsprechend den B.W.E. auf Tagesseite und -entfernung abgeändert. Je nach Sicherheit der Grundlagen und der Tiefe des Ziels ist zu streuen, d. h. es sind zur Tagesseite und -entfernung Sicherheitszuschläge dazu zu nehmen.

Der Betrag, um den zu streuen ist, betrug früher 10% der Entfernung. Nach Kriegserfahrungen bei guter Ausschaltung des B.W.E. nur 3% der Entfernung. Das bedeutet eine gewaltige Munitionsersparnis.

Plansektor. Batterieplanunterlagen werden wegen Raum- und Gewichtsersparnis nicht viereckig, sondern in Form eines Kreisausschnittes aus Sperrholz hergestellt und so mit der Karte beklebt oder besteckt, daß die Feuerstellung in der Nähe des Scheitels des Zentriwinkels liegt.

Planzeiger. Rechtwinkliger Koordinatenmaßstab, zur Ablesung und Eintragung von Koordinatenwerten innerhalb eines Planquadrates. O-Punkt im Planquadrat links unten.

Poisson, Siméon Denis, Prof. der Math. Geb. 21. 6. 1781 in Pithiviers (Dep. Loiret), gest. 25. 4. 1840 Paris. 1798—1800 Schüler der Ec. polyt. in Paris, dann dort Repetent, Prof. der analytischen Mechanik (1802—15) und Examinator (1815—40), daneben Prof. der Mechanik an der Fac. des sciences, Mitgl. des Bureau des Longitudes, der Acad. des Sciences (seit 1812). Seit 1837 Pair de France. Hauptarbeitsgebiete: Mathematik, Inn. und Äuß. Ballistik, Astronomie, Theoret. Physik. P. war einer der hervorragendsten Mathematiker, der an La Place anknüpfte. In der Ballistik wird er bei der Ermittlung des Einflusses der Erdrotation auf die Geschoßbahn (Ansatz nach dem quadratischen Luftwiderstandsgesetz), bei dem Luftpolster vor dem Geschoß (Poisson-Effekt) und bei der Wahrscheinlichkeitslehre genannt.

Poissonsches Gesetz. Nach Poisson ist bei adiabatischer (s. d.) Zustandsänderung der Zusammenhang zwischen dem Volumen V eines Gases und seinem Drucke p bzw. seiner absoluten Temperatur T (s. d.) gegeben durch

$$pV^k = \text{const.} \quad \text{und} \quad TV^{k-1} = \text{const.}$$

Diese beiden Formeln sind durch die Zustandsgleichung idealer Gase (s. d.) miteinander verknüpft.

Die Größe $\varkappa$ ist gleich dem Verhältnis der spezifischen Wärmen (s. d.) bei konstantem Druck und bei konstantem Volumen. Für zweiatomige Gase (Luft) ist $\varkappa = 1{,}40$.

In einem rechtwinkligen Koordinatensystem mit den Achsen V und p läßt sich das Poissonsche Gesetz durch Kurvenscharen darstellen, die Adiabaten genannt werden, weil sie thermodynamische Zustände miteinander verbinden, für die kein Wärmeaustausch mit der Umgebung erfolgt ist. Ändert sich der Zustand eines idealen Gases längs einer Adiabate, so bleibt die Entropie (s. d.) des Gases konstant.

Anwendung findet das P. G. in der inneren Ballistik zur Bestimmung der Druckkurve, beim Laplaceschen Theorem (Schallgeschwindigkeit) und in der Theorie des Aufbaus der Atmosphäre.

Die innere Energie U oder das Arbeitsvermögen eines idealen Gases vom Drucke p im Volumen V entspricht der Arbeit, die das Gas bei (umkehrbarer) adiabatischer (s. d.) Entspannung auf den Druck Null oder auf unendlich großes Volumen leisten würde. Nach dem ersten Hauptsatz (s. Energieprinzip) gilt dann die Beziehung:

$$U_2 - U_1 = -\int_{V_1}^{V_2} p\,dV.$$

Mit dem P. G. hat man dann

$$U_2 - U_1 = -p_1 V_1^{\varkappa} \int_{V_1}^{V_2} \frac{dV}{V^{\varkappa}}$$

$$= \frac{p_1 V_1}{\varkappa - 1}\left[\left(\frac{V_1}{V_2}\right)^{\varkappa-1} - 1\right].$$

Bei Entspannung auf unendlich großes Volumen ($V_1 = V$, $V_2 = \infty$) erhält man das Arbeitsvermögen eines idealen Gases: vom Drucke p und Volumen V:

$$U = \frac{p \cdot V}{\varkappa - 1}.$$

Poissonwirkung s. Polsterwirkung.

Polarisations-Photochronograph. Markierung des Anfangs und des Endes eines zu messenden Zeitintervalls (Geschoßflugdauer) kann optisch-elektrisch auf Grund der Drehung der Ebene des polarisierten Lichtes im Magnetfeld erfolgen. Das von einer Bogenlampe ausgehende Licht wird durch einen Kondensor annähernd parallel gemacht und mittels eines ersten Nichols polarisiert. Von da durchsetzt das Licht eine mit Schwefelkohlenstoff gefüllte, beiderseits mit planparallelen Glasplatten abgeschlossene Glasröhre, die den Kern eines Solenoids bildet, geht sodann durch einen zweiten Nichol und fällt, durch eine Sammellinse konvergent gemacht, durch einen Spalt auf eine photographische Platte, die rasch fortbewegt werden kann. Das Solenoid ist in den Stromkreis eingeschaltet, der durch die sämtlichen Gitterrahmen fließt. Die Nichols sind so gegeneinander gestellt, daß bei unterbrochenem Strom, also unmagnetischem Solenoid, die photographische Platte kein Licht erhält, daß dagegen die Platte belichtet wird, wenn der Strom geschlossen ist. Auf die photographische Platte fällt also beim Versuch zunächst Licht, da der Strom zu Beginn geschlossen ist. Nachdem das erste Gitter durchrissen ist, wird es dunkel, sogleich nachher wieder hell, nämlich nach dem Durchreißen einer Isolation, die den Strom zunächst vom zweiten Gitter trennte; wenn das zweite Gitter durchrissen wird, wieder dunkel usw. Die Abstände: hell—dunkel auf der photographischen Platte lassen dann die Geschoßgeschwindigkeit errechnen.

Polarkoordinaten. In der Ebene wird ein Punkt O als Nullpunkt des Koordinatensystems gewählt und durch diesen eine orientierte Gerade, die Polarachse, gelegt. Die Polarkoordinaten eines Punktes P der Ebene sind dann sein Abstand r vom Ursprung O und der Polarwinkel φ, den die Richtung OP (Radiusvektor oder Fahrstrahl) mit der Polarachse bildet. Der Polarwinkel wird entgegengesetzt dem Uhrzeigersinne von 0°—360° durchgezählt.

Zwischen Polarkoordinaten und den üblichen rechtwinkligen Ebenenkoordinaten x, y bestehen die Gleichungen:

$$x = r \cdot \cos\varphi, \quad y = r \cdot \sin\varphi$$

oder

$$r = \sqrt{x^2 + y^2}, \quad \varphi = \operatorname{arctg}\frac{y}{x}.$$

Bei räumlichen Polarkoordinaten ist außer der Entfernung vom Nullpunkt $OP = r$ noch die Lage des Fahrstrahls durch zwei Winkel in bezug auf eine Ebene und eine in dieser liegende Gerade durch den Ursprung O festzulegen.

Polpulver, ein Pulver ohne Lösungsmittel. Nach neueren Verfahren werden Pulverrohmassen mit geringem Nitroglyzeringehalt ohne Zusatz flüchtiger Lösungsmittel bei 85° zwischen Walzen verknetet und in Formmaschinen zu Röhren, Streifen usw. verarbeitet. Vorteil: Pulver wirkt gleichmäßiger, ist bedeutend schneller herstellbar.

Polsterwirkung. Die das Geschoß umgebende Luft hat nicht nur den oft behandelten Einfluß der Verzögerung seines Fluges. Sie lenkt es auch bei Schrägstellung gegen die Bahntangente seitlich aus seiner Bahn ab. Dazu kommt die Wirkung der dem Geschoß gewissermaßen anhängenden Luft, die durch den sog. Magnus-Effekt (s. auch Flettner-Rotor) bei Rechtsdrall das Projektil nach links zu lenken sucht. Die Schrägstellung des Geschosses gegen die Bahntangente ergibt auf der Vorderseite ein Luftpolster. Es wird gelehrt, daß das Geschoß an diesem Luftpolster bei Rechtsdrall nach rechts abrollt. Hier wirken Luftpolster (Poisson-Effekt) und Magnus-Effekt gegeneinander.

Neben diesem Einfluß auf die Seitenabweichung macht sich der Poisson-Effekt auch auf die Schußweite geltend. Bei steilen Bahnen „schwimmt" das Geschoß im absteigenden Ast je nach seiner Achsenlage gegen die Bahntangente in der Bahnebene vorwärts oder rückwärts. Liegt der Kopf höher, so wird die Schußweite verkürzt, liegt er tiefer als der Boden, so kann die Schußweite vergrößert werden. Es empfiehlt sich, bei den meist geringen Geschwindigkeiten den Flug der Geschosse im Feldglase (Vergr. 8—10fach) zu verfolgen, um später die Schießergebnisse deuten zu können.

Polytropen. In der Technik und Meteorologie werden Zustandsänderungen von Gasen untersucht, die zwischen dem isothermen Fall [$pV =$ konst., Boylesches Gesetz, (s. d.)] und dem adiabatischen Fall [$pV^k =$ konst., Poissonsches Gesetz, (s. d.)] liegen. Derartige Zustandsänderungen heißen polytrop. Ist p der Gasdruck und V das Gasvolumen, so ist also $pV^n =$ konst. mit beliebigem $1 < n < \varkappa$.

Hängt die spezifische Wärme konstanten Volumens (s. d.) wie bei idealen Gasen nicht von der Temperatur ab, so stellen die polytropen Kurven die Linien konstanter spezifischer Wärme dar.

Poncelet, Jean Victor, franz. Ingenieur, Mathematiker und Physiker. Geb. 1. 7. 1788 in Metz, gest. 22. 12. 1867 daselbst. 1848 Kommandant der École Polytechnique in Paris. Erfinder des nach ihm genannten Wasserrades (Poncelet-Rad). Panzerformel.

Popoffs Verfahren zur näherungsweisen Bestimmung der Flugbahn von Geschossen benutzt ein schiefwinkliges Koordinatensystem mit der Geschützmündung als Anfangspunkt, einer ξ-Achse in Richtung der Anfangsgeschwindigkeit

v_0 und einer η-Achse in Richtung der absteigenden Vertikalen. Der Winkel φ zwischen den Achsen ist gleich $\pi/2$ vermehrt um den Abgangswinkel ϑ_0 der Flugbahn. Die Komponenten der Verzögerung in bezug auf die Achsen sind dann für einen beliebigen Bahnpunkt, wenn c den ballistischen Beiwert und $f(v)$ die Verzögerungsfunktion bedeuten:

$$-\frac{1}{v}\frac{d\xi}{dt}c\cdot f(v), \quad -\frac{1}{v}\frac{d\eta}{dt}c\cdot f(v).$$

Ist g die Schwerebeschleunigung, so lauten die Bahngleichungen:

$$\frac{d^2\xi}{dt^2} = -\frac{1}{v}\frac{d\xi}{dt}\cdot cf(v),$$

$$\frac{d^2\eta}{dt^2} = g - \frac{1}{v}\frac{d\eta}{dt}c\cdot f(v)$$

mit der Geschoßgeschwindigkeit v, die durch die Beziehung gegeben ist:

$$v^2 = \left(\frac{d\xi}{dt} + \frac{d\eta}{dt}\right)^2 - 4\frac{d\xi}{dt}\frac{d\eta}{dt}\sin^2\frac{\varphi}{2}.$$

Die Größe $\sin^2\frac{\varphi}{2}$ spielt die Rolle eines Parameters, den Popoff seinem Ansatz der Lösung der Differentialgleichungen in Form von Potenzreihen zugrunde legt:

$$\xi = \xi_0(t) + \xi_1(t)\sin^2\frac{\varphi}{2} + \xi_2(t)\sin^4\frac{\varphi}{2} + \cdots,$$

$$\eta = \eta_0(t) + \eta_1(t)\sin^2\frac{\varphi}{2} + \xi_2(t)\sin^4\frac{\varphi}{2} + \cdots$$

Diese Reihen konvergieren sehr rasch, so daß bereits die ersten Glieder $\xi = \xi_0(v_0, t)$, $\eta = \eta_0(v_0, t)$, die den Parameter und somit den Abgangswinkel ϑ_0 nicht enthalten, eine ausreichende Näherung bilden. Diese Eigenschaft gestattet näherungsweise die Flugbahnen für verschiedene Erhöhungen durch Parallelverschiebung auseinander abzuleiten. Dieser Vorgang ähnelt beim Schwenken (s. d.) von Flugbahnen dem Angelrutenverfahren, nur daß dort von einer wirklichen Flugbahn und nicht von einer Näherungslösung ausgegangen wird.

Portenschlag-Ledermayr, Rudolf Edler von, Generalmajor d. R., Ing. Geb. 17. 9. 1866 in Wien. 1888 Leutnant, 1900—04 zum Techn. Mil.-Komitee (Ballistische Abt.). Hier Ref. für Ballistik, Schießtafeln und -versuche. Nach Dienst in der Truppe, Tätigkeit als Lehrer der Art.-Schießschule und im Techn. Mil.-Komitee, war P. im Weltkriege zum Teil an der Front, in der Hauptsache im Techn. Mil.-Komitee. 1919 in Ruhestand getreten, 1924 Generalmajorstitel. Von 1900 an hatte P. graphische Schießtafeln für Festungsgeschütze, neue ballistische Tabellen, graph. Lösung von Aufgaben der äußeren Ballistik und Schießen der schweren Artillerie im Gebirge veröffentlicht. Graphische Schießtafeln zuerst für 30,5 cm-Mörser und schwere Haubitze. Dann für alle im Felde stehenden Geschütze.

Potentialbewegung s. Hydrodynamik, Grundgleichungen.

Potentialfunktion s. potentielle Energie.

Potentielle Energie. Ist eine Kraft $\mathfrak{K}$ als negativer Gradient einer skalaren Ortsfunktion $U(x, y, z)$ darstellbar

$$\mathfrak{K} = -\operatorname{grad} U,$$

so heißt $\mathfrak{K}$ eine konservative Kraft und U ihr Potential.

Die Arbeit, die das Kraftfeld bei der Verschiebung eines Massenpunktes von einem Orte nach einem anderen leistet, ist dann unabhängig vom dabei zurückgelegten Wege gleich der Differenz der Potentiale an beiden Orten. Man bezeichnet daher U als die potentielle Energie des Massenpunktes im Kraftfeld. Dabei ist zu beachten, daß die potentielle Energie U nur bis auf eine willkürliche additive Konstante bestimmt ist. Man legt diese meistens so fest, daß U im Unendlichen verschwindet. Die potentielle Energie ist dann gleich der Arbeit, die man aufzuwenden hat, um einen Massenpunkt aus dem Unendlichen an die betrachtete Stelle zu bringen.

Die Summe aus kinetischer und potentieller Energie eines Systems von Massenpunkten ist konstant, wenn alle wirkenden Kräfte konservativ sind.

Dieser Satz ist ein Spezialfall des Energieprinzips (s. d.).

Potenzreihen sind unendliche Reihen der Form, die im Innern eines Intervalls (Konvergenzbereich) meist zur Darstellung analytischer Funktionen dienen. Es wird dazu die sog. Taylorsche Reihe

$$f(x) = f(x_0) + \frac{x - x_0}{1!} f'(x_0) + \frac{(x - x_0)^2}{2!} f''(x_0) + \frac{(x - x_0)^3}{3!} f'''(x_0) + \cdots$$

benutzt.

Je rascher die Konvergenz erfolgt, um so genauer stellen die ersten Glieder der Potenzreihe die Funktion an dieser Stelle dar. Man hat dann eine Näherung vom Charakter ganzer rationaler Funktionen, wie sie zur Darstellung der Geschoßbahn erwünscht ist.

Pouillet, Claude Servais Matthias, franz. Physiker. Geb. 16. 2. 1791 in Cuzance (Doubs), gest. 14. 6. 1868 in Paris. 1831—51 Direktor des Konservatoriums der Künste und Gewerbe in Paris. Bekannt durch sein Werk „Elemente der Physik".

Prandtl, Ludwig, Prof. Dr. phil., Dr. Ing. e. h., Direktor des Kaiser-Wilhelm-Inst. für Strömungsforschung in Göttingen. Geb. 4. 2. 1875 in Freising (Bay.). Nach Studium an der Techn. Hochsch. München 1898 Assistent am mechanisch-technischen Laboratorium dort, 1901 Prof. an der Techn. Hochsch. Hannover, 1904 Prof. für angewandte Mechanik an der Univ. Göttingen, 1907 o. Prof. der angewandten Physik, bes. Mechanik, Thermodynamik und Luftschiffahrt daselbst, Direktor des Kaiser Wilhelm-Inst. für Strömungsforschung. Erbauer und Leiter der Modellversuchsanstalt für Aerodynamik in Göttingen.

Prandtlsche Grenzschicht. Bei Strömungen mit geringer innerer Reibung, also etwa in Luft oder Wasser, ist die Reibungseinwirkung auf eine dünne Schicht am Körper beschränkt, die zuerst von L. Prandtl studiert wurde und deshalb Prandtlsche Grenzschicht oder Reibungsschicht heißt. In ihr wird die Strömungsgeschwindigkeit relativ zum Körper verringert und an der Körperwand selbst vollkommen abgebremst. Strömt die Reibungsschicht laminar, d. h. schichtenweise, so ergibt sich eine Geschwindigkeitsverteilung nach Abb. 24a. Bei turbulenter, d. h.

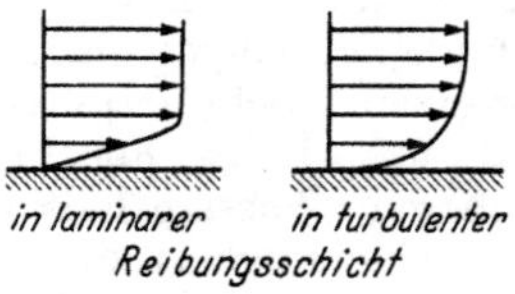

Abb. 24a und b

wirbelnder Reibungsschicht ergibt sich eine Geschwindigkeitsverteilung nach Abb. 24b. Die turbulente Reibungsschicht verursacht einen höheren Reibungswiderstand als die laminare. Dagegen wird bei turbulenter Reibungsschicht der Ablösungs- oder Wirbelwiderstand geringer als bei laminarer (s. Luftwiderstand, Strömungswiderstand).

Prandtlsche Überschall-Stauformel s. Staudruck.

Präzession s. Kreisel.

Präzessionswinkel s. Eulersche Winkel.

Prescott, John, Mathematiker. Geb. 29. 1. 1878 in Culchetts bei Warrington. Studierte 1898—1901 in Manchester, 1903—04 in London, 1905 Lektor für Mathematik, seit 1922 Vorstand des Mathem. Depart. am Coll. of Technol. in Manchester. Beschäftigte sich mit der Kreiselbewegung des rotierenden Geschosses (On the motion of a spinning projectile, Phil. Mag. 1917).

Primärfunktionen s. Siaccische Näherung.

Progressiver Drall s. Drall.

Progressivität (Pulver) s. Verbrennungsgeschwindigkeit.

Prüfen der Grundrichtung gibt durch Schußbeobachtung (Schußlinienbeobachter) oder Einmessung (Licht- oder Schallbeobachtung) Sicherheit über die Wirksamkeit der Richtmaßnahmen. Richtungssprengpunkt. Windeinfluß berücksichtigen, um Seitengrundlage für Windstille zu gewinnen.

Pseudogeschwindigkeit s. Siaccische Näherung.

Pulfrich, Carl, Prof., Dr. phil., Dr. Ing. e. h. Geb. am 24. 9. 1858 in Sträßchen bei Burscheid, gest. am 12. 8. 1927 in Timmendorf (Unglücksfall). Nach dem Studium der Physik, Mathematik und Mineralogie Promotion 1881 in Bonn; seit 1885 Assistent, seit 1888 Priv.-Doz. an Univ. Bonn. Ende 1890 wissenschaftlicher Beamter am Zeißwerk in Jena, später Prof. Hat um 1900 die Stereophotogrammetrie (s. d.) ins Leben gerufen und damit die Photogrammmetrie in ganz neue Bahnen gelenkt, die zu einer beispiellos raschen und erfolgreichen Entwicklung führten. Grundlage der neuen Bildmessung bildete der von P. konstruierte Stereokomparator (s. d.), dessen Grundgedanke zur Zeit bei den meisten Auswertegeräten nutzbar gemacht wird. Von ausschlaggebender Bedeutung war auch seine Mitwirkung bei der Ausgestaltung des v. Orel-Zeißschen Stereoautographen (s. d.), mit dem das Problem der automatischen Auswertung von Geländebildern zum ersten Male gelöst war. Den besonderen Anforderungen der Stereophotogrammmetrie entsprechend, hat P. eine Reihe von Phototheodoliten (s. d.)

konstruiert, die mit geeigneten Vorrichtungen für die Orientierung der Aufnahmen und für die Messung der Grundlinien versehen waren.

Pulkowskisches Verfahren ist eine während des letzten Abschnittes des Krieges 1914—18 bei der Truppe hin und wieder gebrauchte Bezeichnung für die rechnerische Ausschaltung der Tageseinflüsse (s. B.W.E.) beim Schießen der Artillerie. Wenn auch Exz. LUDENDORFF PULKOWSKIs Tätigkeit in seinen „Erinnerungen" allgemein anerkennend erwähnt, so ist historisch-sachlich gesehen nicht unbeachtet zu lassen, was im Amtlichen Teil von „Technik u. Wehrm." 14, 104 (1921), K. BECKER dazu sagt: „Trotzdem muß eine gerechte Beurteilung des Hauptmanns PULKOWSKI das allzugünstige Urteil vieler Stellen über ihn etwas abdämpfen. Bei der ganzen Bearbeitung der Tageseinflußfragen lag die technische Leitung und die wissenschaftliche Weiterentwicklung ausschließlich bei der A.P.K. Hauptmann PULKOWSKI war lediglich der allerdings sehr rührige und erfolgreiche Propagandachef des Unternehmens. So sind die namentlich von der Schule in Maubeuge verbreiteten Ausdrücke wie ‚Pulkowski-Verfahren, Pulkowski-Tafeln' und andere gänzlich unberechtigt . . ." „Zu Beginn 1918 brachte die A.P.K. einen wesentlichen Fortschritt mit dem Verfahren der Baltasekunden heraus, . . ." (s. d. und Stufen).

Pulverfeuchtigkeit. Feuchtigkeitsaufnahme wesentlich für Stabilität (s. d.) der Pulver. Schwarzpulver muß mit Kalisalpeter gefertigt werden, weil Natronsalpeter zu hygroskopisch ist. Sprengpulver können mit Natronsalpeter hergestellt werden, weil Patronen in Paraffinpapier eingeschlagen werden können. Schwarzpulver hat normal 0,8—1,5% Feuchtigkeit, bei höherem Wassergehalt nimmt Brenngeschwindigkeit ab, Pulver mit 3% Feuchtigkeit kann durch Sonnen wieder gebrauchsfertig gemacht werden, bei noch höherem Gehalt tritt Herauslösung des Salpeters ein. Unentzündlich wird es erst bei einem Gehalt von 15%. Für die Nitrozellulosen in der Pulverindustrie vom N-Gehalt 13,3 bis 10% ist Summe von N-Prozenten und Feuchtigkeitsaufnahme im Mittel = 14,6. (In 25° warmer Luft von 90—95% Sättigungsgrad nimmt Schießwolle von 13% N 1,6% Feuchtigkeit auf, solche von 12% N dagegen 2,6%.) Durch Austrocknen wird Pulver schärfer, da Gasdruck und Geschoßgeschwindigkeit ansteigen, also Pulver i. A. zwar besser verwertet, aber Gasdruck beansprucht Waffe zu stark. $\frac{\text{Luftfeuchtigkeit}}{\text{Pulverfeuchtigkeit}}$ eine Konstante.

Pulvergewebe. Maschengeflecht aus Fäden von Kollodiumwolle mit etwa 11% Stickstoffgehalt; zwecks besserer Geschmeidigkeit bestimmte Zusätze von gleichzeitig stabilisierenden Stoffen. Dient (als Zusatz) zur Verbesserung der Zündfähigkeit der Treibmittel und als Ersatz der gewöhnlichen rohseidenen Kartuschbeutel (s. Pulverhaut).

Pulvergraphitierung und elektrische Aufladung. Durch besondere Versuche ist nachgewiesen, daß sich Man.Rg.P.[1] beim Ausschütten aus einem Gefäß elektrisch auflädt, wie es bei Schwarzpulver auch geschieht. (Gewöhnliche rauchschwache Pulver verhalten sich günstiger, indem die Aufladungen weniger bedeutend sind.) Durch eingehende Untersuchungen ist festgestellt, daß Einarbeiten von Graphit die elektrische Aufladung nur unbedeutend vermindert, während äußere Graphitierung der genannten Pulverarten etwaige Aufladungen außerordentlich gut ableitet. (Zweckmäßige Aufbewahrung der Pulver in Metallgefäßen bzw. Erdung der Pulverbearbeitungsmaschinen, um auf jeden Fall erzeugte Aufladung in die Erde ableiten zu können.)

Pulverhaut. Hergestellt aus einer dünnen Haut von Nitroglyzerinpulver. Dient zur Verbesserung der Zündfähigkeit der Pulverladung und als Ersatz der schwer verbrennlichen, durchweg aus Rohseide bestehenden Kartuschbeutel, um ein Nachglimmen etwaiger Kartuschbeutelreste zu vermeiden (s. Pulvergewebe).

Pulverkonstanten nennt man die Gesamtheit derjenigen Größen, die die Eigenschaften eines Explosiv- oder Sprengstoffes charakterisieren. Die wichtigsten sind: Verbrennungswärme, Verbrennungstemperatur, Verbrennungsgeschwindigkeit, Zusammensetzung der Pulvergase, spezifisches Volumen, spezifischer Druck und Kovolumen des Pulvers. Die Bedeutung der einzelnen Begriffe ist unter den betreffenden Stichworten erläutert.

[1] Manöver-Ring-Pulver.

Pulverkraftmaschinen. Mündungsenergie der Geschosse entspricht der am Zylinder oder Kolben einer Gaskraftmaschine gemessenen indizierten Arbeit. Ihr Wert beträgt 17—35 % von der ganzen in der Pulverladung enthaltenen Energie. Moderne, ohne Rückstand verbrennende Pulver bieten das Analogon zum thermischen Wirkungsgrad der Gasmaschine.

Schießmaschinen sind verwendet worden, um Stahlstifte durch Metallplatten zu schießen. Die auf diese Weise in 2 cm starken Platten erhaltenen Löcher waren glatt, die Innenflächen der Löcher glatt wie poliert.

Besondere Versuche von Ramsauer zur Ausübung sehr starker Drucke auf Gase: an die Laufmündung eines geladenen ungezogenen Gewehres offener Lauf eines genau in gleicher Ebene liegenden zweiten ungeladenen Gewehrs befestigt, so daß die aus dem ersten Gewehr abgeschossene Kugel in den Lauf des zweiten hineinflog und das dort vorhandene Gas bzw. Luft hoch verdichtete.

Pulverprüfung. Prüfung des fertigen Pulvers:

a) Stabilität: Erhitzung im Bergmann-Junkschen Apparat; Nitrozellulosepulver auf 130/132°, nitroglyzerinhaltige auf 120°; erstgen. müssen Erhitzen von mindestens 1, letztgen. von $1^1/_2$ Stunden vertragen, ohne gelbrote Dämpfe zu entwickeln;

b) Verpuffungstemperatur: wie bei Zellulosenitrat: das Pulver soll in der Form, in der es dargestellt ist, geprüft werden; Mahlen ist also nicht vorzunehmen. Nitrozellulosepulver müssen Temperatur von mindestens 170° haben, nitroglyzerinhaltige von 160°;

c) TRAUZL-Probe: das Pulver (10 g) wird in Zinnfolie, von der 1 qm 80—100 g wiegt, eingewickelt, Sprengkapsel Nr. 3 angelegt, mit Quarzsand von etwa 0,5 mm Korngröße verdämmt und elektrisch gezündet. Es darf eine um höchstens 10% stärkere Ausbauchung erzielt werden als mit dem Vergleichspulver; dieses ist ein nitroglyzerinhaltiges Nitrozellulosewürfelpulver von 2 mm Kantenlänge (60% Nitrozellulose mit 12% N + 40% Nitroglyzerin).

Punktfeuer s. Punktschießen.

Punktschießen. Einschießen und Wirkungsschießen gegen Punktziele (s. d.) oder gegen einzelne Teile größerer Ziele (Geschütze einer offen stehenden Batterie). Es erfolgt meist nur mit einem Geschütz und besteht aus einem genauen Einschießen mit anschließendem Wirkungsschießen, bei dem die genaue Schußlage dauernd zu erhalten und nach Bedarf zu verbessern ist.

Punktziele. Kleine Ziele ohne Seiten- oder Tiefenausdehnung, insbesondere Masch.-Gew., Min.-Werfer, einzelne Geschütze, Panzerschilde u. dgl. Ihre Bekämpfung erfolgt meist durch ein Geschütz und durch Punktschießen (s. d.).

Q

Quadratwurzelgesetz s. Gaußsches Fehlerfortpflanzungsgesetz.

Querdichte. Abkürzung für eine Rechengröße, die das Geschoßgewicht mit dem Kubus des Kalibers verbindet [Geschoßgewicht in Kilogramm geteilt durch Kaliber (in Dezimeter) zur dritten Potenz]. Physikalisch unglücklich benannter, von H. ROHNE eingeführter Begriff; besser „Kaliber-Liter", da das Gewicht auf den Kaliberwürfel (gemessen in Dezimeter) bezogen wird. Für Geschosse gleicher Gattung ist das K.-L. wenig veränderlich mit dem Kaliber. Man drückt daher ähnlich das Geschoßgewicht durch die Faustregel aus $(2\ R_{cm})^3 : 70$—75.

Querdichte bzw. Quergewicht benennt VAHLEN das Verhältnis von Geschoßmasse bzw. Geschoßgewicht zum Geschoßquerschnitt. Üblicherweise wird statt Quergewicht der Ausdruck Querschnittsbelastung (s. d.) gebraucht.

Die Verzögerung durch den Luftwiderstand ist annähernd umgekehrt proportional der Querschnittsbelastung.

Quergewicht s. Querdichte und Ballistischer Koeffizient.

Querlibelle ist eine Libelle (s. d.), welche senkrecht zur optischen Achse eines Fernrohrs angebracht ist (s. auch Seitenlibelle).

Querschläger (Geschoßüberschläger) ist eine Bezeichnung, die besonders Handwaffengeschosse betrifft, die den Erdboden oder andere Gegenstände streifen und dann in unregelmäßiger Flugbahn weiter fliegen, sich quer stellen, überschlagen, vor allem das Ziel in Querstellung treffen und dadurch zuweilen empfindlicher verletzen als in der Normalstellung. Bei Artilleriegeschossen tritt ein solches Querstellen infolge Berührung mit dem Erdboden weniger ein; sie fliegen zwar in veränderter Richtung, aber im allgemeinen in einer regelmäßigen Bahn weiter und treffen zu wiederholten Malen immer wieder mit dem Kopf auf den Boden auf (rikoschettieren). Ein Querschläger tritt bei Artilleriegeschossen im allgemeinen nur bei stark ausgeschossenen Rohren, unzureichender Führungsbandkonstruktion oder schlechtem Führungsbandmaterial ein. Die Geschosse überschlagen sich oft schon bald nach dem Verlassen der Geschützmündung. Auch fehlerhafte Geschoßkonstruktion (zu lange Geschosse, falsche Gewichtsverteilung) kann in Verbindung mit unzureichendem Drall zum Überschlagen führen. Im Kriege traten Querschläger besonders häufig bei Gasgeschossen ein, woran die durch die Verlagerung des Schwerpunktes durch eingesetzte Bleibehälter und die flüssige Gasstoffüllung schuld war.

Querstreuung wird senkrecht zur Flugbahn in der Vertikalebene gerechnet, läßt sich also aus Längen- oder Höhenstreuung ableiten; hat mit Seitenstreuung nichts zu tun, obwohl der unglücklich bezeichnete Begriff zu dieser Auffassung verleitet. S. Streuung.

R

Radakowič, Michael, Dr. phil. Prof. Geb. 25. 4. 1866 in Graz, daselbst gest. 15. 8. 1934. Dr. phil. 1889 Graz, wo er ab 1884 Mathematik, Physik und Philosophie studiert hatte. 1897—1902 Priv.-Doz. an der Univ. Innsbruck, dort 1902—06 Assist. und a.o. Prof. am Physik. Inst; 1906—15 Prof. der theoret. Physik in Czernowitz, seit 1915 an der Univ. Graz.

Hauptarbeitsgebiete: Theoretische Physik, Ballistik. Experimentelle Bestimmung der Geschoßgeschwindigkeit. Untersuchungen über Raman-Effekt.

Radialtriangulierung, photogrammetrische Triangulierung, für die die Winkel ſ aus ? Senkrechtaufnahmen bzw. genäherten Senkrechtaufnahmen entnommen werden. Als Triangulierungspunkte dienen die Bildmittelpunkte (s. d.). Die Verbindungslinien der Mittelpunkte benachbarter Bilder lassen sich unter Zuhilfenahme der Überdeckung leicht angeben. Zur Ausschaltung des Fehlereinflusses von Geländehöhenunterschieden kann man statt des Bildmittelpunktes den „Nadirpunkt" benutzen, d. h. den Punkt, in dem die Lotrichtung des Aufnahmepunktes die Bildebene schneidet. Außer dem Nadirpunkt kann man auch den „Fokalpunkt" benutzen, d. h. den Punkt, in dem die Halbierende des Winkels zwischen der Lotrichtung und der Bildnormalen die Bildebene schneidet. Es wird dadurch auch der Fehlereinfluß einer schrägen Aufnahmelage behoben. Für die verfeinerte Durchführung der Winkelmessung wird der „Radialtriangulator" unter Ausnutzung der stereoskopischen Beobachtung verwendet. Die Radialtriangulierung dient in erster Linie zur Bestimmung von Paßpunkten für Entzerrungen (s. d.).

Rahmenlafette. Das Rohr liegt mit den Schildzapfen in der Oberlafette, in der es der Höhe nach gerichtet wird. Die Oberlafette als Schlitten ausgebildet, läuft beim Schuß auf dem schräg ansteigenden Rahmen der Unterlafette zurück. Die Rücklaufenergie wird zum Teil durch Hebungsarbeit der Oberlafette, zum Teil durch eine zwischen Ober- und Unterlafette angebrachte hydraulische Bremse vernichtet. Vorlauf wird durch Gewicht der Oberlafette bewirkt. Seitenrichtung durch Schwenken des ganzen Geschützes um den Pivot-Zapfen, durch den das Geschütz mit dem Geschützstand verbunden ist.

Je nach Anordnung des Pivots werden Vorder- und Mittelpivotlafetten unterschieden.

Rahmenmarken bei photogrammmetrischen Aufnahmekammern sind in der Mitte der vier Ränder des rechtwinkligen Rahmens vorgesehen, an dem die Platte oder der Film während der Aufnahme angedrückt wird. Sie bestehen in der Regel in kleinen Einkerbungen oder kleinen Bohrlöchern, die sich bei der Belichtung mit abbilden. Die Marken müssen so angeordnet sein, daß ihre Verbindungslinien sich rechtwinklig schneiden und ihr Schnittpunkt nahezu mit dem Bildhauptpunkt (s. d.) zusammenfällt. Beim Phototheodoliten (s. d.) muß außerdem die Verbindungslinie der oberen und der unteren Marke parallel zur Stehachse des Instruments sein. Mitunter werden die Marken auch auf optisch-photographischem Wege unmittelbar auf das Bild übertragen.

Rakete, vom italienischen rocchetta (Spindel), uralter Feuerwerkskörper. Die Rakete gewinnt ihre Treibkraft aus dem Rückstoß beschleunigter Massen (Newton), die von der Rakete selbst mitgeführt werden. Die Treibmassen werden unter chemischer Umsetzung in einem „Ofen" erhitzt, aus dem sie durch eine geeignet geformte Düse mit großer Geschwindigkeit ausströmen. Es ist vorgeschlagen worden, zur Erzielung einer Rotation um die Figurenachse der Rakete die Gase durch schraubenförmig gewundene Kanäle austreten zu lassen. Wird in der Zeit dt die Masse dm mit der Geschwindigkeit w ausgestoßen, so ist die Treibkraft der Rakete

$$Q = w \frac{dm}{dt},$$

worin m nur von der Zeit t und w von t und dem Außendruck abhängt. Findet die Gasströmung in der Düse mit Überschallgeschwindigkeit statt, so hängt w nicht mehr vom Außendruck ab. (Bekannte Eigenschaften der Strömungen mit Überschallgeschwindigkeit, daß die Verhältnisse in der Düse von der Druckverteilung außerhalb der Düse nicht beeinflußt werden.)

Bewegt sich die Rakete in der Erdatmosphäre, so ist die Treibkraft eine Funktion $Q(y, t)$ von t

und der Höhe y. Die Differentialgleichungen der Bewegung der Rakete sind:

$$\frac{d(v\cos\vartheta)}{dt} = \left(\frac{Q(y,t)}{m(t)} - c(y)\,f(v)\right)\cos\vartheta\,,$$

$$\frac{d(v\sin\vartheta)}{dt} = \left(\frac{Q(y,t)}{m(t)} - c(y)\,f(v)\right)\sin\vartheta - g(y)\,.$$

Hierin ist v die Geschwindigkeit der Rakete, ϑ der Neigungswinkel der Bahntangente gegen die Horizontale, $c(y)\cdot f(v)$ die Verzögerung durch den Widerstand der Luft, $g(y)$ die Schwere in der Höhe y.

Gegenüber einem Geschoß, dem seine ganze Beschleunigung am Anfang im Bruchteil einer Sekunde erteilt wird, hat die Rakete ballistisch den Vorteil, daß ihr die erforderlichen geringen Beschleunigungen nach und nach auf einem vergleichsweise langen Teil der Bahn erteilt werden, so daß auch Sprengladungen geringer Stoßsicherheit mitgeführt werden können.

Unter dem „inneren Wirkungsgrad" der Rakete versteht man das Verhältnis der kinetischen Energie der ausströmenden Gase zu der Energie, die auf chemischem Wege im „Ofen" aus den Treibstoffen in Form von Wärme maximal frei gemacht werden kann. Es sind von GODDARD Wirkungsgrade von 64 % gemessen worden. Der „äußere Wirkungsgrad" der Rakete ist das Verhältnis der nützlichen Flugleistung zur kinetischen Energie der ausströmenden Gase. Da der Begriff der nützlichen Flugleistung nicht genau festgelegt ist, ist die Definition des äußeren Wirkungsgrades unbestimmt; er selbst also ohne Bedeutung.

Die Reichweite der bekannten kleinen Pulverraketen ist nicht größer als 5 km; man meint jedoch mit größeren Raketen phantastische Reichweiten bis zu 20000 Kilometer zu erzielen.

Literatur: C. CRANZ, Ballistik II., 5. Aufl. (1925), S. 402ff. — M. BORY, Essai sur la balistique de la fusée volante, Mém. de l'Artill. franç. (1922), T. 1, S. 683ff. — H. GODDARD, A method of reaching extreme altitudes. Washington (1919). — E. SÄNGER, Raketenflugtechnik (1933).

Besondere Raketen: Signalraketen, Brandraketen, Hagel-, Wetterraketen, Schiffsrettungsraketen, Raketenphotographie, Raketenpost, Raketenautomobil, Raketenschienenzeppelin, Weltraumrakete.

Ramsauer, Karl, Prof., Physiker. Geb. 6. 2. 1879 in Osternburg bei Oldenburg. Studierte 1897—1907 in München, Tübingen, Berlin, Kiel, London und Breslau. 1903 Dr. phil. Kiel (Diss. über den Rikoschettschuß). 1903—07 Assist. am Kaiserl. Torpedo-Laboratorium in Kiel, 1907—09 Assistent am Physik. Inst. in Heidelberg, 1909 bis 1921 wissensch. Mitarbeiter am Radiol. Inst. in Heidelberg, 1915 Prof., 1921—28 Prof. der Physik an der Techn. Hochsch. Danzig, seit 1928 Direktor des Forschungslaboratoriums der AEG. in Berlin. Bekannt durch den R.-Effekt.

Rasanz bedeutet die Gestrecktheit der Flugbahn eines Geschosses;

sie wird durch die mittlere Krümmung des Teils der Geschoßbahn gemessen, der über der Ziellinie, der Verbindungslinie von der Mündung zum Ziele, liegt. Je geringer die Krümmung, um so größer die Rasanz. Mit steigender Anfangsgeschwindigkeit und zunehmender Querschnittsbelastung des Geschosses wächst die Rasanz seiner Bahn. Je rasanter, desto größer der bestrichene Raum, um so mehr werden Schätzungsfehler der Entfernung ausgeglichen.

Rathgen, Bernhard, Generalleutnant a. D., Dr. phil. e. h. Geb. 4. 9. 1847 in Kopenhagen, gest. 21. 2. 1927 in Marburg (Hessen). 1865 Eintritt in das Heer (Artill.). Nach dem Feldzug 1870/71 Direktionsoffizier an der Art.- und Ing.-Schule in Berlin, dann acht Jahre Ref. im Kriegsministerium. 1901 verabschiedet als Gen.-Lt. Bearbeitete Geschichte der Feuerwaffe und der Geschütze, des Pulvers und der Pulverwaffe, wollte nachweisen, daß in Deutschland und von Deutschen die Pulverwaffe zuerst geschaffen wurde. Sein Lebenswerk wurde nach seinem Tode von Conrad Matschoss 1928 herausgegeben unter dem Titel: „Das Geschütz im Mittelalter. Quellenkritische Untersuchungen“.

Rauch ist bei Pulvern, Sprengstoffen das Zeichen dafür, daß bei der explosiven Umsetzung feste Rückstände entstanden bzw. verblieben, die als feiner Staub in die Luft gewirbelt werden.

Nebel = feinverteilte Flüssigkeit + Luft;

Rauch = feinverteilter Feststoff + Luft;

Schwaden (Dunst) = Nebel + Rauch;

Schwaden (Qualm) = Feststoff + Flüssigkeit + Luft.

Pulver werden nach ihrer Rauchstärke unterschieden in rauchstarke (Schwarzpulver) und rauchschwache (Nitrozellulosepulver).

Bei Explosion von Granatfüllungsstoffen besteht der Rauch größtenteils aus Kohle, besonders bei Pikrinsäure, weil die Ringnitrokörper durchweg mit einer Sauerstoffunterbilanz detonieren (s. Explosion).

Rauchgeschosse s. Nebel-Rauchgeschosse.

Rauchschwache Pulver. Grundlage in jedem Fall Zellulosenitrate. Unterschied:

1. Reine Nitrozellulosepulver.
2. Nitroglyzerinpulver (ähnliche Arten).

Schießwolle als Schießmittel unbrauchbar, weil Verbrennungsgeschwindigkeit zu groß; Feuer packt sofort die einzelnen Fäserchen (Wattestruktur), Pulver verbrannt, bevor Geschoß sich vom Fleck gerührt hat; Kammern zerrissen. Verringerung der Geschwindigkeit durch Glätten der Oberfläche = Gelatinieren. Feuer gleitet über diese glatten Oberflächen hin ohne anzupacken. Gelatinierungsmittel: Azeton, Äther-Alkohol, Essigester u. a.

Bei Herstellung der Nitroglyzerinpulver entweder Verwendung eines Zwischenlösemittels oder Verzicht darauf: dann Gewinnung von Polpulver = Pulver ohne Lösemittel. Verwendete Gelatinierungsmittel der ersten Art müssen ganz oder teilweise wieder entfernt werden; die letzten Reste unter Umständen langsam abgegeben, besonders beim Essigester, daher verändern Essigesterpulver ihre ballistischen Eigenschaften noch nach sehr langer Lagerzeit. Vorteile und Nachteile der rauchschwachen Pulver s. d. (Vorteile und Nachteile).

Rauchschwache Pulver, mit Ringnitrokörpern. Neben reinen Nc.-P. und Ngl.-P. gibt es rauchschwache Pulver, denen Ringnitrokörper zugemischt werden.

Rauchschwache Pulverarten. Es werden unterschieden Militär- und Jagdpulver, wobei der Unterschied hauptsächlich in der physikalischen Beschaffenheit liegt. Wegen der schlechteren Geschoßführung im Lauf haben die Jagdpulver gewöhnlich eine größere Brisanz. Ihnen nähern sich die Exerzier- und Manöverpulver, weil bei diesen ebenfalls Geschosse ohne Führung (meist Holzgeschosse) verwendet werden; sie müssen durch höhere Brisanz befähigt sein, trotz des zerstiebenden Geschosses einen Knall hervorzurufen.

Weitere Einteilung: Reine Nitrozellulosepulver (Nc-P.), Nitroglyzerinpulver (Ngl.-P.). (Dazu neuerdings auch Dinitroglykolpulver, die statt mit Nitroglyzerin mit Dinitroglykol gelatiniert sind.)

Ferner Pulver, die unter Zusatz von Ringnitrokörpern gelatiniert sind.

Außerdem gibt es oberflächlich gelatinierte und halbgelatinierte Pulver, auch Mischpulver genannt. Der äußeren Form nach werden die Pulver eingeteilt in Korn-, Blättchen-, Scheiben-, Kreisen-, Schnur- (englisch: Cordit, italienisch Filit), Ring-, Würfel-, Platten-, Röhrenpulver; dabei werden evtl. die Abmessungen in Zahlenwerten mit angegeben.

Raumbildentfernungsmesser sind E.-Meßgeräte, die die früher verwendeten sog. Schnittbild- oder Kehrbildentfernungsmesser vollständig verdrängten. Sie verarbeiten die von den beiden Objektiven entworfenen Bilder in der Weise, daß sie dem E.-Meßmann einen gewissen räumlichen Eindruck des Zieles vermitteln. Das Ziel erscheint ihm näher, gleichweit oder ferner als Meßmarken, die im Gesichtsfeld angeordnet sind. Die Meßtätigkeit besteht bei kleinen Geräten darin, daß der E.-Meßmann direkt an derjenigen Meßmarke, die ihm gleich weit wie das Ziel erscheint, die Entfernung abliest, bei mittleren und großen Geräten darin, daß das Ziel durch Betätigen der Meßwalze oder des Meßrades so herangeholt oder entfernt wird, daß es mit einer bestimmten Meßmarke in gleicher Entfernung zu stehen scheint.

Rausenberger, Fritz, Dipl.-Ing., Prof., Dr. phil. und Dr. Ing. e. h. Geb. 13. 2. 1868 in Frankfurt a. M., gest. 28. 4. 1926 in München. Nach Eintritt in das Heer wurde er 1889 Fußart.-Offizier, besuchte 1890 bis 1892 die Vereinigte Art-. und Ing.-Schule in Berlin. 1893 Abschied genommen, studierte Ing.-Wissenschaften und Ballistik an den Techn. Hochsch. in München und Berlin. 1896 als Ing. bei Krupp in Essen, 1903 Lehrer für Waffenkonstruktionslehre an der Mil.-Techn. Akad. in Berlin, 1907—18

Direktionsmitglied bei der Firma Friedr. Krupp in Essen. R. hat sich verdient gemacht durch Entwicklung des Rohrrücklaufes und durch Konstruktion schwerer Artillerie nebst Geschossen für sie. Besonders ist sein Name verbunden mit der Konstruktion des 42 cm-Mörsers und der Ferngeschütze, mit denen 1918 Paris auf 120 km Entfernung beschossen wurde.

Rechenstelle. Der in der Nähe der Feuerstellung oder Beobachtungsstelle eingesetzte Rechentrupp der Batterie errechnet für den Schießenden die B.W.E. für die einzelnen Ziele, bedient den Artillerie-Rechenschieber (s. d.), kann auch zum Planschießen Seitenrichtung und Entfernung rein rechnerisch feststellen.

Rechenzettel für B.W.E. dient zur Berechnung der besonderen und Witterungseinflüsse (B.W.E.) in Verbindung mit den B.W.E.-Tafeln oder dem Artillerie-Rechenschieber.

Rechenzettel für Richtungswinkel dient zur Errechnung von Seitenrichtungen und Entfernungen, wenn die Koordinaten der Ziele, Feuerstellungen und G.R.P. bekannt sind, aber Karten, Luftbilder und Pläne fehlen (vorbereitete Stellungen) oder nicht ausreichen (für große Entfernungen). Wenn auf mehreren Kartenblättern gearbeitet werden muß, ist diese Berechnung stets angebracht.

Rechenzettel für das Schießen mit hohen Sprengpunkten gegen Erdziele und Ballone. Benutzung ergibt sich aus Verfahren.

Rechtsdrall s. Drall.

Rechtssystem s. Koordinaten.

Regen wirkt auf das artilleristische Schießen erfahrungsgemäß merklich ein. Wie der sich meist als Schußweitenverkürzung äußernde Einfluß zustande kommt, ist nicht eindeutig geklärt. Einen bisher unterschätzten Beitrag dürfte auch der häufig abwärts gerichtete Vertikalwind (s. d.) liefern. Die Masse der auf das Geschoß fallenden Regentropfen macht auf die Verkürzung seines Fluges wohl nur wenig aus. Vahlen hat darüber eine Schätzung versucht, indem er zur Geschoßmasse die des darauf fallenden Regens hinzufügt und dann zu einer gleichbedeutenden Schwereberichtigung übergeht, als ob der Regen von oben auf das Geschoß drückt. Auch seitliche Ablenkungen lassen sich in diesem Sinne diskutieren.

Bei Gewitter hat man es bei Regenböen auch mit heftigen Vertikalwinden nach oben zu tun, die die Schußweite vergrößern können. Die Wirkung einer Böenwalze auf das Schießen bleibt noch näher zu erforschen.

Reglerpunkt ist der Punkt, in dem die Reglerlinie die senkrechte Ebene durch den Zielweg trifft. Er liegt (bei waagerechtem Zielweg) unter oder über dem Vorhaltepunkt, je nachdem der Vorhaltepunkt vor oder hinter dem Wechselpunkt liegt (also im ersten Fall Hoch-, im zweiten Tiefregler). Wenn der Vorhaltepunkt mit dem Wechselpunkt zusammenfällt, fällt auch der Reglerpunkt mit diesen beiden Punkten zusammen (Reglernull).

Reibung s. Äußere Reibung, Gleitende Reibung und Innere Reibung.

Reibungswiderstand fester Körper aufeinander s. Gleitende Reibung; Reibungswiderstand einer strömenden Flüssigkeit s. Strömungswiderstand (s. auch Luftwiderstand).

Reibzünder ist im allgemeinen ein Zünder, welcher durch Reibung beliebiger Art zur Entzündung gebracht wird.

Im weiteren dienen die Reibzünder (Feldschlagröhren) zur Zündung von Kartuschen. Die primäre mechanische Zündung erfolgt hier statt durch Schlag durch einen Reibedraht, der plötzlich durch einen reibempfindlichen Zündsatz hindurchgerissen wird (Chloratsätze, aber ohne Zumischung von Knallquecksilber).

Reichweite (Artillerie) bezeichnet die Maximal-Schußweite einer Waffe.

Reichweite (Flugzeug) bezeichnet neuerdings die Entfernung, die ein Flugzeug mit der seiner Aufgabe entsprechenden militärischen Ausrüstung zurücklegen kann.

Reihenkammer für Luftbildaufnahmen, eine starre photographische Kammer mit einer Filmwechselkassette, dient zur Aufnahme großer Bildreihen mit schneller Aufeinanderfolge der Bilder. Der Filmwechsel und das Aufziehen und Auslösen des Verschlusses erfolgt automatisch mit Hilfe eines Propellers, der außerhalb des Flugzeugs an der Bordwand befestigt ist, oder elektrischen Antriebs, durch dessen Einstellung auch die Geschwindigkeit der Bildfolge geregelt werden kann. Für diese Zwecke ist in der Kammer ein lotrechtes Fernrohr angebracht, in dessen Bildebene man die Spitzen einer rotierenden Scheibe sieht, die ebenfalls durch den Antrieb mitbewegt wird. Dessen Lauf ist so zu regeln, daß im Fernrohr die Spitzen sich mit gleicher Geschwindigkeit wie das Gelände bewegen; der Filmwechsel erfolgt dann mit einer vorher einzustellenden bestimmten Überdeckung.

Statt der einfachen Kammer benutzt man auch Doppel- oder Vierfachkammern, mit denen man einen breiteren Geländestreifen bzw. eine weitergehende Überdeckung der Aufnahmen erzielen kann. Von großer Wichtigkeit ist hierbei das gleichzeitige Auslösen der Verschlüsse. (Mehrfachkammern sind heute im wesentlichen überholt durch die Weitwinkelmeßkammer und Panoramakammer s. d.)

Reiheschießen. Der letzte Teil des genauen Einschießens (s. d.), bei dem es sich darum handelt, die mittlere Geschoßbahn für ein Geschütz oder einer Batterie möglichst dicht ans Ziel zu legen. Zum Erschießen der „Reihe“ genügen im allgemeinen sechs auf einer und derselben Entfernung beobachtete Schüsse, die im Verhältnis 3:3 oder 2:4 oder 4:2 vor und hinter dem Ziel liegen müssen. Ergeben die drei ersten beobachteten Schüsse bei diesem Schießen dieselbe Abweichung, so ist die Entfernung sofort zu ändern. Die Änderung erfolgt den Gabelwerten gemäß.

Reinkommendes (-gehendes) Ziel liegt dann vor, wenn das Flugziel nicht der Seite nach auswandert (der Wechselpunkt also senkrecht über dem Geschützort liegt: $e_{KW} = 0$).

Reisegeschwindigkeit (Flugzeug), auch Marschgeschwindigkeit genannt, ist die Durchschnittsgeschwindigkeit, bei der ein Flugzeugmuster mit dem gegebenen Betriebsstoffvorrat die größte Entfernung zurücklegen kann. Die Reisegeschwindigkeit ist stets geringer als die Höchstgeschwindigkeit (s. Höchstgeschwindigkeit). Je nach den verwendeten Motoren liegt die Reisegeschwindigkeit etwa 20—30 % unter der Höchstgeschwindigkeit. Bei der Beurteilung des Kampfwertes eines bestimmten Flugzeugmusters — vor allem wenn es sich um Bombenflugzeuge handelt — ist die durchschnittliche Reisegeschwindigkeit wichtiger als die Höchstgeschwindigkeit, da die Reisegeschwindigkeit auf lange Dauer, die Höchstgeschwindigkeit nur auf kurze Zeit durchgehalten werden kann. Handelt es sich um Fliegen in größeren Verbänden, so muß weiterhin berücksichtigt werden, daß die durchschnittliche Reisegeschwindigkeit eines Verbandes um mindestens 10 % geringer ist als die durchschnittliche Reisegeschwindigkeit des betreffenden Flugzeugmusters.

Relativbewegung s. Absolut- und Relativbewegung.

Résal, Henri Aimé, Prof. Geb. 27. 1. 1828 in Plombières (Vosges), gest. 22. 8. 1896 in Annemasse (H^{te} Savoie). 1847—49 Schüler d. „École Polyt.“ Dr. ès-sc. 1855 in Paris; ingénieur en chef au corps national d. mines, seit 1870 Prof. an d. „École nationale d. mines“ und Mitglied der wiss. Komm. für die Artillerie. 1873 Mitgl. d. Pariser Akad. Nach Liouville Direktor des „Journ. de mathém.“ Prof. an der Fakultät der Wissenschaften zu Besançon.

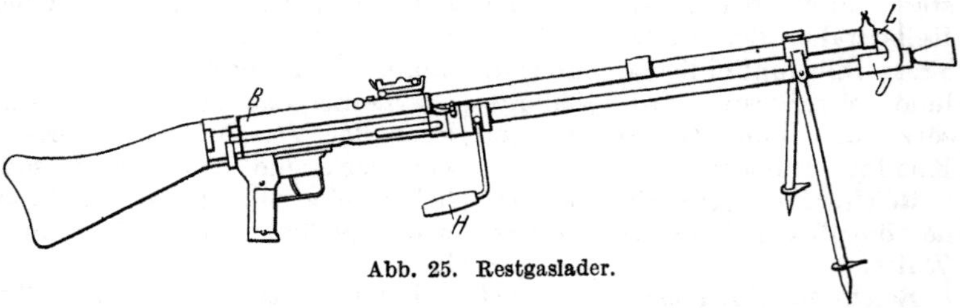

Abb. 25. Restgaslader.

Restflugweite s. Sprengpunkt.

Restgaslader, ein l. MG. (der Knorr-Bremse A.-G.), das nicht, wie andere Gasdrucklader, den Lauf selbst anzapft, sondern die aus der Mündung austretenden Gase in einer besonders ausgebildeten Düse auffängt und ihre Energie ausnutzt. Dabei wird der auf die Schulter des Schützen wirkende Rückstoß erheblich verringert, durch die Führung der Gase eine Verschmutzung der Waffe im Vergleich zu anderen M.-G. sehr verlangsamt und damit große Schußzahl im Dauerfeuer ermöglicht. Der feste, luftgekühlte Lauf kann mit einem Griff ohne

Werkzeug herausgenommen werden. Über ähnliche M.-G.s der verschiedenen Nationen vgl. P. CURTI, Autom. Waffen. Huber u. Co 1936.

Reversionspendel s. Physisches Pendel.

Revolver sind Faustfeuerwaffen, bei denen sich hinter einem Lauf ein Bündel von Patronenlagern in Walzenform dreht. Der Übelstand einer solchen Konstruktion ist der, daß das Geschoß aus einem mit dem Lauf nicht organisch fest verbundenen Patronenlager in den Lauf eintreten muß und daß hinter ihm die Pulvergase einen Spalt zwischen Patronenlager und Lauf finden. Die Patronenhülse ist bis über die Geschoßspitze verlängert. Dadurch wird eine für die schwache Pulverladung einer Faustfeuerwaffe ausreichende Liderung erreicht. Diese Vorrichtung erschwert aber die sonst so einfache Konstruktion des Revolvers (siehe Pistolen).

Reynoldssche Zahl s. dynamische Ähnlichkeit.

R-G-T-Regel behandelt die Abhängigkeit der Reaktionsgeschwindigkeit von der Temperatur; bei etwa 10° Temperatursteigerung wird Verdoppelung der Geschwindigkeit, bei $100° = 2^{10} = 1024$fache Geschwindigkeit angenommen. Bei Explosivumsetzungen wird durchweg mit Verdoppelung der Reaktionsgeschwindigkeit nicht bei 10°, sondern bei 5° gerechnet.

Rheinmetall-Borsig A.G. in Düsseldorf-Berlin. Die Rheinische Metallwaren- und Maschinenfabrik A.G. wurde in Düsseldorf-Derendorf im Jahre 1889 gegründet zur Herstellung der neuen Patronen M./88. Die Leitung übernahm HEINRICH EHRHARDT, der Leiter der Firma Ehrhardt & Heye in Düsseldorf-Rath. Zwei Jahre später wurde die Fabrik durch neue Anlagen erweitert, um auch andere Erzeugnisse herstellen zu können. Unter den zahlreichen Erfindungen des Kommerzienrates EHRHARDT war die bedeutendste das Preßverfahren zur Herstellung nahtloser Hohlkörper; dadurch wurde die Fabrikation von Geschoßhüllen, Schiffskessel, Lokomotivröhren und dgl. erleichtert und verbessert. Wenige Jahre später, im Jahre 1895, wurde zur Geschützherstellung übergegangen, wobei der weite Rohrrücklauf als Grundlage angenommen, und das lange angestrebte Schnellfeuergeschütz der Verwirklichung näher gebracht wurde. Die beiden nächsten Jahrzehnte bis zum Weltkrieg waren rastloser, weitblickender Tätigkeit gewidmet, auch wurden neue Fabriken übernommen, so z. B. Ehrhardt & Heye in Düsseldorf-Rath (1896), Munitions- und Waffenfabrik A.G. vorm. N. von Dreyse in Sömmerda (Beteiligung 1899, dann gänzlich im Besitz von „Rheinmetall“), und die eigenen Werke erweitert. Die Herstellung von Geschützen und Geschossen wurde weiter ausgedehnt, die Herstellung von Minenwerfern begonnen. Auch wurde ein eigener Schießplatz in Unterlüss bei Celle erworben. So konnte das großzügig ausgebaute und mit zahlreichen sozialen Einrichtungen ausgestattete Werk, dessen Erzeugnisse auch eine große Zahl ausländischer Staaten abnahmen, im

Jahre 1914 sein 25jähriges Bestehen auf einer großen Höhe der Leistungskraft begehen. Der Weltkrieg 1914—18 stellte Rheinmetall die größten, schwierigsten Aufgaben, die es mit größter Arbeitsleistung und höchster Verantwortung erfüllt hat. Dem deutschen Heere wurden in diesen Jahren Tausende von Geschützen, Minenwerfern und Rohren, und Millionen von Geschossen aller Kaliber geliefert. Das strenge Diktat von Versailles 1919, das die Herstellung von Kriegsgerät untersagte bzw. einschränkte, brachte auch Rheinmetall einen schweren Rückschlag. Mit großer Tatkraft wurde der Betrieb auf die Friedensfabrikation umgestellt, auch später die Tätigkeit über Deutschlands Grenzen ausgedehnt. Die Entwicklung der neuzeitlichen Waffen in der Welt wurde weiter verfolgt und verwertet, so daß die Firma, als im Jahre 1935 Deutschland seine Wehrhoheit wieder sich verschaffte, allen Anforderungen auf Herstellung von Kriegsgerät und Munition gewachsen sein konnte. Nach der im Jahre 1929 erfolgten Beteiligung an der Waffenfabrik Solothurn wurde, da die vorhandenen Werke nicht mehr ausreichten, im Jahre 1934 die A. Borsig Maschinenbau A.G. Berlin-Tegel erworben, und beide Firmen in „Rheinmetall-Borsig A.G.“ verschmolzen. Dies Werk besteht jetzt aus folgenden Werken: Düsseldorf-Derendorf, Düsseldorf-Rath, Berlin-Tegel, Sömmerda (Thür.), Solothurn, Schießplatz Unterlüss. Neben dem Kriegsgerät werden auch eine Reihe wichtiger Ausfuhrartikel der verschiedensten Art hergestellt, wie Dampfmaschinen, Schiffsdampfmaschinen, Dampfturbinen, Dampfkessel, chemische Anlagen, Büromaschinen, Lokomotivteile u. a. Zehntausende Angestellte und Arbeiter sind in diesen Werken beschäftigt und arbeiten für Deutschlands Wehr und Handel.

Richtaufsatz s. Aufsatz.

Richteinrichtungen s. Richtmittel, Zieleinrichtungen.

Richten s. Richtverfahren.

Richtglas (franz. „collimateur“) ist eine Visiervorrichtung, welche aus einem Glasstab besteht, dessen eine Endfläche linsenförmig geschliffen ist und dessen andere Endfläche in dem Brennpunkt der ersteren liegt und eine Zielmarke (durchsichtig auf undurchsichtigem Grund) trägt. Der Richtkanonier sieht also durch das Glas die Zielmarke in unendlich großer Entfernung und an dem Glas vorbei das Ziel, so daß beide parallaxfrei zur Deckung gebracht und so das Geschütz auf das Ziel gerichtet werden kann.

Richtkreis ist eine Zielvorrichtung (Fernrohr, Diopter od. dgl.), die sich auf einer Kreisteilung dreht. Der Richtkreis wird als Aufsatzoberteil der Zieleinrichtung eines Geschützes zur Einstellung der Seitenrichtung benutzt. Als selbständiges Instrument dient er beim indirekten Richten zu Winkelmessungen im Gelände und zum Übertragen von Richtungswinkeln auf den Richtkreis des Geschützes. Die Teilung des Kreises wird meist in Strich vorgenommen (s. Zieleinrichtungen).

Richtmittel sind alle Mittel, die zum Einrichten der Geschütze auf das Ziel dienen, also z. B. Aufsatz mit Kimme und Korn oder Fernrohr, Richtkreis, Quadrant, Seitenrichtkreis am Geschütz oder an der Bettung, Richtmaschinen für Höhe und Seite.

Richtpunkt (**R.P.**) ist ein von der Feuerstellung aus sichtbarer Punkt im Gelände, der zum Einrichten eines Richtkreises (Rkr.) oder ausnahmsweise zum Einrichten eines Geschützes dient. In eiligen Fällen, und wenn der R.P. über etwa 5 km entfernt ist, kann zunächst der R.P. unmittelbar von allen Geschützen mit der gleichen Teilringzahl angerichtet werden (s. auch Richtverfahren).

Richtpunktverfahren. Der Richtkanonier muß stets einen klar erkennbaren Richtpunkt (R.P.) zum Anschluß der Seitenrichtung haben. Wenn beim direkten Richten das Ziel schwer zu beschreiben oder schwer zu erkennen ist, tritt an Stelle der Visierung nach dem Ziel das Richtpunktverfahren. Der Schießende bestimmt den Winkel: Richtpunkt—Geschütz—Ziel. Um diesen Winkel wird das Rundblickfernrohr seitwärts gedreht und der Richtpunkt angeschnitten. Dann zeigt die Seelenachse des Geschützrohres nach dem Ziel. Hiernach sind die zusätzlichen Korrekturen der Seitenrichtung anzubringen.

Richtungshören ist eine Fähigkeit des menschlichen und tierischen Ohrenpaares. Sie gestattet die Richtung zu bestimmen, aus welcher ein Schall kommt. Wenn die Verbindungslinie der beiden Ohren nicht senkrecht, sondern schräg zur Schallrichtung steht, trifft der Schallreiz nicht gleichzeitig beide Ohren. Die sehr kleine Differenz wird vom Gehirn als Richtungseindruck zum Bewußtsein gebracht. Der Ohrenabstand kann durch Vorrichtungen auf zwei bis drei Meter vergrößert und damit die Empfindlichkeit gegen eine Schrägstellung zur Schallrichtung vermehrt werden, indem an den beiden Enden einer Stange und senkrecht zu ihr Hörtrichter angebracht werden; von diesen gehen Schläuche zu den Ohren des Beobachters, der sich in der Mitte der Stange befindet. Wenn z. B. die Stange in einer horizontalen Ebene um eine vertikale Achse hin und her gedreht wird, so scheint dem Beobachter derselbe Schall bald von rechts, bald von links zu kommen. So kann auf Mitteneindruck die Anpeilung auf Bruchteile eines Bogengrades genau ausgeführt werden. Beim Verfolgen eines Flugzeuges ist selbstverständlich das Verhältnis seiner Geschwindigkeit zu der des Schalles hinsichtlich des Aberrationswinkels zu beachten.

Richtungsschüsse. Schüsse mit hohen Sprengpunkten, die in unübersichtlichem Gelände oder bei starker Gefechtstätigkeit (Rauchlagerung) dem Batterieführer zeigen sollen, wie seine Flugbahn seitlich liegt. Sie werden meist durch Einstellen eines zu großen Geländewinkels erzielt, da das Einstellen einer zu kleinen Brennlänge (Laufzeit) des Zünders die Schüsse nicht nach oben heben, sondern auf der Flugbahn zurückziehen würde. Das erstgenannte Verfahren ist namentlich bei stark seitlich abgesetzter

B.-Stelle das einzige Mittel, um die seitliche Lage der Flugbahn richtig zu erkennen.

Richtungswinkel werden beim indirekten Richten mit Richtkreisen gemessen und dienen dazu, die Schußrichtung in bezug auf einen Richtpunkt oder eine Grundrichtung festzulegen (s. Azimut und Richtverfahren).

Richtverfahren. Es wird unterschieden direktes, indirektes Richten und Zentralrichten.

Beim direkten Richten wird die Ziellinie, die mit dem Rohr die für das Treffen notwendigen Winkel nach Höhe und Seite einschließt, mit Hilfe der Richtmaschinen ständig auf das Ziel gerichtet.

Das indirekte Richten wird angewandt, wenn das Ziel nicht oder nur schlecht sichtbar ist. Die gesamte Rohrerhöhung wird dann an der Zieleinrichtung mit Hilfe einer Höhenlibelle eingestellt, während die Seitenrichtung mit Hilfe von Bussolen (Nadelverfahren) oder gut sichtbaren Hilfszielen (Richtpunkte) genommen wird. Die im Gelände oder auf der Karte gemessenen Winkel werden durch Richtkreise auf das Geschütz übertragen. Zur Beobachtung des Ziels und der Lage des Treffpunkts muß ein ebenfalls mit Zielmitteln ausgerüsteter Beobachter vorhanden sein.

Wenn die erforderlichen Richtwinkel in einem besonderen Leitstand ermittelt und dem Geschütz mitgeteilt werden, so ist eine Zieleinrichtung am Geschütz überflüssig. Man spricht dann vom Zentralrichten. Die einzustellenden Winkel können durch eine Fernmeldeeinrichtung übermittelt und von den Richtleuten eingestellt werden. Die Geschütze können aber auch mittels Fernsteuerung vom Leitstand aus unmittelbar gerichtet werden.

Rikoschettschuß ist eine 1688 von Vauban systematisch eingeführte und bis in die Mitte des 18. Jahrhunderts häufig benutzte Schußart, bei der durch wiederholtes Aufschlagen von Vollkugeln im Ziel eine längere Strecke in Schußrichtung bestrichen wurde. Der Schuß verläuft wie das Werfen von flachen Steinen über Wasser, wobei bei geeignetem Auffallwinkel der Stein oftmals über das Wasser emporspringt (s. Abpraller, Ramsauer).

Rimailho, franz. Artillerieoffizier (Artilleriemajor). Konstrukteur der schweren Feldbatterien, mit denen seit 1905 die franz. Art. ausgerüstet wurde. 15,5 cm (Kal. 155 mm), hydropneumatische Bremse, Rohrrücklauf (Wiege), Schnellfeuergeschütz.

Ringnitrokörper. Echte Nitrokörper (Gegensatz Nitrozellulosen, s. d.) dienen besonders zur Füllung von Granaten, Torpedos, Fliegerbrisanzbomben. Wichtigste Ausgangsstoffe: Benzol, Toluol, Phenol, Anilin.

Ringnitrokörper schwerer zu zünden als Kettennitrokörper, weil Flammen vom glatten Gerüst abgleiten, ohne Angriffspunkte zu finden. Andererseits geht Zerfall durchweg mit größerer Geschwindigkeit vor sich, weil bei eingeleitetem Zerfall das ganze Gerüst zusammenbricht wie etwa ein Baugerüst, wenn eine Stütze fortgenommen wird.

Bei der praktischen Verwendung darauf zu achten, daß eine Reihe der R. in Berührung mit Metallen stoßempfindliche Salze zu bilden vermag, z. B. Pikrinsäure, Hexanitrodiphenylamin. Diese müssen bei Einladung in Granaten usw. zuvor mit schützenden Papphülsen umgeben werden.

Ringunterbrecher s. Nadelunterbrecher.

Röggla, Edmund, Prof. in Warschau. Geb. 1879 in Wien. Artillerieoffizier, dann Besuch der Kriegsschule und Techn. Studien im Techn. Militärkomitee in Wien. Seit 1913 bei den Skodawerken in Pilsen als Konstrukteur und Ballistiker tätig. Nach dem Kriege 1914—18 hauptsächlich in Polen, heute als Geschütztechniker und Prof. an der Militärabteilung der Warschauer Polytechnik. Arbeiten hauptsächlich auf dem Gebiete der angewandten Ballistik. Als Geschütztechniker hat er ein neues System der Richtmittel geschaffen, den unabhängigen Aufsatz mit Zeigervorrichtung, und war an der Konstruktion des 30,5 cm-Mörsers (M 11) beteiligt, konstruierte einen 9 cm-Minenwerfer.

Rohne, Heinrich, Generalleutn. a. D., Dr.-Ing. e.h. Geb. 5. 9. 1842 in Minden, gest. 25. 9. 1937 in Berlin. 1860 Artillerieoffizier, verschiedene Stellen im Truppendienst der Artillerie, bis zum Brigade-Kdr., 1896 Gen.-Lt. und Gouverneur von Thorn und 1899 zur Disp. gestellt. In den dazwischen liegenden Jahren war R. 1875—80 Waffenlehrer an der Kriegsschule in Neiße, 1883—86 Lehrer an der Art.-Schießschule Berlin, 1888—91 Abt.-Chef bei der Art.-Prüfgs-Komm. in Berlin. R. hat sich durch zahlreiche Bücher und Abhandlungen über Ballistik, Schießlehre der Art. und Inf. in reichem Maße und als Herausgeber der Artl. Monatshefte mit besonderem Erfolge betätigt; Schriftleiter des Archivs f. Art.- u. Ing.-Offiziere.

Rohr s. Festigkeit der Rohre, Mantelrohr, Mantelringrohr, Seele.

Rohrabnutzung entsteht z. T. durch mechanische Walzarbeit der Geschoßführung beim Einpressen in die Felder, z. T. durch das Abbrennen der Felder und das allmähliche Ausbrennen und Vertiefen der Züge. Hauptsächlich auf auswaschende Wirkung der heißen Pulvergase zurückzuführen, die an dem im Beginn der Geschoßbewegung noch nicht voll liderndem Führungsmaterial mit sehr hoher Geschwindigkeit vorbeistreichen. Demgemäß ist Abnutzung bei Verwendung von Patronenmunition, bei der das Geschoß erst durch die Pulvergase selbst angesetzt wird, größer als bei getrennter Munition, bei der das Geschoß für sich angesetzt wird, wobei sich das Führungsband in den Übergangskegel einpreßt.

Im gezogenen Teil der Rohre werden die Felder infolge der Reibungsarbeit durch den Drall an den Führungskanten abgeschliffen. Größe der Abnutzung ist von der Art der Zugeinrichtung und des Dralls abhängig.

Die „Lebensdauer" eines Rohres endet im allgemeinen bei einer Schußbelastung, bei der ein bestimmter Verlust an Mündungsgeschwindigkeit in Verbindung mit unzulässig großer Streuung auftritt.

Rohrbeanspruchung s. Festigkeit der Rohre.

Rohrklaue dient zum Führen des Rohres auf der Gleitbahn der Wiege. Sie besteht entweder mit dem Rohr aus einem Stück oder sie ist an einem auf das Rohr aufgesetzten Ring angebracht (Klauenring) (s. Wiegenlafette).

Rohrkrepierer s. Rohrzerspringer.

Rohrrücklauf. Bewegung des Rohres beim Schuß auf der Wiegengleitbahn nach rückwärts, um die maximale Gaskraft nicht auf die Lafette wirksam werden zu lassen, sondern nur eine durch die Züge der Bremse bestimmte Durchschnittskraft, die Bremskraft.

Rohrrücklauf auf Rahmenlafetten wird heute nicht mehr verwendet. Das Rohr läuft längs einer geneigten feststehenden Gleitbahn, also nicht in Richtung der Seelenachse zurück. Durch die quer zum Rohr gerichtete Beschleunigung wird das Rohr auf Biegung beansprucht, und zwar um so stärker, je größer die Erhöhung ist. Beim Rücklauf läuft die Ziellinie aus der Zielrichtung und macht das Richten während des Rück- und Vorlaufes unmöglich. Nachteil ferner, daß Gleitbahn selbst einen erheblichen Teil der Rückstoßkraft aufnehmen muß. Ausschnitte für Rohrscharten bei Geschützen mit Panzer werden außerordentlich groß.

Rohrrücklauf auf Verschwindlafetten geht in der Weise vor sich, daß das in einem Gelenkparallelogramm gelagerte Rohr beim Schuß zurückschwingt, wobei die Beschleunigung quer zum Rohr gerichtet ist. Hierdurch tritt eine mit der Erhöhung des Rohres wachsende Biegungsbeanspruchung ein. Vorschwingen des Rohres erfolgt unter Wirkung eines Vorholmittels, Luft- oder Federvorholers, oder auch eines Gegengewichts. Zurück- und Vorschwingen wird durch hydraulische Bremse reguliert. Beim Einschwingen in Grenzlage wird Schuß selbsttätig abgefeuert. Verschwindlafetten haben gleiche Nachteile wie Rahmenlafetten. Sie haben größere Streuung als gleiche Rohre in Wiegenlafetten, was auf an sich geringere Stabilität der Lafetten und darauf zurückzuführen ist, daß Rohr zu dem Zeitpunkt, wo Geschoß Mündung verläßt, schon ein gewisses Stück zurückgeschwungen ist und dadurch entsprechend der Schwingenkonstruktion seine Erhöhung geändert hat.

Rohrrücklauf auf Wiegenlafetten vermeidet Nachteil der Rahmen- und Verschwindlafetten dadurch, daß das Rohr in Richtung der Seelenachse auf einer Gradführung zurückläuft. Es können deshalb keine Querbeschleunigungen auftreten, welche die Schußgenauigkeit beeinflussen.

Rohrrücklaufbremsen werden heute nur noch als Flüssigkeitsbremsen ausgeführt. Eine solche besteht aus einem mit Flüssigkeit gefüllten Zylinder, in dem sich ein Kolben bewegt. Ein Teil ist mit dem zurücklaufenden Rohr verbunden, der andere Teil mit der in Ruhe bleibenden Wiege. Bremswirkung entsteht dadurch, daß Flüssigkeit durch enge Öffnungen von einer zur anderen Kolbenseite gepreßt wird, wobei ein von der Geschwindigkeit des Durchströmens abhängiger Widerstand erzeugt wird. Durch entsprechende Bemessung des Öffnungsquerschnittes hat man es in der Hand, Länge des Rücklaufs und Höhe des längs des Rücklaufweges auftretenden Bremsdruckes zu bestimmen.

Der große Vorteil der Flüssigkeitsbremse liegt darin, daß sie in hohem Maße unempfindlich gegen wechselnde Belastung und Überlastung ist.

Die Füllung besteht wegen der Frostgefahr im allgemeinen aus einem Gemisch von 40% Wasser und 60% Glyzerin.

Der Vorlauf des Rohres wird durch den Vorholer (Luft- oder Federvorholer) bewirkt, wobei die Bremsflüssigkeit die Durchflußöffnungen in umgekehrter Richtung durchströmt.

Vorholer sind Akkumulatoren, die mit dem Rohr verbunden sind und in denen beim Rücklauf ein Teil der Rücklaufenergie aufgespeichert wird. Diese Energie wird benutzt, um das Rohr nach Beendigung des Rücklaufs wieder in die Feuerstellung vorzuholen. Als Speicher werden Federn oder Preßluft benutzt.

Vgl. Rausenberger: Theorie der Rohrrücklaufgeschütze. — Krell: Hydraulische Rücklaufbremsen. — Füsgen, P.: Die Berechnung der Flüssigkeitsbremsen, insbesondere für Rohrrücklaufgeschütze. Berlin 1936.

Rohrschwingungen werden durch die Schußbeanspruchung des Rohres als elastischen Körpers hervorgerufen. Von Bedeutung sind nur Biegungsschwingungen an der Mündung, die den Abgangsfehlerwinkel des Geschosses beeinflussen. Schwingungsrichtung, Weite und Zahl können durch entsprechende Massenverteilung geändert werden.

Rohrsicherheit. Zur Erzielung der Rohrsicherheit erhält der Zünder Einrichtungen, welche verhüten, daß der Zündmechanismus funktionsfähig wird, bevor das Geschoß das Rohr verlassen hat. Dies kann durch mechanische oder pyrotechnische Mittel erreicht werden.

Rohrspannungen sind als Ruhespannungen und Spannungen, die durch die Schußbeanspruchung erzeugt werden, vorhanden.

Ruhespannungen werden durch das Eigengewicht des Rohres je nach Art der Unterstützung erzeugt, und zwar Biegungsspannungen, die als Zug-, Druck- und Schubspannungen auftreten. Dazu kommen Spannungen, die durch den Rohraufbau erzeugt werden. Bei der künstlichen Metallkonstruktion besteht das Rohr aus Schichten, die mit Schrumpfdruck übereinandergezogen werden. In den einzelnen Lagen sind infolgedessen Druck- und Zugspannungen als Tangential-, Längs- und Radialspannungen vorhanden. Das gleiche ist beim autofrettierten Rohr (Monoblockrohr) der Fall.

Beim Schuß werden im spannungslosen Vollrohr durch den Innendruck Spannungen erzeugt, von denen die tangentiale Zugspannung der innersten Schicht für die Haltbarkeit maßgebend ist. Beim geschrumpften Rohr tritt eine Verschiebung der vorhandenen Spannungen in der Weise ein, daß eine annähernd gleichmäßige Belastung des ganzen Querschnittes erfolgt. Dazu treten Längsspannungen, die von der Reibung des durch die Seele gepreßten Geschosses und daher rühren, daß die auf den Stoßboden wirkende Gaskraft das Rohr beschleunigen muß. Außerdem greifen äußere Kräfte wie Brems- und Vorholerkraft am Rohr an, die Spannungen erzeugen.

Die durch die Verbrennung des Pulvers entwickelte Wärme geht zum Teil auf das Rohr über, ebenso die Reibungswärme des Geschosses infolge Durchpressens durch die Züge. Da diese Wärme von innen nach außen wandert, also nicht gleichmäßig über den ganzen Querschnitt verteilt ist, können zusätzliche Temperaturspannungen sowohl in radialer wie in Längsrichtung entstehen.

Der Berechnung der Spannungen liegt die Annahme zugrunde, daß die auftretenden Kräfte statisch wirken. Es ist jedoch kein Zweifel, daß diese Berechnungsart ungenau ist, und daß es notwendig wäre, den Einfluß des zeitlichen Verlaufs der Beanspruchung durch eine dynamische Festigkeitstheorie zu berücksichtigen.

Rohrweite s. Kaliber.

Rohrwiege s. Wiegenlafetten.

Rohrzerspringer (Rohrkrepierer). Ein Geschoß wird zum Rohrzerspringer, wenn es bereits im Rohr scharf wird und zerspringt. Ist das Geschoß mit einer brisanten Ladung gefüllt (Sprenggranate) und kommt diese zur Detonation, so wird das Rohr im allgemeinen zerrissen. Geschosse, die mit keiner brisanten Ladung gefüllt sind, wie Schrapnells, Übungsgranaten usw., rufen, wenn sie im Rohr zerspringen, keine wesentlichen Beschädigungen des Geschützes hervor. Die

Abb. 26. Wirkung eines Rohrkrepierers.

Ursachen des Krepierens im Rohr können liegen:

1. im Zünder, falls er nicht durch mechanische Vorrichtungen gegen ein frühzeitiges Scharfwerden gesichert oder falls er fehlerhaft zusammengebaut, oder wenn bei älteren Zündern eine aus einem Pulverkorn bestehende Sicherung durch Witterungs- und Lagerungseinflüsse verdorben ist. Mangelhaftes Zündermaterial gab während des Krieges kaum Anlaß zu Rohrzerspringern.

2. in der Geschoßhülle, wenn sie bei der Herstellung thermisch falsch behandelt wird; sie erhält dann innere Materialspannungen, die sich bei der Schußbeanspruchung auslösen und den Bruch der Hülle verursachen. Da in diesem Fall eine hinreichende Initiierung fehlt, so explodiert die Sprengladung vielfach nur unter Aufbauchung des Rohres, ohne es zu zerreißen.

3. in der Sprengladung, falls sie fehlerhaft gefertigt und laboriert wird; bei der Unempfindlichkeit der zu Sprengladungen verarbeiteten Sprengstoffe (Trinitrotoluol, Trinitrophenol) muß der Fehler schon erheblich sein, wenn die Sprengladung überhaupt zur Explosion gebracht werden soll.

Romberg, Heinrich, Dipl.-Ing., Direktor der Konstruktionsabteilung für Geschütze und Fahrzeuge des Landheeres bei der Rheinmetall-Borsig A.G., Werk Düsseldorf. Geb. 8. 5. 1880 in Düsseldorf, gest. 30. 4. 1938 durch Autounfall. Seit 1. 4. 1907, nach Abschluß des Hochschulstudiums in Karlsruhe, bei obiger Firma tätig.

Rotationsbewegung (Grundgleichung). Als Gesetz für die Rotationsbewegung eines starren Körpers um eine Achse gilt, daß das die Rotation erzeugende Drehmoment $\mathfrak{M}$ gleich ist dem Produkt aus dem Trägheitsmoment Θ des Körpers in bezug auf die Rotationsachse und der Winkelbeschleunigung $\mathfrak{b}$:

$$\mathfrak{M} = \Theta \cdot \mathfrak{b} .$$

Diese Formel fließt aus der Grundgleichung der Translationsbewegung (s. Kraft), welche lautet, daß die auf einen Punkt der Masse m wirkende Kraft $\mathfrak{K}$ gleich dem Produkt aus der Masse m und der Beschleunigung $\mathfrak{a}$ ist:

$$\mathfrak{K} = m \mathfrak{a} .$$

Rothe, Rudolf, Dr. phil., Prof. der Mathematik an der Techn. Hochsch. in Berlin. Geb. 15. 10. 1873 in Berlin. 1897 Dr. phil. Berlin. 1897—1908 wissenschaftl. Hilfsarbeiter, Assistent (1899 bis 1901) und ständiger Mitarbeiter (1901—06) an der Physik.-Techn. Reichsanstalt in Berlin, zugleich 1897—1905 Assistent, später 1905 bis 1908 Priv.-Doz. der Mathematik an der Techn. Hochsch. in Berlin. 1908 Prof. der Mathematik und Mechanik an der Bergakademie Clausthal, 1913 Prof. der Mathematik an der Techn. Hochsch. Hannover, seit 1914 Prof. der Mathematik an der Techn. Hochsch. in Berlin. Bücher und Abhandlungen aus den Gebieten der Mathematik (Flächentheorie und angew. Mathematik), Physik und darstellenden Geometrie. Langjähriger Mitarbeiter von C. Cranz auf ballistischem Gebiet.

Rücklaufenergie eines Geschützes in mkg ist gleich der Bremskraft in kg mal dem Rücklaufweg in m (s. Rückstoß).

Rücklaufgeschwindigkeit ist die Geschwindigkeit des unter Einwirkung der Bremskraft zurücklaufenden Rohres.

Rücklaufmesser ist ein Gerät zur indirekten Bestimmung des Pulvergasdruckes und seiner zeitlichen Änderung in Geschützen und Gewehren. Geschützrohr (ohne Lafette) oder Gewehrlauf lagern auf einer Gleitbahn, auf welcher sie sich in horizontaler Richtung frei bewegen können. Sind M und m die Massen von Rohr und Geschoß, X und x die von beiden seit der Zündung zurückgelegten Wege (X nach rückwärts, x nach vorwärts), so ist, da der Schwerpunkt von beiden in Ruhe bleiben muß, $XM = xm$. Durch genaue Registrierung auf einer mit bekannter Tourenzahl gedrehten Trommel wird die Wegzeitkurve $X = F(t)$ des Rohres aufgenommen, womit nach dem Schwerpunktssatz auch diejenige des Geschosses bekannt ist. Aus dem Verlauf dieser Kurven ergibt sich die Beschleunigung der beiden Massen und daraus die von den Pulvergasen jeweils ausgeübte Kraft. Unter Berücksichtigung des Rohrquerschnittes wird so eine absolute Druckmessung erzielt. Als Korrektionsgrößen sind zu berücksichtigen Massenträgheit der Pulverladung selbst sowie die zum Einpressen des Geschosses in die Züge erforderliche Kraft.

Rückstände des Pulvers. Entsprechend der Schwadenstärke (s. d.) ist auch die Menge der bei der Verbrennung von Pulvern übrigbleibenden Rückstände beim Schwarzpulver größer als bei rauchschwachen Pulvern. Der sog. Pulverschleim von Schwarzpulver, bestehend aus Kalisalzen und Schwefelverbindungen, greift u. U. das Rohr korrodierend an; deshalb ist das sog. Naßbrandpulver für Jagdzwecke hergestellt worden, das einen hygroskopischen, leicht zu entfernenden Pulverschleim in der Waffe zurückläßt. Besondere Rückstände von den verbrennenden Zündsätzen der Zündhütchen (Einführung sog. rostfreier Zündsätze).

Rückstände vermindern Gasmenge, erniedrigen Explosionstemperatur durch ihre Wärmeabsorption, als Vorteil gegenüber diesen Nachteilen tritt Vergrößerung des Kovolumens und damit Gasdruckerhöhung in Erscheinung. Sie können meist mit scharfer Bürste (Draht) entfernt werden.

Rückstoß nennt man die beim Vorwärtseilen des Geschosses eintretende Rückwärtsbewegung des Rohres. Wenn das Rohr eine starre Hinterlage besitzt, so entspricht der Druck auf diese Hinterlage in jedem Augenblick dem im Rohre herrschenden Pulvergasdruck. Bei völlig frei zurücklaufenden Rohren bliebe der Schwerpunkt von Geschoß und Rohr in Ruhe. Dann gilt der Impulssatz der Mechanik in der Form, daß das Produkt aus der Geschoßmasse und ihrer Geschwindigkeit stets gleich ist dem Produkt aus der Rohrmasse und der Rücklaufgeschwindigkeit. Die Masse der Pulverladung wird nach Sébert im allgemeinen derart berücksichtigt, daß sie halb zur Geschoßmasse und halb zur Rohrmasse gerechnet wird. Nachdem das Geschoß das Rohr verlassen hat, wirkt der Gasdruck auf den Geschoßboden noch einige Zeit nach. Es gilt für diesen zweiten Abschnitt, daß das Produkt aus Rohrmasse und Rücklaufbeschleunigung gleich dem jeweiligen Gasdruck auf den Rohrboden ist. Die Rücklaufenergie wird jedoch in Wirklichkeit durch Reibung und gewollte Bremskräfte (Lafetten-,

Rohrbremse, Hemmkeile, Sporn) aufgezehrt, wofür besondere Gesetze gelten. So errechnet sich die mittlere Bremskraft β annähernd nach folgender Formel:

$$\beta = \frac{(G + \frac{1}{2} L)^2 v_0^2}{2 g r G_r};$$

es bedeutet G das Geschoßgewicht, G_r das Gewicht der rücklaufenden Teile, L das Ladungsgewicht (der Faktor $\frac{1}{2}$ ist äußerst unzuverlässig und kann auch den Wert 2 erhalten), g die Schwerebeschleunigung, v_0 die Anfangsgeschwindigkeit und r den Rücklaufweg. Bei Selbstladewaffen wird der Rückstoß zur selbsttätigen Ladung für den nächsten Schuß ausgenutzt. Durch den Druck auf den Rohrboden treten ferner Drehmomente um den Schwerpunkt und die Unterstützungspunkte der Waffe oder des Rohres auf, die zu Kippbewegungen führen und auch das Bucken (s. d.) veranlassen.

Rücktrift ist die Strecke, um welche eine von einem Flugzeug abgeworfene Bombe hinter dem Fußpunkt der vom Flugzeug im Augenblick des Abwurfes gefällten Senkrechten auf die Erde fällt. Das Verhältnis dieser Strecke zur Höhe des Flugzeuges ist die trigonometrische Tangente des sog. Rücktriftwinkels.

Rückwärtseinschnitt bezeichnet ein Bestimmungsverfahren des Neupunktes N, wenn sämtliche Winkelmessungen nur von diesem Punkt N aus nach drei, besser nach vier Festpunkten im Gelände vorgenommen werden können. Die Summe dieser Winkel soll nicht spitz sein, besser größer als 90°. Auswerteverfahren: Graphisch und mechanisch mit Pausblatt — zeichnerisch konstruktiv oder rechnerisch. Verfahren mit Pausblatt genügt für behelfsmäßigen Truppengebrauch. Auf Pauspapier werden die gemessenen Winkel und Richtstrahlen nach den Festpunkten A, B, C, D gezeichnet, dieses Pauspapier auf die Karte gelegt, so daß die Richtstrahlen scharf durch die zugehörigen Lagepunkte a, b, c, d hindurchgehen. Im Punkt N des Pauspapiers wird dann mit einer Nadel in der Karte der Lagepunkt N angestochen.

Rückwirkung auf starre Schußvorrichtungen. Wird das Rohr beim Schuß in einer starren Lafette festgehalten, so muß die Lafette in jedem Augenblick die gesamte Pulverkraft aufnehmen. Diese Kraft kann bei einem Gasdruck bis zu 4000 kg/cm² im Rohr einen sehr hohen Wert annehmen. Sie ruft elastische Formveränderung der Lafette und bei entsprechender Richtung der Kraft auch Bocken des Geschützes hervor. Hierdurch wird der Abgangsfehlerwinkel des Geschützes beeinflußt.

Rumpff, Hans, Dr.-Ing., Ballistiker. Geb. 27. 12. 1890 in Frankfurt a. d. O. Stud. an den Techn. Hochsch. 1911—13 Breslau, 1913 bis 1914 Aachen, 1917—18 Berlin, Dipl.-Ex. als Eisenhütteningenieur. War 1917—18 im Ing.-Komitee und in der Art.-Prüfgs-Komm. tätig. 1918—22 Ballistiker bei Rheinmetall in Düsseldorf; seit 1922 Inhaber der Fa. Rumpff in Bonn a. Rh. (ballist. und elektr. Instrumente). 1919 Promotion an der Techn. Hochsch. Berlin. Diplom arbeit handelt über Fabrik für Minenwerfermunition, Dissertation über die wissenschaftliche Photographie als experimentelle Grundlage des Geschützbaues.

Arbeitsgebiete: Innere u. äußere Ballistik, Sprengstoffprüfung, v_0-Meßgeräte, elektr., Druckindikatoren.

Rundbildkammer. Sonderkammer für photographische Aufnahmen von Rundblickbildern in senkrechter Bauart mit vor dem Objektiv von 30—70 cm Brennweite zwecks Aufnahme aus Deckung vorgesetztem Ablenkprisma. Die auf einem Stativ aufgestellte Kammer wird während der Aufnahme durch Uhrwerk oder Motorantrieb im Kreise gedreht. Auf den Aufnahmen, die auf Rollfilm erfolgen, bildet sich eine Strichteilung selbsttätig mit ab. Die Kamera dient zur Aufnahme von mit Strichteilung versehenen Rundbildern des Geländes von Beobachtungsstellen aus.

Rundblickfernrohr, auch Panoramafernrohr genannt, ist ein kurzes Sehrohr (s. d.), bei welchem der Lichteintritts-Reflektor samt seinem Gehäuse um den vertikalen Fernrohrteil gedreht werden kann, so daß es möglich ist, den ganzen Horizont bei feststehendem Okular mit dem Rundblickfernrohr nach und nach zu beobachten. In diesem Fall würde das Bild sich um die horizontale Okularachse drehen. Dieses „Stürzen" des Bildes wird dadurch vermieden, daß ein „Bildaufrichteprisma" nach Dove zusammen mit dem Eintrittsreflektor, durch Zahnräder gekuppelt, entsprechend gedreht wird. Das Rundblickfernrohr wird hauptsächlich als Zielfernrohr für die Rohrrücklaufgeschütze gebraucht und bietet hier den Vorteil, daß der Richtkanonier in beliebiger Richtung das Hilfsziel wählen kann, ohne seinen Sitz verlassen oder sich aus der Deckung heraus bewegen zu müssen.

Rundkugeln s. Kugelgeschosse.

Runge, Carl, Prof. Dr., Mathematiker. Geb. 30. 8. 1856 in Bremen. 1880 Dr. phil. Berlin; Dr.-Ing. e. h. Aachen. 1886—1904 Prof. für Mathematik an der Techn. Hochsch. Hannover, 1904—24 Prof. für angew. Mathematik an der Univ. Göttingen, dann im Ruhestand. Seine Rechenverfahren in der praktischen Ballistik benutzt.

S

Salve ist das gleichzeitige Abfeuern der Geschütze einer Batterie. Sie wird angewandt, wenn die Geschosse gleichzeitig am Ziel ankommen sollen, also z. B. bei Feuereröffnung zu einem Feuerüberfall, oder wenn bei schwierigen Beobachtungsverhältnissen, z. B. beim Masseneinsatz von Artillerie, beim Einschießen die Schüsse der eigenen Batterie nicht mit Sicherheit von denen anderer Batterien unterschieden werden können.

Salve (Ableitung) hieß als Begrüßungsformel der alten Römer: Willkommen! Sei gegrüßt! Als Entlehnungen aus dem lat. salvere (begrüßen[1]) und dem franz. saluer

[1] Eigentlich: wohl sein.

traten um 1200 das mittelhochdeutsche salfieren und saluieren auf. Die erste Form erschien seit 1431 in der Bedeutung „sich sichern“. Hieraus entstand das neuhochdeutsche „(sich) salvieren, (sich) in Sicherheit bringen“. Selbständige Entlehnung des 16. Jahrh. war „Salve“ (franz. salve, ital. salva). Darunter wurde der bei Empfängen und anderen feierlichen Gelegenheiten übliche Bewillkommnungs- und Ehrengruß verstanden; dieser wurde durch das gleichzeitige Abfeuern von mehreren Gewehren oder Geschützen erwiesen. Daraus ist dann die heute noch gültige Bedeutung des gleichzeitigen Abfeuerns einer Anzahl von Schußwaffen (Gewehre und Geschütze) auf Kommando entstanden.

Salzvorlage, eine Beiladung (Natriumkarbonat, Harnstoff u. a.) zur Ladung der Kartusche zwecks Dämpfung des Mündungsfeuers.

Sänger, Eugen, Dr.-Ing. Geb. 22. 9. 1905 in Preßnitz (Erzgeb.). Nach Besuch der Techn. Hochsch. in Graz und Wien Baupraxis von 1923—29, 1927 die erste und 1929 die zweite Staatsprüfung. 1930 bis 1935 Assistent an der Techn. Hochsch. Wien, dort 1930 Dr. der Techn. Wissenschaften. Arbeiten in mechan. Technologie und Baustoffkunde, erfinderisch tätig auf dem Gebiet der Flugtechnik, bes. Raketenflugtechnik. 1933 in „Raketenflugtechnik“ veröffentlicht.

Saposchnikoff, Alexis Vasiliewitsch, russ. Prof. für Sprengstoffwesen. Geb. 15. 3. 1868 in Omsk, gest. 23. 7. 1935 in einem Kurbad des Kaukasus. Erziehung im Kadettenkorps. Von 1886 Hochschulen der Artillerie in St. Petersburg. 1899 Lehrstuhl für Chemie an der Art.-Akademie, dann an der Univ., an Art.-Schulen und anderen Instituten bis 1931. Nach Festhaltung im Gefängnis bis Ende 1933 erkrankte er und starb 1935. 1914 bis 1918 war er in USA. zum Ankauf von 18 Mill. Feldgranaten. Arbeitsgebiete Explosivstoffe, bes. gelatinierte rauchlose Schießpulver.

Saugwiderstand s. Sog.

Saugwirkung des Explosionsstoßes. Die eigentümliche Erscheinung, daß in der weiteren Entfernung von einem Explosionsherd die Trümmer nicht, wie erwartet werden sollte, vom Explosionsherd weg, sondern gegen ihn hin geschleudert werden, wird von Wolff durch die besondere Form der Stoßwelle erklärt. Der steile Wellenkopf bleibt nämlich auch in weiterer Entfernung bestehen, während der Abfall immer mehr abgeflacht wird. Die Zeit des Druckanstiegs ändert sich demnach nur wenig, die Zeit des Druckabfalls wird dagegen immer größer, was zur Folge hat, daß die Wirkungen dieses Abfalls beim Fortschreiten der Druckwelle mehr und mehr als eine Art von Saugwirkung bemerkbar werden.

Schall (s. auch Knall und Flugschallmessung). Als Schall werden Ton- und Knallschwingungen sowie Geräusche hörbarer Frequenz bezeichnet. Aus Frequenzgemischen von Tönen entsteht ein Klangbild. Zur Fortpflanzung der Schallschwingung ist ein materieller Körper notwendig (Luft, Wasser, Erde, Metalle, Holz usw.). Im luftleeren Raum findet keine Schallfortpflanzung statt (s. Schallfeld). Knallwellen werden durch Zeitunterschiedmessung ihrer Ausbreitung über Festpunkte der Erdoberfläche bestimmt. Motoren- und Flugzeugschall bildet ein kontinuierliches Geräusch wechselnder Intensität. Ein Entstehungsort wird richtungsmäßig bestimmt durch „doppelohrige“ subjektive Beobachtung gleichartigen Schalleindrucks auf beiden Ohren. Zahlreiche Einzelknallwellen (Trommelfeuer), Abschüsse, Einschläge, Geschoßknalle, Echos vereinigen akustische Erscheinung eines Gefechtes zu einem anhaltenden Donnergeräusch. Innerhalb der Donnerzone (auf dem Gefechtsfeld) sind akustische Messungen ohne besondere Maßnahmen nicht mehr möglich. Akustische Frequenzsiebung kann angewendet werden.

Mikrophone zur Knallregistrierung: Kohle- und Hitzdraht-Mi. Diese bieten manche Vorteile bei gleicher Empfindlichkeit, ruhigere Nullinie, Absiebung höherer Störfrequenzen wie M.-G.-Feuer, Rasselgeräusche, Flugzeuggeräusche bei entsprechender Wahl des zugehörigen Helmholtz-Resonators. Ultraschallwellen s. d.

Schallerscheinungen sind elastische Schwingungsvorgänge fester und luftförmiger Körper mit hörbarer Frequenz. Ursache einer Schallempfindung nennt man Schall. Wir unterscheiden Töne, Geräusche, Knalle. Ein in regelmäßigen, rasch aufeinanderfolgenden Schwingungen befindlicher Körper liefert einen Ton oder Klang. Hörbar sind (persönlich verschieden) 15000 bis etwa 20000 Schwingungen je Sekunde („Frequenz“, „Hertz“). Die Höhe des Tones wächst mit der Schwingungszahl, die Tonstärke dagegen mit der Schwingungsweite (Amplitude) jeder einzelnen Erschütterung. Die Tonstärke nimmt ungefähr umgekehrt proportional dem Quadrat der Entfernung vom tönenden Körper ab, ist also in zweifacher Entfernung nur ein Viertel derjenigen in einfacher Entfernung (Ausbreitung der Energie auf einer wachsenden Kugelfläche). Klangfarbe unterscheidet gleiche Tonhöhe nach der Eigentümlichkeit der Tonerzeuger, deren Grundtöne mit verschiedenen, ihnen charakteristischen Obertönen (bzw. Formanten) gemischt sind (Violine, Trompete, Flöte). Vgl. Schallwellen.

Schallfeld. Der gesamte Schwingungszustand des Mediums, in dem die Schallausbreitung stattfindet, in seinem räumlichen und zeitlichen Verlauf wird das „Schallfeld“ genannt. Die akustische Wirkungsweise der Schallerzeuger und der Schallaufnehmer beruht auf der Verbindung eines Schwingungsgebildes mit einem Schallfeld. Ein einfacher Schallfeldtyp liegt vor, wenn sich die von der Schallwelle ausgehenden Wellen frei ausbreiten, ohne auf ein Hindernis zu stoßen. Es bilden sich dann rein „fortschreitende“ Wellen. Rein „stehende“ Wellen kommen zustande, wenn die von der Schallquelle ausgehenden Wellen senkrecht auf eine Wand fallen, von der sie völlig zurückgeworfen werden. Teilreflektionen von Knallwellen im freien Schallfeld können als

Echoerscheinungen Meßstörungen bringen. Schallaufnahmestellen deshalb möglichst echofrei wählen. Günstiges, freies Schallfeld hat gleiche Bedeutung für eine Schallmessung wie ein hoher Beobachtungspunkt für eine optische Messung.

Schallgeschwindigkeit wächst in trockener Luft je Grad um 0,6 m/s (s. LA PLACEsche Gl.). Näheres in folgender

Tabelle 5. Schallgeschwindigkeit in trockener Luft.

T	c	T	c
−25°	314,2	−5°	327,7
−20°	318,3	0°	330,7
−15°	321,5	+5°	333,7
−10°	324,6	+10°	336,7

T	c
+15°	339,7
+20°	342,6
+25°	345,5
+30°	348,4

Der Einfluß der Luftfeuchte (in % des Max.-Wertes) kann überschlagsweise erfolgen, indem man die gemessene Temperatur durch Zufügen der Zusatztemperatur (s. d.) in virtuelle T. verwandelt und damit in die Tabelle eingeht.

Schallmeßbatterie, 1915 Schallmeßtrupp. Im Weltkrieg entstandener, artilleristischer Aufklärungstruppenteil, heute motorisiert. Einsetzbar im Bewegungskrieg und Stellungskrieg. Besetzt wird eine Divisionsfront mit normal vier Meßstellen (u. U. mehr), ist jedoch nicht an deren Aufmarschbreite gebunden. Meßtiefe abhängig von besetzter Basis. Auswertestelle in der Nähe des Artillerieführers der Division. Zusammenarbeit mit Lichtmeßbatterie taktisch von Vorteil.

Schall-Meßbeobachtung, besser Schall-Schußmessung als Gegensatz zu Schall-Meßerkundung, bezeichnet eine akustische Einmessung eigener Granataufschläge beim Feind. Mit „Beobachtung" soll nur ein persönlicher Einzeleindruck ohne „Maß" bezeichnet werden, (z. B. beim Gabelschießen: kurz, weit, links, rechts). Eine „Schallbeobachtung" soll auch nur einen Eindruck schildern, kein Maß geben. Eine Schallerkundung braucht noch keine Schall-Meßerkundung zu sein. Aber eine Schall-Meßerkundung muß etwas Sicheres, etwas Eindeutiges sein.

Schallmeßtrupp s. Schallmeßbatterie.

Schallmeßverfahren (s. a. Schallmeßwesen). Großbasenverfahren. Zielortsbestimmung durch Messung der Zeitunterschiede (Z.U.) (Genauigkeit 0,01—0,001 sec) des Durchlaufs der gleichen Knallwelle über verschiedene, trigonometrisch festgelegte Mikrophonstellen. Normale Großbasis 6—10 km lang mit 4—6 Meßstellen (M.St.). Eine Vorwarnstelle setzt beim Hören eines meßbaren Knalles den Oszillographen der zentralen Auswertestelle mit elektrischem Signal (überDraht oder drahtlos) in Gang. Mikrophonströme steuern alsdann Meßschleifen des Oszillographen, zeichnen Knallschwingungen auf ablaufenden (8 cm/sec und mehr) Papierfilm. Zeitmessungen durch Zeitschwingungsschreiber auf gleichem Film.

Auswertegrundlage. Schema. *abc* = Mikrophonstellen; *g* = feuerndes Geschütz. *s* = Schallwelle

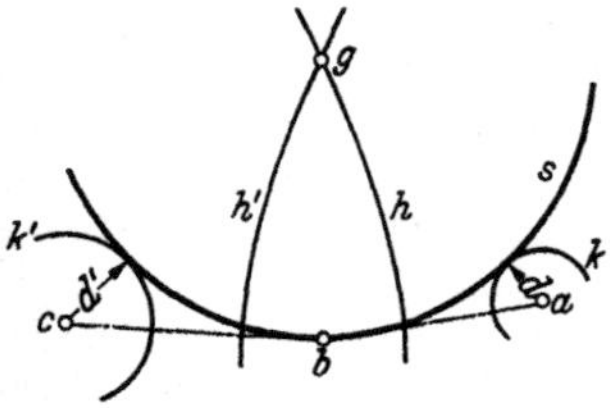

Abb. 27. Schema des Schallmessens.

(*a* durchlaufend); *d* = Abstand von *a*, *d'* = Abstand von *c*; *k*, *k'* = Abstandskreise; *h*, *h'* = Hyperbeln. Grundgedanke: Die Hyperbel *h*, (*h'*) ist der geometrische Ort derjenigen Punkte, die von dem Punkt *b* und dem Kreis *k*, (*k'*) gleichen Abstand halten. *g* als Schnittpunkt beider Hyperbeln erfüllt beide Bedingungen und stellt gesuchten Mittelpunkt von *s* dar.

Schallmeßwesen, militärisches, entwickelt im Weltkrieg, vorher unbekannt. Vorschläge: Lt. d. R. SCHLIPKÖTER, Lt. d. R. SCHWAB, Lt. d. Ldw. FREDENHAGEN u. a. Umfaßt akustische, meßtechnische Erkundung und Schußeinmessung nach Knallwellen, sowie Richtungsfestlegung nach Geräuschen, diese insbesondere als Flugschallmessung (Panzerschallmessung). Anwendbar bei Tag und Nacht, unabhängig von der Sicht. Starker Wind stört die Aufnahme bzw. verschiebt Meßergebnis. Temperatur nur von Einfluß auf Knallmessung (Wegbestimmung), nicht von wesentlichem Einfluß auf Flugschallmessung.

Erkundungsziele der Knallmessung: Schallgebende Ziele niederer Knallfrequenz: Geschütze aller Kaliber, Minenwerfer. Gute Leistung im Einzelfeuer, begrenzte Leistung im Massenfeuer.

Schall-Schußmessung (Schießen mit Schallmessung): Nur möglich bei einzelnen, eindeutig erkennbaren Einschlägen, vorzugsweise schwereren Kalibers. Aufnahme der Luftknallschwingung mit Mikrophonen und Registriergerät, vorzugsweise Oszillograph. Genauigkeit der Zeitfestlegung: 0,01 bis 0,001 sec.

Schallrichtungsmessung nach Flugschall, durchgeführt mit Richtungshörern (s. a. Schallmeßwesen). Die Schallrichtungsmessung benutzt den subjektiven Höreindruck eines Geräusches auf zwei gleich guten Trommelfellen. Basis normal 16 cm. Reaktionsfähigkeit $= {}^{1}/_{10\,000}$ sec, ergibt mit freien Ohren eine Richtungseingrenzung von etwa 200 Teilstrichen. Verengung des Winkels ist möglich durch Vergrößerung der Aufnahmebasis mit Rohrleitung und Schallauffangtrichter in verschiedenen Formen. Frequenzabsiebung möglich. Punkte im Raum (Flugzeug) müssen in zwei Ebenen (waagerecht und senkrecht) angeschnitten werden (vier Aufnahmetrichter). Schallweg-Verzögerung verursacht Nacheilung des akustischen Winkels gegenüber der optischen Beobachtungsrichtung (Parallelogramm der Schall- und Fluggeschwindigkeit).

Schall-Schußmessung s. Schall-Meßbeobachtung.

Schallstrahl bedeutet die Ausbreitungsrichtung eines Flächenelementes innerhalb einer Kugelschallwelle. Bei genügendem Abstand von dem Schallort stellt dieses Flächenelement eine Planwelle dar. Schallstrahl steht senkrecht auf Planwelle.

Schardin, Hubert, Dr. ing., Prof. an der Lufttechnischen Akademie in Berlin-Gatow. Geb. 17. 6. 1902 in Deutsch-Plassow (Pommern). 1914—22 Besuch der Oberrealschule in Stolp (Pomm.). Studierte 1922—27 techn. Physik an den Techn. Hochsch. Berlin und München. 1927 Assistent bei Geheimrat C. Cranz. 1934 Promotion. Winter 1935/36 mit Geh.-Rat Cranz in China. 1936 Leiter d. Inst. f. techn. Physik und Ballistik an der Lufttechn. Akademie in Berlin-Gatow. Dez. 1936 a.o. Prof. an der Luftkriegsakademie.

Hauptarbeitsgebiete: Theoret. u. experiment. Ballistik, techn. Physik (Akustik, Optik), Gasdynamik, Hochfrequenzkinematographie.

Scharfer Treffer ist im Gegensatz zum „matten" Treffer ein solcher, der einen Menschen kampfunfähig macht. Im allgemeinen ist dazu nach H. Rohne für einen Granatsplitter oder eine Schrapnellkugel eine Wucht von rd. 8 mkg erforderlich; gelegentlich sollen nach Bircher schon 6,3 mkg, nach Journée noch weniger ausreichen. Selbstverständlich kommt es auch darauf an, ob Weichteile oder Knochen, ob Organe oder nur weniger wichtige Teile des Menschen getroffen werden. Die nachfolgende Abbildung nach Niesiolowski-Gawin zeigt, daß nur 25 % der Menschenfläche als tödlich, 15 % als schwer und 60 % als leicht gefährdet anzusehen sind. Nach groben Ermittlungen aus dem Weltkrieg betragen die Wertzahlen für das Verhältnis der Toten zu den Verwundeten bei Schrapnellkugeln : kl. Granatsplittern : gr. Granatsplittern = 1 : 1 : 6,

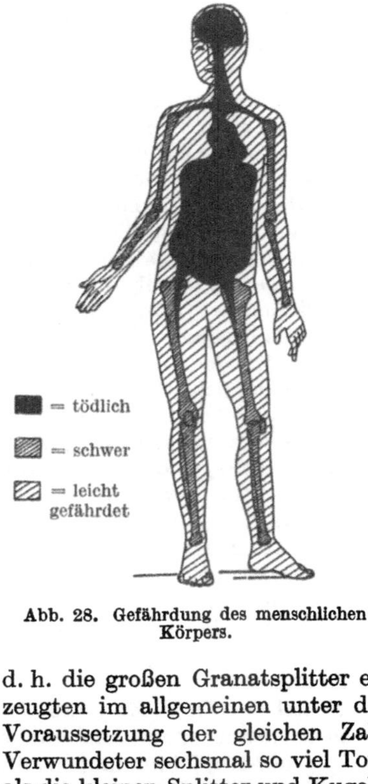

Abb. 28. Gefährdung des menschlichen Körpers.

d. h. die großen Granatsplitter erzeugten im allgemeinen unter der Voraussetzung der gleichen Zahl Verwundeter sechsmal so viel Tote als die kleinen Splitter und Kugeln (s. Brisanzgeschoß, Tötungswucht).

Scheimpflug, Theodor, geb. am 7. 10. 1865 in Wien, gest. am 22. 8. 1911 in Vorderbrühl bei Wien. Zuerst Marineoffizier, dann Studium an der Techn. Hochsch. Wien von 1896 an; von 1899—1905 Hauptmann im Militärgeogr. Institut in

Wien. Dann im Ruhestand. Er gehört zu den erfolgreichsten Förderern der Photogrammetrie und insbesondere der Luftbildmessung. Trat 1897 mit der Lösung des Problems einer auf photographischem Wege aus einer photographischen Geländeaufnahme herzustellenden Karte hervor. Zunächst dachte SCH. nur an Verwertung terrestrischer Aufnahmen, ging jedoch bald zu Luftbildern über, die durch Drachen- und Ballonaufnahmen erhalten wurden. SCH. hat als erster die theoretischen Grundlagen der optischen Transformation von Schrägaufnahmen richtig erkannt, damit bahnbrechend für Entwicklung der Entzerrungsgeräte (s. d.). Als besonders fruchtbar erwies sich der Gedanke der Anwendung von Doppelprojektoren (s. d.), die bei den heutigen Auswertegeräten eine wichtige Rolle spielen.

Hauptarbeitsgebiete: Aerophotogrammetrie mit Drachen-, Ballon- und Flugzeugaufnahmen, Geschichte des Fluges, Luftschiffahrt und Vermessungswesen, Drachenverwendung zur See.

Scheinbare Masse eines Geschosses s. Hauptgleichung der inneren Ballistik.

Scheitel der Flugbahn eines Geschosses nennt man den Punkt ihrer größten Krümmung (s. d.) oder die Stelle mit dem kleinsten Krümmungsradius; der Scheitel liegt in der Nähe des Bahngipfels auf dem absteigenden Aste; nur im luftleeren Raum bei der Parabel fallen Scheitelpunkt und Gipfelpunkt der Flugbahn im höchsten Punkte über der Mündungswaagerechten zusammen. Scheitelweite oder Scheitelentfernung hieß bisher ungenau bezeichnet die horizontale Entfernung vom Anfangspunkt der Bahn bis zum Fußpunkt des Lotes, das vom Gipfel auf die Mündungswaagerechte gefällt ist; als Gipfelhöhe (nicht „Scheitel"-höhe) ist die Länge dieses Lotes selbst zu bezeichnen.

Scheitelentfernung s. Scheitel.

Scheitelhöhe s. Scheitel.

Scheitelweite s. Scheitel.

Scherenfernrohr ist ein Stangenfernrohr (s. d.), dessen Hälften um Achse, die parallel zur optischen Achse, also auch zu den Okularachsen liegt, zusammengeklappt werden können; dieses trifft genau nur für den Fall zu, wenn Fernrohr geradsichtig ist. Liegen die Fernrohrschenkel gestreckt, so erscheinen Bilder mit gesteigerter Räumlichkeit (Plastik), außerdem kann um Hindernisse (Bäume) herumgesehen werden. Sind die Schenkel zusammengeklappt, so geht die Plastik sehr zurück; ein Sehen über Hindernisse hinweg ist aber möglich. Man hat in diesem Fall ein kleines binokulares Sehrohr.

Scherenfernrohrbild, hergestellt mit S.F.-Kamera. Diente im Kriege zur Unterstützung der Beobachtungsmeldungen aus vorderer Linie und zur Verständigung zwischen Befehlsstellen und Beobachter; gab in zeitlichen Abständen genauen Aufschluß über Bauveränderungen der gegnerischen Stellung, Einbau von M.-G., Minenwerfern, Sappenköpfen, Drahthindernissen usw.; besonders wertvoll in Verbindung mit senkrechten Flugbildaufnahmen.

Schichtfaktoren treten bei der Bestimmung der Beträge des „Ballistischen Luftgewichtes“ (s. d.) bzw. Windes auf. Mit ihrer Hilfe wird die anteilige Wirkung einer gewissen Schicht an dem gesamten Einfluß z. B. der Dichte ermittelt. Man berücksichtigt auf diese Weise den sonst für jeden Punkt der Bahn einzeln zu bestimmenden Einfluß auf schnelle und praktisch genügend genaue Weise. Ballistiker der verschiedenen Nationen bevorzugen z. T. verschieden dicke Schichten (mit gleichen Faktoren) oder gleich dicke Schichten (mit verschiedenen Faktoren). Näheres z.B. bei Garnier, Mém. de l'Artl. Frç.

Schichtfaktoren einfachster Art haben zur Voraussetzung, daß der betreffende Einfluß der Dauer seiner Einwirkung proportional angesetzt werden dürfe. Als wichtigster Einfluß gilt meist der des Windes. Im leeren Raum ergibt sich eine Teilung für zwei gleichwertige Schichten in drei Viertel der Gipfelhöhe, so daß die im freien Fall zurückgelegten Strecken sich wie die Quadrate der zugehörigen Flugdauern verhalten. Will man drei Schichten benutzen, die selbst wieder Schichtenmittel aus je zwei Werten sind, so hat man die Gipfelhöhe zu $6^2 = 36$ Einheiten anzusetzen. Vom Gipfel abwärts hat man dann gemäß den Quadraten der Zahlen überschlagsweise:

Vom Gipfel (Schicht)		Mitte	Vom Boden	
1	1	$^1/_{36}$	$^{35}/_{36} = 0,97$	der Gipfelhöhe
2	4			
3	9	$^9/_{36}$	$^{25}/_{36} = 0,69$	
4	16			
5	25	$^{25}/_{36}$	$^9/_{36} = 0,25$	
6	36			

Die Werte des Windeinflusses in diesen Höhen sind unter unseren Voraussetzungen gleichbedeutend, die oberste Schicht macht also besonders viel aus. Will man unendlich viele Schichten zu einem Mittel vereinigen, so liegt dies in zwei Drittel der Gipfelhöhe. Im lufterfüllten Raum sieht die Schichtenteilung gelegentlich etwas anders aus, da in Höhen von über 20 bis 25 km der Widerstand praktisch gleich Null zu setzen ist.

Schiefer Radstand s. Verkantung.

Schießbehelfe gehören zu den Schießhilfsmitteln (s. d.). Schießvorschrift rechnet zu den Schießbehelfen: Schußtafeln der Geschütze, B.W.E.-Tafeln, graphische Schußtafeln (im Gegensatz zu vorgenannten auch als Buchschußtafeln bezeichneten) und Flugbahnbilder. Erläuterungen und Anwendungsbeispiele in den neueren Schußtafeln.

Schießdraht. Bei Geschwindigkeitsmessungen für Handfeuerwaffen (s. d.) wird im ersten Stromkreis am Anfang der Meßstrecke und bei kleinen Meßstrecken auch im zweiten Stromkreis am Ende der Meßstrecke ein dünner Draht aus Kupfer oder Neusilber bzw. ein schmaler Streifen aus dünnem Kupferblech mittels geeigneter Vorrichtungen in der voraussichtlichen Flugrichtung des Geschosses ausgespannt; dieses kann nacheinander die beiden Drähte zerreißen und damit die betr. Zeitpunkte durch die Unterbrechung der Ströme festlegen. Photographische Momentaufnahmen haben gezeigt, daß je nach Mündungsdruck und nach Art und Ort der Befestigung der

Kupferlamelle diese vorzeitig durch Pulvergase, die vor dem Geschoß austreten bzw. das Geschoß überholen, zerrissen werden kann. Dies ist bei neueren Gewehren von 5 cm vor der Mündung an nicht mehr zu befürchten.

Schießen aus Flugzeugen erfolgt mit starren oder beweglichen Bordwaffen im Luftkampf gegen feindliche Flugzeuge oder beim Eingreifen in Erdkampfhandlungen auf geeignete Erdziele.

Schießen gegen entfaltete und entwickelte Schützen im offenen Gelände. Gegen derartige Ziele, die meist sehr licht sind und eine gewisse Tiefe haben, wird entweder eine Gabel gegen den vorderen Rand der Entwicklung gebildet oder, was meist der Fall sein wird, werden die innerhalb der Entwicklung liegenden Schüsse als Anhalt für Wirkungsschießen benutzt. Gegen keine anderen Ziele gibt es ein so freies, stets anders verlaufendes, nur den Umständen angepaßtes und nicht in Regeln zu bringendes Schießen als gegen solche Schützenentwicklungen. Liegen die Schützen fest, so wird versucht, das Feuer gegen einzelne erkannte Masch.-Gew.-Kompanietrupps usw. zu verdichten. Ist die ganze Entwicklung im Vorgehen, so wird das Feuer vor die vordersten Teile gelegt, setzt sich eine liegende Entwicklung in Bewegung, so wird es im Sinne der Bewegung vorverlegt.

Schießen im gebirgigen Gelände. Die Annahme, daß die Flugbahn gewissermaßen starr auf der Visierlinie sitzt und deren Bewegungen mitmacht, ist nur in engen Grenzen des Hebens bzw. Senkens dieser Visierlinie zulässig. Wird diese Grenze (vgl. Libellentafel der Geschütze) überschritten, so wird das Schießen im gebirgigen Gelände angewendet. Dabei werden die auf Libelle 0 beruhenden graphischen Schußtafeln (s. d.) benutzt. Es kann also z. B. vorkommen, daß ein auf Kartenentfernung 2400 m stehendes Ziel mit einer Flugbahn beschossen wird, die erst auf 5400 m den Mündungshorizont erreicht. Bei Verwendung von Doppelzündern muß die Flugdauer des Bahnpunktes auf 2400 m und nicht die von 5400 m zugrunde gelegt werden.

Schießen mit zwei Am. Es handelt sich hier um ein direktes Richtverfahren. Ebenso wie beim freien Schießen werden die Entfernungsvorhalte vom Schießenden geschätzt. Die erforderlichen Regler- und Schieberwerte werden jedoch fortlaufend und abwechselnd von den beiden Auswanderungsmessern (Am.) in Verbindung mit Stoppuhren ermittelt.

Schießen mit A.Z. m.V. (Aufschlagzündern mit Verzögerung). Es werden zwei verschiedene Arten des Schießens mit m.V.-Zündern unterschieden. Bei dem einen Verfahren soll mit dem Geschoß gegen stark eingedeckte Ziele gewirkt werden, also genaues Einschießen mit A.Z. und dann Übergang zum Zünder m.V. Verhältnismäßig große Fallwinkel sind erforderlich, damit das Geschoß sicher eindringt. Bei dem anderen Verfahren soll das Geschoß nicht eindringen, sondern nur aufsetzen, abprallen und in der Luft zerspringen. Solche Schießen erfordern kleine Fallwinkel und

Ziele, die entweder offen liegen oder wegen der von ihnen benutzten Deckung gegen Sprengstücke eines dicht vor ihnen und nicht hoch zerspringenden Geschosses nicht genügend geschützt sind.

Schießen mit Beobachtungsbatterien. Beobachtungsbatterien setzen Licht- oder Schallmeßtrupps ein. Beim erstgenannten werden die Mündungsfeuer feindlicher Geschütze von den verschiedenen, vermessenen Meßstellen aus angeschnitten und auf dem Plan festgelegt. Darauf werden hohe Sprengpunkte, welche die eigene Batterie in die Nähe des Zieles legt, in gleicher Weise angeschnitten, diesmal aber auch in ihrer Höhe. Aus der Lage des mittleren Sprengpunktes zum Ziel und der bekannten Gestaltung der Flugbahn ergibt sich dann die Verschiebung nach Seite und Länge, die die Flugbahn ins Ziel bringt. An Stelle der Mündungsfeuer können auch Ziele treten, deren Planlage genau bekannt ist. S. Schallmeßverfahren.

Schießen mit Dopp.Z. (Doppelzündern). Doppelzünder können sowohl als Aufschlag- wie als Brennzünder (Laufzünder) verwendet werden. Zum Einschießen wird die Brennzünderstellung verwendet entweder als Richtungsschuß (s. d.) oder auch, in unübersichtlichem Gelände, zur Gabelbildung; dabei Übergang zum A.Z. erst dann, wenn die Schüsse in Nähe des Ziels gelegt sind. Zum Wirkungsschießen wird der B.Z. gegen Ziele verwendet, die gegen den A.Z.-Schuß gedeckt sind, aber von Sprengstücken einer kurz vor und dicht über dem Ziel platzenden Granate gefaßt werden können (Schützen in frisch aufgeworfenen, noch nicht mit Unterständen versehenen Gräben u. dgl.).

Schießen mit Erdbeobachtung. Schießen, bei dem die Schüsse von auf der Erde gelegenen Beobachtungsstellen (einschl. Hochstände, Bäume usw.) unmittelbar in ihrer Lage zum Ziel beobachtet werden. Bei Luftbeobachtung werden sie vom Flugzeug oder Fesselballon aus in ihrer Lage zum Ziel beobachtet, bei der Meßtruppbeobachtung aber nur in ihrer kartenmäßigen Lage festgelegt.

Schießen mit Granaten gegen Augenblicksziele. Das Schießen gegen solche Ziele (s. d.) erfolgt entweder ohne jedes Einschießen oder auf Grund eines groben Einschießens (s. d.). Ohne Einschießen kann es nur dann erfolgen, wenn die Grundrichtung der Batterie ganz sicher ist, und wenn der Abstand des Ziels von dieser Grundrichtung wie auch seine Entfernung sicher festzustellen sind. Dieser Abstand läßt sich entweder durch Messung mit dem Glase (Richtkreis usw.) oder aus dem Plan bestimmen; Entfernung ergibt sich auch aus Plan oder aus vorhergehendem, gegen benachbartes Ziel durchgeführtem Schießen. Das Wirkungsschießen gegen solche Ziele ist fast immer Feuerüberfall.

Schießen mit Granaten gegen Baulichkeiten (Wälder, Stellungsbauten, Festungsziele). Einschießen mit A.Z., Wirkungsschießen wird mit A.Z. oder, wenn vorhanden, mit A.Z. m. V. durchgeführt. Gegen Waldränder wird im allgemeinen eine 100 m-Gabel gebildet und dann Wirkungsschießen auf Gabelmitte begonnen; dabei Schüsse gegen Fußpunkt der am Rand stehenden Bäume legen. Beim Schießen hinter den Rand wurden teilweise, wenn Wald dicht und hoch, mit Erfolg m.V.-Schüsse verwendet. Gegen Stellungsbauten kommt meist Schießen gegen Punktziele (s. d.) zur Anwendung. Gegen erkannte Unterstände kann Zünder m.V. verwendet werden, nachdem das genaue Einschießen mit E.Z.[1] oder A.Z. (die die gleiche Flugbahn wie die m.V. haben müssen) stattgefunden hat. Gegen Festungsziele wird ein ähnliches Verfahren angewendet, gegen sichtbare Panzerkuppeln sind mit Erfolg auch l. F.H. verwendet worden, die durch Schartentreffer mit A.Z. die Drehungsfähigkeit aufhoben.

Schießen mit Granaten (h. Sp.P.) gegen Fesselballone. Ausreichende Meßbasis erforderlich: ein Drittel, mindestens ein Fünftel der Entfernung. Einschießen mit h. Sp.P. Anfangs-Seitenrichtung nicht direkt auf den Ballon, erst Luft-Ei-Ziel bestimmen. Von hier aus überfallartig auf den Ballon nach Meßgrundlagen überschwenken. Ballonstandortwechsel durch laufende Einmessung verfolgen. Luft-Ei-Ziel im Geschoßbahnschaubild eintragen. Auf der Kurve, deren Rohrerhöhung eingestellt ist, sucht man den Punkt, welcher der Höhe des mittleren Sp.P. (Luft-Ei-Ziel) entspricht, ohne Rücksicht auf Entfernung vom Geschütz. Von diesem Punkt aus mißt man den Abstand zum Ballon nach Länge und Höhe und findet so den Ballonstandort im Schaubild. Die durchlaufenden Kurven (Geschoßflugbahn, Zeitzünderkurven, Seitenverschiebungskurven) geben in ihren Differenzwerten gegenüber den Kurven durch das Luft-Ei-Ziel das Maß der Einzelkorrekturen. Seitenrichtung nach Flächenplanmessungen. Jede neue Sprengpunktgruppe bildet ein neues Luft-Ei-Ziel und wird auf der zugehörigen Geschoßflugbahn eingetragen, als Ausgangspunkt für die nächste Korrektur auf den neuesten Ballonstandort, der auch immer wieder im Abstand zum letzten Luft-Ei-Ziel im Schaubild eingetragen wird. Verfahren arbeitet auf alle Entfernungen (15 km und mehr) sehr genau und rasch, dem einfachen Ballonschießen mit Gabelschießen und seitlicher Beobachtung weit überlegen. Schaubild anschaulicher als graphische Schußtafel. Vgl. Einschießen mit h. Sp.P.

Schießen mit Granaten gegen schwere Infanteriewaffen und Artillerie. Stehen solche Ziele offen, so kommt ein genaues Einschießen in Frage, das anschließende Wirkungsschießen wird gegen Masch.-Gew. und Minenwerfer meist mit einem Geschütz durchgeführt. Gegen offene Batterien wird entweder die eigene Batterie mit ihrer mittleren Flugbahn und verteiltem Feuer, oder je ein einzelnes Geschütz auf ein feindliches genau eingeschossen. Stehen Ziele verdeckt, so bleibt, wenn nicht mit Luft- oder Meßtruppbeobachtung gearbeitet wird, nur Einschießen gegen Höhenrand und Streuen hinter diesem übrig.

[1] Empfindl. Zdr.

Schießen mit Granaten gegen gepanzerte Kampffahrzeuge s. auch Panzerbrechende Waffen. Wirkung des Einzelschusses ist etwa von der Rohrweite 37 mm an voll ausreichend, darunter nicht immer zuverlässig. Treffwahrscheinlichkeit der Panzerabwehrgeschütze bis etwa 1000 m vorzüglich, die der Geschütze der Artillerie im direkten Richtverfahren infolge der längeren Flugdauer der Geschosse und des beschränkten Seitenrichtfeldes erheblich geringer. Beim Schießen aus verdeckter Stellung wird sich Artillerie mit vorbereitetem Sperrschießen gegen besonders geeignete Geländeteile begnügen müssen, wobei Erfolge nur durch Volltreffer oder starke Splitterwirkung in unmittelbarer Nähe des Panzerfahrzeuges zu erwarten sind.

Schießen mit Granaten gegen Schützen in Gräben und Deckungen. Gegen Schützen in Gräben gibt es zwei Verfahren: entweder möglichst Zusammenschießen des Grabens selbst mit A.Z. (schwere Geschütze, viel Munition) oder Schießen mit Granaten B.Z. gegen die Besatzung. Dies hat aber nur Aussicht auf Erfolg, wenn bekannt ist, daß im Graben noch keine Unterstände usw. vorhanden sind (frisch aufgeworfene Gräben). Sind solche Deckungen vorhanden und bekannt, so kann nach genauem Einschießen zum Zünder m.V. übergegangen werden.

Schießen mit Granaten gegen verdeckte Ziele. Unter verdeckten Zielen werden Ziele verstanden, die gegen Erdbeobachtung verdeckt sind. Gegen solche Ziele kann also u. U. mit Luft- oder Meßtruppbeobachtung geschossen werden. Ist dies nicht möglich und ist der Abstand der Ziele von einem der Erdbeobachtung sichtbaren Deckungsrand bekannt oder einigermaßen zu schätzen (leichte Rauch- und Stauberscheinungen feindlicher Abschüsse u. ä.), dann erfolgt Einschießen gegen diesen Deckungsrand und Streuen dahinter. Streuen beginnt gewöhnlich auf der Mitte oder hinteren Grenze einer gegen den Rand gebildeten 100 m-Gabel; es endet mit einer Entfernung, die entweder auf Grund der Karte gewählt ist oder die, wenn das Gelände hinter dem Ziel wieder ansteigt, die Schüsse wieder sichtbar werden läßt.

Schießen mit Nebelmunition. Durch Nebelschießen soll Nebel auf oder vor feindliche Waffen oder B.-Stellen gelegt werden, um ihr Richten oder Beobachten zu erschweren. Wetter und Gelände beeinflussen entscheidend Entwicklung des Nebels. Einschießen erfolgt, sofern nicht Überraschung beabsichtigt wird, mit Nebelmunition (Az.). Beim Wirkungsschießen werden Schüsse so gelegt, daß Nebelwolke ihre größte Wirkung vor oder in dem zu blendenden Feindabschnitt erreicht (dabei Einfluß der Windrichtung berücksichtigen). Wirkungsschießen besteht aus Bilden und Unterhalten der undurchsichtigen Nebelwolke. Nachdem diese durch erhöhtes Feuer auf die für Nebelbildung als günstig erkannten Punkte gebildet ist, wird sie im ruhigen Feuer unterhalten. Nähere Angaben s. A.V.A. H. 6. Schießvorschr. Pkt. 306.

Schießen mit hohen Sprengpunkten s. Einschießen mit hohen Sprengpunkten.

Schießen ohne Beobachtung (Planschießen) findet statt, wenn

a) gegen ein Ziel keinerlei Art von Beobachtung möglich ist, also weder von der Erde oder vom Flugzeug noch vom Fesselballon aus, und keine Lichtmeß- oder Schallmeßbatterien zur Verfügung stehen;

b) Erd-Einschießziele (s. a. Erdvergleichsziele) nicht vorhanden oder nicht zu sehen sind (Nacht, Nebel od. dgl.);

c) vom Einschießen mit hohen Sprengpunkten kein Gebrauch gemacht werden kann, weil eine oder mehrere der hierzu notwendigen Voraussetzungen (s. a. Luft-Ei-Ziel) nicht vorhanden sind;

d) jegliches Einschießen der Überraschung wegen fortfallen muß.

Für solches Schießen müssen Koordinaten der Feuerstellung, des Grundrichtungspunktes und des Zieles sowie „Besondere und Witterungs-Einflüsse" bekannt sein. Die für Schießen notwendige Seite setzt sich aus der vom Plan abgegriffenen Seite, der durch den Wind bedingten Änderung und dem etwa notwendigen Ausschalten der Seitenabweichung zusammen. Erhöhung bestimmt aus Kartenentfernung, Libelleneinstellung für Geländewinkel, Änderungen zum Ausschalten der B.W.E. (s. a. Planschießen).

Schießen vom fahrenden Schiff auf bewegtes Ziel. Beim Schießen im luftleeren Raume käme es nur auf die Relativgeschwindigkeit der beiden Schiffe an. Man kann dann das eigene Schiff als stilliegend betrachten und hat Längen- und Seitenvorhalt (s. d.) entsprechend der Flugdauer T und der Entfernungsauswanderung je Minute (s. d.) und Seitenauswanderung je Minute (s.d.) zu wählen für den vorausberechneten Augenblick, in dem sich Geschoß und Ziel erreichen müssen.

Beim Schießen im lufterfüllten Raume darf ebenfalls das eigene Schiff als ruhend betrachtet werden; außer Längen- und Seitenvorhalt ist dann noch eine Windverbesserung erforderlich. Ihrer Berechnung ist der vom fahrenden Schiff aus zu messende scheinbare Wind (s. d.) zugrunde zu legen, der sich nach der Parallelogrammregel der Geschwindigkeiten aus dem wahren Wind (s. d.) und dem Fahrtwind (s. d.) zusammensetzt (s. Windeinfluß, Baltasekunden und Barbarameldung).

Schießhilfsmittel. Gedruckte oder maschinelle Hilfsmittel zum Schießen, die sich entweder in der Hand des Batterieführers befinden oder von ihm seinem Rechentrupp (s.d.) übergeben wurden. Zu den gedruckten Hilfsmitteln gehören die Schießbehelfe (Schußtafeln, B.W.E. Tafeln, Flugbahnbilder), ferner Planzeiger, Kartenwinkelmesser, Zielgeviertafel, Stellungsmeßblatt u. a. Zu den maschinellen Hilfsmitteln gehört der in Deutschland eingeführte Artillerie-Rechenschieber (s. d.).

Schieß-Kollodiumwolle-Prüfung. Eine Prüfung der aus Zellulose-Nitraten bestehenden Pulver erstreckt sich im allgemeinen auf folgende Punkte:

1. a) Stickstoffbestimmung (nach SCHULZE-TIEMANN oder LUNGE); b) Stickoxyd (NO)-Abspaltung bei erhöhter Temperatur; s. a. Stabilisatoren (Apparat von BERGMANN-JUNK).

2. Wasser- und Alkoholgehalt (durch Austrocknen).

3. Wasserlösliche Beimengungen (durch Auswaschen), Paraffingehalt (durch Ätherextraktion).

4. a) Verpuffungstemperatur (durch Erwärmung); b) Stabilität gegen Erwärmung (bei 145° C).

5. Abbrennen an Luft (eigenartig gelbe Flamme).

Schießleistung s. Schußleistung.

Schießplan. Karte oder Koordinatennetz mit Festpunkten auf Planunterlage. Zur vollen Schießplanausrüstung gehört ein Höhenmeßplan (in der Regel nur in der Lichtmeßbatterie vorhanden). (s. Höhenmeßplan).

Schießregeln sind nicht starre Formeln, sondern in der Schießvorschrift gegebene Anweisungen und Ratschläge für die Durchführung der Schießen. Je öfter einzelne Schießen in derselben oder in ähnlicher Form vorkommen, desto eher ist es möglich, dafür auf Erfahrung beruhende Regeln zu geben. Je ungeübter und infolgedessen erregter der Schießende ist, desto wertvoller sind für ihn solche Regeln, die ihm eigene Überlegungen mehr oder weniger ersparen. Die größte Zahl der Batterieführer eines mobilen Heeres wird deshalb im Anfang eines Krieges nach Regeln schießen müssen und auch wollen. Einteilung der Regeln in Schießvorschriften der einzelnen Staaten verschieden.

Schießverfahren der Artillerie. Im Sprachgebrauch wird der Ausdruck „Verfahren“ meist dann angewendet, wenn es sich um Unterschiede zwischen einem genau geregelten und einem gröberen Schießen handelt. Es wird von genauem, sorgfältigem, grobem usw. Verfahren gesprochen. Ähnliche Ausdrücke gebraucht, wenn von verschiedenen Geschossen die Rede ist, z. B. Verfahren mit Granaten, mit Schrapnells usw. Dagegen werden Schießen mit Erd-, Luft- und Meßtruppbeobachtung nicht als verschiedene Verfahren bezeichnet.

Schießwolle s. Cellulosenitrate.

Schiff, drehendes. Beschreibt ein Schiff auf seiner Fahrt einen Kreis, so werden dadurch Anfangsgeschwindigkeit und Schußrichtung der aus seinen Geschützen abgefeuerten Geschosse beeinflußt. Praktisch dürfen Änderungen der Anfangsgeschwindigkeit und der Erhöhung vernachlässigt werden. Dagegen müssen Abgangsfehler nach der Seite rechnerisch oder automatisch durch Geräte ausgeschaltet werden.

Diese Abgangsfehler betragen (in Sechzehntelgrad):

1. beim Abkommen im Durchdrehen (das Rohr bleibt in bezug auf das Schiff fest; der Schuß wird beim Durchgehen des Ziels durch die Visierlinie ausgelöst):

$$\Delta\lambda = 917\left[\frac{\Delta t}{R} + \frac{(r'\cos(\alpha-\eta) + s'\cos\vartheta_0)\cdot\frac{1}{R} - \sin\alpha}{v_0\cos\vartheta_0}\right]v_S\,;$$

2. beim Abkommen im Zielhalten (das Rohr bleibt ständig auf das Ziel gerichtet):

η und α werden vom Bug über Steuerbord, Heck, Backbord von 0° bis 360° gezählt.

$$\Delta\lambda' = 917\left[\frac{r'}{R}\cdot\cos(\alpha-\eta)-\sin\alpha\right]\frac{v_S}{v_0\cos\vartheta_0}.$$

Die auftretenden Buchstaben haben hier folgende Bedeutung:

R = Radius des Kreises (in m), auf dem sich das Schiff mit der Geschwindigkeit v_S (in m/s) bewegt. R gilt als positiv, wenn der Mittelpunkt des durchfahrenen Kreises auf der Steuerbordseite liegt, andernfalls als negativ.

r' = Abstand des vertikalen Geschützdrehzapfens von der vertikalen Drehachse des Schiffes (in m).

s' = Abstand des vertikalen Geschützdrehzapfens von der Rohrmündung (in m).

α = Winkel zwischen Schußebene und Mittschiffsebene (Vertikalebene durch die Schwerpunktslängsachse).

η = Neigung des Lotes vom vertikalen Drehzapfen auf die Vertikalachse gegen die Mittschiffsebene.

ϑ_0 = Rohrerhöhung.

v_0 = Anfangsgeschwindigkeit des Geschosses (in m/s).

Δt = Abfeuerverzug (Zeit vom Drücken des Abfeuerkontaktes bis zum Mündungsaustritt des Geschosses) in sec.

Dreht sich das Schiff mit der Winkelgeschwindigkeit ω' (in Grad/s) auf der Stelle, so ist der Seitenabgangsfehler (in Sechzehntelgrad)

1. im Durchdrehen:

$$\Delta\lambda = 16\,\omega'\cdot\Delta t,$$

2. im Zielhalten:

$$\Delta\lambda' = 16\,\frac{r'\omega'}{v_0}\,\frac{\cos(\alpha-\eta)}{\cos\vartheta_0}.$$

Schiff, schlingerndes. Schlingern des Schiffes (Schwingung um die Schwerpunktslängsachse) beeinflußt Anfangsgeschwindigkeit und Schußrichtung der aus seinen Geschützen abgefeuerten Geschosse. Die Änderung der Anfangsgeschwindigkeit kann praktisch vernachlässigt werden. Die Abgangsfehler nach Höhe und Seite können durch geeignete Krängungsgeräte ausgeschaltet werden.

Diese Fehler sind (in Sechzehntelgrad)

1. beim Abkommen im Durchschlingern (das Rohr hat die schußtafelmäßige bzw. berichtigte Erhöhung; der Schuß wird beim Durchgehen des Ziels durch die Visierlinie ausgelöst)

nach der Höhe:

$$\Delta\vartheta_0 = 16[v_0\cdot\Delta t\cdot\sin\alpha + r(\cos\gamma\cos\vartheta_0+\sin\gamma\sin\vartheta_0\sin\alpha)+s\sin\alpha]\cdot\frac{\omega}{v_0},$$

nach der Seite:

$$\Delta\alpha = -16\left(\operatorname{tg}\vartheta_0\cdot\Delta t+\frac{r\sin\gamma+s\sin\vartheta_0}{v_0\cos\vartheta_0}\right)\omega\cos\alpha,$$

2. beim Abkommen im Zielhalten (das Rohr bleibt ständig auf das Ziel gerichtet)

nach der Höhe:

$$\Delta \vartheta_0' = 16\, r (\cos\gamma \cos\vartheta_0 + \sin\gamma \sin\vartheta_0 \sin\alpha) \frac{\omega}{v_0},$$

nach der Seite:

$$\Delta \alpha' = -16 \frac{r\,\omega}{v_0} \frac{\sin\gamma \cos\alpha}{\cos\vartheta_0}.$$

Diese Gleichungen gelten für den Fall des Heraufschwingens der das Geschütz tragenden Schiffsseite, sonst haben die Fehler die umgekehrten Vorzeichen.

In den genannten Gleichungen bedeuten:

s = Abstand des Schildzapfens von der Rohrmündung (in m).

r = Abstand des Schildzapfens von der Schwerpunktslängsachse des Schiffes (in m).

γ = Neigung des Lotes vom Schildzapfen auf die Schwerpunktslängsachse gegen die Horizontalebene.

ω = Winkelgeschwindigkeit des Schlingerns beim Durchgang durch die horizontale Lage (in Grad/s).

Für die Bedeutung hier nicht erläuterter Zeichen vgl. Schiff, drehendes.

Ist β_0 (in Grad) die Schwingungsweite des Schlingerns und n die minutliche (!) Schwingungszahl, so ist

$$\omega \sim 0{,}105\, n \beta_0. \quad \text{(Grad/s)}$$

Bei Stampfen des Schiffes (Bewegung um die Schwerpunktsquerachse) gelten die entsprechenden Gleichungen, wenn jetzt alle Bestimmungsgrößen auf die Schwerpunktsquerachse bezogen werden.

Schiffsartillerie. Aufgabe der Schiffsartillerie ist es, durch Geschützfeuer der Schiffe gegnerische See-, Küsten- und Luftkampfmittel zu zerstören. Aber das Zerstören des toten Materials genügt nicht: Männer kämpfen, nicht Geschütze! Es ist durch Materialzerstörung auch die Kampfhandlung des Gegners zu stören und sein Kampfwille zu erschüttern. Erst wenn der Gegner folgewillig wird oder auf Durchführung seiner Handlung verzichtet, hat die Artillerie ihre Aufgabe gelöst.

Die Artillerie ist gegenüber ihren Schwesterwaffen, Torpedo, Bombe, Mine, Ramme, schneller, anpassungsfähiger und meist wirkungsvoller, denn sie arbeitet auf kleinen und großen Entfernungen und aus jeder Richtung; sie kann Luft, Wasser, Panzer und Erdreich durchdringen, was den Schwesterwaffen nur vereinzelt gegeben ist.

Grundaufgabe der Artillerie ist das Zerstören der gegnerischen Kampfmittel. Hierzu ist die jeweilig schwerere Artillerie, soweit sie hinreichend beweglich ist, geeigneter als die leichtere. Die Schußweite der schweren Artillerie reicht heute über die Sichtweite hinaus. Je schwerer die Artillerie, um so gestreckter die Flugbahn und um so günstiger die Treffaussicht. Ebenso steigt mit wachsendem Kaliber die Durchschlagfähigkeit, besonders bei Panzer, Wasser, Erdreich. Es steigt auch die Beobachtungsmöglichkeit der Aufschläge und die Wirkung am Ziel. Diese

Vorzüge der schwereren Artillerie ergeben größere Leistung für Einzelschuß wie für Schießverfahren. Dagegen ist die schwere Artillerie etwas weniger beweglich und viel anspruchsvoller nach Raum, Gewicht und Kosten. Wegen der größeren Wirkung wird die jeweilig schwerere Artillerie gegen entferntere und schwerere, vor allem aber gegen gefährlichere Ziele eingesetzt, soweit ihre Beweglichkeit reicht.

Gliederung. Dementsprechend gliedert sich die Artillerie und damit auch ihre Aufgabe nach Schwere und Beweglichkeit der Geschütze und auch nach Schwere und Beweglichkeit der Ziele. Die „schwere Artillerie" umfaßt Kaliber über 20 cm. Sie wird meist in Panzerdrehtürmen aufgestellt. Die „Mittelartillerie" umfaßt Kaliber von 10,5 bis 20 cm. Sie wird in unbeweglichen Panzerkasematten, in Schildlafetten oder in Panzerdrehtürmen aufgestellt. Die „leichte Artillerie" findet sich in Einzel-, Doppel-, Drillings- oder Vierlingslafetten mit oder ohne Schutzschild.

In der Seeschlacht wird die schwere Artillerie gegen Linienschiffe und Panzerkreuzer, aber auch gegen Zerstörer und U-Boote und in Ausnahmen gegen Flugzeuge eingesetzt. Minder entfernte und weniger geschützte Ziele, wie etwa Kreuzer und leichte Fahrzeuge, schnelle Massenziele, wie Zerstörerverbände oder in Ausnahmefällen Luftstreitkräfte sind von der Mittelartillerie zu bekämpfen, während die leichte Artillerie sich hauptsächlich gegen ungeschützte, schnellbewegliche Nahziele, besonders gegen Luftfahrzeuge, richtet. Alle Kaliber, besonders die leichteren, werden in dem wichtigen Handelskrieg auch gegen Handelsfahrzeuge eingesetzt.

Führung und Feuerleitung. Die Führung der Verbandsartillerie geht vom Verbandsflaggschiff aus. Eine ihrer wichtigsten Aufgaben ist es, die günstigsten Sichtverhältnisse für die eigene Artillerie und die ungünstigsten Sichtverhältnisse für die gegnerische Artillerie zu erstreben; denn natürliche Unsicht, künstlicher Nebel und der sich stets mit der neuzeitlichen Seeschlacht entwickelnde Gefechtsdunst kann dem einen der Gegner Behinderung bis zu voller Wehrlosigkeit bringen, während gleichzeitig der andere Gegner noch über ausreichende oder gute Sicht verfügt — so bei Coronel und am Skagerrak.

Von Bedeutung ist auch der zeitlich richtige Einsatz der Artillerie. Hierzu ist vorausschauend die Wirkung der eigenen und der gegnerischen Mittel abzuschätzen.

Die Führung der Verbandsartillerie hat weiterhin den Flottenverbänden und Einzelschiffen die Ziele anzuweisen, soweit dies der Überblick über die Gefechtslage zuläßt. Das wirksamste Feuer wird dabei gegen die Führerschiffe und Spitzenschiffe gerichtet, dann gegen die kampfkräftigsten und gefährlichsten Verbände und Einzelschiffe. Erstrebenswert ist es, das Feuer mehrerer Schiffe auf ein gemeinsames Ziel zu konzentrieren, jedoch stößt diese Konzentration der Kraft leicht auf technische Schwierigkeiten.

Auch die Feuerleitung der Einzelschiffe, die von einem gepanzerten oder ungepanzerten Artilleriestand im Vor- oder Achterschiff bzw. bei schlechter Sicht oder großer Entfernung aus einem erhöhten Feuerleitstand, etwa aus dem Mars oder einem Luftfahrzeug, erfolgen kann, arbeitet immer mit konzentrischem, indirektem Feuer, da ein nicht zentral geleitetes Massenfeuer Verwirrung der Aufschlagbeobachtung bringt.

Die Aufgabe der Artillerieführung kann noch weiter aufgefaßt werden, denn zum Schwert gehören Schild und Kampfruf, zu den Zerstörungsmitteln die Störungs- und die Erschütterungsmittel. Die Schiffsartillerie hat das Geschützfeuer zu leiten, daneben hat sie aber auch die Aufgabe, den Einsatz des Schildes, nämlich der Störungsmittel, etwa zweckmäßiges Nebeln, Beachtung des Panzerschutzes nach Entfernung und Schußrichtung, richtig zu handhaben. Schließlich darf sie nicht vergessen, daß verschiedenartige, mehr oder weniger bekannte Mittel psychische Verwirrung und Einschüchterung beim Gegner erzeugen können.

Schiffsgeschütze. Die schweren Geschütze der Linienschiffe und Schlachtkreuzer (Schlachtschiffe) stehen meist in der Mittschiffslinie und sind in Zwillings-, Drillings- und Vierlingstürmen (Frankreich) untergebracht. Geschütze: 28 bis 40,6 cm Kaliber. Moderne Kreuzer haben reine Mittschiffsaufstellung in Zwillings- oder Drillingstürmen. Geschütze: von 15—20,5 cm Kaliber (Mittelartillerie). Leichte Geschütze — meist Flak — sind auf fast allen Kriegsschiffen vorhanden. Die Flottillenführer und Zerstörer sind mit 10—14 cm-Geschützen ausgerüstet.

Schiffspanzer ist ein Schutzmittel, das das Eindringen der Geschosse in die Innenteile des Schiffes verhindern soll. Er besteht aus Panzerplatten, deren Material nach den jeweilig gestellten Anforderungen verschieden ist. Die lebenswichtigen Teile des Schiffes werden durch Panzerplatten geschützt, die aus Chrom-Nickel-Stahl hergestellt und nach besonderem Verfahren „zementiert" und gehärtet werden. Durch einseitiges Erhitzen und plötzliches Abkühlen bekommen diese Platten eine harte, spröde Oberfläche, die allmählich in das zähe, sehnige Material der Rückseite übergeht. Für dünnere und stark gekrümmte Platten wird das gleiche Material ohne Zementierung und Härtung verwandt.

Den größten Bestandteil der Panzerung bildet der Seitenpanzer, der ein Zerreißen der Bordwand mit nachfolgendem Wassereinbruch und ein Zerstören des Schiffsinnern durch die Geschoßdetonation verhindern soll. Er kann durch Panzerlängsschotte ergänzt werden, die in gewissem Abstand hinter dem Seitenpanzer angebracht sind. Die Panzerlängsschotte sollen weiteren Wassereinbruch verhindern und den Umfang der Detonationszerstörung einschränken. Entsprechend finden sich auch Panzerquerschotte zum Schutz des Fahrzeugrumpfes. Waffen und Personal werden bei der leichten Artillerie durch halboffene Schutzschilde, bei der Mittelartillerie durch Panzerkasematten und bei der schweren Artillerie durch Panzertürme geschützt. Zum Schutz für die Führung des Fahrzeugs werden die Kommandostände gepanzert.

Außer dem genannten Vertikal-Panzerschutz findet sich auf den Schiffen Horizontalpanzer als Deckenschutz der Kasematten, der Geschütztürme, der Kommandostände und der Decks. Für diese Art Panzer wird weiches Plattenmaterial aus legierten, nicht gehärteten Sonderstählen verwandt.

Der Panzer soll auftreffende Geschosse zu Bruch gehen lassen, er soll das Eindringen panzerbrechender Geschosse verhindern und die Sprengwirkung von Torpedos und Minen einschränken.

Umfang, Stärke und Anordnung der Panzerung richtet sich nach der taktischen Verwendung und der Größe der zu schützenden Fahrzeuge.

Schildzapfen sind die Drehzapfen, um die das Rohr zur Einstellung der Erhöhung gedreht wird. Bei starren Lafetten (auch Rahmen- und Verschwindlafetten) sind sie am Rohr selbst angebracht, bei Rücklauflafetten sitzen sie an der Wiege.

Schildzapfenachse ist die theoretische Achse der beiden Schildzapfen.

Schlachtflugzeuge (Tiefangriffsflugzeuge) sind Flugzeuge, die zum Eingreifen in den Erdkampf bestimmt sind. Meist einmotorige Zweisitzer mit sehr starker Bewaffnung (vier starre, ein bewegliches Doppel-M.G.), die in der Lage sind, leichte Splitterbomben im Gesamtgewicht von etwa 100 bis 200 kg mitzuführen.

Schläfer, Valentin, Direktor des Werkes Sömmerda der Rheinmetall-Borsig A.G., Geb. 22. 1. 1878 in Würzburg. Nach Dienst im Heere (Fußart.), auf der Oberfeuerwerkerschule München und im Art.-Dep. Neu-Ulm. Von 1901 bis nach dem Kriege 1914—18 in der Firma Friedr. Krupp in Essen tätig, zuletzt als Oberingenieur und Abt.-Leiter der Zünderabt. 1922 erhielt Schl. in Sömmerda bei der Rhein. Metallw. u. Masch.-Fabr. die Oberleitung der Konstr.-Abt. und der Zünderbetriebe, 1928 Betriebsdirektor, 1930 Abt.-Direktor, 1935 Führer der Gesamtbetriebe in S., 1938 Wehrwirtschaftsführer.

Hauptarbeitsgebiete: Konstruktion von Munition für Heer und Marine, besonders Bearbeitung von Zünderfragen.

Schlagempfindlichkeit oder „Auslösbarkeit" von Pulvern wird mittels des Fallhammers bestimmt als diejenige Energie, die einer kleinen Menge des Pulvers durch den Schlag des Fallgewichtes zugeführt werden muß, damit es explodiert; die Fallenergie wird dabei wesentlich durch Umsetzung in Wärme wirksam. Explosivfallhöhe bei bestimmtem Fallgewicht ist diejenige, bei der üblicherweise unter sechs Versuchen der Stoff mindestens dreimal abknallt. Die auftretenden Erscheinungen sind allgemein: Explosion oder bloßes Abbrennen des Pulvers oder keine Einwirkung. Das Produkt aus Fallgewicht und Explosivfallhöhe ist keine Konstante; infolgedessen ist die Schlagempfindlichkeit von der Geschwindigkeit des Fallgewichtes, also der Art des Schlages (Stoßdynamik) abhängig.

Schlagzündschrauben. Zündhütchen für größere Geschützkaliber werden nicht mehr wie bei Gewehrpatronen eingepreßt, sondern eingeschraubt. Ladung und Auslösung wie bei Zündhütchen (s. d.).

Schlapper Schuß entsteht, wenn die Zündung der Treibladung nicht kräftig genug ist. In früheren Zeiten, als beim Steinschloßgewehr das Zündpulver auf die Pfanne geschüttet wurde, entstanden schlappe Schüsse häufig durch falsche Handhabung, Witterungseinflüsse und Fehler der Flintsteine. Bei den späteren Perkussionsgewehren verursachten Witterungseinflüsse und mangelhafte Zündhütchenherstellung noch manchen schlappen Schuß. Bei Hinterladern mit Metallpatronen wurden Zündhütchen so verbessert, daß heute schlappe Schüsse infolge mangelhafter Patronen überhaupt nicht mehr vorkommen. Zündhütchen (s. d.) mit rostfreiem Zündsatz und mit besonders schützendem Lack schließen Fehlzündung aus, soweit es sich um Patronen deutscher Munitionsfabriken handelt. Nur ganz ungewöhnliche Vernachlässigungen an Waffe oder Munition durch den Schützen können noch Veranlassung zu schlappen Schüssen geben.

Schlierenmethode dient in der Ballistik dazu, die Vorgänge der Luftverdichtungen und Luftverdünnungen, wie sie z. B. in der Nähe eines die Luft durchfliegenden Geschosses stattfinden, photographisch festzulegen. Grundgedanke des Verfahrens: Von einer kleinen Lichtquelle aus (z. B. elektrischer Funken) mögen Lichtstrahlen auf eine Linse fallen; Strahlen vereinigen sich in einem Punkt hinter der Linse. Ist das Auge oder das Objektiv eines photographischen Apparates so nahe an diesen Punkt herangebracht, daß alle Strahlen durch die Pupille bzw. durch den Kopf des Apparates gehen, so wird auf der Netzhaut bzw. auf der photographischen Platte ein Bild der Linse erhalten, die bei fehlerfreiem Glase dem Auge vollkommen gleichmäßig erleuchtet erscheint. Nun möge sich an irgendeiner Stelle in der Linse oder auch in der Nähe derselben eine Schliere befinden, d. h. eine Stelle mit einem Brechungsvermögen, das von demjenigen der Umgebung verschieden ist. Die Strahlen, die durch die Schlieren hindurchgehen, vereinigen sich dann nicht wie die übrigen Strahlen in dem gleichen Punkt hinter der Linse, sondern gehen daran vorbei. Bei geeigneter Abblendung des ganzen Systems erscheint dann ein helles Bild der Schliere auf dunklem Grund bzw. umgekehrt. — Auf diese Weise konnte die Schlierenbildung in der Umgebung eines fliegenden Geschosses in der Momentphotographie festgehalten werden.

Schlüsselstellung ist die Einstellung der Zünder für das Schießen mit Doppelzündern. Sie heißt Schlüsselstellung, weil die kommandierte Zahl erst auf einen Schlüssel eingestellt und durch diesen auf den Zünder übertragen wird. Sie wird bei Verwendung von Sprengpunkten kommandiert und kann während des Schießens zum Heben oder Senken der Sprengpunkte geändert werden. Die erste Schlüsselstellung wird der Schußtafel entnommen, und zwar findet sich hier die der Aufsatzentfernung entsprechende Schlüsselzahl, bei der unter normalen Verhältnissen Sprengpunkte erwartet werden können. Werden bei Richtungsschüssen die Sprengpunkte nicht gesehen, so wird bei gleichbleibender Schlüsselstellung die Libelle geändert, bis die Schüsse gesehen oder mit dem Ziel in Verbindung gebracht werden können. Beim Schießen mit hohen Sprengpunkten (s. d.) gegen Ballone und zum Einschießen bei für Aufschlagzünder ungünstigen Geländeverhältnissen wird die Schlüsselstellung zum Erzielen gut zu beobachtender Sprengpunkte geändert.

Schmidt, Adolf, Dr., Prof. i. R., Geh. Reg.-Rat. Geb. 23. 7. 1860 in Breslau. 1882 Dr. phil. Breslau. 1884 Lehrer, 1898 Prof. am Gymnasium Ernestinum in Gotha. 1902 Abt.-Vorst. am meteorolog. Inst. in Berlin, 1907 Hon.-Prof. an der Univ. Berlin, seit 1909 Vorst., dann Direktor des meteorolog.-magnet. Observatoriums in Potsdam; 1928 im Ruhestand. Sch. verfaßte Bücher und Abhandlungen aus den Gebieten Meteorologie, Geophysik, Erdmagnetismus, magnet. Kartenkunde, Meeresströmungen, Instrumentenkunde (magnetische).

Schmidt, Robert, Dr. phil., Prof. d. Mathematik Univ. Kiel. Geb. 22. 7. 1898 in Gremsmühlen (Oldenburg); Sept. 1916 bis Jan. 1919 im Heeresdienst. 1919—23 Stud. Mathem. u. Physik Univ. Rostock, Hamburg, Göttingen, München u. Kiel. Promotion 1923 Kiel. 1923—25 Assist. am Mathem.-Physik. Seminar Univ. Königsberg, 1925 Venia legendi f. Mathem. dort, 1925 Lehrauftr. f. Geom. Univ. Kiel, dorthin Umhabilitierung. 1930 Prof. Seit 1935 wiss. Lehrer f. Mathem. u. Mechan. Schiffsart.-Schule d. Kriegsmarine.

Schmiegungsebene. Durch den Punkt P einer gegebenen Raumkurve und zwei ihm benachbarte Punkte P_1 und P_2 auf der Kurve werde die Ebene PP_1P_2 gelegt. Die Grenzlage, der diese Ebene zustrebt, wenn P_1 und P_2 gegen P zusammenrücken, heißt (wenn sie existiert) die Schmiegungsebene an die gegebene Raumkurve im Punkte P.

Schmitz, Otto, Prof., Dr.-Ing. Geb. 10. 1. 1879 in Potreroseco (Chile). 1905 Oberingenieur bei Friedr. Krupp A.-G. in Essen, 1910 Dr.-Ing. Techn. Hochsch. Braunschweig, 1916 Leiter der Geschützfabrik Henschel & Sohn in Kassel. 1921 o. Prof. für Mechan. Technologie an der Techn. Hochsch. Braunschweig. 1932 Ziviling. für Waffentechnik Berlin, 1936 wissenschaftl. Mitarbeiter der Firma Rheinmetall-Borsig A.-G.

Schrägentfernung ist der Abstand zwischen Geschütz und Ziel. Sie fällt dann und nur dann mit der Kartenentfernung (s. d.) zusammen, wenn das Ziel in der Mündungswaagerechten liegt. Statt Schrägentfernung findet sich auch die Bezeichnung „Raumentfernung“.

Schrägfeuer(flankierendesFeuer). Solches Feuer macht meist tiefen seelischen Eindruck; es kann auch große Verluste bringen, weil Längenstreuungen dabei mehr Wirkung verursachen und nur die viel kleineren Breitenstreuungen den Erfolg mindern. Doch ist diese große Verlustwirkung nur dann zu erwarten, wenn das ganze Ziel sich möglichst genau in der Schußrichtung erstreckt, was selten vorkommt. Meist können nur einzelne kurze Stücke eines Grabens genau flankiert werden. Schwierig ist die Lenkung eines solchen Feuers beim Vorgehen der eigenen Infanterie, da die Beobachtung meist nicht bei der flankierenden Batterie, sondern frontal eingesetzt werden muß, also lange Leitungen erfordert.

Schrotschuß. Die Beurteilung des Schrotschusses, der als Streuschuß gedacht ist, macht große Schwierigkeiten, da über die Bedingungen, unter denen der Schuß wirksam sein soll, verschiedene Vereinbarungen getroffen werden können. Im allgemeinen wird für die Prüfung als Entfernung 35 m angenommen. Als Abstand der Schrote für eine waidgerechte Erlegung des Wildes gelten für Schrot $2^1/_2$ mm 48 mm und für Schrot $3^1/_2$ mm 105 mm Abstand. Es wird angenommen, daß sich die Garbe linear mit der Entfernung ausbreitet. Eine Übersicht von Ergebnissen als Anhalt gibt die Deutsche Versuchsanstalt für Handfeuerwaffen e.V. in Wannsee bei Berlin in ihren „Schieß- und waffentechnischen Mitteilungen“ 1936, S. 42—44.

Schulschießen. Scharfschießen, denen zwar, wenigstens zum ersten Einrücken, eine Gefechtslage zugrunde gelegt werden kann, die aber im übrigen jederzeit zu Unterweisungen usw. unterbrochen werden können bzw. sollen. Es werden unterschieden: Schulschießen in der Batterie und in der Abteilung; diese werden manchmal als Rahmenschießen angelegt, d. h. es ist je Batterie nur ein Geschütz vorhanden, das die Einschießen durchführt.

Schumacher, Ernst, Konteradmiral a. D. Geb. 12. 11. 1881 in Ulderup b. Flensburg. 1900 Eintritt in Marine, 1913 Artillerie-Kaiserpreis durch neues Schießverfahren. Im Weltkrieg II. Art.-Offizier auf Schlachtkreuzer „Von der Tann“ und „Lützow“. Beschießungen englischer Küstenplätze. In der Skagerrakschlacht auf „Lützow“ Außergefechtsetzen engl. Zerstörer (Arcasta, Onsloe u. a.) durch Mittelartillerie. 1917/18 I. Art.-Offizier auf Flottenflaggschiff „Baden“. 1920—24 Entwicklung von Waffen und Gerät im Reichswehrministerium. 1924—29 Festungskommandant der Emsbefestigungen, später von Kiel.

Veröffentlichungen: 1925 „Ortungsklippen“ — Mathematische Schwierigkeiten der Feuerleitgeräte. — „Ortungskampf“ — Über das kommende Ringen um Ortsbestimmung bei allen Wehrmächten. — 1928 „Entwicklung und Kriegswissenschaft“. 1929 „Über Entwicklung, Handlung und Führung“ — Grundbegriffe einer praktischen Entwicklungslehre für Kriegswesen und Technik. — 1930—36 Kreiselindustrie, Entwicklungsstudium Univ. Kiel, Elektroindustrie Berlin (AEG).

Schußebene ist die lotrechte Ebene durch die Seelenachse des eingerichteten Geschützes. Infolge der durch die Rotation des Geschosses verursachten Seitenabweichung (s. d.) entfernt sich das Geschoß auf seinem Fluge immer mehr aus der Schußebene. Zum Ausgleich wird beim Richten die Schußebene nicht durch das Ziel gelegt, sondern sie bildet mit der Schußlinie, der Verbindungslinie Mündung—Ziel, einen Winkel, der der Schußtafel (als „Seitenverschiebung") zu entnehmen ist.

Schußfaktoren s. Flugbahnaufgaben.

Schußleistung einer Pistole (anhaltsweise Pistole 08) gibt die deutsche Schießvorschrift an. Kaliber von 9 mm, Geschoßgewicht 8 g (Querschnittsbelastung von 12,6 g/cm^2), Pulverladung 0,36 g, Anfangsgeschwindigkeit 320 m/sec. Reichweite etwa 1600 m. Visierschußweite (s. d.) etwa 125 m. Durchschlagswirkung gegen trockenes Kiefernholz auf 25 m Entfernung etwa 15 cm, in Sand auf 50 m Entfernung etwa 25 cm. Der deutsche Stahlhelm wird bei senkrechtem Auftreffen auf 10 m Entfernung durchschlagen. Stahlbleche bester Fertigung von 1,5 mm Stärke decken auf allen Entfernungen.

Schußleistung eines Geschützes wird hinsichtlich der Ausnutzung der Treibladung beurteilt. Sie wird ausgedrückt durch die Energie des Geschosses an der Mündung bzw. auf den verschiedenen Schußentfernungen. Zu Vergleichen wird gebildet die spezifische Energie je kg Rohr- oder Geschützgewicht. Zuweilen werden in die Schießleistung auch der Wirkungsbereich, in erster Linie die Reichweite eines Geschützes und der Bereich der einzelnen Teilladungen sowie die Fallwinkel einbezogen, unter denen die verschiedenen Entfernungen belegt werden können, bei Flak außerdem die Reichhöhen. Rein mechanische Eigenschaften des Geschützes wie Feuergeschwindigkeit (s. d.), Schwenkbarkeit des Rohres in der Lafette (seitlicher Schußbereich) usw. gehören nicht zur Schießleistung (s. a. Feuerwirkung, Feuerkraft).

Schußlinie, Visierlinie oder Ziellinie heißt die geradlinige Verbindungslinie von der Mündung der Waffe (genauer vom Visier) zum Zielpunkt. Als Visierwinkel bezeichnet man den Winkel zwischen der Visierlinie und der Seelenachse des eingerichteten Geschützes; er ist dann gleich der Erhöhung des Rohres, wenn das Ziel in der Mündungswaagerechten liegt.

Schußtafeln sind der Inbegriff der Unterlagen, die der Artillerist zum praktischen Schießen mit einer Kanone braucht. Sie enthalten daher für die Zielentfernung im Mündungshorizont vor allem die nötige Erhöhung des Rohres, ferner die Flugdauer des Geschosses und im Endpunkt der Bahn den Fallwinkel (Richtung der nach rückwärts gezogenen Bahntangente gegen die Horizontale) und die Endgeschwindigkeit. Die seitliche Ablenkung des Geschosses wird mit der Seitenverschiebung des Rohres (eine Winkelgröße!) ausgeglichen. Darüber hinaus wird der Betrag der 50% Streuungen nach Länge, Seite und Höhe mitgeteilt. Die einzelnen Nationen disponieren das Material dieser meist geheim gehaltenen

Tafeln verschieden. Gelegentlich wird auch der Inhalt der B.W.E.-Tafeln (s. d.) neben den Schußelementen mitgeteilt.

Schußtafelberechnungen werden entweder als Projekt auf theoretischer Grundlage oder auf praktischen Schießversuchen aufgebaut. Der Gang der Berechnungen unter Verwendung der Tafeln der ballistischen Sekundärfunktionen von FASELLA ist z. B. von K. BECKER in C. CRANZ Ballistik I (1925) eingehend erläutert. Die heute vergriffenen Fasella-Tafeln finden sich umgearbeitet und erweitert in der Balistica Esterna (Torino 1928) von Prof. ETT. CAVALLI, der dort gleichfalls eingehende Anleitungen zu solchen Berechnungen gibt. Ihre Durchführung erfordert sorgfältige Berücksichtigung der Tageseinflüsse und viel Schießerfahrung zur Klärung der häufig auftretenden inneren Widersprüche des Materials. Bei großen Schußweiten kann vor der Berechnung von Bahnen in einem Bogen mit jenen Hilfstafeln nicht genug gewarnt werden. Die willkürliche Abschätzung der Abnahme des Luftwiderstandes in großen Höhen für den ballistischen Beiwert der Bahn ist äußerst unsicher. Eine sorgfältige Schußtafelberechnung geht durch getrennte numerische Integration der Geschoßbahnen von den Tages- auf die Normalbedingungen über.

Schußvorgang im Rohr beginnt mit dem Schlag des Zündstiftes auf das Zündhütchen, der dadurch eintretenden Zersetzung des Zündsatzes unter Bildung einer kräftigen Stichflamme, die wiederum die Explosion der Treibladung an einer Stelle einleitet. Die Entzündung breitet sich rasch über die Oberfläche aller Pulverkörner aus, die dann annähernd schichtweise nach innen zu verbrennen. Der entstehende Gasdruck setzt das Geschoß in Bewegung, das sich in die Züge einpreßt und unter gleichzeitiger Drehbewegung mit zunehmender Geschwindigkeit das Rohr durcheilt, bis mit dem Austritt des Geschosses der Schußvorgang beendet ist (s. Innere Ballistik, Treibmittel u. Waffe, Geschwindigkeit der Zersetzung).

Schußweite ist die geradlinige Entfernung zwischen der Rohrmündung und dem Auftreffpunkt des Geschosses; sie wird auch als tatsächliche Schußweite bezeichnet im Gegensatz zur schußtafelmäßigen oder waagerechten Schußweite, die die geradlinige, unter schußtafelmäßigen Verhältnissen erreichte „Entfernung" von der Mündung bis zum Fallpunkt bedeutet. Beide Schußweiten sind nur dann gleich, wenn das Ziel in der Mündungswaagerechten liegt, die Grundstufe des Geschützes ausgeschaltet ist und die Gesamtwirkung der B.W.E. gleich Null ist (s. a. Luftdichte und Schußweite).

Schußweiten der Geschütze unter mittleren Bedingungen werden für überschlagsweise Beurteilungen häufig gebraucht. Beschränkt man sich dabei auf den Geschwindigkeitsbereich von 400—900 m/s, so kann man (ausschließlich der kleinen Kaliber, bei denen besondere Verhältnisse obwalten) das Material durch lineare Träger nomographisch zusammenfassen. Die

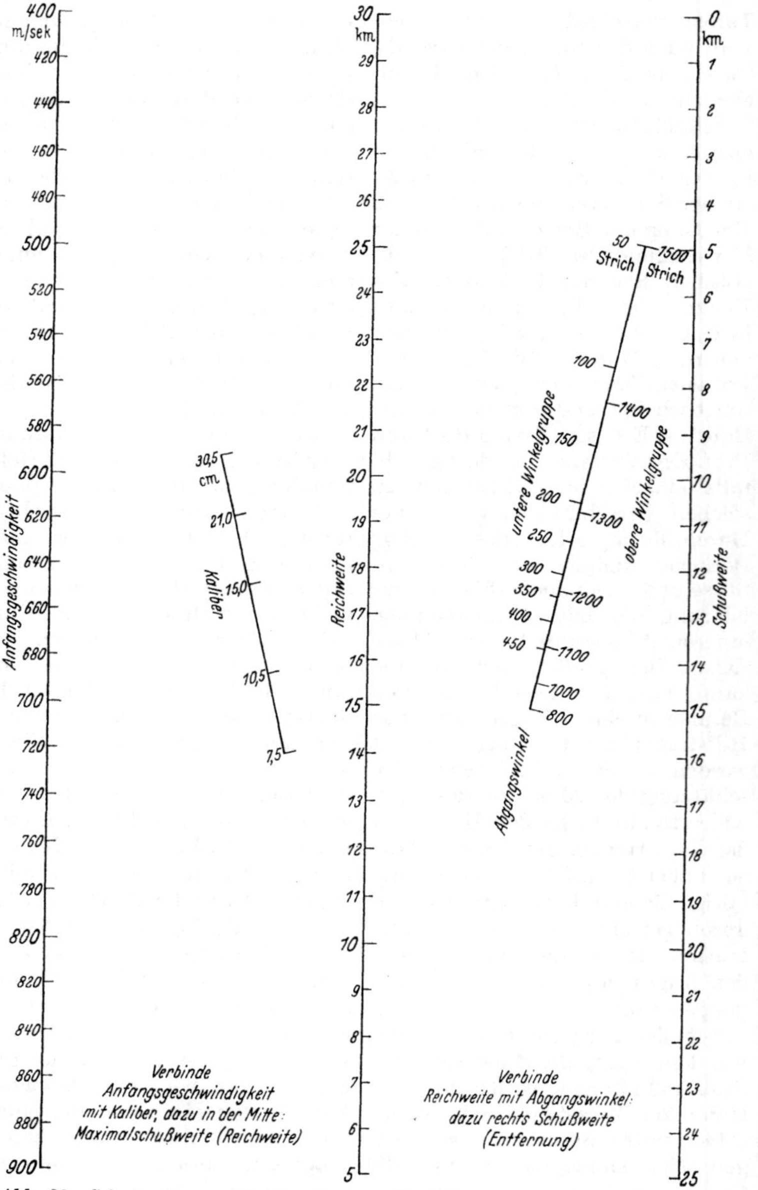

Abb. 29. Schußweiten und Reichweiten von Geschützen. (Nomogr. KRITZINGER.)

linke Seite des Nomogramms (nach H. H. Kritzinger) liefert für die Reichweite einer Kanone z. B. für Kal. 10,5 cm, $v_0 = 700$ m/s den Wert 16 km. Die rechte Seite erlaubt für Gebrauchserhöhungen (ausschließlich des schwierigen Bereiches von 450⁻—800⁻) die Schußweite zu bestimmen, z. B. Reichweite 20km, Erhöhung 250⁻, Schußweite 12 km. Die Teilung für die obere Winkelgruppe macht von der Regel Gebrauch, daß hier die Entfernungsänderung hinsichtlich des Abgangswinkels der Formel für den luftleeren Raum folgt.

Schußwerte sind alle diejenigen Werte, die an den Geschützen letzthändig einzustellen sind: Bei den direkten Richtverfahren (und abhängiger Visierlinie): Aufsatz, Regler, Schieber und Zünderstellung; bei den indirekten Richtverfahren: Höhenrichtung, Seitenrichtung und Zünderstellung.

Schußwirkung auf die Schießgeräte. Da die Schießgeräte elastisch sind, wird durch die Schußbeanspruchung eine Federung des Geräts erzeugt, die besonders auf die Zieleinrichtung störend wirkt. Das beste Mittel, diese Federung in ihrer Wirkung abzuschwächen, ist die Anwendung des Rohrrücklaufs.

Schwab, Otto, Dr.-Ing., Doz. an der Techn. Hochsch. Berlin. Geb. 7. 9. 1889 in Geiß-Nidda (Oberhess.). Stud. 1908—14 Techn. Hochsch. Darmstadt, 1933 Dr.-Ing. Techn. Hochsch. Dresden. 1914—18 Kriegsteilnehmer und Art.-Lehrer an der Art.-Meßschule in Wahn bei Köln. 1919—34 private Forsch.-Arbeiten und eigenes Ing.-Büro. 1934 Lehrauftrag über physikal. Fernmeßwesen (Licht- u. Schall-) an der Techn. Hochsch. Berlin. Verf. des Buches „Ingenieur und Soldat" (1928) und mehrerer Bücher über Wehrhaftmachung, Licht- und Schallmeßverfahren im Kriege (1929—33), sowie zahlreicher Abhandlungen, Denkschriften u. Vorschlägen über Meßverfahren, Schießverfahren, Verwendung der Meßtrupps, Schallmeßverfahren u. a. 1914/15 Abhandlung: „Ausbau und Anwendung der Kampfmittel gegen Luftfahrzeuge." Vertikalschießpläne, Flugbahnschaubilder; 2cm-M.K. — 1915 Febr.: Schallmeßverfahren, Ausf. bei 4. Armee (Flandern), erste opt. Meßerk. bei 4. Armee. — 1915 Sommer: Optisches Hauptschnittverfahren für Großkampfmeßerkundung; grundlegendes Erkundungsverfahren im Krieg. — 1915 Dez.: Brennzünder-Höhenmeßverfahren, Höhenmeßplan. — 1916 Artilleristische Schnellvermessung; senkrechter Leuchtschuß, Munition und Pistole für s. L. Meßsysteme für Bewegungskrieg. — 1916—18: Verf. der Vorschrift „Verwendung und Tätigkeit der Artillerie-Meßtrupps." — 1917: Schießverfahren gegen Fesselballone mit schwerstem Flachfeuer und Bz.-Höhenmeßverfahren. — 1918: Denkschriften über Einsatz der Meßtrupps an Großkampffronten und im Bewegungskrieg. — 1924: Erweiterung des Schießens m. h. Sp.P.; Luft-Ei-Ziel- u. Luft-Vergleichs-Ziel-Schießen. — 1925: Neues Schallmeßverfahren für Großkampf und Bewegungskrieg; DRP. 442118. — 1930—33: Begründer und Leiter des Akad. Wiss.

Arbeitsamts (Akademisches Wehramt, A.W.A.).

Schwaden wird die Gesamtheit der bei der Umsetzung von Explosiv- oder Sprengstoffen entstehenden Zersetzungsprodukte genannt. In Gas oder Luft fein verteilte Feststoffe werden als Staub und fein verteilte Flüssigkeiten als Nebel bezeichnet. Von Rauch spricht man bei gleichzeitigem Auftreten von Staub und Nebel. Die Farbe und Menge der nach der Mischung mit Luft sichtbaren Schwaden ist von der Luftfeuchtigkeit abhängig; bei feuchter Luft im allgemeinen mehr Rauchbildung (s. Mündungsfeuer). Die Giftwirkung von Schwadengasen beruht auf dem Gehalt an Stickoxyden, die sich durch Oxydation des NO der Pulvergase an Luft bilden, an Kohlenoxyd und an geringen Mengen Blausäure. Diese Gase reagieren mit dem Blutfarbstoff Hämoglobin und unterbinden dadurch seine lebensnotwendige Tätigkeit als Sauerstoffüberträger. Zusammensetzung der Schwaden entspricht nicht der eigentlichen Zersetzung der Pulver (s. Zersetzungsgleichungen) infolge eintretender Sekundärreaktionen der Zersetzungsprodukte untereinander und durch Mischung mit Luft.

Schwanzwelle s. Geschoßwelle.

Schwarte, Max, Generalleutnant a. D. Geb. 5. 4. 1860 in Solingen. 1879 Eintritt in das Heer (Pion.-Btln. 7), im Pionier- und Infanterietruppendienst bis 1914, Div.-Kdr., 1916 zum Gen.-Lt. befördert. 1881 bis 1883 Vereinigte Art.- und Ing.-Schule in Berlin, 1880—90 Fortifikation Pillau, 1891—94 Kriegsakademie, 1895—97 Gr. Generalstab, 1899—1901 Gen.-Stab der 31. Div., 1902—06 Lehrer an der Kriegsakademie, 1906—11 Abt.-Chef im Gr. Generalstab. SCH. nahm 1917 den Abschied. Er war bis 31. 3. 1935 Schriftleiter der milit. Zeitschriften „Kriegstechnik" (Wehr und Waffen) und der „Deutschen Soldat.-Zeitg." Verf. und Hrsgb. von: Die deutsche Wehrmacht (1924), Die Technik im Landkriege (1919), Die Technik im Weltkriege (1920), Die Technik im Zukunftskriege (1923), Kriegstechnik der Gegenwart (1927), Der große Krieg 1914—1918 in 10 Bdn. (1921—25 u. 1933, 2. Aufl. 1923 bis 1927), Die militärischen Lehren des großen Krieges (1923), Kriegslehren in Beispielen aus dem Weltkrieg (6 Hefte, 1925), Der Krieg der Zukunft (1931), Geschichte des Weltkrieges (1932) u. a.

Schwarzpulver war um 1240 dem Naturphilosophen ROGER BACON als Brandmittel bekannt; Treibwirkung des Pulvers wurde wahrscheinlich von dem Alchimisten BERTHOLD NIGER (Schwarz) entdeckt. Durchschnittliche Zusammensetzung 75% Kalisalpeter (nicht hygroskopisch), 10% Schwefel, 15% Kohle; Schwefel dient als Zündüberträger (s. d.), Salpeter liefert Sauerstoff zur Verbrennung der Kohle. (Herstellung durch Mischung.) Erdung der Gefäße und Graphitierung zur Verhütung von Reibungselektrizität. Farbe schwarzglänzend. Unterschiede beim Schwarzpulver bei gleicher Zusammensetzung und Herstellung durch Ungleichmäßigkeit der Kohle. Neuere Verfahren für homogenes

Schwarzpulver lassen wäßrige Lösungen auf heiße Walzen tropfen, wobei das Wasser verdampft; Lösungen enthalten wasserlösliche Kohlenstoffverbindungen. Für Raschigpulver werden kresolsulfosaure Salze und Salpeter, für Voigtpulver nitrierte Sulfosäuren in Lösung gebracht.

Regelung der Umsetzung, vor allem der Verbrennungsgeschwindigkeit durch die Art der Zusammensetzung, durch den Grad der Verdichtung und durch die Kornform. Mit abnehmender Korngröße steigt die Geschwindigkeit der Umsetzung. Schwarzpulver gibt viel Rückstände als Rauch und Asche. Korrosion der Waffe durch Pulverschleim. Gasentwicklung und Treibwirkung wesentlich geringer als bei modernen Explosivstoffen. Verwendung als Treibmittel für Jagdmunition und Raketen, als Beiladung zu rauchschwachen Pulvern (s. d.) und als Zusatz zu Zündsätzen; ferner zur Anfeuerung bei Leucht- und Signalpatronen und als Satzringpulver in Brennzündern.

Schwenkbereich ist der Winkel, um den ein in verdeckter Stellung stehendes Geschütz mit der Seitenrichtung bewegt werden kann, ohne mit der Flugbahn „hängen" zu bleiben. Von Erhöhung des Geschützes und Geländewinkel der Zielgegend abhängig. Meldung über Schwenkungsbereich nur dann von Wert, wenn dazu gesagt, für welche Erhöhung diese Feststellung gilt.

Schwenken nennt man das Verfahren, eine Flugbahn für horizontales Gelände zur Bestimmung von Bahnen für Ziele auf geneigtem Gelände oder von Steilbahnen bei gleicher Anfangsgeschwindigkeit zu benutzen. Bei der starren Schwenkung wird die Flugbahn als starre Kurve um ihren Anfangspunkt in der Schußebene gedreht („geschwenkt"), bis die ursprüngliche Mündungswaagerechte den Betrag des Geländewinkels erreicht (grobes Näherungsverfahren). Ob bei der Steilbahn Kurz- oder Weitschuß eintritt bei gleichem Aufsatzwinkel, hängt sowohl vom Betrage desselben wie auch des Geländewinkels selbst ab.

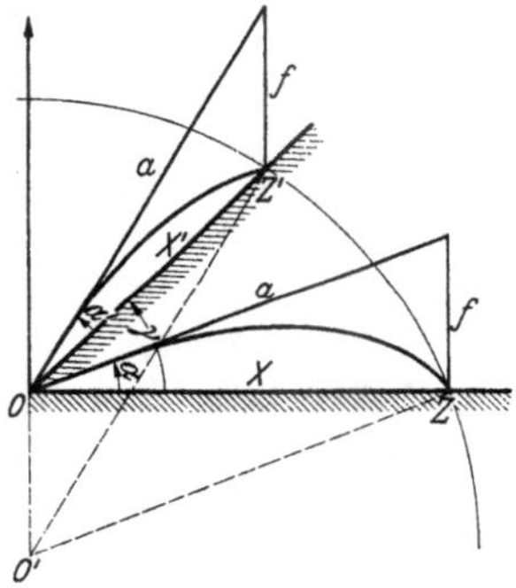

Abb. 30.

Von besonderer praktischer Bedeutung ist die Schwenkung nach v. Burgsdorff und Gouin, die bei Steilbahnen hoher Geschwindigkeit gute Ergebnisse liefert, wenn sie auch nie eine genaue Bahnberechnung ersetzen kann.

Grundgedanke: Luftwiderstand und Schwerewirkung auf das Geschoß möglichst zu trennen (obwohl das streng genommen unzulässig ist!) und ein Parallelogramm der Wege zu benutzen, bei dem das Geschoß während seiner Flugdauer zuerst den Weg *a* (s. Abb.) in Richtung der Anfangsgeschwindigkeit zurücklegt und dann das Stück f unter Schwere und Luftwiderstand senkrecht fällt bis zum Punkte Z, so daß die Diagonale OZ gleich der horizontalen Schußweite X wird. Bei der Steilbahn trifft die gleiche Überlegung zu, und nach der gleichen Flugdauer hat das Geschoß wieder den Weg a zurückgelegt und ist dann das gleiche Stück f bis zum Punkte Z' gefallen, so daß OZ' die Schußweite der Steilbahn wird. Nach der Lage von a und f zueinander bezeichnet man das Verfahren auch als Angelrutenverfahren. Aufsatzwinkel α' und Schußweite X' für die Steilbahn ergeben sich durch einfache geometrische Beziehungen aus den Werten α, X für die Horizontalbahn, wenn mit γ der Geländewinkel benannt wird:

$$\sin\alpha' = \sin\alpha \cos\gamma,$$
$$X' = X \cdot \operatorname{tg}\alpha \cos(\gamma + \alpha') \operatorname{cosec}\alpha'.$$

Die Zielpunkte Z für die verschiedenen Geländewinkel liegen auf einem Kreise vom Radius a, dessen Mittelpunkt O' sich um den Betrag f senkrecht unter dem Anfangspunkt O befindet. Abgesehen von der Abnahme der Luftdichte mit der Höhe, die nicht erfaßt wird, ist die Anwendung eines Parallelogramms der Wege nicht zulässig, da es nur für konstante Kräfte auf das Geschoß gelten würde, der Luftwiderstand aber mit der Geschwindigkeit veränderlich ist. Das Angelrutenverfahren ist daher auch nur ein Näherungsverfahren.

Schwere Artillerie (Schw. Art.). Zu den Geschützen der schweren Artillerie werden gerechnet: schw. Feldhaubitzen (15 cm), schw. Kanonen (10—15 cm) und 21 cm-Mörser. Die schw. Feldh. ist der leichten an Durchschlagskraft, Spreng- und Splitterwirkung des Einzelschusses überlegen. Sie wird verwendet zu Zerstörungsschießen jeder Art, besonders gegen Artillerie und feldmäßige Befestigungen. Ihre Beförderung erfolgt durch Pferde- oder Kraftzug.

Die schw. Kanone ist durch ihre große Schußweite, Tiefen- und Splitterwirkung geeignet zum Beschießen von lebenden Zielen, von Straßen, Bahnanlagen, Ortschaften, Lagern und Parks auf großen Entfernungen. Sie kann mit Vorteil Batterien bekämpfen, die andere Geschütze nicht erreichen können, und Fesselballone. Ihre Beförderung geschieht durch Pferde- oder Kraftzug; für den Marsch Zerlegung von Rohr und Lafette oder Zurückziehen des Rohres in Marschlager, Verteilung des Gewichtes auf Lafette und Protze.

Der 21 cm-Mörser (Mrs.) sollte beim Feldheer widerstandsfähige Sperrbefestigungen sturmreif schießen; wurde auch im Weltkriege zur Bekämpfung von stark eingebauten Batterien, Stützpunkten und Ortschaften verwendet. Durch Verlängerung des Rohres wurde Schußweite auf über 10 km gesteigert. Beförderung durch Pferde- oder Kraftzug. Für den Marsch war Rohrwagen, bei eingelegtem Rohr, und beim Schießen ein Radgürtel erforderlich.

Schwere Waffen der Infanterie. Zu ihnen werden gerechnet:

1. Schw. Masch.-Gew.

2. Panzerbrechende Waffen und überschweres Masch.-Gew. (20 bis 25 mm Kal.).

3. Minenwerfer.

4. Infanteriegeschütze (bzw. Gebirgsgeschütze).

Schwerebeschleunigung ist die Wirkung der Erdmasse hinsichtlich der Anziehung einer anderen freien Masse zum Erdmittelpunkt hin.

Der zahlenmäßige Betrag der Beschleunigung g wird (abgesehen von örtlichen Störungen) für einen Ort mit der geographischen Breite φ in Meereshöhe aus folgender Tab. 7 (Einheit: cm/s²) gefunden:

In Deutschland ist der Mittelwert 981 gebräuchlich, andere Nationen bevorzugen andere Werte. Liegt der Ort mit der Breite φ H m über dem Meere, so sind die Zahlen der umstehenden Tab. um die folgenden Beträge Δg zu verkleinern.

Für einen Ort mit der Breite $\varphi = 60°$ in $H = 3500$ m Meereshöhe ist beispielsweise die Schwerebeschleunigung:

$$g = 981{,}924 - 1{,}080 = 980{,}844 \text{ cm/s}^2.$$

Bei der Berechnung von Fernbahnen ist die Berücksichtigung der Abnahme der Schwere mit der Höhe erforderlich.

Schwerpunkt. Ist ein System von Punkten der Masse m_i mit den Fahrstrahlen $\mathfrak{r}_i$ gegeben, so heißt der durch

$$\mathfrak{r}^* = \frac{\sum m_i \mathfrak{r}_i}{\sum m_i}$$

festgelegte Punkt Massenmittelpunkt oder Schwerpunkt des Systems. Bei ausgedehnten Körpern treten an Stelle der Summen Integrale; ist ϱ die Dichte des Körpers im Volumenelement $d\tau$, so ist der Schwerpunkt durch

$$\mathfrak{r}^* = \frac{\int \varrho\, \mathfrak{r}\, d\tau}{\int \varrho\, d\tau}$$

festgelegt. Massenmittelpunkt ist die bessere Bezeichnung; der Name Schwerpunkt rührt daher, daß die auf den Körper wirkende Schwerkraft (s. d.) im Massenmittelpunkte angreifend gedacht werden kann (s. Schwerpunktssatz).

Schwerpunktssatz. Der Schwerpunkt eines Systems materieller Punkte bewegt sich so, als ob die Gesamtmasse aller Punkte in ihm vereinigt wäre und die Resultierende aller Kräfte am Schwerpunkt angriffe.

Die Bewegung eines starren Körpers setzt sich zusammen aus einer Translations- (fortschreitenden) Bewegung des sich wie ein Massenpunkt verhaltenden Schwerpunktes des starren Körpers und einer Rotation des Körpers um seinen Schwerpunkt.

Der Schwerpunkt eines Systems oder Körpers, auf den keine äußeren Kräfte wirken, bewegt sich geradlinig und gleichförmig (oder er bleibt in Ruhe). Verallgemeinertes Trägheitsgesetz (s. Trägheitsgesetz).

Der Schwerpunktssatz findet in der Artillerie Anwendung bei der Berechnung der Rücklaufbewegung eines schießenden Rohres, er läßt die Bewegung der Splitter eines krepierenden Geschosses berechnen und diente schon NEWTON zum Aufbau der Raketentheorie.

Schwerste Artillerie. Es wird unterschieden zwischen dem schwersten Flachfeuer (über 15 cm) und

Tabelle 6. Abnahme der Erdschwere mit der Höhe.
Einheit: cm/s²

H	Δg	H	Δg	H	Δg	H	Δg	H	Δg	H	Δg	H	Δg	H	Δg
0	0,000	2000	0,617	4000	1,234	6000	1,852	8000	2,469	10000	3,086	12000	3,703	14000	4,320
100	0,031	2100	0,648	4100	1,265	6100	1,882	8100	2,500	10100	3,117	12100	3,734	14100	4,351
200	0,062	2200	0,679	4200	1,296	6200	1,913	8200	2,531	10200	3,148	12200	3,765	14200	4,382
300	0,093	2300	0,710	4300	1,327	6300	1,944	8300	2,561	10300	3,179	12300	3,796	14300	4,413
400	0,123	2400	0,741	4400	1,358	6400	1,975	8400	2,592	10400	3,209	12400	3,827	14400	4,444
500	0,154	2500	0,772	4500	1,389	6500	2,006	8500	2,623	10500	3,240	12500	3,858	14500	4,475
600	0,185	2600	0,802	4600	1,420	6600	2,037	8600	2,654	10600	3,271	12600	3,888	14600	4,506
700	0,216	2700	0,833	4700	1,450	6700	2,068	8700	2,685	10700	3,302	12700	3,919	14700	4,536
800	0,247	2800	0,864	4800	1,481	6800	2,098	8800	2,716	10800	3,333	12800	3,950	14800	4,567
900	0,278	2900	0,895	4900	1,512	6900	2,129	8900	2,747	10900	3,364	12900	3,981	14900	4,598
1000	0,309	3000	0,926	5000	1,543	7000	2,160	9000	2,777	11000	3,395	13000	4,012	15000	4,629
1100	0,339	3100	0,957	5100	1,574	7100	2,191	9100	2,808	11100	3,425	13100	4,043	15100	4,660
1200	0,370	3200	0,988	5200	1,605	7200	2,222	9200	2,839	11200	3,456	13200	4,074	15200	4,691
1300	0,401	3300	1,018	5300	1,636	7300	2,253	9300	2,870	11300	3,487	13300	4,104	15300	4,722
1400	0,432	3400	1,049	5400	1,666	7400	2,284	9400	2,901	11400	3,518	13400	4,135	15400	4,752
1500	0,463	3500	1,080	5500	1,697	7500	2,314	9500	2,932	11500	3,549	13500	4,166	15500	4,783
1600	0,494	3600	1,111	5600	1,728	7600	2,345	9600	2,963	11600	3,580	13600	4,197	15600	4,814
1700	0,525	3700	1,142	5700	1,759	7700	2,376	9700	2,993	11700	3,611	13700	4,228	15700	4,845
1800	0,555	3800	1,173	5800	1,790	7800	2,407	9800	3,024	11800	3,641	13800	4,259	15800	4,876
1900	0,586	3900	1,204	5900	1,821	7900	2,438	9900	3,055	11900	3,672	13900	4,290	15900	4,907
2000	0,617	4000	1,234	6000	1,852	8000	2,469	10000	3,086	12000	3,703	14000	4,320	16000	4,938

Tabelle 7. Erdschwere abhängig von der geographischen Breite.

$\varphi°$	g	$\varphi°$	g	$\varphi°$	g	$\varphi°$	g	$\varphi°$	g	$\varphi°$	g
0	978,049	15	978,394	30	979,338	45	980,629	60	981,924	75	982,873
1	978,051	16	978,440	31	979,417	46	980,720	61	982,001	76	982,917
2	978,055	17	978,489	32	979,497	47	980,810	62	982,077	77	982,958
3	978,063	18	978,541	33	979,578	48	980,900	63	982,151	78	982,997
4	978,074	19	978,595	34	979,661	49	980,989	64	982,224	79	983,032
5	978,088	20	978,652	35	979,746	50	981,079	65	982,294	80	983,065
6	978,105	21	978,711	36	979,831	51	981,167	66	982,362	81	983,094
7	978,125	22	978,772	37	979,917	52	981,255	67	982,429	82	983,121
8	978,149	23	978,836	38	980,004	53	981,343	68	982,493	83	983,144
9	978,175	24	978,902	39	980,092	54	981,429	69	982,554	84	983,165
10	978,204	25	978,969	40	980,180	55	981,515	70	982,614	85	983,182
11	978,237	26	979,039	41	980,270	56	981,599	71	982,671	86	983,196
12	978,272	27	979,111	42	980,359	57	981,682	72	982,725	87	983,207
13	978,310	28	979,185	43	980,449	58	981,764	73	982,777	88	983,215
14	978,350	29	979,261	44	980,539	59	981,845	74	982,827	89	983,220
15	978,394	30	979,338	45	980,629	60	981,924	75	982,873	90	983,221

dem schwersten Steilfeuer (über 21 cm Kal.). Die erstgenannten Geschütze ergänzen die Wirkung der schweren Kanonen auf größte Entfernungen. Aufgabe, den Verkehr hinter der feindlichen Front, Bereitstellung und Beförderung von Kampfmitteln zu stören. Bekannt sind die deutschen Ferngeschütze („Paris“-Geschütze), die im Weltkriege 1918 die Festung Paris auf etwa 120 km Entfernung beschossen. Frankreich hat nach dem Weltkriege auch ein Ferngeschütz von 21 cm Kal. konstruiert, das 120 km weit schießt. Ferngeschütz hat heute Bedeutung verloren, zumal neuzeitliche Bombengeschwader mehr Wirkung versprechen (siehe Tabelle S. 296).

Die schwersten Steilfeuergeschütze haben gegenüber dem 21 cm-Mörser weit größere Wirkung und sollen in erster Linie Ziele unter starken Betondecken und Panzerziele bekämpfen. Neben den deutschen 30,5 cm- und 42 cm-Mörsern aus dem Weltkriege sind noch zu erwähnen die österreichischen 30,5 cm-Mörser, 35 cm-Belag.-Kanone, die 38 cm- und 42 cm-Haubitze. Frankreich konstruierte nach dem Kriege eine 52 cm-Haubitze als Eisenbahngeschütz mit einer Schußweite von 17 km. Die Beförderung dieser schwersten Geschütze erfolgt durch Kraftzug oder auf der Eisenbahn (Eisenbahngeschütze). Diese sind auch für den Küstenschutz von besonderer Wichtigkeit.

Schwimmerflugzeuge sind Seeflugzeuge, die im allgemeinen Aufbau den normalen Landflugzeugen ähneln, jedoch an Stelle des Fahrgestells ein Schwimmwerk, bestehend aus zwei Schwimmern oder einem zentralen Schwimmer und zwei Stützschwimmern unter den Flügelenden, besitzen.

Tabelle 8. Übersicht der wesentlichsten Geschützarten mit ihren Geschossen, Schußweiten und Feuergeschwindigkeiten.

Schwerstes Flachfeuer.

Geschützart	17 cm	21 cm		24 cm		28 cm	35,5 cm	38 cm
	SKL./40	SKL./40	SKL./45	SKL./40	KL./30	SKL./40	SKL./52,5	SKL./45
	Samuel	Peter-Adalbert		Theodor-Karl	Theodor-Otto	Bruno	König August	Max
Verwendungsart u. Geschützzahl der Batterie	RL. u. E. 2	B. 1	B. 1	B. u. E. u. EB. 1 oder 2	EB. 1	EB. 1 oder 2	B. 1	B. u. EB. 1
Geschoßarten	Spgr.	Spgr.	Spgr.	Spgr., Stschr.	Spgr.	Spgr.	Spgr., LSpgr.	Spgr., Stschr., LSpgr.
Schußweite in m mit Haube	24020	25580	26400	26600, 23100	—	27750	50900, 62200	38700, 38700, 47500
Schußweite in m ohne „	16000	17900	18700	—	18700	20050	—	Als „E." nur 24000, später 33000
Feuergeschwindigkeit in Minuten	1	$1^1/_2$	$1^1/_2$	2	2	2	3	3

RL. = Radlafette, B. = Bettungs-, E. = Eisenbahn-, EB. = Eisenbahn- und Bettungsschießgerüst, L. = Rohrlänge in Kalibern. So ist z. B. beim 17 cm-Kaliber L./40 das Rohr 17 cm × 40 = 6,80 m lang. 17 cm SKL./40 = 17 cm Schnelladekanone mit 6,80 m langem Rohr. Spgr. = Sprenggranate, Stschr. = Stahlschrapnell, LSpgr. = Lichtspur-Spgr.

Schwingungen. Eine periodische Bewegung wird als Schwingung bezeichnet. Die einfachsten Schwingungsvorgänge sind die geradlinigen Schwingungen eines Massenpunktes; man unterscheidet 1. die freie ungedämpfte, 2. die freie gedämpfte und 3. die erzwungene Schwingung.

Bei der ungedämpften (harmonischen) Schwingung wirkt auf einen Punkt der Masse m eine Kraft proportional der Entfernung x aus seiner Ruhelage. Die Differentialgleichung der Bewegung ist mit k als Proportionalitätsfaktor:

$$m \frac{d^2 x}{dt^2} = -kx.$$

Tritt zur Zeit $t = 0$ der Punkt aus der Ruhelage mit der Geschwindigkeit v_0 heraus, so verläuft die Bewegung nach folgender Gleichung:

$$x = \frac{v_0}{\alpha} \sin \alpha t = a \sin 2\pi \frac{t}{T}$$

$$= a \sin 2\pi\nu t \quad \text{mit} \quad \alpha = \sqrt{\frac{k}{m}}.$$

Man nennt den größten Ausschlag $\frac{v_0}{\alpha} = a$ die Amplitude der Schwingung, die Zeit für einen Hin- und Hergang $\frac{2\pi}{\alpha} = T$ die Schwingungsdauer und den reziproken Wert derselben $\frac{\alpha}{2\pi} = \frac{1}{T} = \nu$ die Schwingungszahl pro Zeiteinheit oder die Frequenz.

Wird obige Differentialgleichung mit der Geschwindigkeit v des Massenpunktes multipliziert, so erhält man nach einigen Umformungen die Beziehung:

$$\frac{d}{dt}\left(\frac{m}{2}v^2 + \frac{1}{2}kx^2\right) = 0,$$

die die Energiegleichung des schwingenden Massenpunktes darstellt; $\frac{m}{2}v^2$ ist seine kinetische und $\frac{1}{2}kx^2$ seine potentielle Energie (s. d.). Die Summe von kinetischer und potentieller Energie ist konstant (s. Energieprinzip), nur ihr Verhältnis zueinander wechselt dauernd; beim Durchgang durch die Ruhelage ($x = 0$) ist nur kinetische Energie vorhanden, an der Stelle maximalen Ausschlages besitzt der Massenpunkt nur potentielle Energie.

Bei der gedämpften Schwingung wirkt außer der rückführenden Kraft $-kx$ noch ein der jeweiligen Geschwindigkeit v proportionaler Widerstand $cv = c\frac{dx}{dt}$ (c Dämpfungsfaktor), so daß die Differentialgleichung der Bewegung lautet:

$$m\frac{d^2x}{dt^2} = -kx - c\frac{dx}{dt}.$$

Es werden die Fälle unterschieden:

a) $c^2 < 4\,km$ — schwache Dämpfung. Es ergibt sich eine Schwingung mit abnehmender Amplitude, die mit wachsender Zeit asymptotisch gegen Null konvergiert; die Schwingungsdauer T bleibt zeitlich konstant, ist jedoch gegenüber der ungedämpften Schwingung vergrößert. Die Differenz der natürlichen Logarithmen zweier aufeinanderfolgender Maximalausschläge ist eine Konstante und heißt logarithmisches Dekrement.

b) $c^2 \geqq 4\,km$ — Fall starker Dämpfung und Grenzfall. Die Bewegungen sind aperiodisch, d. h. der Massenpunkt nähert sich allmählich der Ruhelage ohne sie jemals (oder höchstens einmal) zu überschreiten.

Bei der erzwungenen Schwingung endlich wirkt außerdem auf den Massenpunkt eine periodisch veränderliche Kraft $A \cdot \sin 2\pi\nu^* t$ ein, die „erregende“ Schwingung. Die Bewegungsgleichung:

$$m\frac{d^2x}{dt^2} = -kx - c\frac{dx}{dt} + A\sin 2\pi\nu^* t$$

ergibt folgende Lösung: Die zugehörige freie gedämpfte Schwingung klingt in endlicher Zeit ab und es bleibt die erzwungene Schwingung $x = B\sin(2\pi\nu^* t - \varphi)$ übrig, mit konstanter Amplitude B und gleicher Schwingungszahl ν^* wie die erregende Schwingung. Erregende und erzwungene Schwingung sind gegeneinander phasenverschoben, d. h. sie erreichen nicht zu gleicher Zeit ihre größte Ausschlagweite. Stimmt die Frequenz der Erregerschwingung mit der Eigenschwingung des freien Systems überein, so erreicht die Amplitude der erzwungenen Schwingung ihren größten Wert und man spricht von Resonanz. Ist keine Dämpfung vorhanden, so bleibt die Eigenschwingung neben der erzwungenen bestehen und es treten Schwebungen auf. Resonanzerscheinungen haben besondere praktische Bedeutung, z. B. beim Überschreiten einer Brücke durch eine marschierende Kolonne. „Ohne

Tritt", damit die Brücke nicht in starke Schwingungen gerät.

Sébert, Hippolyte, franz. General und Ballistiker. Geb. 30. 1. 1839, gest. 23. 1. 1930 in Paris. 1856 Eintritt in das Heer, 1860 Unterleutnant der Marineartillerie, 1882 Oberst. 1879 Mitglied der Akademie. Inspekteur der Art.-Fabriken der Marine.

Zahlreiche wichtige Arbeiten betr. Entwicklung der Artillerie. Besonders häufig wird SÉBERT genannt, wenn es sich um Meßgeräte handelt, die zur Erforschung innenballistischer Probleme dienen. Ihm werden Apparate zur Messung der Geschoßgeschwindigkeit, zum Studium des Rohrrücklaufs, der Gasdruckkurve im Geschützrohr und in der Versuchsbombe, ein automatisch registrierendes Geschoß (Apparat im Inneren!) u. ä. m. verdankt.

Seeflugzeuge sind Flugzeuge, die zu Wasser starten und landen können. Oberbegriff für Flugboote und Schwimmerflugzeuge (s. Flugboote und Schwimmerflugzeuge).

Seele ist der Innenraum eines Geschützrohres. Sie besteht aus einem zylindrischen gezogenen Teil und einem erweiterten glatten Teil, dem Laderaum. Beide Teile sind durch den „Übergangskegel" verbunden. Der glatte Teil nimmt die Kartusche auf. Das Geschoß ragt so weit in den gezogenen Teil hinein, daß es mit seinem Führungband am Übergangskegel anliegt. In die innere Seelenwand sind schraubenförmige Züge eingeschnitten. Die zwischen den Zügen stehengebliebenen Leisten heißen „Felder". Die Mündungsleistung des Geschützes ist von der Größe des Seelenraumes und dem Druck der Pulvergase abhängig. Die Seelenweite oder das Kaliber wird zwischen den Feldern gemessen und in Zentimetern oder englischen Zoll angegeben.

Seelenachse ist die theoretische Längsachse der Rohrseele.

Seelenrohr oder Kernrohr ist das innere Rohr eines zusammengesetzten Geschützrohres, das Laderaum und Zugeinrichtung (die sog. innere Einrichtung) aufnimmt. Zwecks leichter Wiederherstellung kann das Seelenrohr mit einem auswechselbaren Futterrohr versehen sein (s. auch Rohr und Mantelrohr).

Seelische (moralische) Wirkung rührt von der Erschütterung des Menschen durch die von einem explodierenden Geschoß in der Luft erzeugten Schall- und Druckwellen her; die Heftigkeit, womit die Wellen die menschlichen Organe treffen, ist maßgebend für die seelische Zerrüttung — am stärksten bei Brisanzgeschossen (s. d.), bei denen die Schall- und Druckwellen größte Intensität erreichen.

Sehrohr hat den Zweck, über hoch gelegene Hindernisse hinwegzusehen, z. B. aus einem untergetauchten Unterseeboot oder aus dem Schützengraben heraus, ohne daß der Beobachter mit seinem Kopf die Deckung verläßt. Die Aufgabe wird dadurch erfüllt, daß die optische Achse des Fernrohrs zweimal geknickt wird. Die von einem im Horizont liegenden Objekt ausgehenden Lichtstrahlen treten in horizontaler Richtung in das Fernrohr ein, werden senkrecht nach unten reflektiert und verlassen nach einer nochmaligen Reflektion um 90° das Fernrohr wieder in horizontaler Richtung (wenn es, was meistens der Fall ist, geradsichtig ist). Der senkrechte Teil der optischen Achse entspricht also z. B. der Tauchtiefe des Unterseebootes. Das einfachste Sehrohr würde aus zwei Spiegeln bestehen, die in dem gewünschten Abstand vertikal übereinanderliegen und unter 45° gegen die Horizontale geneigt, also gegenseitig parallel sind. Jedoch wird in diesem Fall das Gesichtsfeld sehr klein, und zwar um so kleiner, je länger der vertikale Teil der optischen Achse ist. Damit dieses größer wird, wird in das Instrument die optische Einrichtung eines (astronomischen) Fernrohrs eingebaut. Dadurch kann auch eine Vergrößerung erreicht werden, die meistens zwischen einer $1^1/_2$- und 8fachen liegt. Bei einer $1^1/_2$fachen Vergrößerung eines Fernrohrs hat der Beobachter den Eindruck der natürlichen Größe des Bildes (also wie im Sehen mit unbewaffnetem Auge).

Sehstreifen (Artillerieeinschießen). Ein Streifen, dessen Grenzen durch zwei Linien gebildet werden, die von der B.-Stelle zu den beiden Enden eines Zieles gezogen sind. Bei stark seitlicher Lage der B.-Stelle müssen die Schüsse durch gleichzeitig angewendete Längen- und Seitenänderungen im Sehstreifen gehalten werden, damit sie mit dem Ziel in Verbindung zu bringen sind.

Seitenabtrift s. Abtrift.

Seitenabweichung. Zur Stabilisierung seines Fluges erteilt man einem Geschoß durch die Züge im Rohr einen Drall, so daß das Geschoß auf seiner Bahn einen schnell rotierenden Kreisel darstellt.

Beim Fluge wird durch Luftwiderstand Geschoßspitze z. B. aufwärts gehoben; durch dieses Drehmoment weicht aber dann nach dem Kreiselgesetz (s. d.) die Ge-

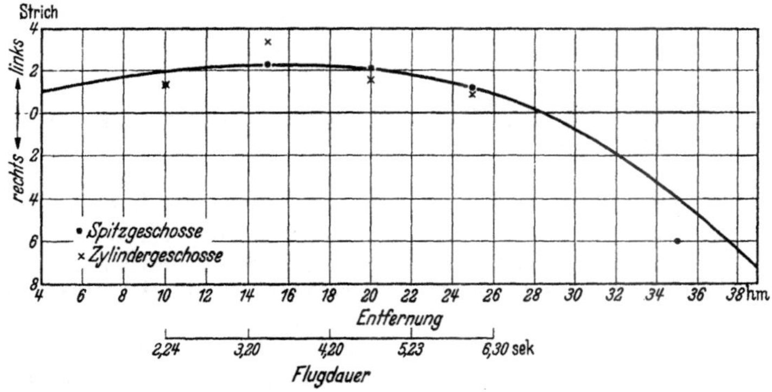

Abb. 31. Seitenverschiebung für Geschosse der 28 cm R.K.L./22.
Die Abb. läßt aus einem Material von 600 Schuß (vgl. Artl. Monh. **20**, 275, 1926) für den Anfang einer Schußtafel betr. ein Geschoß von 235 kg Gewicht für $v_0 = 465$ m/s erkennen, daß, abgesehen von einem kleinen Abgangsfehler nach der Seite, das Geschoß zunächst schwach nach links und dann deutlich nach rechts entsprechend der Drallänge von 50 Kal. ausweicht. Auf den Spitzenradius 2 Kal. oder flach kommt es zunächst wenig an.

schoßspitze zur Seite aus, und zwar bei dem üblichen Rechtsdrall in Schußrichtung gesehen nach rechts. Geschoßachse und Bahntangente bilden einen Winkel (Anstellwinkel α), und im allgemeinen bleibt auf der ganzen Flugbahn die Geschoßspitze rechts von der Bahn-

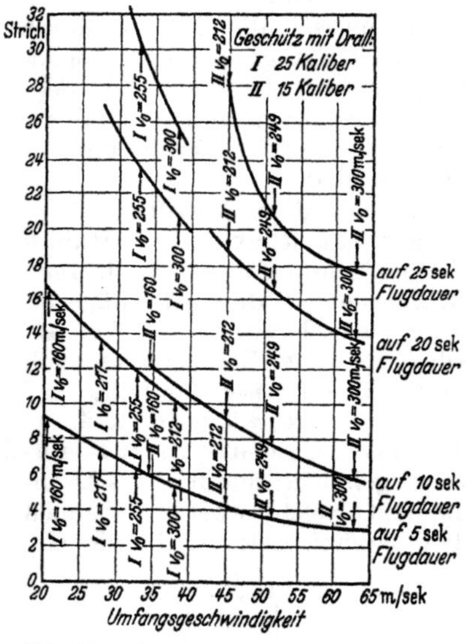

Abb. 32. Abhängigkeit der Seitenverschiebung von der Umfangsgeschwindigkeit des Geschosses und seiner Flugdauer. (Material 28 cm R. K. L/22.)

tangente (s. u.). Durch diese Schrägstellung tritt nun vor allem eine seitliche Komponente der Wirkung des Luftwiderstandes auf, die den Schwerpunkt des Geschosses immer mehr nach rechts aus der ursprünglichen Schußebene herausträgt und die Seitenabweichung des Geschosses bewirkt.

Eine strenge Berechnung der Kreiselbewegung eines Geschosses ist heute noch nicht möglich, da es an ausreichenden Versuchsergebnissen für den Luftwiderstand und sein Moment bei den verschiedenen Anstellwinkeln und Geschoßgeschwindigkeiten fehlt.

Die Gleichungen für Geschoßpendelungen (aufgestellt z. B. von C. Cranz und W. Schmundt unter Berücksichtigung des Magnuseffektes) konnten vorläufig nur unter gewissen Annahmen über den Luftwiderstand behandelt werden. Dabei wurden meist vereinfachende Annahmen gemacht (z. B. Beschränkung auf kleine Anstellwinkel). So ist man bisher trotz großer mathematischer Anstren-

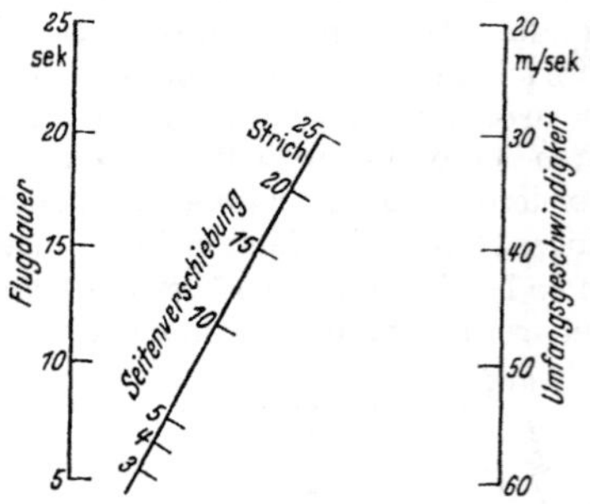

Abb. 33. Nomographische Erfassung der Abb. 32.

gungen besonders seitens englischer Forscher (Fowler u. a.) nur dazu gelangt, die Kreiselbewegung des Geschosses in ihren Grundzügen zu übersehen.

Es ergibt sich dabei, daß die Geschoßspitze (aus der Bahntangentenrichtung gesehen) schnelle Bewegungen (Nutationen) um einen Punkt Q ausführt, der selbst langsam auf einem Kreis um die

Bahntangente wandert (Präzession). Der Punkt Q liegt bei Rechtsdrall zu Beginn der Bewegung rechts (vom Geschütz aus gesehen) von der Bahntangente. Da er sich nur langsam bewegt, bleibt die Geschoßspitze bei Flachbahnen während des Fluges rechts von der Bahntangente.

Nach VAHLEN läßt sich erfahrungsgemäß die Seitenabweichung des Geschosses für kleinere und mittlere Entfernungen dadurch ausgleichen, daß man der Aufsatzstange am Geschütz eine seitliche Neigung gibt, aber ihre rechtwinklige Stellung zur Seelenachse beibehält. Dies wurde schon früher (1874) beim Kruppschen Feldartilleriematerial ausgeführt.

Daraus läßt sich schließen, daß die Flugbahn nahezu eben ist und daß die Schmiegungsebene (s. d.) im Anfang der Bahn gegen die Vertikalebene um einen von der Erhöhung fast unabhängigen Winkel geneigt ist.

Da die Flugbahn nahezu eben verläuft, läßt sich auch durch Geschützneigung oder schiefe Schildzapfenachse die Seitenabweichung für kleinere und mittlere Entfernungen ausgleichen.

Starken Einfluß auf die Seitenabweichung hat die durch das Bucken des Rohres veranlaßte anfängliche Schrägstellung des Geschosses.

Seitenauswanderung je Minute (Abkzg. Sami [?], mißverständlich und den Dimensionen nicht entsprechend „Seitenunterschied" genannt) ist der Winkel, um den das Ziel, vom geradlinig sich bewegenden, schießenden Schiff aus gesehen, in der Minute seitlich auswandert. Beträgt die Flugdauer des Geschosses T sec, so ist der Seitenvorhalt gleich Sami · $T/60$. Sami und Enami (s. Entfernungsauswanderung je Minute) können in Zielgeräte eingestellt werden, die dann Seitenvorhalt und Längenvorhalt (s. Entfernungsauswanderung je Minute) automatisch berücksichtigen. Die Sami bleibt im allgemeinen über längere Zeiträume nicht konstant, sie ändert sich um so rascher, je größer die Enami ist. Praktisch ist besonders zu beachten, daß sie mit dem Herannahen des Gegners merklich zunimmt.

Seitenlibelle (oder Querlibelle) ist eine Röhrenlibelle am Aufsatz, die dazu dient, die Aufsatzebene zur Ausschaltung der Schildzapfenverkantung oder des schiefen Radstandes senkrecht zu stellen.

Seitenstollen. In der Seitenwandung des Geschützrohres werden senkrecht zur Seelenachse Bohrungen angebracht. Aus diesen Bohrungen werden durch den Gasdruck Stempel herausgetrieben. Die Endgeschwindigkeit dieser Stempel beim Austritt aus der Bohrung oder auch der Verlauf der Bewegung der Stempel durch die Bohrung hindurch in Funktion der Zeit wird gemessen und daraus wird der Verlauf des Gasdruckes berechnet. Bei Versuchen an Geschützen wurde auch, anstatt eine Last durch den Stempel emporschleudern zu lassen, eine Feder durch den Stempel zusammengedrückt. Die Größe der Zusammendrückung wird zeitlich registriert. Die jeweilige Geschwindigkeit wird dadurch erhalten, daß die gleiche Masse auf die Feder stürzen läßt. Die Fallhöhe, die die gleiche Zusammendrückung bewirkt, liefert die Geschwindigkeit.

Seitenstreuung s. Streuung.

Seitenvorhalt s. Seitenauswanderung je Minute.

Seitenvorhaltsebene wird die Ebene genannt, die durch den Geschützort und den Abschußpunkt (also durch die Visierlinie) geht und auf der Schußebene senkrecht steht. Sie bestimmt die Reglerlinie (s. d.); in ihr wird der Winkel gemessen, der den Schieberwert liefert, nämlich der Winkel zwischen Visierlinie und Reglerlinie. Sie ist nur bei Geschützen mit abhängiger Visierlinie von Bedeutung.

Seitenwinkel. Abweichung zwischen Schußlage und Zielrichtung (Kartenschußlinie). Direkte Messung nur möglich vom Geschütz aus, vor oder hinter der Batteriestellung auf der Schußlinie. Bei größeren Entfernungen Umrechnungen, ebenso bei seitlicher Beobachtung. Bestimmung mit Kartenwinkelmesser und Schießplan.

Seitenwinkelvorhalt ist a) bei Geschützen mit abhängiger Visierlinie der Winkel, den die Visierlinie mit der Schußebene (gemessen in der Seitenvorhaltsebene) bildet; er wird als „Schieberwert" kommandiert und eingestellt. Bezeichnung: $\Delta\sigma$. b) Bei Geschützen mit unabhängiger Visierlinie der Winkel, den die Visierebene mit der Schußebene (gemessen in der Kartenebene) bildet. Bezeichnung: $\Delta\sigma'$. Es ist $\Delta\sigma' = \beta_V - \beta_A$ (Differenz der Flugwinkel im Vorhalte- und Abschußpunkt).

Seitwärtseinschneiden. Ein Neupunkt N ist zu bestimmen auf der Verlängerung der Verbindungslinie zweier Festpunkte A, B. Ein dritter Festpunkt C liegt seitwärts dieser Linie. A, B, C sind von N aus sichtbar. Der Meßtisch wird über N orientiert, die Kartenrichtung a, b mit der Richtung A, B im Gelände in Einklang gebracht. Dann wird die Kippregel eingerichtet über den Kartenpunkt c nach dem Geländepunkt C und diese Richtungslinie über c auf dem Kartenblatt eingezeichnet. Ihr Schnittpunkt mit der Linie a, b bezeichnet den Neupunkt in der Karte. Dasselbe gilt sinngemäß, wenn der Neupunkt N zwischen a, b liegt. Wechselseitiges Einwinken der Richtung a, b auf A, B durch zwei Helfer mit Fluchtstäben.

Sekundäre Funktionen s. Siaccische Näherung.

Sekundenpendel s. Mathematisches Pendel.

Selbstladehandfeuerwaffen sind Gewehre und Pistolen, bei denen das Öffnen des Verschlusses, Auswerfen der Hülse, Spannen, Laden und Schließen durch mechanisches Verwerten der rückwirkenden Kräfte selbsttätig ausgeführt wird; der Schütze hat dann nur das Zielen, Abziehen und Magazinfüllen zu erledigen.

Selbstladepistole ist, abgesehen von Modellen für Spezialzwecke, die heute allein noch auftretende Form von Pistolen (s. Pistole, automatische Waffen und Funktionssicherheit).

S-Geschoß ist das deutsche Infanteriegeschoß des Weltkrieges,

Kaliber 7,9 mm. Der Name bedeutet „Spitzgeschoß"; es ist ein Hartbleigeschoß von einem Stahlmantel umgeben. Die Länge beträgt 28,0 mm, d. i. in Kalibern ausgedrückt 3,54, Gewicht 10 g. Die 3,2 g-Ladung S-Pulver verleiht dem Geschoß eine v_0 von 895 m/sec. Der größte Durchmesser ist 8,22 mm, die Querschnittsbelastung 20,4.

Shrapnel, engl. Oberst. Machte seit 1803 Versuche mit Hohlgeschossen, die mit Kugeln gefüllt waren. Diese wurden 1808 von den Engländern in der Schlacht bei Vimeiro (Port.), auch später in den spanischen Feldzügen verwendet. Diese Geschoßart wurde dann von Mitte des 19. Jahrh. an weiter konstruiert und allgemein verwendet. Jetzt sind infolge der Erfahrungen des Krieges 1914—18 die Ansichten über die Bedeutung und Verwendung des Schrapnells geteilt.

Siacci, Francesco, Prof., Dr. math., Oberst und Ballistiker. Geb. 20. 4. 1839 in Rom, gest. 31. 5. 1907 in Neapel. Als Artillerieoffizier in Piemont zeichnete er sich durch wissenschaftliche Arbeiten, besonders auf dem Gebiet der Ballistik aus. Verließ 1892 den aktiven Dienst und wurde 1895 zum Oberst d. R. befördert. 1860 Dr. math. Rom. Prof. der höheren Mechanik an der Univ. Turin und der angewandten Mechanik in Neapel.

S. hat höchst bedeutsame Untersuchungen auf den Gebieten der Ballistik, besonders auf dem der äußeren angestellt. Neben einem Lehrbuch über die theoret.-prakt. Ballistik hat er bedeutende Abhandlungen in ital. Zeitschriften über äußere Ballistik u. a. veröffentlicht.

Siaccische Näherung. Zur genäherten Lösung der Flugbahngleichungen ersetzt SIACCI in der Hauptgleichung der äußeren Ballistik (s. d.)

$$d\vartheta = \frac{g}{c}\,\frac{d(v\cos\vartheta)}{v f(v)} \qquad (1)$$

die Verzögerungsfunktion $f(v)$ durch

$$\beta\cos\vartheta_0\, f\left(v\,\frac{\cos\vartheta}{\cos\vartheta_0}\right)\frac{\cos\vartheta_0}{\cos\vartheta}\,.$$

Das Argument

$$u = v\,\frac{\cos\vartheta}{\cos\vartheta_0} \qquad (2)$$

heißt Pseudogeschwindigkeit; es wird als neue Veränderliche an Stelle von v eingeführt. Die Größe β ist ein von ϑ_0 und der Schußweite abhängiger Mittelwertfaktor, der durch Abschätzung des bei der Näherungslösung des Problems begangenen Fehlers erhalten wird; für die Werte β sind besondere Tabellen berechnet. (Ihre praktische Bedeutung wird leicht überschätzt.)

Die nach SIACCI abgeänderte Hauptgleichung lautet dann:

$$\frac{d\vartheta}{\cos^2\vartheta} = \frac{g}{\beta c\cos^2\vartheta_0}\cdot\frac{du}{u f(u)} \qquad (3)$$

und ergibt durch Integration unter Einführung von

$$J(u) = -2g\int\frac{du}{u f(u)}$$

als Abkürzung:

$$\operatorname{tg}\vartheta = \operatorname{tg}\vartheta_0 - \frac{1}{2c\beta\cos^2\vartheta_0}\,[J(u) - J(u_0)]\,. \qquad (4)$$

In die Differentialgleichungen für die anderen Bestimmungsgrößen der Bahn (s. unter Hauptgleichung) läßt sich die Pseudogeschwindigkeit u einführen und die Lösung durch Quadratur ohne weitere Vernachlässigung gewinnen. Man erhält für die Flugdauer t, die horizontale Entfernung x und die Flughöhe y eines beliebigen Flugbahnpunktes die Lösungen:

$$t = \frac{1}{\beta c \cos\vartheta_0}[T(u) - T(u_0)]; \quad (5)$$

$$x = \frac{1}{\beta c}[D(u) - D(u_0)], \quad (6)$$

$$y = x \cdot \operatorname{tg}\vartheta_0 - \frac{1}{2\beta^2 c^2 \cos^2\vartheta_0}\{A(u) - A(u_0) - J(u_0)[D(u) - D(u_0)]\}. \quad (7)$$

Durch Vereinigung von Gleichung (6) und (7) ergibt sich:

$$y = x \cdot \operatorname{tg}\vartheta_0 - \frac{x}{2\beta c \cos^2\vartheta_0}\left[\frac{A(u) - A(u_0)}{D(u) - D(u_0)} - J(u_0)\right], \quad (8)$$

dabei sind die Abkürzungen eingeführt:

$$T(u) = -\int \frac{du}{f(u)}; \quad D(u) = -\int \frac{u\,du}{f(u)};$$

$$A(u) = -\int \frac{J(u)\,u\,du}{f(u)}.$$

Die vier Funktionen $J(u)$, $T(u)$, $D(u)$ und $A(u)$ sind die Siaccischen primären Funktionen. Die fünf Gleichungen (4) bis (8) stellen das Siaccische Lösungssystem dar; vier von diesen Gleichungen sind voneinander unabhängig. Solange die Aufgabenstellung die vereinfachenden Ansätze nicht überanstrengt, sind die Primärfunktionen von bewunderungswürdiger Leistungsfähigkeit. Es bleibt zu beachten, daß sie nur für die veraltete Widerstandsfunktion („Siacci III") vorliegen.

Außer den in Tabellen angegebenen primären Funktionen sind nach den Bezeichnungen von Fasella zur Vereinfachung der Flugbahnberechnung folgende Verbindungen der Primärfunktionen eingeführt worden, die als Sekundäre Funktionen bezeichnet werden und gleichfalls in Tabellenform gebracht sind.

$$D(u) - D(u_0) = f_0;$$

$$\frac{A(u) - A(u_0)}{D(u) - D(u_0)} - J(u_0) = f,$$

$$\frac{1}{f}\left[J(u) - \frac{A(u) - A(u_0)}{D(u) - D(u_0)}\right] = f_2;$$

$$T(u) - T(u_0) = f_3; \quad J(u) - J(u_0) = f_4.$$

Mit diesen Funktionen lautet unter Einführung von $C' = \frac{1}{\beta c}$ (s. S. 104) das Lösungssystem von Siacci:

$$v = \frac{\cos\vartheta_0}{\cos\vartheta} \cdot u;$$

$$\operatorname{tg}\vartheta = \operatorname{tg}\vartheta_0 - \frac{C'}{2\cos^2\vartheta_0} \cdot f_4;$$

$$t = \frac{C'}{\cos\vartheta_0} f_3,$$

$$x = C' f_0;$$

$$y = x \cdot \operatorname{tg}\vartheta_0 - \frac{x}{2\cos^2\vartheta_0} C' f.$$

Theoretische Untersuchungen von Vahlen haben gezeigt, daß die Siaccische Näherung nicht immer die bestmögliche ist, die sich nach seinem Grundgedanken erreichen ließe. Bei Siacci ist nur eine Konstante verfügbar, die Größe β. Darüber hinaus ist im Siaccischen Ansatz für die Verzögerungsfunktion (2) noch die Anfangsneigung ϑ_0 der Bahntangente gegen die Horizontale durch $\cos\vartheta_0$ eingeführt; das ist für aufsteigende Äste zweckmäßig. Bei Gipfelbögen oder ganzen Flugbahnen würde man besser die Neigung im Gipfel zugrunde legen, also $\cos\vartheta_0 = 1$ setzen (P. CHARBONNIER). Entsprechend wäre bei absteigenden Ästen statt ϑ_0 die Endneigung ϑ_e zu wählen.

Siemens, Werner von, Dr. phil. e. h., Ingenieur und Industrieller. Geb. 13. 12. 1816 in Lenthe bei Hannover, gest. 6. 12. 1892. 1838 Artillerieoffizier, schied 1849 aus dem Heere und trat in die 1847 gegründete Telegraphenbauanstalt J. G. Halske ein. 1848 legte er mit HIMLY die ersten elektrischen Seeminen an, baute als Kommandant von Friedrichsort die Batterien des Eckernförder Hafens und legte die erste große Telegraphenlinie auf dem Kontinent zwischen Berlin und Frankfurt a. M. Viele Erfindungen und Neukonstruktionen sind ihm zu verdanken, so stellte er z. B. 1859 die nach ihm benannte Quecksilber-Widerstandseinheit auf, erfand 1856 den Zylinderinduktor, entdeckte 1867 das Dynamoprinzip und führte 1879 die erste elektrische Eisenbahn vor.

Signalpatronen sind wie Leuchtpatronen (s. d.) gebaut und dienen dazu, durch Aussendung farbigen Lichtes Signale zu geben. Die Farben werden durch beigemengte Salze hervorgerufen, die bei der hohen Verbrennungstemperatur der Patronenladung zu intensivem Leuchten angeregt werden. Salze von Natrium geben gelbes, von Strontium rotes, von Barium grünes Licht; Kupferverbindungen leuchten bläulich. (Farbenkombination zur Aussendung verschiedenfarbiger Sternchen). Steighöhe größerer Signalbomben 200 m. Leuchtdauer ungefähr 8 Sek.

Skalare s. Vektoren.

S. m. K.-Geschoß ist ein deutsches Geschoß von panzerbrechender Wirkung. Kaliber 7,9 mm. Der Name bedeutet: „Spitzgeschoß mit Kern." Das Geschoß hat die äußere Form des s.S.-Geschosses (s. d.). Um den aus einem spitzen Stahlbolzen bestehenden Kern lagert sich ein Bleihemd; das Ganze umschließt ein Stahlmantel. Dieser führt das Geschoß in den Zügen, wobei das Bleihemd die weiche Unterlage abgibt. Außerdem soll das Bleihemd das Geschoßgewicht vergrößern helfen. Beim Auftreffen des Geschosses auf Panzerstahl erleichtert das Bleihemd dem aufschlagenden Stahlkern seine Stanzwirkung durch zweckmäßiges Ansetzen der Spitze. Das Geschoßgewicht 11,55 g, die Anfangsgeschwindigkeit 815 m/s. Bei senkrechtem Auftreffen durchschlägt das S. m. K.-Geschoß auf 100 m Stahlplatten bester Fertigung bis zu 10,5 mm Stärke. Auf 1000 m werden Panzerplatten von 4,5 mm Stärke noch durchschlagen.

Sog nennt man den durch Ablösung der Prandtlschen Grenzschicht unter Wirbelbildung hinter dem fliegenden Geschoß hervorgerufenen Unterdruck (s. Strömungswiderstand); bei hohen Geschwindigkeiten bildet sich hinter dem Geschoßboden ein luftverdünnter Raum aus, in den die Luft unter Wirbelbildung einströmt. Bei einer Geschoßgeschwindigkeit von etwa 700 m/s dürfte praktisch Luftleere vorhanden sein. Der durch die fortlaufende Wirbelbildung bedingte Anteil am Gesamtluftwiderstand heißt Saugwiderstand oder Wirbelwiderstand. Der Energieverbrauch durch Wirbelbildung hängt wesentlich von der Form des Geschoßbodens ab. Der Einfluß der Form des Geschoßkopfes findet sich, solange die Prandtlsche Grenzschicht besteht, im Reibungswiderstand (s. d.) und im Wellenwiderstand (s. d.); die drei genannten Widerstände bilden zusammen den Gesamtluftwiderstand (s. Widerstand).

Die Größe des Saugwiderstandes wächst in der Nähe der Schallgeschwindigkeit rasch an, um sich dann bei höheren Geschoßgeschwindigkeiten allmählich einer festen Grenze zu nähern, die durch die vollkommene Luftleere gegeben ist. Bei höchsten Geschoßgeschwindigkeiten treten Saug- und Reibungswiderstand gegenüber dem Wellenwiderstand zurück.

Solenoide nennt man Drahtspulen, die dadurch entstehen, daß isolierter Leitungsdraht in Schraubenwindungen auf einen isolierenden Zylinder (Rohr) aufgebracht wird. Derartige Spulen dienen zur Messung der Geschoßgeschwindigkeiten an Stelle von Gitterrahmen (s. d.). Magnetisierte Geschosse erzeugen beim Durchfliegen der Spule einen Spannungsstoß, der in geeigneter Weise mit dem Chronographen registriert wird. Bei eisernen, unmagnetischen Geschossen sind zwei Wicklungen auf dem Zylinder unterzubringen, von denen eine ständig von einem elektrischen Strome durchflossen wird; in der zweiten wird beim Durchflug des Geschosses gleichfalls ein Spannungsstoß induziert (Transformatorprinzip). Das Verfahren arbeitet außerordentlich genau und bietet den Vorteil, daß dem Geschoß keinerlei merkliche Hindernisse entgegenstehen.

Spaltglühzünder. Spaltglühzünder, kurz „Spaltzünder", ist ein Zündmittel, bei dem der Zündsatz eine gewisse Leitfähigkeit besitzt. Beim Durchfließen eines elektrischen Stromes wird dieser entzündet. Spaltzünder besitzen hohen Ohmschen Widerstand, der in weiten Grenzen schwankt. Aus diesem Grunde schwankt auch die zur Zündung erforderliche Spannung in weiten Grenzen.

Spezifische Masse. Spezifische Masse oder Dichte eines Körpers ist gleich der Masse seiner Volumeinheit (cm^3) in Gramm, also Masse geteilt durch Volumen. Bei genauer Angabe der Dichte ist wegen der Wärmeausdehnung die Temperatur der Substanz mitzuteilen, für die sie gilt.

Wegen der (praktischen) Gleichheit der Zahlenwerte von Dichte und spezifischem Gewicht einer Substanz wird für die Dichte oder spezifische Masse häufig die Bezeichnung „spezifisches Gewicht" gebraucht; streng genommen ist zwischen beiden Begriffen zu unterscheiden. Auch die physikalischen Dimensionen dieser Größen sind verschieden (s. Spezifisches Gewicht).

Die Dichte eines Gases wird meist für die normalen Bedingungen, d. h. für den Druck von 1 at (760 mm Hg bei 0° C und normaler Schwere) und für die Temperatur von 0° C angegeben. Wegen der Kleinheit der Gasdichte wird in Kilogramm pro Kubikmeter (oder Gramm pro Liter) gerechnet.

Über Luftdichte s. d.

Spezifische Treffwahrscheinlichkeit s. Streuung.

Spezifische Verzögerung eines Geschosses s. Ballistischer Koeffizient.

Spezifische Wärme eines Körpers wird diejenige Wärmemenge genannt, die notwendig ist, um 1 g der Substanz um 1° C zu erwärmen. Die spezifische Wärme ist im allgemeinen von der Temperatur abhängig. Die spezifische Wärme des Wassers bei 15° C gilt als Einheit; die entsprechende Wärmemenge heißt eine Grammkalorie (cal).

Bei Bestimmung der spezifischen Wärme ist auf die äußeren Bedingungen der Erwärmung zu achten, ob dieselbe z. B. bei konstantem Druck oder konstantem Volumen vorgenommen wird.

Bei Gasen ist das Verhältnis der beiden eben erwähnten spezifischen Wärmen gleich der Konstanten $\varkappa$ des Poissonschen Gesetzes (s. d.) und der Laplaceschen Gleichung (s. d.).

Über die Berechnung der Verbrennungstemperatur eines Pulvers aus seiner Verbrennungswärme und der spezifischen Wärme der Explosionsgase s. d.

Spezifischer Druck. Spezifischer Druck eines Pulvers ist die bisher mit f bezeichnete Konstante der Abelschen Gleichung (s. d.), die zur Abkürzung für den Ausdruck:

$$f = \frac{p_0}{T_0} \cdot \mathfrak{v}_0 T$$

dort eingeführt wurde; p_0, T_0 bezeichnen den für Gase gebräuchlichen Normalzustand ($p_0 = 760$ mm Hg bei 0° C und normaler Schwere, $T_0 = 273°$ abs $= 0°$ C), $\mathfrak{v}_0$ ist das spezifische Volumen (s. d.) des Pulvers und T seine absolute Verbrennungstemperatur. Es ist zu beachten, ob bei Anwendung der Abelschen Gleichung die Drucke p in Kilogrammgewichten pro Flächeneinheit oder in alten Atmosphären (Einheiten p_0) gemessen werden.

Unter Vernachlässigung der Volumkorrektion αL in der Abelschen Gleichung lautet diese: $p' = \frac{fL}{V}$ mit p' als Maximalgasdruck, V als Volumen des leeren Verbrennungsraumes und L als Menge des eingefüllten Pulvers in Kilogramm. Dann kann man rein formal die Größe f als den Druck ansehen, der bei Verbrennung von 1 kg Pulver in einem Raume von 1 l entstehen würde, wenn sich die Pulvergase wie ideale Gase verhielten.

Die physikalische Dimension von f ist nicht die eines Druckes, sondern eines Arbeitsvermögens oder Energie pro Masseneinheit des Pulvers. Nach dem Poissonschen Gesetz für ideale Gase stellt der Ausdruck:

$$\frac{p'(V - \alpha L)}{\varkappa - 1}$$

mit p' als Gasdruck, $(V - \alpha L)$ als das den Pulvergasen wirklich zur Verfügung stehende Volumen und

$\varkappa$ als Verhältnis der spezifischen Wärmen (s. d.) die innere Energie der Pulvergase oder die maximale Arbeit dar, die sich bei adiabatischer Entspannung überhaupt gewinnen ließe. Demnach ist die Größe f bis auf den Faktor $(\varkappa - 1)$ die Energie oder das Arbeitsvermögen der Masseneinheit (1 kg) des betreffenden Pulvers. Von früher her, als zwischen Kraft und Energie noch nicht streng unterschieden wurde, rührt auch die Bezeichnung als Kraft eines Pulvers für die Größe f.

Spezifischer Wärmegehalt eines Pulvers s. Verbrennungswärme.

Spezifischer Widerstand eines Geschosses s. Ballistischer Koeffizient.

Spezifisches Gewicht. Das spezifische Gewicht ist gleich dem unbenannten Verhältnis des Gewichtes (Masse) einer Substanz zu dem Gewichte (Masse) eines gleich großen Volumens einer Normalsubstanz, für die gewöhnlich Wasser von 4° C bei normalem Drucke benutzt wird. Bei genauen Angaben ist wegen der Wärmeausdehnung noch die Temperatur der Substanz mitzuteilen. Es ist gleichgültig, ob Massen oder Gewichte gemeint sind, wenn nur diese Eigenschaften mit den entsprechenden des Wassers als Einheiten verglichen werden. Das Volumen, das 1 kg Wasser bei 4° C Temperatur und 760 mm Druck einnimmt, wird als Normalliter (s. Volumen) bezeichnet; zahlenmäßig ist das spezifische Gewicht gleich der Masse eines Normalliters der Substanz in Kilogramm (bei Gasen auch in Gramm). Die Zahlenwerte für spezifisches Gewicht und spezifische Masse oder Dichte sind einander gleich, wenn man von dem Unterschiede zwischen Kubikdezimeter und Liter absieht. Das ist in der Regel erlaubt, weshalb häufig zwischen Dichte und spezifischem Gewicht nicht unterschieden wird. Es ist aber zu beachten, daß die physikalische Dimension einer Dichte die einer Masse pro Volumeinheit ist, während das spezifische Gewicht als Verhältniszahl gleichgearteter Größen dimensionslos ist. Das spezifische Gewicht ist der Quotient zweier Dichten, wobei der Divisor die Normalsubstanz darstellt. Die Dichte des Wassers bei 4° C und 760 mm Hg ist 0,999973; mit dem reziproken Wert dieser Zahl ist eine Dichte zu multiplizieren, um den Zahlenwert des spezifischen Gewichtes zu erhalten.

Das spezifische Gewicht von Gasen wird meist für den Druck einer Atmosphäre (760 mm Hg bei 0° C und normaler Schwere) und für eine Temperatur von 0° C angegeben. Vielfach, besonders in der Chemie, wird auch Luft oder Sauerstoff als Normalsubstanz gewählt.

Spezifisches Volumen heißt das Volumen der Masseneinheit einer Substanz; es ist gleich dem reziproken Wert der Dichte oder spezifischen Masse (s. d.).

Bei Gasen wird das Volumen der Masseneinheit für einen bestimmten Normalzustand angegeben, für den der Druck von einer Atmosphäre (760 mm Hg bei 0° C und normaler Schwere) und die Temperatur von 0° C oder 273° abs. gewählt ist.

Unter dem spezifischen Volumen als einer Pulverkonstanten versteht man das Volumen derjenigen Gasmenge im Normalzustande, die bei der Verbrennung von 1 kg dieses Pulvers entsteht; die Menge des in den Gasen enthaltenen Wassers wird als Dampf gerechnet. Dieser Begriff deckt sich dann mit dem üblichen des spezifischen Volumens von Gasen, wenn die Pulververbrennung eine vollständige ist.

Spitzenfaktor eines Geschosses dasselbe wie Formfaktor; s. Ballistischer Koeffizient.

Splitter bei Explosionen entstehen durch die Zerlegung der die Sprengladung einschließenden Umhüllung; Splittergeschwindigkeiten bis zu 2500 m/s. Bei Geschossen hängt die mechanische Wirkung der Sprengstücke von ihrer Form, Durchschlagskraft und Zahl ab. Die Bewegung der Splitter erfolgt so, daß ihr Gesamtschwerpunkt die Flugbahn des ursprünglichen Geschosses beschreibt. Teile eines Geschoßquerschnitts, die denselben Abstand von der Achse besitzen, beschreiben infolge der Drehwucht des Geschosses die Geradenschar eines Rotationshyperboloides; der größte auftretende Betrag des Winkels von derartigen Geraden mit der Geschoßachse ist der halbe Kegelwinkel der Sprenggarbe. Dazu kommen als öfters selbständig fliegend der Geschoßkopf und -boden. Der Kegelwinkel ist um so größer, je größer die Rotationsgeschwindigkeit des Geschosses, je größer die Brisanz der Ladung (damit die Splittergeschwindigkeit) und je kleiner die Geschoßgeschwindigkeit ist; bei kleinen Geschoßgeschwindigkeiten bewegen sich, vom Erdboden aus betrachtet, Sprengstücke auch nach rückwärts. Durchschlagskraft eines Splitters am Ziel abhängig von Art, Form, Material, Auftreffwinkel und Geschwindigkeit. Bauwerke heißen splittersicher, wenn sie schwerste Splitter aushalten, schußsicher, wenn sie Einzeltreffer, bombensicher, wenn sie mehrere Treffer aushalten.

Spreizlafette ist eine Bauart von Räderlafetten, deren Unterlafette nicht kastenförmig ist, sondern aus zwei spreizbaren Holmen besteht, deren Spreizwinkel das Seitenrichtfeld bildet. Diese Konstruktion ermöglicht eine wesentliche Vergrößerung des Seitenrichtfeldes gegenüber der gewöhnlichen Kastenlafette. Jeder Holm ist mit einem Sporn versehen und so kräftig gehalten, daß er für sich allein die gesamte Rückstoßkraft aufnehmen kann. Das Geschütz besteht aus Ober- und Unterlafette. Die Konstruktion muß die Forderung erfüllen, daß die Unterlafette, welche die beim Schuß auftretenden Kräfte aufnimmt und weiterleitet, nicht auf den vier Unterstützungspunkten (Räder und Sporn) ruht, sondern eine gesicherte Unterstützung durch Dreipunktauflage erhält.

(Beispiel: System Deport.)

Sprenggarbe bezeichnet den von den Kugeln des Schrapnells bzw. der Kartätsche und von den Sprengstücken der Granate kegelförmig bestrichenen Raum. Die Form der Sprenggarbe ist abhängig von der Ladung, dem Material und der Geschwindigkeit des Geschosses.

Sprenghöhe bezeichnet die Lage des Sprengpunktes über der Erdoberfläche beim Zeitzünderschuß, beim Abprallerschuß für Aufschlagzünder mit Verzögerung (s. auch Sprengpunkt).

Sprengkapseln sind Kapseln, die mit einem hochbrisanten Initialsatz, wie Knallquecksilber, Bleiazid usw., geladen sind und zur Detonationseinleitung für Sprengstoffe dienen.

Sprengladung ist die Sprengstofffüllung eines Geschosses.

Sprengpunkt heißt der Punkt der Geschoßbahn, in dem ein Sprenggeschoß in der Luft zerspringt. Die geradlinige Entfernung des Sprengpunktes bis zum Auftreffpunkt in der Zielwaagerechten, wenn das Geschoß nicht zerspringen würde, wird Restflugweite genannt. Aufschlagweite ist der waagerechte Abstand des Sprengpunktes von diesem Auftreffpunkt, Sprengweite der waagerechte Abstand des Sprengpunktes vom Ziel. Beide Größen sind dann einander gleich, wenn die über den Sprengpunkt hinaus verlängerte Geschoßbahn durch das Ziel geht. Sprenghöhe bezeichnet den lotrechten Abstand des Sprengpunktes von der Zielwaagerechten. Die Restflugweite ist also die Hypotenuse eines rechtwinkeligen Dreiecks, dessen Katheten Aufschlagweite und Sprenghöhe sind.

Sprengsplitterzahl von Granaten s. Granatensprengsplitterzahl.

Sprengstücke s. Brisanzgeschoß.

Sprengtrichter ist der durch die Detonation eines einschlagenden krepierenden Geschosses erzeugte Trichter im Erdboden. Die zu seiner Berechnung früher vorgeschlagenen Formeln setzen die Kenntnis des Bodens in der Zielgegend, der Eigenschaften des verwendeten Sprengstoffes und der gewählten Verzögerung des Zünders voraus. Ähnlich liegen die Verhältnisse beim Beschießen von Mauerwerk. Die Qualität des zum Bau der Befestigungen verwendeten Betons spielt eine große Rolle, wie die Kriegserfahrungen in Belgien und besonders vor Verdun lehrten.

Sprengweite ist der horizontale Abstand des Sprengpunktes des Geschosses vom Ziel. Vom Schießenden so zu legen, daß die Sprenggarbe (s. d.) wirksam im Ziel liegt (s. auch Sprengpunkt).

s. S.-Geschoß ist das im Weltkriege für die schweren Masch.-Gew. eingeführte und jetzt in der deutschen Wehrmacht allgemein für Masch.-Gew., Gewehre und Karabiner verwendete Geschoß. Kaliber 7,9 mm. Sein Name bedeutet: „Schweres Spitzgeschoß." Die äußere Form ist etwa die des französischen Balle-D. (s. D.-Geschoß). Es ist ein Bleigeschoß mit einem Stahlmantel, vorn spitz und hinten mit einem verjüngten Ende. Das Gewicht 12,8 g, Querschnittsbelastung 26,2 g/cm^2; die Pulverladung von 2,85 g verleiht dem Geschoß eine v_0 von 785 m/s.

Stabilisatoren dienen zur Verhütung der Selbstzersetzung von aus Schießbaumwolle (Nitrozellulose) bestehenden Pulvern. Diese zwar vollkommen rauchlos unter Bildung farbloser Gase verbrennenden Pulver sind instabil, indem sie beim Lagern Stickoxyde unter Wärmeentwicklung abspalten; die dabei auftretende Wärme kann mitunter so groß werden, daß es zur Explosion kommt. Die Zersetzung wird durch beigemengte besondere Stoffe (Stabilisatoren) hintangehalten, deren Wirkung wahrscheinlich darauf beruht, daß das gebildete Stickoxyd, welches weitere Zersetzung anregt, gebunden wird; als Stabilisatoren werden gebraucht Diphenylamin nach NOBEL und Harnstoffderivate (Acardit, Zentralit). Verbrennung der Pulver wegen dieser Stoffe nur noch rauchschwach.

Stabilitätsprüfungen an derartigen Pulvern beruhen im wesentlichen auf qualitativem Nachweis oder quantitativer Bestimmung von bei erhöhter Temperatur (bis 135° C) gebildeten Stickoxyden.

Stabilitätsprüfung von Pulvern. Rauchschwache Pulver (s. d.) sind alle unstabil, d. h. sie zersetzen sich alle nach bestimmter Zeit. Deshalb Zusatz von Stabilisatoren, um sie wenigstens für eine bestimmte Zeit haltbar zu machen. Diese sollen bei beginnender Zersetzung abgespaltenes Stickoxyd binden und dadurch eine innere Erwärmung etwa auf den Entzündungspunkt des Pulvers verhindern. Stabilität noch besonders abhängig vom Reinheitsgrad der Ausgangsstoffe!

Prüfmethoden beruhen auf Erscheinungen bei Temperaturerhöhung.

Qualitativ: Feststellung, wann zuerst Zersetzungserscheinungen auftreten.

ABELS Test: Reagensglas mit 1 g Probe und Jodzinkstärkepapier bei 80°: Violettfärbung nicht vor 10 Minuten.

GUTTMANNS Diphenylamintest, da ABELS Probe zu empfindlich: Bläuung durch 0,00011 mg HNO_2.

Dauerprobe: Tage-, wochen-, monatelang im Thermostaten zwischen 60—100°.

Abwechselnde Kalt- u. Warmlagerung.

Zersetzung bei höheren Temperaturen: 132 bzw. 135°.

Rötung von Lackmus durch saure Dämpfe.

Auftreten brauner Dämpfe.

Explosion.

Quantitative Untersuchungen:

WILLS Methode: Ölbad von 135°, Ableiten der Gase zur Elementaranalyse.

BERGMANNS Methode: Erhitzen auf 132°, Ermittlung des abgespaltenen Stickoxyds, und zwar

Volumetrische Messung;

Gravimetrische Differenzmessung.

Gewichtsverlusttest: 2 Röhr hen mit gleicher Probe erhitzt, das eine 2, das andere 4 Stunden: Gewichtsdifferenz.

OBERMÜLLERS Methode: Abspaltung von Stickoxyden wird manometrisch verfolgt. Aufzeichnung des entstehenden Druckes entweder gegenüber Atmosphärendruck oder gegenüber dem Vakuum.

Chemische Zersetzung von Pulvern bei höheren Temperaturen verläuft anders als bei gewöhnlicher Temperatur. In Zersetzung befindliches Pulver steckt gesundes an. In Zersetzungsprodukten neben N_xO_y auch Säuren wie Ameisen-Oxalsäure usw.

Abhängigkeit der Zersetzung von Feuchtigkeit s. Pulverfeuchtigkeit!

Staffelfeuer s. Streuschießen.

Staffelung. Ein Begriff, der zwei verschiedene Bedeutungen hat: die Staffelung der Geschütze einer Batterie, d. h. die in der Schußrichtung gemessenen Tiefenabstände zwischen diesen Geschützen, und die Staffelung des Feuers; diese wird dadurch erreicht, daß die Geschütze mit verschiedenen, von einem Flügelgeschütz aus ansteigenden „Entfernungen“ (Erhöhungen) schießen.

Standfernrohr ist ein größeres, monokulares oder binokulares Fernrohr, welches auf einem Stativ gelagert ist. Weil es daher eine ruhigere Lage als ein Handfernrohr (s. d.) hat, so wird es meistens mit stärkerer Vergrößerung ausgestattet.

Stangenfernrohr ist ein Doppelfernrohr mit vergrößertem Abstand der Lichteintrittsöffnungen, gewissermaßen ein stereoskopischer Entfernungsmesser ohne Maßeinrichtung (s. Entfernungsmesser). Die im Fernrohr gesehenen Bilder haben gegenüber den mit den beiden unbewaffneten Augen gesehenen eine gesteigerte Plastik. Das Tiefenunterscheidungsvermögen wird erhöht. Das Verhältnis zwischen dem Abstand der Lichteintrittsöffnungen (Basis) zu dem Augenabstand des Beobachters heißt spezifische Plastik, das Produkt aus spezifischer Plastik und Fernrohrvergrößerung totale Plastik. Das Stangenfernrohr wird meistens als Standfernrohr (auf einem Stativ) gelagert.

Stauchapparat ist eine Vorrichtung zur Messung hoher Drucke, bei welcher der durch den Druck hervorgerufene Grad der Verformung plastischer Körper (Kupfer- oder Bleizylinder) nach empirischer Eichung als Meßgröße dient. Bei dem Stauchmanometer von SARRAU und VIEILLE wirkt der Druck der Pulvergase in der Versuchsbombe oder Waffe über einen, in der Wandung leicht beweglichen Stempel auf einen massiven kleinen Kupferzylinder, der dadurch eine bleibende Längenänderung erfährt; durch Registrierung des zeitlichen Verlaufs der Stauchung mit Nadel und rotierendem Zylinder erkennt man die Druckentwicklung während der Pulververbrennung. Ähnlich die Wirkung beim Meßei, das aus einem (auseinandernehmbaren) geschlossenen Stahlhohlkörper besteht, bei dem ein Stempel in der Wandung auf einen im Innern befindlichen Kupferzylinder drückt; Meßei wird mit Pulverladung in das Geschütz gebracht, fällt nach dem Abschuß vor der Waffe zu Boden (Maximalgasdruck gemäß Stauchung aus empirischer Tabelle).

Fehlerquellen: die Massenträgheit des Stempels, die den zeitlichen Verlauf des Drucks fälscht und bei der starken Beschleunigung durch die Pulvergase eine zu große Stauchung bewirkt; dann Art des zeitlichen Druckverlaufs. Ein Material wird im allgemeinen um so weniger stark deformiert, je kürzer die Zeit der Beanspruchung währt. Für die Aufstellung der Stauchtabelle, die die Längenänderung des Kupferzylinders als Funktion des angewandten Drucks angibt und die für jede Lieferung wegen Materialverschiedenheiten gesondert ermittelt wird, entsprechen die stoßartigen, dynamischen Eichverfahren (Fallhammer) weit mehr den tatsächlichen Verhältnissen als die statischen (Hebelpresse, manometrische Waage). Stoßdauer beim Fallhammer etwa die gleiche wie bei der Pulververbrennung ($^1/_{1000}$ Sekunde), Unterschied im Verlauf der Druckkraft mit der Zeit, die beim Fallhammer mit dem Maximalwert einsetzt. Fallhammertabelle gibt angenäherten Wert des Maximaldrucks, Eichung mit Hebelpresse ergibt zu kleine Drucke.

Eine Vorstauchung des Zylinders, etwa auf ein Drittel des Endwertes, hat den Vorteil, daß die Stauchung beim Versuch in kürzerer Zeit ihr Ende erreicht als beim nicht vorgepreßten Zylinder, wodurch sich der Fehler einer verspäteten Anzeige des Druckmaximums verringert. Nachteilig Endstauchung in zwei Etappen, abweichende Werte gegenü er nicht vorbehandelten Zylindern.

Stauchtabelle s. Stauchapparat.

Staudruck. Es wird vorausgesetzt eine gleichförmige Strömung mit der Geschwindigkeit v_1, der Dichte ϱ_1 und dem Druck p_1 erzeugt durch verlustloses Ausströmen aus einem Kessel, in dem das Medium mit der Dichte ϱ_0 unter dem Druck p_0 ruht. In diese Strömung wird ein Staukörper gebracht. An seinem vorderen Ende wird die Geschwindigkeit auf $v_2 = 0$ abgebremst. Diese Stelle heißt Staupunkt. Der Druck p_2 im Staupunkt kann gemessen werden, wenn der Körper dort angebohrt und der Druck auf ein Manometer weitergeleitet wird. Als Staugerät kann ein einfaches gebogenes Rohr dienen, das in die Ö.fnung hinein parallel zur Rohrachse angeströmt wird und nach seinem Erfinder Pitot-Rohr heißt. (p_2 wird auch mit „Pitot-Druck“ bezeichnet.)

a) Für inkompressible Medien gilt nach Bernoulli

$$p_2 = p_1 + \frac{\varrho_1}{2} v_1^2 = p_0 .$$

Die Druckerhöhung im Staupunkt gegenüber dem ungestörten Druck $p_2 - p_1 = \frac{\varrho_1}{2} v_1^2$ heißt Staudruck oder Geschwindigkeitsdruck oder dynamischer Druck. Mit dem als Prandtl-Rohr bekannten Staugerät kann $p_2 - p_1$ direkt gemessen werden.

b) Bei kompressiblen Medien ist man übereingekommen, den Wert $\frac{\varrho_1}{2} v_1^2$ ebenfalls mit Staudruck zu bezeichnen, er entspricht aber nicht mehr der Druckerhöhung $p_2 - p_1$. Bei Unterschallgeschwindigkeit ($v_1 < c_1$) wird zwar wieder $p_2 = p_0$. Für die Druckerhöhung im Staupunkt gilt aber bei idealen Gasen mit der Adiabatenkonstante $\varkappa$:

$$p_2 - p_1 = \frac{\varrho_1}{2} v_1^2 \left[\frac{2}{\varkappa} \left(\frac{c_1}{v_1} \right)^2 \left(\left(1 + \frac{\varkappa - 1}{2} \left(\frac{v_1}{c_1} \right)^2 \right)^{\frac{\varkappa}{\varkappa - 1}} - 1 \right) \right].$$

Dabei nähert sich für $\frac{v_1}{c_1} \ll 1$ die eckige Klammer dem Wert 1, so daß auch für kompressible Medien bei Strömungsgeschwindigkeiten erheblich unter der Schallgeschwindigkeit die Beziehung für inkompressible Flüssigkeit gilt.

Bei Überschallgeschwindigkeit ($v_1 > c_1$) entsteht vor dem Staukörper ein Verdichtungsstoß, der das Gebiet mit Überschallströmung stromaufwärts und Unterschallströmung stromabwärts zum Staupunkt hin trennt (s. Geschoßwelle). Beim Durchtritt durch diesen Verdichtungsstoß findet eine Entropievermehrung statt, so daß die Bernoullische Gleichung für einen Stromfaden zum Staupunkt hin nicht mehr gilt. Infolgedessen wird auch $p_2 \neq p_0$. Die Druckerhöhung im Staupunkt wird nach L. Prandtl:

$$p_2 - p_1 = \frac{\varrho_1}{2} v_1^2 \left[\frac{\varkappa + 1}{\varkappa} \left(\frac{(\varkappa + 1)^2}{4\varkappa - 2(\varkappa - 1)\left(\frac{c_1}{v_1}\right)^2} \right)^{\frac{1}{\varkappa - 1}} - \frac{2}{\varkappa} \left(\frac{c_1}{v_1}\right)^2 \right].$$

Für kompressible Medien kann im Überschall- und Unterschallbereich die Druckerhöhung im Staupunkt auch in der Form

$$p_2 - p_1 = \frac{\varrho_1}{2} v_1^2 \cdot \beta$$

geschrieben werden, wobei β für Luft ($\varkappa = 1{,}405$) in Abhängigkeit von v_1/c_1 nach den obigen Formeln folgende Werte annimmt:

v_1/c_1	0	0,2	0,5	1,0
β	1,000	1,010	1,065	1,275
v_1/c_1	2,0	3,0	∞	
β	1,655	1,755	1,840.	

Für sehr große Geschwindigkeiten nähert sich also β asymptotisch dem Grenzwert 1,84.

Steckengebliebenes Geschoß hat beim Schuß nicht genügend Antrieb bekommen, um aus dem Lauf herauszufliegen. Da der Herstellungsgang einer Munitionsfabrik es ausschließt, daß Patronen ohne oder mit unzureichender Pulverladung in den Handel kommen, ist das Vorkommen des Fehlers eines steckengebliebenen Geschosses nur auf schlechte Behandlung der Munition durch den Verbraucher zurückzuführen. (Spielerisches Lockern von Geschossen, Herausfallen des Pulvers und achtloses Wiederaufstecken des Geschosses in die leere Hülse oder selbstlaborierte Patronen.) Ein steckengebliebenes Geschoß muß mit Hilfe des Reinigungsstockes herausgestoßen werden. Niemals darf es herausgeschossen werden, weder mit einer Vollpatrone noch mit einer Patrone, von der das Geschoß entfernt ist. Entweder würde eine Laufsprengung eintreten oder nach den Erscheinungen des Schießens mit Hohlladungen eine Laufaufbauchung.

Steiggeschwindigkeit. Darunter ist die Höhendifferenz zu verstehen, die ein Flugzeug in einer bestimmten Zeit überwindet. Die Steiggeschwindigkeit wird in Metern je Minute angegeben, wobei auch die Höhe, in der diese Steigleistung vollbracht wird, erwähnt wird. Z. B. heißt Steiggeschwindigkeit am Boden 350 m/min, daß das betreffende Flugzeug in Bodennähe in der Minute 350 m steigt.

Wird gefragt, wie lange das Flugzeug benötigt, um eine bestimmte Höhe zu erreichen, so heißt dies Steigzeit (richtiger Steigdauer!) auf x m.

Mit der Steiggeschwindigkeit und der Steigdauer darf die Fluggeschwindigkeit über Grund nicht verwechselt werden. Unter dieser ist die Geschwindigkeit eines Flugzeugs bei Windstille zu verstehen. Die Steiggeschwindigkeit ist stets wesentlich geringer als die Höchstgeschwindigkeit des betreffenden Flugzeugs im Horizontalflug.

Steighöhe s. Freier Fall; Gipfelhöhe.

Steilfeuergeschütz ist ein Geschütz, das mit Erhöhungen über 45° schießen und in einem steil abfallenden Bogenschuß auch Ziele hinter Deckungen bzw. sehr widerstandsfähige Ziele wirksam von oben treffen kann.

Flak gehören, obgleich sie diese Bedingungen auch zu erfüllen vermögen, nicht zu den Steilfeuergeschützen, da sie ihre Ziele im allgemeinen im aufsteigenden Ast bekämpfen.

Steiner, Jakob. Hervorragender Schweizer Mathematiker. Geb. 18. 3. 1796 in Utzendorf, gest. 1. 4. 1863 in Bern. Seit 1834 Prof. d. Math. in Berlin. Erwarb sich große Verdienste um die synthetische Geometrie. Der „Steinersche Satz" zur Bestimmung der Trägheitsmomente. (s. d.)

Steiners Satz sagt aus, daß das Trägheitsmoment J_a eines Körpers in bezug auf eine Achse a gleich dem Trägheitsmoment J_s in bezug auf die zu a parallele Achse durch den Schwerpunkt des Körpers ist, vermehrt um das Trägheitsmoment der im Schwerpunkt S vereinigt gedachten Masse M des Körpers in bezug auf die Achse a. Ist d der Abstand der Achse a vom Schwerpunkt, so gilt $J_a = J_s + M d^2$.

Stellungsmeßblatt wird gebraucht in der Batteriestellung in Verbindung mit Ziel-Geviert-Tafel beim Schwenken der Richtung des G.G., um die Lage der übrigen Geschütze in bezug auf das G.G. in der neuen Richtung schnell festzustellen. Seiten- und Längenabstand in Metern abgelesen in der Gitterteilung des Ziel-Geviert-Blattes.

Stellungsunterschied (s. auch Gleichlaufverfahren). Hiermit wird bezeichnet der beim indirekten Einrichten einer Batterie auftretende senkrechte Abstand zwischen den beiden gleichlaufenden Linien R.K.I.-Ziel (G.R.P.) und der durch das Einrichten gefundenen gleichlaufenden Geraden durch das Grundgeschütz (G.G.). Dieser Abstand wird gemessen durch optische Strecken- und Winkelmessung und ausgeschaltet als Schwenkungswinkel am Geschütz, unter Zugrundelegung der Entfernung (G.R.P.-G.G.). Dann steht das G.G. in Richtung auf den G.R.P. und die übrigen Geschütze gleichlaufend zu dieser Richtung.

Stereoaufnahmen für photogrammetrische Zwecke. An den beiden Enden einer Standlinie (Basis) wird je ein Bild eines Gegenstandes aufgenommen, wobei die Objektivachsen der photographischen Kammern parallel und senkrecht zur

Standlinie gerichtet sind. Bei Geländeaufnahmen werden die Objektivachsen außerdem in der Regel waagerecht gestellt. Die Länge der Standlinie darf hierbei nicht größer als etwa $^1/_5$ des Abstandes des nächsten Teils und nicht kleiner als etwa $^1/_{20}$ des Abstandes des entferntesten Teils des aufzunehmenden Gegenstandes sein. Werden die so erhaltenen Bilder durch ein Stereoskop (s. d.) betrachtet, so erhält man den Anblick eines räumlichen Modelles des Gegenstandes, das im Verhältnis Augenabstand zur Standlinienlänge verkleinert erscheint.

Die beiden Aufnahmen können unter Wahrung der Parallelität der Achsen auch einen gewissen Winkel mit der Standlinie bilden. Man spricht dann von „Aufnahmen mit verschwenkten Achsen“ im Gegensatz zu dem obigen „Normalfall“ der Stereophotogrammetrie. Geringe Abweichungen von der Parallelität sind ebenfalls zulässig.

Vom Flugzeug aus erhält man mittels automatisch arbeitender Reihenkammern (s. d.) bei nahezu lotrechter Kammerachse ebenfalls Stereoaufnahmen; die aufeinanderfolgenden Aufnahmen müssen sich hierbei mit 50—60% überdecken.

Stereoautograph von Orel-Zeiss dient zur mechanischen Auswertung terrestrischer Stereoaufnahmen. Das Instrument besteht aus einem Stereokomparator (s. d.), dessen Hauptschlitten mit einem Richtungslineal derartig verbunden ist, daß beim Einstellen eines linken Bildpunktes auf die Marke das Lineal nach diesem Punkt gerichtet ist. Eine mit dem Parallaxenschlitten verbundene Vorrichtung gibt, sobald die Raummarke auf einen Punkt des Geländemodelles eingestellt ist, automatisch die Entfernung des Punktes an, so daß durch Richtung und Entfernung der Geländepunkt auf einem Zeichentisch dargestellt werden kann. Eine durch die Querverschiebung des Stereomikroskops betätigte Vorrichtung gestattet die unmittelbare Ablesung der Höhe des Geländepunktes.

Stereokomparator nach Pulfrich von Zeiss (1901), ein Instrument zum Ausmessen von Stereoaufnahmen (s. d.). Die beiden Aufnahmen können auf einem Schlitten zusammen seitlich verschoben werden; außerdem ist für das eine Bild auf dem „Parallaxenschlitten“ noch eine besondere Verschiebung vorgesehen. Zur Betrachtung der beiden Aufnahmen dient ein Stereoskop in Form eines Doppelmikroskops mit erweitertem Objektivabstand, in dessen Bildebene sich je eine Marke befindet und das in der Querrichtung verschoben werden kann. Beide Marken zusammen geben den Anblick einer im Geländemodell schwebenden räumlichen Marke, deren Abstand durch Verschieben des Parallaxenschlittens geändert werden kann. Diese Verschiebung wird mittels der Parallaxenschraube gemessen. Unter „Parallaxe“ versteht man den Abstand der beiden Bildhauptpunkte gegenüber einer Nullstellung, bei der sie mit den Marken zusammenfallen; in diesem Falle erscheint die Raummarke in unendlich großer Entfernung. Wird die Marke auf einen Geländepunkt eingestellt, so kann aus der Parallaxe sein Abstand von der Grundlinie berechnet werden. Liest man hierzu die Stellung des Hauptschlittens und des Mikroskopschlittens an Skalen ab, so erhält man daraus die drei Raumkoordinaten des Punktes.

erfolgen in der Weise, daß eine durch Mikrometerschraube steuerbare Marke scheinbar im Bildraume verschoben und mit den einzelnen räumlich gesehenen Bildpunkten zur Deckung gebracht werden kann (Prinzip der „wandernden" Marke).

Abb. 34. Stereokomparator.

Stereophotogrammetrie macht gegenüber der gewöhnlichen Photogrammetrie (s. d.) von den Vorteilen des stereoskopischen oder räumlichen Sehens Gebrauch. Die an den Enden der Basis (aus Gründen vereinfachter Auswertung meist mit parallelen Achsen) gleichzeitig mit optisch identischen Kammern aufgenommenen Photogramme werden im Stereokomparator mit beiden Augen zugleich betrachtet, wobei die photographierten und mitunter zerlegten Geschoßbahnen, Sprengpunkte u. ä. räumlich erscheinen; hierdurch wird die Bestimmung zusammengehöriger Bildpunkte sehr erleichtert. Messungen

Stereoplanigraph wurde 1923 durch Bauersfeld konstruiert (Zeiss) und dient zur Auswertung von terrestrischen und Luftbildaufnahmen. Bei diesem Gerät ist die allgemeine Aufgabe der Auswertegeräte (s. d.) auf rein optischem Wege gelöst. Die Grundlage bildet das Prinzip der Doppelprojektion (s. d.). Die beiden Projektionskammern werden auf einem gemeinsamen Träger derartig befestigt, daß die Bilder dieselbe gegenseitige Stellung wie bei der Aufnahme haben. Die Bilder werden auf die Ebenen zweier Marken eines Stereomikroskops projiziert. Durch Parallelverschieben des Kammerträgers in den drei Hauptrichtungen werden die beiden Bildpunkte eines Geländepunktes auf die beiden Marken eingestellt, wozu zwecks Scharfabbildung vor die Kammerobjektive je ein Zusatzsystem mit veränderlichem Linsenabstand vorgeschaltet ist. Bei der praktischen Verwendung erfolgt nur die horizontale Längsverschiebung und die Höhenverschiebung durch Bewegen des Kammerträgers. Dagegen wird die Seitenverschiebung durch gemeinsames Verschieben der beiden Marken bewirkt, wozu eine kompliziertere Optik des Betrachtungsgeräts erforderlich ist. Die Verschiebungen in den drei Richtungen können an Skalen abgelesen werden und geben die räumlichen Koordinaten des eingestellten Geländepunktes. Zugleich wird die Horizontalprojektion dieses Punktes auf einem Zeichentisch automatisch dargestellt.

Stereoskop, ein Instrument, das zum Betrachten von Stereoaufnahmen (s. d.) dient, und das einen wichtigen Bestandteil der Auswertegeräte für photogrammetrische Aufnahmen bildet. In der einfachsten Form (von BREWSTER 1849) besteht das Stereoskop aus zwei im Augenabstand in einem Rahmen befestigten Sammellinsen, die als Lupen dienen und mit denen die beiden Bilder einer Stereoaufnahme mit beiden Augen gleichzeitig betrachtet werden. Für größere Bilder dient das Wheatstonsche Spiegelstereoskop, bei dem zwei vor die Linsen gesetzte Spiegel die Blickrichtung nach rechts und links ablenken, so daß rechtwinklig zur neuen Blickrichtung auch größere Bilder aufgestellt werden können. Derselbe Zweck wird auch erreicht, wenn man statt der einfachen Linsen ein Doppelmikroskop mit nach dem Prinzip des Helmholtzschen Telestereoskops erweitertem Objektivabstand (Stereomikroskop) benutzt. In dieser Form findet man das Stereoskop meistens in den photogrammetrischen Auswertegeräten (s. d.).

Besonders einfach gestaltet sich die Betrachtung von Stereobildern mittels des Anaglyphenverfahrens. Die beiden Bilder werden hierbei in zwei Komplementärfarben, z. B. rot und grün, übereinandergedruckt und mit einer Brille betrachtet, die mit einem roten und einem grünen Filter versehen ist. Jedes Auge sieht dann nur eines der beiden Bilder, und die Wirkung ist ähnlich wie bei dem Linsenstereoskop.

Stierstadt, Otto, Dr. phil., Priv.-Doz. an der Univ. Berlin. Geb. 11. 7. 1905 in Bielefeld. Studierte 1925—28 in Münster, Heidelberg und Göttingen Physik, Mathematik, Chemie und Philosophie, promovierte 1928 zum Dr. phil. in Göttingen. 1928—33 Assistent am Institut für angewandte Elektrizität der Univ. Göttingen. Währenddessen auf ein Jahr zu wissenschaftlichen Arbeiten in Pasadena (USA.). April 1933 bis Juni 1934 Oberassistent am Physik. Instit. d. Techn. Hochsch. Hannover. Sommer 1933 dort Priv.-Doz. für Physik, hielt Vorlesungen über Wehrphysik und allgemeine Physik. Seit Juli 1934 am I. Physik. Instit. der Univ. Berlin.

Hauptarbeitsgebiete: Akustik (allg.), Elastizitäts- und Schallgeschwindigkeitsmessungen, elektrische Leitfähigkeit der Metalle, Magnetismus und Elektronenleitung.

Stimmgabelchronograph ist ein Apparat, der zur Messung von zeitlichen Vorgängen eine meist elektromagnetisch angeregte Stimmgabel genau bekannter Frequenz benutzt, deren Schwingungen auf bewegtem photographischem Film oder einer bewegten berußten Platte in Form einer Wellenlinie festgehalten werden. Aus der Lage der Marken von durch die zu messenden Vorgänge gesteuerten Registrier-Elektromagneten im Vergleich zu der Wellenlinie läßt sich der zeitliche Verlauf des Vorgangs ausmessen. Die Genauigkeit ist bis zu $^1/_{50000}$ Sekunde getrieben worden.

Stoppuhren sind Zeitmesser, gewöhnlich im Format größerer Taschenuhren, die zu Beginn und Ende eines Vorgangs durch Druckknopf oder Schieber von Hand oder auch elektromagnetisch ein- bzw. ausgeschaltet werden, um die Dauer dieses Vorgangs zu messen. Der Kreisumfang für den Zeiger entspricht in der Regel einer Minute und ist entweder nach Dezimalteilen oder in $^1/_5$ bis $^1/_{10}$ Sekunden unterteilt. Der Zeiger springt von einem Skalenteil zum nächsten, so daß hierdurch auch die Meßgrenze gegeben ist. Bei Betätigung der Stoppuhr von Hand beträgt der Fehler gegenüber dem wahren Beginn oder Ablauf des Vorgangs einige Zehntelsekunden (Persönliche Gleichung), hebt sich aber größtenteils am Ende des Zeitintervalls heraus. Spezielle Ausführungsformen sind bei einem ganzen Umlauf des Zeigers in einer Sekunde bis zu $^1/_{100}$ Sekunden unterteilt.

Stoßboden bed. Vorderfläche des Rohr-Verschlusses bzw. Kart.-Hüls.-Bod. s. S. 346.

Stoßkoeffizienten sind vom Astronomen Karl Scwarzschild in die Ballistik eingeführt worden, um mit ihrer Hilfe die Witterungseinflüsse (Dichteänderungen, Wind) in jedem Flugbahnpunkt gesondert erfassen und in ihrer Wirkung auf die Schußweite berechnen zu können; es braucht dann nicht mit einer „mittleren“ oder „ballistischen“ Einwirkung für die ganze Flugbahn gearbeitet zu werden.

Es sei die Schußweite in der Mündungswaagerechten X; wird in einem beliebigen Bahnpunkt i die Geschoßgeschwindigkeit v um ∂v_i und die Neigung ϑ der Bahntangente gegen die Horizontale um $\partial \vartheta_i$ geändert, so setzt Schwarzschild für kleine Änderungen die eintretende Schußweitenänderung:

$$\partial X_i = V_i \partial v_i + \Theta_i \partial \vartheta_i \qquad (1)$$

und bezeichnet die Koeffizienten V_i, Θ_i als „Stoßkoeffizienten“ für den betreffenden Bahnpunkt. Ihre Werte lassen sich durch Variation der Hauptgleichung der äußeren Ballistik errechnen oder (auch zeichnerisch) nach dem „Drei-Bahnen-Verfahren“ bestimmen. Dabei hat man eine Normalbahn, eine zweite mit gleichem Abgangswinkel, aber etwas anderer Anfangsgeschwindigkeit und eine dritte mit gleicher Anfangsgeschwindigkeit aber geändertem Abgangswinkel. Zur Bestimmung der Stoßkoeffizienten V_i, Θ_i im Bahnpunkt i bringt man die Normalbahn und eine zweite, auf durchsichtigem Papier gezeichnete durch Parallelverschiebung in diesem Punkte zum Schnitt, ermittelt ∂v_i und $\partial \vartheta_i$ und mißt die horizontale Schußweitenänderung auf der Mündungswaagerechten ab. Aus den drei Bahnen ergeben sich so zwei Gleichungen für V_i, Θ_i.

Zur Anwendung der Stoßkoeffizienten bei Erfassung der Witterungseinflüsse sind die diesen äquivalenten Stöße ∂v_i und $\partial \vartheta_i$ zu ermitteln; dies gelingt durch Variation einer der Grundgleichungen für die Flugbahn, die im ballistischen Beiwert auch die Dichte enthalten. Bei der Wind-Versetzung führt die Untersuchung von Relativ- und Absolutbewegung des Geschosses gegen die Luft zum Ziele; Querwindversetzung erfordert einen besonderen Stoßkoeffizienten. — Die Stöße im Bahnpunkte i sind proportional der relativen Luftdichteänderung oder der Längs- und Querwind-Geschwindigkeit in diesem Punkte oder kurz: proportional den Störungen. Die Einführung der Störungen in die Gleichung (1) für die Schußweitenänderung ergibt gleichfalls lineare Beziehungen, die Koeffizienten der Störungen wären nun als Störungskoeffizienten zu bezeichnen. Um die Gesamtwirkungen der Störungen in allen Bahnpunkten auf die Schußweite zu erhalten, ist die auf Störungen umgeformte Gleichung (1) über die ganze Flugbahn zu integrieren.

Für die praktische Anwendung ist es zweckmäßig, das Integral über die Störungskoeffizienten von jedem Bahnpunkt über den Verlauf der Flugbahn bis zum Fallpunkte zu bilden. Durch Differenzbildung dieser Integrale, ausgehend von verschiedenen Bahnpunkten, läßt sich dann das Gewicht berechnen, mit dem der entsprechende endliche Flugbahnteil bei gleich großer Störung auf der ganzen Flugbahnlänge in die Gesamtschußweitenänderung eingehen würde. Auf diese Weise gelangt man auch zu den Schichtfaktoren (s. d.), die die anteilige Wirkung einer Horizontalschicht, in die die Flugbahn durch Parallelen zur Mündungswaagerechten zerlegt werden kann, an der Schußweitenänderung angeben. (Sitzber. d. Preuß. Akad. d. Wiss. 1920.)

Stoßpendel s. Ballistisches Pendel.

Stoßwellen bilden sich bei der Explosion oder Detonation von Explosivstoffen im umgebenden Medium aus. Durch hohen Druck und hohe Temperatur bei der Zersetzung erhalten die Gasteilchen erhebliche Geschwindigkeiten nach allen Richtungen, nach denen sie entweichen können; erfolgt Explosion in einem homogenen Medium (Luft), so entsteht eine kugelförmige Schicht erhöhter Dichte, die gleichfalls durch Druck und Stoßwirkung auf die benachbarten Schichten einwirkt. Es bildet sich eine Verdichtungswelle, die unmittelbar von einer Verdünnungswelle gefolgt wird; nachdem eine Schicht ihre Geschwindigkeit verloren hat, kehrt sie in ihre Gleichgewichtslage zurück, da um den Ursprung des Stoßes ein Raum geringerer Dichte entstanden ist. Die Fortpflanzungsgeschwindigkeit der Stoßwellen ist wesentlich größer als die Schallgeschwindigkeit und nähert sich erst mit wachsender Entfernung dem normalen Werte derselben; sie ist weitgehend abhängig von der Art und der physikalischen Beschaffenheit des übertragenden Mittels. Bei diesen Wellen handelt es sich um Schwingungen mit endlich großer Amplitude, für die nach der Theorie (Riemannsche Wellen) die Fortpflanzungsgeschwindigkeit amplitudenabhängig wird. Die Form der Wellen erfährt beim Fortschreiten gleichfalls eine Änderung, indem die größeren Dichten eine größere Fortpflanzungsgeschwindigkeit besitzen als die kleinen; das Gebiet der Verdichtung drängt sich immer mehr nach vorn zusammen, der Dichteabfall nach vorn wird größer und größer, die Welle geht in einen diskontinuierlichen Stoß über. Die Kopfwelle eines mit Überschallgeschwindigkeit fliegenden Geschosses ist gleichfalls eine Riemannsche Welle (Weiterentwicklung der Theorie durch Hugoniot, Rüdenberg). Nach neueren Ergebnissen stehen die Intensitäten einer Stoßwelle, unabhängig von der Art des Mediums, etwa im umgekehrten Verhältnis zur 1,5. Potenz der Entfernung und wachsen mit der dritten Wurzel aus der Sprengstoffmenge. Besondere Anwendung der Stoßwellen in den Hohlraumsprengkörpern nach Neumann. Zusammenprallen der in bestimmter Richtung durch den regelmäßigen Hohlraum geleiteten Detonationsgase; erhöhte Stoßwirkung und Erzeugung sehr hoher Temperatur. Wesentliche Steigerung der Durchschlagwirkung des Sprengkörpers bei geeigneter Formgebung des Hohlraums.

Strecken beim Schuß gegen Flugziele. 1. Vorauswanderungsstrecke (s. d.). 2. Hauptauswanderungsstrecke (s. d.). 3. Gesamtauswanderungsstrecke (s. d.).

Streckenmaße sind Längenmaße, deren Grundeinheit, das Meter, erstmalig im Jahre 1799 in Frankreich eingeführt wurde. Heute haben fast alle Kulturstaaten das Meter als Einheit angenommen (Meterkonvention vom 20. 5. 1875). Ursprünglich als der 10000000. Teil des Meridianquadranten definiert, ist heute das Meter der Abstand zweier auf einem Stab aus Platiniridium angebrachter Marken. Dieser Stab wird als Urmaß in Paris aufbewahrt.

In der Seefahrt benutzt man die Seemeile als Längeneinheit; sie ist gleich der Länge einer Bogenminute des mittleren Erdumfanges, also $\approx$ 1852 m. — In der Seeartillerie wird meist nach „Hektometern“ (1 hm = 100 m) gerechnet.

Streckenzug. Anschluß eines Neupunktes *N*, der von keiner Stelle aus zu sehen ist (Wald). Verschiedene Zwischenpunkte werden durch Anhängen an einen Ausgangsfestpunkt *A* bestimmt. Winkel- und Streckenmessung (s. Bussolen-Zug).

Streifschuß ist ein Schuß, bei dem das Geschoß nicht mit seinem vollen Durchmesser in den Zielkörper eindringt und ein dem Kaliber entsprechendes Loch stanzt, sondern nur am Rand des Körpers eine Furche reißt. Bei einem Streifschuß wird mit nur wenig Geschoßenergie der Zielkörper getroffen, daher ist die niederkämpfende Wirkung nur gering. Bei Faustfeuerwaffen soll auch bei schlecht sitzenden Streifschüssen noch eine möglichst kräftige Wirkung erreicht werden. Daher das Bedürfnis nach großen Kalibern bei Faustfeuerwaffen (s. Auftrefffläche, Wirksamer Durchmesser).

Streuen. Das Wort hat zwei verschiedene Bedeutungen: ein Geschütz streut stark (streut wenig), wenn sich bei den von ihm unter derselben Erhöhung und Seite abgegebenen Schüssen starke (geringe) Abweichungen vom mittleren Treffpunkt ergeben; ein Schießender streut, wenn er ein Streuschießen (s. dort) anwendet.

Streukreis ist ein Maßstab zur Beurteilung der Leistung einer Waffe und ihres Schützen (Waffenstreuung vergrößert durch Schützenstreuung). Wird eine größere Anzahl Schüsse, die unter ganz gleichen Verhältnissen abgegeben sind, auf einem Trefferbilde aufgefangen, so gruppieren sich die Schüsse mit einer mathematischen Regelmäßigkeit am dichtesten um den mittleren Treffpunkt und nach dem Rande zu in allmählich dünner werdender Verteilung. Als Maßstab zur Beurteilung der Trefffähigkeit wird z. B. der Kreis um mittleren Treffpunkt angenommen, der die bessere Hälfte aller Schüsse faßt; dies ist die 50proz. Streuung. Nach der mathematischen Gesetzmäßigkeit schließt der mit dem doppelt so großen Radius geschlagene Kreis nicht 100%, sondern nur 94% der Treffer in sich ein. Der Radius des Streukreises der 50proz. Streuung des deutschen Militärgewehrs 98 mit dem s. S.-Geschoß beträgt auf:

100	200	300	400	500 m
3	6	10	14	18 cm

Im Winkelmaß ist der Halbmesser des 50proz. Streukreises in diesem Bereich fast unverändert 1′2 oder $^1/_{3000}$, das ist nur wenig mehr als der Abstand der Zapfen in der Netzhaut des menschlichen Auges. Bei den kleinen Entfernungen, die für Faustfeuerwaffen in Betracht kommen, genügt es meist zur Beurteilung der Waffe, wenn trotz der Ungenauigkeit des Verfahrens der Radius des sog. 100proz. Streukreises als Maßstab genommen wird. Für die deutsche Armeepistole (9 mm-Selbstladepistole 08), für Parabellum-, Mauser- usw. Pistolen und für vorzügliche Revolvermodelle kann auf 30 m Entfernung mit einem Radius von etwa 7 cm gerechnet werden. Für andere gute Pistolen vom Kaliber 7,65 mm können rd. 10 cm angenommen werden.

Streuschießen. Ein solches Schießen tritt dann ein, wenn die natürliche Streuung der Geschütze absichtlich dadurch vergrößert wird, daß man gegen dasselbe Ziel verschiedene Erhöhungen („Entfernungen") anwendet. Wird diese Maßnahme auf die einzelnen Geschütze verteilt, so heißt das Staffelfeuer. Derartige Schießen werden auch gegen Ziele von einer gewissen Tiefenausdehnung angewendet, heißen aber dann nicht Streuschießen. Der Ausdruck wird im allgemeinen nur angewendet, wenn das Hinzunehmen von „Entfernungen“ nicht wegen der Tiefe des Ziels, sondern als Sicherheitszuschlag bei unsicheren Grundlagen erfolgt.

Streuung nennt man die Erscheinung, daß eine Anzahl von Schüssen, die unter möglichst gleichen Bedingungen abgegeben sind, nicht alle den gleichen Punkt treffen, sondern sich über eine mehr oder weniger große Fläche verteilen. Diese Fläche kann etwa der Schnitt der Horizontalebene mit der Geschoßgarbe sein. Ursachen der Streuung sind, abgesehen von Richtfehlern, Rohrschwingungen, Witterungseinflußschwankungen, Unterschiede im Pulver und Geschoß u. a.

Das auf einer senkrechten (waagerechten) Fläche im Ziel aufgefangene Streuungsbild ist das senkrechte (waagerechte) Treffbild. Die einzelnen Schüsse eines Treffbildes scheinen zunächst vollkommen unregelmäßig verteilt, erst bei einer größeren Anzahl von Schüssen ergeben sich Regelmäßigkeiten, die den Gesetzen der Wahrscheinlichkeitslehre entsprechen. Der (wahrscheinliche) mittlere Treffpunkt ist der Schwerpunkt der in der Treffbildebene steckend gedachten Geschosse; seine Lage zu einem Koordinatensystem in dieser Ebene ist durch das arithmetische Mittel aus den Koordinaten der einzelnen Schüsse gegeben (s. Schwerpunkt). Der wahre mittlere Treffpunkt würde sich so bei einer unendlichen Anzahl von Schüssen ergeben. Untersucht man die Verteilung der Schüsse im Trefferbild nur in bezug auf eine durch den mittleren Treffpunkt gehende Achse (Trefferachse), so spricht man von Streuung in bezug auf diese Achse und unterscheidet beim senkrechten Treffbild Höhenstreuung und Breitenstreuung (Seitenstreuung), und beim waagerechten Treffbild Längenstreuung und Seitenstreuung. Fängt man das Streuungsbild im Ziel auf einer Ebene senkrecht zur Flugbahntangente auf, so bezeichnet man die Streuung in bezug auf die vertikale Achse in dieser Ebene als Querstreuung. Höhen- und Längenstreuung sind im allgemeinen größer als die Seitenstreuung. (Die Bezeichnung „Querstreuung“ bringt oft Anlaß zu Irrtümern und sollte durch ein passenderes Wort ersetzt werden etwa „Bahnnormalstreuung“. Es handelt sich hier um die „Normale“ zur Flugbahn, die dem Artilleristen meist ungewohnt ist.)

Zieht man auf beiden Seiten einer Trefferachse in gleichen Abständen je eine Parallele, so daß der entstehende (unendlich lange) Streifen 50% aller Schüsse enthält, so bezeichnet man die Breite dieses Streifens als 50proz. oder (leider mißverständlich) mittlere Streuung für diese Achse und kennt daher eine 50proz. Höhen-, Breiten-, Längen-, Seiten- und Querstreuung. Die Bezeichnung als mittlere Streuung entspricht nicht dem Gebrauche der Wahrscheinlichkeitsrechnung und sollte daher vermieden werden.

Die 50%-Streuung ist ein Maß für die Treffgenauigkeit oder Treffähigkeit; sie bildet neben der Treffpunktlage (s. d.) die Grundlage für die Beurteilung der Leistung einer Waffe oder eines Schützen. Das Viereck, in dem sich die unendlich langen Streifen schneiden, die z.B. der $50^0/_0$-Längen- und Seiten-Streuung entsprechen, enthält nur $25^0/_0$ (das beste Viertel) aller Schüsse.

Je geringer die Streuung, um so größer ist die Treffwahrscheinlichkeit, die Wahrscheinlichkeit, ein Ziel bestimmter Ausdehnung zu treffen. Die Treffwahrscheinlichkeit in Prozenten ausgedrückt ergibt die Zahl der Trefferprozente, das ist die Prozentzahl von Schüssen, die das Ziel wahrscheinlich treffen werden. Der Begriff Trefferprozente wird auch in dem Sinne gebraucht, daß er die Prozentzahl von Treffern bedeutet, die das Ziel nach nur einer Ausdehnung hin, also der Höhe, Länge oder Breite nach (ohne Rücksicht auf die anderen Dimensionen!) treffen würden. Der Begriff steht dann in Beziehung zum Wahrscheinlichkeitsfaktor, der aus dem Verhältnis von Zielhöhe, Ziellänge oder Zielbreite zur 50%-Höhen-, Längen- oder Breitenstreuung gewonnen wird. Jedem Wahrscheinlichkeitsfaktor entspricht nach den Tabellen eine ganz bestimmte Anzahl von Trefferprozenten. Der Wert 1 liefert nach der Definition der 50%-Streuung 50 Trefferprozente; fast 100% Treffer werden beim Wahrscheinlichkeitsfaktor 4 erreicht, d. h. fast alle Schüsse liegen innerhalb eines Bereiches der vierfachen 50%-Streuung. Zu den Trefferprozenten steht der Munitionsbedarf in einem einfachen Verhältnis. Man schätzt bei 10% etwa 10 Schuß — theoretisch reichlich, praktisch knapp, weil man selten ungestörte Bedingungen antrifft.

Streuungen (50%, geschätzte) sind nur unsicher anzugeben. Solange es sich um mäßige Erhöhungen handelt und die v_0-Streuung sowie die Einflüsse längs der Bahn geringe sind, kann man von reinen Winkelstreuungen des Abgangswinkels als Anhalt ausgehen. Man hat dann für die relative Streuung:

$$\frac{\Delta x}{x} = 2 \operatorname{cotg} 2\vartheta_0 \cdot \frac{\operatorname{tg}\vartheta_0}{\operatorname{tg}|\vartheta_e|}\, \Delta\vartheta_0 .$$

Erfahrungswerte für $\Delta\vartheta_0$ steigen von 0,5 bis etwa 2,0 Tausendstel. Ein brauchbarer Wert liegt (reichlich hoch) bei $1{,}7^0/_{00}$. Bei $0{,}5^0/_{00}$ oder etwas weniger (0,3) fangen auch die Breitenstreuungen an, die langsam nach schwer erkennbarer Gesetzlichkeit wachsen. Bei Gewehren ist die Winkelstreuung kleiner als bei Geschützen, sie liegt ungefähr in der Gegend von $0{,}3^0/_{00}$. Es sind auch bedeutend kleinere Werte bekannt, die unter Benutzung von Zielfernrohren erhalten wurden.

Streuungen, 100%ige. Man verstand bisher unter 100%iger Streuung eines Treffbildes in der betrachteten Richtung den Unterschied der am weitesten auseinanderliegenden Schüsse. Diese Bezeichnung ist unscharf, denn die 100%ige Streuung ist unendlich groß. Allerdings hat man nie unendlich viele Schüsse zur Verfügung. Die Höhe, Länge oder Breite des ganzen Treffbildes wird viel klarer als Spannung (nach Krit-

ZINGER) bezeichnet, z. B. Spannung nach der Länge 300 m statt 100%ige Längenstreuung 300 m. Der Betrag dieser Spannung läßt sich überschlagsweise vorausberechnen. Besteht ein Treffbild aus 15 Schuß, so haben die drei größten Abweichungen vom Schwerpunkt folgende Beträge im Vielfachen des wahrscheinlichen Fehlers (halbe 50%ige Streuung):

Nr. 13. 2,05 w. F.
Nr. 14. 2,44 „ „
Nr. 15. 3,16 „ „

Da nun Zeichenfolgen ebenso wahrscheinlich wie Zeichenwechsel sind, kann der Fehler Nr. 14 ebensogut auf der gleichen wie auf der gegenüberliegenden Seite wie Nr. 15 liegen. Im Durchschnitt wird man die Mitte 2,25 annehmen und die Spannung zu 3,16 + 2,25 = 5,41 w. F. erhalten.

Für Überschlagsrechnungen erhält man danach aus der Spannung eines normalen Treffbildes den Betrag der 50%igen Streuung, indem man die Spannung durch folgenden Divisor teilt:

Schußzahl	Divisor	Schußzahl	Divisor
5	1,86	11	2,48
6	2,01	12	2,54
7	2,14	13	2,60
8	2,24	14	2,65
9	2,33	15	2,70
10	2,41	16	2,74

Wenn die Teiler auch auf drei geltende Ziffern angegeben sind, so darf man doch nicht vergessen, daß selbst eine „genau berechnete“ 50%ige Streuung bei 5 Schuß um reichlich ein Viertel ihres Betrages, bei 15 Schuß reichlich ein Siebentel unsicher bleibt.

Streuungen, kriegsmäßige s. Kriegsmäßige Streuungen.

Streuungskegel (**Schrapnellwirkung**) s. Geschoßwirkung.

Strich: Kreiseinteilung. Der Winkelwert eines Striches ist der 6400. Teil des Kreisumfanges. Verwendet als „Artillerie“-Teilung. Gedächtnisregel: Teilstrich bei 1000 m Entfernung entspricht quer einem Meter. Man schreibt 35 Strich: 35⁻. Auf 9° entsprechend 160⁻ macht der Kreisbogen nur 157,08 aus; bei größeren Winkeln daher genauere Berechnung des Dreiecks erforderlich.

Strichfeuer. Ein Feuer, das hinter dem beschossenen Ziel liegt. Ausdehnung hängt von den Streuungen der schießenden Batterie und vor allem auch von der Geländegestaltung ab. Steht ein Ziel auf dem Höhenkamm und senkt sich der Hang hinter ihm in der Neigung des Fallwinkels oder in einer stärkeren, so geht der Bereich des Strichfeuers sehr weit. Nicht zu verwechseln mit diesem Begriff ist der des Strichschießens. Hierunter wird ein Schießen mit ganz genauer Seitenrichtung verstanden (Punktziele).

Strichplatte. Durch die Bedürfnisse der Technik haben sich die bekannten Endmaße (Maßstäbe, die in ihrer Gesamtlänge, ohne weitere Unterteilung, ein exaktes Maß darstellen) zu so hoher Vollkommenheit entwickelt, daß ihre Verwendung auch bei präzisen physikalischen Längenmessungen von Vorteil ist. Vor allem ist die Verwendungsfähigkeit der Endmaße durch Einführung der Zusammensetzbarkeit erweitert und damit der Hauptvorzug der Strichmaße, die beliebige Unterteilbarkeit, erreicht worden. Durch Zusammensetzen solcher Endmaßstäbe kann man sich die bekannten Strichmaße (Strichmaßstäbe und Strichplatten) entstanden denken. Die maßgebenden Endflächen sind planparallel geschliffen und lassen sich aneinanderschieben, daß sie fest aneinander haften und man mehrere Endmaße zu einer bestimmten Länge zusammensetzen kann. Vereinigend wirken dabei nach den bisherigen Untersuchungen die Molekularkräfte der feinen Flüssigkeitshäutchen auf den Planflächen. Ist ein solches zusammengesetztes Maß (Stab oder Platte) in einem Stück gearbeitet und trägt eine entsprechende Unterteilung, so heißt es Strichmaß (Strichplatte). Die Exaktheit solcher Strichmaße ist eine außerordentlich große (etwa 10^{-5} ihrer Länge).

Strichschießen s. Strichfeuer.

Stroboskopische Beleuchtung stellt einen Kunstgriff zur scheinbaren Verlangsamung schnell veränderlicher periodischer Vorgänge (z. B. Stimmgabelschwingungen, rotierende Achsen usw.) dar. Effekt beruht darauf, den mechanischen Vorgang mit Lichtblitzen so zu beleuchten, daß während der Dauer eines Blitzes keine merkliche Änderung des Bewegungszustandes eintritt, und daß die Zeit zwischen den aufeinanderfolgenden Lichtblitzen fast genau der Periode des Vorgangs entspricht. Die aufeinanderfolgenden Bewegungsstadien setzen sich dann kinomäßig zu einer verlangsamten Scheinbewegung zusammen. Bei scheinbarem Bewegungsstillstand des Vorgangs ist die Periode desselben genau gleich der Periode der Lichtblitze oder ein ganzzahliges Vielfaches davon; so kann leicht mit großer Genauigkeit die Frequenz des Vorgangs bestimmt werden, wenn die stroboskopische Einrichtung (rotierende Schlitzblenden, intermittierende Glimmentladung) entsprechend regulierbar und geeicht ist.

Stromlinien (Allgemeines). Stromlinien sind Linien, deren Tangenten in jedem Punkt die dort herrschende Geschwindigkeitsrichtung angeben. Im Falle stationärer Strömung (gleiche Zustände zu verschiedenen Zeiten) sind die Stromlinien identisch mit den Bahnen der Flüssigkeitsteilchen.

Stromlinien (Stromröhre). Unter einer Stromlinie der Luft ist eine Linie zu verstehen, deren Tangentenrichtung überall mit der Richtung der Strömungsgeschwindigkeit übereinstimmt. Nur wenn in irgendeinem Punkt die Geschwindigkeit der Strömung sich mit der Zeit nicht ändert, d. h. die Strömung stationär ist, sind die Stromlinien identisch mit den Bahnen, welche von den einzelnen Luftteilchen beschrieben werden. Die Stromlinien, welche durch die Punkte einer kleinen, geschlossenen Kurve hindurchgehen, bilden eine sogenannte Stromröhre; der Inhalt einer Stromröhre wird ein Stromfaden genannt. Die Gestalt der Stromlinien, wie sie unter den obigen Voraussetzungen bei der Strömung der Luft um ein Geschoß entstehen würden, kann für das zweidimensionale Problem rechnerisch mit Hilfe der Methode der konformen Abbildung aus den partiellen Differentialgleichungen der klassischen Hydrodynamik (s. d.) reibungsloser und dehnungsloser Flüssigkeiten erhalten werden. Experimentell lassen sich die zu irgendeinem Körper zugehörigen Stromlinien anschaulich, auch vor einem größeren Zuhörerkreis, mittels des Strömungsapparates von R. POHL darstellen. (Stromlinien s. a. Hydrodynamik, Grundgleichungen.)

Stromröhre s. Stromlinie.

Strömungswiderstand, den ein in einer Flüssigkeit (Gas) mit konstanter Geschwindigkeit bewegter Körper erfährt, setzt sich aus dem Formwiderstand und dem Reibungswiderstand zusammen. Bei Geschwindigkeiten von der Größenordnung der Schallgeschwindigkeit tritt in Luft der Wellenwiderstand hinzu, der auf der fortlaufenden Erzeugung der den fliegenden Körper (Geschoß) begleitenden Wellen beruht.

Der Einfluß der inneren Reibung einer Flüssigkeit ist an den Stellen zu vernachlässigen, wo sich die Geschwindigkeit in der Flüssigkeit nicht erheblich ändert; es gelten dann die Gesetze reibungsloser Flüssigkeiten (s. Hydrodynamik). An Körperoberflächen haftet jedoch die Flüssigkeit fest (s. äußere Reibung) und nach außen zu nimmt die Relativgeschwindigkeit der Flüssigkeit gegen den Körper rasch zu, so daß der Körper von einer Schicht umhüllt ist, in der stets lebhafte Wirbelbewegung unter Energieverbrauch herrscht (Prandtlsche Grenzschicht). In dieser Schicht finden die für den Reibungswiderstand fundamentalen Vorgänge statt. Reibungswiderstand ist die in Richtung der Strömung genommene Summe aller tangentialen Kräfte an der Körperoberfläche; er ist nach PRANDTL proportional der $(n+1)$-ten Potenz der Geschwindigkeit, wobei der Exponent n kleiner als Eins unter anderem von der Rauhigkeit der Körperoberfläche abhängt.

Die Wirbel der Prandtlschen Grenzschicht lösen sich meist vom Körper ab und bilden eine Wirbelschleppe hinter dem Körper, die einen Unterdruck hervorruft und durch den Sog (s. d.) zur Widerstandsvermehrung beiträgt (s. d'Alembertsches Paradoxon). Diese Ablösung der Wirbel aus der Grenzschicht hängt wesentlich von der Form des Körpers ab und bei Körpern geringsten Formwiderstandes wird diese Ablösung der Wirbel durch sehr spitze Verjüngung und glatte Oberfläche fast ganz verhindert. Der Formwiderstand ist gleich der Summe der senkrecht zur Oberfläche des Körpers wirkenden Druckkräfte; er ist annähernd proportional dem Quadrate der Geschwindigkeit, der Dichte der Flüssigkeit und dem Querschnitt des Körpers senkrecht zur Bewegungsrichtung (Newtonsches Widerstandsgesetz).

Stübler, P. Eugen, Prof. Dr., Mathematiker und Ballistiker. Geb. 3. 7. 1873 in Stuttgart, gest. 15. Dezember 1930 in Berlin. Studierte 1891—99 Mathematik und Mechanik in Tübingen, Göttingen, Berlin und Stuttgart. 1902 Dr. rer. nat. Tübingen; 1905 Priv.-Doz. Techn. Hochsch. Stuttgart; 1910 bis 1924 Prof. Stuttgart; seit 1924 Techn. Hochsch. Berlin. Im Kriege 1914—18 war er in der Art.-Prüf.-Komm. in Berlin tätig. St. hat Bücher und Abhandlungen über Mechanik (Zahnräder), Kurven- und Flächentheorie veröffentlicht; seine Ergebnisse bei Fragen der äußeren Ballistik, Tageseinflüsse der Zünder u. a. sind nicht unbestritten.

Stufen der Geschwindigkeit sind die in einem besonderen Maß ausgedrückten Unterschiede der Anfangsgeschwindigkeiten der Geschosse gegenüber dem schußtafelmäßigen Betrage. Die Unterschiede werden durch innenballistische, bisher „Besondere" genannte (s. d.) Einflüsse hervorgerufen. Die Bezeichnung stammt von H. H. KRITZINGER, der auch als Anhalt für die Berechnung der Stufen die Einheit von $^1/_{300}\,v_0$ ansetzte. Beträgt die v_0 z. B. 600 m/s, so ist eine „Stufe" 600/300 = 2 m/s. Abweichungen von dem Schußtafelwert bis 30 Stufen sind feldmäßig noch erträglich, wenn sie auch schon bedeutende Zulagen an Entfernung erfordern. Bei sehr kleinen Geschwindigkeiten bei etwa 100 m/s wird die Bestimmung der Stufen sehr unsicher. Die früher als Anhalt benutzte Regel, daß für alle Ladungen die Stufen dieselben wären, hat eine Reihe von ungeklärten Ausnahmen. Beim Erschießen der „Stufen" ist mit größter Sorgfalt auf alle veränderlichen Einflüsse (besonders Wind auch in der Vertikalen) zu achten (s. auch Grundstufen).

Stuhlmann, Friedrich, Dr. phil., Oberst a. D., Bibliothekar a. D. Geb. 22. 7. 1875 in Groß-Wanzleben bei Magdeburg. 1896—1920 Artillerieoffizier im Heere, 1903—05 Besuch der Vereinigten Art.- und Ing.-Schule (Militärtechn. Akad.) in Berlin. Im Kriege 1914—18 an der Front als Batteriechef und Abt.-Kdr. 1919—23 studierte er Geschichte, Geographie und neuere Sprachen an der Univ. Leipzig, 1921 Promotion, 1922 Ablegung der Prüfung für den höheren Dienst an wissenschaftlichen Bibliotheken, 1921 Oberstleutnant a. D., März 1924 bis 31. 12. 1935 erster Bibl. an der Deutschen Heeresbücherei in Berlin, dabei 1934 und 1935 als Offizier wieder eingestellt. Ausscheiden aus dem aktiven Wehrdienst 31. 12. 1935 wegen Erreichung der Altersgrenze. 1936 Oberst a. D. Schriftstellerisch tätig auf den Gebieten der Bibliothekskunde, Wehr- und Kriegswissenschaften, Heeres- und Kriegsgeschichte. Verfasser von Büchern und Aufsätzen in militärischen und wissenschaftlichen Zeitschriften aus diesen Gebieten.

Sturzbombenangriff s. Bombenwurf aus Flugzeugen.

Sturzbomber sind Flugzeuge, die besonders für den Bombenangriff aus dem Sturzflug entwickelt sind.

Sturzbombenangriffe werden durchgeführt auf räumlich kleine, durch Erdabwehr stark verteidigte oder bewegliche Ziele, wie sie z. B. Kriegsschiffe in Fahrt darstellen. Die Durchführung eines Sturzbombenangriffes erfolgt derart, daß sich die Sturzbomber in großer Höhe möglichst unter Ausnützung von Wolken als Deckung — um das Moment der Überraschung zu wahren — dem Ziele nähern, dann einzeln oder — seltener — in „Ketten“ von drei Flugzeugen in einem Sturzflug von etwa 80° auf das Ziel herabstürzen und dabei, wie beim Jagdeinsitzer, das Ziel mit dem ganzen Flugzeug ansteuern. Die Bombe wird dann in einer Höhe von etwa 600 bis 900 m über dem Ziel gelöst und das Flugzeug nach dem Abwurf in steilem Steigflug hochgerissen. Da die Zeit vom Ansatz zum Sturzflug bis zum Abwurf der Bombe nur etwa eine Minute beträgt, können die Erdabwehrmittel kaum zur Wirkung gelangen.

Sturzfluggeschwindigkeit. Darunter ist diejenige Höchstgeschwindigkeit zu verstehen, die ein Flugzeugmuster im Sturzflug erreichen kann, ohne daß Beanspruchungen auftreten, denen die Baufestigkeit des betreffenden Musters nicht mehr gewachsen ist.

SU. (Seitenunterschied) s. Seitenauswanderung je Minute.

Superoskulation s. Oskulieren.

Süring, Reinhard, Prof., Dr. phil., Geh. Reg.-Rat, Direktor i. R. Geb. 15. 5. 1866 in Hamburg. 1890 Dr. phil. Berlin nach dem Studium in Göttingen, Marburg und Berlin. Okt. 1887 bis Okt. 1889 wissensch. Hilfsarbeiter d. Phys.-techn. Reichsanstalt; dann am Preuß. Meteorol. Inst. An diesem 1901—09 als Abt.-Vorst. tätig, 1909 Prof. und Vorst. d. Meteorolog. Observat. Potsdam, 1928 Direktor d. Meteorolog.-magnet. Observat. Potsdam; Okt. 1932 in Ruhestand. S. hat zahlreiche Werke und Abhandlungen auf meteorologischem Gebiet verfaßt, das ihm viele Forschungsergebnisse, auch durch wissenschaftliche Luftfahrten verdankt.

Arbeitsgebiete: Meteorologie, Luftfahrt, Blitzschutz von Pulverfabriken.

T

Tachygon s. Geschwindigkeitsriß.

Tagbomber sind Bombenflugzeuge mit guten Flugeigenschaften und starker Verteidigungsbewaffnung, die in der Lage sind, auch bei starker Abwehr durch Jagdflugzeuge sich die Durchführung ihrer Aufgabe zu erkämpfen.

Es wird unterschieden zwischen leichten, mittleren und schweren Tagbombern. Tagbomber mit einer Bombenlast von 250—500 kg werden als leichte, solche mit einer Bombenlast von 500 bis etwa 800 kg als mittlere, und solche mit einer Bombenlast über 800 kg als schwere Tagbomber bezeichnet.

Leichte Tagbomber sind meist einmotorige zweisitzige Flugzeuge, mittlere Tagbomber meist zweimotorige Flugzeuge mit drei Mann Besatzung, schwere Tagbomber zwei- oder mehrmotorige Flugzeuge mit 4—5 Mann Besatzung. Während bei den zweisitzigen leichten Tagbombern die Bewaffnung aus ein bis zwei starren und einem beweglichen MG. besteht, verfügen die mittleren und schweren Tagbomber meist über drei einfache oder Doppel-MG., die so angeordnet sind, daß nach keiner Seite hin ein toter Schußwinkel entsteht.

Tageseinflüsse sind für den Artilleristen die Auswirkungen der zur Zeit des Schießens herrschenden Bedingungen im Vergleich zu den Normalbedingungen der Schußtafeln. Diese Bedingungen sind innen- und außenballistich zu trennen und werden beim praktischen Schießen an Hand der B.W.E.- oder T.V.-Tafeln (s. d.) berücksichtigt.

Tagesentfernung ist die unter Berücksichtigung der zur Zeit des Schießens herrschenden „besonderen Bedingungen" an Hand der B.W.E.- oder T.V.-Tafeln umgerechnete Kartenentfernung des Zieles; die Tagesentfernung ist bei Benutzung der Schußtafeln für die Bestimmung der Erhöhung zugrunde zu legen.

Tagesluftgewicht gilt für einen gewissen Zeitabschnitt des Tages, meist nicht länger als etwa vier Stunden. Für rasante Bahnen und heitere Morgenstunden nach klaren Nächten ist es rasch veränderlich. Berechnung s. Luftgewicht.

Tagesverbesserungstafeln (T.V.T.) stellen eine Ergänzung der Schußtafeln dar, um den Einfluß der während des Schießens herrschenden Bedingungen hinsichtlich der Unterschiede gegen die Normalverhältnisse der Schußtafeln in bequemer Weise zu berücksichtigen. Sie zerfallen in die Berichtigungen für Anfangsgeschwindigkeit, Geschoßgewicht, Luftgewicht und Wind. (Beim Heere B.W.E. genannt, vgl. die einzelnen Tageseinflüsse.)

Takeda, S., japan. Generalleutnant a. D., Dr.-Ing., Ballistiker. Geb. 13. 7. 1862. Leutnant der Artillerie 1886, 1896 Dozent an der Univ. Tokio, 1911 Lehrer an der Vereinigten Art.- und Ing.-Schule in Tokio, 1914 Kommandeur dieser Schule, 1915 Dr.-Ing., 1916 Gen.-Ltnt. 1917 schied er aus dem aktiven Dienst aus. Verfasser von Unterrichtsbüchern über innere und äußere Ballistik, von Tabellen für die ballistischen Funktionen (Art. Mon.-Hefte 1914, Nr. 89, Mai).

Tangentialbeschleunigung s. Beschleunigung.

Tangentialspannung tritt als Zug- oder Druckspannung auf (s. Rohrspannungen).

Tartaglia (eigentl. Niccolò Fontana), ital. Mathematiker und Physiker. Geb. 1506 in Brescia, gest. 14. 12. 1557 in Venedig, lehrte in Verona, Piacenza, Venedig und Mailand u. a. über Wahrscheinlichkeitsrechnung und entdeckte unabhängig von Ferro die Auflösung der Gleichungen dritten Grades. Seine Abhandlung über den Flug der Geschosse (1537), in der er zeigt, daß die größte Reichweite bei einem Abgangswinkel von 45° zu erwarten ist, macht ihn zum Vater der Ballistik, wenn auch erst seit Newton der Luftwiderstand planmäßig berücksichtigt wird.

Technische Feuerleitung der Artillerie. Die Abteilungen bilden die Feuereinheiten der Artillerie. Der Abteilungsführer leitet das Feuer seiner Abteilung je nach der taktischen Lage entweder durch Gefechtsaufträge oder durch Zuweisen bestimmter Ziele an die einzelnen Batterien. Um das Feuer seiner Batterien leiten zu können, muß der Abteilungsführer von seiner Abteilungsbeobachtungsstelle einen guten Einblick in seinen Gefechtsstreifen haben, die Beobachtungsstellen der Batterien so verteilt haben, daß das ganze Gelände im Gefechtsstreifen gut überwacht werden kann, Kenntnis der von den einzelnen Beobachtungsstellen einzusehenden Geländeräume und der Wirkungsbereiche der Batterien haben, für mehrfache Verbindungen zu den Batterien Sorge tragen sowie über einen Feuerleitungsplan verfügen.

Das Feuer der Abteilung wird zeitlich und räumlich geregelt. Die räumliche Regelung (Feuerverteilung) muß möglichst kurz und einfach sein, z. B. „Ziel Dritteln!“ oder „Rechte und mittlere Batterie je eine Zielhälfte, linke Batterie ganze Zielausdehnung!“ Beide Ziele werden abschnittsweise bekämpft. Zu überlagerndem Feuer wird zweckmäßig die Rufbatterie eingesetzt. Sie kann dann jederzeit bei einer notwendig werdenden Änderung der Feuerverteilung herausgenommen werden.

Die zeitliche Regelung kann aus taktischen oder schießtechnischen Gründen notwendig werden. Die taktische Lage kann, um die Überraschung zu wahren, ein unauffälliges Einschießen mit wechselnden Pausen einzelner Batterien erfordern. Entstehen beim Einschießen mehrerer Batterien auf ein schmales Ziel Schwierigkeiten, so kann Flügelfeuer in der Abteilung angeordnet werden. Die gleichzeitige Feuereröffnung aller Batterien bei Feuerüberfällen wird nach der Uhr befohlen. Der Abteilungsführer muß die allgemeine Lage des Feuers der Batterien mitbeobachten und entsprechende Weisungen an die Batterien geben. Das Überwachen des Munitionsverbrauchs und das Regeln des Munitionsnachschubs sowie das Verteilen der Munition auf die Batterien im Rahmen der verfügbaren Munitionsmenge bilden eine wichtige Tätigkeit des Abteilungsführers.

Der Regimentsführer gibt den unterstellten Abteilungen Gefechtsaufträge oder weist ihnen bestimmte Kampfaufgaben oder Ziele zu. Das Zusammenfassen des Feuers mehrerer Abteilungen kann hierbei notwendig werden. Die Lage des Feuers von Verstärkungsartillerie hängt von den Beobachtungsmöglichkeiten und den Verbindungen ab. Es muß den Abteilungen stets klar befohlen werden, ob sie in den ihnen zugewiesenen Abschnitten nur „wirken“ oder „wirken und beobachten“ sollen. Die gesicherte Feuerleitung hängt wesentlich vom richtigen Einsatz und einwandfreier Arbeit der Nachrichtenmittel ab.

Der Artillerieführer gibt meist Gefechtsaufträge nach der Karte und befiehlt das Zusammenfassen des Feuers entsprechend der Gefechtslage. Er sorgt also für die „artilleristische Schwerpunktbildung“. Das Zuweisen von Zielräumen und Zielen kann beim Aufstellen von Feuerplänen in Abwehr oder Verteidigung notwendig werden. Hauptaufgabe des Artillerieführers ist es, die Bekämpfung der feindlichen Artillerie und das Fernstörungsfeuer zu leiten. Hierzu gehören der Einsatz der Beobachtungsabteilung, der Einsatz der Artillerieflieger sowie das Regeln ihrer gemeinsamen Zusammenarbeit und mit der schießenden Artillerie. Der Artillerieführer regelt das Zuweisen der Munition an die unterstellten Truppenteile.

Temperatur, absolute s. Absolute Temperatur.

Temperaturlängsspannungen (Rohr) können nur auftreten, wenn sich die durch den Schuß erwärmten Rohrteile nicht frei ausdehnen können. Beim Aufbau der Rohre ist dies besonders zu beachten.

Tempierung ist das Einstellen eines Zeitzünders auf den Zeitpunkt, zu dem die Geschosse, vom Abschuß an gerechnet, detonieren sollen. Bei Brennzündern erfolgt die Tempierung durch Verdrehen des Satzringes und bei Uhrwerkszündern durch Verdrehen der mit dem Uhrwerk gekuppelten Zünderspitze.

T.-Geschoß ist das Geschoß von 13 mm Kaliber, das im Weltkriege in Deutschland geschaffen wurde, um aus dem T.-Gewehr zur Abwehr von Kampfwagen (Tank) verschossen zu werden. Das „T." bedeutet „Tankabwehr". Die Konstruktion eines überschweren Masch.-Gew. von 13 mm Kaliber zum Verfeuern von T.-Geschossen kam bis zum Kriegsende nicht mehr zum Abschluß. Das T.-Geschoß entspricht in seinem Aufbau und seiner Wirkungsweise ganz dem S. m. K.-Geschoß (s. d.). Entsprechend den vergrößerten Verhältnissen ist die panzerbrechende Wirkung gesteigert. Das T.-Geschoß durchschlug auf 100 m Panzerstahl von 24 mm Stärke; auf 10 m Entfernung wurden sogar noch 25 mm durchschlagen.

Thermexplosiv nennt man den Zerfall von Explosivstoffen, wenn es sich nicht um eine hochgesteigerte Verbrennung unter Bildung von Gasen sondern um den Zerfall endotherm hergestellter labiler Verbindungen handelt, bei denen durch schwache äußere Einflüsse (Schlag) aus ihrem Gleichgewichte gebrachte Atomgruppen mit großer Geschwindigkeit unter Entwicklung von viel Wärme in gas- und dampfförmige Produkte zerfallen. Derartige Stoffe sind Halogenverbindungen des Stickstoffs, Metallverbindungen des Azetylens, Salze der Knallsäure und Stickstoffwasserstoffsäure; einige von ihnen, wie Knallquecksilber und Bleiazid (s. d.), sind als Initialsprengmittel allgemein gebraucht.

Tiefangriffsflugzeuge s. Schlachtflugzeuge.

Tiefenwinkelmessen. Schießen im Gebirge (s. Höhenwinkelmessen).

Tornadowirkung bei Explosionen nennt man die durch intensive Wirbelbildung (von griech. torneúein = drechseln, drehen, bzw. Tornado = Wirbelsturm) der Luft hervorgerufenen besonderen Erscheinungen, wie z. B. eine völlige Verdrehung von Eisenträgern in sich. Die Wirbel entstehen bei Störungen der Stoßwellen (s. d.) durch Körper, die sie bei ihrer Fortpflanzung antreffen; es kommt zu unregelmäßigen Druck-, Saug- und Stauerscheinungen, die durch Interferenz an geeigneten Stellen sich zu ganz außerordentlichen

Wirkungen steigern können. Die unterschiedliche Geschwindigkeit der Wellen in den verschiedenen Körpern führt zum Auseinanderreißen von zusammenstoßenden Stoffen verschiedener Dichte; Herausfliegen von Fensterrahmen aus dem Mauerwerk, Ablösen des Fleisches von den Knochen eines Lebewesens.

Torpedo (lat. Zitterroche), eine Unterwasser-Angriffswaffe, bestehend aus einem länglichen, mit einer Sprengladung versehenem Metallkörper, der durch eigene Kraft an das Ziel herangebracht wird. Es hat die Form einer Zigarre mit einer Länge bis zu 10 m und einem Durchmesser bis über $^1/_2$ m. Im Kopf des Torpedos befindet sich die Sprengladung (z. B. Trinitrotoluol); es folgt ein Kessel von etwa $^1/_2$ m^3 Inhalt mit auf 200 at komprimierter Luft, die über ein Reduzierventil entspannt wird, und in die dann Brennstoff eingespritzt und verbrannt wird, so daß erhebliche Vergrößerung der zum Antrieb dienenden Gasmenge erreicht wird. Als Maschine dient Preßgasmotor (Brotherhood), der zur Vermeidung einer seitlichen Bewegung des Torpedos über zwei ineinandersteckende Wellen zwei Propeller mit entgegengesetzter Drehrichtung antreibt. Die Leitvorrichtung für die Steuerung des Torpedos wird betätigt durch einen mittels des Wasserdrucks regulierten Tiefensteuerungsapparat, der das Torpedo in bestimmter Wassertiefe hält und durch eine Geradelaufvorrichtung, die durch einen schnell rotierenden Kreisel gelenkt wird. Zum Abschuß der Torpedos dienen die Torpedoausstoßrohre (Lancierrohre); es werden drehbare Oberwasserrohre, die als Treibladung meist Pulver benutzen und fest eingebaute Unterwasserrohre unterschieden, bei denen die Torpedos mit Preßluft ausgestoßen werden. Torpedos erreichen Geschwindigkeiten bis zu 40 Seemeilen/Stunde und besitzen eine Reichweite von maximal 15 km. Der Gedanke des beschriebenen Maschinentorpedos stammt von dem österreichischen Kapitän Luppius und wurde von dem Fabrikanten Whitehead in Fiume (1872) verwirklicht.

Torpedoflugzeuge sind Flugzeuge der Seeflugstreitkräfte, die in der Lage sind, einen oder zwei Torpedos (Gewicht der derzeitigen Flugzeugtorpedos etwa 750 kg) mitzuführen. Als Torpedoflugzeuge finden entweder Schwimmerflugzeuge oder Flugboote Verwendung. Bei Flotten, die über Flugzeugträger verfügen, sind es meist Radflugzeuge, die vom Flugdeck der Flugzeugträger starten und auf ihm landen können (s. Torpedowurf aus Flugzeugen).

Torpedowurf aus Flugzeugen. Torpedoangriff mittels Flugzeugen. Dieser Angriff geht so vor sich, daß die Torpedoflugzeuge (s. Torpedoflugzeuge) bei Erreichen der durch die Laufstrecke des Torpedos bedingten Angriffsentfernung vom Ziel auf etwa 10 m über den Meeresspiegel heruntergehen und den Torpedo abwerfen. Diese geringe Flughöhe ist erforderlich, da andernfalls mit Beschädigung des Torpedos beim Einfall ins Wasser gerechnet werden muß. Die nach den bisherigen Versuchen im Ausland gewonnenen Erfahrungen zeigen, daß die größte Abwurfhöhe 30 m keinesfalls überschreiten darf.

Torricelli, Evangelista, ital. Physiker. Geb. 15. 10. 1608 in Piacaldoli (Florent. Romagna), gest. 25. 10. 1647 in Florenz. 1641 Schüler und Gehilfe des schon damals fast erblindeten Galilei; 1643 Erfinder des Barometers. Er erkannte Druckschwankungen u. Luftleere in der Röhre — Torricellische Leere —, verfertigte zuerst einfache Mikroskope und verbesserte die Fernrohre. Nach ihm ist die Einheit „Torr" benannt: 1 mm Hg.

Torsionswinkel s. Schmiegungsebene.

Tötungswucht eines Geschosses oder Splitters bezeichnet einen Anhaltswert für die Energie, die aufgewandt werden muß, um Mensch oder Tier zu töten bzw. außer Gefecht zu setzen. Man hat dafür früher in Deutschland für einen Mann 8 mkg, in Frankreich 4 mkg angenommen. Diese Ansätze erscheinen nach neueren Kriegserfahrungen zu niedrig. Die Tötungswucht beträgt (unter Verwendung des Materials von Maj. Pangher in Artl. u. Geniew. 1909) bei strenger Abgrenzung:

1	Mann	12	mkg
2	„	55	„
3	„	130	„
4	„	240	„
5	„	400	„

Wunden entstehen bei gewöhnlicher Infanteriemunition schon bei $v = 50$ m/s. Lange Menschenknochen erfordern zum Zerbrechen 5 mkg, starke Pferdeknochen 35 mkg; die Hälfte genügt, um ein Pferd außer Gefecht zu setzen. Werden besonders lebenswichtige Organe wie Herz, Hirn, Leber verletzt, so genügen viel geringere Energien, da sich hier die Schußwirkung nach hydrodynamischen Gesetzen verteilt (s. Scharfer Treffer).

Trabert, Wilhelm, Dr. phil., Prof. Meteorologe. Geb. 17. 9. 1863 in Frankenberg (Hessen-N.), gest. 24. 2. 1921 in Wien. Dr. phil. 1888 Wien. 1908 bis 1915 Prof. f. kosm. Physik an der Univ. Wien, im Nebenamt Direktor d. Zentralanstalt f. Meteorologie und Geodynamik in Wien; dann im Ruhestand. Arbeitsgebiete: Meteorologie, Klimatologie.

Tragflügel. Ein Tragflügel ist ein auf gleicher Höhe rechts und links von der Längsachse des Flugzeuges liegender Teil des Tragwerks. Er besteht deshalb aus zwei Flügeln (der Flügel ist die konstruktive Einheit im Tragwerk). Es hat demnach ein Eindecker nur einen Tragflügel, aber zwei Flügel, ein Doppeldecker zwei Tragflügel, aber vier Flügel.

Trägheitsbahn s. Trägheitsgesetz.

Trägheitsgesetz. Wirkt auf einen Körper keine Kraft, so behält er seinen Bewegungszustand dauernd bei, d. h. er verharrt im Zustande der gleichförmigen, geradlinigen Bewegung bzw. der Ruhe.

Trägheitskraft ist der Widerstand, den ein Körper einer Änderung seines Bewegungszustandes entgegensetzt. Die Trägheitskraft ist gleich dem negativen Produkt aus der Masse des Körpers und der ihm aufgezwungenen Beschleunigung, also der auf den Körper wirkenden Kraft entgegengesetzt gleich.

Trägheitsmoment. Rotiert ein starrer Körper um eine Achse, und ist $d\tau$ ein Volumelement dieses Körpers von der Dichte ϱ in dem Abstande r von der Rotationsachse, so heißt das über den ganzen Körper erstreckte Integral:

$$\Theta = \int \varrho r^2 \, d\tau$$

das Trägheitsmoment Θ des Körpers in bezug auf diese Achse. Bei einem System von Massenpunkten m_i mit der Entfernung r_i von der Achse gilt entsprechend für das Trägheitsmoment:

$$\Theta = \sum_i m_i r_i^2.$$

Das Trägheitsmoment ist für die Rotationsbewegung das, was die Masse des Körpers für seine fortschreitende Bewegung (s. Kraft) bedeutet.

Durch jeden Punkt eines starren Körpers lassen sich im allgemeinen drei zueinander senkrechte Achsen, die Hauptträgheitsachsen, legen, für die das Trägheitsmoment einen Extremwert (Maximum, Minimum, Sattelwert) annimmt.

Bei Rotation des Körpers um eine Hauptträgheitsachse bleibt diese als Rotationsachse erhalten. Sonst würde infolge unausgeglichener Zentrifugalkräfte die Umdrehungsachse im Körper verlagert werden, wenn dieser frei beweglich ist. Achsen heißen frei, wenn sie in diesem Sinne als Rotationsachsen erhalten bleiben.

Für Rotationsachsen durch den Schwerpunkt (s. d.) eines Körpers werden die Trägheitsmomente am größten. Für Koordinatensysteme mit drei Hauptträgheitsachsen als Koordinatenachsen werden die Gleichungen der Rotationsbewegung um einen festen Punkt (Kreisel) besonders einfach (s. Eulersche dynamische Gleichungen).

Bei einem Geschoß kommen nur die Figurenachse (Längsachse) und eine Querachse durch den Schwerpunkt als Hauptträgheitsachsen in Frage.

Trägheitsradius s. Trägheitsmoment.

Trägheitszündung wird für unempfindliche Kopfzünder und sämtliche Innen- und Bodenzünder angewandt. Die Einleitung der Zündung kann nur durch die bei der Abbremsung des Geschosses im Ziel auftretenden Trägheitskräfte der Zündmechanismen (Relativbewegung gegenüber dem Geschoß) erfolgen. Hieraus resultiert ein kurzzeitiger Verzug vom Auftreffen bis zur Einleitung der Zündung.

Tragschrauber. Die offizielle Bezeichnung für Autogiro (volkstümlich oft Windmühlenflugzeug genannt). Der Tragschrauber ist ein Flugzeug, das an Stelle der üblichen starren Tragflügel einen windmühlenartig umlaufenden Tragflügel (Drehflügel) besitzt. Der Umlauf dieses Drehflügels erfolgt ohne Motorkraft lediglich durch den Fahrtwind. Der umlaufende Drehflügel erzielt noch bei ganz geringer Vorwärtsgeschwindigkeit (etwa 25 km/Std.) genügend Auftrieb, um den Tragschrauber ohne Höhenverlust voll flugfähig zu erhalten. Der Vorteil des Tragschraubers gegenüber dem normalen Flugzeug besteht darin, daß er eine sehr kurze Strecke zum Anlauf benötigt, praktisch ohne Auslauf landen kann und eine außerordentlich große Differenz zwischen Höchst- und Mindestgeschwindigkeit besitzt. Durch diese Eigenschaften ist er befähigt, auf Plätzen kleinsten Ausmaßes starten und landen zu können. Deshalb wird er bei verschiedenen Luftwaffen (z. B. England und Frankreich) als Verbindungsflugzeug (s. d.) benutzt. Infolge der geringen Mindestgeschwindigkeit wird in verschiedenen Ländern seine Verwendung als Ersatz für den Fesselballon versucht, auch um von ihm aus Tankangriffe zu leiten.

Der Tragschrauber darf nicht mit dem Hubschrauber verwechselt werden, bei dem der Drehflügel durch den Motor angetrieben wird. Hubschrauber sind bisher noch nicht über das Versuchsstadium hinaus gelangt.

Tragweite. Von Goethe 1806 eingeführte Verdeutschung des französischen Wortes portée für Schußweite.

Transportflugzeuge sind Flugzeuge, die zur Beförderung von Truppen, Ersatzteilen, Munition, Proviant oder sonstigem Gerät dienen. Der Ausdruck Transportflugzeuge ist bei Militärflugzeugen gebräuchlich, während Zivilflugzeuge, die zur Beförderung von Lasten dienen, Frachtflugzeuge genannt werden.

Transportflugzeuge sind meist unbewaffnet.

Transportsicherheit von Zündern. Ein Zünder ist transportsicher, wenn er durch die beim Transport unvermeidlichen Erschütterungen nicht zum Zünden gebracht werden kann. Die Transportsicherheit wird durch Einbau besonderer Sicherungsorgane erreicht.

Trapezformel. Häufig genügt es, ein Integral (s. d.) mit geringerer Genauigkeit auszurechnen, namentlich wenn die zu integrierende Funktion nur empirisch gegeben ist.

Ist diese Funktion $y = f(x)$, so bedeutet $\int_{x_0}^{x_n} y\,dx$ den Flächeninhalt, der von der Funktionskurve, der x-Achse und den Parallelen zur y-Achse durch die Punkte x_0, 0 und x_n, 0 eingeschlossen ist. Wird das Intervall (x_0, x_n) durch $n-1$ Punkte in n gleich große Teile der Länge h geteilt und die zugehörigen Funktionswerte y_0, $y_1, \ldots y_n$ durch einen Polygonzug verbunden, so wird der obige Flächeninhalt durch eine Reihe aneinander grenzender Trapeze — daher Trapezformel — dargestellt deren Flächeninhaltssumme angenähert gleich dem Wert des Integrals gesetzt werden kann.

Es ist daher:

$$\int_{x_0}^{x_n} y\,dx = h(\tfrac{1}{2}y_0 + y_1 + \cdots + y_{n-1} + \tfrac{1}{2}y_n).$$

Anfangs- und End-Ordinate gehen nur mit dem halben Betrage ein.

Nach der Simpsonschen Regel nimmt man die Summe der ersten und letzten Ordinate vermehrt um das Vierfache der mittleren und multipliziert sie mit einem Sechstel des Intervalls. Das Produkt ist ein Näherungswert des Integrals. Z. B. die Fläche der Sinuslinie von $\varphi = 0$ bis $\varphi = \frac{\pi}{2}$. Anfangswert 0,

Endwert 1; $\sin\frac{\pi}{4} = 0.707$. Daher das gesuchte Integral:

$$\frac{\pi}{2 \cdot 6}(0 + 1 + 4 \times 0.707) = 1.002$$

(statt 1.000). Die Trapezregel liefert unter den gleichen Bedingungen, $h = \pi/4$, den Wert

$$\frac{\pi}{4}\left(\frac{0}{2} + 0.707 + \frac{1}{2}\right) = 1.18\,.$$

Treffentfernung (e_T) ist die Entfernung vom Geschützort zum Treffpunkt.

Treffer, matter s. Scharfer Treffer.

Treffer, scharfer s. Scharfer Treffer.

Trefferberg dient zur Veranschaulichung der Treffwahrscheinlichkeit (s. Streuung). Stellt man für eine senkrechte oder waagerechte Ebene im Zielpunkte (Treffbildebene) in jedem Punkt die Treffwahrscheinlichkeit durch die Länge eines Lotes dar, so liegen die Endpunkte der Lote auf einer bergähnlichen Fläche, dem Trefferberge. Der Gipfel desselben befindet sich im mittleren Treffpunkt (s. Streuung); Punkte gleicher Treffwahrscheinlichkeit liegen auf einer Ellipse mit dem mittleren Treffpunkt als Mittelpunkt. Jeder senkrechte Schnitt durch den Gipfel des Trefferberges ergibt eine Gaußsche Wahrscheinlichkeitskurve. Es fällt zunächst schwer, sich vorzustellen, daß bei gleicher 50%-Längen- und Breitenstreuung ein Quadrat mit diesen Seitenlängen nur ein Viertel der Schüsse aufnimmt. Dabei ist zu bedenken, daß die beiden 50%-Streifen „unendlich lang" zu denken sind. Bei sich kreuzenden Streifen schneidet jeder vom anderen die „bessere Hälfte" weg, so daß nur ein Viertel übrigbleibt.

Trefferbild s. Streuung.

Trefferdichte ist die auf die Flächeneinheit entfallende Anzahl theoretisch möglicher Treffer, z. B. bei der Schrapnellwirksamkeit die mögliche Zahl der Kugeltreffer je m^2 einer Kegelgrundfläche bzw. Kegelschnittfläche mit dem Erdboden in einem bestimmten Abstand vom Sprengpunkt, oder bei der Sprenggranatwirksamkeit die mögliche Zahl Splittertreffer je m^2 des Kugelsegments in einem bestimmten Abstand vom Sprengpunkt.

Trefferprozente s. Streuung.

Treffhöhe (h_T) ist die Höhe des Treffpunktes über der Kartenebene.

Treffpunkt. Wenn Vorhaltepunkt, Sprengpunkt und Gegnerpunkt zusammenfallen, so nennt man diesen gemeinsamen Punkt den Treffpunkt (T). Häufig — und meistens ohne Verwechslungsgefahr — wird auch der Vorhaltepunkt als Treffpunkt bezeichnet (s. auch Streuung).

Treffpunktlage nennt man die Lage des mittleren Treffpunktes (s. d.) aus einer Reihe von Schüssen in Beziehung zum Zielpunkte. Je geringer die Abweichung beider auf dem Trefferbilde ist, um so besser ist die Leistung einer Waffe oder eines Schützen.

Treffwahrscheinlichkeit s. Streuung.

Treibladung ist die Pulverladung in Kartuschen und Patronen, die dazu dient, den Geschossen die notwendige Geschwindigkeit zu geben.

Treibmittel und Waffe. Aus ökonomischen Gründen kommt es in der Waffe auf die Erzeugung einer möglichst großen Mündungsgeschwindigkeit des Geschosses bei recht niedrigem Maximalgasdruck an; die Pulvergase sollen möglichst gleichmäßig schiebend wirken und die Geschwindigkeit des Geschosses dauernd vergrößern. Das Treibmittel soll seine Verbrennung fortsetzen, bis das Geschoß die Mündung verläßt und dann vollständig verbrannt sein. Hauptaufgabe der Innenballistik ist es, Verlauf des Gasdruckes, der Geschwindigkeit und Beschleunigung des Geschosses als Funktion oder Zeit des Geschoßweges für eine Waffe zu ermitteln.

Die Verbrennungsgeschwindigkeit eines Treibmittels ist wesentlich abhängig vom eintretenden Druckverlauf der Pulvergase, und dieser ist bestimmt durch die Beschaffenheit und Abmessungen der betreffenden Waffe und des Geschosses. Infolgedessen kann man nicht von der Brisanz eines Treibmittels als einer charakteristischen Größe desselben sprechen, ohne sich auf eine bestimmte Waffe zu beziehen. Das gleiche Pulver kann in beliebigen Waffen sehr milde oder sehr scharf wirken. Einen gewissen Anhalt gibt die Beziehung von Vallier-Heydenreich, die als „Maß für die Brisanz“ das Verhältnis η des mittleren Gasdrucks p_m zum Maximalgasdruck P in der Waffe definiert. Ist L die Rohrlänge, q der Rohrquerschnitt, m die scheinbare Geschoßmasse und v_0 die Mündungsgeschwindigkeit, so bestehen die Beziehungen:

$$\frac{m}{2} v_0^2 = p_m \cdot q \cdot L, \quad \eta = \frac{p_m}{P} = \frac{m v_0^2}{2 P q L}.$$

Für scharfe Treibmittel ist $\eta < 0{,}45$, für mittlere $\eta = 0{,}45$ bis $0{,}6$ und für milde $\eta > 0{,}60$. Grundgedanke: hoher Maximaldruck läßt auf rasches Abbrennen des Pulvers schließen, wobei auch das Verhältnis zum mittleren Gasdruck wächst.

Von besonderer Bedeutung für die Lösung des Hauptproblems der Innenballistik ist das Verfahren von Fr. Krupp (Prof. Schmitz), das auf Grund von Pulververbrennungen mit Druckregistrierungen in geeigneten Versuchsbomben den Druckverlauf in beliebiger Waffe zu berechnen gestattet. Als Verbrennungsgesetz kann nach vielen Erfahrungen eine Spezialform des Gesetzes von Charbonnier gebraucht werden; ist p der Gasdruck, ε der Bruchteil der verbrannten Ladung zur Zeit t, so lautet die Differentialgleichung:

$$\frac{d\varepsilon}{dt} = \varphi(\varepsilon)\, p.$$

Aus Bombenversuchen erhält man p als Funktion von t und mit Hilfe der Abelschen Gleichung (s. d.), die p und ε in Beziehung setzt, ε als Funktion von t. Nach Bildung des Differentialquotienten $d\varepsilon/dt$ ist aus obiger Gleichung die unbekannte Funktion $\varphi(\varepsilon)$ zu berechnen. Das System von Differentialgleichungen für die Vorgänge in der Waffe bezieht sich auf den Geschoßbodenweg im Rohr (Newtonsche Bewegungsgleichung), den Gasdruck p (Energiegleichung) und den Bruchteil ε der verbrannten Ladung (Verbrennungsgleichung) als Funktionen der Zeit t. Für die Verbrennungsgleichung muß $\varphi(\varepsilon)$ auf obigem Wege ermittelt sein. Dieses System von Gleichungen läßt sich numerisch beliebig genau integrieren. Schwierigkeiten des Verfahrens liegen in der Unsicherheit der für die Konstanten einzusetzenden Zahlenwerte; es handelt sich um die fiktive Geschoßmasse, Reibungskoeffizienten, Einpreßarbeit, Einpreßwiderstand, spezifische Wärme der Pulvergase, Kovolumen usw.

In der Praxis spielen daher alle jene empirischen, theoretisch mehr oder weniger begründeten Gesetze (Vallier, Heydenreich, Zedlitz, Leduc) und Modellübertragungsregeln (Sarrau, Liouville, Charbonnier, Emery) eine große Rolle, mit deren Hilfe wichtige innerballistische Größen, wie z. B. Maximaldruck, Mündungsgeschwindigkeit für eine geplante Waffe geschätzt werden können, wenn mit demselben Pulver diese Größen an einer möglichst ähnlichen Waffe gemessen wurden.

In manchen Fällen treten beim Schießen Störungen besonders durch hohe Gasdrücke auf, die zu Beschädigungen des Rohres führen können. Wahrscheinlich handelt es sich um eine stoßweise Druckentwicklung, weil beim Vorwärtsbewegen des Geschosses das noch brennende Pulver immer einseitiger im „länger" werdenden Rohr zu liegen kommt; es treten Reflexionen der Pulvergase an Geschoß und Rohrboden auf, die zu periodischen Druckschwankungen führen, wobei der Druck auf ein Mehrfaches der normalen Werte ansteigen kann (Versuche von Vieille). Die Pulververbrennung muß so früh beendigt sein, oder das Geschoß so schnell das Rohr durcheilen, daß es von einem zweiten Druckwellenstoß nicht mehr erreicht wird.

Auf der gleichen Ursache beruhen auch die bei der gefürchteten „Hohlladung" auftretenden Erscheinungen; z. B. Abreißen oder Aufbauchen des Laufs beim Herausschießen steckengebliebener Geschosse.

Siehe auch: Geschwindigkeit der Zersetzung und Schußvorgang im Rohr.

Abb. 35. Amerik. Trommelpistole (Thompson).

Triangulierung, photogrammetrische s. Radialtriangulierung.

Trift (s. Abtrift).

Trinitrotoluol entsteht durch Nitrieren von Toluol; Toluol ist chemisch dem Benzol verwandt und findet sich im Steinkohlenteer. Trinitrotoluol ist der am meisten gebrauchte militärische Sprengstoff. Er steht in der Wirkung hinter der Pikrinsäure zurück, ist dafür aber stabil.

Abb. 36. Trommelmagazin der amerik. Maschinenpistole.

zur Peripherie des Trommelgehäuses angeordnet (z. B. Flieger-Selbstladekarabiner 15, zum Teil l. M.G. 08/15, M.P. 18^{I}, lange Pistole 08 mit Ansteckkolben und Trommelmagazin); in dem anderen liegen sie in einem flachen Trommelgehäuse radial gelagert (z. B. Lewis-M.G.). Unrichtig ist es, beim Trommelrevolver die Walze als Trommelmagazin zu bezeichnen. Die Revolverwalze ist kein Patronenmagazin, sondern ein Bündel von Patronenlagern (Ladekammern); in ihnen werden die Patronen nicht magaziniert, sondern abgeschossen.

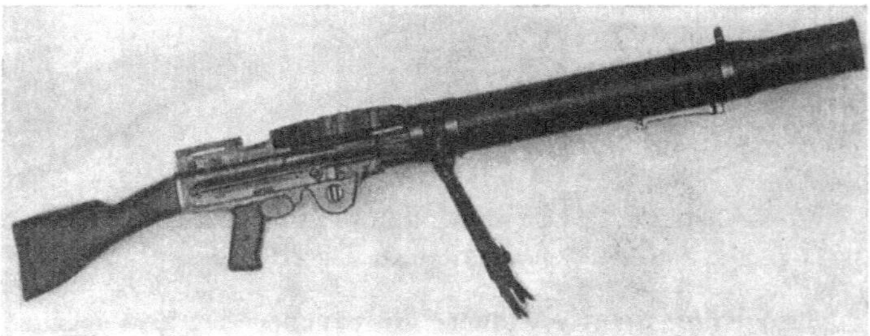

Abb. 37. Lewis-M.G. (Trommelmagazin mit radialer Lagerung der Patronen).

Trommelmagazin ist bei Gewehren, Selbstladegewehren, Maschinengewehren, Maschinenpistolen und Selbstladepistolen ein festeingebautes oder ansteckbares Magazin von Trommelform. Festeingebaute Trommelmagazine haben bei Armeegewehren keine Bedeutung erlangt. Ansteckmagazine in Trommelform sind dagegen vielfach verwendet worden. Je nach der Lagerung der Patronen im Magazin werden zwei Arten unterschieden. In dem einen Falle liegen die Patronen im Schneckengang parallel

T. V. Abkürzung für „Tagesverbesserungen“ beim Schießen unter

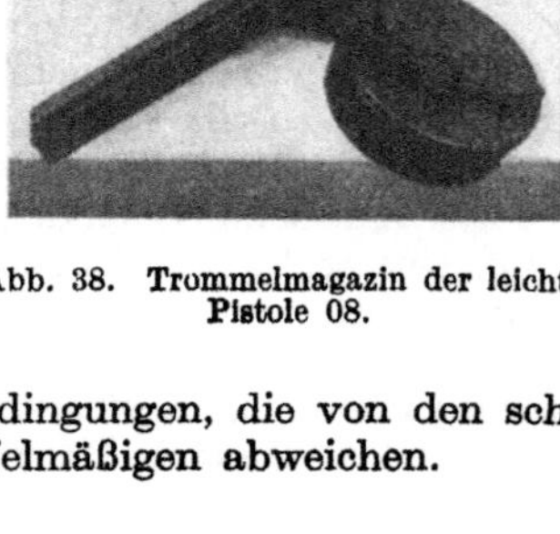

Abb. 38. Trommelmagazin der leichten Pistole 08.

Bedingungen, die von den schußtafelmäßigen abweichen.

U

Überdeckung von Luftbildern. Um die mittels einer Reihenbildkammer (s. d.) gewonnenen Luftbilder im Auswertegerät (s. d.) verwenden zu können, müssen die aufeinanderfolgenden Bilder der Reihe durchweg einander mit mindestens 50 % überdecken. In der Regel wird eine Überdeckung von 60 % benutzt. Bei der automatischen Reihenbildkammer (s. d.) erfolgt die Innehaltung einer bestimmten Überdeckung durch einen selbsttätigen „Überdeckungsregler".

Übergangsballistik hat als Thema die Bestimmung der Lage und des Bewegungszustandes eines Geschosses in und nahe der Mündung.

Der Übergang vom Rohr zu diesem Anfangspunkt der eigentlichen Flugbahn umfaßt zwei Bereiche. Der erste erstreckt sich vom Austreten des vorderen Führungsringes (Zentrierwulstes) des Geschosses bis zum völligen Verlassen des Rohres. In diesem Bereich gehen die Schwingungen desselben auf das Geschoß über und verursachen Stoßnutationen. Im anschließenden Bereich wirken die Pulvergase nach, die anfangs die Geschoßgeschwindigkeit erhöhen und dann kurze Zeit eine Verminderung des Sogs bewirken. Der eigentliche Anfangspunkt der Flugbahn ist streng genommen Gegenstand einer Vereinbarung.

Übergangskegel s. Seele.

Überschallströmung s. Luftwiderstand.

Überschießen von Deckungen s. Deckungswinkel.

Übertragungsnetz dient zur Entzerrung (s. d.) durch einfache geometrische Konstruktion. Gehen von zwei zugeordneten Punkten in Bild und Karte Strahlen nach weiteren zugeordneten Punkten, so sind die beiden Strahlenbüschel projektiv. Diese Beziehung kann man, wenn vier Punkte im Gelände, also auch in der Karte, ihrer Lage nach bekannt und die vier entsprechenden Punkte im Bilde sichtbar sind, benutzen, um das Viereck in Bild und Karte beliebig eng zu verdichten.

Uchatius, Franz, Frhr. von, österr. Feldmarschalleutnant, Artilleriekonstrukteur. Geb. 20. 10. 1811 in Theresienfeld, gest. 4. 6. 1881 in Wien. 1829 in das Heer eingetreten, wurde 1874 zum Gen.-Major und 1879 zum Feldmarschalleutnant befördert. Erfindungen und Neukonstruktionen auf artilleristischem Gebiet, besonders durch die Uchatius-Bronze, durch welche Österreich sich vom Ausland unabhängig machte. Erfinder des U-Pulvers (sehr explosives Schießpulver), der U-Kanone und der U-Granate (Ringhohlgeschoß), verwendete zuerst Fliegerbomben bei der Belagerung von Venedig 1849 aus unbemannten kleinen Luftballonen. Die Stahlbronze von U. (Hartbronze) ist eine gute Geschützbronze (92 Kupfer, 8 Zinn), die durch Kaltstrecken über die Elastizitätsgrenze an Festigkeit, Elastizität und Härte dem Stahl vergleichbar wird.

Uhrwerkszünder, ein Zeitzünder, bei dem der Zeitpunkt der Zündung durch den Ablauf eines Uhrwerkes bestimmt wird. Einstellung wie beim Brennzünder. Als Antriebskraft dienen vorgespannte Federn oder Massenkräfte (Fliehkräfte). Für den Transport nötige Sicherungen werden beim Abschuß bzw. Abwurf (bei Bomben) aufgehoben.

Ultraschallwellen. Als solche werden Schallerscheinungen aus dem unhörbaren Frequenzgebiet bezeichnet. Sie werden z. B. im technischen Nachrichtenwesen zur Modulation von Trägerwellen verwendet. An der Empfangsstelle bedarf es entsprechender Resonatoren.

Umfangsgeschwindigkeit s. Winkelgeschwindigkeit.

Unabhängige Visierlinie. Bei Verwendung der älteren, „abhängigen" Visierlinie hatte der praktische Artillerist mit der Schwierigkeit zu kämpfen, daß er durch Umstellung des Aufsatzes das alte Ziel vollständig aus dem Sehfeld des Fernrohres verlor. Um diesen Nachteil zu vermeiden, wurde um die Jahrhundertwende die „unabhängige Visierlinie" entwickelt. Dazu wird der Aufsatz als großer Zahnbogen ausgebildet, der mit einer Höhenrichtmaschine bedient werden kann (Ziel nehmen). Weiterhin wird das Rohr um seine zur Drehachse des Aufsatzes konzentrischen Zapfen beliebig verschwenkbar gemacht, ohne daß der Aufsatz sich bewegt. Dann kann man die „Entfernung" ändern, ohne daß die Visierlinie mitgeht. Die Visierlinie ist nur noch für die neue Seitenverschiebung (entsprechend der Differenz der in Frage kommenden Beträge) zu berichtigen. Dieser französischen Lösung der Aufgabe steht die Kruppsche gegenüber, bei der an einer sonst normalen Lafette zwei Höhenrichtmaschinen angebracht sind. Hier kann auch eine Vorrichtung zur Ausschaltung schiefen Radstandes eingebaut werden.

Unterschallströmung s. Luftwiderstand.

Unterwasserexplosionen nehmen folgenden Verlauf: Nach Zündung des Sprengstoffs wird durch den Detonationsstoß das umgebende Wasser komprimiert. Eine longitudinale Verdichtungswelle (s. Stoßwelle) bildet sich aus, die sich im Wasser nach allen Seiten mit Überschallgeschwindigkeit (über 1440 m/s) ausbreitet. Die entstandenen Gase drängen dann die darüberliegenden Wassermassen unter Ausbildung eines Wasserdoms nach oben, bis plötzlich ein Wasserzylinder herausgeschossen wird, für den die umgebenden Wassermassen die Rolle der Geschützwandung spielen. In der weiteren Umgebung der Sprengstelle beobachtet man mit dem Dynamometer im Wasser zwei zeitlich getrennte Impulse, der erste von der Stoßwelle, der zweite von der Massenbewegung des Wassers herrührend. Intensität der Stoßwelle wächst mit steigender Detonationsgeschwindigkeit; bei Explosionen von Pulvern kann sie ganz fortfallen. Wasser verdämmt stärker als Luft, dafür wird aber durch Kühlwirkung die Gastemperatur rasch erniedrigt; für starke Sprengwirkung ist daher hohe Brisanz erforderlich. Besonders groß ist die Unterwasserwirkung gegen luftgefüllte Körper; Torpedos gegen Schiffe, Fischen mit Dynamit.

V

Vahlen, Theodor, Prof., Dr. phil., Min.-Direktor i. R., Mathematiker und Ballistiker. Geb. 30. 6. 1869 in Wien. Studierte Mathematik und Naturwissenschaften in Berlin, promovierte dort 1893, habilitierte sich 1897 in Königsberg, wurde 1904 a.o., 1911 o. Prof. der Mathematik in Greifswald. Im Kriege 1914—18 Batterie- und Abteilungsführer an der West- und Ostfront. 1924 wegen polit. Tätigkeit dienstentlassen; April 1930 Prof. an Techn. Hochsch. Wien. März 1933 in die Hochschulabt. des Preuß. Kultusmin. berufen, April 1934 mit deren Leitung beauftragt, Juni 1934 Min.-Direktor. Wieder o. Prof. in Greifswald, Jan. 1934 an Univ. Berlin berufen. 1937 Ruhestand, Ord. Mitglied d. Preuß. Akad. d. Wissensch. V. veröff. zahlreiche Abh. und mehrere Bücher auf den Gebieten der reinen und angewandten Mathematik, der Astronomie, Nautik und Ballistik. Seine „Ballistik“ (1922) war das erste ball. Buch, welches die Kriegserfahrungen verwertete.

Vakuum (lat. leer) wird ein durch Auspumpen möglichst luftleer gemachter Raum genannt; ist der restliche Druck kleiner als 10^{-6} Torr, so spricht man von Hochvakuum. Die erreichte Grenze liegt bei etwa 10^{-9} Torr.

Technisch angewandt wird das Vakuum in der chemischen Industrie zur Destillation oder Verdampfung von solchen Stoffen, die nicht unzersetzt flüchtig sind bei gewöhnlichem Druck und zur Trocknung von Substanzen, die nicht erwärmt oder erhitzt werden dürfen. Bei der Fabrikation von Sprengstoffen sind Vakuumapparaturen (PASSBURG, PINTSCH, RIDINGER) von besonderer Bedeutung, da bei eventuellem Eintritt einer Zersetzung die Wirkung derselben stark abgeschwächt wird, weil die zur gesteigerten Umsetzung (Explosion) notwendige Möglichkeit einer Drucksteigerung unterbunden ist; auch eine Detonationsstoßwelle kann sich nicht ausbilden, bevor sich aus der zersetzenden Substanz Schwaden gebildet haben (s. Geschwindigkeit der Zersetzung).

Van der Waalssche Gleichung. Die van der Waalssche Gleichung ist aus der kinetischen Gastheorie hervorgegangen und berücksichtigt in der Zustandsgleichung (s. d.) idealer Gase durch die Konstante a das Eigenvolumen und in der Konstanten b die Wechselwirkung der Gasmoleküle aufeinander.

Bezeichnet p den Druck, V das Volumen, n die Anzahl Mole (s. d.) und T die absolute Temperatur (s. d.) eines Gases, und ist R die absolute Gaskonstante (s. d.), so lautet die Gleichung:

$$\left(p + \frac{a}{V^2}\right)(V - b) = nR \cdot T.$$

Die Größen a und b wechseln mit dem Gase ihren Wert; für Luft ist $a = 0{,}0037$ und $b = 0{,}0026$.

Die van der Waalssche Formel gibt das Verhalten der wirklichen Gase qualitativ gut wieder und gilt bis zum tropfbar flüssigen Zustand; quantitativ ist sie nicht befriedigend.

Die Größe b, die Volumkorrektion, wird als Kovolumen des Gases bezeichnet; sie ist nach MAXWELL gleich dem vierfachen Eigenvolumen der Moleküle und gleich dem dreifachen Werte des Gasvolumens im kritischen Punkte. Die zahlenmäßige Angabe des Kovolumens erfolgt für eine bestimmte Menge des Gases von einem Mol oder 1 kg. Das Kovolumen ist keine vollständig konstante Größe, sondern es erweist sich besonders bei großen Dichten vom Gasvolumen abhängig.

Das Kovolumen eines Pulvers steht in enger Beziehung zum Begriffe des Kovolumens in der van der Waalsschen Gleichung. Bezieht man diese Gleichung auf die aus der Verbrennung von 1 kg Pulver im Volumen V entstehenden Pulvergase (nicht etwa auf 1 kg Pulvergase), so wird die Volumkorrektion, die am Volumen des leeren Verbrennungsraumes anzubringen ist, als Kovolumen dieses Pulvers bezeichnet; hierbei umfaßt der Begriff des Kovolumens auch den Rückstand bei der Verbrennung und nicht nur das Eigenvolumen der verschiedenartigen Gasmoleküle. Es ist das deshalb zweckmäßig, weil im Begriffe der Ladedichte mit dem Gewichte des unverbrannten Pulvers in kg und mit dem Volumen V des leeren Verbrennungsraumes gerechnet wird. Ist die Pulververbrennung vollständig, so ist das Kovolumen des Pulvers in Übereinstimmung mit dem gewöhnlichen Begriffe des Kovolumens einer Gasmischung in der Thermodynamik.

Das Kovolumen eines Pulvers wird am besten zusammen mit seinem spezifischen Druck (s. d.) aus praktischen Versuchen unter Zugrundelegung der Abelschen Gleichung (s. d.) ermittelt. Näherungsweise kann das Kovolumen gleich dem tausendsten Teile des spezifischen Volumens (s. d.) des Pulvers gesetzt werden; das entspricht dem Verhältnis, daß Gase eine tausendmal geringere Dichte als feste oder flüssige Körper besitzen.

Das Glied mit der Konstanten a, das die Wechselwirkung der Gasmoleküle berücksichtigt, wird in der inneren Ballistik mit Rücksicht auf die hohe Explosionstemperatur vernachlässigt (s. Abelsche Gleichung); bei Gasdrucken über 3000 at dürfte das aber nicht mehr ganz gerechtfertigt sein, wie das beginnende Versagen der Abelschen Gleichung zeigt.

Ist p der Druck der Pulvergase von der absoluten Temperatur T im Volumen V, die aus L kg Pulver mit dem Kovolumen α entstanden sind, so gebraucht die innere Ballistik die van der Waalssche Gleichung in der Form:

$$p \cdot (V - \alpha L) \backsim T.$$

Vektoren sind Größen, bei denen zur vollständigen Bestimmung außer einem Zahlenwert noch eine Richtung anzugeben ist. Ein Vektor läßt sich durch einen Pfeil gleicher Richtung darstellen, dessen Länge gleich dem Betrage des Vektors ist. Zwei Vektoren sind nur dann einander gleich, wenn sie gleiche Größe und Richtung besitzen.

Die Größen, die durch Angabe ihres Betrages vollständig bestimmt sind, heißen Skalare. Beispiele für Vektoren sind Kraft, Geschwindigkeit, Impuls, und für Skalare Arbeit, Energie, Temperatur.

Vektoren werden durch deutsche, Skalare durch lateinische Buchstaben bezeichnet. Ein Vektor vom Betrage Eins ist ein Einheitsvektor.

Im allgemeinen ist ein Vektor eine Funktion des Ortes im Raume. Ist jedem Punkte des Raumes in umkehrbar eindeutiger Weise ein Vektor zugeordnet, so spricht man von einem Vektorfeld. Beispiele sind das Schwerkraftfeld und das erdmagnetische Feld.

Ein freier Vektor $\mathfrak{a}$ ist durch seine Komponenten $\mathfrak{a}_x$, $\mathfrak{a}_y$, $\mathfrak{a}_z$, das ist durch die Längen seiner Projektionen auf die drei Achsen eines räumlichen Koordinatensystems (x, y, z) vollständig bestimmt. Bei einem rechtwinkligen System hat man, wenn $|\mathfrak{a}|$ den absoluten Betrag des Vektors bezeichnet:

$$\mathfrak{a}_x = |\mathfrak{a}| \cos(\mathfrak{a}, x);$$
$$\mathfrak{a}_y = |\mathfrak{a}| \cos(\mathfrak{a}, y);$$
$$\mathfrak{a}_z = |\mathfrak{a}| \cos(\mathfrak{a}, z)$$

und

$$|\mathfrak{a}| = \sqrt{\mathfrak{a}_x^2 + \mathfrak{a}_y^2 + \mathfrak{a}_z^2}.$$

Jede Vektorgleichung läßt sich in bezug auf die Koordinatenachsen in drei skalare Gleichungen zerlegen. (Über Vektoraddition s. Parallelogrammregel.)

Verbindungsflugzeuge sind Flugzeuge, die dazu dienen, die Verbindung zwischen höheren Stäben und den Fronttruppen auf schnellstem Wege herzustellen. Mit Flugzeugen erfolgt diese Verbindung wesentlich schneller als mit Kraftwagen, da gerade bei größeren Kampfhandlungen damit gerechnet werden muß, daß die Zufahrtstraßen zur Front durch Munitionskolonnen usw. verstopft sind. Verbindungsflugzeuge müssen auf kleinsten, behelfsmäßigen Plätzen starten und landen können. Deshalb finden als Verbindungsflugzeuge unbewaffnete Leichtflugzeuge oder Tragschrauber (s. Tragschrauber) Verwendung.

Verbrennungsraum (Laderaum) s. Ladedichte, Laderaum.

Verbrennungstemperatur (Pulver). Verbrennungstemperatur oder Explosionstemperatur eines Pulvers ist die Temperatur, welche die Pulvergase bei der Verbrennung unter Ausschluß von Arbeitsleistung und Wärmeverlusten annehmen. Diese Temperatur ist nicht unmittelbar zu messen; sie läßt sich annähernd aus dem Wärmegehalt (s. d.) des Pulvers berechnen, wenn außerdem die Temperaturabhängigkeit der spezifischen Wärme der Pulvergase bekannt ist. Nach Definition der spezifischen Wärme (s. d.) konstanten Volumens c_v bewirkt eine Zufuhr der Wärmemenge dQ eine Temperaturerhöhung dt der Masseneinheit der Pulvergase; es ist also:

$$Q = \int_{t_0}^{t'} c_v \cdot dt\,.$$

Der Wert der oberen Grenze des Integrals, die Explosionstemperatur t', wird durch numerische oder graphische Berechnung des Integrals gewonnen, bis sein Wert gleich der spezifischen Verbrennungswärme Q des Pulvers geworden ist.

Oft begnügt man sich auch mit einem linearen Ansatz für die Temperaturabhängigkeit:

$$c_v = a + 2\,b\,t,$$

die Konstanten a, b werden ebenfalls zu den Pulverkonstanten (s. d.) gezählt. Ist aus Druckmessungen an der Versuchsbombe mit Hilfe der Abelschen Gleichung der spezifische Druck f (s. d.) des Pulvers bekannt, so läßt sich aus der Definition dieser Konstanten bei Kenntnis des spezifischen Volumens v_0 der Pulvergase gleichfalls die ungefähre Verbrennungstemperatur ermitteln. Die Bedeutung dieser Größe liegt besonders in der Frage der Materialbeanspruchung der Waffen (Ausbrennen der Rohre). Dabei handelt es sich aber um eine chemische Reaktion mit Arbeitsleistung, nämlich um die Pulververbrennung im Innern des Seelenraumes zwischen Stoßboden und Geschoßboden unter wechselndem Druck und Volumen. Der Wärmegehalt ist indessen ausdrücklich festgelegt unter der Bedingung, daß Arbeitsleistung und Beeinflussung durch spätere Reaktionen ausgeschlossen sind.

Verbrennungsverlauf s. Druckverlauf.

Verbrennungswärme oder Wärmegehalt eines Pulvers wird diejenige Wärmemenge in Kalorien genannt, die bei seiner Verbrennung entsteht, falls Arbeitsleistung und Reaktionen zwischen den Verbrennungsprodukten ausgeschlossen sind. Die Wärmemenge in cal pro Masseneinheit des Pulvers (1 kg oder 1 g) heißt spezifischer Wärmegehalt. Wird der Wärmegehalt in mechanischem Maß (mkg) gemessen, so spricht man vom Arbeitsvermögen oder Arbeitspotential des Pulvers.

Der Wärmegehalt dient zur Berechnung der Verbrennungstemperatur (s. d.) und des thermodynamischen Nutzeffektes von Waffen.

Verdichtungsstoß ist eine Stoßwelle, bei der eine sprunghafte endliche Erhöhung von Druck und Dichte und Verringerung der Geschwindigkeit erfolgt. Die Möglichkeit solcher sprunghafter Zustandsänderungen in kompressiblen Medien wurde rechnerisch zuerst 1860 von Bernhard Riemann festgestellt und ihr tatsächliches Vorhandensein später von Stodola bei Dampfdüsen nachgewiesen. Die Ausbreitungsgeschwindigkeit der Verdichtungsstöße senkrecht zur Wellenfront kann die Schallgeschwindigkeit weit überschreiten, je nach der Stärke des Druckanstieges (Knall, Explosion, Detonation). Der vorderste Teil der Kopfwelle eines stumpfen, mit Überschallgeschwindigkeit fliegenden Geschosses (s. Geschoßwellen) breitet sich z. B. mit Geschoßgeschwindigkeit aus. Die Zustandsänderung längs eines Stromfadens, der einen Verdichtungsstoß überschreitet, erfolgt nicht mehr adiabatisch, sondern unter Entropievermehrung. Die Bernoullische Gleichung gilt dann für den Stromfaden nicht mehr. Der Druckverlust beim Überschreiten des Stoßes gegenüber adiabatischer Zustandsänderung heißt Stoßverlust (s. Explosionswelle).

Vergleichsschießen m. h. Sp. P. s. Vergleichsziele (Erd-Luft-).

Vergleichsziele (Erd-Luft-). Vergleichsschießen auf einen sichtbaren Punkt dienen zur Festlegung einer gegen ein verdecktes Ziel eingeschossenen Geschoßbahn, um das verdeckte Ziel jederzeit wieder beschießen oder ein längeres, nicht direkt beobachtungsfähiges Wirkungsschießen mit den Hilfsmitteln der Batterie überwachen zu können. Das Vergleichsschießen muß im Anschluß an das Einschießen gegen das Ziel sofort stattfinden, nicht erst am Schluß eines (u. U. nicht mehr beobachteten) längeren Wirkungsschießens.

1. Das „Erd-Vergleichsziel" soll möglichst in der Nähe der Zielgegend liegen. Es braucht nicht planrichtig bekannt zu sein, muß jedoch gut beobachtungsfähig sein. Man erschießt im Gabelverfahren mit unveränderter Libelle genau Seite und Rohrerhöhung. Der Unterschied gegenüber den Schießgrundlagen auf das Ziel wird festgelegt (Änderung der B. W. E. beachten). Nach einem späteren erneuten Einschießen auf das Vergleichsziel sind die zusätzlichen Korrekturen + prozentuale B.W.-Einflüsse beim Übergang auf das verdeckte Ziel einzurechnen. Die gleichen Grundsätze gelten, wenn statt eines Vergleichszieles ein nicht sichtbarer Vergleichsmeßpunkt (mittlerer Az-Treffpunkt) eingemessen bzw. berechnet wird.

2. Das „Luft-Vergleichs-Ziel" ist nicht sichtbar, sondern dargestellt durch einen berechneten Punkt der eingeschossenen mittleren Geschoßbahn zum verdeckten Ziel. Man benötigt diese Festlegung nicht bei planrichtig bekannten, verdeckten Zielen. Gegen solche kann man jederzeit ein direktes Einschießen m. h. Sp.P. durchführen. Das Luft-Vergleichs-Ziel kann nur meßtechnisch festgelegt und ausgenutzt werden, nicht mit einem Gabelschießen. Seine Festlegung ist dann am Platze, wenn gegen das nicht planrichtig bekannte, verdeckte Erdziel mit Luftbeobachtung oder Schallbeobachtung eingeschossen wurde. Das Luft-Vergleichs-Ziel wird deshalb auch nicht auf einer anderen Geschoßbahn erschossen, sondern auf der gleichen Geschoßbahn, die zum Ziel als eingeschossen gilt. Mit dieser Rohrerhöhung und Seitenrichtung schießt man sechs eingemessene hohe Sprengpunkte. Der berechnete mittlere Sp.P. stellt mit seinen drei Koordinaten im Raum das Luft-Vergleichs-Ziel dar. Regelt man bei einem späteren Schießen die neue Geschoßbahn auf der gleichen Schußlinie wieder auf dieses Luft-Vergleichs-Ziel, dann hat man sie gleichzeitig auf das mit der Fortsetzung dieser Geschoßbahn erreichte verdeckte, nicht plansichere Erdziel gelegt. Je steiler die Fallwinkel (kleine Ladungen), um so sicherer ist die Berechnung auch bei stark veränderten B.W.E. (Vorschlag O. Schwab 1924.) Vgl. Einschießen mit h. Sp.P.

Verkantung eines Geschützes liegt vor, wenn dessen Schwenkachse von der Vertikalen abweicht. Die eintretende Verstellung des Rohres ist stets darstellbar als Drehung einer Ebene durch die Seelenachse um eine horizontale Gerade, die Verkantungsachse; der zugehörige Drehwinkel ist der Verkantungswinkel. Die Verkantung bewirkt Fehler in der Höhen- und Seitenrichtung des Geschützes. Zum Ausgleich muß entweder die Schwenkachse wieder senkrecht gestellt werden oder die Lage der Zielvorrichtung in geeigneter Weise geändert werden; das erste Verfahren wird als „direktes", das zweite als „indirektes Horizontieren" oder „Einkippen" bezeichnet. Bei großen Erhöhungen führt nur das direkte Einkippen zum Ziele, da sonst die Seitenverbesserungen zu große Werte annehmen; zu diesem Zwecke werden die Geschütze vierachsig gebaut, wobei dann die Schwenkachse um zwei horizontale Kardanachsen verstellbar ist. Das indirekte Horizontieren, das bei schweren Geschützen allein angewandt wird, erfolgt in der Weise, daß die Verkantung der Schwenkachse durch eine Drehung des Aufsatzes der Zielvorrichtung um eine zur Seelenachse parallele Achse bis zum Einspielen der Querlibelle ausgeglichen wird, wenn gleichzeitig mit der Höhenrichtmaschine die Längslibelle zum Einspielen gebracht und mit der Seitenrichtmaschine das Ziel angeschnitten wird.

Ein Sonderfall liegt vor, wenn die Verkantungsachse in die Schußebene fällt; man spricht dann von Querverkantung, Schildzapfenverkantung oder schiefen Radstand. Wird dabei die Seitenrichtung um $\Delta\lambda$ und die Erhöhung um $\Delta\varepsilon$ geändert, so wird das Rohr durch eine Schwenkung um die verkantete Schwenkachse vom Betrage $\Delta\lambda$ und eine gleichzeitige Neigungsänderung vom Betrage $\Delta\varepsilon$ um die verkantete Schildzapfenachse wieder in die richtige Lage gebracht.

Verkantung beim Gewehr ist gleichbedeutend mit Korn- oder Visierverkantung, indem beim Anschlag die Waffe nach einer Seite geneigt gehalten wird; das Geschoß weicht dann nach dieser Seite ab und ergibt Kurzschuß.

Verlängerungsstück wird zwischen Richtkreis und Fernrohr eingeschaltet und dient dazu, die Ziellinie so viel zu erhöhen, daß über den Schild gerichtet werden kann.

Vermessung der Beobachtungsstellen. Alle Beobachtungsstellen der Artillerie sollen ebenso wie die Batteriestellungen und Meßstellen der Beobachtungsabteilung als Artilleristische Punkte (A.P.) vermessen werden, mindestens behelfsmäßig. Stets möglich ist Rückwärtseinschnitt nach senkrechten Leuchtschüssen, die auf Festpunkten abgegeben werden (oder senkrecht eingestellten Scheinwerfern a. F.P.).

Vernichtungsfeuer. Ein Feuer, das vom Verteidiger auf den sich zum Angriff bereitmachenden Gegner gerichtet wird. Ziele bei dieser Feuerform sind also gewöhnlich die vordersten Gräben des Feindes oder Mulden, Schluchten usw., die vor der eigenen Stellung liegen und in denen Ansammlungen erkannt wurden. Das V. wurde von den Franzosen bei Verdun 1916 und von den Deutschen besonders in der Aisne-Champagne-Schlacht 1917 mit großem Erfolg angewendet; es machte in vielen Fällen die Anwendung des Sperrfeuers (s. d.) unnötig. Die neuesten deutschen Dienstvorschriften kennen den Ausdruck V.

nicht mehr, ohne daß ein bestimmter Ausdruck als Ersatz eingeführt wäre.

Verpuffungstemperatur s. Zündung.

Verschlüsse schließen die Seele des Rohres nach hinten ab und übertragen die Kraft der Pulvergase auf das Rohr. Es werden unterschieden Keil- und Schraubenverschlüsse, bei den erstgenannten waagerechte und senkrechte (Fallblockverschlüsse), bei den letztgenannten zentrisch im Rohr gelagerte und nach hinten herausklappbare Verschlüsse und solche, die exzentrisch im Rohr gelagert sind und um eine zur Seelenachse parallele Achse gedreht werden. Für Keilverschlüsse wird als Bewegungsmechanismus meist ein Schubkurbeltrieb verwandt, bei dem ein Gleithebel mit Gleitriegel in einer Nut des Keiles gleitet und ihn bewegt.

Der gasdichte Abschluß gegen die Pulvergase (Liderung) wird bei Keilverschlüssen durch Kartuschhülsen herbeigeführt, deren elastische Wandung durch den Gasdruck fest an die Rohrwand gepreßt wird. Bei Schraubenverschlüssen werden Hülsen nur bei kleineren Kalibern verwandt, bei größeren die mit dem Verschluß verbundene plastische Liderung.

Der Verschluß enthält die Vorrichtungen zum Spannen des Schlagbolzens, Abziehen, Sichern und Auswerfen der Hülse. Die Spannvorrichtung muß so beschaffen sein, daß ein Wiederspannen bei Versagern ohne Öffnen des Verschlusses möglich ist. Die Sicherung soll das unbeabsichtigte Abfeuern unmöglich machen.

Zur Erzielung großer Feuergeschwindigkeit wird der selbsttätige Verschluß verwandt, bei dem die Rück- und Vorlaufbewegung der Rohre benutzt wird, den Verschluß zu öffnen, auszuwerfen, zu spannen, die Patrone einzuführen, den Verschluß zu schließen und abzufeuern. Wird die Patrone von Hand eingeführt, so bezeichnet man den Verschluß als halbselbsttätig.

Verschwenkte Achsen bei stereophotogrammetrischen Aufnahmen s. Stereoaufnahmen.

Verschwindlafetten sind ortsfeste Lafetten, in denen das Rohr so gelagert ist, daß es nur zum Schuß in Feuerstellung geht, zum Laden und Richten aber hinter einer Schutzwehr verschwindet.

Das Rohr bildet mit zwei Schwingen ein Gelenkparallelogramm. Es erhält seine Erhöhung dadurch, daß der Drehpunkt einer Schwinge auf einem Kreisbogen um den Drehpunkt der anderen Schwinge verschoben wird. Rück- und Vorschwingen werden durch eine hydraulische Bremse so abgebremst, daß Lade- und Feuerstellung genau eingehalten werden. Beim Vorlauf muß außerdem im Falle eines Versagers ein hartes Anschlagen der Schwingen gegen die Begrenzung verhindert werden. Das Vorholen wird durch Feder- oder Luftvorholer oder auch direkt durch ein Gegengewicht bewirkt. Es werden auch hydraulische Vorholer verwendet, die mit einem Akkumulator in Verbindung stehen und die gleichzeitig als Bremse dienen.

Versetzungswinkel ist ein Winkel, mit dessen Hilfe bei einem Meßverfahren für nicht hohe Geschoßgeschwindigkeiten (Faustfeuerwaffen) die Anfangsgeschwindigkeit errechnet werden kann. Es wird gegen einen Pappzylinder, der um seine Längsachse rotiert, in der Richtung der Längsachse geschossen. Da der Zylinder sich dreht, während das Geschoß seine Länge durchfliegt, muß der Ausschuß aus der zweiten Kreisfläche des Zylinders gegenüber dem Einschuß in die erste Kreisfläche um ein bestimmtes Winkelmaß versetzt sein. Die Länge des Zylinders und seine Umdrehungsgeschwindigkeit müssen bekannt sein. Dann bietet die Größe des Versetzungswinkels eine Unterlage für die Berechnung der Flugdauer des Geschosses durch den Zylinder und damit für die Geschwindigkeit. Ein Versetzungswinkel zwischen Ein- und Ausschuß entsteht auch, wenn senkrecht zur Längsachse durch die Mantelfläche des Zylinders geschossen wird. (Beide Verfahren veraltet.)

Verspannt heißt ein Flugzeug dann, wenn die Festigkeit des Tragwerks durch Kabel oder Profildrähte erzielt wird. Zum Beispiel, wenn bei einem Eindecker die Flügel durch Kabel oder Profildrähte mit dem Rumpf verbunden sind, oder wenn bei einem Doppeldecker zwischen dem Rumpf und den Stielen eine Auskreuzung durch Kabel oder Profildrähte stattfindet.

Verstrebt, auch halbfreitragend, heißt ein Eindecker, bei dem die Flügel gegenüber dem Rumpf durch je eine oder mehrere Streben abgestützt werden und durch diese Verbindung die nötige Festigkeit erhalten. Wenn bei einem Doppeldecker die Drahtauskreuzungen durch einen Dreiecksverband aus Streben ersetzt sind, wird von einem verstrebten Doppeldecker gesprochen.

Verteilungskurve s. Gaußsches Fehlergesetz.

Verworner, Ferdinand, Oberst a. D., Prof., Mathematiker und Ballistiker. Geb. 26. 12. 1827 in Dresden, gest. 17. 10. 1894 in Berlin. Studierte 1843—47 Mathematik in Dresden, Leipzig und Paris. 1848 in das Heer (Artill.) eingetreten, Oberst (1880), 1884 nahm er den Abschied. Lehrer für Mathematik und Ballistik an der Art.-Schule in Dresden. Befehligt auf die École d'état-major in Paris, 1872 als Lehrer für höhere Mathematik und Ballistik an der Vereinigt. Art.- und Ing.-Schule in Berlin, dort bis zu seinem Tode tätig.

Verzögerungszündung, eine Zündung, bei der zwischen dem Ansprechen des Zünders und der Detonation des Geschosses eine gewisse Zeitspanne liegt. Im Unterschied zur Trägheitszündung (s. d.) wird sie durch Abbrennen eines Verzögerungssatzes oder auf mechanischem Wege erzielt und ermöglicht das Eindringen des Geschosses in ein Ziel oder die Anwendung von Abprallern (s. d.).

Vieille, Paul Marie Eugène, franz. Ingenieur für Sprengstoffwesen. Geb. 1854 in Paris, gest. 15. 1. 1934 daselbst. 1873 École Polytechnique in Paris, 1879 als Unterdirektor des Zentrallaboratoriums der Pulverfabrik nach Paris berufen, 1885

Repetitor der Physik an der École Polytechnique. V. hat sich große Verdienste um die Entwicklung und Herstellung des Pulvers erworben. 1888 von ihm das Vieille-Pulver (Lebel-Pulver) entwickelt, ein für das Lebel-Gewehr hergestelltes rauchschwaches Schießpulver aus in Äther gelöster Kollodiumwolle. Konstruierte die nach ihm benannte Bombe, mit welcher die zeitliche Entwicklung des Gasdruckes bei Verbrennung des Treibmittels festgestellt wurde. Die Arbeiten V.s waren wichtig für die Herstellung eines kriegsbrauchbaren Nitrozellulosepulvers.

Vierpunktverfahren. Ein auf der geometrischen Verwandtschaft von Bild und Karte beruhendes Zeichenverfahren zur Übertragung eines Bildpunktes in die Karte. Es setzt das Vorhandensein von vier in Bild und Karte feststellbaren Punkten (Paßpunkten) voraus, woher der Name „Vierpunktverfahren". Da entsprechende Strahlenbüschel von je vier Strahlen in Bild und Karte durch eine beliebige Schnittgerade im gleichen „Doppelverhältnis" geteilt werden, lassen sich unter Hinzuziehung des Strahles nach einem gesuchten 5. Punkt einander entsprechende Strahlenbüschel von zwei Ausgangspunkten aus ziehen. Die vorerwähnte Schnittgerade wird durch einen quer über das Strahlenbüschel gelegten Papierstreifen dargestellt und auf diesem das Doppelverhältnis unter Einbeziehung des nach dem Neupunkt zielenden Strahles markiert und in das entsprechende Kartenstrahlenbüschel übertragen bzw. eingepaßt. Man erhält so zwei Richtstrahlen nach dem gesuchten Neupunkt und als deren Schnitt diesen selbst.

Wegen der Übertragung der Strahlenabschnitte mittels Papierstreifen wird das Verfahren auch vielfach als „Papierstreifenverfahren" bezeichnet. Das Verfahren gilt nur für flaches Gelände.

Virtuelle Verschiebungen. Man nimmt an, daß ein System von Massenpunkten dann im Gleichgewicht ist, wenn die Summe der Arbeiten, die die äußeren Kräfte bei einer virtuellen Verschiebung des Systems an den einzelnen Massenpunkten leisten, Null ist. Eine virtuelle Verschiebung des Systems liegt dann vor, wenn seine Massenpunkte in sehr nahe benachbarte, mit den Bedingungen des Systems verträgliche Lagen übergeführt sind.

Das Prinzip der virtuellen Verschiebungen ist vor allem für gebundene Systeme (deren Punkte nicht frei, sondern gewissen Bedingungen unterworfen sind) wichtig und ermöglicht dort die Auffindung der Gleichgewichtslagen.

Visier ist der hintere, dem Auge des Schützen zunächst liegende Teil der Zielvorrichtung bei Handfeuerwaffen. Das Visier trägt eine Kimme (s. d.), d. h. einen Ausschnitt, in den beim Zielen die Silhouette des Kornes hineingebracht werden muß, um die vom Auge durch die Kimme über das Korn (s. d.) nach dem Haltepunkt (s. d.) am Ziel verlängerte Visierlinie einzurichten. Die für die sog. Visierschußweite nötige Erhöhung des Laufes wird dadurch erreicht, daß das Korn niedriger gemacht wird als das Visier (gemessen über der

Seelenachse). Wird beim Zielen das Korn in die Kimme gebracht, so wird die Mündung um das für die Visierschußweite (s. d.) notwendige Maß angehoben. Je weiter die Schußentfernungen sind, desto höhere Visierstellungen müssen genommen werden.

Visierebene ist die senkrechte Ebene durch die Visierlinie.

Visierlinie oder besser genannt Ziellinie, wird durch die Verbindungslinie von Kimme und Korn oder durch die optische Achse eines Zielfernrohres dargestellt. Beim Zielen wird der Punkt im Ziel anvisiert, der als Treffpunkt gewünscht wird, so daß die Visierlinie durch diesen Haltepunkt hindurchgeht. Der Winkel, den die Seelenachse des Rohres mit der Visierlinie bildet, heißt Visierwinkel. Durch den Visierwinkel soll die Krümmung der Flugbahn ausgeglichen werden, so daß der Treffpunkt des Geschosses mit dem Haltepunkt im Ziel zusammenfällt; ein derartiger Schuß wird Visierschuß genannt und die zugehörige Schußweite Visierschußweite. Zu jedem Visierwinkel gehört ein bestimmter Visierschuß, die Visierschußweite ist die Entfernung von der Mündung der Waffe bis zum Schnittpunkt von Ziellinie und Flugbahn des Geschosses. Wegen Rasanz der Geschoßbahn wird bei gleichem Haltepunkt und gleichem Visier ein Ziel von bestimmter Höhe auch noch auf einer Strecke vor und hinter dem Punkt des Visierschusses getroffen. Die Länge dieser Strecke auf der Visierlinie ist der Visierbereich. Je gestreckter die Flugbahn und je ausgedehnter das Ziel, um so länger ist der Visierbereich. Die Visierlinie wird als unabhängig bezeichnet, wenn sie durch das Einstellen von Aufsatzentfernung (Erhöhung) und Seitenvorhalt nicht aus der Zielrichtung gebracht wird.

Das Zielfernrohr gestattet neben einer wesentlichen Steigerung der Zielentfernung und der Bildhelligkeit gleichzeitiges Beobachten von Ziel und Zielmittel (Fadenkreuz) in gleicher Schärfe, so daß ein sehr genaues Zielen im Gegensatz zur Einstellung mit bloßem Auge durch Kimme und Korn möglich ist. (Siehe auch unabhg. Visierlinie.)

Vollkommene Gase s. Ideale Gase.

Vollkorn nehmen heißt beim Zielen die Kornspitze so hoch in die Visierkimme nehmen, daß sie den Visierkamm (gestrichen Korn) überragt. Durch diesen Zielfehler wird dem Lauf eine zu große Erhöhung gegeben, wodurch ein Hochschuß hervorgerufen wird.

Volumen bedeutet Rauminhalt. Einheit des Volumens ist das Kubikzentimeter, ein Würfel von einem Zentimeter Kantenlänge.

Ein Liter ist gleich dem Rauminhalt von 1000 g Wasser bei 4° C und 760 mm Druck. Es besteht die Beziehung: $1 \text{ ml} = 1{,}000027 \text{ cm}^3$. In der Regel ist der Unterschied gegen eins zu vernachlässigen; s. Spezifische Maße und Spezifisches Gewicht.

Vorauswanderungsstrecke ist die Strecke auf dem Zielwege vom Meßpunkt bis zum Abschußpunkt.

Vorbeiflug liegt dann vor, wenn der Zielweg nicht über den Geschützort hinwegführt.

Vorhalte 1. Entfernungsvorhalt (s. d.), 2. Höhenwinkelvorhalt (s. d.), 3. Seitenwinkelvorhalt (s. d.).

Vorhaltepunkt. Die richtige Berechnung oder Schätzung des Vorhaltepunktes (und damit der Vorhalte) ist das A und O des Schießens auf Flugziele. Die Ermittlung des Vorhaltepunktes setzt theoretisch voraus: 1. Kenntnis des Standortes des Flugziels in jedem Augenblick des Zeitraumes, der für die Geschoßwirkung in Frage kommt; 2. Kenntnis der Kommando- und Ladeverzugsdauer; 3. Kenntnis der Geschoßflugdauern bis zu den Punkten des Zielweges, die für die Geschoßwirkung in Frage kommen. — Im allgemeinen läßt sich ein Punkt des Zielweges ermitteln, in dem das Geschoß schußtafelmäßig gerade dann zur Detonation gebracht werden kann, wenn sich auch das Flugziel dort befindet. Dieser Punkt ist der (theoretisch richtige) Vorhaltepunkt. — Da der wirkliche Zielweg naturgemäß durch einen solchen ersetzt werden muß, der auf Grund der Zielbedingungen vor dem Abschuß mit einiger Wahrscheinlichkeit zu erwarten ist, so wird als Vorhaltepunkt der Punkt zu bezeichnen sein, der sich schußtafelmäßig hierfür ergibt.

Vorholfeder ist eine Feder, die unter der Wirkung des Rückstoßes einer Waffe gespannt wird, um nach dem Schuß durch die in ihr aufgespeicherte Energie die an der Waffe zurückgleitenden Teile wieder in die Schießlage vorzuholen. Bei Selbstladegewehren und -pistolen mit beweglichem Lauf und Schlitten wird neben einer Vorholfeder manchmal auch zum Schließen des im Selbstlademechanismus geöffneten Verschlusses eine Schließfeder gebraucht. Leichte Selbstladepistolen, die wegen ihrer schwachen Patronen keiner Verriegelung bedürfen, brauchen keine Vorholfeder; die bei ihnen vorhandene Feder ist eine Schließfeder (s. Stoßvorgang).

Vorstecker ist ein zur Sicherung von Zündern dienender Stift, der vor Verwendung des Zünders entfernt werden muß.

Vorteile und Nachteile des rauchschwachen Pulvers.

Vorteile: 1. rschw. P. haben entsprechend der höheren Explosionswärme und des größeren Gasvolumens doppelte bis dreifache Leistungsfähigkeit,

2. infolge fehlender fester Rückstände ist Rauchentwicklung gering, daher Schütze schwer auszukundschaften,

3. durch Variation der Abmessungen leichte Anpassungsmöglichkeit an jede Waffe,

4. geringere Empfindlichkeit gegen Feuchtigkeit, da Wasser das Pulver kaum oder gar nicht angreift,

5. Staubfreiheit größer als bei Schwarzpulver,

6. Wirkung der rschw. Pulver gleichmäßiger, da ziemlich gut für gleiche Lieferung garantiert werden kann.

Nachteile: 1. schwerere Zündung durch Zündhütchen, deshalb evtl. Beiladung von Schw.-P.,

2. infolge höherer Verbr.-Temp. stärkerer Angriff des Rohrmaterials, besonders stark bei Ngl.-P.,

3. höherer Preis als bei Schw.-P.

Vorwärts-Einschneiden. Der zu bestimmende Neupunkt kann nicht direkt erreicht werden (im feindlichen oder feindlich beobachteten Gelände). Er ist sichtbar von verschiedenen Festpunkten *A*, *B*, *C* aus, unter nicht zu spitzen Schnitten. Auf jedem Festpunkt *A*, *B*, *C* wird der Meßtisch orientiert und eine Richtungslinie nach *N* gezogen. Im Schnittpunkt aller Richtungslinien liegt *N* auf dem Plan. Entsprechend mit Richtkreis und Karte.

W

Waage, manometrische s. Manometrische Waage.

Waffen, panzerbrechende s. Panzerbrechende Waffen.

Waffenwirkung ist ein oft fälschlich für Geschoßwirkung (s. d.) gebrauchter Ausdruck. Von einer eigentlichen Waffenwirkung kann man streng genommen nur bei den Hieb- und Stichwaffen sprechen. In artilleristischem Sinne wirkt nur das Geschoß. Die Wirkung der Waffe ist ballistischer Natur; sie soll dem Geschoß die für die Schußleistung (s. d.) erforderliche Wucht erteilen.

Wahrscheinliche Streuung s. Fehlerdefinitionen.

Wahrscheinlicher Fehler s. Fehlerdefinitionen.

Wahrscheinlichkeitsfaktor siehe Fehlerdef. u. Streuung.

Walchner, Otto, Dipl.-Ing. Geb. 2. 10. 1905 in Weil (Württ.). 1930 Techn. Hochsch. Berlin Diplomexamen über Schiffbau, vom 1. 7. 1930 bis 31. 10. 1930 Mitarbeiter am Flugtechn. Instit. der Techn. Hochsch. Stuttgart; seit 1. 11. 1930 Mitarbeiter am Kaiser Wilhelm-Instit. für Strömungsforschung in Göttingen. Hauptarbeitsgebiete: Theoretische und experimentelle Arbeiten auf dem Gebiet der Aero-, Hydro- und Gasdynamik.

Wandstärke eines Geschützrohres wird nach der Dehnungstheorie berechnet, wobei ein an beiden Enden offenes, statisch beanspruchtes Rohr angenommen wird. (S. Dickwandiges Rohr. Festigkeit der Rohre.)

Waninger, Carl, Direktor der Konstruktionsabteilung für Schiffsgeschütze bei der Firma Rheinmetall-Borsig AG., Werk Düsseldorf. Geb. 10. 2. 1882 in Köln (Rh.). 1904—10 Schiffsgeschützkonstrukteur bei der Firma Friedr. Krupp AG., Essen. Seit 1910 bei Rheinmetall.

Wärme, spezifische, der Explosionsgase s. Spezifische Wärme der Explosionsgase.

Wärmetheorie, mechanische s. Mechanische Wärmetheorie.

Wechselpunkt ist der Punkt des (geradlinigen) Zielweges, der dem Geschützort am nächsten liegt; also der Punkt, in dem der Wechsel vom kommenden zum gehenden Ziel stattfindet.

Wechselpunktentfernung (e_W) ist die Entfernung (Schrägentfernung) des Wechselpunktes vom Geschützort; e_{KW} = Kartenentfernung zum Wechselpunkt.

Wegener, Alfred Lothar, Prof., Dr. phil., Meteorologe. Geb. 1. 11. 1880 in Berlin, gest. auf der Grönlandforschungsreise 1930—31. Studierte 1899—1905 in Berlin, Heidelberg und Innsbruck. 1905 Dr. phil. Berlin. Assistent am Aeronautischen Observatorium Lindenberg, 1906—08 Meteorologe der „Danmark"-Expedition nach Nordostgrönland. 1909—12 Priv.-Doz. Univ. Marburg, nahm 1912—13 an der Grönland-Durchquerung teil. 1919—24 Abt.-Vorst. an der Deutschen Seewarte und 1921—24 Prof. der Meteorologie Univ. Hamburg. Seit 1924 Prof. der Meteorologie und Geophysik Univ. Graz. W. hat Werke und Abhandlungen verfaßt aus den Gebieten der Meteorologie, Astronomie, Physik der Atmosphäre, Geologie und Ozeanographie.

Wehrmathematische Preisaufgaben. Der Waffentechniker Oberstleutnant a. D. K. Justrow VDI. hat eine Stiftung zur Hebung des allgemein wehrtechnischen Interesses ins Leben gerufen. Es werden von ihm unter Mitwirkung erster Fachleute wie Geh. Rat Prof. Dr. Cranz, Obstltnt. Dr. Däniker u. a. monatlich in der Zeitschrift „Wehrfront" (Verlag Rud. Claassen in Berlin W 35) wehrmathematische Preisaufgaben aus allen Gebieten der Wehrtechnik, insbesondere der Artillerietechnik und Ballistik gestellt, deren beste Lösungen mit Preisen ausgezeichnet werden.

Wehrphysik s. Kriegstechnische Physik.

Wehrtechnische Fakultät. Die „Wehrtechnische Fakultät" an der Techn. Hochschule Berlin, Dekan: General der Artillerie Prof. Dr. Dr. Karl E. Becker, soll nach Erweiterung oder Neugründung aus folgenden sieben Instituten bestehen:

1. Institut für technische Physik und Ballistik.

2. Institut für militärische Erkundungsmittel: Akustische und optische Geräte. Beide Institute bilden die Fachrichtung „Wehrphysik".

3. Institut für militärische Nachrichtentechnik (Hochfrequenztechnik, optische und akustische Nachrichtenübermittlung). Fachrichtung: Milit. Nachrichtenwesen.

4. Institut für Wehrchemie: Sprengstoff-, Gas- und Betriebsstoffchemie.

5. Institut für Wehrbautechnik: Pioniertechnik. Feldbefestigungswesen. Festungswesen. Wasserbau. Wehrgeologie (-geographie). Straßenbau.

6. Institut für Waffenbau.

7. Institut für militärisches Kraftfahrwesen (dabei Panzerkampfwagen).

Weigel, Franz, Generalmajor d. R., Ing. Geb. 1883 in Preßburg (Ungarn). 1901 Eintritt in die Techn. Mil.-Akad., 1904 Leutn. der Fußart. 1908—11 im Höheren Artilleriekurs in Wien, stud. vornehmlich Konstruktionswesen und Schießlehre. Arbeitete mit an der Grenzbefestigung und an der Art.-Ausbildung. 1913 Hauptmann im Stabe des Inspekteurs der schw. Art., Organisation der schw. Art., um Reichsbefestigung an der Südgr. verdient. Im Krieg gegen Serbien organisierte W. die Fliegerabwehrartillerie, das Panzerzugsgerät und den Bau von Steigedrachen mit

Beobachtungsgerät. Ende 1917 in das Techn. Mil.-Komitee als Ballistiker berufen. Vielseitige Tätigkeit, z. B. paßte er den militär. Wetterdienst den besonderen Verhältnissen des Schießens im Gebirge an, erneuerte die Behelfe für die Ausschaltung der B.W.E. d. schw. und schwersten Art. nach ähnlichen Grundsätzen wie das Baltasekundensystem (s. d.). Besonders schuf er zusammen mit dem Erfinder die nach diesem benannten Duda-Meßgeräte (s. d.) und graphische Behelfe für schw. und schwerste Art. 1918 Major im Art.-Stab und Leiter der ballistischen Abt. f. mittl. und schw. Art. 1922 Obstlt., 1926 Oberst, 1932 Gen.-Major, 1933 in Ruhestand versetzt. Nach dem Weltkriege verfaßte W. erstmalig Schieß- und B.W.E.-Ausschaltetafeln f. d. Feldgeschütze f. d. Schießen im Gebirge, außerdem war er auf dem Gebiete der Inf.-Mun. und des Schießens der MG. tätig.

Weitwinkelmeßkammer ist mit einem Zeiß-Topogon-Objektiv ausgestattet, das einen Bildwinkel von ungefähr 100° umfaßt. Durch dieses Weitwinkelobjektiv ersetzt die neue Meßkammer die bisherigen Doppel- und Vierfachkammern (s. Reihenkammer), denen sie infolge der Einfachheit ihrer Konstruktion überlegen ist.

Wellenwiderstand s. Luftwiderstand.

Wettermeldung. Diese Meldungen, nach Bedarf oder zu bestimmten Zeiten gegeben (meist gefunkt), enthalten nach einer der Truppe bekannten Verschlüsselung die Angaben über Luftgewicht und Wind, die der Schießende zur Berücksichtigung der W.E. braucht. Die Meereshöhe der Feuerstellung gegenüber der Normalhöhe der Wetterdienststelle ist zu berücksichtigen.

Wetterspinne. Vordruck oder Skizze, enthaltend die Grundrichtung und eine Anzahl seitlich dazu angesetzter, in der Feuerstellung zusammenlaufender Strahlen. Die durch die W.E. (Witterungseinflüsse) notwendig werdenden Verschiebungen können für die verschiedenen Entfernungen an diese Strahlen angeschrieben werden, die selbst die verschiedenen Seitenrichtungen darstellen. Als Gesamtöffnung der Strahlen gibt die deutsche Schießvorschrift einen Winkel von 120° an.

Wheatstone, Sir Charles, Prof., engl. Physiker. Geb. 1802 in Gloucester, gest. 19. 10. 1875 in Paris. 1823 gründete er in London eine Saiteninstrumentenfabrik, seit 1834 Prof. daselbst am Kings College. Erfand das Kaleidoskop, das Spiegelstereoskop (1832), verschiedene elektr. Telegraphen, meteorolog. Registrierinstrumente, ein Chronoskop (1839) und die Wheatstonesche Brücke, einen Apparat zur Bestimmung von elektr. Leitungswiderständen.

Widerstand auf einen Körper, der eine Eigengeschwindigkeit gegenüber dem umgebenden Medium besitzt, nennt man die Kraft, die das Medium auf den Körper ausübt und dadurch seine Bewegung verzögert. Die Überwindung dieser Kraft erfordert Arbeit, die von der Bewegungsenergie des Körpers bei seinem Fortschreiten aufzubringen ist und die dabei als Wärme-, Wirbel-, Schallenergie u. a. auf das Medium übergeht (s. Luftwiderstand).

Widerstandsgesetze zur Berechnung der Einwirkung des Luftwiderstandes auf den Geschoßflug gibt es in großer Anzahl. In Wirklichkeit reicht aber auch diese noch nicht aus, da jedes Geschoß seine eigene Widerstandsfunktion für einen gewissen Bereich der Geschwindigkeit hat. Auch diese gilt genau genommen für gewisse Anfangsbedingungen der Rotation des Geschosses um seine Figurenachse. Behelfsmäßig genügt für Geschwindigkeiten bis an 300 m/s und über 600 m/s das schon von NEWTON aufgestellte „quadratische Widerstandsgesetz". Es besagt, daß der Widerstand dem Quadrat der Geschwindigkeit angenähert proportional ist. In der Nähe der Schallgeschwindigkeit nimmt der Widerstand rasch zu. Man kann bei mäßigen Anforderungen an Genauigkeit von diesem Bereich an mit einem „linearen" Gesetz nach CHAPEL auskommen. Das heute noch meist benutzte Widerstandsgesetz „SIACCI III" ist eine Verbindung von quadratischem mit linearem Ansatz, wenn es auch als Gleichung absonderlich verwickelt scheint. Für die heutigen spitzen Geschosse ist das von K. BECKER 1912 veröffentlichte Material betr. das S-Geschoß als guter Anhalt zu benutzen (s. Luftwiderstand).

Wiegenlafetten sind so konstruiert, daß der Rücklauf des Rohres bei jeder Erhöhung in Richtung der Seelenachse erfolgt. Zu diesem Zweck ist das Rohr auf einer Gleitbahn geführt, die Bremszylinder und Vorholer aufnimmt und die mit Schildzapfen in der Lafette drehbar gelagert ist. Diese drehbare Gleitbahn heißt Wiege und die sie tragende Lafette Wiegenlafette. Die Führung wird im allgemeinen so ausgebildet, daß das Rohr entweder mit Klauen auf Führungsschienen oder unmittelbar mit seinem zylindrischen Teil in der zylindrisch geformten Wiege gleitet.

Wille, Richard, Generalmajor z. D. Geb. 26. 2. 1841 in Spandau, gest. 4. 4. 1911 in Charlottenburg. 1860 Art.-Offizier, 1871 Hauptm., 1878 Major im Kriegsmin., 1888 Oberst, 1890 als Gen.-Major z. Disp. gestellt. Direktor der Art.-Werkstätten in Spandau. W. hat auf den Gebieten der Waffenlehre (Lehrbuch 1896), der Bewaffnung und Entwicklung der Art., bes. Feldart., der Inf.-Bewaffnung gearbeitet.

Wind, scheinbarer, ist gleich beob. Geschwindigkeit der umgebenden Luft, bezogen auf das Flug- oder Fahrzeug des Beobachters. Er ist gleich der vektoriellen Summe von Fahrtwind (s. d.) und wahrem Wind (s. d.). Der scheinbare Wind ist maßgebend für den Windeinfluß bei bewegter Waffe (s. d.). Beim Flugzeug sind Eigengeschwindigkeit gegenüber der umgebenden Luft (Fahrt) und scheinbarer Wind von gleicher Größe.

Wind, wahrer, ist die Geschwindigkeit der Bewegung von Luftmassen gegenüber dem festen Erdboden, wie man sie z. B. durch Pilotaufstiege ermittelt. Er sollte nicht verwechselt werden mit dem scheinbaren Wind (s. d.), der Relativgeschwindigkeit der Luft gegenüber dem Flug- oder Fahrzeug des Beobachters.

Windeinfluß bei bewegter Waffe. Die Behandlung des Einflusses der Bewegung der Waffe erfolgt hier gleichzeitig für das in Fahrt befindliche Schiff und das bewegte Flugzeug. Der Grundbegriff ist die Fahrt, d. h. die Bewegung der Waffe in der Zeiteinheit gemessen in Seemeilen (1852 m) je Stunde (sm/h) oder in Kilometer je Stunde (km/h) oder Meter je Sekunde (m/s). Die Bewegung wird dabei

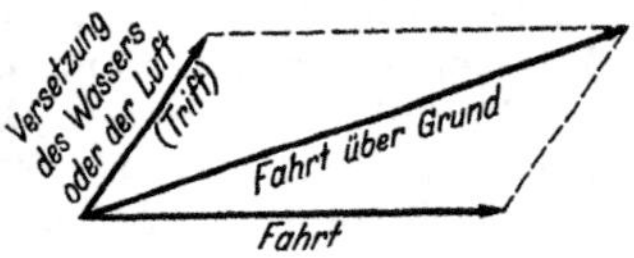

Abb. 39.

bezogen auf das tragende Mittel, auf Wasser oder Luft. Um auf die feste Erde überzugehen („Fahrt über Grund") ist die Strömung, Trift oder Luft(massen)versetzung, zu berücksichtigen, und zwar setzt sich die Fahrt über Grund nach dem Parallelogramm der Geschwindigkeiten aus der Fahrt im tragenden Mittel und dessen Versetzung über Grund (Trift) zusammen.

Der Flieger empfindet allein den durch die „Fahrt" hervorgerufenen scheinbaren Wind, der seiner „Fahrt" entgegengesetzt gleich ist.

Beim Schießen auf ein anderes Flugzeug hat er nur dessen Relativbewegung gegen seine Waffe und den scheinbaren Wind zu berücksichtigen. Zu dessen Ausschaltung wird beim praktischen Schießen das Windfahnenkornvisier (s. d.) benutzt.

Anders liegt die Aufgabe beim Bombenwurf (s. d.). Die Bombe erleidet nicht nur durch den Luftwiderstand beim Fall eine Rücktrift (s. d.), sondern wird auch

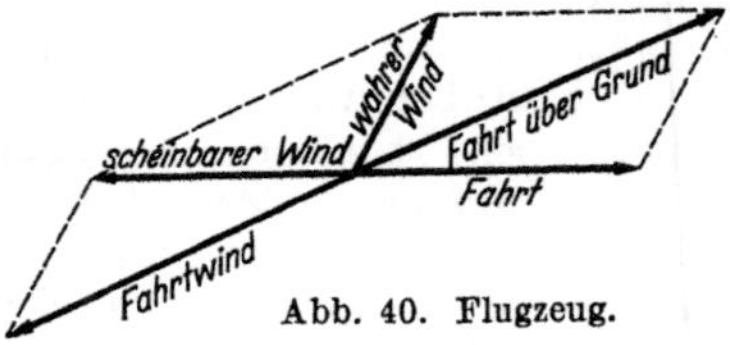

Abb. 40. Flugzeug.

durch veränderte Windverhältnisse in tieferen Schichten abgelenkt.

Der Schiffsartillerist kann ähnlich wie der Schütze im Flugzeug den scheinbaren Wind an Bord messen und damit die Windverbesserungen nach Entfernung und Seite anbringen. Theoretisch liegen indessen die Verhältnisse hier etwas anders, da jetzt wahrer Wind und Trift nicht mehr wie beim Flugzeug zusammenfallen (vgl. die folgende Skizze). Man sieht hier, wie sich aus Fahrt und Trift die Fahrt über Grund und damit der Fahrtwind

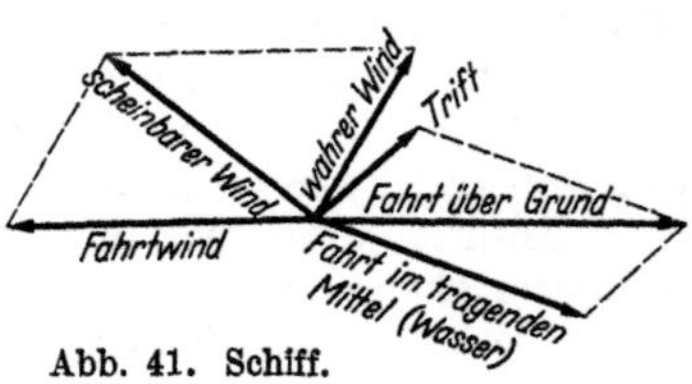

Abb. 41. Schiff.

ergibt und wie dieser, mit dem wahren Winde zusammengesetzt, den (meßbaren) scheinbaren Wind liefert.

Der scheinbare Wind wird für das Schießen in seine Bestandteile als Längs- und Querwind, bezogen auf die Schußrichtung, zerlegt; damit werden nach Formeln für ruhende Waffe die Korrekturen bestimmt.

Windeinfluß bei ruhender Waffe. Zur Berechnung des Einflusses einer Luftmassenversetzung mit konstanter Geschwindigkeit („Wind“) auf die Geschoßbewegung bezieht man sich auf ein in der bewegten Luft ruhendes Koordinatensystem, von dem aus betrachtet Anfangsgeschwindigkeit und Abgangswinkel geändert erscheinen. Sieht man von der Schrägstellung des Geschosses gegen seine Bahn in dem neuen System ab, so handelt es sich bei der Berechnung der Windversetzung darum, die Verlagerung des Auffallpunktes im neuen System auf Grund der Änderung von Anfangsgeschwindigkeit und Abgangswinkel zu berechnen und davon die Bewegung des neuen Koordinatensystems gegenüber dem Erdboden in Abzug zu bringen.

Ist die Windgeschwindigkeit klein gegenüber der Geschoßgeschwindigkeit, so pflegt man sich den gegebenen Wind in seine Komponenten längs und quer zur Schußrichtung und senkrecht zur Erdoberfläche zerlegt zu denken, für deren „Windzeiten“ (Beträge der Änderungen der Schußweiten für Wind von 1 m/s) dann folgende Formeln gelten:

Längswindzeit:

$$\mathfrak{W} = T - \cos\vartheta_0 \frac{\partial X}{\partial v_0} + \frac{\sin\vartheta_0}{v_0} \frac{\partial X}{\partial \vartheta_0}.$$

Querwindzeit (Seitenwindzeit):

$$\mathfrak{S} = T - \frac{X}{v_0 \cos\vartheta_0}.$$

Vertikalwindzeit:

$$\mathfrak{V} = T \operatorname{ctg} |\vartheta_e| - \sin\vartheta_0 \frac{\partial X}{\partial v_0} - \frac{\cos\vartheta_0}{v_0} \frac{\partial X}{\partial \vartheta_0} + \partial X_l.$$

Hierin ist ∂X_l die Vergrößerung der Schußweite, die daraus erfolgt, daß das Geschoß mit dem neuen Koordinatensystem bei Aufwind (aufwärts bewegter Luft) in Schichten geringerer Luftdichte gelangt.

Die Versetzung des Auffallpunktes durch den Wind erhält man dann durch Multiplikation von Windzeit und Windgeschwindigkeit.

Da $\frac{X}{v_0 \cos\vartheta_0}$ die Flugdauer im luftleeren Raum ist, kann die Seitenwindzeit als der durch den Luftwiderstand bewirkte Zeitverlust zur Erreichung von X aufgefaßt werden, wie schon Didion abgeleitet hat.

Rechnet man mit einem Potenzgesetz für den Luftwiderstand (Exponent n), so ergibt sich für die Längswind- und die Vertikalwindzeit

$$\mathfrak{W} = T - \frac{X}{v_0 f_2 \cos\vartheta_0}[1-(n-2)(f_2-1)],$$

$$\mathfrak{V} = \left(T - \frac{X}{v_0 \cos\vartheta_0}\right) \operatorname{ctg} |\vartheta_e| + \partial X_l,$$

worin

$$f_2 = \frac{\operatorname{tg} |\vartheta_e|}{\operatorname{tg} \vartheta_0}$$

ist. Auf die bisher nicht bekannte Beziehung von $\mathfrak{S}$ und $\mathfrak{V}$ wird besonders hingewiesen.

Die angegebenen Formeln liefern etwas zu kleine Werte (bei Längs- und Seitenwind), doch sind bisher die Mängel der Berechnung in den Streuungen untergegangen. Neue allgemein zugängliche Versuchsergebnisse liegen nicht vor. In den meisten Fällen der Praxis ändert sich die Windgeschwindigkeit mit der Höhe. Dann muß ein mittlerer wirksamer Einfluß, ein „ballistischer Wind", der Berechnung zugrunde gelegt werden. Vgl. Stoßkoeffizienten.

Windfahnenkorn-Visier hat ein Korn, das von einer Windfahne automatisch dem scheinbaren Wind (s. d.) entsprechend eingestellt wird, so daß die eigene Fahrt (s. d.) gegenüber der umgebenden Luft und ihre Richtung beim Schuß berücksichtigt werden. Da im Luftkampf außerdem Geschwindigkeit und Flugrichtung des Zieles berücksichtigt werden müssen, wurde bei Flugzeug-Maschinengewehren eine Kreiskimme verwendet. Seltener wurde ein Windfahnenkorn gleichzeitig als Kreiskorn ausgebildet.

Windkanal. Er kann u. a. dazu dienen, Luftwiderstandsmessungen an Geschossen durchzuführen. Damit ist man imstande, nicht nur den Luftwiderstand gegen ein Langgeschoß, dessen Längsachse dauernd genügend genau mit der Bewegungsrichtung des Schwerpunktes, also der Bahntangente zusammenfallen würde, für irgendeine Geschwindigkeit v durch Anblasen des Geschoßmodelles zu erhalten, sondern für den Fall, daß die Längsachse des Geschosses schief gegen die Bahntangente liegen würde, auch die Komponenten des Widerstandes parallel und senkrecht zur Bahntangente bzw. zur Längsachse sowie das Drehmoment um den Schwerpunkt zu messen. Es ist aber schwierig, im Windkanal Windgeschwindigkeiten von 160 m/s und mehr sowie die richtigen Rotationsgeschwindigkeiten des Langgeschosses zu erzielen.

Windmühlenflugzeug s. Tragschrauber.

Windzerleger. Der Windzerleger ist ein praktisches Hilfsmittel, um den aus beliebiger Richtung wehenden Wind in bezug auf die Schußrichtung in Längs- und Querwind aufzuteilen.

Der Zerleger besteht aus einer Tabelle, deren Kopf als Unterteilung für die Spalten die Windgeschwindigkeiten von 1—10 m/s fortlaufend enthält; die horizontalen Linien der Tabelle sind nach den Differenzen zwischen Schußrichtung und Windrichtung in Strich unterschieden. Die Zählung erfolgt im rechten Drehsinne von der Schuß- in die Windrichtung. Denselben Zwecken dienen auch graphische und maschinelle Einrichtungen.

Winkelbeschleunigung. Ist ω_x die Winkelgeschwindigkeit (s. d.) einer Rotationsbewegung um eine Achse als Funktion der Zeit t gegeben, so heißt der Differentialquotient $\beta = \frac{d\omega}{dt}$ die Winkelbeschleunigung zur Zeit t; die Winkelbeschleunigung ist also die Änderung der Winkelgeschwindigkeit pro Zeiteinheit. Ist die Winkelbeschleunigung Null, so spricht man von gleichförmiger Rotationsbewegung, die dann mit konstanter Winkelgeschwindigkeit erfolgt. In diesem Falle ist für einen Punkt in der Entfernung r von der Achse die Tangentialbeschleunigung (s. Beschleunigung) Null und seine Normalbeschleunigung vom Betrage

$$\frac{v^2}{r} = r\omega\,.$$

Bei Rotation eines starren Körpers um einen Punkt (Kreiselbewegung) wird der Vektor der Winkelgeschwindigkeit (s. d.), der sich im allgemeinen ständig nach Größe und Richtung ändert, in Komponenten nach den Achsen eines im Rotationszentrum verankerten Koordinatensystems zerlegt und die Winkelgeschwindigkeit für jede Koordinate einzeln ermittelt. Die resultierende Gesamtwinkelbeschleunigung ist gleich der vektoriellen Änderung der Winkelgeschwindigkeit pro Zeiteinheit. (S. Eulersche dynamische Gleichungen.)

Winkelgeschwindigkeit. Bewegt sich ein materieller Punkt auf einer Kreisbahn, oder rotiert ein starrer Körper um eine Achse, und ist x der von der Zeit $t = 0$ an zurückgelegte Winkel, so heißt der Differentialquotient $\omega = \frac{dx}{dt}$ die Winkelgeschwindigkeit zur Zeit t. Ist die Winkelgeschwindigkeit ω konstant, so ist der Umlauf oder die Rotation gleichförmig, so daß in gleichen Zeiten gleiche Winkel überstrichen werden. Als Zeiteinheit dient die Sekunde.

Wird der Winkel im Bogenmaß gemessen $\left(1° = \frac{2\pi}{360}\right)$, so erhält man ω in reziproken Sekunden. Ist n die Umdrehungszahl pro Minute, so ist die Winkelgeschwindigkeit gleich

$$\omega = n \cdot \frac{2\pi}{60}\,.$$

Die Umfangsgeschwindigkeit v eines von der Achse in der Entfernung r befindlichen Punktes ist $v = r\omega$.

Die Winkelgeschwindigkeit kann durch einen Vektor (Drehvektor) in Richtung der Rotationsachse vom Betrage ω dargestellt werden; der Richtungssinn ist so zu wählen, daß, wenn man in Richtung des Vektors blickt, die Rotation im Uhrzeigersinne verläuft.

Winkelmaße. Als Winkeleinheiten dienen: a) In der Mathematik die Bogeneinheit, d. i. derjenige Zentriwinkel eines Kreises, dessen Bogen gleich dem Radius ist. Der Vollwinkel besitzt also 2π Bogeneinheiten.

b) In der Technik der Grad (°), d. i. der 360. Teil des Vollwinkels. Also

$$1° = \frac{2\pi}{360} \approx 0{,}0175 \text{ Bogeneinh.}$$

$$1 \text{ Bogeneinh.} = \frac{360}{2\pi} \approx 57{,}296°.$$

c) In der Artillerie teils der Sechzehntelgrad (1°/16), teils der Teilstrich (Ts) oder Strich ($^-$)

$$\frac{1°}{16} = \frac{2\pi}{5760} \approx 0{,}0011 \text{ Bogeneinh.}$$

$$1\,Ts = \frac{2\pi}{6400} \approx 0{,}0010 \text{ Bogeneinh.}$$

(Jetzt durch hochgestellten Querstrich bezeichnet: 1^-.)

d) In der Seefahrt der Strich (Str). Es sind 8 Str. = 90°, also 1 Str = 200^-.

Wirbelbewegung s. Hydrodynamik, Grundgleichungen.

Wirbelwiderstand s. Sog, Luftwiderstand.

Wirksamer Durchmesser eines Geschosses ist der Durchmesser, mit dem das auftreffende Geschoß auf das Ziel aufschlägt und beim Durchschlag eine ihm entsprechende Fläche (Auftrefffläche, s. d.) ausstanzt. Abgesehen von unwesentlichen Kaliberveränderungen moderner Stahlmantelgeschosse, die nach dem Schuß durch die Kompressionsführung entstanden sind, ist der wirksame Durchmesser gleich dem normalen Geschoßkaliber. Bei pendelnd oder als volle Querschläger auftreffenden Langgeschossen ist er größer. Bleigeschosse sollen sich beim Auftreffen auf den Zielkörper noch stauchen und damit den wirksamen Durchmesser vergrößern. Je größer der Durchmesser ist, desto mehr wirkt er niederkämpfend auf den getroffenen Körper. Indem beim Eindringen die Geschwindigkeit stärker gebremst wird, wird also mehr von der Geschoßenergie auf den Zielkörper übertragen, als es bei einem glatt durchschlagenden Geschoß erfolgt.

Wirkung, seelische s. Seelische Wirkung.

Wirkungsschießen der Artillerie. Wirkungsschießen ist das dem Einschießen folgende Schießen, das die Wirkung am Ziel bringen soll. Dieses Schießen wird mit derselben Ladung und Libelle sowie mit Geschossen der gleichen Gewichtsklasse wie beim Einschießen durchgeführt. Ging ein genaues Einschießen voraus, das mit dem Reiheschießen endete, so wird das Wirkungsschießen oft ein fortgesetztes Reiheschießen. Ging ein grobes Einschießen voraus, so wird das Wirkungsschießen als ein Flächenschießen durchgeführt. Hierunter wird das Belegen einer Fläche mit Schüssen verstanden, wobei die Ausdehnung der zu belegenden Fläche durch das Einschießen festgestellt wurde. Werden beim Flächenschießen Entfernungen als unwirksam erkannt, so werden sie ausgeschaltet und kürzere oder weitere nach Bedarf hinzugenommen. Auf Nahziele unter 600 m wird sofort das Wirkungsschießen begonnen, ein Einschießen fällt weg.

Witterungseinflüsse wurden beim Schießen der Artillerie und Infanterie früher als Bagatellen betrachtet, die in den Streuungen untergingen und daher keine dringende Berücksichtigung verdienten. Zu Beginn des Krieges 1914—18 achteten nur wenige, besonders ballistisch vorgebildete Batterieführer darauf, schon die Grundlagen des Einschießens für die Witterungseinflüsse zu verbessern. In einem großen Vortrag, den K. Becker in der Inspektion für Waffen und Gerät hielt und 1921 in „Technik und Wehrmacht“ veröffentlichte, sind die Witterungseinflüsse eingehend behandelt. Er gibt dort einen Überblick der groß angelegten Schießversuche auf der Kurischen Nehrung, die hinsichtlich des seitens der Front-Artilleristen angefochtenen Verfahrens der Berechnung des Windeinflusses zeigten, daß der bisherige Ansatz gemäß einer Relativbahn in den meisten Fällen für die Entfernungsberichtigung ausreichend genau ist. Im einzelnen ist über die Witterungseinflüsse (Luftgewicht, Wind, Niederschläge) gesondert einzusehen.

Wolkenspiegel. Höhenwindmessungen können z. B. ausgeführt werden durch Drachen oder Ballonaufstiege (weniger genau als durch Pilotaufstiege) oder mittels des sog. Wolkenspiegels, mit welchem die Richtung und die Winkelauswanderung einer markanten Wolke gemessen, die Höhe der Wolke geschätzt und aus dieser und der Winkelgeschwindigkeit die waagerechte Geschwindigkeit der Wolke geschätzt wird. Ferner kann die Höhenwindmessung durch Beobachten des Ziehens eigener oder feindlicher Sprengwolken mittels des Wolkenspiegels erfolgen.

Wuich, Nikolaus, Frhr. von, österr. Feldmarschalleutnant, Ballistiker. Geb. 1846 in Prigor (Banat), gest. 12. 3. 1910. 1866 Unterleutnant der Artillerie, 1903 Feldmarschalleutnant. 1872—97 Lehrer am Höheren Artilleriekurs, 1876—97 Lehrer an der Kriegsschule, 1885—94 Lehrer am Stabsoffizierkurs und an anderen milit. Kursen. 1897 wurde er Kommandant der Techn. Militärfachkurse, 1903 Präsident des Techn. Militärkomitees; 1908 trat er in den Ruhestand.

Seine Hauptarbeitsgebiete waren: Äußere und innere Ballistik, Schießlehre, Schußtafeln, Konstruktion der Geschützrohre.

Würfelpulver bestehen aus Gemischen von Kollodiumwolle (Nitrozellulose) mit Nitroglyzerin; Herstellung aus der bei schwacher Wärme knetbaren Masse durch Walzen und Zerschneiden. Graphitierung zur Verhütung von Reibungselektrizität. Farbe der Körner braun bis graugrün, durchscheinend. Würfelpulver sind gegen Metalle neutral und verändern sich nicht durch Luftfeuchtigkeit. Je kleiner die Korngröße, um so höher ist die Verbrennungsgeschwindigkeit; bei Geschützen Beiladung von feinkörnigem Schwarzpulver zur Erzielung einer milderen Umsetzung.

Z

Zähigkeit s. innere Reibung.

Zeiten (Flakschießen). 1. Kommando- und Ladeverzugszeit (s. d.). 2. Vorauswanderungszeit (s. d.). 3. Hauptauswanderungszeit (s. d.). 4. Gesamtauswanderungszeit (s. d.). 5. „Zünderlaufzeit“ (s. d.). Sprachlich richtiger ist hier statt Zeit der Begriff Dauer anzuwenden.

Zeitlupe (Zeitraffung) nennt man in der Kinematographie die Verfahren, sehr schnell oder sehr langsam verlaufende Vorgänge mit einer solchen Bildwechselzahl zu photographieren, daß alle charakteristischen Merkmale festgehalten werden, und man bei Vorführung mit normaler Bildwechselzahl (ca. 25 je Sek.) einen anschaulichen Einblick in die Einzelheiten des Vorganges gewinnt.

Bei der Zeitraffung (z. B. Pflanzenwachstum) wird man mit wenigen Aufnahmebildern in der Stunde oder am Tage auskommen.

Bei der Zeitlupe werden zur Verfolgung der Vorgänge beim Abschuß, beim Geschoßflug, beim

Aufschlag usw. mitunter allerhöchste Bildfrequenzen verlangt. Mit dem gewöhnlichen Aufnahmeverfahren gelangt man bis zu über 200 Bildern/s. Bei gleichmäßig bewegtem Film und rotierender Schlitzblende oder bewegter Optik (Objektiv oder Spiegel) erreicht man bis zu 10000 bzw. 60000 Bilder in der Sekunde. Mittels Beleuchtungsfunken und ruhendem Film erhielten C. CRANZ und SCHARDIN Bildfrequenzen bis zu 3 Millionen Hertz.

Zeitraffung s. Zeitlupe.

Zeitzünder ist ein Zünder, der zu einem bestimmten Zeitpunkt nach dem Abschuß, Abwurf od. dgl. zur Wirkung kommt. Es werden dabei unterschieden Zeitzünder mit fest eingestellter Zeitdauer oder wählbarem Zeitpunkt der Zündung.

Es werden ferner unterschieden Brennzünder, Uhrwerkszünder und elektrische Zünder. Bei den Brennzündern wird die Zeit zwischen Abschuß und Detonation des Geschosses eingestellt durch die verschiedene Länge des Brennsatzes (s. Brennzünder). Bei Uhrwerkszündern wird die Zeit durch Ablaufen des Uhrwerkes bestimmt (s. Uhrwerkszünder). Bei elektrischen Zündern bestimmen elektrische Daten den Zeitpunkt der Zündung (s. elektr. Zdr.).

Zementieren ist ein Prozeß zur Härtung der Vorderseiten von Panzerplatten durch Anreicherung des Stahls mit Kohlenstoff. Es gibt dazu verschiedene Verfahren: Behandlung der Platten mit Leuchtgas (Krupp) oder mit Öl (Schneider). Wesentlich ist dabei die Einhaltung bestimmter Temperaturen.

Das Zementieren von Panzerplatten soll deren Vorderflächen genügend hart machen, um das Eindringen von Geschossen zu verhindern, während die Rückflächen noch zäh genug bleiben, um ein Zerspringen der Platten zu verhindern.

Zentrifugalkraft s. Zentripetalkraft.

Zentripetalkraft ist die Kraft, die auf einen Punkt der Masse m, der sich auf einem Kreis vom Radius r mit der konstanten Geschwindigkeit v bewegt, ausgeübt werden muß, um ihn auf seiner Bahn zu halten. Die Zentripetalkraft ist stets nach dem Mittelpunkt O der Kreisbahn gerichtet, ihr Betrag ist

$$\frac{m v^2}{r} = m r \omega^2 ,$$

wenn ω die Winkelgeschwindigkeit v/r ist. Die Zentripetalkraft erteilt dem Massenpunkt die Zentripetalbeschleunigung $\frac{v^2}{r} = r\omega^2$. Die Zentrifugalkraft, mit der sich der Massenpunkt M vom Zentrum O zu entfernen strebt, ist der Zentripetalkraft entgegengesetzt gleich.

Zersetzungsgeschwindigkeit von Explosivstoffen s. Geschwindigkeit der Zersetzung von Explstff.

Zersetzungsgleichungen. Die aus einem Explosivstoff bei seiner Umsetzung entstehenden Produkte sind abhängig von seiner chemischen Zusammensetzung und der Reaktionsgeschwindigkeit, die wiederum durch die Art der Zündung und die Möglichkeit der Drucksteigerung bestimmt wird. Abgesehen von den thermexplosiv (s. d.)

zerfallenden Stoffen, bei denen keine oder nicht ausschließlich Umsetzung durch Verbrennung eintritt, lassen sich drei Klassen unterscheiden: 1. Explosivstoffe, die zur inneren vollständigen Verbrennung genügend Sauerstoff besitzen (Nitroglyzerin), 2. Explosivstoffe, die zwar restlos vergasen, deren Sauerstoffgehalt aber zur vollständigen Verbrennung nicht ausreicht (Nitrozellulose, moderne Pulver), 3. Explosivstoffe, bei denen sich infolge Sauerstoffmangels feste Stoffe in elementarer Form (Kohlenstoff) abscheiden (Pikrinsäure, Trinitritoluol).

Zur Bestimmung der Zersetzungsgleichung ist die Kenntnis der chemischen Zusammensetzung des Pulvers nötig, die sich aus dem Aufbau des Moleküls oder durch die Elementaranalyse ergibt. Die Zersetzung der ersten Gruppe von Stoffen liegt dadurch fest, daß alle Elemente vollständig oxydiert werden (Bildung von Kohlensäure und Wasser). Die Zusammensetzung der Produkte der zweiten Gruppe wird im wesentlichen durch das Wassergasgleichgewicht ($CO + H_2O = H_2 + CO_2$) bestimmt, ist daher druckunabhängig und lediglich eine Funktion der Temperatur und Abkühlungsgeschwindigkeit des Gasgemisches unter Mitwirkung katalytischer Einflüsse (Einfrieren von Gleichgewichten); sie läßt sich mit Hilfe der Gleichgewichtskonstanten berechnen. Eine näherungsweise Aufteilung des Sauerstoffs bei der Umsetzung gibt die Regel von MALLARD LE CHATELIER: Zuerst die gesamten Kohlenstoffatome zu Kohlenoxyd oxydieren, dann den Rest des Sauerstoffs halbieren und die eine Hälfte zur Bildung von Wasser aus Wasserstoff, die andere zur weiteren Verbrennung von Kohlenoxyd zu Kohlendioxyd ansetzen. Die zweite Gruppe leitet zur dritten über, wenn sich bei sehr hohen Drucken (Detonation) auch hier elementarer Kohlenstoff abscheidet. Die eigentliche Zersetzung bei der Detonation ist unabhängig von der Ladedichte, da die Gase so plötzlich entstehen, daß die äußere Luft genügend Trägheitswiderstand besitzt; erst die sekundären Reaktionen der Zersetzungsprodukte untereinander sind wegen der Druckabhängigkeit der hier zu berücksichtigenden Methan ($2\,CO + H_2 = CO_2 + CH_4$) und Kohle-Kohlenoxyd ($2\,CO = CO_2 + C$)-Gleichgewichte ebenfalls druckabhängig. Die Berechnung der Zersetzungsgleichungen läßt sich, abgesehen von untergeordneten Nebenprodukten auch hier durchführen, wobei die Drucke mit Hilfe der Abelschen Gleichung (s. d.) bestimmt werden.

Bei der experimentellen Prüfung der Zersetzungsgleichungen ist zu beachten, welchem Gleichgewichtszustand (Druck und Temperatur) dieselben entsprechen; Meßergebnisse sind daher mittels des Massenwirkungsgesetzes (Wassergas-, Methan-, Kohlenoxyd-Kohle-Gleichgewichtes) umzurechnen (POPPENBERG). Auf diese Weise kann auch die unmittelbare Zersetzungsgleichung für die Verbrennungstemperatur ohne die nachfolgenden Sekundärreaktionen ermittelt werden.

Zielbezeichnung. Man kann ein Ziel „zeigen", d. h. im Gelände oder auf dem Plan, und man kann es — schriftlich oder fernmündlich — „bezeichnen“. Zu dieser Bezeichnung gibt es verschiedene Mittel (s. Zielgeviertafel, Zielpunktkarte und Planzeiger).

Ziele dicht vor eigenen Truppen. Beim Bekämpfen von Zielen dicht vor eigenen Truppen muß die Artillerie berücksichtigen, daß sie nicht die eigene Truppe gefährdet. Beim Einschießen gegen solche Ziele wird deshalb mit einer größeren als der zutreffenden Entfernung angefangen und dann mit kleinen Sprüngen von rückwärts an das Ziel herangeschossen. Die Gabel wird also nicht mit großen Sprüngen gebildet. Die Streuung muß berücksichtigt werden, damit nicht durch diese hervorgerufene Kurzschüsse die eigene Infanterie gefährden. Vor Feuereröffnung auf Ziele dicht vor eigenen Truppen muß der Batterieführer stets prüfen, ob unter Berücksichtigung der Streuung überhaupt ein Bekämpfen des Zieles möglich ist.

Ziele hinter einer Deckung. Bei diesen Zielen muß unterschieden werden zwischen solchen, die hinter einer deckenden Höhe der Sicht entzogen sind und solchen, die unmittelbar hinter einer Deckung Schutz gesucht oder gefunden haben. Im ersten Falle findet ein Einschießen gegen die deckende Höhe statt, und zwar durch Bildung einer nachgeprüften engen Gabel. Das Wirkungsschießen ist ein Flächenschießen, bei dem die vordere Grenze im allgemeinen die Mitte der gegen die Deckung gebildeten Gabel ist, die hintere Grenze hängt vom Zielgelände ab. Je flacher eine Deckung ist, hinter der das Ziel steht, desto größer wird die zu belegende Fläche sein. Oft wird es möglich sein, die hintere Grenze im Verlauf des Schießens festzustellen, z. B. bei Aufstellung des Zieles in einer Mulde, deren hinterer Rand sichtbar ist, oder vor einem Waldrand od. dgl. Haben Ziele in Gräben oder hinter Deckungen Schutz gesucht, so kann man sie im Abprallerschießen bekämpfen oder sich genau einschießen und auf den im Reiheschießen ermittelten Entfernungen zum Wirkungsschießen übergehen. Soll dabei auch Minenwirkung, z. B. gegen Unterstände, erzielt werden, wird abwechselnd mit Aufschlagzünder und mit Verzögerungszünder geschossen.

Zieleinrichtungen sind Getriebe, die der Ziellinie ihre für das Treffen richtige Lage zum Rohr erteilen. Im allgemeinen muß die Ziellinie von der Rohrrichtung nach Höhe und Seite abweichen.

Die Ziellinie kann von den Richtbewegungen des Rohres nach Höhe und Seite abhängig oder unabhängig sein. Bei abhängiger Ziellinie wird die Ziellinie durch die Einstellung der Höhen- und Seitenvorhalte vom Ziel fortgerissen und erst durch Betätigung der Höhen- und Seitenrichtmaschine wieder in die Zielrichtung gebracht.

Die Ziellinie wird nach der Höhe unabhängig gemacht, indem der Aufsatz unmittelbar durch zusätzliches Höhenrichten des Geschützes eingestellt wird. Es gibt dann zwei Höhenrichtmaschinen; die eine dient zum Verstellen des Rohres samt der Ziellinie, die andere, die

Aufsatzrichtmaschine, zum Verstellen des Rohres allein.

Entsprechend kann die Ziellinie nach der Seite unabhängig gemacht werden. Die Anordnung kann so getroffen werden, daß Unabhängigkeit nach Höhe und Seite gleichzeitig vorhanden ist.

Es kann ferner die Zieleinrichtung als Ganzes für sich abhängig oder unabhängig von der Rohrbewegung sein (Zeigerzieleinrichtung).

Jede Zieleinrichtung besitzt einen Aufsatz, mit dem die Abweichung der Seelenachse von der Zielrichtung der Höhe nach, und einen Seitenvorhalte-Richtkreis, mit dem die Abweichung der Seite nach festgestellt wird. Der Richtkreis kann so angeordnet sein, daß er unabhängig von der Einstellung des Aufsatzes stets waagerecht bleibt oder mit der Zieleinrichtung mitschwingt. In diesem Fall spricht man von schwingendem Richtkreis oder Richtkreis in der Seitenvorhaltebene.

Für die gleiche Lage des Rohres im Raum ist der auf beiden Richtkreisen einzustellende Vorhalt verschieden groß. Zur Umrechnung des Vorhalts von einem zum andern Richtkreis wird der Seitenvorhaltewandler benutzt.

Wenn an der Zieleinrichtung Höhen- und Seitenvorhalt nicht unmittelbar eingestellt werden, sondern statt dessen Daten wie Fahrtrichtung und Geschwindigkeit des Ziels, eigene Fahrtrichtung und Geschwindigkeit usw., aus denen die Vorhalte erst errechnet werden müssen, kommt man zur rechnenden Zieleinrichtung. Hierbei werden durch mechanische Einrichtungen die richtigen Vorhalte in die Zieleinrichtung hineingebracht. Beispiele: Zeiss-Flakvisiere, le Prieur-Visiere. Vgl. Dziobaka: Zieleinrichtungen. Wehr u. Waffen 8/31 (s. a. Unab. Visierlin.).

Zielfehler sind Fehler, die der Schütze beim Zielen machen kann. Er soll die Silhouette des Korns derartig in die Visierkimme nehmen, daß die Kornspitze genau in Höhe des Visierkammes steht. Nimmt er das Korn höher in die Kimme, so macht er den Fehler des Vollkornnehmens (s. Vollkorn); dadurch entsteht ein Hochschuß. Nimmt der Schütze zu wenig von dem Korn in die Kimme, dann macht er den Fehler des Feinkornnehmens (s. Feinkorn); die Folge ist ein Kurzschuß. Achtet der Schütze nicht genau auf die Stellung des Visiers zum Korn, sondern läßt das Korn nach rechts oder links seitlich gedrückt in der Kimme erscheinen, so macht er den Zielfehler eines rechts oder links geklemmten Kornes (s. Kornklemmen); Rechtsklemmen gibt Rechts-, Linksklemmen Linksschuß. Die Waffe muß beim Zielen so gehalten werden, daß der Visierkamm waagerecht steht. Verdreht der Schütze die Waffe. so daß der Visierkamm nach einer Seite abhängt, so begeht er den Fehler des Verkantens (s. Kornverkanten und Verkantung des Gewehrs). Der Fehler in der Treffwirkung macht sich dadurch bemerkbar, daß der Schuß nach der Seite der Verkantung abweicht und gleichzeitig etwas zu kurz geht.

Zielfernrohr ist ein einäugig zu gebrauchendes Fernrohr, in dessen

Bildebene eine mit dem Bild des Ziels gleichzeitig scharf sichtbare Marke angebracht ist. Ein solches Fernrohr kann die mechanische Zielvorrichtung (Kimme und Korn) ersetzen. Die Visierlinie ist durch diese Marke und die Mitte des Objektivs festgelegt. Der Hauptvorteil des Zielfernrohrs besteht darin, daß der Schütze das Bild des Zieles und das der Marke gleichzeitig ohne Akkommodationsänderung scharf sieht, während er bei dem mechanischen Visier nacheinander auf Ziel, Korn und Kimme sein Auge einstellen muß; das macht dem alterssichtigen Auge große, mitunter unüberwindliche Schwierigkeiten. Das Zielfernrohr kann durch eine geeignete Vergrößerung (z. B. sechsfach) die Genauigkeit der Zielauffassung und damit die Treffsicherheit erhöhen.

Zielfeststellung bedeutet nach der deutschen Schießvorschrift entweder die Feststellung des seitlichen Abstandes eines Zieles von der Grundrichtung oder von einem anderen Ziel durch Messung im Gelände oder aber die Feststellung der Kartenlage eines Zieles durch derartige Messungen bzw. Übertragen des Ergebnisses auf die Karte.

Zielgeschwindigkeiten s. Geschwindigkeiten.

Zielgeviertttafel. Eine durchsichtige Tafel mit einzelnen Vierecken und einer Anzahl von Kreuzen. Wird nun vereinbart, welches Kreuz auf einen bestimmten Geländepunkt gelegt werden soll, und wird die Tafel dabei nach Norden eingeortet, so läßt sich jedes Ziel durch Angabe des kleinen Vierecks bezeichnen, in dem es alsdann liegt.

Zielhöhe ist die Höhe des Flugziels über der Kartenebene.

Ziellinie s. Schußlinie.

Zielpunktkarte bezeichnet eine Karte, auf der die erkannten Ziele sowie Geländepunkte, an denen Ziele auftreten können, mit Nummern bezeichnet sind. Die deutsche Schießvorschrift gibt eine bestimmte Verteilung der Zahlen für Ziele, die von den Batterien, vom Flieger usw. festgestellt sind.

Zielspinne. Ein Vordruck oder eine Skizze, in dem sich der Batterieführer die Grundrichtung und andere, in bestimmten Winkeln zu ihr angesetzte Strahlen einzeichnet; Entfernungen können durch Kreise angedeutet werden. Für Ziele, die nun in diese Spinne eingetragen werden, lassen sich Entfernung und Seite rasch grob ablesen.

Zieltafel. Ein Vordruck, in den erschossene oder ermittelte Grundlagen der Ziele eingetragen werden, damit ein Ziel jederzeit wieder beschossen werden kann. Erschossene Grundlagen müssen, ehe sie eingetragen werden, durch Berücksichtigung der auf das Schießen einwirkenden B.W.E. auf Kartenseite und Entfernung umgerechnet werden.

Zielwaagerechte ist diejenige waagerechte Gerade durch das Ziel, die durch den Schnitt der Horizontalebene im Ziel mit der Vertikalebene durch Geschützmündung und Ziel entsteht; sie hat also dieselbe Richtung wie die Horizontalprojektion der Ziellinie, der Verbindungslinie von Mündung und Ziel. Unrichtigerweise wird mitunter die Horizontalebene im Ziel selbst als Zielwaagerechte bezeichnet.

Zielwechsel bedeutet den Übergang einer feuernden Batterie von dem bisher beschossenen Ziel auf ein anderes. Der Zielwechsel kann erfolgen: 1. im direkten Richten: das neue Ziel wird durch Kommando bezeichnet und angerichtet, die Klappen im Schild sind offen, weil auch bisher direkt gerichtet wurde, 2. im indirekten Richten: es wird nur eine Änderung an Mehr oder Weniger für die neue Seite kommandiert, 3. mit Übergang vom indirekten zum direkten Richten: Richtkanonier öffnet die Klappe, sobald er eine Zielbezeichnung hört und richtet das neue Ziel an, 4. mit Übergang vom direkten zum indirekten Richten (selten): Richtkanonier verfährt wie bei der Feuereröffnung.

Zielweg ist der Weg des Flugziels.

Zielwinkel ist ein Winkel, der beim Schießen mit Faustfeuerwaffen berücksichtigt werden muß, wenn die Waffe nur eine Visierstellung hat und auf einer anderen Entfernung geschossen werden soll, als die Waffe mit ihrem Visier eingeschossen ist (s. Haltehöhe). Soll z. B. mit einer auf 50 m eingeschossenen Pistole auf 100 m geschossen werden, so muß zu dem durch die Waffe angegebenen Visierwinkel, der für 50 m gilt, noch ein Zusatzwinkel als Erhöhung genommen werden, um den Fall des Geschosses auf der Strecke von 50—100 m auszugleichen. Ein Pistolenschütze muß sich mit seiner Waffe durch Übung so weit ausbilden, daß er solche Zielwinkel in allen Fällen fast unbewußt nimmt. Wenn an verschiedenen Waffen vergleichsweise auf verschiedenen Entfernungen die Größe solcher Zielwinkel ermittelt werden soll, so kann dies auf rechnerischem Wege erreicht werden, wenn für die verschiedenen Waffen die nötigen ballistischen Tabellen vorhanden sind. Solche Tabellen bringt für zahlreiche Faustfeuerwaffen: WEIGEL, „Ballistik der Faustfeuerwaffen“ (1934).

Zone des Schweigens. Um eine Schallquelle starker Intensität herum, z. B. um einen Sprengort, entstehen zwei Hörbarkeitsgebiete: ein inneres und ein äußeres, die gewöhnlich durch eine Zone des Schweigens voneinander getrennt sind. Die innere Hörbarkeitszone, die sich bis etwa 150 km von der Schallquelle erstrecken kann, wird fast stets beobachtet; die äußere Zone kann bei nicht genügender Intensität des Schalles fehlen. Die Zone des Schweigens kann dagegen trotz Bestehens einer äußeren Zone fehlen, wenn das innere Hörbarkeitsgebiet z. B. durch Windeinfluß so ausgedehnt ist, daß es mit dem äußeren zusammenfließt. Beim Ausbruch des Krakatau wurde die Zone des Schweigens z. B. nicht beobachtet, wahrscheinlich, weil hier die Schallintensität wesentlich größer war als bei allen anderen Beobachtungen. Der innere Rand des äußeren Hörbarkeitsbereiches liegt im Mittel 150—230 km von der Schallquelle entfernt. In dem inneren Bereich, der normalen Zone, ist die mittlere Schallgeschwindigkeit normal unter Berücksichtigung der an der Erdoberfläche gemessenen Temperatur- und Windverhältnisse. In dem äußeren Bereich dagegen, der anormalen Zone, ist sie, bezogen auf den Abstand von der Schallquelle, im Mittel etwa 30—50 m/s kleiner, als sich nach den Korrekturen für Wind und Temperatur ergibt.

Schwierigkeiten bestehen für die Deutung der äußeren Hörbarkeitszone. Zu ihrer Erklärung wäre eine genaue Kenntnis des physikalischen Zustandes der Atmosphäre bis etwa 100 km Höhe erforderlich. Da diese nicht vorliegt, bemühen sich die Geophysiker umgekehrt, aus Schallbeobachtungen unter Anschluß an andere meteorologische Erscheinungen auf den Zustand der Atmosphäre zu schließen. Für den äußeren Hörbarkeitsbereich ergeben sich aus den Laufdauern, d. h. aus den Zeiten zwischen der Aussendung und dem Empfang der Schallwellen, anormale Schallgeschwindigkeiten unter 300 m/s bis 280 m/s; es sind sogar solche bis zu 227 m/s beobachtet worden. Diese scheinbar geringe Schallgeschwindigkeit ist indessen auf eine Abweichung des Schallstrahles vom geraden Wege von der Quelle zum Beobachter zurückzuführen. Es wird angenommen, daß die Schallstrahlen in große Höhen der Atmosphäre (40—80 km) emporgetragen, dort umgeleitet und zur Erde zurückgeführt werden. Die Rückkehr des Schalles ist durch eine Brechung infolge erhöhter Schallgeschwindigkeit in den oberen Schichten zu erklären. Die Zone des Schweigens wäre danach ein schall-leeres Gebiet zwischen den direkten, horizontal verlaufenden Schallwellen und den aus hohen Atmosphärenschichten wieder zur Erde zurückgebeugten.

Zonengesetze sind besondere Luftwiderstandsgesetze (s. d.) für gewisse Geschwindigkeitsbereiche. Die Gesetze über die Abhängigkeit des Luftwiderstandes von der Geschoßgeschwindigkeit werden aus Schießversuchen gewonnen. Man versucht, sie formelmäßig wiederzugeben, um dadurch die Hauptgleichung der äußeren Ballistik leichter integrabel zu machen.

Von besonderer Bedeutung ist der Lösungsansatz von BERNOULLI, der den Luftwiderstand W proportional einer Potenz (Exponent n) der Geschoßgeschwindigkeit v setzt:

$$W = a \cdot v^n .$$

In dieser Weise läßt sich ein großer Geschwindigkeitsbereich in Zonen einteilen, wobei von einer Zone zur anderen die Konstanten a oder n oder beide variiert werden, innerhalb der Zonen aber als unveränderlich angesehen werden können.

Am bekanntesten ist die Zonenteilung von MAYEWSKI-SABUDSKI mit folgenden für die Zonen der Geschoßgeschwindigkeit v benutzten Geschwindigkeitsexponenten n:

v	n
50	
	2
240	
	3
300	
	5
375	
	3
420	
	2
550	
	1,7
800	
	1,55
1000	

Für neuzeitliche Geschosse hat dieser Ansatz nur beschränkten praktischen Wert.

Zug s. Druck.

Züge sind in die Seelenwand eingeschnittene schraubenförmige Nuten, die dem Geschoß die für die Stabilität des Fluges notwendigen Schwung um seine Figurenachse erteilen. Die zwischen den Zügen stehengebliebenen Leisten heißen Felder. Es werden unterschieden Parallelzüge, bei denen das Profil auf der ganzen Länge der Seele gleichbleibt, und Keilzüge, die sich nach der Mündung zu allmählich verengen, wobei die Zugtiefe gleichbleibt. Durch die Keilform soll der Spielraum, der durch die Abnutzung der Geschoßführung entsteht, ausgeglichen werden. Das Zugprofil ist rechteckig und in den Ecken abgerundet. Die Felder sind scharfkantig. Abmessungen und Zahl der Züge sind vom Kaliber abhängig (s. Drall).

Zugfestigkeit s. Festigkeit der Rohre.

Zugspannung (Rohr) s. Rohrspannungen.

Zünder ist eine Vorrichtung an Artilleriegeschossen, Bomben, Minen, Torpedos u. dgl., um diese beim Auftreffen (Aufschlagzünder) oder an einem vorbestimmten Punkt der Flugbahn in der Luft (Zeitzünder) zur Detonation zu bringen.

Allen Zündern gemeinsam und kennzeichnend sind Sicherheitseinrichtungen, welche vorzeitige Zündung auf dem Transport, im Rohr oder kurz vor der Mündung verhindern und Vorrichtungen, welche den Zündvorgang bewirken. Es werden unterschieden mechanische, pyrotechnische, elektrische, chemische und hydrostatische Zünder (s. d.). Maßgebend für die Bezeichnung ist, auf welche der genannten Arten der Zündvorgang vor sich geht, nicht dagegen die Art der Sicherheitseinrichtungen.

Es werden ferner unterschieden Kopf-, Boden-, Innen- und Seitenzünder (s. d.).

Zünderabnahme. Die in den einzelnen Lieferwerken hergestellten Zünder werden vom Besteller einer Prüfung auf einwandfreie Herstellung und einwandfreies Arbeiten unterzogen. Die für gut befundenen Teile und Zünder werden mit dem Abnahmestempel versehen.

Zünderbeschuß. Von jeder Lieferung von Zündern wird ein bestimmter Prozentsatz auf Grund der jeweiligen Lieferbedingungen einer Erprobung durch Beschuß unterzogen, von dessen Ausfall die endgültige Zünderabnahme abhängt.

Zündererersatzstück ist ein in Zünderform gehaltenes Metallstück, welches das gleiche Gewicht wie der betreffende Zünder hat und überall dort verwendet wird, wo eine Zerlegung des Geschosses nicht erwünscht ist.

Zünderfibel ist eine für den Dienstgebrauch bestimmte Schrift, welche alle für das Wirken und die Verwendung von Zündern notwendigen Angaben, besonders für Instruktionszwecke, enthält.

Zünderlaufzeit ist sachlich gleichbedeutend mit Zünderstellung (s. d.), hat also mit einer Zeitdauer unmittelbar nichts zu tun. Die Bezeichnung „Zünderlaufzeit“

wird häufig auch dann angewandt, wenn es sich um Zünder handelt, deren Einstellung nicht auf Zeitmarken, sondern auf „Grad vom Kreuz“ erfolgt.

Zünderleichterer (Zündüberträger). Im Schwarzpulver (s. d.) dient Schwefel als Zündüberträger; er spielt eine ähnliche Rolle wie in den Schwefelzündhölzern. Bei diesen vermochte der brennende Kopf nicht das Holz direkt zu zünden, daher mußte Schwefel zwischengeschaltet werden, der das Feuer auf das Holz weiterleitete. Eine gleiche Aufgabe erfüllt er im Pulver.

Zünderschnitt ist ein durchschnittenes Zündermodell, welches zu Instruktionszwecken verwendet wird und den Aufbau und die Wirkungsweise eines Zünders erkennen läßt.

Zünderstellmaschine ist eine Maschine, mittels deren die Zeitzünder von Geschossen automatisch auf die von der Kommandostelle befohlenen Zeiten eingestellt werden.

Zünderstellschlüssel ist ein Werkzeug, mit dem die Zünder von Geschossen usw. auf die jeweils gewünschte Wirkung von Hand eingestellt werden.

Zünderstellung bezeichnet die Marke, auf die der Zünder schußtafelmäßig gestellt werden muß, um Geschoß im gewünschten Punkt zur Detonation zu bringen; bei älteren Zündern eine Zeitmarke (Sekunden und Achtelsekunden: „Zünderlaufzeit“), bei neueren die Zahl der „Grad vom Kreuz“. Einer vollen Umdrehung des Zünderstellringes entsprechen 360° vom Kreuz. — Handelt es sich z. B. um einen Zünder, der bei 360° vom Kreuz 30 s läuft, so erfolgt die Detonation des Geschosses bei einer Zünderstellung von 180° vom Kreuz etwa 15 s nach dem Abschuß. Diese Zeit wird jedoch nur annähernd eingehalten; tatsächlich sind bei verschiedenen Zielhöhen trotz gleicher Geschoßflugdauern — begründet durch verschiedenartiges Verhalten des Geschosses und seine Rückwirkung auf das Zünderuhrwerk — etwas verschiedene Zünderstellungen (also auch verschiedene „Zünderlaufzeiten“) erforderlich.

Zündhütchen sind Metallhütchen, die den Zündsatz (s. d.) zur Entzündung der Treibladung einer Feuerwaffe enthalten und durch einen Schlag (in der Waffe) zur Explosion kommen. Vom Büchsenmacher Josef Egg (1818) zuerst verwendet, wurden sie bei Vorderladern lose mitgeführt, am Zündkanal aufgelegt und durch Schlagbolzen gezündet. Bei den späteren Hinterladerwaffen sind die Zündhütchen mit Einführung der Metallpatronen Bestandteil des Patronenbodens. Das Material der Hütchen ist für Gewehre Messing und für die Artillerie Kupfer. In Reinmetallen halten sich die Zündsätze besser, da sich durch Feuchtigkeit keine schädlichen Kriechströme ausbilden können. Das Material muß einen ganz besonderen Härtegrad besitzen, da zu weiches Material nachgibt, ohne daß Zündung eintritt, zu hartes splittert, wobei Feuer nach hinten austritt (Prüfung mit Skleroskop). Zur Abdeckung des Zündsatzes dient Stanniol oder Papier mit Lack; Aluminium unbrauchbar, da es Ausbrennungen an der Waffe verursachen kann.

Zündladung ist eine zur Initialzündung (s. d.) dienende Übertragungsladung. Sie besteht aus einer Sprengkapsel und einem brisanten Sprengkörper. Die Zündladung ragt in die Sprengladung hinein; ihre Abmessungen sind durch die Größe der zu initiierenden Sprengladung gegeben.

Zündladungskapsel dient zur Aufnahme der Zündladung (s. d.). Sie ist unmittelbar am Zünder angeordnet und kann an demselben oder im Geschoß befestigt werden.

Zündladungskörper werden bei Granaten als Zwischenzündung hinter die Sprengkapsel geschaltet, um eine sichere Entzündung der Sprengladung zu gewährleisten, auch in den Fällen, wo diese feucht geworden ist bzw. beim Einfüllen oder durch Stauchung beim Abschuß über die Grenzdichte (s. d.) hinaus komprimiert wurde. Der Zündladungskörper besteht aus mit besonderer Sorgfalt gepreßten und abgedichteten Sprengstoffen (Ringnitrokörpern); er wird durch die Sprengkapsel gezündet und nimmt bei seiner Detonation die Granatladung mit. Kombinationskapseln (Nitrokörperkapseln) enthalten zugleich ein Viertel Knallquecksilber als Zündmittel und drei Viertel miteingepreßte Nitrokörper als Zündladungskörper.

Zündmittel sind Zünderbestandteile (vor allem bei elektrischen Zündern), die durch den elektrischen Strom gezündet werden und dadurch die Zündung direkt oder indirekt auf die Zündladung übertragen. Man unterscheidet zwischen sog. Spaltzündern und Brükkenglühzündern (s. d.).

Zündsätze bilden den Inhalt der Zündhütchen (s. d.); sie bestehen aus besonderen Mischungen explosiver Stoffe, welche selbst durch Stoß oder Schlag zur Zersetzung gelangen (Außenzündung) und andererseits durch die dabei entstehende Wärme (Flamme) das Treibmittel in der Waffe zünden (Innenzündung).

Die Zündladungen werden unterschieden in knallquecksilberhaltige und solche ohne dieses Zündmittel (Mischungen von Kaliumchlorat mit Schwefelantimon [Schwefelarsen], auch Schwarzpulver und zur Intensivierung Glaspulver). Diese gewöhnlichen Zündsätze wirken korrodierend auf die Rohre der Waffen, besonders durch freies Chlor, das aus dem Kaliumchlorat herstammt. Sog. korrosionsfreie Zündsätze enthalten als Sauerstoffträger Nitrate, Chromate, Superoxyde; zur Bindung von Säuren werden Karbonate beigegeben. Eine geringere Empfindlichkeit derartiger Zündsätze wird durch Beiladung von Pikrinsäure oder Trinitrotoluol ausgeglichen.

Zündschrauben führen zur Entzündung der in Patronenhülsen befindlichen Treibladung. Es werden unterschieden Schlagzündschrauben, bei denen ein Zündhütchen durch den vorschnellenden Schlagbolzen des Geschützes entzündet wird, und elektrische Zündschrauben, die durch Einschaltung irgendeiner Stromquelle zur Entzündung gebracht werden.

Zündüberträger s. Zünderleichterer.

Zündung nennt man die durch äußere Einwirkung in einem Punkte eingeleitete Zersetzung eines Explosivstoffes, die sich über die ganze Masse ausbreitet. Von der Innenzündung, der Zündung durch mechanische Einwirkung (Schlag, Reiben) wird die Außenzündung unterschieden, bei der die Zersetzung durch unmittelbare Temperatureinwirkung (Funke, Flamme, Glut) eingeleitet wird.

Entzündungstemperatur eines Pulvers ist die Temperatur, bei welcher mit steigender Erwärmung eine Umsetzung eintritt; sie ist keine konstante Größe, sondern von der Dauer der Wärmeeinwirkung abhängig. Verpuffungstemperatur ist eine unter genau festgelegten Bedingungen bei einer Temperatursteigerung von 20° pro Minute bestimmte Entzündungstemperatur. Entsprechend ist ein Zündpunkt für Passivbrennstoffe in Mischung mit Luft oder Sauerstoff definiert. Weiter hat man den Begriff Brennpunkt als diejenige Temperatur gekennzeichnet, bei der Entzündung in Gegenwart eines Zündmittels (Flamme) eintritt, wobei das Zündmittel selbst zur Einleitung der Zersetzung nicht ausreicht. Sonderfall: Flammpunkt als Temperatur, bei welcher bei der Erwärmung gebildete Dämpfe und Gase sich entzünden, ohne daß die Grundsubstanz selbst entzündet wird.

Über Einleitung der Zündung bei Treibmitteln in Waffen oder bei Sprengkapseln s. unter Zündsätze.

Zusammenhang zwischen Geschoßbewegung und Rohrrücklauf ist durch das Gesetz von der Erhaltung des Schwerpunktes gegeben.

Bezeichnet man
das Gewicht des Geschosses mit G_g,
die Geschwindigkeit des Geschosses mit v_g,
das Gewicht des Rohres mit G_r,
die Geschwindigkeit des Rohres mit v_r,
so gilt

$$G_g \cdot v_g = G_r \cdot v_r,$$

wenn äußere Kräfte auf das System Rohr—Geschoß nicht einwirken. Das Produkt aus Gewicht und Geschwindigkeit des Rohres, die Bewegungsgröße, bleibt demnach ungeändert, wenn das Produkt aus Geschoßgewicht und Geschwindigkeit ebenfalls ungeändert bleibt. Das heißt, daß mit Erhöhung des Rohrgewichtes bei gleichbleibender Bewegungsgröße die Rücklaufgeschwindigkeit und damit die abzubremsende Rücklaufenergie

$$\frac{G_r}{19{,}62} \cdot v_r^2$$

klein wird.

Wenn bereits vom Beginn der Geschoßbewegung an als äußere Kraft die Bremskraft auf das Rohr einwirkt, gilt obige Formel nicht mehr. Die Geschwindigkeit des Rohres wird dann geringer, ebenso die abzubremsende Rücklaufenergie. Die Rücklaufenergie ist immer gleich Bremskraft mal Bremsweg.

Zusatzseitenverschiebung muß am Rundblickfernrohr eingestellt werden, wenn die zur angewendeten Entfernung (Geschoßart, Ladung) gehörende Seitenverschiebung nicht durch die Schrägstellung des Aufsatzes erreicht wird. Die Zusatzverschiebung ist in der Schußtafel angegeben.

Zusatztemperatur wird zur gemessenen Temperatur hinzugefügt, um sie in virtuelle Temperatur zu verwandeln (s. S. 192). Folgende Tabelle enthält die Zuschläge für 100% Feuchte, bei geringerer Feuchte den % entsprechend verkleinern. Z. B. $T=20°$, $p=760$ mm, Feuchte 60% liefert $2°{,}35 \times 0{,}60 = 1°{,}4$, also $T' = 20° + 1°{,}4 = 21°{,}4$.

Tabelle 9.

Temperatur	Luftdruck mm 800	760	720	680
Grad	Grad	Grad	Grad	Grad
−30	0,05	0,05	0,06	0,06
−20	0,12	0,13	0,14	0,14
−10	0,28	0,29	0,31	0,33
0	0,59	0,62	0,65	0,69
+ 5	0,84	0,88	0,93	0,98
10	1,17	1,23	1,30	1,38
15	1,63	1,71	1,81	1,92
20	2,23	2,35	2,48	2,62
25	3,02	3,18	3,36	3,55
30	4,04	4,26	4,49	4,76

Zustandsgleichung idealer Gase gibt den Zusammenhang zwischen Druck p, Volumen V und absoluter Temperatur T von n Molen (s. d.) eines idealen Gases (s. d.):

$$pV = RnT = R\frac{M}{n}T.$$

Hierin ist R die Gaskonstante (s. d.), m das Molekulargewicht (s. Molekül) des Gases und M die Masse des betrachteten Gasquantums. Führt man die Dichte $\varrho = M/V$ und das spezifische Volumen $v = V/M$ ein, so erhält die Zustandsgleichung die Form

$$p = \varrho\frac{R}{m}T$$

oder

$$pv = \frac{R}{m}T$$

Zweipunktverfahren (Vermessung). Von einem zu bestimmenden Neupunkt N sind zwei bekannte Festpunkte A, B zu sehen, auf denen aber keine Winkelmessungen ausgeführt werden können (im feindlichen Gelände). Es wird dann ein zweiter Punkt M gesucht, von dem aus ebenfalls A, B, aber auch N zu sehen ist.

Behelfsverfahren: Man mißt von N aus die Richtungen nach A, B und M sowie von M die Richtungen nach N, A, B. Auf ein Stück Pauspapier zeichnet man in beliebigem Maßstab eine Strecke N'—M' und trägt bei N'—M' die gemessenen Winkel an. Man erhält so eine winkelgetreue, „ähnliche" Figur. Die hierzu gehörige Basis zur endgültigen Bestimmung der Entfernungen und der Lage von N und M liegt in der Karte zwischen A und B. Man verbindet A und B durch eine gerade Linie, legt das Pausblatt so darauf, daß der Schnittpunkt A' des Pausblattes den Punkt A auf der Karte deckt, und der Schnittpunkt B' des Pausblattes auf der geraden Verbindungslinie der Punkte A und B liegt. Die Pausblattpunkte M' und N' sticht man auf der Karte durch und zieht auf der Karte je eine Gerade vom Kartenpunkt A über die durchgestochenen Punkte N' und M' als Richtungsstrahlen nach den endgültigen Punkten N und M. Die gleiche Maßnahme wiederholt man sinngemäß bei dem Kartenpunkt B' und gewinnt hier zwei neue Richtungsstrahlen nach N und M. In den Schnittpunkten N—N und M—M liegen die gesuchten Neupunkte N und M. (Genaueres Verfahren mit Meßtisch und Kippregel.)

Zusammenstellung der wichtigsten artilleristischen und ballistischen Bezeichnungen fremder Sprachen.

Herausgeber waren um Klärung der schwankenden Bezeichnungen durchaus bemüht, leider ohne philologisch überzeugendes Ergebnis. Um Mitteilung von Berichtigungen wird daher besonders dringend gebeten.

Englisch.

accompanying artillery Begleitartillerie.
accuracy of fire Treffähigkeit (-genauigkeit).
aeroplane Flugzeug.
air resistance Luftwiderstand.
aircraft Flugzeug.
to aim at zielen.
angle of departure Abgangswinkel.
angle of descent Fallwinkel.
angle of dispersion Streuungswinkel.
angle of elevation Erhöhungswinkel.
angle of fall Fallwinkel.
angle of incidence Auftreffwinkel.
angle of jump Abgangsfehlerwinkel.
angle of rifling Drallwinkel.
angle of sight Geländewinkel.
anti-aircraft (A. A.)-artillery (or ordnance) Flakartillerie.
anti-char (or anti-tank) artillery Kampfwagen-Abwehrartillerie.
armour Panzerung.
armour-piercing shell Panzergranate.
armour plating Panzerung.
arms Waffen.
ascending branch (of the trajectory) aufsteigender Ast (der Flugbahn).
atmospheric influences Witterungseinflüsse.
axis of bore Seelenachse.
axis of the gun Seelenachse.
azimuth Seitenrichtung.
azimuth disc Richtkreis.

backsight Visier.
backsight slide Schieber (Visier-).
bag cartridge Beutelkartusche.
barrel Rohr, Gewehrlauf.
barrel recoil Rohrrücklauf.
base burster Bodenkammer.
base burster shrapnel Bodenkammerschrapnell.
binocular Fernglas.
blast Sprengladung.
blasting powder Sprengpulver.
blind (shell) Blindgänger.
bomb dropping Bombenabwurf.
bore Seele (Rohr).
bottom Stoßboden (Geschoß).
box-trail carriage Spreizlafette.
brake Bremse.
brake cylinder Bremszylinder.
breech Verschluß (Bodenstück).
breech fermeture Verschluß.
buffer cylinder Bremszylinder.
bullet Geschoß.
bursting cone Sprengkegel.
bursting height Sprenghöhe.
bursting point Sprengpunkt.
bursting shell Sprenggranate.

carriage Lafette.
carriage angle Lafettenwinkel.
carriage with elastic trail-spade Federspornlafette.
cartridge Kartusche.
cartridge case Kartuschhülse.
centre of gravity Schwerpunkt.
chamber Laderaum.
charge Ladung.
chassis carriage Rahmenlafette.
clock work fuge Uhrzünder.
compass azimuth disc Bussolenrichtkreis.
cone of burst Sprengkegel.
cone of dispersion Streuungskegel (Streugarbe).
cone of fire Geschoßgarbe.
cone of spread Streuungskegel.
core Geschoßkern.
correction for direction Seitenverbesserung.
corrector Aufsatzschieber (Regler [Art.]).
counterbattery Artilleriebekämpfung.
cradle carriage Wiegenlafette.
cradle mount Wiegenlafette.
crank Kurbel.
cube powder Würfelpulver.

defective burst Fehlzerspringer.
deflection leaf Aufsatzschieber (Visier-).
delay-action fuze Verzögerungszünder.
dependent line of sight abhängige Visierlinie.
descending branch (of the trajectory) absteigender Ast (der Flugbahn).
detonator Sprengkpasel (Zündsatz).
to direct richten (Geschütz).
direction ranging Richtungseinschießen.
director Richtkreis.
dispersion Streuung.
double-action fuze Doppelzünder.
double telescope Doppelfernrohr.
driving band Führungsband (-ring).

effect of fire Geschoßwirkung.
effective firing Wirkungsschießen.
effective range Wirkungsbereich.
ejector Auswerfer.
elevating gear Höhenrichtmaschine.
error of the day Tageseinflüsse (u. B.W.E.).
error in wheeling Schwenkungsfehler.
explosive bomb Sprengbombe.
explosive gas Sprenggas.

field artillery Feldartillerie.
field-glass Fernglas.
final velocity Endgeschwindigkeit.
fire control (or direction) Feuerleitung.
fire for effect Wirkungsschießen.
fireball Leuchtkugel.
fire zone Feuerbereich.
firing Schießen.
firing efficiency Schußleistung.
firing by a trigonometrically surveyed map Planschießen.
fixed projectile Einheitsgeschoß.
flake powder Blättchenpulver.
flash Mündungsfeuer.
flash ranging Lichtmeßverfahren.
flat trajectory Flachbahn.
flying time Flugdauer.
foresight Korn (Gew.).
fragment of a shell Geschoßsprengstück.
fuze Zünder.
fuze setter Zünderstellvorrichtung.

goniometer Winkelmesser.
goniometric sight Richtkreis.
groove Zug (im Rohr).
ground gun Grundgeschütz.
grouping of hits Trefferbild.

gun Geschütz.
gun with barrel recoil Rohrrücklaufgeschütz.
gun with high trajectory Steilfeuergeschütz.
guncotton Schießbaumwolle.

heavy ordnance (*or artillery*) schwere Artillerie.
height of burst Sprenghöhe.
height-finding table Höhenmeßplan.
high-angle fire gun Steilfeuergeschütz.
high-explosive shell Brisanzgranate.
hit Treffer.
horizontal distance of point of burst from the target Sprengweite.
horizontal line from muzzle to target Mündungswaagerechte.
howitzer Haubitze.

ignition Zündung.
impact of projectile Geschoßaufschlag.
imperfect burst Fehlzerspringer.
increase the gun's range Feuer vorverlegen.
increasing twist (*or pitch*) Progressivdrall.
indirect fire Planschießen.
initial velocity Anfangsgeschwindigkeit.

late ignition Verzögerungszündung.
lateral extension Breitenausdehnung.
line of fire Schußrichtung.
line of sight Visierlinie.
liner Seelenrohr, Futterrohr.
list of scores Schießliste.
luminous sight Leuchtvisier.

macaroni powder Röhrenpulver.
mantlet Schutzschild.
map fire Planschießen.
map protractor Kartenwinkelmesser.
missfire Versager (Gew.).
mortar Mörser.
mounting Lafettierung.
muffler Schalldämpfer.
mustard gas Senfgas.
muzzle velocity Anfangsgeschwindigkeit.

notch of (*back*) *sight* Visierkimme.

object Ziel.
oblique position (*of tangent sight*) Schrägstellung des Aufsatzes.
observation (*or observing*) *post* (*O.P.*) Beobachtungsstelle.
obturation Liderung.
ordinate of the trajectory Flughöhe.
ordnance Artillerie, Feldzeugmeisterei.
oscillation (*of projectile*) Geschoßpendelung.

packing ring Dichtungsring.
penetrative effect Durchschlagswirkung, Eindringungstiefe.
picture of trajectory Flugbahnbild.
plane of fire Schußebene.
pneumatic recuperator Luftvorholer.
to point richten (Geschütz).
point of burst Sprengpunkt.
point of impact Auftreffpunkt des Geschosses.
pointed bullet (*or shell*) Spitzgeschoß.
poison gas Giftgas.
powder Pulver.
powder composition Zündsatz.
powder gas Pulvergas.
premature (*burst*) *in the bore* Rohrkrepierer.
premature burst Frühzerspringer.
primer Sprengkapsel.
primer composition Zündsatz.

priming Zündung.
priming screw Zündschraube.
prismatic powder Würfelpulver.
probable percentage of hits Treffwahrscheinlichkeit.
projectile bottom Geschoßboden.
propelling agent Treibmittel.
propulsive agent Treibmittel.

rafale Feuerstoß.
to range einschießen.
range chart graphische Schußtafel.
range gun Einschießgeschütz.
range of impact Aufschlagweite.
range table Schußtafel.
ranging Einschießen.
ranging point Einschießpunkt.
reading of sight Visiereinteilung.
recoil Rücklauf (-stoß).
recoiling gun Rohrrücklaufgeschütz.
recuperator Vorholer.
reliability of hitting Treffsicherheit.
residues of combustion Verbrennungsrückstände.
reticule Fadenkreuz.
rifled gun gezogenes Rohr.
rigid trail-spade starrer Sporn.
rolling barrage Feuerwalze.
rotating band Führungsband (-ring).

scissors telescope Scherenfernrohr.
sealing Abdichtung (Liderung).
searchlight Scheinwerfer.
securing bolt (Zünder)-Vorstecker.
setting of a fuze Zünderstellung.
shell Granate.
shield Schutzschild.
shooting Schießen.
shooting efficiency Schußleistung.
shooting process Schießverfahren.
short burst Frühzerspringer.
sight Visier (Aufsatz).
sight scale Visiereinteilung.
sighting arrangement Visiereinrichtung.
sighting range Visierschußweite.
sighting telescope Zielfernrohr.
silencer Schalldämpfer.
slide carriage Rahmenlafette.
sound-ranging process Schallmeßverfahren.
sound-ranging section (*S.R.S.*) Schallmeßtrupp.
speedometer Geschwindigkeitsmesser.
sphere of action Wirkungsbereich.
spirit level Libelle.
splinter Geschoßsprengstück.
spread Streuung.
spring Feder.
stay carriage Spreizlafette.
steel jacket Stahlmantel.
stereoscopic telescope Scherenfernrohr.
striker rod Vorstecker (am Zünder).
supporting artillery Unterstützungs-Artillerie.
surveying sketch Meßplan.
surveying office Meßstelle.

tachometer Geschwindigkeitsmesser.
to take the ranges for a position Stellung einmessen.
tangent sight Aufsatz.
target Ziel.
telescope Fernrohr.
thread crosshairs Fadenkreuz.
time of flight Flugdauer.
trajectory curve Flugbahnkurve.
trail spade Lafettensporn.
traversing gear Seitenrichtmaschine.
tubular powder Röhrenpulver.

variation of longitude Längenabweichung.

wave of fire Feuerwelle.
weapon Waffe.

zone swept by fire bestrichener Raum.

Französisch.

affût Lafette.
affût à bêche de crosse élastique Federspornlafette.
affût à berceau Wiegenlafette.
affût à châssis Rahmenlafette.
affût évasé (*ou biflèche*) Spreizlafette.
affûtage Lafettierung.
ajustage du tir Ermittelung der Schießgrundlagen.
allonger le tir Feuer vorverlegen.
allumage Zündung.
âme Seele.
amorce de la fusée Sprengkapsel.
amorce à retardement Zeitzünder.
amortisseur de son Schalldämpfer.
angle d'incidence d'affût Lafettenwinkel.
angle d'arrivée Auftreffwinkel.
angle de chute Fallwinkel.
angle de dispersion Streuungswinkel.
angle d'élévation Erhöhungswinkel.
angle de hausse Aufsatzwinkel.
angle de projection Abgangswinkel.
angle de relèvement Abgangsfehlerwinkel.
angle de site Geländewinkel.
angle de torsion (*ou d'inclinaison des rayures*) Drallwinkel.
anneau d'obturation (*obturateur*) Dichtungsring.
appareil de hausse (*ou de pointage*) Aufsatz.
appareil de pointage en direction Seitenrichtmaschine.
appareil de pointage en hauteur Höhenrichtmaschine.
arme Waffe.
artillerie (*anti-aérienne*) *de défense contre avions* Flakartillerie.
artillerie anti-char Panzerabwehrartillerie (Pak).
avion Flugzeug.
axe de l'âme Seelenachse.

balle éclairante (*ou loumineuse*) Leuchtkugel.
bêche de crosse Lafettensporn.
bêche rigide starrer Sporn.
blindage Panzerung.
bombe brisante Sprengbombe.
bombe fuselée Spindel- (oder Tropfen-) förmige Bombe.
bouclier Schutzschild.
branche ascendante (*descendante*) aufsteigender (absteigender) Ast (Flugbahn).
but Ziel

ceinture de forcement Führungsband (-ring).
centre de gravité Schwerpunkt.
centre du réticule Fadenkreuz (Art.).
chambre arrière du shrapnel Bodenkammer (Art.).
chambre de charge Laderaum.
charge Ladung.
composition fusante (*ou fulminante*) Zündsatz.
compteur de vitesse Geschwindigkeitsmesser.
cône de dispersion Streuungskegel.
cône d'éclatement Sprengkegel.
contre-batterie Artilleriebekämpfung.
correcteur Regler (Art.).
correction de dérive Seitenverbesserung.
coton-poudre Schießbaumwolle.
coulisse Schieber (Visier-).
coup brisant Sprengschuß.
coup portant (*ou au but*) Treffer.
cran de mire Visierkimme.

culasse Bodenstück (Verschluß-).
culot (*d'un projectile*) Stoßboden (beim Geschoß).
culot du projectile Geschoßboden.
curseur de la hausse Aufsatzschieber.
curseur des dérives Visierschieber.
cylindre de frein Bremszylinder.

débouchoir Zünderstellmaschine.
dérivation en portée Längsabweichung.
dérivation latérale Seitenabweichung.
dérive Seitenverschiebung, Seitenvorhalt.
détachement (*ou section*) *de répérage par le son* Schallmeßtrupp.
direction de surveillance Grundrichtung.
dispersion Streuung.
dispositif de mire Visiereinrichtung.
distance de hausse Visierschußweite.
douille de gargousse Kartuschhülse.
durée du trajet Flugdauer (-zeit).
durée d'évent Brennlänge des Zünders.

écart en portée Längenabweichung.
éclat de projectile Geschoßsprengstück (Splitter).
effet de pénétration Durchschlagswirkung.
efficacité du projectile (*ou tir*) Geschoßwirkung.
éjecteur Auswerfer.
enveloppe d'acier Stahlmantel.
erreur de dérive Schwenkungsfehler.
espace dangereux bestrichener Raum.
évent Zünderstellung (Zünderbrennlänge).
extension en largeur Breitenausdehnung.
extracteur Auswerfer.

fauchage Streuung (Art.).
fermeture Verschluß.
frein Bremse.
fulmicoton Schießbaumwolle.
fusée Zünder (Art.).
fusée double Doppelzünder.
fusée fusante Brennzünder.
fusée de montre Uhrzünder.
fusée à retardement Verzögerungszünder.

gargousse Kartusche.
gargousse en sachet Beutelkartusche.
gaz dégagés par la poudre Pulvergase.
gaz détonnant Sprenggas.
gaz moutarde Senfgas.
gaz toxique Giftgas.
gerbe d'éclatement Geschoßgarbe.
gerbe de dispersion Streugarbe.
goniomètre Richtkreis.
goniomètre à boussole Bussolenrichtkreis.
goupille de sûreté Vorstecker (am Zünder).
graduation de la hausse Visiereinteilung.
guidon Korn (Gewehr).

hausse Visier (Aufsatz).
hauteur d'éclatement Sprenghöhe.
hauteur de la trajectoire Flughöhe (beim Geschoß).
horizontale passant par l'axe de l'âme Mündungswaagerechte.

inclinaison de la tige de hausse Schrägstellung (des Aufsatzes).
influences du jour Tageseinflüsse.
influences météorologiques Witterungseinflüsse.
influences particulières et aérologiques besondere und Witterungseinflüsse (B.W.E.).
intérieur du projectile Geschoßkern.
justesse du tir Treffgenauigkeit.

lancement de bombes Bombenabwurf.
ligne de mire Visierlinie.
ligne de mire oblique abhängige Visierlinie.
lueur de bouche Mündungsfeuer.
lunette Fernrohr (-glas).
lunette à charnière (*ou en ciseaux*) Scherenfernrohr.
lunette de collimateur Zielfernrohr.

mécanisme de pointage en hauteur Höhenrichtmaschine.
méthode de tir Schießverfahren.
mise de feu Zündung.
mise au parallélisme Parallelstellen der Geschütze.
mise au point Einstellung (von Geräten).
mortier Mörser.

niveau à bulle d'air Libelle.
non-éclaté Fehlzerspringer (Blindgänger.

obturation Abdichtung (Liderung).
obus Granate.
obus à ogive blindée Panzerkopfgranate.
obus blindé Panzergranate.
obus brisant Brisanzgranate.
obus explosif Sprenggranate.
obusier Haubitze.
oscillation du projectile Geschoßpendelung.

pièce Geschütz.
pièce à recul sur affût Rohrrücklaufgeschütz.
pièce à trajectoire plongeante (*ou courbe*) Steilfeuergeschütz.
pièce à trajectoire tendue Flachbahngeschütz.
pièce de base (*ou directrice*) Grundgeschütz.
pièce de rattachement Anschlußgeschütz.
pièce de réglage Einschießgeschütz.
plan coté Höhenmeßplan.
plan de mesure (*ou directeur*) Meßplan.
plan de tir Schußebene.
point d'éclatement Sprengpunkt.
point d'impact Geschoßaufschlag.
point de réglage Einschießpunkt.
point de surveillance Grundrichtungspunkt.
portée Schußweite.
portée des éclats Sprengweite.
portée percutante Aufschlagweite.
poste d'observation (*p. o.*) Beobachtungsstelle.
poste de repérage Meßstelle.
poudre Pulver.
poudre à canon Schießpulver.
poudre brisante Treibmittel.
poudre en dés Würfelpulver.
poudre explosive Sprengpulver.
poudre pailettes Blättchenpulver.
poudre tubulaire Röhrenpulver.
précision de tir Treffgenauigkeit.
probabilité d'atteindre le but Treffwahrscheinlichkeit.
procédé de repérage par les lueurs (*ou par observation terrestre*) Lichtmeßverfahren.
procédé de repérage par le son Schallmeßverfahren.
projecteur Scheinwerfer.
projectile à éclatement prématuré Frühzerspringer.
projectile éclaté dans l'âme Rohrkrepierer.
projectile unique (*universal*) Einheitsgeschoß.

rafale de feu Feuerstoß (-welle).
rapport de tir Schießliste.
rapporteur Winkelmesser (Karten-).
raté Blindgänger (Versager [Gew.]).

rayure Zug (im Rohr).
rayures à pas progressif Progressivdrall.
recul Rücklauf, Rückstoß.
récupérateur Vorholer.
récupérateur à air (ou pneumatique) Luftvorholer.
réglage Regelung, Einstellung, Schießverfahren, Richtverfahren.
réglage de la direction Richtungseinschießen.
réglage de la fusée Zünderstellung.
réglage du tir Einschießen.
regler le tir einschießen.
relevé des atteintes Trefferbild.
relever les coordonnées de la position Stellung einmessen.
rendement du tir Schußleistung.
repérage Vermessung.
repère Richtpunkt.
repérer la position Stellung vermessen.
résidus de la combustion (ou de poudre) Verbrennungsrückstände.
résistance de l'air Luftwiderstand.
ressort Feder.
retardement de la fusée Verzögerungszündung.

shrapnell à chambre arrière Bodenkammerschrapnell.

table de tir Schußtafel.
table graphique des éléments de tir graphische Schußtafel.
tir Schießen.
tir d'après le plan (ou sur zone, ou non-observé) Planschießen.
tir d'efficacité Wirkungsschießen.
tir de fauchage (ou de harcèlement) Streufeuer.
tir de réglage Einschießen.
tracé de la trajectoire Flugbahnbild.
trajectoire Flugbahn.
trajectoire tendue Flachbahn.
trajectoire courbe gekrümmte Flugbahn.
tube d'âme Seelenrohr.

vis-étoupille à percussion Zündschraube.
viser zielen.
viseur lumineux Leuchtvisier.
vitesse initiale Anfangsgeschwindigkeit.
vitesse restante Endgeschwindigkeit.
volant Kurbel.

zone dangereuse bestrichener Raum.
zone d'efficacité Wirkungsbereich.
zone de feu Feuerbereich.

Italienisch.

accensione Zündung.
accensione ritardata Verzögerungszündung.
aeroplano Flugzeug.
affustamento Lafettierung.
affusto Lafette.
affusto a coscie divaricabili Spreizlafette.
affusto a culla Wiegenlafette.
affusto a telaio Rahmenlafette.
affusto a vomero elastico Federspornlafette.
aggiustamento Einschießen.
aggiustamento con tiro a scoppio alto Einschießen mit hohen Sprengpunkten.
aggiustare il tiro einschießen.
allungare il tiro Feuer vorverlegen.
altezza di scoppio Sprenghöhe.
altezza di volo Flughöhe.
alzo Aufsatz (Visier), Richtvorrichtung.
alzo irradiante Leuchtvisier.

anello otturatore Dichtungsring, Liderungsring.
angolo Winkel.
angolo d'arrivo Auftreffwinkel.
angolo di caduta Fallwinkel.
angolo di conversione Schwenkungswinkel.
angolo di dispersione Streuungswinkel.
angolo d'elevazione Erhöhungswinkel, Aufsatzwinkel.
angolo d'incidenza dell'affusto Lafettenwinkel.
angolo d'inclinazione rigatura Drallwinkel.
angolo di projezione Abgangswinkel (meist Erhöhung).
angolo di rilevamento Abgangsfehlerwinkel.
angolo di sito Geländewinkel.
anima Seele.
arma Waffe.
artiglieria antiaerea Flakartillerie.
ascendente della trajettoria aufsteigender Ast der Flugbahn.
asse dell'anima Seelenachse.
asse del pezzo Seelenachse.

bariletto di scappamento Schalldämpfer.
bersaglio Ziel, Scheibe.
binocolo a forbice, a braccia mobile Scherenfernrohr.
bocca da fuoco Geschütz, Geschützrohr.
bomba mina Sprengbombe.
bossolo d'innescamento Sprengkapsel, Zündhütchen.
bottone d'innesco Zündschraube.

caduta del projettile Geschoßaufschlag.
calafatura Abdichtung.
camera Laderaum.
camera posteriore Bodenkammer (Art.).
cannello a frizione a vite Zündschraube.
cannocchiale Fernrohr (-glas).
cannocchiale binoculare Doppelfernrohr.
cannocchiale panoramico Rundblickfernrohr.
cannocchiale per puntamento Zielfernrohr.
cannone antiaereo Flugabwehrgeschütz.
capsula fulminante Sprengkapsel, Zündhütchen.
carica Ladung.
carica d'innescamento Zündsatz.
cartoccio Kartusche.
cartoccio a bossolo Kartuschhülse.
centro di gravità Schwerpunkt.
cerchio di direzione con declinatore magnetico Bussolenrichtkreis.
cilindro del freno Bremszylinder.
colpo ad alzo esatto Visierschuß.
colpo di lancio Volltreffer.
colpo in pieno Volltreffer.
colpo sparso Blindgänger.
colpo utile Treffer.
congegno di puntamento Visiereinrichtung.
congegno di punteria in direzione Seitenrichtmaschine.
congegno di punteria in elevazione Höhenrichtmaschine.
copiglia di sicurezza Vorstecker.
corazzatura Panzerung.
corona di forzamento Führungsring.
correzione in direzione laterale Seitenverbesserung.
culatta Bodenstück, Verschluß.
cursore Schieber (Visier-).
cursore dell'alzo Aufsatzschieber (Visierschieber).
curva balistica Flugbahnkurve.

detonatore muto Verzögerungszünder.
deviazione in gittata Längenabweichung.
differenza angolare di tiro e di projezione Abgangsfehlerwinkel.
discendente della trajettoria absteigender Ast der Flugbahn.
dispersione Streuung.
dispersione laterale Seitenstreuung.
dispersione longitudinale Längenstreuung.
distanza al punto di caduta Aufschlagweite.
distanza segnata dall'alzo Visierschußweite.
drappello ecometrico Schallmeßtrupp.
drappello fonotelemetrico Schallmeßtrupp.
durata della trajettoria Flugdauer.
durata del volo Flugdauer.

effetto di percussione Durchschlagswirkung.
effetto del projettile Geschoßwirkung.
espulsore Auswerfer, Anschlagnase.
estensione laterale Breitenausdehnung.

fascio di dispersione Streukegel.
fascio delle trajettorie Geschoßgarbe (Streugarbe).
fondello Stoßboden (beim Geschoß, Geschoßboden).
forza di gravità Schwerkraft.
freno Bremse.
fulmicotone Schießbaumwolle.

gas della polvere Pulvergase.
gas tossico Giftgas.
gittata massima Schußleistung.
giustezza di tiro Treffähigkeit.
goniometro Richtkreis, Nivellierfernrohr.
graduatore di spolette Zünderstellschlüssel (-maschine).
graduazione dell'alzo Visiereinteilung.
graduazione della spoletta Zünderstellung.
grafometro Kartenwinkelmesser.
granata Granate.
granata dirompente Brisanzgranate.
granata mina Sprenggranate.
granata perforante Panzergranate.
granata a testa perforante Panzerkopfgranate.
guarnitura Liderung.
guarnizione Abdichtung.

inclinazione Schrägstellung (des Aufsatzes).
influenze aerologiche Witterungseinflüsse.
influenze atmosferiche Tageseinflüsse.
influenze speciali e aerologiche besondere und Witterungseinflüsse (B.W.E.).
innescamento Zündung.
innesco Zünder.
intervallo di scoppio Sprengweite.
iprite Senfgas.

lancio di bomba Bombenabwurf.
linea di mira Visierlinie.
lista di tiro Schießliste.
livella Libelle.

manovella Kurbel.
metodo fonotelemetrico Schallmeßverfahren.
metodo fotometrico Lichtmeßverfahren.
metodo di tiro Schießverfahren.
mezzo di propulsione Treibmittel.
micrometro del cannocchiale Fadenkreuz (Art.).
mirare zielen.
mirino Korn (Gewehr).

misurare posizione Stellung einmessen.
molla Feder.
mortaio Mörser (Steilfeuergeschütz).

nastro di forzamento Führungsband.
nocciolo Geschoßkern.
nutazione d'un projettile Geschoßpendelung (Nutation).

obice Haubitze.
ondata di fuoco Feuerwelle.
ordinata della trajettoria Flughöhe (Ball.).
orizzonte del pezzo Mündungswaagerechte.
ossido di carbonio Sprenggas, Kohlenoxyd.
otturatore Verschluß, Schloß.

petardo Sprengschuß, Kanonenschlag.
petardo luminoso Leuchtkugel, Zielfeuer.
pezzo Geschütz.
pezzo in affusto a deformazione Rohrrücklaufgeschütz.
pezzo di base Grundgeschütz.
pezzo d'inquadramento Einschießgeschütz.
piano ipsometrico Höhenmeßplan.
piano planimetrico Meßplan.
piano di tiro Schußebene.
polvere Pulver.
polvere cubica Würfelpulver.
polvere a dadi Würfelpulver.
polvere lamellare Blättchenpulver.
polvere da mina Sprengpulver.
polvere da sparo Schießpulver.
polvere a tubetti Röhrenpulver.
precessione d'un projettile Geschoßpendelung (Präzession).
precisione di tiro Treffgenauigkeit.
probabilità di colpo utile Treffwahrscheinlichkeit.
projettile unico Einheitsgeschoß.
projetto esplosivo fuori voluta incidenza colla spoletta Fehlzerspringer.
projetto non scoppiato Blindgänger.
projetto scoppiante prematuramente Frühzerspringer.
projetto scoppiato nella bocca da fuoco Rohrzerspringer (-krepierer).
projetto unico Einheitsgeschoß.
projettore Scheinwerfer.
puntare zielen.
punto d'aggiustamento Einschießpunkt.
punto colpito Treffer.
punto di scoppio Sprengpunkt.

raffica di fuoco Feuerüberfall.
raggio d'azione Wirkungsbereich, Feuerbereich.
rapportatore Kartenwinkelmesser.
regolamento Einstellen, Feuerregelung.
regolatore Regler.
regole di tiro Schießregeln.
residui della combustione Verbrennungsrückstände.
reticolo Fadenkreuz.
ribattitura Rückstoß.
ricuperatore Vorholer.
ricuperatore pneumatico Luftvorholer.
riga Zug (im Rohr).
rigatura progressiva Progressivdrall.
rinculo Rückstoß, Rücklauf.
rivestimento Geschoßmantel, Mantel (am Geschütz).
rivestimento d'acciaio Stahlmantel.
rosa di tiro Trefferbild.

sacchetto di carica Beutelkartusche.
sbaglio di conversione Schwenkungsfehler.
scheggia di projetto Geschoßsprengstück (Splitter).

scoppio Sprengpunkt.
scorrimento Rücklauf.
scudo Schutzschild.
settore battuto Feuerbereich.
sezione fotometrica Lichtmeßtrupp.
sezione di rilevamento } Art. Meßtrupp.
sezione telemetrica }
sezione di vampa Lichtmeßtrupp.
shrapnel a camera posteriore Bodenkammerschrapnell.
sicurezza di colpo Treffsicherheit.
spazio battuto bestrichener Raum.
sperone starrer Sporn.
spoletta Zünder.
spoletta a doppio effetto Doppelzünder.

tabella di rettificazione del tiro Schußtafel.
tacca di mira Visierkimme.
tachimetro Geschwindigkeitsmesser.
tavola di tiro grafica graphische Schußtafel.
tavola di trajettorie grafiche graphische Schußtafel.
tiro Schießen, Feuer.
tiro a calcolo preventivo Planschießen.
tiro a distanza d'alzo Visierschuß.
tiro con procedimento fototelemetrico, per fototelemetria Schießen im Lichtmeßverfahren.
tiro con procedimento fonotelemetrico, per fonotelemetria Schießen im Schallmeßverfahren.
tiro d'efficacia Wirkungsschießen.
trajettoria grafica Flugbahnbild.
trajettoria tesa Flachbahn.
tubo interno Seelenrohr.

vampata Mündungsfeuer.
velivolo Flugzeug.
velocimetro Geschwindigkeitsmesser.
velocità di caduta Endgeschwindigkeit.
velocità iniziale Anfangsgeschwindigkeit.
visuale diretta abhängige Visierlinie (Verbdg. Visier-Ziel ?).
vomero di coda Lafettensporn.

zona dominata bestrichener Raum.

Spanisch.

agrupamiento de los disparos sobre el blanco Trefferbild.
alargar el fuego Feuer vorverlegen.
alcance de efecto, ∼eficaz Wirkungsbereich.
alcance de tiro Feuerbereich.
alcance visado Visierschußweite.
algodón pólvora Schießbaumwolle.
alma del cañón Seele des Rohres.
altura de explosión Sprenghöhe.
alza Aufsatz.
alza nivel con anteojo Libellenaufsatz mit Fernrohr.
ángulo Winkel.
ángulo de arribada Auftreffwinkel.
ángulo de caída Fallwinkel (Ein-).
ángulo del cono de dispersión Streuungswinkel.
ángulo de la cureña con el terreno Lafettenwinkel.
ángulo de dirección Seitenverschiebung.
ángulo de elevación Erhöhungswinkel.
ángulo de incidencia Auftreffwinkel.
ángulo de inclinación de las rayas Drallwinkel.
ángulo de proyección Abgangswinkel.
ángulo de reelevación Abgangsfehlerwinkel.
ángulo de situación Geländewinkel.

ángulo de tiro Erhöhungswinkel.
anillo de conducción Führungsband (-ring).
anillo obturador Dichtungsring.
ánima del cañón Seele.
anteojo de antenas Scherenfernrohr.
anteojo doble Doppelfernrohr.
anteojo de larga vista Fernrohr (-glas).
anteojo de mira Zielfernrohr.
aparato de dirección Seitenrichtmaschine.
aparato de elevación Höhenrichtmaschine.
aparato para graduar las espoletas Zünderstellmaschine.
aparato de puntería en altura Höhenrichtmaschine.
apuntar zielen.
arado rígido starrer Sporn.
arma Waffe.
artillería antiaérea Flakartillerie.
avión Flugzeug.

balín Treffer.
banda de forzamiento Führungsring (-band).
blanco Ziel.
blindaje Panzerung.
boca de fuego Geschütz (Feuerwaffe).
bola luminosa Leuchtkugel.
boletín de tiro Schießliste.
burbuja del nivel Libellenblase.

cabeco[1] Schwenkungsfehler.
cabeco del proyectil Geschoßpendelung.
cámara Laderaum.
cámara de carga Bodenkammer (Art.).
cañón Geschütz.
capacidad de penetración Durchschlagskraft.
cápsula de fulminato Sprengkapsel.
cureña de arado elástico Federspornlafette.
carga Ladung.
cartucho metálico Kartuschhülse.
casco de cartucho Kartuschhülse.
casco de proyectil Geschoßsplitter.
cebo Zündung.
celeridad del fuego Feuergeschwindigkeit.
centro de gravedad Schwerpunkt.
choque de retroceso Rückstoß.
cierre Verschluß.
cilindro del freno Bremszylinder.
círculo graduado Richtkreis.
combustión Verbrennung.
composición fulminante Zündsatz.
cono de dispersión Streuungskegel.
cono de explosión Sprengkegel.
coraza Panzerung.
corrección de tiro Einschießen.
corredera del alza Aufsatzschieber.
corredera de mira Visierschieber.
cronógrafo Zeit- bzw. Geschwindigkeitsmesser.
culata Bodenstück (Verschluß-).
culote del proyectil Geschoßboden.
cureña Lafette.
cureña biflecha Spreizlafette.
cureña de cuna Wiegenlafette.
cureña de marco Rahmenlafette.

desvío en alcance Längenabweichung.
desvío en longitud, ∼*longitudinal* Längenabweichung.
disparo Schuß.
dispersión Streuung (Art.).
dispersión en ancho (*en anchura*) Breitenstreuung.
dispersión horizontal del tiro Breitenstreuung.

[1] *cabecéo,* eigentlich: „Kopfschütteln“, von *cabeza* = Kopf.

dispositivo de mira Visiereinrichtung.
división de mira Visiereinteilung.
duración del trayecto Flugdauer (-zeit).

efecto del proyectil Geschoßwirkung.
eficacia del proyectil Geschoßwirkung.
eficacia del disparo Schußwirkung.
eje del ánima Seelenachse.
entrar en batería Stellung einnehmen.
envuelta de acero Stahlmantel.
equipo de localización por el sonido Schallmeßtrupp.
escudo de protección Schutzschild.
espacio batido bestrichener Raum.
espoleta Zünder (Art.).
espoleta de doble efecto Doppelzünder.
espoleta de percusión retardatriz Verzögerungszünder (Az. mit Verzögerung).
explosión prematura delante de la boca Frühzerspringer.
explosión del proyectil dentro del cañón Rohrkrepierer.
extractor Auswerfer.
eyector Auswerfer.

flecha de la trayectoria Gipfelhöhe der Bahn.
fogonazo Mündungsfeuer.
fondo del proyectil Geschoßboden.
fragmento de proyectil Geschoßsprengstück (Splitter).
freno Bremse.
fuego Feuer.
fulmicotón Schießbaumwolle.

gas asfixiante Giftgas.
gas mostaza Senfgas.
gases de pólvora Pulvergase.
gemelos Doppelglas.
goniómetro Winkelmesser (Richtkreis).
goniómetro (de brújula) con nivel Bussolenrichtkreis (mit Kompaßnadel).
graduación de la espoleta Zünderstellung.
graduador automático de espoletas Zünderstellmaschine (-schlüssel).
granada Granate.
granada rompedora de alto explosivo Brisanzgranate.
granada mina Minengranate.
granada perforante Panzergranate.
granada perforante con punta protegida Panzerkopfgranate.
granada rompedora Sprenggranate.

haz de dispersión Streugarbe.
haz de dispersión del proyectil Sprengkegel der Geschoßsplitter.
haz de explosión Streuungskegel.

imagen de la trayectoria Flugbahnbild.
impacto Treffer (Geschoßaufschlag).
impacto sin explosión Blindgänger.
inclinación de las rayas Drall.
inclinación de las rayas a paso constante gleichförmiger Drall.
inclinación de las rayas a paso progresivo zunehmender Drall.
inclinación del vástago del alza Schrägstellung (des Aufsatzes).
inflamación Zündung.
influencias atmosféricas Witterungseinflüsse.
influencias del día Tageseinflüsse.
influencias del tiempo Witterungseinflüsse.
interpretación gráfica graphische Darstellung.
intervalvo de explosión Sprengweite.

lanzamiento de bombas Bombenabwurf.

línea horizontal en la boca de la pieza Mündungswaagerechte.
línea de mira Visierlinie.
línea de mira independiente unabhängige Visierlinie.
llave de graduar las espoletas Zünderstellschlüssel.

manivela Kurbel.
manubrio Kurbel.
mira Visier (Aufsatz).
mira luminosa Leuchtvisier.
montage del cañón sobre su cureña Lafettierung.
mortero Mörser.

núcleo del proyectil Geschoßkern.

obturación Abdichtung (Liderung).
obús Haubitze.
ocular Fernglas (Visierkimme).

pasador Vorstecker (Splint).
paso de hélice del rayado Drall.
pieza Geschütz.
pieza de fuego curvo Steilfeuergeschütz.
pieza base Grundgeschütz.
pieza de reglaje Einschießgeschütz.
pieza de retroceso sobre la cureña Rohrrücklaufgeschütz.
plano de tiro Schußebene.
pólvora Pulver.
pólvora de forma tubular (macaroni) Röhrenpulver.
pólvora en cubos Würfelpulver.
pólvora en láminas Blättchenpulver.
pólvora mina Sprengpulver.
poner en punto Regelung, Einstellung.
porta-cebo Zündschraube.
precisión del tiro Treffähigkeit, -genauigkeit.
precisión probable del tiro Treffwahrscheinlichkeit.
procedimiento en el tiro Schießverfahren.
procedimiento de localización por las luces Lichtmeßverfahren.
procedimiento de localización por el sonido Schallmeßverfahren.
proyectil de alto explosivo Sprenggeschoß.
proyectil único Einheitsgeschoß.
proyector eléctrico Scheinwerfer.
punto de caída Geschoßaufschlag.
punto de explosión Sprengpunkt.
punto de gravedad Schwerpunkt.
punto de mira Korn (Gewehr).
punto de reglaje Einschießpunkt.

ráfaga Feuerstoß (-welle).
rama ascendente de la trayectoria aufsteigender Ast (Flugbahn).
rama descendente de la trayectoria absteigender Ast (Flugbahn).
rapidez del tiro Feuergeschwindigkeit.
rayas Züge (im Rohr).
rayado a paso progresivo Progressivdrall.
rayado uniforme gleichförmiger Drall.
recuperador Vorholer.
recuperador neumático Luftvorholer.
recuperador de aire comprimido Luftvorholer.
reglaje del tiro Aufsatzschieber.
reglaje del tiro Einschießen.
reglar el tiro einschießen.
reja del arado de la cureña Lafettensporn.
resorte Feder.
retículo Fadenkreuz (Art.)
retroceso Rücklauf, Rückstoß.
roto errado Fehlzerspringer.
rotura del proyectil en el ánima del cañón Rohrkrepierer.

saqueta de tela Beutelkartusche.
shrapnel de carga posterior Bodenkammerschrapnell.
silenciador Schalldämpfer.
sistema de medición Meßplan.

tabla de tiro Schußtafel.
telescopio de puntería Zielfernrohr.
tirar schießen.
tiro Feuer (Schießen).
tiro de eficacia Wirkungsschießen.
tiro al proyecto Planschießen.
tomar posición Stellung einnehmen.
tornillo-cebo Zündschraube.
trayectoria Flugbahn.
trayectoria curva gekrümmte Flugbahn.
trayectoria rasante Flachbahn.
trayectoria tendida Flachbahn.
trazo gráfico graphische Darstellung . . .
trozo de proyectil Geschoßsprengstück (Splitter).
tubo del ánima Seelenrohr.

velocidad inicial Anfangsgeschwindigkeit.
velocidad final Endgeschwindigkeit.
velocidad del fuego Feuergeschwindigkeit.
velocidad remanente (restante) Endgeschwindigkeit.

zona batida bestrichener Raum.
zona expuesta al fuego Feuerbereich.
zona de eficacia Wirkungsbereich.
zona de fuego Feuerbereich.
zona de tiro Feuerbereich.

Abkürzungen.

Lateinische und deutsche Buchstaben.

A

a Schallgeschwindigkeit (auch c)

A Arbeit

$A(v) = -\int \frac{J(v)\, v\, dv}{f(v)}$, Prim. SIACCI-Fkt.

B

B Barometerstand in mm Hg

b Beschleunigung

b (Kovolumen ?)

b_{50} 50 % Breitenstrg.

$\ldots_b$ Index „ballistisch“

$\mathfrak{b}$ Beschleunigungsvektor

C

c ballistischer Beiwert, Schallgeschwindigkeit

$C' = 1/c$ Flugwert

c_p spez. Wärme: bei konst. Druck

c_v „ „ Volumen

D

d nur Differentiationszeichen

∂ part. Diff.

D Durchmesser ($= 2R$, Kaliber)

$\ldots_d$ Index „durchschnittlich“

$D(v) = -\int \frac{v\, dv}{f(v)}$ Prim. SIACCI-Fkt.

E

e Bas. d. nat. Log.

e Dampfspannung

e (Dicke der verbrannten Pulverschicht ?)

$\ldots_e$ Index für Ende

$\ldots_e$ Index im Fallpunkt

$\ldots_e$ in der Rohrmündung

E Sättigungsspannung des Wasserdampfes

E Elastizitätsmodul

E Entfernung (allgemein)

E_k Kartenentfernung

E_m Meßentfernung

E_{tr} Treffentfernung

E_v Schrägentfernung (Visierrichtung)

E_a Aufsatzentferng.

$\mathfrak{e}$ Einheitsvektor

F

f Brennweite

f Luftfeuchte

f (Pulverkonstante ?)

$f(v)$ Verzögerungsfunktion

F Fläche

$f_0 = \frac{x}{C'} = D(v) - D(v_0)$

$f(v_0, f_0) = \frac{\sin 2\vartheta_0}{C'}$

$f_1(v_0, f_0) = \frac{\sin 2\vartheta_0}{x_e}$

$f_2(v_0, f_0) = \frac{\operatorname{tg}|\vartheta_e|}{\operatorname{tg}\vartheta_0}$

$f_3(v_0, f_0) = \frac{t \cos\vartheta_0}{C'}$

$f_4(v_0, f_0) = \frac{2\cos^2\vartheta_0}{C'}(\operatorname{tg}\vartheta_0 - \operatorname{tg}\vartheta)$

$f_5(v_0, f_0) = x_g/x_e$

$f_6(v_0, f_0) = y_g/x_e \operatorname{tg}\vartheta_0$

$f_0(v_0, f_0) = \frac{\Delta x_e}{x_e} \cdot \frac{v_0}{\Delta v_0}$

G

g Fallbeschleunigung

G Geschoßgewicht

$\ldots_G$ Index f. Geschoß

$\ldots_g$ Index für Gipfel

H

h Höhe

h Präzisionsmaß (Gauß)

h_{50} 50proz. Höhenstreuung
H Heizwert

I

i Formwert eines Geschosses
$\dots_i$ Zählindex
i imaginäre Einheit
J_1, J_2, J_3 Hauptträgheitsmomente
J_l axiales Trägheitsmoment
J_q Querträgheitsmoment
$J(v) = -2g\int\frac{dv}{v f(v)}$ Prim. SIACCI-Fkt.
J Arbeitswert der Kalorie

K

k Kaliberfaktor
K absol. Temp. (Kelvin)
$K(v) = \frac{8g}{\pi}\frac{W(v)}{\delta(2Rv)^2}$ Staudruckbeiwert (auch c_w s. S. 313)
$\mathfrak{k}$ Kraftvektor

L

L Ladungsgewicht
l_{50} 50% Längenstreuung

M

m Masse
$\dots_m$ Index für „mittlerer“
$\mathfrak{M}$ Momentenvektor

N

n Drehzahl
n Schwingungszahl
$n = \frac{v f'(v)}{f(v)}$ Grad der Widerstandsfkt.
N Leistung
$\mathfrak{n}$ Normalvektor

O

$\dots_o$ Index für Anfang

P

p Druck
p_{max} max. Gasdruck
p_e Mündungsgasdruck
P Kraft

Q

q Querschnitt
q_{50} 50% Querstrg.
Q Wärmemenge

R

r Radius, Halbmesser
$\dots_r$ Index f. Rotation
R Radius des Geschoßquerschnittes
R Gaskonstante
$\dots_r$ Index für Rohr

S

s Weg
s Bogenlänge
S Dicke einer Platte
S Entropie

T

t Zeit, Flugdauer
t_e Flugdauer im Mündungshorizont
$T(v) = -\int\frac{dv}{f(v)}$ Prim. SIACCI-Fkt.

U

$u = v\cos\vartheta\sec\vartheta_0$
$u = \log\operatorname{nat} v$
U Energie

V

v Geschwindigkeit
v_0 Anfangsgeschw.
v_e Endgeschw.
v_x Horizontalgeschwindigkeit
v_y Vertikalgeschw.
v_a Auftreffgeschw.
V Volumen
$\mathfrak{v}$ Geschwindigkeitsvektor

W

w Windgeschwindigkeit
w wahrscheinlicher Fehler
$\dots_w$ Index f. wahrsch.
W Luftwiderstand (kg)
$\mathfrak{w}$ Vektor d. Winkelgeschwindigkeit

X

x_e Schußweite, Entfernung (auch X)
x_g Gipfelabszisse

Y

y_g Gipfelhöhe
y Höhe über Erdboden
y (verbr. Teil der Ladg. ?)

Z

z_e Seitenabweichung im Mündgshor.
Z Zünderstellung
$\mathfrak{z} = \log\operatorname{nat}\operatorname{tg}\left(\frac{\pi}{4}+\frac{\vartheta}{2}\right)$

Griechische Buchstaben.

A

α Anstellwinkel der Geschoßachse gg. Bahntg., Aufsatz
α Winkel allgemein
α Ausdehnungsbeiwert

B

β Siaccis Koeffizient

Γ

γ Geländewinkel
γ Kegelwinkel der Schrapnelle

Δ

δ Variationszeichen
δ Abgangsfehlerwinkel
δ Luftgewicht in kg/m³
Δ Differenzenzeichen
Δ Laplacescher Operator

E

ε Rohrerhöhung
ε Bodenverjüngungswinkel des Geschosses

Z

ζ Drallwinkel der Züge
ζ Gleitwinkel (Flugzeug)

H

η gewöhnl. rechtw. Koord.

Θ

ϑ Neigung der Bahntangente
ϑ_0 Abgangswinkel
ϑ_e Fallwinkel (Vorz.!) (früher ω)
Θ Temperatur abs.

K

$\varkappa = c_p/c_v$ Verh. d. spez. Wärmen

Λ

λ Temperaturgradient $\Theta = \Theta_0 - \lambda y$
Λ Ladedichte

M

μ mittl. quadrat. Fehler
μ (fiktive Masse ?)

N

ν Reibungszahl
ν Auftreffwinkel gegen Panzerplatte (?)

Ξ

$$\xi_n(\vartheta) = \int_0^{\vartheta} \frac{d\alpha}{\cos^n \alpha}$$

Hilfsfunktion

Π

π Ludolphsche Zahl
Π Produktzeichen

P

ϱ Krümmungsradius
ϱ Dichte (bes. der Luft, auch δ)

Σ

σ Polarkoordinate r, σ, τ

Φ

φ geogr. Breite (früher Abg.-Winkel)
φ Eulerscher Winkel (φ, χ, ψ)
φ Phase

X

χ Eulerscher Winkel

Ψ

ψ Eulerscher Winkel

Ω

ω Kreisfrequenz
ω Winkelgeschwindigkeit

GPSR Compliance

The European Union's (EU) General Product Safety Regulation (GPSR) is a set of rules that requires consumer products to be safe and our obligations to ensure this.

If you have any concerns about our products, you can contact us on ProductSafety@springernature.com

In case Publisher is established outside the EU, the EU authorized representative is:

Springer Nature Customer Service Center GmbH
Europaplatz 3
69115 Heidelberg, Germany

Batch number: 10682534

Printed by Printforce, the Netherlands